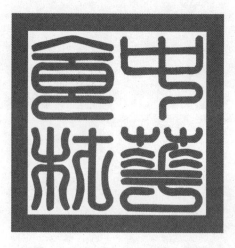

{ 内容丰富 讲解深入 生活必需 居家必备 }

本书涵盖各类食材 30 个门类，832 种，每种食材包括诗词吟咏、物种基源、生物成分、食材性能（性味归经、医学经典、中医辨证、现代研究）、食用注意和传说故事等 6 个部分。关注食材，关注健康。为了您的健康长寿，愿天下所有的人都来关注自己的饮食科学。

中华食材

上

陈寿宏

编著

合肥工业大学出版社

图书在版编目(CIP)数据

中华食材/陈寿宏编著. —合肥:合肥工业大学出版社,2016.4
ISBN 978 - 7 - 5650 - 2725 - 3

Ⅰ.①中…　Ⅱ.①陈…　Ⅲ.①烹饪—原料—介绍—中国　Ⅳ.①TS972.111

中国版本图书馆 CIP 数据核字(2016)第 084444 号

中 华 食 材

陈寿宏　编著	责任编辑　疏利民
出　版　合肥工业大学出版社	版　次　2016 年 4 月第 1 版
地　址　合肥市屯溪路 193 号	印　次　2016 年 4 月第 1 次印刷
邮　编　230009	开　本　889 毫米×1194 毫米　1/16
电　话　总　编　室:0551 - 62903038	总印张　91.5
市场营销部:0551 - 62903198	总字数　2566 千字
网　址　www.hfutpress.com.cn	印　刷　安徽联众印刷有限公司
E-mail　hfutpress@163.com	发　行　全国新华书店

ISBN 978 - 7 - 5650 - 2725 - 3　　　　　　　总定价:398.00 元(全三册)

如果有影响阅读的印装质量问题,请与出版社发行部联系调换。

序 一 | 王资生

陈寿宏先生潜心药食同源材料研究40余年，尤其在退休赋闲10余年内，年逾古稀的他跋山涉水，风餐露宿，不远万里，走遍祖国大江南北。寻觅食材补偏救弊之真谛，民间村寨有他的身影，海岛渔村留下他的足迹，积数十年之心得，三易其稿，完成《中华食材》一书的编写。

先生之书，不落前人窠臼，着意别开生面，全书共收30大类，800多种食材，每种食材均从"食性、药性、毒性"三性入手，深入浅出阐述了"未病先防、未老先养，天人相应、调整阴阳，动静有常、和谐适度"的养生预防观、平衡观，为广大读者提供食材科学知识的同时，还收录了历代食材诗文800多首，传说故事1500余则，从浩若烟海的医籍、药典、史书、诗集、报刊及民间走访中，广征博引、索奇揭秘、阐微标新，发前人之所密，补今人之所略，题裁新颖，内容精湛，资料翔实；熔食材的生物学、营养学、药学、史学、民间文学于一炉；集科普读物的普及性、通俗性、文学性、艺术性、趣味性、学术性、知识性、实用性为一体；诗文并茂，雅俗共赏，读后启迪思维、陶冶身心、收益良多。广大读者阅之，谅必有同感，故乐而为之序。

弘扬国粹光华夏，敬德修业见津梁。

（江苏省盐城工学院　海洋与生物工程学院博士、教授）

2015年2月6日

序　二 ｜ 谭学宜

　　食物材料是维持人体正常新陈代谢、延续生命不可或缺的物质。

　　中华食材文化源远流长，品种繁多，加之华夏56个民族，不同地区、不同民族，所用食材、食俗有别，这无形中给作者编著《中华食材》一书增加了难度。更可贵之处，编者为普及中华食材科学知识，耗时数十载，竭尽全力。为使之具有可读性、通俗性、知识性及趣味性，除参阅大量涉及食材的经、史、医书、药典、农书、文学作品外，还不辞劳苦，走遍全国，乃至东南亚、澳洲等华人聚居地，深入民间100多个地市抢救性地挖掘了尚未见经传、散流于民间的诗、词、谚语、歌谣、灯谜、楹联、传说故事等，其中有不少草根故事，是初次与读者见面；这是宝贵的"非物质文化遗产"，为《中华食材》的成书，画龙点睛，增色不少。

　　我从事中医临床60余载，常读医药经典，养生专著，难得如《中华食材》，盖是食与药同俦，食话即寓于药话之中，集"食材"的生物生态学、中药药物学、中医食疗学、食品营养学与诗词歌谣、民间传说、野史趣闻、名人轶事于一体的新文体科普书卷，古今中外，尚不多见。

　　直觉食材科学与通俗文学有机地紧密融合，可谓琳琅满目，兴趣盎然，温故知新，得益匪浅。

　　同时，对著者为弘扬中华食材文化所付出的艰辛劳动所感动，敬佩之余，欣然作序。

（中医师，82岁，从事中医临床工作60余年，现仍照常临床就诊。）

2015年2月12日

自　序　｜陈寿宏

"民以食为天，食必赖于材"，食材是人类生命延续的基石。

探究中华土生土长食材知识之趣，有益于传统食材文化的传承与发扬，涉及食材科学的普及和应用。中华食材文化博大精深，内涵丰厚，蕴藏着历代医学家、养生家及儒、释、道"三家"和现代科学家的知识积累。其中，也涵盖了古今文人雅士的大量诗、词、歌、赋、歌谣、灯谜、对联、谚语以及数千年广泛流传于民间的许多神话、典故、珍闻、趣谈等，富含哲理，韵味无穷。它是国粹、是瑰宝，滋润了龙的故乡，哺育了龙的传人。

余不敏，幼随父农耕，弱冠思悬壶济世，曾拜名医，因故未果，后改攻生物与化学，常温典籍，迄今60余年矣。自念一生平淡，立志晚年写作（60岁前以劳换生存，60岁后以写作为故世后有存）。为此，关注食材话题40余载，专注10余春秋，经年累月，平昔所见、所闻、所学、随笔漫录。写食材书、说食材话，尊古不泥古，与时俱进，三易其稿，遂成《中华食材》。

全书为读者选收传统食材30个门类832种（收录历代食材诗词题咏800多首，传说故事1500余则）。按其"诗词吟咏、物种基源、生物成分、食材性能、食用注意、传说故事"一一表述外，侧重于应用；以此，说古道今，古今合璧，寓乐于文；熔食、养、文、史于一炉。

余才疏学浅，见闻狭陋，良自愧也。至于搜采之未精，稽考之多疏，论述之鲜微，当望世之君子正其失。

《中华食材》的成书，承蒙吕强、王资生博士、谭学宜中医师、陈迎春、陈曙、陈玉蓉、黄莉鹏等同志的大力支持，书中借鉴相关书籍、报刊的资料，谨此一并向相识与不相识的前辈和先生们表示诚挚的感谢！

2015年3月于世外桃源古山海镇

注：本书所录食材中，为拓展读者知识面，个别涉及国家明令禁止食用的动、植物，或为国家保护级物种，须经省以上相关部门批准，驯养、种植二代以后方或经营利用，具体情况应以国家法律法规为准。

目　录

第一章　米粮类

粳　米

粳米香味不寻常，煮出饭来像蜜糖。
去年三月吃一碗，今年四月嘴还香。

——《民谣》

物种基源

粳米为禾本科植物粳稻（Oryza sativa subsp. keng）的种仁，又名大米、白米、稻米、硬米、粳粟米、杭米、糠米、杭米、蓬莱米，由 7000 多年前的野稻进化而成现在的稻米。在我国分布极广，为我国主要粮食之一，以外观完整、坚实、饱满、无虫蛀、无霉点、没有异物夹杂者为佳，主产东北三省及长江中下游及以南地区。

生物成分

据测定，100 克粳米，含热能 346 千卡，蛋白质 7.3 克，碳水化合物 76.3 克，脂肪 0.3 克，膳食纤维 0.9 克。维生素 B_1、B_2、B_3、E 及矿物质、钙、磷、钾、钠、镁、铁、锌、硒、铜、锰等。

食材性能

1. 性味归经

粳米，味甘，性平；归脾、胃、肺经。

2. 医学经典

《本草纲目》："通血脉，和五脏，好颜色。"

3. 中医辨证

粳米有益气、止烦、健脾养肾、固肠止泻、强筋健骨、益精强志、聪耳明目的功效。

4. 现代研究

粳米中的蛋白质主要是米精蛋白，氨基酸的组成比较完全，人体容易消化吸收，但赖氨酸含量较少。粳米中各种营养素含量虽不是很高，但因人们食用量大，故其也具有很高营养功效，是补充营养素的基础食物。粳米所含的优良蛋白质可使血管保持柔软，达到降血压的效果。其所含的水溶性食物纤维，可将肠内的胆酸汁排出体外，能预防动脉硬化等心血管疾病。

食用注意

（1）不可与苍耳、马肉同食，同食会使人引发心腹痛，发痼疾。

（2）烹煮时不可加碱。经实验，250 克粳米加 0.3 克碱，维生素 B 就会损失 90％左右。

（3）糖尿病患者不宜多食用，也不宜长期煮粥食用，以免糊化淀粉转化成糖，加速消化系统对糖的吸收。

（4）粳米加工不宜过于精细，防止皮层、糊粉层、胚乳层所含纤维素、维生素、无机盐损失，从而降低营养价值。

（5）煮饭时不宜用生自来水，因生自来水中的氯能降损 1/3 左右的维生素 B_1。

（6）不宜长食焦米饭和锅巴，因焦化后的饭和锅巴含 3.4 苯并芘，为多环芳香烃物质，可致癌。

（7）粳米中的赖氨酸含量偏少，如不以其他食物补充，人体内蛋白质的作用就会降低，不仅影响儿童身高发育，甚至对成人新陈代谢也会有影响。

附 1　淘米水

淘洗粳米后的粳米泔，性味甘、寒。有清热凉血、利小便等功效。

附 2　陈仓米

陈仓米，为储存年久的粳米。别名：陈廪米、陈米、火米、老米、红粟。性平、味甘、淡；入胃、心、脾经。养胃、渗湿、除烦。用于病后脾胃虚弱、烦渴、泄泻、反胃等症的食疗康复。

传说故事

一、粳米治病的传说

很久以前，波斯诺王国有个叫梨待弥的大臣，他的第七儿媳妇词舍聪明能干。一次，一群大雁从海岛衔回一些粳稻穗掉落在王宫大殿，波斯诺王就命令各大臣留作种子，拿回去种上。梨待弥也带回一份，让词舍将稻种种下，结果收获许多。后来，波斯诺王夫人病重，医生说海岛上生长一种粳稻可治。波斯诺王记起曾让大臣种过这种稻，但许多大臣都拿不出这种稻，只有梨待弥的儿媳拿来了粳稻，波斯诺王命令将这种粳米煮饭，让夫人吃。夫人食后，病得免除，王甚欢喜，大予赏赐。

二、缺米少床

有个穷人对别人夸口说："我家里虽然不太富裕，然而所用的器物件件都不少。"然后屈一根手指说："我没有的只是龙车凤辇，饮食样样都有。"接着又屈一根手指说："我没有的还有龙心凤肝。"

他的孩子在旁边愁眉苦脸地说："夜里睡觉没有床，就在地上铺着草，在草上睡觉，而且今天晚饭一粒米都没有了，还在别人面前说大话！"穷人听了仰着头想了想说："对了，对了，我家样样都有，就缺龙心凤肝晚饭米，龙车凤辇夜里床。"

籼　米

五月里来是秧场，村里姑娘栽秧忙。

花鞋脱在田埂上，脚踩泥浆手栽秧。

五月里来是秧场，日耕田来夜拔秧。

大秧要拔五百把，小秧要拔八百双。

——《五月里来是秧场》·江苏高淳民歌

物种基源

籼米为禾本科植物籼稻（Oryza sativa subsp. shien）的种仁，又名早稻南米、丝苗米、猫牙米。经考古学家考证，籼稻也是由野生稻人工培育改良进化而来，至今籼米尚保留野生稻米粒细长的痕迹，籼米同为我国的主粮，全国除高山地区皆有栽培，以早、中熟者为佳，晚熟者次之。

生物成分

据测定，每100克籼米，含热能343千卡，蛋白质9.1克，脂肪0.9克，膳食纤维0.7克，碳水化合物76.3克。此外还含有磷、镁、钾、单糖、有机酸、维生素B等物质。

食材性能

1. 性味归经

籼米，味甘、性温；归脾、胃经。

2. 医学经典

《名医别录》："温中益气、和脾养胃、除湿止泻。"

3. 中医辨证

籼米，温中健脾、益胃养荣、长肌肤、调脏腑，对胃脾虚弱所致的反胃呃逆、虚烦口渴、水肿、小便不利、泄泻等疾病的康复有益。

4. 现代研究

籼米含大量淀粉、蛋白质和脂肪，脂肪以酯型甾醇、自由甾醇、菜油甾醇、豆甾醇、谷甾醇、磷脂、自由脂肪酸、三酰甘油为主，此外，还含有磷、镁、单糖、有机酸、维生素B等。籼米的营养成分与粳米相比，差异极小。籼米煮饭，能生津，补虚疗膈，适用于脾胃虚弱而发生的反胃呃逆、虚烦口渴之人，也适用于胃肠虚弱而时有腹泻，或时有小便不利者。宜经常食用。

食用注意

（1）因籼米直链淀粉含量高，质地较松，易吸水，变质而发黄的籼米不要食用，对人体和动物都有害。

（2）籼米饭因黏性差、膨胀性大，饭性偏硬，故患胃病人宜少食。

（3）煮籼米粥时不要加碱，因碱会破坏籼米中所含的维生素B，而降低其营养价值。

小记一

由于籼米所含淀粉结构以直接链为主，导致煮饭的口感差，可用如下两种方法加以改善：

一是"加糯米法"，将70%的籼米与30%的糯米相混一起煮，这样煮出来的饭和粳米一样软熟爽口。

二是"加食盐和熟花生油法"，在煮籼米饭时，加入少许食盐和熟花生油，这样煮出来的籼米饭象粳米饭一样美味可口。

小记二

糙米是未经加工的籼米，保留胚芽和米糖料层中的矿物质和维生素。如放水中浸泡，3～5天即可发芽，是当今深受人们喜爱的营养全、价值高的天然保健食品，还具有美容健美的作用，对于皮肤粗糙、青春痘、暗疮、黑斑、皱纹等均有食疗效果。

传说故事

一、稻、麦、豆的印记

稻、麦、黄豆聚在一起比赛，看谁的本领大。

麦说："我啊，一年四季，不问冬夏，都能生长，你稻就不能，你只能在夏天生长，冬天你就不能生长。"

稻说："人家总欢喜我，还就不喜欢你呢，我是人们爱吃的主食，而你只能喂猪。"

黄豆说："你们呀，总没有我好，人家弄我去做菜呢！而且我还能磨浆做豆腐呢。"

它们三个一比呀，谁也不服输，就打起来了。这个麦，就打了黄豆一拳头，打在头脑上，一打啦，就把黄豆头脑打了个青斑，以后黄豆嘴儿那个地方就发黑。

黄豆气起来，就揍了米一拳头！一打呀，把个米头上啊，打了掉一块，所以米就缺了一角。

麦呢，最没有用，去打人的，反被米打了一下，麦一气啊，就把个肚子气裂开了！所以，麦底下就有条沟子。

二、"万年贡米"的来历

传说，在南北朝时期，荷桥村有一种野生稻，开花不育。后来，当地人在引种"婺源早"时忽然发现野生稻扬花结穗的谷粒长三分，故号称长"三粒寸"。当朝皇帝南巡，梦见江南有"千斤冬瓜，寸长籼米"，便差人查访。官吏访得此米后，上报皇帝，皇帝当即下旨荷桥村，"代代耕食，岁岁纳贡"，这便是江西省万年县裴梅乡荷桥村的传统名品之一"万年贡米"的来历。成年贡米，是籼米中的佼佼者，粒大而长，形状如梭，色如白玉，质软赛糯，味道浓香，营养丰富，誉盖五谷。如用贡米酿酒，浓而烈，醇香异常。

三、补米

有一户人家请客，用的酒味道很淡。客人说："下酒菜有这些足够了，倒是求你抓点米来。"主人不解地问："你要米干什么？"客人回答说："酿这酒时可能没用米，只好现在补上点儿。"

糯 米

糯！糯！糯！！！
天赐美食喜多多，正月初一元宝团。
十五元宵甜乎乎，五月端阳粽飘香。
九月初九僧食粥，廿四饴糖送灶哥。

——《糯米》·苏北民谣

物种基源

糯米为禾本科植物糯稻（Oryza sativa var. glu-tinosa）的种仁，又名元米、江米、茶米，有白、红、紫三种。因其含直链淀粉极少，故在米中黏性最大，胀性最小，江南各省均有栽培。

生物成分

据测定，每 100 克糯，含热能 362 千卡，蛋白质 9 克，脂肪 1 克，碳水化合物 74.9 克，膳食纤维 0.6 克及维生素 B_1、B_2、E 及尼克酸，还含微量元素磷、钠、铁、钙、钾、镁、锰、铜、硒等。

食材性能

1. 性味归经

糯米，味甘、性温；归脾、胃、肺经。

2. 医学经典

《名医别录》："补脾胃，益肺气。"

3. 中医辨证

糯米具有补中益气、止泻、健脾养胃、止虚汗、安神益心、调理消化和吸收作用，对脾胃虚弱、体疲乏力、多汗、呕吐者与经常性腹泻、痢疾者有舒缓作用。

4. 现代研究

糯米对于久泻、便溏少食、自汗不止、口渴或少食欲呕的症状有很好的食疗效果。

食用注意

（1）糯米熟食，宜加热后食用，冷食伤胃。

（2）糯米年糕，无论甜咸，碳水化合物和钠的含量都较高，糖尿病患者、肾脏病患者、高血压病患者、高血脂患者和体重过重者，食用时应适可而止。

（3）糯米性黏滞，难以消化，不宜一次食用过多，老人、小孩、病人更慎多食。

小记

糯米的副产品尚有如下性能：

淘米水：有益气、止烦渴、解毒作用，可消肉食不消化。

糯稻花：于阴凉处晾干使用，有白齿、乌须发作用。

糯稻秸：垫鞋内，可暖脚、去寒湿气。

糯稻芒：将谷芒炒黄碾细和酒服，治黄疸病、解虫毒。

传说故事

一、朱元璋与芦苇叶上的牙痕印

包粽子的芦苇叶上，都有几道横着的牙痕印。这与明朝开国皇帝朱元璋有关联。相传，朱元璋在安徽皇觉寺做小沙弥之前，曾替本村财主肖进虎放牛，在一年端午节前一天，未将牛喂饱，肖财主说今天牛没吃饱，明天你别想有饭吃。到了端午节这天，财主真不给朱元璋吃饭，更谈不上品尝一年一次的糯米粽子了，而且还要全天放牛。朱元璋无法，一边放牛一边哭，并抓住了芦苇叶卷起来放到嘴中狠狠地咬了一口，从此，芦苇叶上就有了清晰的牙痕印，直到现在。

二、米坛子

从前，有个穷人储存了三四坛米，自以为很富有，并沾沾自喜。有一天，他与同伴到市场上去，听见路上有一个人告诉另一个人说："今年我家收米不多，总共才收了三百余担。"穷人告诉同伴说："那个人分明在说谎，我就不信他家能有那么多盛米的坛子。"

黑 米

小小田，四方方，十八个大姐来栽秧。
鞋子脱在田埂上，好像乌龙盖过江。
——《秧歌谣》·江苏浦口区民歌

物种基源

黑米为禾本科植物黑稻（Oryza sative L.）的黑色种仁，因米外皮黑色而得名，又名药米、兵米、长寿米、黑糯、贡米、紫米等。主产陕西洋县、江苏常熟、广西东兰、浙江宁波、贵州惠水和龙里等地，亦由野生稻进化而来。

生物成分

据测定，100克黑米，含热能328千卡、蛋白质9.4克、脂肪2.5克、膳食纤维3.9克、碳水化合物68.3克，是一种典型的药食兼用的谷物，黏性处于粳米与籼米之间。黑米所含的赖氨酸是白米的2~2.5倍，锰、锌、铜等矿物质和无机盐比粳米高1~3倍，更含有粳米所缺乏的维生素C、叶绿素、胡萝卜素及强心甙等特殊成分。

食材性能

1. 性味归经

黑米，味甘，性平；入肾、心、肝、脾、胃经。

2. 医学经典

《本草纲目》："固本扶正、聪耳明目、和五脏、通四脉。"

3. 中医辨证

黑米有滋阴补肾、健脾暖肝、明目活血、养心健胃、止烦、止渴等功效，还可以预防头昏目眩、贫血白发、腰膝酸软、夜盲耳鸣等症。

4. 现代研究

直肠癌患者经常食用黑米，能使血小板增加，白细胞上升，提高免疫力，在癌症治疗中起一定的作用。因此，肠癌、肺癌可把黑米作为康复的保健食品。

因为黑米本身具有很强的抗衰老的作用，米的颜色越深，则表皮素抗衰老效果越强。黑米色素作用在各种颜色中是最强的。此外，色素中富含铜类活性物质，是白米的5倍之多，对预防动脉血管硬化有很大的作用。黑米含膳食纤维较多，淀粉的消化速度也比较慢，血糖指数为55（白米为87），因此，吃黑米不会像吃白米那样使血糖剧烈波动。黑米中的钾、镁等矿物质还有利于控制血压，减少患心血管病的风险。所以，糖尿病患者和心血管病患者可以把食用黑米作为膳食调养的一部分。

食用注意

（1）黑米难煮烂，故多数重要营养素不能溶出，而且多食后易引起肠胃炎，对消化功能较弱的小孩和老人更是如此，故消化不良的人群和病后消化弱的人不宜急于食用黑米。

（2）黑米淘洗时，不要揉搓，泡米用的水与米同煮，不要丢弃，以保存花青素及其他营养成分。

（3）黑米的米粒外部有一层坚韧的种皮包着，不宜煮烂，故夏天要浸泡 24 小时，冬天要浸泡 48 小时，然后用高压锅烹煮。

传说故事

一、黑米的来历

传说黑米为西汉时张骞所发现。青年时的张骞，勤奋好学，一天，他在家乡汉中城固（即今陕西省洋县一带）渭水河畔的柳林读书困倦，依树入梦，梦中文曲星告诉他："汝见黑米之日，即发迹之时也。"后来，张骞除苦读书外，还经常到田野稻中寻找，终于找到一株灰色稻穗，剥开稻壳果然是黑米。张骞正是在这一年出仕，后奉汉武帝之命，出使西域，建立了赫赫功勋，他所发现的黑米稻，也在故乡繁殖开来，一直延续至今。

二、米会说话

里季的妻子妖艳放荡，经常跟邻居家的少年私通。里季对此有所耳闻，就想出了一个捉奸的办法。有天清晨，里季装作出远门，却隐藏在院子里观察，只见邻居家的少年很快进了里季的内室，接着就插上了门。

里季马上跳出来过去敲门，妻子在室内非常恐慌地问少年："如果是我丈夫怎么办？"少年也急得团团转，问："有窗户吗？"妻子说："没有。"少年又问："有洞穴吗？"妻子也说没有。少年无可奈何地说："怎么样才能出去？"这时少年看见了墙壁旁边的一只布袋子，暗自高兴地说："这下可好了。"少年急忙钻进了布袋子，让她扎上袋口放在床前地上，并且嘱咐她说："你丈夫如果问起，你就说是米。"收拾得当之后，妻子赶紧转身开门让里季进来。里季在室内查看了一遍，也没有发现奸夫，就慢慢地来到床前，看见袋子里面装得满满当当的，提起来也特别沉，就责问妻子："这是什么？"妻子一时心慌，竟忘了少年的嘱咐，支支吾吾了好一阵儿也没有说出个所以然来。里季见妻子神色可疑，就更加厉声地追问不停。袋中的少年害怕事情败露，竟不由自主地在里面回答说："我是米啊！"

红　米

老矣何妨受一廛，笑渠杨恽强歌田。

惊心赤地三年旱，慰眼黄云八月天。

他日江船来白粲，暂时水碓捣红鲜。

软炊香饭怜脾病，从此长斋绣佛前。

——《以新米作捞饭有感》·宋·虞俦

物种基源

红米为禾本科植物稻（Oryza sativa）剥去外壳未去种皮的米仁，又名褐色之米。稻脱壳后，仍保留着米的外层组织，如皮层、糊粉层和胚芽，要是加工得当，红米中有 60％的米保留着发芽率。

生物成分

红米，无论原米质是粳质米还是籼质米，它的外层组织中的蛋白质、膳食纤维、B 族维生素及维生素 E、C、钙、磷等营养成分均未遭到损失，具有独特的营养价值。

食材性能

1. 性味归经

红米，味甘，性温；归脾、胃经。

2. 医学经典

《本草纲目》："消烦，活中，益精，止泻。"

3. 中医辨证

红米含有丰富的未被失去的营养成分，具有减肥、降低胆固醇、通便的作用，还具保护心脏、健脑功效。

4. 现代研究

红米，对人体具有下列益处：

（1）补气养阴，用于缓解脾胃气虚所致的食欲减退、乏力及补益。

（2）清热凉血，用于吐血、便血的缓解和改善。

（3）保护血管，健身减肥，未失去种皮营养的红米还具有保护血管、防止动脉粥样硬化的作用。特别是膳食纤维的完全存在，有促进肠胃蠕动，健身减肥的功效。

（4）红米低温烘烤熟的红米粉，适宜肥胖、便秘、糖尿病人，有青春痘人群食用。

食用注意

（1）红米由于种皮未去、煮粥、做饭难以软熟顺口，故在烹煮前 24 小时就要浸泡，浸泡的水不可弃掉。

（2）烹食时不可加碱，否则，绝大多数红米营养被破坏。

（3）红米在淘洗时，不可用力搓揉，防止营养流失。

传说故事

一、神农救米

人吃的粮食，传说是神农创造的。从前，大旱三年的时候，田地干裂，树木枯黄。神农见如此灾情，心中十分焦急，想尽一切办法去抢救稻，用自己的乳汁去灌溉稻田。起初流出的乳汁是浓白的，就得了白米；后来乳汁用完了，再流出来的是浓血，因此得了红米，所以现在瑶族人称红粒的米叫"血米"。

二、铁拐李与米缺角

米为什么总是缺只角呢？这里面有个故事呢。

据说很早以前，蓬莱岛上八个仙人，看到人间以采野果和打猎捕鱼为生，生活很艰苦。于是，他们就商量，约个日子，一起为人间造米。

到了约定的日子，大家都到了，只缺铁拐李。等了一阵，还不见他来，曹国舅就说："铁拐李还不一定什么时候到，我们先做起来吧，留一角给他做。"于是，七个仙人便动手做了起来。

米做好了，铁拐李才慢吞吞地走来，他见大家留一角在那里，知道是留给他做的，心里很不高兴，怎么也不肯做那只角。众仙没法，只得给缺了角的米包上一层壳，丢进了土里，然后便走了。

铁拐李见众仙走了，心想，我自己另外也造一粒米，于是就动手做了一粒，扔进泥里，也跟着走了。

过了很长时间，人们发现地里长出了稻子，但里面也有稗草。这稗草，就是铁拐李做的那粒"米"。人们把稻子收割好，磨去壳留下白花花的米，但总是缺一只角，那是铁拐李赌气不做造成的。

三、红米与白米

有个人新近丧母，偶然吃了顿红米饭。一个迂腐的儒生便指责他在居丧期间不该这样做，丧母者问他什么原因，他说："红色是喜庆的颜色，居丧时不该吃。"丧母者反问道："那么，天天吃白米饭的人，难道是天天都有丧事吗？"

米 皮 糠

栀子开花十里香，大姐带我去插秧。
秧歌唱得震天响，人又标致花又香。
山水下来河水涨，河里撑船忙得慌。
船里装着花大姐，都是忙着来插秧。

——《插秧歌》·江苏大厂区民歌

物种基源

米皮糠，为禾本科植物稻的种皮，又名舂杵头细糠、谷白皮、细糠、杵头糠、米秕、米糠。食用的米皮糠以新鲜为佳，因其放置时间超过一周就会被氧化，炒制时火不可太大，时间不可太长，只需两三分钟闻到香味即可。

生物成分

米皮糠，含有蛋白质、纤维素、维生素 B_1、B_2、B_{16}、E 及多种甘油酯，游离脂肪酸（其中棕榈酸约达 50%），角鲨烯、阿魏酸、甾醇、高级脂肪醇、烃、磷脂、脂蛋白、胆碱和多种微量元素如钾、钠、钙、锌、镁、铁、硒等。

食材性能

1. 性味归经

米皮糠，味甘，微苦，性平；归手、足阳明经。

2. 医学经典

《中国药典》："开胃，下气，消积，通肠。"

3. 中医辨证

米皮糠有补肾健脑、养血润燥的功能。对妇女妊娠浮肿、脾虚腹泻、脚气病、骨髓炎、身体超重、慢性肠炎、自汗盗汗等症的食疗效果好。

4. 现代研究

谷糠内含有大量的维生素和微量元素，对人体有很好的保健和防病、治病的作用。比如谷糠中所含有的维生素 B 和柠檬酸等物质，就具有帮助人体从食物中吸收钙质的作用，同时又具有抗衰老的作用。维生素 B 和维生素 E 又能帮助人体消化吸收食物中的各种营养物质。谷糠中的营养成分谷维醇，有着很好的健脑作用，同时又可以调节植物神经功能，治疗神经功能症一类的疾患。

现代研究还发现，米皮糠含有的谷维醇还能作用于大脑神经系统，改善植物神经的功能障碍，促进生长发育，米糠麸还有一定的抗癌作用。

食用注意

食用谷糠注意要适量，关于一次吃多少谷糠要根据一次吃多少精米来决定。吃多少精米，就要吃这些精米所带的谷糠，这样就能达到与吃糙米同样的效果，如吃一碗精米饭可以吃两小匙谷糠。

传说故事

一、稻种是老鼠保存下来的

很久以前，天降烈火，地上的庄稼草木都被烧焦了。人间的皇帝问："谁还能寻得出谷种，要大大的封赏！"人、禽、兽全都无法开口，唯独一只老鼠吱吱叫："我还有一小杯哩！"原来这老鼠打的洞在深土里，大火烧不到，它保存的粮食留了下来。

老鼠献出了无比珍贵的谷种。皇帝令人播到田里，从此黎民百姓又过上了好日子。人们为了报答老鼠，每到秋收时，都要在田角留下几兜稻子让老鼠度日。可是一代传一代，几代过后，人类的子孙竟忘了当年的规矩，不再在田头地角给老鼠留稻谷了。老鼠饿得眼花，吱吱叫着，官司打到玉皇大帝那儿，玉皇大帝赐它一副利牙，不管仓间、箱、柜，老鼠都可以用玉皇大帝赐的利牙咬开。

二、稻种是老鼠从天庭偷来的

古时稻谷一年四熟，收割不尽，人类吃不完，就不把稻谷当回事。玉皇大帝生气了，叫天神用布袋全收回去。从此，天下绝了稻种，人就求老鼠去偷稻谷种。老鼠上了天，等天神睡着时，先在黄泥浆里打个滚，咬开布袋，粘一身稻谷回到人间。从此凡间才又有了稻种。

玉　米

东入吴门十万家，家家爆谷卜年华。

就斗排下黄金粟，转手翻成白玉花。

红粉美人占喜事，白头老叟问生涯。

晓来妆饰诸儿女，数片梅花插鬓斜。

——《爆孛娄待》·清·赵翼

物种基源

玉米为禾本科植物玉蜀黍（Zea mays L.）的种子，全国乃至全世界都有种植，是世界高产谷物之一。

玉米，学名玉蜀黍，又名玉高粱、番麦、红须麦、薏米苞、包粟、包麦米、玉麦、珍珠芦粟、御米、苞谷、玉黍、珍珠米、苞米、六谷等50多个别名。按玉米粒色和粒质分为黄玉米、糯玉米和硬玉米（杂玉米）。

生物成分

据测定，每100克可食玉米中，含热能314千卡，蛋白质8.5克，脂肪4.3克，碳水化合物72.2克，膳食纤维6.4克及维生素A、B_1、B_2、E及尼克酸、硫胺素等，还含钙、磷、锌、铜、铝、硒等微量元素。

食材性能

1. 性味归经

玉米、味甘、性平；归胃、大肠经。

2. 医学经典

《本草纲目》："调中开胃，益肺宁心。"

3. 中医辨证

玉米有利尿、止血利胆、降压、降糖等作用，对肾炎水肿、高血压、糖尿病、胆囊炎、肝炎等疾病食疗效果好。

4. 现代研究

鲜玉米中含有大量的维生素E、A。维生素E能延缓人体衰老，减轻血管硬化和脑功能衰退；维生素A对干眼症及神经麻痹有辅助治疗作用。玉米中的维生素B_6、尼克酸等成分，具有刺激胃肠蠕动、加速排泄的特性，可防治便秘、肠炎、肠癌等。玉米富含维生素C，有长寿、美容作用。玉米胚尖所含的营养物质可增强人体新陈代谢、调整神经系统功能，能使皮肤细嫩光滑，抵制、延缓皱纹产生。同时鲜玉米中还含有赖氨酸和纤维素，对消除动脉中的胆固醇以及防癌抗癌有一定的作用。玉米淀粉可提取抗生素，玉米油还具有降低血液中胆固醇、软化血管的作用。中美洲印第安人不易患高血压，与他们主要食用玉米有关。玉米中含有一种叫"缩氨酸"的物质，可以延缓人体对酒精的吸收，并能抑制醉酒者体内乙醛浓度。故玉米的临床应用范围和保健效能已越来越受到人们的重视。

食用注意

（1）玉米中含有的尼克酸是结合型的，不易被人体吸收。人在严重缺乏时，是患癞皮病的主因。如在烹煮时加入少量的小苏打或食用碳酸钠，尼克酸由结合型转换成游离型就能被人体所吸收。

（2）玉米缺少色氨酸，可与豆类、大米、面粉等混吃，以提高其营养价值。

传说故事

哪吒、龙女与玉米

相传，托塔天王李靖的三儿子哪吒，爱上了东海龙王三小姐，东海龙王派虾兵蟹将干预。哪吒为了摆脱干预者的追赶，自己变成了一只金翅大鹏鸟，将三龙女变成了一穗玉米，用爪子抓着飞向天空。在哪吒与龙女双双飞过的地方，金色的玉米粒伴着春雨而降，扎根在沃土中并苗壮生长，于是人类有了稻、麦、稷、黍、菽五谷之外的"六谷"玉米，至今只要撕开玉米的衣苞，便露出了一排排金闪闪的玉米粒，还留有像龙鳞一样的痕迹呢。

附注

玉米须：治疗肾炎引起的浮肿和高血压，疗效明显而稳定，对Ⅱ型糖尿病用汤剂疗效亦明显。

玉米芯：可健脾利湿，还可用于制取抗癌物——180 谷胱甘肽。

玉米叶：含有抗癌作用的糖体，可治淋沥沙石症。

玉米根（抓地虎）：有散瘀、解毒的有效成分，可利尿、祛瘀、解热毒、去瘀血。

高　梁

高粱高似竹，遍野参差绿。

粒粒珊瑚珠，节节琅纤木。

——《高粱》·现代·陈德生

物种基源

高粱，为禾本科蜀黍（Sor ghum vulgare）的种仁。又名木稷、霍粱、芦粟、荻粱、番黍、蜀秫、乌禾、秫秫、稷米、红粮、红棒子等。

颖果呈褐、橙、白或淡黄等色。种子卵圆形、微扁、质黏或不黏。按黏性分，有粳性或糯性；按粒形分，有圆形、纺锤形和鸽眼形；按粒大小分，有大粒、中粒、小粒；按用途分，有食用高粱、糖用高粱、饲料用高粱等类。籽粒主要是供食用、酿酒、或制饴糖。糖用高粱的杆可制糖或生食，饲料用高粱的穗可制扫帚。高粱主产于东北、内蒙古、山西、山东等地，以山西出产者品质优。

生物成分

据测定，100 克可食用高粱，含热能 358 千卡，蛋白质 10.5 克，脂肪 3.1 克，碳水化合物 70.3 克，膳食纤维 4.4 克及维生素 B_1、B_2、E，还含尼克酸和微量元素磷、铜、铁、钾、钠、镁、钙、锰等。

食材性能

1. 性味归经

高粱，味甘、涩，性微温；归脾、大肠经。

2. 医学经典

《本草纲目》："温中，固肠胃，健脾，渗湿止痢。"

3. 中医辨证

高粱，清胃补气养脾，对阳盛、阴虚、夜不得瞑以及食鹅鸭成癥等症有食疗效果。

4. 现代研究

高粱主要药用成分为钙、磷、铁及B族维生素，特别适用于小孩消化不良、脾胃气虚、大便稀溏等不良症状者；患有慢性腹泻的病人常食用高粱米粥有明显疗效。高粱对腰背酸痛、青少年的成长期神经痛、女性痛经（血糖低和处在更年期的人），有一定的改善作用。经常食用高粱有利于缓解体内钙质的消耗，对老年人的骨质疏松有一定的帮助。

食用注意

（1）高粱性温、干涩、忌与中药附子同食。
（2）糖尿病患者不宜食用高粱。
（3）便秘者不易多食高粱。
（4）高粱含鞣酸高达2%以上，故在使用铁剂和碳酸氢钠治疗疾病时，应暂停食用高粱。

传说故事

道光年间"窝窝辞"

清代道光年间，河南延津有一个进士刘铎，出生于贫寒之家，十年寒窗，终于学有所成，考中进士。但他无意仕途，仍然安贫乐道，曾经写出闻名遐迩的"窝窝辞"："吁嗟乎，窝窝兮，天地之所生，人力之所造，列五谷之班次，育一生之精奥。高粱为其质干、黄豆为其筋条，盘旋于乾坤之后，组合于坎离之交。里二外八分，纤手成就，表实中虚兮，柔指运调。观其形似将军之帽，亏其色如状元袍。类馒头而无底，似烧饼而太高，与汤共饮，蘸秦椒以逍遥。田舍翁之常食。穷秀才之佳肴。富贵以尔粗糙。吾辈与尔素酒，价廉工省，不用茴香大料。啖其中之味，与终身偕老。"

大　麦

老翁老尚健，打麦持作饭。
终岁陇亩间，劳苦孰敢怨。

——《禽言》·宋·陆游

物种基源

大麦为一年或越年生禾本科植物大麦（Hordeum vulgare L）成熟的种子。
又名倮麦、稞麦、牟麦、饭麦、赤膊麦、卓麦等，有稃者才称大麦。成熟时，果皮分泌的黏性物可将内外稃紧密地粘在颖果上。史前即有种植,距今约7000多年,青藏高原是大麦的发祥地,以颗粒饱满完整、色泽黄褐有光泽,淡淡坚果香味者佳。全国均有栽培,以华东为最。

生物成分

据测定,100克可食大麦仁含热能304千卡,蛋白质10.2克,脂肪1.4克,碳水化合物66.4克,膳食纤维9.9克;钙、镁、磷、铁,还含维生素B_1、B_2、B_3、E和微量元素等营养物质。

大麦还含有淀粉酶、麦芽糖、大麦芽碱A、B等。

食材性能

1. 性味归经

大麦,味甘、咸、性凉;入肠、胃、肾、膀胱经。

2. 医学经典

《本草经集注》:"补脾和胃,除烦止渴,宽肠利水。"

3. 中医辨证

大麦,和胃、宽肠、利水,有益于脾胃虚弱、少食腹泻、烦热口渴、内热消渴、小便不利、淋涩作痛、水肿、水火烫伤的康复与食疗。

4. 现代研究

(1)大麦是一种低钠、低脂的健康食材,对降低人体胆固醇的含量极为有效。

(2)助消化作用。大麦芽含有α和β两种淀粉酶可使淀粉分解成麦芽糖与糊精,人体实验表明,麦芽煎剂对胃酸与胃蛋白酶的分泌有促进作用。

(3)降血糖作用。大麦芽浸剂口服可使人的血糖降低,能使人体饭后血糖不会升高得太快,还有益于糖尿病患者的血糖控制。

(4)分解有机磷。大麦嫩叶麦绿素成分能有效分解杀虫剂马拉制硫磷。

(5)麦绿素功能显著,大麦苗富含麦绿素,麦绿素中含维C是苹果的65倍,含铁是菠菜的5倍,对预防各种疾病效果显著,同时对糖尿病、胃溃疡、胰腺炎、过敏症有卓越的功能。

(6)大麦中含尿囊素,以0.4%～4%的溶液局部应用,能促进化脓性创伤及顽固性溃疡的愈合,可用于慢性骨髓炎和胃溃疡的治疗,大麦嫩叶的青汁成分在体外对人血小板具有抗凝集作用,还可以促进脑垂体前叶细胞中生长激素及催乳素的分泌。

食用注意

(1)炒熟的大麦制品不宜长期食用。大麦炒熟后,性质温热,健脾开胃功能明显,但长期食用容易助热、有内热体质者更不宜长期食用。

(2)焦大麦茶可防暑消暑,但时过立秋则不宜再饮用,会导致胃寒腹胀。

(3)大麦芽因能回乳,所以在哺乳期内忌用大麦芽。

(4)有麦酚过敏体质者少食或不食大麦。

(5)大麦芽如用于回乳,忌用量过小,一般炒麦芽要用60克以上。

传说故事

乾隆与丹阳大麦粥

丹阳，是江苏镇江境内一座历史悠久的古城，到过这里的人都知道，南朝石刻与黄酒是它远近闻名的两样特色。然而，只有熟悉它的人才知道，这里还有一种虽然普通却不寻常的食物：大麦粥。只要你尝过，就无法忘记那黄澄澄的大麦米粥带给你的无尽回味。

说起这大麦粥的不寻常，历史上还有一段典故。丹阳这座江南小城，著名的京杭大运河穿城而过，因此，这里早年的水运颇为发达。当年乾隆下江南时，带着文武百官和后宫嫔妃，乘着龙船浩浩荡荡地沿着京杭大运河南巡。一路经过各大小州县，各级抚台县官员无不拿出当地最奢华的美味佳肴来迎驾，生怕有半点怠慢。一路顺风顺水，船队来到了丹阳境内。这可急坏了这里的县太爷。因为当地贫困，县太爷冥思苦想，也想不出拿出什么好饭好菜来招待皇帝一行。实在没有办法，他灵机一动，派人烧了一大锅当地百姓家中的主食：大麦粥。希望能给皇帝图个新鲜。没想到，乾隆一尝，果真龙颜大悦，此粥不但麦香浓浓，而且十分可口，于是下令赏赐百官，并破例在这个江南小城多停留三日。

吃多了山珍海味的乾隆皇帝，偶尔尝到这样清香爽口的大麦粥当然是惊为天物。但要是三天，顿顿都以此为食，乾隆可就受不了。到了第二日，一千人等就已是饥肠辘辘。只是皇帝金口玉言要在此地停留三日，总不能出尔反尔，于是，乾隆与嫔妃、大臣们只能喝了三天的大麦粥。临走，乾隆颇为感慨地发出一句话：丹阳，可真难过啊！这句话后来传到民间，传来传去，竟成了：丹阳人可都是喝大麦粥的命啊！

小　麦

长吏案行在所，皆令种宿麦蔬食。
务尽地力，其贫者给种饷。
——《令种麦蔬诏》东汉安帝·刘祜·永初三年七月

物种基源

小麦为禾本科一年生或越年生草本植物小麦（Triticum aestivum L.）的种仁，又名麦、淮小麦。多秋种、冬长、春扬花、夏结实。秋种为冬小麦，分布在长城以南；春种为春小麦，分布在东北及长城以北。麦粒皮色有红、白之分，红皮又分深红和红褐色，口感和筋道略差；白皮又分白色、乳白色、黄白色之分，口感和筋道好。5000年前由野麦训化而来，为我国起源谷物之一，全国各省（区）均有种植。

生物成分

据测定，100克小麦可食用部分，含热能350千卡，蛋白质12～13克，脂肪1.5～1.8克，碳水化合物77～79克，膳食纤维0.2～0.35克；微量元素含钙、镁、磷、铁；还含维生素 B_1、B_2、E 等；含少量谷甾醇、卵磷脂、精氨酸、淀粉酶、麦芽糖酶等；脂肪主要为油酸、亚油酸、棕榈酸、硬脂酸甘油酯。

食材性能

1. 性味归经

小麦，味甘，性平，微凉；归心、脾、肾经。

2. 医药经典：

《本草再新》："养心、益肾、活血、健脾。"

3. 中医辨证

小麦，养心安神，除烦止渴，健脾止痢，益肾敛汗。对脏燥、烦热、消渴、泻痢等症有很好的食疗效果。外用可止血消肿，对痔疮出血、痈肿、烫伤有疗效。浮小麦药用益气止汗。

4. 现代研究

小麦籽粒含有丰富的淀粉、较多的蛋白质、少量的脂肪，还有多种矿物质元素和维生素。小麦子粒的蛋白质，主要由麦谷蛋白和醇溶蛋白组成。对于更年期妇女，食用未精制的小麦面粉能缓解更年期综合征。进食全麦可以降低血液循环中雌激素的含量，从而达到预防乳腺癌的目的。小麦粉（面粉）还有很好的嫩肤、除皱、祛斑的功效。

附注：

麦麸：主治瘟疫、热疮、烫伤溃烂、跌打损伤瘀血。

面筋：可和中，清劳热。煮食性凉，炒食则性热。

麦浆粉：即麸皮洗面筋后的浆粉，可补中益气、和五脏、调络、止痢，治水火烫伤、消肿痛。

麦奴：（麦穗成熟时得黑霜病的病穗）主治热毒、丹毒及各种阳毒湿毒、发热口渴、温疟等。

麦秆：可治疣、去除坏死组织。

嫩麦苗：捣烂绞汁饮，消酒毒暴热、黄疸目黄、解虫毒，还可解瘟疫狂热、除烦闷、消胸脯热、利小便，制成麦苗粉，可使人面色红润。

小麦胚芽：根据现代医学研究证实，小麦胚芽的蛋白质100克，远胜过4个鸡蛋的蛋白质总量，可消除疲劳，恢复精神，所含二十八烷醇能活化脑细胞，增加记忆力。

食用注意

（1）小麦含少量氮化物，可以起到类似镇静剂作用，慢性肝病患者不宜食用。

（2）小麦面粉加工不宜过于精细，否则会使营养成分损失过多，无益健康。

（3）发霉面粉不宜食用，可致人急性中毒。

（4）不宜多食和长食油炸面食和油条，因油长时间在较高温下，极易产生有毒聚合物，对人体有害；面粉在做油条时加入明矾，明矾中含有铝，铝在脑中积蓄可引起脑退化，还可导致肠胃道疾病。

（5）糖尿病患者要有节制地食用各种面食。

（6）传统碱发面制作食品，对营养有损失，最好用酵母发。

（7）勿食霉烂变质和未熟透的面制品。

（8）服中药土茯苓、威灵仙、当归时忌食小麦制品。

（9）勿同粟米、枇杷同食。

传说故事

一、乾隆与"都一处麦烧"

相传，乾隆皇帝一年重阳夜微服出访，走到正阳门外大街，店铺多已关门，只见一处灯火辉煌，便走了进去，闻到一股香气扑鼻，笼屉里整齐排列着蒸好的色泽晶莹、油亮滑润的麦烧。此时乾隆正有微饿之感，便要了一份，举箸一尝，荤素杂陈，不落俗套，在御膳房绝无此物。乾隆当时把店说成"都一处麦烧"，回宫后差人送来一匾牌，"都一处麦烧"。由此，北京"都一处麦烧"名声远扬，麦烧越做越好，生意越来越红火，直到现在。

二、朱元璋杯酒免皇粮

相传，朱元璋登上皇帝宝座以后，自以为已是太平盛世。当时常熟县连年遭灾歉收，百姓难以如数上缴皇粮，幸亏章知县才思敏捷，巧言善对，把上司派来的催粮官一一打发走了。朱元璋对此不满，要当面教训这位章知县。

章知县接诏不敢怠慢，骑上快马带着随从，直奔皇城。

朱元璋在宫中赐宴招待他。酒过三巡，朱元璋靠船下篙，对章知县正色道："朕常闻卿善联对，甚喜。今夜朕想出个上联，卿能对得出来，再免常熟县三年皇粮；如果对不出来嘛……"朱元璋两眼滴溜溜地瞪着章知县，伸出三个指头，提高嗓音说："补交前三年欠的皇粮！"

"微臣遵旨。"章知县对朱元璋打了一躬。朱元璋手捻胡须，带着几分酒意，话中有刺地说出上联：

"常熟常熟，年年减赋，何谓常熟？"

章知县听了，一时无词以对，心中有点发毛，正在这时，皇宫内太平巷里响起了更夫巡夜的打锣声，章知县灵机一动，手指太平巷，躬身对朱元璋朗朗说出了下联：

"太平太平，夜夜打更，怎称太平？"

朱元璋听了暗暗吃惊，章知县对得多么工整！但他不好意思说输了，只是举起手中的御杯，对章知县一语双关地连连说："爱卿，饮（赢）了！"

小 麦 麸

万物生存好稀奇，剥离精华只剩皮。

回归自然成至宝，延年益寿粗勿细。

——《戏咏麦麸》·现代·陈德生

物种基源

小麦麸为禾本科一年生或越年生草本植物小麦（Triticum spp.）磨粉后筛出的种皮，又名麸皮、小麦麸皮，以新鲜、黄中带淡白为佳。

生物成分

小麦麸，每100克麸皮，含热能220千卡，水分14.5克，蛋白质15.8克，脂肪4.0克，碳水化合物30.1克，膳食纤维31.3克及维生素 B_1、B_2、烟酸、锌、磷、钙、铁等微量元素。

食材性能

1. 性味归经

小麦麸，味甘，性凉；归心、脾、肾经。

2. 医学经典

《食物药用指南》："养心，益脾，利二便。"

3. 中医辨证

小麦麸味甘，微寒、入心经。

功专止汗，对于虚汗、盗汗、泄泻、口腔红肿、风湿痹痛、脚气、小便不利等疾病的食疗康复有益。

4. 现代研究

小麦麸，具有低糖、低蛋白、高纤维素及不饱和脂肪酸、多种维生素及微量元素等化学特性，特别是含有合成胰岛素必需的丝氨酸、缬氨酸、亮氨酸及锌元素等，对Ⅱ型糖尿病辅助疗效显著。因此，对糖尿病、高血脂、口腔炎等疾病的康复有益。

食用注意

（1）不要炒过火，微黄即可。

（2）小麦麸的应用，一定要新鲜，最好是刚出机（磨）的。

传说故事

面粉从哪里来

有个富翁很有钱，家里积聚着很多财产，可就是不懂得知识，一家人孤陋寡闻，愚蠢至极。特别是两个儿子，表面看上去还人模狗样，穿着华丽，可实质上只不过是一对"绣花枕头"，而这个当父亲的富翁却从来也不知道教育他们。

一天，学子对那个富翁说："您的两个儿子虽然长得都很漂亮，可是都没什么学问，又不通晓人情世事，将来长大了怎么能继承您家祖先的基业呢？"

富翁一听很不高兴，生气地说："谁说我家孩子不通世事？我家孩子又聪明又有才干，谁也比不上他们。"

学子笑了笑，说："把您儿子叫过来，我不考什么别的，只想问问他们吃的面粉是从哪里来的。如果他们说得清楚这一个简单的问题，就算我错了，我情愿承担诬蔑不实的罪名，您说行不行？"

富翁把两个儿子喊来，站在学子跟前。学子笑着问他们："两位公子，你们吃的白面粉，知不知这面粉是从何而来？"

富翁的两个儿子一听，心想：我以为是考我们什么了不得的学问哩，原来就这简单的问题。于是他们嬉皮笑脸地说："我哥俩岂能连这点小事也不知道？面粉是从缸里取来的！"

富翁在一旁听了，气得直踩脚，脸上现出一种难堪的神情，他赶紧纠正他们说："真是两个笨蛋，愚蠢至极，面粉是哪里来的都不知道！告诉你们，是从田里取来的呀！"

学子笑了笑说："有这样的父亲，还愁不会有这样的儿子吗！"

燕　麦

金秋犁划地翻浪，冬前万顷绿成行。

春分处处莺声美，夏至家家麦饭香。

——《咏麦》·现代·陈德生

物种基源

燕麦为禾本科一年或越年生草本植物雀麦（Bromus japonicus Thunb.）的种子，又名雀麦、野麦子、催麦、粒麦米、皮燕麦，以浅土褐色，外观完整，散发清雅淡淡麦香者为佳。我国西北、内蒙古、东北一带牧区或半牧区栽培较多。

生物成分

据测定，100 克燕麦可食部分，含热能 385 千卡，蛋白质 15.6 克，脂肪 4.5 克，碳水化合物 61.6 克，膳食纤维 4.6 克，富含多种氨基酸及维生素 B_1、B_2、B_3、E 等。还含葡萄糖、黄酮和多种微量矿物质等。

食材性能

1. 性味归经

燕麦，味甘，性平；归脾，胃经。

2. 医学经典

《食物本草》："充饥，滑肠。"

3. 中医辨证

燕麦有益肝和脾、滑肠催产、止汗止血，对病后体虚、纳果腹胀、便秘、难产、虚汗、盗汗、出血等症食疗有益。

4. 现代研究

燕麦所含亚麻油酸是人体最必需的脂肪酸，它能维持人体正常的新陈代谢活动，同时又是合成前列腺素的必要成分，对维护人体的性机能亦有重要作用。燕麦所含不饱和脂肪酸与脂肪酸、可溶性纤维、皂甙素等，可以降低血液中胆固醇与甘油三酯的含量，既能调脂减肥，又可起到帮助降低血糖的作用。燕麦所含维生素 B_1、维生素 B_2、维生素 E 及叶酸等，可以改善血液循环，帮助消除疲劳，又利于胎儿的生长发育。燕麦所含丰富的纤维素有润肠通便的作用，可以帮助老年人预防肠燥便秘，并有预防脑血管病的功效。燕麦所含钙、磷、铁、锌、锰等矿物质和微量元素，则能预防骨质疏松症，促进伤口愈合，以及防止贫血病等。燕麦能促使人体释放睾丸素，所以长期服食燕麦有助于缓解男性性功能障碍症状。同时燕麦对提高女性性欲也有帮助，尤其是更年期女性，可适当食用燕麦。但过量食用燕麦可能会对人体有害。

食用注意

（1）有麦酚过敏者慎食。

（2）易滑肠、催产，故孕妇慎食。

（3）燕麦营养丰富，但不可过量，否则有可能造成胃痉挛或者腹部胀气。

（4）有一种杂草，也名"雀麦"，又名破关草，猎人多用其炼制药箭，具有强毒成分，能伤人肌肤并立即溃肿，只能作外用，严防误食危害。

传说故事

朱元璋麦奴戏弄常遇春

相传，明朝开国皇帝朱元璋，曾和为他后来打天下的常二娃（即常遇春）一起为安徽凤阳财主放牛。一年春天，麦抽穗盛期，麦田麦穗中夹杂着不少麦奴（即黑穗病），他动手拔了两枝黑麦奴对常二娃说，只要把双眼闭上，咬住两枝麦奴，就能见到我将来坐在金銮宝殿上如何当皇帝。常二娃信以为真，听其摆布。朱元璋将麦奴一颗一倒让常二娃含在嘴里，等含好后，两手用力对过一抽，弄得常二娃满嘴墨黑，叫苦不迭。朱元璋自己捂住肚子哈哈大笑溜向远方，爬上牛背。

莜 麦

远古神农百草尝，麦性刚烈搅三江。
留优去劣大剖腹，今见腹沟不见脏。

——《麦》·现代·陈德生

物种基源

莜麦为禾本科一年生草本植物莜麦（Arena nude）的种子，又名玉麦、油麦，莜麦以颗粒完整、形状饱满、有清新淡雅麦香气息者为佳，成熟时籽粒与秤分离。我国西北、华北等地均有栽培。

生物成分

据测定，每100克可食莜麦，含热能366千卡，蛋白质15克，脂肪8.5克，碳水化合物63.9克，膳食纤维7.9克及维生素 B_1、B_2、E、胡萝卜素、尼克酸，还含微量元素磷、锌、铁、铜、钾、硒、镁、钙、锰等。

食材性能

1. 性味归经
莜麦，味甘、微咸，性平；归脾、胃、大肠经。

2. 医学经典
《食疗本草》："补气和中，开胃，疏肝，消积，除消渴。"

3. 中医辨证
莜麦宽中下气、祛湿止泻、健脾益胃，对便秘、食欲不振、腹泻、口干思饮、肺结核盗汗、糖尿病患者、儿童营养不良食疗效果好。

4. 现代研究
莜麦是一种高蛋白、高热能、高营养价值的粮食，多种植在无霜期较短的高寒丘陵山区，如山西省的雁北地区。莜麦的蛋白质含量为15%左右，比一般粮食的蛋白质含量均高，其中赖氨酸含量较高。莜麦中脂肪含量为8.5%，是小麦的2倍多，高于玉米。亚油酸含量较高，有降低胆固醇的作用。

食用注意

（1）有麦酚过敏者慎食莜麦。
（2）妇女在哺乳期少食莜麦。

传说故事

麦子是怎么来的

很久以前，天上有位大神，好喝酒，天堂所有的好酒，都被他喝遍了。他听说人间酒另有一番风味，就想下凡尝尝。

这位大神扮成一个商人，来到一家酒楼，正巧店里有人刚打开一坛陈酒，一股香气馋得他口水直滴。他不管三七二十一，抱起一坛酒就喝，喝完酒，笑道："我从来没喝过这么好的酒，想多买点走。"然后从怀里掏出一大把金银分给顾客。老板一看，这是个阔佬，就跟他漫天要价了。大神说："只要你答应卖酒给我，我就送你们一种能吃饱肚子的粮食。"他说着右手一舞，外头就有人叫嚷起来："不好，天上掉下来什么东西来了！"酒楼里的人朝外一望，只见天上落下来一片片白粉，转眼就堆了厚厚几尺，人们一个个都愣住了，不晓得是什么东西。神仙说："以后每年寒天都下点面粉，算我报答你们的好酒。"说完，人就不见了。

第二年冬天，天上果真又下起了三尺厚的面粉，有了面粉，人们不用再辛苦种地，大家一年到头吃了玩，玩了吃，地都荒了。

这位大神知道后，心想，这样下去可不行啊，可自己又是许了愿的，怎么办呢？第三年冬天，大神改下了一阵黄"雨"，细一看，是一颗颗黄颜色的颗粒子，接着又下了几尺深的大雪。地上的人不晓得那些黄粒子有什么用，一个个只把雪捧来家当面粉哩。过了几天，雪全化成水流出去了。开春，那一颗颗黄粒子，在田里发芽长青，夏天结了穗子，人们把它磨粉、做饼，一吃，喷香。从这以后，人们就年年种它了，管叫它"麦子"。

裸 大 麦

瓶储方叹无一粒，有穰争先登烈日。
获而修治劳妇姑，滑软甘香过枣粟。
山人不辨异味重，空斋饥吟坐高春。
一盂口分遂一饱，功与薄持牢丸同。
从今不叹鱼生釜，啼饥之人亦楚楚。
犁锄白杵出艰难，犹胜无功索红腐。

——《麦饭和明初韵》·明·许有壬

物种基源

裸大麦为禾本科一年生或二年生草本植物青稞（Hordeum uulgare vari nuda）的种子，又名穬麦、青稞、裸大麦、元麦、朱麦，是大麦的一个变种。以颗粒饱满、外观完整，带有淡淡清香者为佳。我国西藏、青海、云南的西北部、四川西北部等地有栽培，当地常称为"青稞"。

生物成分

据测定，每 100 克可食裸大麦，含热能 293 千卡，蛋白质 10.2 克，脂肪 1.2 克，碳水化合物 73.2 克，膳食纤维 13.4 克及维生素 B_1、B_2、E、尼克酸、胡萝卜素、视黄醇当量；还含微量元素镁、铁、锰、锌、钾、钠、钙、磷、硒等。

食材性能

1. 性味归经

裸大麦，味甘、咸，性凉、平；归脾、胃经。

2. 医学经典

《饮膳正要》："补脾养胃，益气止泻，强筋力。"

3. 中医辨证

裸大麦有健脾开胃、宽胸、利水作用，对食积不消、脘腹胀满、食欲不振、泄泻、淋痛、水肿、高原反应等有缓解作用。

4. 现代研究

裸大麦含有大量的有益元素，其中 β-葡萄糖的含量很高，β-葡萄糖具有降血糖、血脂的作用，所以青稞在降低血脂、血糖，增加胃动力，防止高原病和糖尿病等方面具有独特的作用。

食用注意

（1）有麦酚过敏者少食或不食。
（2）脾胃虚寒之人应少食。

小记

据权威机构统计，在西藏广大农牧区，痛风病和糖尿病的发病率为 0.01％，这与长期食用裸大麦糌粑有关，而藏族人把青稞称之为养育众生之母后，经加工后的糌粑被视为她的无价长子，把青稞酒称之为滋补身心的甘露妹子。

传说故事

青稞种子的来历（藏族）

几千年以前，离娄若很远的地方，有一个布拉国。布拉国的地盘很宽，人也很多。在这个国家里，人们吃的是牛羊肉，喝的是牛羊奶，只有国王的宫殿里才有一些果树，也只有国王和他的大臣们才能吃上一点水果。

国王的儿子叫作阿初，是一个聪明、勇敢、善良的青年王子。他听说山神日乌达那里有粮食种子，把种子撒在地里就能长出又香又好吃的粮食来。他想让全国的人都吃上粮食，就打算到日乌达那里去要种子。

阿初王子把他的想法告诉了他的爸爸妈妈。国王和王后想：到山神日乌达那里去，要走九千里路，要翻九十九座大山，要过九十九条大河，他们怕唯一的儿子在路上出岔子，就劝阿初不要去。不管国王和王后怎样劝，阿初都不听，一心要去把种子找回来。国王和王后没法，只好选了二十个武士陪着阿初王子一起去找日乌达。

他们翻过一座大山又一座大山，渡过一条大河又一条大河。阿初王子身边的武士，一个接着一个地死去了，有的是被路上的野人杀死的，有的是被毒蛇和猛兽咬死的。翻过九十八座大山，过了九十八条大河之后，就剩下阿初王子一人一马了。

阿初王子牵着他的马，一步一跌地爬上了第九十九座大山。快到山顶时，突然刮起了狂风，天上降下了暴雨，阿初只好偎依着他心爱的马，躲进一个岩窝里。暴风雨一过，阿初牵着马上了山顶。真奇怪！山顶上一点也不像下过暴雨的样子，太阳正红火。在一棵高大的罗汉松下面，坐着一位老妈妈，她正拿着线锤在吊毛线。阿初走上前去，向老妈妈行礼，问老妈妈日乌达住在什么地方，怎样才能找到日乌达。老妈妈把阿初打量了一番。阿初把他的身世来意告诉老妈妈后，老妈妈才说："要找日乌达很容易，翻过这座山，过了山下的大河，沿着河岸往上走，河的尽头有一个大瀑布，在那里，你只要高声喊三次日乌达的名字，日乌达就会出来见你。"原来这个老妈妈就是地母，她是被阿初的诚意感动了，特意来给阿初指路的。阿初正要向老妈妈道谢，老妈妈已经不见了。在第九十九条河的尽头，阿初看到了从高山顶上倾泻下来的瀑布，哗啦啦的大水流个不停。对着瀑布，阿初恭恭敬敬地行礼，接连喊道："尊敬的神——日乌达，请您出来吧，我有一件事请您帮忙！"刚喊完第三遍，一个像高山一样高大的老人从瀑布中现出来，老人雪白的胡子跟瀑布一样从山顶拖到河水中。这个巨大的老人，就是阿初王子求见的日乌达。

"是哪一个叫我？"老人低下头，发现了阿初，就说，"哦，哦，是你！你是哪里来的？找我做啥？"

"尊敬的山神，是我找您。我是布拉国的王子，听说您这里有很多粮食种子，我求您给我一点，让我带回去，让我们那里的人都能吃到粮食。"阿初说完，又向老人行了一个礼。

"什么？粮食种子？"老人想了想，突然哈哈大笑起来，笑得大山弯腰，河水断流。他说："小王子，你弄错了！我这里哪有什么种子？只有蛇王喀不勒那里才种庄稼，在他那里才有粮食种子。"

阿初着急了，接连问日乌达蛇王住在哪里，怎样才能向蛇王要到种子。日乌达笑着对阿初说："蛇王住的地方离这里不算远，骑着快马只消七天七夜就可以走到，只怕你不敢到他那儿去。蛇王很凶狠也很吝啬，他从来不愿把粮食给世上的人，以前很多到他那儿去的人，都被他变成狗吃掉了。你去，也会被他变成狗，被他吃掉的，你害怕不？"

阿初说："我不怕，只要能得到粮食种子，我什么也不怕。"

日乌达见阿初很坚定，是一个聪明勇敢的小伙子，就详细地告诉他到蛇王那里去的路，并叮咛阿初说："要想得到粮食种子，只有到蛇王那里去偷。秋天蛇王收了庄稼以后，就把粮食装进口袋，放在他的宝座下面，周围都有卫士守着。但是，每逢戊日太阳当顶时，蛇王就要到山顶海子边去拜访龙王，他来去只要一根香那么久，他的卫士都要趁这个时候打瞌睡。在这一根香的时间，就是去偷粮食种子的最好时机。"说着，日乌达从怀里掏出一颗像黄豆样的东西交给阿初，说："我老了，不能更多地帮助你，送你一颗'风珠'，在万不得已时，你把它含在口里，它会帮助你跑得像风一样快。"

阿初向日乌达道谢，日乌达最后嘱咐说："万一你不幸被蛇王变成狗，你要赶快往东跑，等你得到一个姑娘真正的爱时，你再回国去，那时你就会重新变成人。去吧！小伙子，我祝你碰到好运气。"

阿初骑着马在路上慢慢地走，走两天就要歇一天，从夏天一直走到了秋天，离开日乌达那里时，他很瘦很弱，这时他却长得非常健壮了。到了蛇王管辖的地界，蛇王刚刚收完地里的庄稼。一望无边的田野里，只剩下高高矮矮的禾桩，周围一户人家都没有。阿初知道蛇王住在很远很远的高山上，就赶着马奔向那座大山。阿初一到蛇王住的那座山脚下，翻身下马，取下了马背上的口袋，放开缰绳，让马先跑回布拉国去。他背起干粮袋，不敢径直爬上蛇王住的那座山，而是爬上了靠近蛇王洞府的另一座大山。到了山上，阿初选了一个正对蛇王洞府的岩窝住下来。这个岩窝和蛇王的山洞隔着很宽很深的山沟。他用干草和树枝铺好了岩窝，睡在岩窝里就可以看见蛇王洞门口的一切。

一个戊日的中午，阿初正在岩窝里打盹，突然听到一阵清脆的铃声。他抬头一看，原来蛇王带着他的卫士，正沿着洞门口的大路朝山上走去。蛇王很高大，穿着有鳞甲的袍子，袍子的边上挂着许许多多的小银铃。他知道蛇王是要到山顶海子去的，就赶紧爬出岩窝，溜下山沟，朝蛇王的洞府门爬去。果然，守洞的卫士这时都睡着了。阿初快要爬到蛇王的洞门口时，突然铃声响来，洞口的卫士都翻身爬了起来。阿初知道是一根香的时间过去了，蛇王从海子回来了，吓得躲在大路边的草堆中，动也不敢动。

等蛇王进了洞府，阿初才悄悄地离开草堆，不但没有偷到粮食种子，连洞门也没有进成。他垂头丧气地回到自己的岩窝里，自己生自己的气。过了好一阵，他的脸上才露出笑容。原来，他想到了一个好主意：在这边山的大树上拴根绳子，吊在绳子上就可以荡到对面山腰，免得爬来爬去耽搁时间。于是，他把他的毡衫脱了两件下来，撕成一根一根的，然后编成毡绳。

又是一个戊日的中午，蛇王带着两个卫士离开了山洞，朝山顶的海子走去。趁这个时候，阿初爬到了面对着蛇王洞的那棵大树下，在大树伸向山沟的一根粗枝上拴好毡绳。接着，他顺着毡绳往下滑，滑到毡绳的尖端时，他用力一荡，一下就荡到蛇王的洞门前。阿初轻手轻脚地绕过睡着了的卫士，走进了蛇王洞。

洞里漆黑漆黑的，阿初摸着洞壁，拐了几个大弯，走进了蛇王的大殿。这里，长明灯照得大殿亮堂堂的；大殿深处有一个台子，台子上有一个金圈椅。台子上有一群睡着了的卫士，台子前面也有一排睡着了的卫士。蛇王的粮食，就一袋一袋地堆在台子下面。阿初悄悄地走过去，越过两个睡着了的卫士的肩头，钻到了台子下面。

在台子下面，阿初顺手打开一袋粮食，一把一把地抓进自己肚子上挂的口袋里。口袋装满了，他还抓了一把在手里。然后，他又越过那两个卫士的肩头，走出大殿。在大殿长明灯下，阿初看见了他手里抓的粮食，都是黄澄澄的小子粒，这就是宝贵的青稞。

阿初刚摸出洞口，兴奋使得他忘记了小心，一脚踢在洞门口卫士的身上。两个卫士翻身跳起来，两支长矛拦断了阿初的退路。阿初赶紧把手中的青稞子向两个卫士撒去，趁两个卫士退后一步揉眼睛的时候，阿初抽出了斯夹巴，一挥手就砍倒一个卫士。他正要砍另一个卫士，洞里的卫士们听到惨叫声，一窝蜂似的赶出来围住了阿初。阿初砍死了几个卫士，拔腿就跑。谁知一时心慌，跑错了路，一头撞在刚从海子回来的蛇王身上，撞得蛇王坐倒在地上。

前面是蛇王，背后是蛇王的卫士们，阿初只好横着心向山沟里跳，一面把日乌达给他的"风珠"含在口里。正在这时，蛇王哈哈一笑，伸手指向阿初，突然天空响起雷声，闪着电火。雷电击中阿初，阿初就在雷电交加中变成了一只黄毛狗。

阿初怔了一下，想起了日乌达的吩咐，赶快朝山沟里跑。说也奇怪，他像长了翅膀一样，一下就飞过了山沟，越过了几座大山。他的身后响了几阵雷，闪了几次电光，但雷和闪电都没有追上他。

第二年的春天，被蛇王变成了黄毛狗的阿初王子，沿着一条大河走到了娄若这个地方。娄若，也是一个不长庄稼的地方，除了土司官寨附近有些果木外，漫山遍野都是青草，到处是牛羊。一到这个地方，阿初就听人们说，这里的土司叫肯兵，他有三个漂亮的女儿，大女儿叫泽躺，二女儿叫哈木错，三女儿叫俄满。三姊妹中，要数俄满长得最漂亮，她比她的两个姐姐都聪明，心地也最善良。俄满爱一切善良的人，爱花爱草，也爱狗、猫、雀鸟等一切动物。阿初想到日乌达的话，他认为只有俄满才是能救他的人，就决定去找俄满，把他的青稞种子和爱，送给美丽善良的俄满。

阿初在土司官寨附近徘徊了好几天。一天，正当俄满在官寨背后草坪上摘花的时候，阿初跑上前去咬住了她的裙子，直摆尾巴，俄满看见是一条可爱的黄狗，就跪下来抚摸狗的头，不住地赞叹。阿初王子虽然被蛇王变成了狗，却仍然和过去一样聪明，美丽的眼睛能表达他的心意。他的两只泪汪汪的眼睛望着俄满，"汪，汪，汪"地叫个不停。边叫边用一只脚比画，拨动他脖子上挂着的粮食口袋。

俄满以为这只狗是要她把口袋取下来，她轻轻地从阿初的脖子上取下口袋，并打开了它。口袋里黄澄澄的青稞种子使俄满惊得呆了，她不知道这是从哪儿来的，也不知道有什么用处。阿初抓了她的衣裙，又用两只前爪在地上刨了一个小坑，比画着要她把这一粒粒像黄金一样的东西丢在坑里。

俄满懂了。阿初不停地刨坑，俄满就把青稞种子撒在坑里。一袋青稞种子撒完了，俄满累了一身汗，阿初身上也直吐舌头。

善良的俄满，喜欢这只给她带来像黄金一样的种子的狗，更喜欢这只能用眼睛说话的狗。她把地里种下的青稞当成宝贝，更把阿初当成她的宝贝。她让阿初跟她住在一起，不论到哪儿去都把阿初带在身边。

青稞是阿初用性命换来的。阿初天天要去看青稞，俄满也天天跟着去看。他们看着青稞发芽、出苗、吐穗……

秋天，各种果子成熟了，牛羊也肥了。肯兵土司的三个女儿也该出嫁了。

一个有月亮的晚上，土司在官寨前面的大草坪上举办了一个盛大的锅庄晚会。土司一家人都在草坪上，附近所有的有钱人和他们的太太、少爷、小姐都来了。土司举办这个晚会，一来是庆祝一年的好收成，二来是给他的三个女儿选女婿。在草坪上的，除了土司一家人和那些有钱的老爷、太太、少爷、小姐外，别的什么人也没有，只有阿初是例外，因为他是俄满心爱的狗，俄满能去的地方，他也能去。

草坪上，人们唱了一支又一支的山歌，跳了一次又一次的锅庄。俄满跳锅庄，阿初也跟在她身后跳，俄满不跳了，阿初就偎依在她身边。

唱了几遍山歌，跳了几圈锅庄，喝过了奶茶，不熟悉的人都熟悉了，从未交谈的人也彼此认识了。就在这个时候，土司的三个女儿，怀里抱着果子，跳起了最好的锅庄，这是她们在挑选丈夫了。年轻的少爷们就在草坪中间坐了一个大圆圈，把她们姊妹三个包围起来。

姊妹三个跳完第一圈锅庄，大姐泽躺就选到了她的丈夫——附近一个部落的士官的儿子。她把怀里的果子全给了他，他们并肩跳着锅庄，到土司肯兵面前去了。

跳完第二圈锅庄，二姐哈木错也找到了她的心上人——附近一个地方的少土司（土司的继承人）。哈木错也照老规矩，把她怀里的果子给了少土司，他们一起跳着舞到了肯兵土司的面前。

俄满接连跳了三圈锅庄，却没有选出她心爱的人。不是草坪上的年轻人没有钱，也不是这些年轻人长得不漂亮，在俄满看来，这些人身上总像缺少一些说不出来的东西，所以他们中一个也没有被俄满选上。

俄满的美丽，她的善良和聪明，是所有的人都知道的，漂亮的小伙子们都想娶她做妻子。他们看见俄满连跳了三圈锅庄却没有选中他们中的任何一个，开始悄悄地议论了："俄满究竟要选什么样的人做丈夫呢？"

俄满跳第四圈锅庄的时候，突然看见了她心爱的狗——阿初，泪汪汪地坐在人群中，俄满心里一动，情不自禁地跳着锅庄到了阿初的身旁。她从来没有想过她会选狗做丈夫，她只是爱她的狗，舍不得离开她的会用眼睛说话的狗。偏偏有那么凑巧，她刚跳到狗的身旁就滑倒在狗的身上，捧在怀里的果子也掉进了狗的怀里。她又羞又气，埋怨自己为什么会在这个时候跌倒在狗身上，更恨自己会在这个时候把果子掉进狗怀里。

周围的人，特别是那些年轻人，一看见俄满当众出丑，立刻哄堂大笑起来，他们嘲笑俄满爱上了狗，嘲笑俄满选了狗做丈夫。

肯兵土司是个最爱面子的人。他见人们嘲笑俄满，非常生气，认为俄满是当众丢了他的脸，不配做他的女儿。俄满的两个姐姐也不同情俄满，甚至同外人一起嘲笑自己的妹妹。土司指着俄满大骂，要俄满永远离开官寨。他说："既然你爱狗，当众选了狗做丈夫，那你就跟你的狗丈夫走吧，永远不要再进我的官寨！"

俄满的眼泪像珍珠一样成串地淌，边哭边朝青稞地里走去，黄狗就跟在她身后。

"聪明美丽的姑娘，你不要再难过了。"俄满怀里的狗突然开腔说话了。俄满很惊诧，立刻不哭了，抽抽噎噎看着这只会说话的狗。

"你不要难过，也不要害怕。我是人，我不是狗。"

"你是人？为啥你又会变成这个样子呢？"俄满害怕地放开了怀中的狗，她很不相信这只狗会是人。

阿初叹了一口气，说道："你知道布拉国吗？我就是布拉国的王子。我们那里的人，从来没有吃过粮食。我想使我们那里的人吃到粮食，就到蛇王喀不勒那里去偷，刚偷了这么一些青稞出来，就碰上蛇王，他便把我变成了这个样子。不过，我还是可以再变成人的。"

俄满看了看地里已经成熟的青稞，又看了看站在她面前的狗，就好像一个年轻英俊的王子站在她的身边一样。她又把狗拉进她的怀里，抱得很紧很紧。她眼眶里还挂着泪花，嘴角却露出了笑容。她真诚而热情地对阿初说："要是你变成了人，那该有多好啊！不但我不会再被人嘲笑，而且，我们会生活得更幸福。可是，你什么时候才能变成人呢？"

阿初回答说："在我没有到蛇王那里去以前，我曾经找到过日乌达。他告诉我，万一不幸被蛇王变成了狗，就必须在得到一个姑娘纯真的爱的时候，才会重新变成人。"

俄满说："我爱你，我是真正的爱你，你为啥还不变成人呢？只要你能变成人，你要我做啥我就做啥。"

"假如你是真诚地爱我：第一，你赶快把这些熟了的青稞收集起来，缝一个小口袋装起，并把口袋挂在我的脖子上；第二，我马上就要回布拉国去，在回国的路上，我会沿路撒下青稞种子，你跟着我撒的青稞走，走到看不见青稞的时候，你就会看见我重新变成人。"阿初说完，就望着俄满的眼睛，等待俄满的回答。

俄满默默地点了点头，什么也没有说，就站起身来，动手收集那些成熟了的青稞。接着，她撕下一块围裙布，缝成了一个小口袋，把青稞装进去，挂在阿初的脖子上。她要求跟阿初一起走，阿初不肯，说："从现在起，我不能再像这样子跟你在一起，不愿意让你再看见我这个难看的样子。你爱我，就跟着我撒下的青稞走吧！"

俄满抱着阿初亲了又亲，她和阿初的眼里，都滚出了成串的泪珠。突然，阿初挣开俄满的双手，朝着河边跑去。

阿初脖子上挂着青稞口袋，在路上走着。其实哪里有路啊！他走的全是荒野。每走一步他都要停一下，用四只爪子刨松土地，撒下青稞种子。饿了，就吃几个荒地上长的野果，渴了，就喝一点溪沟里的清水。

在阿初身后很远很远的地方，俄满也正在路上走着。刚上路的时候，她看见地上是刚撒下的青稞种子，以后，她看见了青稞芽子、青稞苗子，甚至看见了出穗的青稞；刚上路的时候，她吃的是自己背的，慢慢地，她背的吃完了，只好和阿初一样，饿了就吃野果，渴了就喝溪水。她很想看见阿初，可是，怎么也赶不上，怎么也看不见。

俄满不知道在路上走了多久，也许是半年，也许比一年还长。一直走到青稞成熟，树叶枯黄的时候，她才看见远远的地方有一座城，有许许多多高大的楼房。虽然她受尽了风霜雨雪，吃了很多很多的苦，但在她的心里和脸上却充满了喜悦，因为她快到她心爱的人的国土了。虽然她的靴子走烂了，脚走破了，衣服被荆棘扯破，一身沾满了尘土，但她的心和脸仍旧和从前一样漂亮。

　　俄满来到了布拉国，走进了布拉国的都城，这里，除了漂亮的楼房，美丽的花木外，早已看不见青稞了。她逢人就打听，问了好几个人，才知道她心爱的黄狗，早已跑到王宫里去了。她顺着大街，朝王宫走去。王宫坐落在都城的中心，高大而雄伟，四面八方都是花木，活像一座大花园。俄满刚走进花园，她心爱的狗跑来了。她伸出双手要去抱狗，而狗却站住了。就在狗站的地方，轰地冒起了一阵白色的浓烟，阿初王子从浓烟中走出来，狗却不见了。俄满和阿初拥抱在一起。勇敢的阿初王子仍旧和过去一样年轻、英俊。

　　阿初王子带着俄满，一同去拜见了他的爸爸和妈妈——布拉国的国王和王后。国王和王后高兴得流出了眼泪。国王和王后爱他们的儿子，也爱善良、美丽、忠贞的俄满。

　　就在俄满走到布拉国京城的那天晚上，阿初王子和她结婚了。参加婚礼的人很多，有布拉国的国王、王后和大臣们，还有很多很多的老百姓。那些老百姓，在婚礼进行中编了一支又一支的歌儿，感谢为他们找回青稞种子的勇敢而贤良的阿初王子，赞美聪明美丽而又忠贞的俄满。自从阿初王子和俄满离开娄若地区以后，从娄若到布拉国的几千里地面上都长出了青稞，几千里地面上的人都吃上了用青稞磨面做成的糌粑。许多人只看见一只黄狗撒下的青稞种子，长出了像黄金一样的粮食，却不知道这只黄狗就是阿初王子，都以为是神可怜他们，派神狗给他们送来了粮食种子。因此，为了感谢神，感谢给他们送来青稞种子的神狗，他们在每年做糌粑时，都要先捏一团糌粑喂狗，一直到今天，从来没有人改变过这个规矩。

大　黄　米

邹衍法师带春风，黍稷糜是堂弟兄。
年年煮成腊八粥，热闹莫过雍和宫。

——《咏黍》·现代·陈德生

物种基源

　　大黄米为禾本科一年生草本植物黍（Panicum miliaceum）的种仁。又名黍子、秫米、红莲花米。主要有三种类型：圆锥花序较密，主轴弯生，穗的分枝向一侧倾斜的为黍型（P. miliaceum var. contraetraetum），即黍子；圆锥花序密，主穗直立，穗分枝密集直立的为黍稷型（P. mi-liaceum var. compactum），即糜子；圆锥花序较疏，主穗轴直立，穗分枝向四面散开的为稷型（P. nn-liaceum yar. effusum），即稷。大黄米以淡黄色，粒状饱满浑圆有光泽，有淡淡米香为佳。我国北方栽培较多。

生物成分

　　据测定，每100克大黄米中，含热能338～347千卡，蛋白质9.6～13.6克；脂肪0.9～1.2克；碳水化合物59～63克；尼克酸、视黄醇当量；含矿物质钙、磷、铁、镁、硒等；含维生素B_1、B_2、E等，还含有人体所必需的8种氨基酸。大黄米所含丰富的蛋白质中，含清蛋白14.73%，谷蛋白12.39%，球蛋白5.65%，醇蛋白2.56%，其他蛋白64.67%，有"运输蛋白质大队长"称誉，这是谷类食材中绝无仅有的。

食材性能

1. **性味归经**

　　大黄米，味甘，性平；归脾、胃、肺、大肠经。

2. 医学经典

《名医别录》："益精、补肾、健脾、止渴、消烦。"

3. 中医辨证

大黄米，益气补中，凉血解暑。对脾胃虚寒、泻痢、吐逆、咳喘、小儿鹅口疮等疾病康复食疗效果好。

4. 现代研究

大黄米中的蛋白质对人体的作用很大，可制造红细胞，避免贫血，可转换成抗体，帮助免疫系统产生抵抗细菌的能力，还可以维持皮肤、指甲、头发的健康。

食用注意

（1）大黄米其性黏腻，较难消化，凡脾胃功能弱者不宜多食。
（2）大黄米小儿不宜多食、常食，易使其行走能力延迟。

小记

黍：种仁煮熟为黏性。

糜子：种仁煮熟无黏性。

稷：种仁煮熟后黏性介于黍和糜子之间的黏性。

传说故事

一、黍谷山的传说

相传，在北京密云南八公里荆栗元村东的黍谷山是燕地名山。远古这一带，天寒地冻，五谷不生。一个叫邹衍的法师设坛讲经，带来春风，使黍谷成熟丰收。为了纪念他，后人在其做法讲经处建"邹衍庙"，南建"别古院"，西建"西有圣庙"，专门侍奉邹衍彩塑。此庙是黍谷山中规模最大，建筑年代最久远的一座。庙中有高大的古白果树，化雪石，苦甜井，风台顶，还有古植"一桑三松四棵柏"等景观。庙外桃花杏林满坡，每逢农历三月和四月十五，有游山赶庙会的旅客络绎不绝，热闹非凡。

二、稷子的来历（达斡尔族）

从前，居住在嫩江两岸的居民以狩猎、打鱼为生。不管他们翻过几座山，穿过几道村岗，漂过几条河，都得回来向当头领的交地皮税。孤儿寡母的沃托卡，儿子巴图为了给妈妈找点吃的，背起兽皮桶翻过八座沟，爬过四道岭，眼前出现一股清泉。清泉周围长满了结着金红色的小圆粒，巴图饿极了，就将了一把小圆粒放进嘴里嚼着，又香又甜。他就将哇将哇，足足将了一兽皮桶拿回来给阿妈吃。从此，娘俩就年复一年的把这小圆粒种进地里。有一天巴图骑着梅花鹿回来，闻着一股扑鼻的香味儿。原来是阿妈用锅把小圆粒煮熟了，又煮了一瓦罐鱼汤，这顿饭真比吃手把肉还香。

接连三年大旱，嫩江断流了，头领巴音天天抢夺人们打来的活鱼，江岸饿死的人白骨成堆。又一年巴图赶着鹿群，把金红色小圆粒撒进土地里，当年下了一场春雨，秋后丰收了，人们高兴地唱歌跳舞。当地头领像狼一样的鼻子闻到了香味，就带人来抢谷物，巴图不肯交出谷物，被头领活活打死。人们哭着把巴图葬在泉边，煮熟了谷物放在坟前，来祭奠达斡尔族的好儿子，为了永远纪念巴图，就给谷物起名叫"祭子"，后来，祭子传到兄弟族中，因达斡尔族没有文字，人们就是把祭字在左边加了个禾目，写成"稷子"就是现在黑龙江省的特产稷子米。至今，达斡尔族招待贵客还用稷子米饭、鲫鱼汤。把稷子列为上品。

小 黄 米

荣华富贵本无常，邯郸卢生梦黄粱。

武王伐纣说伯夷，为何逃遁到首阳。

——《说粟》·现代·陈德生

物种基源

小黄米为禾本科一年生草本粟（Setaria italica）的种仁，又名谷子、粟谷、硬粟、寒粟、黄粟、小米、小黄米，原产我国，由野生"狗尾草"选育驯化而来。据史料查证已有8000多年的栽培种植史，以淡黄、仁粒均匀、浑圆、有淡雅谷香者佳。粟很耐贫瘠干旱，谚语有"只有青山旱死竹，未见地里旱死粟"。

生物成分

据测定，每100克小黄米，含热能361千卡，水分11.6克，蛋白质3.1克，碳水化合物73.5克，膳食纤维1.6克及胡萝卜素、视黄醇当量、硫胺素、尼克酸、维生素B_1、B_2、B_{12}、C、E和微量元素钾、钠、钙、镁、铁、锰、铜、锌、磷、硒等。蛋白质中含谷蛋白、醇溶蛋白、球蛋白多种。种子蛋白质含多种氨基酸，有脯氨酸、丙氨酸、蛋氨酸等。但蛋白质中赖氨酸的含量偏低，故宜与肉类或大豆类搭配混合食用。

食材性能

1. 性味归经

小黄米，味微咸；归脾、胃、肾经。

2. 医学经典

《名医别录》："和中、益肾、解毒、除热。"

3. 中医辨证

小黄米，有滋养肾气、和胃安眠、清虚热之功效，对脾胃虚热、食不消化、反胃呕吐、胃热、消渴口干、淋病等有食疗效果。

4. 现代研究

小黄米含食物蛋白中的色氨酸，能促使人的脑神经细胞分泌出一种使人欲睡的血清素——五羟色胺。它可以使大脑思维活动受到暂时抑制，人会产生困倦感。小黄米还含有极易被消化的淀粉，进食小黄米后能使人很快产生温饱感，可促进人体胰岛素的分泌，进一步提高进入人脑内色氨酸的数量。所以，小黄米是一种无任何药副作用的特殊安眠食品。

食用注意

（1）烹煮前淘洗不要太过分，不要太着力搓洗，防止小黄米的营养素流失。

（2）勿与杏仁同食，同食可令人吐泻。

传说故事

一、卢生的黄粱梦

唐代沈既济《枕中记》里故事：有个卢生在邯郸饭店遇到道师吕翁。卢生自叹穷困，道师借给他一个枕头，说枕了就会称心如意。这时店家正煮小黄米饭。卢生梦入枕中，享尽了一生的荣华富贵，一觉醒来，小黄米饭还没有熟。

二、康熙与"沁州黄"

小黄米"沁州黄"是出名的品种。这与清康熙时的保和殿大学士吴琠相关。相传，明代沁州檀山一带有座古庙，庙里住着几位和尚。他们见庙周围的土地荒芜，便开垦出来种了"糙谷"。这种谷子色泽金黄，颗粒饱满，圆润晶莹，煮成的小黄米饭松软可口，味美清香，由于种在山坡上，遂起名为"爬山糙"。到了清朝，吴琠有一次还乡时，听说"爬山糙"品质极佳，便亲自去檀山庙品尝，发现果然名不虚传。当时，吴琠嫌"爬山糙"这个名字不雅，就为这种小黄米起了个通俗又形象的名字"沁州黄"，并在还朝时备了一些献给康熙皇帝。康熙吃了后十分欣赏，于是"沁州黄"便成了年年岁岁进贡的贡米。

三、刘秀名起源于小黄米

东汉的开国皇帝刘秀取名同小黄米有关。建平元年（公元前6年）济阳全县的小黄米大熟，"一茎（秀）九穗"，刘秀正好这一年出生济阳，由此而取名秀。

薏 苡 仁

伏波饭薏苡，御瘴传神良。
能除五溪毒，不救谗言伤。
谗言风雨过，瘴疠久亦亡。
两俱不足治，但爱草木长。
草木各有宜，珍产骈南荒。
绛囊悬荔支，雪粉剖桄榔。
不谓蓬荻姿，中有药与粮。
春为芡珠圆，炊作菰米香。
子美拾橡栗，黄精诳空肠。
今吾独何有，玉粒照座光。

——《薏苡》·宋·苏轼

物种基源

薏苡为禾本科一年或多年生草本植物薏苡（Coix lacr yma-iobi）的成熟种仁，又名触目、起实、六谷米、菩提珠、药玉米、水玉米、草鱼目、尿塘子、尿珠子、薏愿、鬼珠箭、瞎眼子树、草菩提、厂子等。

"薏苡"有两种：一种黏牙而壳薄者，即薏苡也，其米仁白色如糯米，可作粥、饭及磨面食，亦可同米酿酒。一种圆而壳厚坚硬者，即菩提子，又名菩提珠，自古农人用线串成串珠，作斗笠或帽系带以挡汗水湿而长用之。

主产于福建浦城、河北安国、辽宁辽阳，以福建、河北产品质量好；商品名称"蒲米仁"、"淡淡的仁"，辽宁产者称"吴米仁"。

生物成分

据测定：每100克薏苡仁中，含热能372千卡，蛋白质16.2克，脂肪4.65克，碳水化合物79.17克；含氨基酸有：亮氨酸、赖氨酸、精氨酸、酪氨酸等；含有机酸：硬脂酸、软脂酸、肉豆蔻酸、油酸、亚油酸等；微量元素有：磷、镁、钙、锰、铁、镍、铜、锌、铂等；还含有维生素 B_1、多糖类、三萜化合物等。

食材性能

1. 性味归经

薏苡仁，味甘、淡、微寒；归脾、胃、肺经。

2. 医学经典

《神农本草经》："利水渗湿，健脾，除痹，清热排脓。"

3. 中医辨证

薏苡仁居土而入脾；色白又入肺，质坚硬而重，气降可归肾，阴阳之药也。其性燥除湿，味甘能补脾益肺，兼淡又可济泄，故有健脾、补肺、清热、利湿之功。治泄泻、湿痹、筋脉拘挛、屈伸不利、水肿、脚气、肺萎、肠痈、淋浊等有协助治疗的功效。经中医临床证明，日食10～30克薏苡仁，对扁平疣有确切的疗效。

4. 现代研究

现代医学药理研究结果证实，薏苡有如下功效：

（1）增强免疫力：薏苡仁含多糖，显著加强健康人的末梢血单核细胞产生抗体的能力。可致免疫抑制性。具有免疫兴奋作用。可促进腹腔巨噬细胞吞噬功能，促进溶血素和溶血空斑形成，促进淋巴细胞转化。

（2）抗肿瘤辅助疗效：丙酮及乙醇对薏苡仁的提取液，对小鼠的艾氏癌（EAC）有抑制作用，能延长小鼠的存活期（乙酸乙酯、氯仿提取液抑制作用较弱，乙醚、甲醛、石油醚的提取液则无抑制作用）。

据日本早稻田大学研究人员研究发现，用50％薏苡仁提取液，能抑制动物体内癌细胞的生长，这是薏苡酯对动物疾病辅助疗效结果。

（3）薏苡素：现代临床研究结果表明，薏苡能降压、镇静、镇痛、解热、降血糖等，对疾病有良好的辅助疗效。

目前，中医临床用薏苡仁为主，配中药复方治疗常见病，取得了可喜的进展。

若患者在康复期间常食用薏苡仁，能增加肌体的抗病能力，提高白细胞的吞噬能力，有利于疾病的康复。随着社会的进步和人们对营养要求的提高，薏苡仁将从药店走向家庭餐桌，成为倍受关爱的高档食物。

食用注意

（1）便秘者少食或者不食。

（2）孕妇慎食，薏苡有收缩子宫的功能，防止流产。

（3）薏苡仁有利水之功，故有遗尿症者少食或不食。

（4）形体瘦弱者不宜多食和常食，因薏苡仁甘淡渗剂，可竭阴耗液，多食可导致阴液耗损，形体瘦弱者常肾阴不足，食用薏苡仁可躁动浮火，出现阴虚火旺症状。

传说做事：

还珠洞的传说

在山水甲天下的广西桂林漓江边有一"伏波胜境"，伏波山下的还珠洞，流传着一个生动有趣的故事。据文献记载：东汉光武帝建武十八年（公元 42 年），马援授命为伏波将军，率领大军开赴交趾讨伐叛乱，队伍到了交州府东关县一个名叫浪泊的地方（今广西境内），由于地处南疆，南征将士水土不服，加之天气炎热，染上了一种手足麻木、疼痛、从下肢开始肿胀，发展到全身浮肿"瘴气"的怪病。正当马援急得不知所措时，在当地民众的帮助下，用当地的草药种子——赣球（即薏苡的旧名），命全军将士服食。说来也巧，就在全军服薏苡仁后不久，奇迹便出现了，疫情一下子得到控制，将士们全部康复。自此，士气大涨，一举平定了叛乱。马援将军对薏苡仁有如此神功，解其大难甚为惊奇，认为薏苡仁能"轻身胜瘴气"。在大军凯旋之时，便用船装载了一些薏苡仁种子运回京城，准备在京郊播种繁殖，以供日后为更多的人解除痛苦。途经桂林时，船停靠于漓江边一座依水而立的山亭，岸上的人看到船上载着形似圆润珍珠的颗粒，就诬说马援贪赃枉法，在广西搜刮了大量宝物——合浦珍珠，用以中饱私囊。马援受此污辱非常气愤，他命士兵打开船舱，将薏苡种子公之于众，然后全部倒入江中。后来，人们为了纪念这位英勇善战、秉公廉洁的将军，把当年停靠的山定名为"伏波山"，山下的岩洞则取名为"还珠洞"。从此，广西的伏波山和还珠洞随马援将军的威名及这段关联传奇故事而成为名扬中外的旅游景点。

荞 麦

头戴珍珠花，身穿紫罗纱。

出门二三月，霜打就回家。

——民间歌谣

物种基源

荞麦为一年生蓼科草本植物荞麦（Fagopyrum esculentum Moench）的种子，它与中药大黄同科，又名乌麦、三角麦、花荞、甜荞、苦荞（鞑靼荞）、翅荞和米荞麦。我国栽培的是普通荞麦和鞑靼荞麦两种，前者为甜荞，后者为苦荞。荞麦为我国原产谷物之一，已有 2500 多年的种植史，以角棱真，褐色光泽，不破粒者为佳，产东北、华北、华东和四川等省区。

生物成分

据测定：100 克荞麦可食部分，含热能 342 千卡，蛋白质 9.3 克，脂肪 2.3 克，碳水化合物 66.7 克，膳食纤维 6.5 克，含维生素 B 族、E 和微量元素铬、磷、钙、镁、铁、锌、硒、硼、钴等，并富含氨基酸、脂肪酸、亚油酸、烟酸、总黄酮、芦丁等。

食材性能

1. 性味归经

荞麦，味甘，性凉；入脾、胃、大肠经。

2. 医学经典

《千金·食治》："开胃宽肠、下气消积。"

3. 中医辨证

荞麦，实肠胃，益力气，续精神。能炼五脏滓秽，降气宽肠，磨积滞，消热肿风痛，除白浊白带，脾积泄泻，炒焦治痢疾，绞肠痧痛。荞麦在民间有"净肠草""清道夫"之称。

4. 现代研究

荞麦中含有生物黄酮、芦丁和微量元素铬，能促进胰岛素的分泌和组织器官对胰岛素的吸收，不仅能有效降低血脂、血糖，而且是前腺素的组成部分，可以降低人的血脂和胆固醇的含量，起到软化血管，保护视力和预防心脑血管疾病的功效，并有抗菌、消炎、止咳、平喘、祛痰的作用。

食用注意

（1）脾胃虚寒者忌服。
（2）体虚气弱者忌久食。
（3）春后少食，多食动寒气，发痼疾。
（4）忌与猪血、野鸡肉、黄鱼、诸矾同食，同食令人腹痛呕吐。
（5）忌与平胃散、蜡矾丸药同食，令人腹痛呕吐。
（6）肿瘤患者慎服，防加重病情。
（7）对荞麦体质过敏者慎服。
（8）荞麦含红色荧光色素，部分人食后产生光敏感症（即荞麦病）。

传说故事

一、宋太宗下诏种荞麦

相传，宋太宗景祐年间，北方大旱，春天无法下种。眼看百姓一年口粮无望，宋太宗在夏末做了一梦，梦见天上食神点化，"种耐旱，生长期又短的荞麦还来得及，好让黎民百姓度过饥荒"。太宗梦醒，忙命户部尚书诏告天下，大种荞麦。果然，在霜降前有了收获，平安度过了荒年。从此，历朝皇帝在重阳节前一天要吃一次荞麦，以表示关心民间疾苦。

二、荞麦田里打死人

有一个乡下人，外出做了半年生意，串了几条街巷，以为见了大世面，回来要在穷朋友面前炫耀炫耀。

走近村口，见荞麦田里有一老农正在理沟，他拿腔拿调地说："喂，老乡！那田里红秆子绿叶子开白花的，是甚古董？"

老农以为是什么读书人路过，抬头一看，原来是自己出门做生意的独生子，气得发抖，顺手就是一巴掌，打得独生子杀猪似的喊叫："救命啊，荞麦田里打死人啦！"

父亲气呼呼地骂道："畜生，这下你认得荞麦了！"

三、荞麦枝叶红色来历

相传，五谷神到下界视察，看到了五谷杂粮都在勤苦干活，为长好身体结好果实供应人间。五谷神很满意。他想：我何不考验考验它们，看谁能吃苦耐劳，我就让它早享点福。想到这里，他摇身一变变成一个老头子，白发银须，走到一条河边，叫了起来："哪位哥儿，做好事驮我过这条河？"叫了好多声，也没人理睬他。他走到大麦面前，恳求说："大麦哥哥，做做好事，这河上无桥无船，我这么大年纪了，不得过去，求求你驮我过河。"大麦说："可要把我冻死的，你去找它们吧！"五谷神用同样的方法求元麦，元麦也摇摇头，怕冷不肯送他过河。他又去求小麦，小麦说："我个子小，皮肤又嫩，我吃不消冻。"这时在一旁的荞麦听了，很生气，说："怕死鬼，你不驮，我驮。"它立即脱掉衣服，驮起老人在冻河里"哗哗哗"过了河。

老人到岸一看，荞麦全身都冻红了，激动得热泪满眶，忙下命令说："你吃苦了，不怕冷驮我，勤劳勇敢，乐于助人，以后冬天你就免冻了，当年种，当年收。他们三麦是怕死鬼，今秋种，来夏收，非冻它一冬一春，再脱芒胎。"

苦 荞 麦

谷中偏早熟，济歉未渠厌。

农舍勤相馈，盘飨得共沾。

羊肝堪比色，蜂蜜已输甜。

苦尽甘采语，于兹亦可占。

——《食苦荞糕》·元·蒲道源

物种基源

苦荞麦，为蓼科一年生草本植物苦荞麦（Fagopyrum tatari-cum）成熟的种子，又名鞑靼荞麦、芦丁苦荞麦。是我国栽培的两种荞麦中的其中一种。与甜荞麦的区别，株高外形基本相似，甜荞麦红杆白花，苦荞麦红杆、花绿色或黄色，以籽粒饱满、滑润者佳。我国有野生和栽培，四川大凉山苦荞麦最为著名，已有 1200 年的栽培史。

生物成分

据测定，每 100 克苦荞麦粉，含热能 363 千卡，蛋白质 9.8 克，脂肪 2.6 克，碳水化合物 67.38 克，膳食纤维 5.7 克。含维生素 B_1、B_2、B_3、E、C、P 及微量元素铬、硒、钙、镁、锌、铜、钾、钠、锰等，芦丁是苦荞麦中含量高而独特的成分，另还含有黄酮、水杨酸、4-羟基苯甲胺等。

食材性能

1. 性味归经

苦荞麦，味甘，性微凉；归脾、胃、大肠经。

2. 医学经典

《千金·食治》："益气、提神、宽肠、健胃、利耳、明目、健胃、消食。"

3. 中医辨证

苦荞麦，有降气、健脾、和胃、宽肠。对哮喘、咳嗽、胃胀、胃脘疼痛等疾病有食疗效果。

4. 现代研究

苦荞麦所含的脂肪中对人体有益的亚油酸、烟酸和芦丁等物质，对降低人体血脂、胆固醇及保护血管、视力均有重要效果。

苦荞麦中所含的铬元素，能促进人体的葡萄糖的代谢，是预防、治疗糖尿病极好的天然食品。

苦荞麦中所含的维生素 E，能使脑细胞免受损害，从而保护肌体的健康，延缓衰老进程。

苦荞麦中所含的硒、镁等微量元素，能促进膳食纤维溶解，扩张人体血管，抑制凝血块的形成，具有抗脑血栓的功效。

苦荞麦中的黄酮成分具有抗菌、消炎、止咳、平喘、祛痰的作用，适宜于面部生疮、须疮、毒肿、秃斑、白癜风及白内障患者的食疗康复，还可预防和改善高血压、糖尿病、便秘、肠出血、动脉粥样硬化。

食用注意

（1）苦荞麦吃多了会伤胃，还会引发多种疾病。

（2）苦荞麦中含有红色荧光素，部分人食后易产生光敏症（即荞麦病），表现为耳、鼻等缺乏色素部位发炎、肿胀、咽炎、支气管炎等。

（3）黄疸病人尤应禁食苦荞麦。

传说故事

苦荞麦的来历传说

相传，荞麦本来没有苦荞麦与甜荞麦之分，全部是甜荞麦。由于龙王行风雨守职不力，致使人间干荒三年不下雨，酿成饥荒，于是玉皇大帝命五谷神从天庭种粮库调出生长周期短，还能度饥荒的荞麦种到人间。播入人间的荞麦种没有如数落入田间，有一小部分飘落在药王煎药后的砂锅中，药王从煎药砂锅中不耐烦地一粒粒捞起来，甩向远方的田中。从此，从煎药砂锅经过的长出来的就是苦荞麦，未落入煎药砂锅长出的荞麦就是甜荞麦。

锅　巴

烤焙适中叫锅巴，火大炭化为焦巴。

适可而止食几块，运脾补气止泄泻。

——《食锅巴》·民谣

物种基源

锅巴，为谷类食材烧饭时贴锅处所起的黄脆部分，又名锅焦、饭焦、饭锅巴。锅巴以颜色金黄、无焦、干脆，有淡淡米饭香味者为佳。家家皆可为之。

生物成分

锅巴，烧饭时所用谷类食材的淀粉、蛋白质、脂肪、膳食纤维、维生素、胡萝卜素等，除微量元素外，均因经过烘烤略微炭化后，外层的营养成分大多被破坏，部分淀粉也被分解，烤烘温度越高，越被炭化，营养破坏程度就越多。

食材性能

1. 性味归经

锅巴，味甘，性平；归胃、大肠、小肠经。

2. 医学经典

《本草纲目拾遗》："补中益气，健脾消食，止痢。"

3. 中医辨证

锅巴，补气、运脾、消食、止痢，对病后消化障碍、食积腹痛、脾虚湿重、胃脘痛、胃胀、神疲力乏、久患泻痢、儿童消化不良、慢性胃炎、饱闷不思食等症有辅助食疗效果。

4. 现代研究

干嚼锅巴时，要细嚼慢咽，口腔里也必须分泌大量的唾液酶，这样既可帮助脾胃消化吸收，又能促进肠胃蠕动，增强肠胃的功能。此外，略微炭化后的锅巴，还具有能够吸附肠腔里的水分、气体和毒素的功能。因此，在春天里，经常食用经过低温烘烤、略微炭化的锅巴，不但食之香酥味美，增加食欲，而且极易消化，还具有滋阴补肾、益气养心、健脾和胃、收敛止泻等功能。所以，在春季里，可适量吃点锅巴。

食用注意

（1）焙烧锅巴必须低温，防止炭化，失去更多营养。
（2）食用锅巴时必须细嚼慢咽，控制适量。

传说故事

一、米粮山的传说

从前汉阳米粮山一带经常闹水灾，这一年，洪水来势特别猛，房屋淹了，庄稼冲了，地上一片汪洋。人们没有法子，纷纷躲上附近一座山上安身，这山上光秃秃的什么都不长，人们一个个都饿得肚皮贴背脊，趴在地上直喘气。有个小伢躺在山坡上用手指在土堆上刨来刨去，想找根野菜填肚子。看见一颗枣子大小，圆溜溜的小石头，他把这石头拿开，是个小洞，刚刚能伸进一个手指头。这小伢把手指伸进去一掏，从洞里直往外冒细细的白沙子，小伢把沙子捧一小撮在手心一看：这哪里是什么沙子呀，明明是又白又细的米粒。他不敢相信，用手拈一颗放在口里一嚼，果然是米。小伢子不由得大声喊起来。这时，人们都围过来，你接一碗，他接一瓢，说也奇怪，只要碗一接满，米就不往外流了；把手指伸进去一掏，米就又往外流，怎么也流不完。就这样，这白米救了大家的命，大家就把这座山叫作米粮山了。水退以后，人们都下了山，修房补屋，整田耙地。这时，有个贪心的人半夜三更提着米袋，扛着锄头爬到米粮山上，找到了那个宝洞，用锄头把洞口挖得像磨盘大，心想：这一下米就可以一麻袋一麻袋地往山下扛了。可是把手伸进去掏了半天，一粒米也没流出来。直到现在，米粮山再也不会流白米了，只是山上多了一种白泥土，用手轻轻一捻，就像细米粉子，人们说：这就是当年埋在洞里的白米烂成的。

二、元宝锅巴抗金兵

南宋时候，宋高宗赵构登基三年，金兀术带了大队人马来攻打建康（今南京）。朝里的大将岳飞早有准备，带兵在江宁东善桥牛首山一带，专候他上门来较量较量。

这一年的农历腊月十三，岳飞得到消息，金兵有三千人马过了句容，在汤山镇黄龙山下安营扎寨。岳飞就派了百十个精兵，穿一身黑，半夜悄悄摸进金营。金兵一个个睡得像死猪，被宋兵东一榔头西一棒地一阵乱打，搞得乱成一团，临了，自己打自己，死伤一大半。金兵头头金兀术暴跳如雷，晓得遭了岳飞的暗算，估计这支精兵还藏在黄龙山上，就连夜召集部下，调兵五千多人，把黄龙山团团围住，想把这支宋军来个"连锅端"。宋军百十名勇士几次想冲出去都没有成功，困在山上活受罪。金兀术心里想："我用不着费劲抓你们，天寒地冻的，你们没粮没草，三天一过，冻也冻死了，饿也饿死了！"

住在黄龙山周围的老百姓心急火燎，好几回派人偷偷向黄龙山送粮草，都被金兵发现杀掉了。怎么办呢？幸好黄龙山北边有个元宝村，村里有个姑娘叫却婵，这天吃饭的时候，看见锅巴，想出了一个主意，说："我们能不能把锅巴烷得厚厚的，顶在头上当斗篷？"大家说："好。"第二天傍晚，元宝村的人头顶"斗篷"，一个个向黄龙山出发去，还真混过了金兵关卡的搜查。

半个月后，金兵估计困在山里的宋兵一定饿得差不多了，就派了三百多人攻打黄龙山，没想到被宋兵打得鼻塌嘴歪。这以后，金兵就把各道口把得更严了。

眼看快到年关啦，腊月二十七傍晚，元宝村的不少乡亲又头顶着"斗篷"向黄龙山上送锅巴来，哪晓得被金兵查出来了。这下子元宝村遭了灾难啦，金兵跑来烧的烧，杀的杀，把好好的元宝村弄得一塌糊涂，老百姓对金兵格外仇恨。腊月二十九夜里，岳飞带领人马来攻打黄龙山下的金兵，黄龙山四周的四十八个村八千一百多人，在岳飞的统一指挥下，一起奋勇杀金兵，一夜工夫杀得金兵人仰马翻，余下的金兵只好从栖霞渡江逃命。

三十晚上，岳飞来到元宝村和当地百姓一块过年庆祝胜利，还亲手烷了一锅整锅巴，叫它"元宝锅巴"，供在香案上七天，纪念元宝村为抗金送粮死去的乡亲。

以后，每年腊月三十晚上，家家户户吃过团圆饭都要烷上一锅"元宝锅巴"，供在堂屋香案上，到正月十五才吃，年代一久，就渐渐形成了本地的风俗。

菰　米

湖沼世家终未移，物稀为贵难思忆。

感染吲哚异生素，自信科技能创奇。

——《菰米》·现代·陈德生

物种基源

菰米，为禾本科多年生草本水生植物菰（茭草）（Zizania caduciflora）的种子，学名菰米，又名雕胡、凋胡、蒋草（古名）、黑野米、美洲野米等，古代曾为六谷之一。每年9月抽穗，开花墨绿色，其米甚白而滑腻。唐朝时茭草都结野米，后因茭草在生长过程中感染了一种菰黑粉菌的缘故，这种菌能分泌一种异生长素——吲哚乙酸，刺激茭草的花茎，使种子不能正常发育，久而久之，随着菌体系的大量繁殖和传播，使绝大多数的茭草都失去开花结实、传种接代的能力。目前，国内尚有少量地方存有未染菌而结实的茭草。近年来，科技部门除在培育抗菌品种外，还从美洲引进抗菌品种，在我国初见成效。

生物成分

据测定，100克可食菰米，含热能379千卡，蛋白质11.7克，脂肪3.1克，碳水化合物79.43克，膳食纤维5.6克；富含叶酸、维生素B_1、B_2、B_6、E及微量元素锌、硒、钙、镁、磷、铁、钾、钠、铬、烟酸等。菰米做出的饭香、可口，所含蛋白质的含量是谷类最高的，所以在美洲，都称菰米是"难得的好米"。

食材性能

1. 性味归经

菰米，味甘、微苦，性微凉；归肝、脾经。

2. 医学经典

《本草图经》："解热，消烦渴，通二便。"

3. 中医辨证

菰米，有清热解毒，除烦消渴、通利二便、催乳，对大便秘结、心胸烦热、小便不利、伤暑泄泻、湿热黄疸、妇人少乳等有食疗效果。

4. 现代研究

菰米虽然用途和稻米相同，但却和稻米不是同一家族，它是一种草的种子，且野米不经打磨，外壳保留着天然丰富营养素及纤维，比白米含有更多的蛋白质和微量元素。因为菰米富含膳食纤维，可减少肥胖症、心脏病、癌症的发病概率，并能预防消化不良，促进食欲。微量元素铬的含量居谷物之首，有利于糖尿病患者控制血糖。维生素B族含量高，可强化神经系统，缓和脚气病症状，而其含有的锌对男性前列腺有很大帮助。

食用注意

（1）菰米淘洗时不可搓揉，以免营养素流失。
（2）烹煮菰米时需浸8小时以上，且浸泡的水不可弃。

传说故事

李世民与菰米

相传，唐王李世民特别钟爱菰米，一日无菰米，日食百菜无滋味，夜难入眠。那时，有一修行3000年道行的水怪叫水母娘娘，常以肆虐百姓为乐，把从东海龙宫偷来的法宝水皮囊，捏着囊口对准杭、嘉、湖、苏、锡、常及扬州属辖下五州县和山东六府；水皮囊只要口对准何处，那里就一片汪洋，当时有"浪打人头难计数，猪马牛羊浮成行"的说法。可见庄稼颗粒无收是情理之中的事。对于水母娘娘如此肆虐百姓、涂炭生灵，身为一朝百姓之主的李世民不能坐视不管，命大将秦叔保、尉迟恭二人，去将浮在江苏洪泽湖水面的水皮囊的口用捆仙索扎紧送归东海，而秦叔保与尉迟恭意气用事，一气之下，用钢枪对准水皮行囊连戳五枪，变成五个窟窿，对着东海冲出五条沙河。弄坏水皮囊，这激怒了水母娘娘，决心报复唐王李世民，她深知李世民嗜菰米如命，于是就用肉骨头骗来二郎神的哮天犬，乘狗啃肉骨津津有味时，用利器刺哮天犬的屁股，用狗血洒向茭草，从此，茭草只长茭白不结菰米。

稗　米

似稻非稻叶像稻，同科同属亦同朝。

升稗能磨米三合，赏心悦目作糁肴。

——《说稗》·现代·陈德生

物种基源

稗为禾本科一年生草本植物稗草（Echinochloa crusgalli）的成熟种仁，又名稗子、稗草、龙爪粟、鸭爪稗。

稗有水稗（穇子）、旱稗（乌禾）两种。水稗一般与水稻伴生，未抽穗之前非行家里手难以区分，与稻叶一样为深绿色，只是稻叶脉有小毛刺，水稗叶脉白而光滑，与叶脉以外有色差，穗和籽实像黍稷。旱稷又分两种，全株紫黑色，穗象粟，这就是乌禾；另一种旱稗，全株叶色深绿，只是根部叶呈淡紫色这就是秭稗，结出的穗呈扁形，结出籽实像黍粒，民间有"五谷不熟，不如秭稗"的说法。水稗种仁口感与粳米同，而旱稗口感与灿米接近。

生物成分

经测定，100克可食稗米，含热能333千卡，蛋白质8.2～8.6克，脂肪1.1～1.6克，碳水化合物74.3～76克，膳食纤维0.8～1.7克；还含有稗米所独有的稗子素，维生素的含量因稗米的种类和产地有异。脂肪部分主要含菜油甾醇、β-谷甾醇、豆甾醇等，微量元素铁、锌、锰、铬、硒等亦颇可观。

食材性能

1. 性味归经

稗米，味甘、微苦，性微寒，无毒；归胃、膀胱经。

2. 医学经典

《本草纲目》："补中益气，厚肠胃。"

3. 中医辨证

稗米，健脾除湿、消肿通淋。对脾胃虚弱引起的食欲不振、风湿痹痛、水肿喘息、咳嗽、肠痛、淋症的康复食疗极为有益。

4. 现代研究

健康的成人每天食250克稗米，就能满足锌和硒的保健量。现代研究认为常食稗米具有美容效果，可延缓皮肤衰老。具体来讲，稗米有如下食材性能：增进食欲、促进肠胃蠕动，缓解脾、胃所致的食欲减退、乏力的症状和补益，并有清热凉血、平衡血糖、防止动脉硬化、缓解吐血、便血的功效，还能促进血液循环、美化肌肤、乌发、改善青春痘、黑斑、皮肤粗糙等不良症状。稗米的根苗能治跌打损伤和出血不止等症状。

食用注意

胃酸过多者不宜多食稗米。

传说故事

一、张士诚与稗子

相传，元朝末年，张士诚、刘伯温、李伯升、施耐庵四家住在泰州府第九区草堰场（今江苏大丰市草堰镇），带领穷苦盐民起义，顺利攻克草堰、西团、丁溪、戴窑、兴化、高邮、宝应、邵北、扬州，直取苏州。张士诚自封吴王，他定都苏州后，留李伯升留守苏州，自己回老家西团探亲。正值秋收，见到稻谷丰收，张士诚心中大悦，突然他看到一群群麻雀飞落晒谷场，只吃稻子不吃稗子，于是就叫母亲拿根竹竿，搬张板凳坐在打谷场上赶前来吃稻的麻雀。赶麻雀的事触动了张士诚的老友兼军事刘伯温。刘伯温一夜没睡着觉，心想："收粮之时怎在乎麻雀吃的，主公气量太狭小，将来必难成大气候。"于是刘伯温乘天还没亮和施耐庵一商量，去投奔正在和陈友谅打仗的朱元璋，施耐庵既无心投靠朱元璋，也不愿跟张士诚回苏州，独去淮安著《水浒》。刘、施离走，张士诚处于"有秤无砣"之势，后来也和陈友谅一样败于朱元璋之手。

二、谷子和稗子的传说

很久很久以前，世上没有水稻这种作物，也没有稗草这种害草，人们只能靠耕种高粱、玉米等粗粮生活。

那时，山村里生活着一对孪生兄弟。这对兄弟的长相几乎一模一样，不熟悉他们的人是很难分辨出来的。但兄弟俩的品行却完全不同，哥哥勤劳善良，协助父母把家庭收拾得井井有条，大家都叫他"顾家子"；而弟弟不但好吃懒做，还沾染上赌博的恶习，大家都叫他"败家子"。

败家子整天游手好闲，赌输了就伸手向家里人要钱，如果要不到就想方设法偷。兄弟俩的父母年老体迈，根本管不了。身为哥哥的顾家子看在眼里，急在心里。他一次次苦口婆心地劝弟弟改邪归正，但败家子非但听不进去，反而越陷越深。

有一回，败家子不仅把带去的钱全部输光，还欠下了一大笔赌债。败家子回到家后，又厚颜无耻地向老迈的双亲要钱。然而，好端端的一个家早被他输得家徒四壁，哪还拿得出钱帮他还赌债呀。面对执迷不悟的败家子，全家人又怜又气。大家一致认为要想拯救他，唯一的办法就是报官，让法律来拯救他。

拿定主意后，一家人就拉着败家子向县衙走去。然而，败家子生怕受到法律的惩罚，死活不肯去。兄弟俩在一处断崖前推推搡搡，结果一不留神跌下悬崖，双双殒命。

兄弟俩死后，黑白无常就来押解他们的魂魄了，顾家子的冤魂看了悲痛欲绝的父母一眼，死活不肯去。双膝一弯就跪倒在黑白无常的面前请求道："两位差爷，我死了不要紧，只是可怜我那年迈的父母无人照顾，求你们行行好，先让我还阳给他们养老送终，再来索我的命吧。"

"唉！"黑无常长叹一口气，道，"顾家子啊，虽然我们也很同情你的遭遇，但生死有命，我们也是无法改变的啊。"

"差爷"，顾家子苦苦哀求道，"要是我不在了，我的父母非饿死不可。既然你们无法让我还阳，就把我化成庄稼长在地里让他们食用吧。"

"好吧，我们成全你！"黑白无常都非常同情顾家子的遭遇，又念在他有一片孝心的份儿上，把他点化成植物长在老夫妇的水田里。

败家子见了，为了摆脱地狱的煎熬，也请求黑白无常点化自己。黑白无常为了避免他到阎罗王面前乱说一气，也把他点化成植物长在顾家子的身边。兄弟俩变成植物后，依旧长得很像，只不过他们结出的种子却天差地别，顾家子结出的壳薄籽粒大，出来的饭香又可口，而败家子结出的壳厚籽粒小，根本没吃头。老两口觉得大籽像大儿子一样贴心，就取名为顾家子，而小的籽像小儿子一样只会吸取养分，毫无用处，就取名为败家子。

再后来，这两种植物传遍了世间的角角落落。人们为图方便，把它们分别简称为顾子（谷子、稻谷）和败子（稗子）。

御　米

罂粟花团六寸围，雪泥渍出胜浇肥。

阶除开遍无人惜，小吏时时插帽归。

——《乌鲁木齐杂诗》·清·纪昀

物种基源

御米，为罂粟科一年生或二年生草本植物罂粟（Papauer somniferum）的白米仁，又名罂子粟、罂手粟、象谷。御米名称的由来，源于果实曾为贡品。其花茎结出一果，上有盖下有蒂，形似酒坛，内有细子如粟而极白，煮饭、熬粥极为可口，从明代成化年间就上贡作御膳而得名御米，现分布于东北、西南等地区，作法定栽培，仅供药用。

生物成分

据测定，100 克御米，含热能 327 千卡，蛋白质 8.8 克，碳水化合物 69.6 克，脂肪 0.6 克，膳食纤维 0.91 克，富含多种维生素和矿物质。御米的子仁烹煮饭粥，口味极好，胜过粳、糯米。

御米的子仁与绿豆水研滤，浆做豆腐尤佳，也可榨油。

御米的嫩苗可作蔬菜，味似莼菜。

食材性能

1. 性味归经

御米，味甘，性平、无毒；归肺、肾、大肠经。

2. 医学经典

《本草发挥》："益肾、敛肺、涩肠。"

3. 中医辨证

御米，益肺、益肾、固肠。对久咳、久泄、脱肛、腰腿酸软、头昏目眩、胃脘疼痛的辅助食疗极佳。

4. 现代研究

御米，有镇痛、镇静、催眠、止咳等功效，故对慢性胃炎、慢性肠炎、细菌性痢疾、偏头痛、慢性支气管炎等疾病有很好的辅助食疗效果。

食用注意

（1）御米果汁可提取毒品鸦片，为杀人利剑，应守法勿种，远离。

（2）中成药中含御米壳者不宜久服。

传说故事

御米花开如"云锦"

《闻雁斋笔谈》记述：朱宓侯种植一亩御米，花蕾绽放时嫩红、鲜红、紫红、粉白均有。鸟语、蜂喧、蝶舞。他的两个学生对大片无比艳丽的御米花，不知如何下笔描状，便请教先生："此堪作何比？"朱未作正面回答，即说了一则昔日见闻："我曾路过卢沟桥附近一庄院，见僧人驱骡百许头，纵食枥下，其色相错如绣。从那时方知，前人以'云锦'之比，一点也不虚妄。今日所见，颇为似之。"学生听后钦佩不已。

第二章 蔬粉类

芋 头

闻鸡剑罢伫江滩，风景畦头非我闲。

玉米拔节背锦袋，芋头展碧步青莲。

攀高豆蔓逐云舞，立正葱苗攒力蹿。

雾漫清波藏水岸，莫非妆未不客观。

——《芋头》·近代·夏晨

物种基源

芋头，为天南星科多年生草本植物芋（Colocasia esculenta）的地下块茎，又名芋芳、土芝、芋魁、毛芋、槟榔芋头、青芋、大头芋芳、芋奶、芋鬼、蹲鸱、香芋芳等。

芋头，从生长习性可分为水芋头和旱芋两种。从结子多少可分为魁芋、龙头芋、多子芋、多头芋多种。从品种来分可分为：白芋、真芋、连禅芋、紫芋。芋头原为野生，后为人栽培进化而来。西汉农书《氾胜之书》中已有关于芋头种法的记述。我国长江两岸多有栽培。

生物成分

据测定，100 克可食芋头，含水分 76.7 克，蛋白质 2.2 克，脂肪 0.2 克，碳水化合物 19.5 克，膳食纤维 1 克；维生素 A、B$_1$、B$_2$、C 及铁、钾、钠、铜、镁、锌、硒、氟、胡萝卜素、硫胺素、尼克酸、黏液皂素等。

食材性能

1. 性味归经

芋头，味甘、辛，性平；归脾、肠、胃经。

2. 医学经典

《食疗本草》："益脾和胃、润燥活血、清毒解毒、止泻消肿。"

3. 中医辨证

芋头消疬软坚、解毒散结、化痰和胃、止痛，有益于已溃或未溃之瘰疬痰核、肿毒、腹中痞块、牛皮癣、烫伤、消化不良、便秘等症的康复食疗。

4. 现代研究

芋头中有一种天然的多糖类高分子植物胶体，有很好的止泻作用，并能增强人体免疫功能，对乳腺癌，甲状腺癌，恶性淋巴瘤患者及其伴有淋巴肿大，淋巴结核转移者有辅助治疗功效。

芋头中含氟量较高，具有洁齿防龋、保护牙齿的作用。还有一种黏液蛋白，被人体吸收后能产生免疫球蛋白或称抗体球蛋白，可以提高人体的抵抗力。芋头属碱性食材，能调节人体的酸碱平衡。

食用注意

（1）糖尿病患者应慎食。

（2）食滞胃痛、肠胃湿热者忌食。

（3）不能与香蕉同食，同食会导致胃部不适。

（4）服用螺内酯和氨苯碟啶为潴钾排钠类利尿药，服用此类药物和补钾药时可使血压升高，芋头为含钾量高的食物，服用以上药物时食用芋头易出现高血压症，故不宜食用。

（5）禁忌生食：芋头生食有毒，食后易导致口舌发麻、肠胃不适等症状。

传说故事

一、中秋吃糖芋头

常州地区民间习俗，中秋节要吃糖芋头，而且这糖芋头一定要做得红红的，并且越红越好。这是为什么呢？

元代末年，统治者实行残暴的统治压迫，为防民众反抗，采取"三家养一元，五家一菜刀"的办法。就是三户人家供养一个元兵，五户人家共用一把菜刀，以此方法来监视和管理百姓。老百姓不堪忍受，相传刘伯温（在常州地区传说是张士诚）特制圆饼，家家传送，饼内暗藏字条，约定八月十五夜"杀鞑子"（鞑子：是当时民间对北方统治者的称呼）起义。由于起义是在夜里进行，及天明时，只见元兵已人头滚滚，鲜血满地，起义成功，推翻元朝。以后中秋吃月饼之俗流行时，在月饼下面必定垫着一方纸，以示纪念。这就是流传在苏南地区的苏式月饼为什么一定要在下面垫一方纸的由来。农历八月正是芋头收获的季节，常州地区的老百姓吃芋头时，一定要把芋头做得鲜红鲜红的，而且越红越好。并且常州地区不称芋艿，而叫"芋头"。何故？就是为了纪念八月半杀鞑子起义。当时鞑子对老百姓的统治实在残酷，老百姓恨透了，恨得牙痒痒的，恨不得一口把他吃掉。八月半早上常州地区人们吃红红的芋头，乃是纪念杀鞑子起义成功。红的芋头就象征着元兵已人头滚滚，鲜血满地。老百姓高高兴兴地吃着红红的芋头，庆祝从此摆脱元兵的残暴统治。这是一种特殊的纪念方式，这种纪念的方式流传在常州地区已经几百年了。

二、八宝芋泥烫洋人

有一则关于林则徐请洋人吃闽南特产"八宝芋泥"的故事：有一次林则徐被邀请出席洋人宴会。席间，洋人端出一种"冒烟"的小菜，林则徐用汤匙舀起，放在嘴边吹吹，引得满堂大笑，原来这是冰淇淋。过几天，林则徐回请那帮洋人，席上摆着一大盆乌油晶亮，散发着香气的佳肴，洋人好奇地拿汤匙舀起一大块往嘴里送，不料他们被烫得暗暗叫苦不迭。这种"八宝芋泥"是用芋头蒸熟后捣碎，加上猪油、白糖、冬瓜霜、红枣、花生和桂花露，放在盆内蒸熟而成。由于蒸熟的芋泥表层蒙着一层猪油，而里面的蒸气热度很高，看不出来，因此被烫着了。

三、刘庸戏乾隆

相传，当年清朝人刘庸天生驼背，被戏称为"刘罗锅"，因受乾隆赏识而入朝为官。他辅佐皇帝忠心耿耿，常直言进谏，有一次讲话太直，把乾隆爷给得罪了，被贬到广西当巡抚。广西每年须进贡荔浦芋头到北京给皇帝享用，芋头沉重兼路途遥远，浪费民脂民膏甚巨。刘罗锅体恤民情，赴任后以貌似芋头、质粗味劣的山薯（土名"薯粮"）冒充芋头给乾隆食用。乾隆吃了果然倒尽胃口，马上免掉荔浦芋头的进贡。刘罗锅的政敌借机陷害，找来了正宗荔浦芋，乾隆一吃，醒悟到自己受到了刘罗锅的愚弄，一怒之下，把他再贬到浙江去当织政。

四、永乐皇帝与芋头

传说有一个解缙巧借芋头，劝皇上减轻赋税的故事。解缙，字大绅，生于明朝洪武二年，官拜翰林院大学士。明永乐初年，南方久旱无雨，稻粟歉收，加之地方官吏搜刮，民不聊生。解闻南方遭灾，且广西尤其为重，心事重重，难以入眠，正不知以何方法方能使皇上减轻税负，救民出水火犯愁。一天，夫人蒸煮荔浦芋。解目睹芋形，忽然想起幼时家乡遭灾缺粮，以土茯苓、赭魁（又名余粮，荔浦人称薯粮）代粮充饥之情景，眼前一亮，不如如此这般……

一日，解缙与明成祖朱棣在翰林院谈诗论赋时，向皇上说："下官家中有广西送来的荔浦特产，请皇上前去一尝，不知赏脸否？"棣闻之欣然同意，并立刻起驾前往。至家安坐后，解缙立即吩咐家人加紧制作，不足一个时辰，香喷喷的一整个荔浦芋就送到了皇上和学士的面前。解立即取一半送到皇上手里，自己另取一半并大口地食之，且很快食得一干二净，皇上见状，毫不客气地咬了一口，入口后一股涩味难于言状，碍于面子还是勉强咽了下去，解见状问："皇上，味道如何？"棣答："解学士，此是何物，你能一咽而尽，朕却如此难咽？"解说："皇上有所不知，此物乃是山野之物，名叫余粮，微臣小时因家中无粮，曾以此充饥，方能一咽而尽。目前，江南久旱无雨，稻粟歉收，尤以广西为重，臣民们正以此为充饥之物。"棣曰："永乐太平盛世，岂有此等之事？""皇上，微臣不敢妄言，确有此等之事"解缙答道。"立即传朕旨意，减免广西3年税赋，以恢复臣民生机"，棣听后立即对所在大臣说。圣旨一下，解缙心中的一块石头终于落了地。原来，他所使的计，是利用余粮与荔浦芋基本相似的特征，叫厨师巧妙地将两物对接起来，先呈送给皇帝的一半为余粮，自己吃的一半却是荔浦芋。从此，解缙巧借芋，劝皇上减轻赋税的事，一时成为佳话，流传至今。

五、刘秀"芋艿"度中秋

"八月中秋桂子香，芋艿桂花拌白糖，雪白粉嫩糯米藕，刘秀当年作军粮。"这是江苏花鼓戏《十二月谈古人》的八月唱词。相传，王莽篡位以后，刘邦九世孙刘秀为了光复汉室，以邓禹为将，领兵讨伐。几次交战，刘秀都吃了败仗，只能退守昆阳。王莽派兵尾追，将昆阳城团团围住。

刘秀被围在昆阳城内，救兵不来，突围不成。旷日持久，城内粮草越来越少，处境非常困难。这时已经是八月初了，刘秀急得没有办法，同邓禹商量，在军中贴出文告："谁能献计筹得军粮，加官晋爵。"

到了八月十四日，粮食已经全部吃光了，也无人献计。第二天就是八月十五，用什么过节呢？刘秀急，邓禹急，士兵也急。

这天夜里，有几个士兵巡哨回来，经过一片水滩地。一丛黑油油的叶子，在月光下面好似荷叶一样。大家以为是莲藕，就下去挖，挖出来却是像柿子大小黑溜溜的浑身长胡须的东西。剥掉它的茸毛皮一看，里面雪白粉嫩；放在嘴里一尝，鲜嫩带甜，只是喉咙奇痒。一个老兵说：拿回去煮，煮熟了兴许好吃。士兵们连忙挖了一大筐，抬回营煮，煮熟后，吃起来味道很鲜美。士兵们就赶紧向邓禹报告。邓禹得知此事，如获至宝，连忙去拜见刘秀，说："主公，吉人自有天相。军粮有啦！"刘秀莫名其妙，问道："那里来的军粮啊？"

邓禹把几个煮熟了的黑东西呈上前，说道："主公，请看。"

刘秀接过来看看了，问道："此是何物？"

邓禹道："请主公尝尝再说。"

刘秀把那东西剥去皮，放进嘴里一尝，软如米糕，又香又甜，甚是好吃，顿时高兴起来，忙问道："此物从何处寻来，叫甚名称？"

邓禹把士兵发现的经过陈述一遍，说道："此物不知道叫甚，就请主公赐个名字。"

刘秀想了想，说："我们正在遇难之时，有这东西解救，也是天赐神物。为了不忘今日之难，就叫'遇难'吧！"

第二天是八月十五，邓禹派出士兵，到水滩地里去挖。挖出来的"遇难"堆成了小山一样。士兵们兴高采烈地跳啊、叫啊："吃'遇难'过中秋了！"过了几天，刘秀援兵赶到，里应外合，把王莽打得大败，取得了胜利。

后来，刘秀做了皇帝，念念不忘"遇难"之事，每年八月十五日都要文武大臣聚在一起吃一顿"遇难"。

邓禹告老还乡回到苏州隐居后，也不忘"遇难"之事。光福一带盛产桂花。每年八月十五吃"遇难"时，放桂花和糖，味道更加鲜美。日子一长，这种烹饪方法传开，就成了苏州中秋的一种风味小吃。后来，人们嫌弃"遇难"一词不雅，就改用谐音"芋艿"。于是，"桂花糖芋艿"就伴随中秋佳节，世代相传下来。

六、毛主席与"烤芋头"

毛泽东的饮食既随便又艰苦。简直是太艰苦了！好时，四菜一汤；差时，一碗面条。很多时候只是用搪瓷缸子在电炉上烧一缸麦片粥。

一次，毛主席三天三夜批阅文件未休息，忽然将头朝上仰去，以手挟额揉着、捏着，张开嘴，深深地吸气。警卫员封耀松抓住这个时机，几步跑到主席办公桌旁小声劝道："主席，你有好长时间没吃东西了，给你搞点来吧？"毛主席放下手，勉强说："不用搞了，给我烤六个小芋头就行了。"

小封来到厨房，自己动手烤芋头，惊动了侯厨师，朝小封直嚷嚷："小封别胡闹，主席有一天没吃饭了，你怎么就烤这几个小芋头？"小封苦笑地摇了摇头："主席说让我烤芋头，你做饭你送，行了吧！"侯师傅闭口无言，他也不敢惹主席生气。

小封烤熟了六个小芋头，放在一个碟子里端去，一进门就听见鼾声响亮。毛主席睡觉打呼噜很响，他斜靠床上的靠垫，左手拿文件，右手拿笔，就那么睡着了。毛主席睡觉极少，一旦入睡，不容惊醒，惊醒了必定发脾气。小封把碟子放在暖气上，防止芋头凉了。

十几分钟后，毛主席咳嗽一声。小封忙进去，双手捧了碟子，小声说："主席，芋头烤好了。"

毛主席放下笔和文件，双手搓搓脸，说："噢，想吃了，拿来吧。"

小封将碟子放在办公桌上，毛主席走过来坐好，拿起一个芋头，认真剥皮，剥出半个芋头便咬下一口，边咀嚼，边继续剥芋皮，嘴里嘟嘟囔囔还在吟诵过去作的一首诗词。小封见主席自得其乐，便悄悄退出屋，立在门口等候。

大约又过了十几分钟，隐隐听到呼噜声又起，小封轻手轻脚走进屋，碟子里只剩一个芋头了，老人家头歪在右肩一侧已经睡着。

小封轻轻走过去，端起碟子准备退出，忽然听到主席的呼噜声与往常有异，探过头去仔细打量主席，接着又揉一揉眼。天哪，毛主席嘴里嵌着半个芋头！另外半个还拿在手里。嘴里含着的那半个芋头随着呼噜声战栗着。小封鼻子一酸，两眼立刻模糊，忙用手揉揉眼，放下碟子，轻轻地，轻轻地去抠主席嘴里的芋头。芋头抠出来了，毛主席也惊醒了，一双通红的眼睛盯住小封，气冲冲地大声问："怎么回事？"

"主席！"小封叫了一声哭了，手里捧着那抠出来的半个芋头，一句话也说不出了。

"唉！"毛主席叹了一口气，"我不该跟你发火"。"不，不是的，主席，不是因为你……这芋头是从你嘴里拿下来的，您必须休息，您必须睡觉了，我求求您老人家。"小封带着哭声乞求主席。

毛主席勉强笑笑，抬起右手，指头在自己的头顶上画了两个圈："天翻地覆，天翻地覆啰！"然后望着警卫员小封："好吧，小封，我休息。"

七、芋梗治蜂螫

沈括在《梦溪笔谈》中谈到这样一个有趣的故事：处士刘易隐居在王屋山时，看到一只蜘蛛被蜂螫咬，坠落在地上，腹部膨胀得快裂开了。蜘蛛慢慢爬进草丛，把芋梗咬破了，接着将自己的疮口在芋梗破裂的地方不断摩擦，过了好久，腹胀消失。从此，人们才知道用芋头来治蜂螫很有效验。用生芋梗擦伤处或捣烂贴敷，能治蛇、虫咬伤及蜂螫伤，还可以消炎、消肿、镇痛。

菊　芋

山峦叠嶂千岗翠，终南山旁听惊雷。
花开花落不结子，植根泥中长菊芋。
——《葵花芋》·现代·陈德生

物种基源

菊芋为菊科向日葵属多年生草本植物菊芋（Helianthus tuberosus）的地下块茎，又名洋姜、鬼子姜、洋生姜、山姜、姜不辣、葵花芋。菊芋，原产北美洲，17世纪传入欧洲，后传入我国，有近400年的种植历史。按其皮色分，可分为红皮芋和白皮芋，质量品质白皮芋略优于红皮芋，全国各地均有栽培。

生物成分

经测定，100克菊芋，含水分79.6克，蛋白质2.4克，脂肪0.2克，碳水化合物11.5克，膳食纤维4.3克及维生素B_1、B_2、C、E、胡萝卜素、尼克酸、泛酸、视黄醇当量；含镁、铁、锰、锌、钾、铜、钠、钙、磷、硒等矿物质；还含有菊糖、蔗糖1F-B-D果糖转移酶及挥发油向日葵日醇A、腺嘌呤、胆碱、小苏碱菊甙等多种营养。

食材性能

1. 性味归经

菊芋，味甘，性平；归肾、膀胱经。

2. 医学经典

《民间验方》："利水去湿、和中益胃、清热解毒。"

3. 中医辨证

菊芋味甘，性平，无毒。有下水除湿、益脾胃、清热消炎的功效，是利尿的良药，可用于浮肿、生疮长疖、无名毒肿及疟腮炎的外敷治疗，还可调节胃肠、排毒养颜、防止龋齿的功效。

4. 现代研究

用菊芋提取菊糖可治糖尿病，对血糖具有双向调节作用，即一方面可使糖尿病患者降低血糖；另一方面又能使低血糖患者的血糖升高。研究显示，菊芋中含有一种与人类胰岛素结构非常近似的物质，当尿中出现高血糖时，食用的菊芋可控制血糖，说明有降低血糖的作用；当人出现低血糖时，食用菊芋后同样能得以缓解。菊芋还能提高人体免疫力，改善脂质代谢，促进矿物质吸收，有利维生素的合成，具有抗菌消炎、降压等功效。

食用注意

因菊芋含有大量淀粉，不易被人体消化吸收，且还在盲肠和直肠内被细菌分解和利用，产生大量气体，让人腹胀，严重的还可能腹泻，不宜多食。

传说故事

葵花子和葵花芋

相传，葵花子和葵花芋，为终南山葵花老祖的两个同父异母玄孙，葵花子系前娘所养，葵化芋为后娘所生。后因二葵在说经台救苦殿得罪了文始真人尹喜，被贬到中原大地成为两种能供人享用的植物。古人说得好："一娘生九等之人。"故葵花子和葵花芋性格不同也就理所当然，葵花子秉性刚直不阿，面对光明落落大方，结子众多，供人休闲香嘴，榨油食用。而葵花芋则小气十足，光开花不肯结子，就是结的几个块茎，也深埋地下，不肯示人，要想见其块茎真容，必须锄刨锹挖才肯露出庐山真面目。

魔 芋

起源福建周宁山，全株有毒非笑谈。
栽培观赏已千载，药食两用尽开颜。

——《蛇头草》·现代·陈德生

物种基源

魔芋（Amorphophallus rluierl〔A. Roniac〕），为天南星科魔芋属多年生草本植物魔芋的块茎，又名蒟蒻、蒟头、虎掌、蛇头草、花秆莲、麻芋子、鬼芋头、蜈蜀、花伞把、花秆南星、蛇六谷、鬼芋等。

魔芋因其枝叶如伞，花朵十分好看，最初栽培魔芋仅作为庭院花卉，以供观赏，后发现球状块茎富含淀粉和果酸，国外逐步开发利用。魔芋，我国最早在司马迁《史记》中已有记载，我国西南及长江中游各地栽培较多。

生物成分

经测定，100 克可食魔芋，含蛋白质 3.4～5.8 克，脂肪 1.0～1.2 克，碳水化合物 16.3～17.5 克，膳食纤维 0.6～0.76 克。含微量元素钙、磷、铜、锌、铁、铬、硒及维生素 B 族。

食材性能

1. 性味归经

魔芋，味辛，性寒，有毒；归胃、肺经。

2. 医学经典

《开宝本草》："消肿散结，解毒止痛。"

3. 中医辨证

魔芋性寒，味辛，有毒，具有行瘀消肿、解毒抗癌的功效。对咳嗽、积滞、疟疾、经闭、消渴、跌打损伤、痈肿等症，食疗对康复有益。

4. 现代研究

（1）活血化瘀：魔芋性味辛寒，有助血行，防止瘀肿的作用。魔芋所含的黏液蛋白能减少体内胆固醇的积累，预防动脉硬化和心脑血管疾病。

（2）抗癌消肿：魔芋所含的蒟蒻甘露糖苷对癌细胞代谢有干扰作用，而且其热水提取物对小鼠肉瘤 S-180 抑制率达 49.8%，药效试验对贲门癌、结肠癌细胞敏感，可以化痰软坚，散瘀化积有重要意义。

（3）润肠通便：减少肠道对脂肪吸收，并能减少体内胆固醇的积累，对预防高血压、冠状动脉硬化有重要意义。

（4）充饥减肥：魔芋是低热食品，其葡萄甘露聚糖吸水膨胀，可增大至原体积的 30～100 倍，因而食后有饱腹感，糖尿病患者可多食，也是理想的减肥食品。

食用注意

（1）魔芋用途广泛，既是食品，又是药物。由于魔芋有毒，故食用应选择魔芋加工制品，如魔芋的干片、粉、粉丝、豆腐等。

（2）魔芋绝对不可自制不达标准而食用。

（3）魔芋如作药物内服，要严格控制用法和用量，煎药不得少于 3 小时，渣不可食用，以防中毒。

（4）如果食用魔芋中毒，如皮肤中毒，用水、稀白醋或鞣酸洗涤。如服食中毒，可用 1：2000 的高锰酸钾或 3%～5% 鞣酸液洗胃，然后内服通用解毒剂，内服盐泻药而促进毒素排泄，饮牛奶或鸡蛋清等保护胃粘膜，补充体液。

传说故事

闽东魔芋糕的传说

古时候，在一兵荒马乱、旱涝成灾的年代，周宁人不仅粮食吃尽，而且挖遍草根，剥尽了树皮，已没有可以填肚子的东西了。有几个饥民实在忍不住了，冒险挖了一种被当地人喻为魔鬼吃的芋头的"魔芋"吃，吃罢芋头还不到一个时辰，这几个人就先后中毒身亡。其他的乡民心中恐惧，便把剩下的魔芋倒到山涧的潭水中。过了几天，有几户外县逃荒者路过周宁，见山涧的浅潭中堆着许多芋头，他们就向当地乡民求乞。当地人告诉他们，这是魔鬼吃的芋头，千万不能吃，吃了会中毒死掉。然而，逃荒者实在饥肠难耐，饥不择食，不管三七二十一，捞上魔芋煮熟就吃，却没有中毒死去。对此，当地居民终于悟出了一个道理：山涧积水含碱度较高，只要用碱水浸透，魔芋是可以食用的。从此以后，魔芋就被聪明的周宁人引进田间，广为种植，并且，精制出一种载誉闽东的特色食品——魔芋糕。

魔芋之趣

赵学敏在《本草纲目拾遗》中曾介绍魔芋的特征和吃法。魔芋块茎成熟收获后，先要将它切碎磨成浆，然后用石灰水煮成胶胨状物后才能食用，故称作魔芋。赵学敏说，一芋所煮，可充数十人之腹，故称鬼芋焉。因为魔芋淀粉有极强的吸收水分的能力，经水反复煮后，体积可神奇地膨胀到100倍。

原来，魔芋块茎中含魔芋甘露聚糖，经高温蒸煮，淀粉酶在魔芋粉中的细菌的作用下，魔芋甘露聚糖生成三糖类成分甘露蜜糖，经酸水分解成2个分子的甘露糖和1个分子的葡萄糖组成的高分子化合物，这种多糖具有较强的吸水膨胀能力（能吸收80～100倍的水），体积可增大到原体积的30～100倍，是一种植物性的低热量、高纤维、高膨胀率的碱性食品。

例如，用50克魔芋粉加水反复煮（需加入适量的碱性物质）后，可制成5000多克的魔芋胶胨，也就是魔芋糕。

魔芋可制成魔芋粉、干子、豆腐、面包、挂面及仿真魔芋"素肚"、"素虾仁"、蒟酱、蒟酱汁等食品。

山 药

腐儒碌碌叹无奇，独喜遗编不我欺。

白发无情侵老境，青灯有味似儿时。

高梧策策传寒意，叠鼓冬冬迫睡期。

秋夜渐长饥作祟，一杯出药进琼糜。

——《秋夜读书每以二鼓尽为节》·宋·陆游

物种基源

山药为薯蓣科多年生缠绕草本植物薯蓣（Dioscorea oppo-sita Thunb.）的块茎，又名淮山药、山芋、修脆、薯芋、白药子、薯药、玉延、延章、日莒、淮山、山诸、长薯、佛掌薯等。我国已有3000多年栽培食用历史，是山药的原产国，早在战国秦汉时期成书的《山海经》中，就有薯蓣的文字记载。

生物成分

据测定，每100克可食山药，含水分82.6克，蛋白质1.5克，脂肪0.2克，碳水化合物14.4克，膳食纤维0.8克。含17种以上氨基酸、淀粉酶、尼克酸、硫胺素、胡萝卜素、维生素B_1、B_2、C及微量元素钙、磷、铁、镁、锌、铬、钴、铜。还含皂苷、黏液质、胆碱、尿囊多巴胺、山药碱、止权素、3·41二羟基丙乙胺、植酸等。

食材性能

1. 性味归经

山药，味甘，性平；归肺、脾、肾经。

2. 医学经典

《药性论》："补五劳七伤，去冷风、止腰痛。"

3. 中医辨证

山药，有健脾补肺，固肾益精、聪耳明目、助五脏、强筋骨、长智安神、延年益寿等功效。有益于脾胃虚弱、食少体倦、肾亏遗精、妇女白带多、肺虚痰喘久咳、消渴多饮、肝昏迷等病的康复食疗。

4. 现代研究

山药所含皂甙，有激素样的物质；山药的重要成分之一多巴胺，具有扩张血管、改善血液循环的重要作用。临床还证明，山药有增进食欲、改善人体的消化功能、增强体质的综合效用。研究还证明，山药有降糖的综合效能。

食用注意

（1）不宜加碱煮食或久煮后食用，否则破坏山药中所含淀粉酶，减弱山药的健脾助消化作用，还可破坏山药所含的其他营养成分。

（2）服糖皮质激素时不宜食用。因为山药含糖分高，糖皮质激素能促进蛋白质分解，加强糖原异生，并抑制葡萄糖的分解，故服糖皮质激素后应间隔一定时间后进食。

传说故事

一、药农与山药

据《相中记》记载：永和初年，有一药农到衡山采药，忽然迷路，所带干粮已食尽，只好躺在山崖下休息。忽见一老翁，鹤发童颜，飘然而至，在石壁上作书。采药人急忙上前求助，并请教出山之路。老翁给了他一些外形似芋，甘甜如薯的东西，即山药，并指点回家之路。六天之后，果然返回家中，腹中还不觉饥饿，才知山药功用之奇特。

二、山药与逆子

相传，有一对夫妇非常不孝，媳妇总盼着婆婆早亡，于是每天给这个婆婆吃的饭菜很简单，就是一碗稀粥。一段时间以后这个婆婆浑身无力，卧床不起。这个事让村里一个老中医知道了，老中医想了个办法。有一天老中医把这对夫妇叫来给了他们一种药粉，说你们把这个药粉和在粥里边给婆婆吃，我保管她百日以后就死。这小两口把这个药粉拿回去以后果真照这个方法做了，将药粉和在粥里边天天给婆婆吃。结果没想到的是，十天以后婆婆居然能够起床活动了，百天以后婆婆身体养得白白胖胖的。后来这个婆婆在村里逢人就夸这媳妇对她如何好，再加上老中医的一番调教，这一对逆子终于变成了一对孝子。这个传说故事老中医用的药粉其实就是用山药磨成的粉。

三、山药与野王国

古时候，焦作一带有一个小国，叫野王国，由于国小势弱，常被一些大国欺负。一年冬天，一个大国派军队入侵野王国，野王国的军力不足战败了。战败的军队逃进了深山，偏又遇到天降大雪，大国的军队封锁了所有的出山道路，欲将野王国的军队困死在山中。大雪纷飞，将士们饥寒交迫，许多人已奄奄一息。正当绝望之际，有人发现一种植物的根茎，吃起来味道还不错，而且这种植物漫山遍野都是。士兵们喜出望外，纷纷挖这种植物的根茎吃。

更为神奇的是，吃了这种根茎后，将士们体力大增，就连吃这种植物的蔓藤和叶枝的马也强壮无比。士气大振的野王国军队终于夺回了失地，保住了国家。后来将士们为纪念这种植物，给它取名"山遇"，随着更多人食用这种植物，人们发现它具有治病健身的效果，遂将"山遇"改名为"山药"。

马 铃 薯

侨迁华夏若许年，不是乡亲胜乡亲。
主蔬皆宜多和谐，依形冠名称马铃。
——《戏说洋山芋》·现代·陈德生

物种基源

马铃薯，为茄科植物马铃薯（Solanum tuberosum）的块茎，又名山药蛋、洋芋、洋山芋、洋芋头、香山芋、洋番芋、山洋芋、阳芋、地蛋、土豆等。马铃薯在不同国度，名称称谓也不一样，如美国称爱尔兰豆薯、俄罗斯称荷兰薯、法国称地苹果、德国称地梨、意大利称地豆、秘鲁称巴巴等。

据考证，马铃薯原是野生于南美洲秘鲁等国高山区的一种不知名的茄科植物。6000 多年前印第安人就崇拜马铃薯神，在其制造的陶器上糅合了人体和马铃薯的形态，成为伟大的印加文明的有力佐证。

据史载，马铃薯于康熙三十八年（1700 年）由荷兰殖民者传入我国，首先传入台湾和福建的松溪，19 世纪初，已在大陆广为种植，现全国均有产出。

生物成分

据测定，100 克可食马铃薯，含蛋白质 1.6～2.2 克，脂肪 0.2～0.6 克，碳水化合物 17.1～19.4 克，膳食纤维 0.5～0.9 克，富含维生素 A、B_1、B_2、C、钾、胡萝卜素及微量元素钙、磷、镁、铁、锌、硒等。

食材性能

1. 性味归经

马铃薯，味甘，性微寒；归胃、大肠经。

2. 医学经典

《养生诗话》："健脾理气、和胃调中、祛湿解毒。"

3. 中医辨证

马铃薯，健脾胃、益肾气、降脂美容、抗衰老、解毒消炎。对习惯性便秘、湿疹、腮腺炎、血虚便秘、肾虚畏寒、恶心、呕吐、厌食、胃酸反流、瘦身减肥均有食疗效果。

4. 现代研究

马铃薯具如下保健功能：

（1）健脾养胃：马铃薯含大量淀粉、蛋白质、维生素 B、C 等，能养护和促进脾胃功能。

（2）缓解胃痛：所含少量龙葵素，能减少胃液分泌，缓解痉挛，对胃痛有一定食疗作用。

（3）宽肠通便，排毒止秘：所含大量膳食纤维能宽肠通便、帮助机体及时排泄毒素，防止便秘，预防肠道疾病的发生。

（4）润滑组织，舒血化瘀：马铃薯能供给人体大量有特殊保护作用的黏液蛋白，能保持消化道、呼吸道、关节腔、浆膜腔的润滑，预防心血管系统脂肪的沉积，保持血管弹性，有利于预防动脉粥样硬化。

（5）中和代谢，抗衰美颜：马铃薯，属碱性食物，有利于人体内酸碱平衡，中和体内代谢后产生的物质，美容抗衰。

（6）排毒降压、降脂益肾：马铃薯所含的维生素及钙、钾等微量元素易于消化吸收。所含的钾能取代体内的钠，从而使钠排出体外，有益于高血压和肾炎水肿患者的康复。

食用注意

（1）服安体舒通时忌食马铃薯。安体舒通为潴钾排钠类利尿剂药，而马铃薯含钾量高，易致钾中毒。

（2）忌与在临床用肾上腺素 β 受体附断剂时食用马铃薯，因马铃薯所含龙葵碱与腺素 β 受体有拮抗作用。

（3）忌与香蕉搭配食用，否则可引起面部生斑。

（4）忌与石榴同食，否则可引起中毒。

（5）忌与柿子同食，否则难以消化，易形成胃结石。

（6）脾胃虚寒易腹泻、糖尿病患者忌食。

（7）忌食加碱、油炸马铃薯。制作时若加碱或油炸，可破坏马铃薯内维生素营养素，或者会增强马铃薯的毒性反应。

（8）禁食发芽、腐烂、霉烂的马铃薯。

（9）忌食久存马铃薯，否则会导致龙葵碱中毒。

（10）不要晒马铃薯，因阳光照射，会变绿，有毒物质龙葵素增加。

传说故事

法国农学家安瑞·帕尔曼的执着

法国农学家安瑞·帕尔曼于 1785 年从美洲带回马铃薯，他让这种丰产作物能在自己国家广泛栽培。但当时法国人对茄科植物地下茎有成见，认为它是流行病传染的病源，故马铃薯被人们称作"妖魔的苹果"。虽然他到处游说，但还是无人接受。于是，他想出了一个办法，并得到皇帝的批准：在一块田里，种上了马铃薯，然后动用一支全副武装的皇家卫队看守这块田，但只有白天看守，晚上全撤，一些好奇者，晚上偷偷去挖马铃薯，并且种到自家田里。过了一段时光，马铃薯就逐步推广开来了。当时的法国国王路易十六，觉察到马铃薯的推广对他维持统治地位有利，于是他就亲自加以提倡。一次在盛大的宴会上，他让王后把马铃薯花插在发夹上作为装饰，一时间内，马铃薯花居然成了最高贵、最时髦的装饰品。御花园里也种了不少马铃薯，大小要员纷纷效仿，不多久，这股风吹遍了法国全境。

小记

目前全球有130多个国家种植马铃薯，年产量高达近3亿吨，如果把它在地面铺平，可以覆盖绕地球赤道四车道宽的公路达6圈之多，成为全球第四大重要主食作物，仅次于小麦、水稻和玉米。

木 薯

天蓬元帅嘴太馋，偷食癫蛊道行餐。
慌埋所剩生木薯，留为人间作笑谈。

——《戏话木薯》·现代·陈德生

物种基源

木薯，为大戟科亚灌木木薯树（Manihot esculenta）的地下肉质长圆柱形块根，又名槐薯、树薯。木薯有青茎和红茎两种，青茎较优。我国南方各地栽培较多，尤以广西为最。

生物成分

据测定，100克可食木薯，含蛋白质6.3克，脂肪0.4克，碳水化合物84.7克，膳食纤维0.5克，亦含微量元素钙、磷、铁、镁和微量的硒以及核黄素、尼克酸、维生素C。块根充分煮熟后食用，是可代主要粮的杂粮之一，还可加工成木薯干。

食材性能

1. 性味归经

木薯，味甘、性温，有微毒；归脾、胃、肾经。

2. 医学经典

《毒药本草》："泻水逐饮，利二便，润肤养颜。"

3. 中医辨证

木薯，温中和胃、健脾、利二便。有益于脾、胃虚弱、消化不良、肺气虚、肺结核，肺痿咳嗽者食疗助康复。

4. 现代研究

木薯有抗菌消炎作用。对金黄色葡萄球菌和绿脓杆菌有抑制作用，但保存数天或加热，抗菌作用会减弱或消失。

食用注意

（1）小儿禁食木薯。

（2）吃木薯要紧的是避免木薯中毒。因木薯中含有木薯甙类，当遇水时，在其本身所含酶的作用下，水解成氢基苷，这是一种很毒的化合物，在消化道吸收进入血液循环后，其氰离子与体内呼吸酶结合，使呼吸酶失去作用，细胞的氧化酶不能正常运行，导致组织缺氧，引起呕吐。因此，木薯中毒很快很急，应及时送医院救治。

（3）木薯的去毒方法：将木薯连皮煮两次，每次弃水并要煮两小时以上，然后浸泡 24 小时以上方可食用。煮木薯时注意不要用铜锅烹煮。制木薯干时，可将木薯浸泡 4～6 天，每天换水，然后取出切片晒干。

（4）用薯淀粉制成的西谷米，由于含淀粉量多，糖尿病患者慎食。

传说故事

猪八戒偷吃癞鼋道行馒

相传，木薯的来历与《西游记》猪八戒偷吃癞鼋道行馒有关联。癞鼋在通天河修炼 4000 多年成正果，经玉皇大帝恩准，将修炼的道行正果归宿到 4 个道行馒中，适时吃下后，可在凡间享坐 400 年江山，但附加一个条件：唐僧师徒西天取经，必渡通天河，摆渡之事，由癞鼋承担。癞鼋应允。不一日，唐僧等到达通天河要西渡，于是癞鼋卸去外衣让猪八戒拿着，自己现出原形，让唐僧师徒站其背而渡。当猪八戒摸到癞鼋袖袋中有馒头时，便一口气偷吃，第四只馒刚咬了小口，大伙巳达通天河西岸，八戒不好再吃，把外衣轻轻塞给癞鼋，将咬了一小口的馒头，拢在自己袖内，佯装去方便，用钉把在通天山权树下掘了洞埋了起来。癞鼋接过外衣，一摸袖袋，馒头一只也不见了，再屈指一算，不好！没到八戒肚里的馒头只有 4/5 多一点了，便仰头朝天对着玉皇大帝叹道："我辛辛苦苦修炼 4000 多年，鼋（元）家到手的凡间 400 年江山，被猪（明朝朱家）家吞食 300 多年，如今只剩下 80 余年了，乃天意也！"

在唐僧取经回东土大唐再经通天河时，癞鼋仍守信在河边等渡唐僧师徒，可到河心，抽身沉没，湿透全部经卷，这是癞鼋对猪八戒偷食他道行馒的报复。从此，民间有元（鼋）朝江山 400 年，被猪（朱）家吞食 300 多年，元朝实坐江山只有 80 多年的说法。而猪八戒咬过一小口的道行馒埋在通天山三权树下，发芽、长叶、生块根，成为百姓度饥荒年的木薯。

西　米

海岛奇树出奇粉，洁白无瑕天生成。
千株万株齐劈破，满足天涯口福人。

——《西米》·现代·陈德生

物种基源

西米，又名西谷米、沙弧米、西国米、莎木面，（Metroxylon rumphii）为棕榈科植物沙木或西谷椰子的木髓制成的淀粉做成的。原产印度尼西亚群岛的西米棕榈和西谷椰子（Metroxylon sagu）两种树种，在花穗出现时砍断树干，劈开取出含淀粉的髓磨成粉，滤去木质纤维，所得淀粉称为西米粉。根据颗粒大小分为珍珠西米或弹丸西米，以色白质净为佳。加工在 8 毫米左右粒径称"大西米"，又称"珍珠西米"；小于 3 毫米粒径的称"小西米"，又称"弹丸西米"。以上两种树种由林、农部门已从国外引种我国海南省并移植成功。

生物成分

据测定，100 克可食西米，含蛋白质 0.5～0.8 克，碳水化合物 88～89 克及微量的维生素和微量元素。

食材性能

1. 性味归经

西米，味甘，性微温；归脾、胃、肺经。

2. 医学经典

《柑园小识》："健脾运胃。"

3. 中医辨证

西米，健脾，补肺、化痰，对阴虚燥咳、产后血虚、久病体虚、失眠、鼻出血及便秘有辅助食疗效果。

4. 现代研究

西米主要成分是淀粉，可温中健脾，治脾胃虚弱、消化不良等症，适宜体虚、产后病后神经衰弱者及肺气虚、肺结核、肺痿咳嗽者食用。西米还可使皮肤恢复天然润泽，所以西米羹很受人们尤其是女士的喜爱。

食用注意

西米含淀粉高，故糖尿病患者不宜多食和常食。

传说故事

西米树的传说

相传，掌管天厨的食神与玉皇大帝的大女儿红儿青梅竹马、情深意笃，而天上的扫帚星也癞蛤蟆想吃天鹅肉，常借打扫方便出入天厨之机，做尽坏事。不是往御膳中偷加油、盐、酱、醋，就是偷盗食材，以达加害食神的目的，离间食神与大小姐红儿、玉皇大帝、王母娘娘的关系。一日，扫帚星又到天厨打扫，见白案间无人，就偷偷将准备为王母娘娘贺寿做寿桃的面粉装进旧扫帚柄，扔进凡间荒岛上并插进土中。不久，这里长出了树干内满是面粉的参天大树，这就是现在人间的西米棕榈树。（流传地区：海南）

番　薯

白皮黄皮红紫皮，赤子丹心从菲移。
荒年曾为民果腹，盛世权作美糖饴。

——《山芋》·民间顺口溜

物种基源

番薯，为旋花科一年生蔓状草质藤本植物甘薯（Ipomoea batatas）的块茎，又名红薯、山芋、白薯、地瓜、番薯、红芋、红苕、山薯、香薯藤、红山药、金薯、甜薯等。原产美洲，1492 年由哥伦布带进欧洲，后又经葡萄牙人传入非洲，再由太平洋群岛传入亚洲。我国的种植时间为明朝万历年间，由华侨陈振龙从菲律宾移植到福建，后来逐步推广到全国。从外皮颜色看，分白、红、粉红、黄、淡紫、紫色等。从肉质颜色可分为白、黄、紫、蓝等多种。

生物成分

经测定，100 克可食番薯，含蛋白质 2 克，脂肪 0.2 克，碳水化合物 29 克，膳食纤维 1.1～2.2 克，富含维生素 B_1、B_2、E、C 等，还含 18 种氨基酸，其中包括人体所必需的 8 种氨基酸。此外还含有植物胶原和黏多糖，微量元素磷、钙、铁及胡萝卜素等。

食材性能

1. 性味归经

番薯，味甘，性平；归脾。

2. 医学经典

《新修本草》："主宽肠胃，美肌肤，滑中。"

3. 中医辨证

番薯，补脾胃，益力气，对夜盲症、中老年夜尿频、习惯性便秘、热湿痢疾、过度肥胖等症食疗效果佳，外用可作皮肤湿疹的辅疗。

4. 现代研究

治疗夜盲症。红皮黄心番薯含胡萝卜素多，对治疗夜盲症有独特效果。番薯中分离出活性物质（DHEA），能治结肠癌和乳腺癌。

预防白血病有一定效果。我国徐州人民医院从"西蒙二号"番薯中提取一种类似女性激素的物质，对治疗白血病和原发性血小板减少性紫癜有一定效果。

润肠通便。山芋蒸熟煮后，部分淀粉发生变化，膳食纤维会大量增加，能有效促进胃肠道蠕动。

调节人体酸碱平衡。番薯是碱性食物，能和酸性食物中和，调节人体酸碱平衡，维持人体健康。

防止动脉粥样硬化。番薯所含的特殊黏蛋白成分能维持人体心血管的弹性，防止动脉发生粥样硬化。

保肝护肝。当人体内活性氧和自由基过剩时，会引起肝功能障碍，紫皮番薯具有抗氧化和消除自由基作用，可保肝护肝，延缓人体衰老。此外，番薯可抑制黑色素的产生，延缓人体肌肤老化和衰老。

食用注意

（1）番薯所含的糖，主要是麦芽糖和葡萄糖，故糖尿病患者少食。
（2）番薯中含有气化酶，多食烧心，吐酸水，故腹胀患者少食或不食。
（3）番薯不要和柿子同食，防止引起胃柿石。
（4）番薯不宜与香蕉同食，防止引起胃不适。
（5）表皮有黑斑的番薯不可食，防止中毒。

传说故事

一、华侨陈振龙的贡献

明朝万历初年（约公元 1593 年）春，一艘从菲律宾起航开往中国的轮船的缆绳上，缠绕着甘薯藤蔓。薯蔓外面涂着泥巴，以免被统治菲律宾的西班牙人发现。轮船经过七天七夜的航行，终于到达我国福州，从此，这个原产南美的作物——甘薯，在福建沿海安家落户，这就是我国种植甘薯的起源。

这个引种甘薯的人是福建华侨陈振龙，他身居国外，时刻关怀着祖国的农业发展，在他回国途中，经过周密计划，巧妙伪装，终于躲过了关卡的严格检查，完成了这项引种任务。

当年，经过他和儿子陈经纶的努力，在福州城外试种甘薯成功，并获得丰收。第二年，当地大旱，粮食歉收，陈振龙的甘薯在救灾中发挥了重大作用。此后，陈氏子孙后代，都把毕生精力放在甘薯的推广和栽培上。在许多地区推广种植，成效卓著，如北京的甘薯栽培技术，就是陈振龙的嫡孙陈世元派他儿子到北京传播的。陈世元总结了陈氏几代的甘薯栽培经验，写出了我国第一部甘薯专著《金薯传习录》。对甘薯的起源、栽培、管理、保存、食用、加工等等做了详尽论述。陈世元又叫他的长子陈云、次子陈燮传种到河南朱仙镇和黄河以北的一些县，三子陈术传种到了北京通州一带。后人为了纪念陈氏家族引种甘薯的功绩，在福州乌石山建立了"先薯祠"。

二、徐光启与番薯

明末的农学家徐光启，是个廉洁清明的官吏，有一次居然有人密告他在家里藏了许多珍宝。其实，全是一派谎话。原来，徐光启在家宅院里试种番薯，把一只只山芋埋在院子土里，并盖上稻草，不时前去伸手摸摸里面的温度，被人看见，还以为他在私藏做官得来的不义之财呢！

徐光启经过反复地试种，不仅培育出碧绿的嫩苗、长长的番薯藤，还喜获硕果——一只只大如碗口的番薯。消息传开后，每年春天，农民成群结队、络绎不绝地前往徐光启家里去剪薯藤。就这样，番薯在江浙一带推广种植了，徐光启不仅总结了番薯的13条优点，叫"甘薯十三胜"，而且写出了栽培番薯的专著《甘薯疏》。

从此，番薯在长江下游地区得到广泛栽培。番薯又逐渐被推广到大江南北，成为丰产的作物。

番薯趣

最大的番薯

1960年，浙江农业科学院在一块比较宽敞的空地上，先翻土，再在中央挖了一个又大又深的坑，倒入几担腐烂的厩肥、草木灰和焦泥灰，然后再堆成一个大土堆，并在土堆中央直插一根薯苗。

待薯苗成活后，及时追肥、中耕除草。在茎藤长到二至三尺时，经常把茎提一下，把茎节长出的根切断，使叶子制造的养料可全部送到根部的薯茎块里。经过他们的精心培育，这颗山芋结出了许多大山芋，其中一个山芋竟有12千克重，创造了山芋种植史上单个山芋重量的世界最高纪录。

葛 粉

君子小人正相反，上智下愚诚不移。
冶葛根非连灵芝，奈何生与天地齐。

——《感事吟》·宋·邵雍

物种基源

葛粉，为豆科多年生落叶缠绕藤本植物葛（Pueraria lobata）的块根制取淀粉，又名葛膏、葛冻、葛汁、葛品等。既是古代的救荒植物，又是祖国医药中常用的中药材。葛全身是宝，在我国有着悠久的应用历史。葛的根系发达，分为吸收根和贮藏根。吸收根为须根，水平或横向生长，分枝多；贮藏根肉质，表皮粗糙、黄白色，有邹褶，肉白色。在我国有"北有人参，南有葛根"之称，还有"亚洲人参"的美誉。其主产于湖南、江苏、浙江、河南、广东、四川等地。除正品外，尚有同属植物食用葛藤、峨眉葛藤、甘葛藤、三裂叶野葛藤等的块根。在少数地区亦作葛使用。

生物成分

据测定：每 100 克食用葛粉中，含水分 8.6 克，蛋白质 8.6 克，脂肪 1.7 克，碳水化合物 77.6 克，膳食纤维 1.5 克；维生素 B_1、B_2、C、E、胡萝卜素、总黄酮。还含葛根素、葛根素木糖苷、大豆黄酮、大豆黄酮苷、大豆苷元、花生酸、葛根醇、异黄酮苷、黄豆苷、糖苷、氨基酸等。

食材性能

1. 性味归经

葛粉，味甘、微辛、性平；归脾、胃经。

2. 医学经典

《本草汇言》："清风寒、净表邪、解肌热、止烦渴、排诸毒。"

3. 中医辨证

葛粉解肌退热、生津、升阳止泻、透疹，有益于外感发热头痛、项强、口渴、消渴、麻疹不透、热痢、泄泻、高血压引起颈脖强痛等症的辅助康复。

4. 现代研究

从葛根粉中提炼出的异黄酮能增加脑及冠脉流量，对高血压、动脉硬化等病人解痉、改善脑循环有益，并对中老年人预防脑血管硬化及中风等症有很好的辅助康复功效，还具有生津除烦、滋阴祛风的功能。

食用注意

（1）气虚胃寒者，少食。
（2）消化不良者，慎服。
（3）体质阴虚者，宜慎食。

传说故事

一、葛根的来历

传说，在一处深山密林中，住着一位采药老人。一天，他跟往常一样在山上采药，突然听见山下人喊马叫。老人往山沟外看时，迎面却有一个十四五岁的男孩子攀石径正往这里飞奔，待走近了，"扑腾"一声便给老人跪了下来。老人吓了一跳，赶紧问："这是怎么了？"那孩子像鸡啄碎米一样连连磕头，道："老爷爷快救我！"老人赶紧把孩子扶起来，那孩子接着道："我是山外葛员外的儿子，我爹在朝里做官时得罪了奸臣，告老还乡后，奸臣诬奏我爹打算私自屯兵、密谋造反。皇帝信以为真，派兵把我家围住，要满门抄斩。我爹只有我一根独苗，想尽办法让我逃走，谁知途中被官兵发现，他们正在后边追赶，求老爷爷救我……"

老人知道这葛员外乃当代忠良，他的儿子一定要救，但追赶的人马越来越近，情况十分危急。突然，他想起后山有一个隐秘的石洞，地势险要，不是熟悉山里的人绝找不到。于是，赶紧把孩子带过去。官兵上来，仔细搜了一番，不见孩子的踪影，只得收兵下山了。官兵退后，老人问孩子往后要去哪里。孩子哭道："我全家被抓，恐怕还要灭门九族，还能去投奔谁呢？老爷爷救了我，我愿意终身侍奉您，到了您百年之后，我还为您披麻戴孝。"老人看这孩子相貌整齐，一听此话十分高兴，道："行啊，那就跟我过日子吧！不过，我是个采药的，每天得爬山越岭，十分辛苦。"那孩子活命在即，自然满口应允了。

从此以后，葛员外的独子就跟着老人每天在山上采药，这位老人常寻得一种特别的草，块根可以治发热口渴、泄泻等病。几年以后，采药老人过世了，葛员外的儿子学会了老人的本事，也专门挖那种有块根的药草，还治好了许多的病人。但那种药草一直还没名字，有人问这草叫什么，葛员外的儿子想到自己的身世，随口道："这叫葛根。"所谓"葛根"，就是说葛家只留下了他一条根的意思。

二、李时珍与葛根

相传嘉靖年间李时珍在楚王府任"奉祠正"。府内镇国将军酗酒无度，身染重病，李时珍为其开方"解酒汤"诊治，旬余即愈，此汤成分就是葛根。李时珍后入京师太医院供职，期间回乡，荆王府郡主虚弱，身体每况愈下，选材葛根入药，月内痊愈。

三、神农与葛根

相传，当年神农尝遍百草，发现一种植物既能充饥又能解毒，就采了它的种子传播四海，结果食用的人们身体越来越强健，甚至原来身体虚弱、有疾病的人也逐渐康复，并且生病次数减少，后人称这种药材为葛根。每年深秋时节，葛根像其他植物一样枝枯叶落，但是它的所有营养也都在这时聚集在块根的浆液中，此时如果人们把它从土里刨出来制成葛粉，就可以发挥它良好的药效了。

四、月老托梦畲族女

相传盛唐年间，某山脚下住着一对夫妻，男称付郎，女叫畲女，男读女耕，十年寒窗，付郎高中进士。本来喜从天降，付郎却烦恼满怀，只因长安城里富家女子个个艳若牡丹，丰盈美丽，想妻子常年劳作，瘦弱不堪，于是有心休掉畲女。他托乡人带信回家，畲女打开只见两句诗"缘似落花如流水，释道春风是牡丹"，畲女明白付郎将要把自己抛弃，终日茶饭不思，以泪洗面，更是容颜憔悴。

月老得知后，怜爱善良苦命的畲女，梦中指引畲女每日上山挖食葛根，不久，畲女竟脱胎换骨，变得丰盈美丽，光彩照人。付郎托走乡人后，思来思去，患难之妻，怎能抛弃！于是快马加鞭，赶回故里，发现妻子变得异常美丽，更加大喜过望，夫妻团圆，共享荣华。从此畲族女子便有了吃食葛根的习俗，而且个个胸臀丰满，体态苗条，肤色白皙。

五、葛根延年的传说

传说古时湘西某土司的女儿与一个汉族小伙子相爱。由于双方父母坚决反对，这对恋人相约遁入深山老林之中。入山不久，小伙子身染重病，神志不清，面色赤红，疙瘩遍身。姑娘急得失声痛哭，哭声惊动了一个仙须鹤发的道士，马上给小伙子服用一种仙草根，旬余即愈。后来他们知道，这种仙草叫葛根。遂长期服食，两人都身轻体健、皮肤细腻、容颜不老，双双活过百岁，被人们传为美谈。

莲 藕 粉

荷衣芰制雪为客，家住云烟太华峰。

外面看来真璞玉，胸中珝出许玲珑。

——《藕》·宋·杨万里

物种基源

莲藕粉，为睡莲科多年生水生宿根草本植物莲（Nelumbo nuclfera）的肥大根茎加工制成的淀粉，又名藕橙粉。

据史料记述，我国是世界上首个食用藕粉的国家，已有 3000 多年历史。自古以来，莲藕粉就是百姓开水冲食的流质膳食。莲藕，在我国各省、市、区淡水湖泊有产出，且有大面积种植。

生物成分

莲藕粉的营养价值很高。据测定，100 克莲藕粉中，含水分 10.5 克，蛋白质 0.9 克，脂肪 0.6 克，碳水化合物 87.5 克；维生素 A、B_1、B_2、C、E、K 及钙钾、铁、锌、硒并含天冬碱、蛋白氨基酸、葫芦巴碱等。

食材性能

1. 性味归经

莲藕粉，味甘、微咸，性平；归脾、胃经。

2. 医学经典

《本草纲目》："藕粉服食，轻身益年。"

3. 中医辨证

莲藕粉益血、止血、调中、开胃，可补血止泻，防血虚所致的体弱衰老和单纯性食道炎。

4. 现代研究

莲藕粉含有人体所必需的多种维生素，并有去热解暑的功效。富含淀粉、多种糖、蛋白质、脂肪、碳水化合物、粗纤维、氨基酸及微量元素等。是一种低脂肪高营养食品，可用于单纯性食道炎、虚损血少，泻痢食少等症。是产后、病后、老年、虚劳之妙品食材。

食用注意

（1）糖尿病患者少食、慎食。

（2）如需要减肥者应少食或不食。

传说故事

寇准与藕粉

有一年,天干数月,百姓生存危急,寇准也忧虑成病。青城山修道的陈抟老祖在返乡晋州途中,见寇准一筹莫展,就托梦去安抚点化他,许愿"一池清水见分晓"。梦醒五更,病魔中的寇准就吆喝三班衙役,向南门走去。只见荒地变成了一个大藕塘,花红叶绿,荷香四溢,拔叶带藕,香脆可口,寇准吃了一口,病痛全消,更觉蹊跷。细心的人发现,这藕和其他藕不一样,只有七心。"七心"意味着"齐心"。寇准恍然醒悟,立即班师回府,号令全县官民齐心协力,兴修水塘抗大旱,遍种"七心红花藕",把这神来的藕池称为"天池",把香脆可口的藕制成色泽鲜亮,味道清香,生津补血的藕粉,上贡朝廷。由此,寇准步步青云,官至宰相。

何 首 乌 粉

龟成精兮鳖成精,龟鳖成精有谁信。
当年蒲公说聊斋,未成说及首乌精。
——《戏咏何首乌也成精》·现代·陈德生

物种基源

何首乌粉,为蓼科多年生缠绕草本植物何首乌(Polygonum multiflo-rum)粗壮块状根茎打成粉,并经烘干而成。原质全粉,色泽淡微黄,口感微苦,调好后呈清亮透明状,吃完后碗壁分布有珍珠状亮点者佳。全国有人工栽培。

生物成分

经测定,100克何首乌粉,含蛋白质9.3克,脂肪1克,碳水化合物82.1克,钠18毫克及多种氨基酸。主要氨基酸的含量(g%):缬氨酸0.105克,亮氨酸0.155克,异亮氨酸0.17克,苏氨酸0.11克,苯丙氨酸0.155克,色氨酸0.045克,蛋氨酸0.025克,胱氨酸0.045克,酪氨酸0.09克,甘氨酸0.135克,丝氨酸0.105克,组氨酸0.07克,丙氨酸0.14克,谷氨酸0.36克,天门冬氨酸0.415克,脯氨酸0.175克,赖氨酸0.095克,精氨酸0.955克。

主要维生素的含量(mg%):B_1 0.436,B_2 0.073,PP 610.15,B_6 1.61,C 7.695,K 4.72,A 0.98。

无机盐及人体必需微量元素的含量(mg/kg):钾2136,钠838.1,磷2060.9,钙20.46,镁13.055,铁8.08,铜2.808,锌5.25,锰1.986,钴0.08785,钼0.1457,铬0.07795,硒0.02,镍0.2724,矾0.38705,锡0.3927,镉0.26,铂0.579,总C_{21}甾酯苷0.95‰,卵磷脂1.10,膳食纤维2.50。

食材性能

1. 性味归经

何首乌粉,味甘,微苦,性微温;入肝、肾经。

2. 医学经典

《本草备要》:"补肝肾,涩精,养血祛风。"

3. 中医辨证

何首乌粉苦涩微温，制熟则味甘主补，入肝肾二经，能补肾精，益肝血。发为血之余、肾之所荣，故又能乌须发，并兼有收敛精气之效。其功类似熟地黄，治肝肾精血不足之症，二者常相须为用。但熟地黄味厚滋腻，滋阴作用较强，本品性质温和，不寒不燥，长于入肝养血，入肾益精，补而不腻，对于虚而不受补之症，尤为相宜。生用补益力弱，且无收敛之功，而有通便、解毒之能，但临床较少使用。

4. 现代研究

（1）何首乌粉所含卵磷酸为构成神经组织，特别是脑脊髓的主要调节成分，有强壮神经作用，同时为血球及其他细胞膜人体合成的重要原料，能促进血细胞的新生与发育。

（2）因本品有效成分能与胆固醇结合，所以能减少肠道对胆固醇的吸收，对血清胆固醇的增高有抑制作用，并能阻止胆固醇在肝内的沉积。

（3）本品能阻止类脂质在血清内滞留或渗透到动脉内膜，故能缓解动脉硬化的形成。

（4）蒽醌衍生物能促进肠管蠕动，而有泻下作用。

（5）有类似肾上腺皮质激素样作用。

据抗菌试验，对福氏痢疾杆菌和流感病毒有抑制作用。

食用注意

服食何首乌粉时，不要与中药附子、仙茅、桂皮、姜等同食。

传说故事

一、何首乌的传说

以前有个女人，她的丈夫到远方去经商了，只留着她孤单单地宿在闺房里。说来很奇怪，不久就有一个少年男子天天来陪她。这男子生得很英俊，穿得一身绿绉绉的衣服，天一晚就来了，鸡刚叫就走了。女人问他叫什么名字，他总不说，问他住在哪里，他老是说就住在隔壁。过了好久，女人心里总有些奇怪。有一晚，她想出一个法子，在他刚要走的时候，私下在他衣服上结牢一根针，针后系着很长的绿线。这件事情做得很精密。第二天一大早，她便照着绿线找去，只见那线绕过墙壁，到屋角的破园里便不见了。她找来找去，把头一抬，不偏不斜那根针正结在一株何首乌的叶子上。她才知道，何首乌多年成精了，那男人便是它变的。她跑回家拿把锄头把何首乌掘起，掘到根，只见下面长着一个活灵活现五寸多长的人。

原注：这个故事流传于江苏镇江丹阳一带。据说何首乌长到一千年，根下就会长成人形，人吃了就会长生不老的。

二、何首乌和长寿县

重庆市的长寿区原本是一个县，最早叫作乐温县，"长寿县"这个名字是在唐朝时改成的，这其中还有一个故事与中药何首乌有关。

据说唐朝当时的宰相戴渠亨是四川人，有一次回家探亲的途中经过乐温县，看见一个七八十岁的老人挑着一担水，从台阶上走上走下，健步如飞。随后又看到一位百岁老人挎着油瓶和篮子，也是身轻如燕，不见任何疲惫之色。戴渠亨感到纳闷，一问之下才知，那位百岁老人居然家里还有位老太爷，而且第二天就是老太爷150岁的生日。戴渠亨更是好奇，于是决定明天跟着去看个究竟。

第二天，戴渠享乔装并带着寿礼前去贺寿，他见一位须发皆白的老人笑容可掬地坐在堂上，全家 7 代 87 个孩子都围绕在他身边，而前来贺寿的人大都是八九十岁以上的人。寿宴开始之后，戴渠享向老人请教长寿的秘诀，老人笑答："山清水秀空气好，从小爬坡爱勤劳，粗茶淡饭清泉水，精神爽奕能睡觉，闲来无事尝首乌，保你长寿人不老。"戴渠享听后频频点头，觉得有理。

大家见席间有一位素不相识的客人，便过来敬酒寒暄，并请戴渠享题词作诗，他推脱不过，便挥毫题了一首五言诗："花甲两轮半，眼看七代孙。偶然风雨阻，文星拜寿星。"众人一看方知此人是当朝皇帝的老师、大名鼎鼎的宰相戴渠享，纷纷惊慌跪拜。戴渠享一一扶起这些老人之后赞叹道："都说'人活七十古来稀'，可你们这里却到处都是百岁老人，真是非常难得呀。"然后，戴渠享便在宴席上宣布将乐温县改名为"长寿县"并沿用下来。而老人在长寿秘诀中提到的"何首乌"能延年益寿的事，也流传了下来。

小记

据古人经验，首乌生长极为缓慢，生长年代愈久，其价值愈高。宋·苏颂《图经本草》云："五十年者如拳大，号山奴，服之一年，发髭青黑。一百年者如碗大，号山哥，服之一年，颜色红悦。一百五十年者如盆大，号山伯，服之一年，齿落更生。二百年者如斗栲栳大，号山翁，服之一年，颜如童子，行及奔马。三百年者如三斗栲栳，大号山精，纯阳之体，久服成地仙也。"这未免夸大其词，令人难以置信，所以，明·倪朱谟《本草汇言》就说："何首乌，初十年如粟，五十年如拳，百年如碗，力足矣。百年外不复发苗，根渐腐败。如山间偶得栲栳大、斗大者，苗叶藤茎酷似何首乌，实非何首乌也。"

绿 豆 粉

包之赫蹄满贮中，缠以丝枭外合节。
或藏绿豆因醉翁，但觉色香新摘同。
——《暮春次韵》·宋·陈若霖

物种基源

绿豆粉，为豆科一年生草本植物绿豆（Phaseolus radiatus L.）的成熟种子经水磨加工而得的淀粉，又名小豆粉。以淡隐绿色，色泽明朗者为佳，各超市、菜场均有售。

生物成分

经测定，100 克绿豆粉，含能量 1487 千卡，水分 11.9 克，蛋白质 0.7 克，碳水化合物 84 克，膳食纤维 2.1 克及微量的硫胺素、维生素 C、尼克酸和微量元素钾、钠、钙、镁、铁、锰、锌、铜、硒等。

食材性能

1. 性味归经

绿豆粉，味甘，性平，微凉；归肺、胃经。

2. 医学经典

《草本纲目》："清热解毒。"

3. 中医辨证

绿豆粉，有解毒、清热、和中的功效，对解砒霜毒、煤气毒、酒毒、恶心呕吐、湿疹、创伤、疖肿有辅助食疗康复的效果。

4. 现代研究

绿豆粉有清热解毒之功效，对痈疽疮肿初起、烫伤、跌扑伤有疗效，并可解热及酒食诸毒。

食用注意

（1）脾虚寒症、久痢者慎食绿豆粉。
（2）痘疹初起者慎食绿豆粉。

传说故事

用绿豆粉涂马

从前，有个富人的忌讳特别多，每逢家里有红、白之类的事，更是处处忌讳。如果是喜事，绝对忌讳白色，丧事绝对忌讳红色。

一次，儿子结婚，处处用红色来装饰，一位客人骑着白马来的，就没有准许牵入马厩。

一天，富人的父亲死了，他又叫家人处处用白色来装饰，富人平时骑的是一匹枣红马，马夫为了讨好老板，将老板买回来做斋用的绿豆粉，用水调好将枣红马涂成白马，并去讨好老板："老老爷升天了，我把您的枣色马用绿豆粉涂成了白色，以示您尊丧图孝。"富人一听，急得双脚直跳道："我买的两石绿豆粉是用来做贡菜供老爷和招待前来奔丧吊唁的亲朋好友的呀！"在座的客人见此，都捂着鼻子暗笑地走开了。

第三章　油脂类

芝 麻 油

绿叶方枝株形浩，花开香溢朵朵高。
粒粒果荚脂满腹，五味调和成佳肴。
——《芝麻》·现代·陈德生

物种基源

芝麻油，为胡麻科一年生草本植物芝麻（Sesamum indicum）成熟的种子榨取的油，又名脂麻油、胡麻油，麻油。从花色分，有淡紫色、白色。从蒴果形状分有四棱、六棱、八棱。成熟种子的颜色分有白色、黄色、棕色和黑色，以黑色饱满、外有光泽为佳。原产于非洲，现我国各地均有栽培。芝麻油是由成熟的芝麻种子榨出的油，又称香油，以油色淡黄、香浓清亮、透明者佳。

生物成分

经测定，100 克芝麻油，含热能 894~900 千卡，水分 0.1 克，脂肪 99.0~99.9 克，维生素 E55.5~77.5 毫克及含痕量的磷、铁、钙、镁、硒等矿物质。芝麻油脂肪中主要分为油酸、亚油酸、棕榈酸、花生酸、廿四酸、廿二酸等甘油酸、固醇等。香气香味主要来源于芝麻素口和芝麻酚。芝麻油脂肪酸组成比例为：饱和脂肪酸 15.3%，单饱和脂肪酸 38.3%，多不饱和脂肪酸 4.9%。为营养全面烹调油。芝麻油，属半干性油，比重 0.95~0.926 克/cm^3，吸收率 98%，凝固点 0~6℃。

食材性能

1. 性味归经

芝麻油，味甘、性平、微凉；归脾、胃、肺、肾、大肠经。

2. 医学经典

《千金要方》："主和中虚羸、补五脏、益力气、长肌肉、益脑髓、坚筋骨。"

3. 中医辨证

芝麻油有补肝益肾、强身健体、润燥滑肠，亦有通乳作用，适于产后乳汁缺乏、虚热困乏，能疗金疮、烫伤、止痛及伤寒湿等症，久服轻身不老、明耳目、耐寒暑、益寿延年。

4. 现代研究

芝麻油含有亚油酸、花生油酸达 60%，不饱和脂肪酸、芝麻酚、芝麻素、芝麻林素等，能抑制胆固醇、脂肪，防止高血压、动脉硬化等心血管病的发生，并且有防癌补脑的效果。因含有丰富的维生素 E、可抵制人体内自由基活跃，达到抗氧化、延缓衰老的功效。含有卵磷脂的是极佳的美容圣品，使皮肤滑嫩，青春常驻。

并能预防和改善身体虚弱、贫血、肺结核、耳鸣、眼花、白发、习惯性便秘、慢性神经炎、高血脂、腰酸腿软、发质干燥、掉发、乳汁缺少等症。

食用注意

（1）患有慢性肠炎、腹泻、牙痛、白带严重者忌食芝麻油。
（2）芝麻油为发物，有皮肤病，特别是瘙痒者应戒食芝麻油。
（3）滑精、阳痿、便溏、滑肠患者应忌食芝麻油。
（4）食芝麻油不宜过多，如过食芝麻油会增加胰腺和胆汁的负担，引发疾病。
（5）烹调鸡肉时，尽可能避开用芝麻油。

传说故事

一、太上老君放含脂草下凡

相传，芝麻原是天庭凌霄宝殿的盆栽，美丽的含脂草，绿叶方茎开素花，甚是淡雅且香气袭人，在天庭修炼数千年，颇通灵性，但凡惹它或对看不顺眼的神仙，就从白色的小喇叭花中喷出带毒汁的香气。一日，扫帚星乘打扫天庭之机，有意折断芝麻一个叶片，于是芝麻就张开小白喇叭花对准扫帚星喷洒毒汁，以示报复。不巧，就在芝麻对着扫帚星喷洒毒汁时，王母娘娘从此路过，毒汁溅到了王母娘娘的身上，惹怒了王母娘娘，于是就对随行的太上老君说："把这含脂草拿到老君你的炉中烧了吧，免得惹是生非。"太上老君应允，但心中有点舍不得，想的是天庭修炼数千年，一枝一叶都来之不易。在带往兜率宫的途中对芝麻说："我不忍将你烧化，还是放你到人间去找生路吧！"芝麻感谢太上老君的放生之恩，又不太愿意去人间，太上老君看出了芝麻的进退两难，便对其承诺："你放心下去吧，我保你'青枝绿叶年年好，开花结果节节高，子子孙孙满腹油，香香喷喷人缘妙'。保你在人间受欢迎，但我要把你的毒汁带回炉中烧化了，香气你带到人间去吧！"就此，太上老君将含脂草往下方一推，人间便长出了香气袭人的芝麻。

二、油到手还不能算

过去，有对老两口儿苦累苦做，日子过得蛮甜。这一年种了一坰芝麻，地耕得深，土耙得细。老婆说："老头啊，今年有油吃了。"老头说："还不能算啊！"

过了些天，一场细雨，芝麻都出了土。老婆说："老头啊，今年麻油到手了。"老头说："还不能算。"

锄芝麻草了，两人越锄越喜欢，绿油油的苗子逗人爱。老婆说："老头啊，今年麻油到手了。"老头说："还不能算。"

夏历七月，老两口儿割芝麻，那芝麻一人多高，密密麻麻，严严实实的。老婆说："老头啊，今年麻油真的到手了。"老头说："还不能算。"

老两口儿把打下的芝麻用风车扇得干干净净，满满的两担，老婆鼻子都闻到油香了。她说："老头啊，这回麻油算到了手吧！"老头说："还不能算。"

整篓整篓的麻油香喷喷的。老头在楼上扯，老婆在楼下接绳索。老婆说："老头啊，这回油该到手了吧。"老头说："还不能算。"

话音未落，绳子断了，油泼了一地。老头气愤地说："我说不能算吧。"

花 生 油

堆盘如菽不知名，咏物成林未著声。

只有青藤词一语，茨菰香芋落花生。

——《渔鼓词》·明·徐文长

物种基源

花生油，为豆科一年生草本植物落花生（Arachis hypogaea）成熟的种子榨出的油，又名长生果油、落花生油、果油、生油、花油。我国的花生主要类型有普通型、多粒型、珍珠豆型、蜂腰型等四等类型；种皮有淡红色、黑色等；种仁形状主要有长圆、长卵、短圆形，以外形饱满色亮，不皱皮者佳。花生油色以淡黄、清亮、透明者佳。花生原产于亚洲，我国大多产于长江中下游以北和黄河下游各地。

生物成分

据测定，100克花生油，含热能895～899千卡，水分0.1克，脂肪99.9克，维生素E27.8～58.7毫克及痕量的钙、铁、硒微量元素。比重0.916～0.926克/cm³，吸收率98%，凝固点0～3℃，脂肪酸组成为饱和脂肪酸18.5%，单饱和脂肪酸40.8%，多不饱和脂肪酸28.3%。属不干性油类。

食材性能

1. 性味归经

花生油，味甘，性平；入肺、脾经。

2. 医学经典

《滇南本草图说》："醒脾开胃、润肺化痰、益气止血。"

3. 中医辨证

花生油，补脾润肺、止血，对脾虚肺弱、痰喘咳嗽等病的康复有益。花生衣止各种出血，花生叶安神，对失眠有益。

4. 现代研究

花生油对急性菌痢、蛔虫性肠梗阻、急性黄疸肝炎、传染性结膜炎有辅助疗效。花生油所含脂溶性维生素E和锌与人体的生育和长寿关系密切。花生油，可使人体内胆固醇分解成胆汁酸排出体外，从而降低血浆中胆固醇的含量。花生油中的胆碱，还可以改善人脑的记忆力，延缓脑功能衰退。

食用注意

（1）不宜食存放过久的花生油，以防止有黄曲霉素污染，防诱发疾病。

（2）服用硫酸亚铁等铁制剂时，尽量避免食花生油。

（3）糖尿病患者应少食花生，按每100克花生45克油计摄入量。

传说故事

李时珍与花生

一年夏天，医学家李时珍爬上了一座高入云霄的山峰去采草药，一眼望见那里有成群结队的蚂蚁在觅食，它们从地下拉出一棵比黄豆稍大的豆子。李时珍上前一看，又拿起一颗放在嘴里咬了一口，口腔里油腻腻的，好香！李时珍便挖了一些带了回家，悄悄地种了。它很快地发芽、长叶、开花，在地下长出了一荚荚带壳的豆子来。后来，李时珍暗中发动老百姓都种上了。因为当时的官宦和兵贼都没有见过，不知它在地下能结果，也不知它有什么用处，所以没有抢掠去。从此，它留下给老百姓作为食物，使老百姓度过了苦难的岁月，活了下来。从那时候起，人们就叫它"华生"，意思是得到仙人灵丹妙药的精华而生存下来。因为古时"华"字与现代的"花"字同音，所以近代人便叫它"花生"。

向日葵子油

此心生不背朝日，肯信众草能欺之。
真似节旄思属国，向来零落谁能持。
——《葵花》·宋·梅尧臣

物种基源

向日葵子油，为菊科一年生草本植物向日葵（Helianthus annuus）成熟的种子，榨出的油，又名朝阳花油、葵花油、丈菊油。从类型分，向日葵种子有食用型（大粒型）、油用型、兼用型三类；从种子外壳颜色分有白色、黑白相间花色、黑色三种颜色。出油率最高为黑色，花色次之，白子最差。向日葵子油以油色清亮、淡黄、透明无可见杂质者佳。向日葵原产北美洲，我国栽培较广。

生物成分

据测定，每100克向日葵子油，含热能900～985千卡，脂肪99～99.9克，还有恒量的维生素E及痕量钙、铁、磷、硒等物质。

向日葵子油属半干性油，比重：0.92～0.926，凝固点－16～19℃，吸收率达98％以上。

食材性能

1. 性味归经

向日葵子油，味甘，性平；归大、小肠经。

2. 医学经典

《中国药植图鉴》："透疹、止痢、虚弱头风、食欲缺乏、驱虫。"

3. 中医辨证

向日葵子油，有补虚损、补脾润肠、止痢消肿、化痰定喘、平肝祛风等功效。

4. 现代研究

向日葵子油中所含的植物胆固醇和磷脂，能抑制人体内胆固醇的合成，防止血浆中的胆固醇过多，有利控制动脉粥样硬化，适用于高血压、动脉硬化的患者食用。

向日葵子油的主要成分是油酸和亚油酸等不饱和脂肪酸，可提高人体的免疫力。抑制血栓形成，可预防高胆固醇和高血脂症，也是抗衰老的理想食用油。

向日葵子油具有防治失眠、增加记忆力的作用。

向日葵子油对高血压、神经衰弱、癌症有一定的预防效果。

食用注意

（1）向日葵子油忌存放时间过长。若存放时间过长，其油脂经氧化后，会影响人体吸收后细胞的新陈代谢。

（2）向日葵子油，对老年人来说不宜多食，油脂大多属不饱和脂肪酸，若食用过多，则消耗体内的胆碱也多，使体内脂肪代谢失调，脂肪沉积于肝脏，会影响肝细胞的正常功能。

（3）男性育龄青年不宜过多食向日葵子油，因向日葵子油所含的蛋白部分有抑制睾丸的成分，能引起睾丸萎缩，影响正常生育功能。

（4）向日葵子油，属植物性油料，食用过多可引起滑肠厌食。

传说故事

一、向日葵有恋母症

民谣说："葵花朵朵向太阳，看似发光无热量。自幼生就恋母症，朝朝暮暮向着娘。"这个民谣中有一个鲜为人知的故事。

相传，很久很久以前，天上有一个母太阳，生下九个小太阳，连母太阳共十个太阳，把大地生灵烤焦，江海湖泊全部干涸。这事被天庭的玉皇大帝得知，就传下玉旨，命太白金星李长庚带领射箭高手后羿，将十个太阳射死九个，只留一个母太阳照亮人间就够了。当后羿射死八个小太阳后，母太阳向太白金星求情，能否将小九阳留下来与她作伴，母子相依为命。这下可让太白金星作了难，留吧，有违玉旨，回天难复命，不留吧，是斩尽杀绝，而且他知道小九阳有恋母症，母太阳也十分疼爱小九阳。考虑再三，最后，叫后羿将小九阳射而不死，也不留在天上而射落到人间下方。让小九阳"形似太阳却无光，像似发光无热量。"

所以，我们现在看的葵花盛开时，很像一个个发光的小太阳，而又还保留他的恋母症，早、中、晚都面向太阳娘呢。

二、油和皇历

从前，有个卖油郎，娶了个会过日子的好媳妇，她每天把丈夫卖的油偷偷舀进坛子里。到了年底，丈夫愁着没钱还账，更没钱过年。他媳妇就把一坛子油拿出来，说："这是我积攒下来的，拿去卖了还账吧，剩下的钱再买些过年用的东西。"

卖油郎可乐坏了。

这件事被一个卖皇历的知道了，就回家向自己的老婆夸奖卖油郎的媳妇，他老婆听着记下了。以后她每天偷偷地藏起一本皇历。到了年底，丈夫愁着愁着无法还债，她就把一大堆皇历拿出来，说："这是我积攒的，拿去卖了还债吧！"

菜 籽 油

搓头油、油搓头。

头搓头油，头油油头。

头油搓头，头搓头油。

——《搓头油》·民间绕口令

物种基源

菜籽油，为十字花科一年或二年生草本植物，油菜（Brassica SPP）的成熟种子榨出的油，又名油菜籽油、菜油、香菜油。包括白菜型、芥菜型、甘蓝型、三类型油菜的成熟种子榨出的油，以金黄、棕黄色、清亮透明、油香中带有芥子素的气味者佳。油菜在我国分布极广。

生物成分

据测定，100克菜籽油含热能950千卡，脂肪99～99.9克，多种甾醇和维生素E53～111毫克及痕量的钙、铁、磷、镁、硒等矿物质。

菜籽油比重：0.913～0.918克每立方厘米，凝固点−10℃，属于半干性油。菜籽油的脂肪组合比例为：饱和脂肪酸：单不饱和脂肪酸：多不饱和脂肪酸≈4：83：14。菜籽油主要含芥酸、花生四烯酸、油酸及亚油酸成分。有一定的刺激性气味，这气味是其中含有一定量的芥子素所致，但特种油菜籽油不含有这种物质。

食材性能

1. 性味归经

菜籽油，味甘、性平、无毒；归脾、胃、胆经。

2. 医学经典

《本草丛新》："行滞血、破冷气、消肿结、治难产、透湿疹、疗烫伤。"

3. 中医辨证

菜籽油，润肠通便、清热，对肠梗阻、汤水灼伤、湿疹、难产、产后心腹痛等疾症的康复有益，对蛔虫驱除亦佳。

4. 现代研究

菜籽油所含亚油酸等不饱和脂肪酸和维生素E等营养成分能很好地被人的机体吸收，并有利胆功能，具有一定的软化血管、延缓衰老的功效。

菜籽油所含的磷脂，对血管、神经、大脑发育十分重要。

菜籽油中几乎不含胆固醇，所以更适于高胆固醇症的人食用。

菜籽油含人体必需的三种脂肪酸，能抑制胆固醇在小肠的吸收，还能促进肝内胆固醇的降解与排出。

食用注意

（1）菜籽油有一定的保持期，不要食用放置时间过久的菜籽油。存放过久有一股"青气味"，更不适宜作凉拌菜用油。

（2）菜籽油在高温加热后，应避免反复使用。

（3）菜籽油所含油酸低于其他植物油，且构成亦不平衡，因此，营养价值低于其他植物油，在有条件的情况下，以少食菜籽油为宜。

（4）菜籽油，心脏病患者尽量少食，因为可导致"心肌脂肪沉积"现象，尤其是冠心病、高血压患者要控制。这也是世界粮农组织和世界卫生组织对菜籽油中介酸含量作出限量的原因。

传说故事

一、菜籽也能打死人

传说，包公陈州放粮归途，一老妪拦轿告状，包公忙命停轿，问明事情原委。老妪哭诉道："有人在河对岸用菜籽将我儿子打死，请大人为小民做主。"包公听罢，心中十分纳闷，隔河的菜籽也能将人打死，此乃是天下奇事也。忙命仵作（相当于现在法医）当场验尸，验得结果，死者的太阳穴确有菜籽大小的击伤，其余全身无半点伤痕。包公现场勘察，河宽三丈有余，深一丈许，即使凶手越过河来，用菜籽面对面近距离打击，也不会置人于死地。于是，命张龙、赵虎、王超、马汉带人限五日之内查遍南、北少林、东邪西毒、所有丐帮、三教九流，但毫无进展。最后还是师爷包宽正暗中察访得知，正一道的旁门有一种掣机高压水铳，能内装九九八十一粒菜籽，菜籽借掣机水压力将八十一粒菜籽击中人体同一命门靶标而置人于死地，顺藤摸瓜，终于将凶手捉拿归案。

二、不听不看不会出错

父子俩挑油，在亭子里休息的时候，父亲对儿子说："不管旁人说什么，你都不要听，不要去看，眼睛看路，脚步走稳就不会出错！"儿子说："要是稀奇古怪的事呢？"父亲说："任啥稀奇古怪的事也不要去听去看！"

不料这话被一个犁田的老汉听去了。他要捉弄一下挑油的，看他们又上路了，就把牛绳一拉，大叫一声："畜生站住，让我背你到沟里去洗洗。"

那父亲一听，心想这人好大力气，很是惊奇，回头来看，却不料脚底一滑，摔倒在地，两桶油泼得精光。

大 豆 油

鼠咬豆囤囤漏豆，鼠咬油篓篓漏油。

游爷灭鼠是高手，灭鼠保豆又保油。

鼠不咬豆囤囤不漏豆，鼠不咬油篓篓不漏油。

——《豆油》·民间绕口令

物种基源

大豆油，为豆科一年生草本植物大豆（Glycine max）的成熟种子所榨取的脂肪油，又名豆油、黄豆油，以黄棕色或红棕色、清淡透亮无可见物为佳，原产我国，各地均有栽培，尤以东北各地为最多。

生物成分

据测定，100 克大豆油，含热能 860～900 千卡，脂肪 92.0～99.9 克，维生素 E58～175 毫克及痕量的钙、磷、铁、镁、硒等矿物质。含有豆油甾醇、菜油甾醇、β-胡萝卜素、环木菠萝烯醇及角鲨烯等成分。

比重 $0.922\sim0.927g/cm^3$，凝固点$-8\sim18℃$，水分：$0.1\%\sim0.15\%$，豆油的脂肪酸组合比例为：饱和脂肪酸：单不饱和脂肪酸：多不饱和脂肪酸＝6：25：59，大豆油还含磷脂，可用水化法进行精制。

食材性能

1. 性味归经

大豆油，味甘、微辛、微毒；归胃、大肠经。

2. 医学经典

《补缺肘后方》："通大便、排梗阻、润结肠、驱虫。"

3. 中医辨证

大豆油驱虫、润肠。对肠道梗阻、大便秘结不通有辅助康复效果。

4. 现代研究

豆油中的脂肪酸构成合理，能显著降低血清胆固醇的含量，并有预防心血管病的功效。

豆油中含有维生素 E、D 及卵磷脂，对人体健康非常有益。

人体对豆油的消化吸收率较高。大豆油具有润肠通便、解毒、润燥、消肿的功效，对便秘、肠梗阻、蛔虫性肠梗阻、腹绞痛、吐血、疥疮、烧伤、烫伤有很好的辅助治疗作用。此外，还具有很好的驱虫作用。

食用注意

（1）有汽油味的豆油不可食用，因为它含有用轻汽油作为浸出纯豆油所用的溶剂的残留，这种残留主要成分是乙烷、庚烷和多环芳香烃、苯等有害物质。我国食品油中这种溶剂残留不超过 $50mg/kg$。吃了轻汽油残留过多的豆油，会引起疲乏无力、体重减轻、贫血、精神过敏、肢体疼痛、麻木和感觉异常，严重者可导致呕吐、腹痛、共济失调。

（2）豆油的色泽较深，有特殊的"豆腥味"，热稳定性较差，加热时会产生较多的泡沫，故未经提纯的豆油最好勿食用。

（3）豆油含有较多的亚麻油酸，易氧化变质，并产生"豆臭味"，不宜食用。

（4）不宜食用生豆油或用豆油拌饺子馅，因为生豆油中含有为提高出油率而残留的苯，豆油在加温后容易挥发，在温度达 200℃ 以上时，有害物质就能大部分挥发掉，做饺子馅时则影响有害物质的挥发。长期食用生豆油容易引起苯中毒。

传说故事

一、白鸦变乌鸦的传说

相传，乌鸦原叫白鸦，全身羽毛是白色，后来变成黑乌鸦，这与它在天庭当点卯官时，把人与羊谁吃大豆生长的哪部分东西的判词说错了有关。按照玉皇大帝的原意，人与羊吃大豆所长哪部分的判词是："天上下雨地上流，羊吃豆子人吃油"，而乌鸦读成："天上下雨地上流，人吃豆子又吃油。"玉皇大帝一听，气出三丈无名火，把满墨砚台往乌鸦身上一砸，说道："豆和油都是人吃，那羊吃什么？"乌鸦一吓忙改口道"人吃豆和油，秸草给羊留。"从此，大豆和大豆油都是人吃，而羊只能吃大豆秸草，白鸦被墨染成乌鸦，而且，把乌鸦开口说成"乌鸦嘴"。

二、倒油

据欧阳修《卖油郎》载：宋朝有个叫陈康肃的人，十分擅长射箭。他的射技没有人能比得上，真有"百步穿杨"之功，他因此十分自负。

有一次，陈康肃在自己家的园子里练习射箭，引来了很多人围观。有一位卖油的老头儿挑着担子经过，也停下观看。陈康肃射出的箭百发百中，围观的人们都大声叫好，而卖油的老头儿只轻轻地点了点头。陈康肃见老头儿对自己的技艺不以为然，就走过去问老头儿："你懂射箭吗？难道我的技术还不够好？"

老头儿平静地说："我觉得这没什么了不起的，只不过你练得多了，手熟而已"。

陈康肃不高兴地说："你凭什么贬低我的技艺？"

老头儿微微一笑，说："我是从我倒油的技巧中得出这个道理的。"

说完，老头儿拿了一个葫芦放在地上，又取出一枚圆形方孔的铜钱，盖在葫芦嘴上，然后取来一瓢油顺着铜钱的孔，往葫芦嘴里倒，那细细的油线，均匀地流进葫芦里。老头儿倒完油，众人把铜钱拿下来一看，上面竟然没沾上一点油。在场的人不由得发出一阵赞叹，老头儿笑了笑，说："这没什么，不过是手熟而已。"

玉 米 油

动油油油桶，油桶油油动。
动油油桶油动，油桶油油动油油。
——《油油桶》·民间绕口令

物种基源

玉米油，为禾本科一年生草本植物玉蜀黍的成熟种子玉米（Zea mays），经加工后的玉米胚芽部分榨出的脂肪油，又名苞谷芽油、包芦芽油、苞米芽油、珍珠米芽油、玉米胚油，粟米芽油。

玉米，按子粒性状可分马齿型、硬粒型、爆裂型、蜡质型、甜质型、甜粉型、粉质型、有稃型等八种类型，其中以马齿型和硬粒型两种栽培较广。我国四川、河北、山东及东北等地为主要产区。

生物成分

据测定，100 克玉米油，含热能 885～900 千卡，脂肪 97～99.9 克，碳水化合物 0.7～2.8 克左右，维生素 E 含量 8～75 毫克，及痕量的钙、铁、磷、锌、硒等矿物质。

玉米胚芽中含玉米油约 18％左右。油中含有不饱和脂肪酸 85％以上，油酸 36％以上，亚油酸 49％以上。

食材性能

1. 性味归经

玉米油，味甘、性平、无毒；归脾、胃、心经。

2. 医学经典

《食典》："健脾胃、和五脏、润肠燥、消肿痛。"

3. 中医辨证

玉米油有润燥通便，对大便秘结、脾胃不健有辅助康复效果。

4. 现代研究

玉米油含有丰富的不饱和脂肪酸，可降低血中的胆固醇，减少动脉硬化的危险。

玉米油中含有微量元素和维生素 E，有利于人体健康发育。

玉米油可以预防肠胃功能紊乱、身体发胖、血管硬化、高血压、高血脂、冠心病等疾病的发生，对冠心病的初发和复发都有效，对血浆胆固醇浓度高的年轻人有效，但对高龄患者预防冠心病的复发效果稍差。

玉米油中的镁离子和谷氨酸，是人体所必需的微量元素和氨基酸，具有抑制癌细胞和健脑、增加记忆及脑细胞的新陈代谢，防止脑功能衰老作用。

食用注意

寒泻者不可多食玉米油。

传说故事

宋徽宗是吃玉米油第一人

传说，北宋宋徽宗赵佶与当朝监管皇粮国税的监税官周邦彦君臣二人和南、北宋之际红极一时的女歌妓李师师有拈酸吃醋三角恋爱的故事。

一日夜，李师师命厨师黄培朋将新收获脱苞皮的玉米仁胚芽挑出、压碎，放在锅内熬煮，从翻滚的汤面撇出上面的玉米油，与糖桂花调制桂花玉米油。调好后刚准备与周邦彦一起享用，哪知，堂堂之尊的宋徽宗，又不惜屈尊降贵，从内宫潜道微服夜幸李师师，周邦彦一听，非同小可，吓得钻进李师师卧房的壁橱藏了起来。李师师沉着接驾，坐定后，李师师说："陛下，贱妾今天请圣上尝新呢！"说着叫丫鬟将玉米油端呈上来，徽宗品尝后问："这是何等佳肴，如此美味？"李师师答道："是专为万岁做的桂花玉米油加鲜荔枝肉。"徽宗听后赞赏不已。从此，宋徽宗赵佶便成为中国历史上尝吃玉米油的第一人。

茶　籽　油

一萎茶油油六斤六两六，
一坛茅台酒九斤九两九。
用六斤六两六钱茶油油，
换九斤九两九钱茅台酒。
可九斤九两九钱茅台酒，
不换六斤六两六钱茶油。

——《茶油》·民间绕口令

物种基源

茶籽油，为山茶科（Camellia japonica L.）常绿灌木或小乔木油茶树（Camellia oleifera）

成熟的种子榨出的脂肪油，又名楂油、梣树子油，以清淡油香、淡黄无可见物者佳。主要产地为福建、江西、四川、云南、贵州等。

生物成分

据测定，每 100 克茶籽油，含热能 895～900 千卡，脂肪 99.7～99.8 克，含维生素 E6～50 毫克，核黄素 0.02～0.04 毫克，及含痕量铁、锰、锌、磷、硒等矿物元素。还含有山茶皂甙，其皂甙元有 229 -羟基桉脂醇、玉米蕊醇 A、皂甙元 ST－1、山茶皂甙元 B、茶皂醇 E 等有机化合物等。

比重 0.915～0.919，凝固点 −5～−12℃，碘值 78～83，皂化值 191～195。为不干性油。

食材性能

1. 性味归经

茶油，味微苦，性平，微毒；归心、肺经。

2. 医学经典

《本草丛新》："理气、疏滞、润发肤。"

3. 中医辨证

茶籽油，行气疏滞，润肠通便。对便秘、肠梗阻、蛔虫性肠梗阻、腹绞痛的康复有辅助疗效。

4. 现代研究

内服行气、通滞，对腹痛有很好的辅助疗效。外治皮肤瘙痒，对火烫伤等疗效颇佳。

食用注意

寒泻、滑肠患者，不可多食用茶籽油。

传说故事

朱洪武错封油茶树

从前，油茶和香椿的植株高矮差不多，而香椿结果，油茶是不结果的。香椿结的果人吃了后精神百倍，可健胃理气、解疲劳。为什么现在香椿不结果，这里有个说法。

明朝开国皇帝朱元璋，有一次跟元朝官兵打仗，打败了，一人一骑逃到深山里，人困马乏，又饿又渴。他停在香椿树下，正没主意，抬头一望，树上结满了果子，也不管是否能吃，摘下来就往嘴里塞，哪知，味道十分可口，越吃越要吃，不知不觉地把肚子填饱，口也不渴了，精神也来了，重新下山招回流散部下，一下子灭了元朝，后来做了大明的开国皇帝。

一天，朱元璋特高兴，带文武大臣出城打猎，不知不觉来到当年落难的山中，他回忆当年兵败，要不是这山上长的果子给他充饥，说不定就没有现在的九五之尊。他跟众文武官讲述了这个经过，说："这里的果子树，朕要好好封它一下才是！"可这刻儿是冬季，认不出哪棵树是当年结救命果的树，特别是油茶和香椿又混长在一起。朱元璋随手指了旁边油茶说："当年你救驾有功，孤王今天封你为果中之王，你要世代都结果，且最好满果皆含油，更养人。"油茶听了特别高兴，以后真的世世代代都结果且含油，可怜把香椿气得眼睛发直。

朱元璋封油茶后，带文武大臣回宫，可怜的香椿树把头越伸越高，指望朱皇帝能认出自己，偏偏朱元璋没有回头。香椿树后悔不会说话，功劳只好让油茶冒名替封了。

从那以后，香椿再也不结果子，也不和油茶生长在一起了。

棉　籽　油

车转轻雷秋纺雪，弓弯半月夜弹云。

衣裘卒岁吟翁暖，机杼终年织妇勤。

——《木棉》·宋·艾可叔

物种基源

棉籽油，为锦葵科一年生草本植物棉花（Gossy pium spp）的成熟籽仁所榨取的脂肪油，又名毛棉籽油（未经加工）、棉毛油、精炼棉籽油（加工后）、棉油、棉花籽油。棉有树棉（中棉）、草棉、陆地棉、海岛棉四种，主要分布在华东、华北，新疆产出尤多。

生物成分

据测定，每 100 克棉籽油，含热能 895～900 千卡左右，脂肪 99.8～99.9 克，维生素 E43.0～130 毫克左右及痕量的钙、铁、磷、硒等矿物质。还含有硬脂酸及植物甾醇等。棉籽油的脂肪酸组成为亚油酸 40％～45％，棕榈酸 20％～25％，油酸 30～35％以及棕榈酸的三甘油酯。比重 0.913～0.930g/cm³，凝固点 4～6℃，为半干性油。

食材性能

1. 性味归经

棉籽油，味辛、性热、微毒；归胃、大肠经。

2. 医学经典

《范汪方》："利肠胃、润燥驱凉、治疮疥。"

3. 中医辨证

棉籽油润燥、通便。对大便秘结有食疗效果，外用对恶疮、疥癣有治疗效果。

4. 现代研究

棉籽油有软化血管的作用，对预防动脉血管粥样硬化有好处。

食用注意

未经加工的棉籽油，含有 0.1％～0.3％的有毒物质"棉酚"，不可直接食用，否则，使食用者得一种"烧热病"。按我国食品卫生标准规定，棉籽油的游离棉酚含量不大于 0.03％，酸介不大于 1.0％，水分不大于 0.2％，杂质不大于 0.1％，含皂量不大于 0.03％，加热试验油颜色不变深，没有析出物、无异味。

传说故事

老鼠偷油吃后变蝙蝠的传说

相传，很久很久以前，世界上是没有蝙蝠的，它是由老鼠偷吃灯油后变成的，所以又叫油蝙蝠，或油老鼠。人是不吃棉籽油的，阴间与阳间都用它来点灯照明。阴间专司加灯油的是牛头鬼，从一殿阎王到十殿阎王的油灯都是他加。每盏灯每次加油，都是牛头鬼嘴衔油壶，一个筋斗上去才能加到油，这样一天下来上蹿下跳上百次，甚是费工烦神很辛苦。可后来牛头鬼发现，加进去的油经不起点，不一会就没有了。于是牛头鬼在暗处窥看，油怎么会没了呢？噢！原来是馋嘴的老鼠偷喝了油。

一日，老鼠又来偷油，被牛头鬼逮个正着。逮住老鼠后，牛头鬼用两手抓住老鼠两条后腿，连皮带肉往两边一拉，口中念念有词："棉油棉油不是粥，偷吃灯油变蝙蝠；棉油棉油不是饭，再偷灯油心要烂。"老鼠被扯开的两条后腿，变成两个翅膀。从此，偷灯油吃的老鼠变成油蝙蝠后，再也不敢偷灯油吃了。

红 花 籽 油

红花儿红花红，
黄花儿黄花黄。
红花儿黄花儿黄又红，
黄花儿红花儿红又黄。
——《红花儿红》·民间儿童绕口令

物种基源

红花籽油，为菊科植物红花（Carthamus tinctorius）的籽榨取的油，又名红蓝子油、白平子油、刺红花油、草红花油，以清亮、淡黄，无可见物者为佳。我国河南、浙江、四川、新疆多有红花植物栽培。

生物成分

据测定，每 100 克红花籽油中含热能 905 千卡，亚油酸 74％～78％左右，油酸 12％～15.5％左右，亚麻酸 3％～4％，饱和脂肪酸仅占 4％～20％，以 C_{16} 和 C_{18} 脂肪酸为主。还含有肉豆蔻酸、棕榈酸、硬脂酸等多种营养成分，特别是维生素 E 占 0.68％，被称为植物油中的亚油酸之王、维生素 E 皇后的美称。

食材性能

1. 性味归经

红花子油，味甘、微辛、性平、无毒；归脾、胃、心经。

2. 医学经典

《本草纲目拾遗》："健脾、和胃、宣肺、活血、解毒。"

3. 中医辨证

红花油，活血解毒，对痘出不快、妇女血气瘀滞、腹痛及生产后血病的康复有益。

4. 现代研究

红花籽油中的亚油酸和脂肪酸，可有效地促进血液循环，调节血压、降低胆固醇和血脂，促进人体的新陈代谢。

食用注意

红花籽油，性温且微辛，具有实热患者少食、慎食红花籽油。

传说故事

何仙姑与二郎神抢红花

相传，天女散花时，仙姑向百花仙子要了两朵红花，一朵插在头上，一朵抓在手上，正好遇到玉皇大帝的外甥二郎神。他见何仙姑头上戴红花手中拿红花，便嬉皮笑脸地对何仙姑说："何仙姑啊何仙姑，人人说你姑佬多，数遍天涯难计数，为何其中没有我？"何仙姑不甘示弱，随口相讥："二郎神啊二郎神，要说玩话莫当真，你妹偷偷嫁凡人，肚大腰圆难见人。"二郎神听后十分尴尬，顺手拔走了何仙姑头上的红花，而何仙姑随后紧追不放要讨回红花，二郎神疾走如飞，何仙姑怎么也追不上，一气之下不再追要，并将手上的红花也扔向凡间喜马拉雅山山脚，变成藏红花。二郎神见何仙姑生气，自觉没趣，欲将红花还何仙姑，何仙姑不要，也扔向凡间，落向新疆的天山，由于这朵红花插在何仙姑的头上，为头油所染，变成了天山油籽红花。

棕 榈 油

> 裘庄六十六岁裘老头，养了六十六头大黄牛。
>
> 刘庄六十六岁刘老头，养了六十六只遛马猴。
>
> 六十六头牛驮六十六坛椰子酒，六十六只猴搬六十六篓棕榈油。
>
> 牛角刺破坛中椰子酒，马猴摔漏篓内棕榈油。
>
> 洒了六十六坛椰子酒，漏了六十六篓棕榈油。
>
> ——《牛·猴与酒·油》·民间绕口令

物种基源

棕榈油，为棕榈科乔木植物新鲜的油棕（Elaeis guineensis）的果肉榨取的脂肪油。果皮榨出的油叫油子油，棕榈核仁榨取的油叫棕榈仁油或棕榈核油，棕榈油果仁压榨而成的油称为棕榈仁油。棕榈油以白色清亮者为佳。油棕原产非洲，我国热带各地，尤其海南和云南南部栽培较多。

生物成分

据测定，每 100 克棕榈油含热能 900 千卡，脂肪 99.5 克，胡萝卜素 110 微克，维生素 E15.24 毫克及痕量的磷、铁、锌、锰等微量元素，脂肪酸中含棕榈酸、月桂酸、豆蔻酸和油酸的甘油酯组成。比重：0.921～0.925，熔点 27～50℃，碘值 40～58，皂化值 195～205。

食材性能

1. 性味归经

棕榈油，味微苦涩，性平，无毒；归心、大肠经。

2. 医学经典

《中国药典》："活血、降压、调血脂。"

3. 中医辨证

棕榈油有收敛、涩肠、止血作用，有益于鼻衄、吐血、便血、子宫出血、带下的康复。

4. 现代研究

棕榈油有行血、止血功能，对预防脑血管疾病、高血压、高血脂的有辅助食疗作用。

食用注意

虚寒泻痢患者少食、慎食棕榈油。

传说故事

南极仙翁的拐杖与油棕榈树

相传，南极仙翁在赴蟠桃会途中和孙悟空相遇，孙悟空轻手轻脚地从仙翁背后抽走拐杖和油葫芦后，跳到仙翁面前道："你这个肉老头儿，还是这么洒脱，毛都不长全的肉脑袋，连帽子也不戴一个，还拄着根讨饭棍带着油葫芦罐，王母娘娘蟠桃大会上又不煎桃子吃，要他干吗？"说着，把拐杖和葫芦一齐扔向凡间。南极仙翁忙用手去逮没逮着，顺手将孙悟空头上的帽子摘下来也扔向凡间，恰好挂在拐杖上。当南极仙翁驾云到人间准备取拐杖时，万年拐杖已生根并长出新芽，怎么拔也拔不动，只好摘下油葫芦，打开塞子往孙悟空的软帽子上倒了许多油，孙悟空见帽子上有油不能戴也就不要了，留在发芽的拐杖上，变成了油棕果。

橄 榄 油

周公引种油橄榄，惠及华夏千秋赞。
国计民生尽周到，贤相美名留人间。
　　　　　——《周总理引种油橄榄》·现代·陈德生

物种基源

橄榄油，为木樨科常绿乔木油橄榄树（Oleaeuropaea）成熟果实榨取的脂肪油，又名齐墩果油、洋橄榄油、油橄榄油、阿列布油，以淡雅、青黄、清亮、透明者佳。1963 年周恩来总理从地中海引进。美国前总统托马斯·杰弗逊称："橄榄油树绝对是天上赐予人类的珍贵礼物。"我国在长江流域以南地区广泛栽培，成熟的果实可以生食，亦可榨油。

生物成分

据测定，每 100 克橄榄油，含热能 899～900 千卡，脂肪 99～99.9 克，还含有维生素 E 及痕量元素钙、锰、磷、铁、锌、铜、硒等矿物质。

橄榄油主要成分为油酸，不饱和脂肪酸和亚油酸的甘油酯，还含有挥发油 7%～8% 及单烯酸（油酸为主）84%～86% 左右，双烯酸（亚油酸为主）4%～7%，多烯酸（亚麻酸为主）1% 左右。人体消化吸收率为 99% 左右。橄榄油被认为是迄今所发现的油脂中最适合人体营养的食用油，因橄榄油在生产过程中未经任何化学处理，所以，其天然营养成分保存得非常完好。

食材性能

1. 性味归经

橄榄油，味甘，性平；归脾、胃、肺经。

2. 医学经典

《中国药典》："清肺利咽，清热解毒，生津。"

3. 中医辨证

橄榄油，利咽清肺，对咳嗽、咽炎、口干有缓解效果。

4. 现代研究

橄榄油中含有一种多酚抗氧化剂，它能抗御心脏病和癌症，并能与一种叫鲨烯的物质聚合，从而减缓结肠癌和皮肤癌细胞的生长。

橄榄油具有良好的"双向调节"作用，可降低血的黏度，有预防血栓形成和降低血压的作用。

世界卫生组织的调查结果表明，凡是食用橄榄油的人群，心血管系统疾病和癌症的发病率都很低。

橄榄油，无论是食用还是外用，都能防止皮肤皱纹的出现，使皮肤恢复自然弹性，变得光泽而柔嫩，同时，还有利于减肥。

食用注意

胃肠失调，腹胀及大便溏薄、泄泻者暂勿食用橄榄油。

传说故事

雅典娜与油橄榄树

希腊战争女神雅典娜和海神波塞冬，曾经为了希腊东部的一块岩山上的小村落而发生争夺。众神组成一个评议团，一致决定，谁给那里的原始居民带来好处最多，这个村落就给谁。波塞冬在岩石上钻了一口盐泉，雅典娜用手一指，从土壤中长出一棵油橄榄树。经众神分析评议，认定雅典娜是胜利者，因为她给人类创造了一种农产品，给人类的礼物是最好的、最实惠、也最长远。

火 麻 油

剥皮抽芯绞麻缆，一汇二纺成地毯。

披挂在身孝公子，精纺细织制成衫。

——《火麻》·清·汪帆

物种基源

火麻油，为桑科一年生草本植物大麻（Cannabis sativa）的成熟种仁子榨出的脂肪油，又名大麻仁油、麻子油、白麻子油、冬麻子油。新油绿黄色，有淡雅香气者佳。我国辽宁、吉林、黑龙江、四川、甘肃、云南、浙江等地均有种植。

生物成分

据测定，100 克火麻油含热量 900 千卡，脂肪 99.6 克，维生素（毫克）10.78 及钙、铁、锌、磷、硒等微量元素。比重为 0.925～0.933，凝固点为 −18～−27℃，熔点 −26℃，碘值 145

～166，皂化值 172～192。不饱和酸 12％，亚油酸 53％，亚麻酸 25％，油中含少许植酸钙和大麻酚，葫芦巴碱 L（d），亮氨酸甜菜碱，还含微量蕈素素，胆碱及挥发油。

食材性能

1. 性味归经

火麻油，味甘、性平；归心、大肠经。

2. 医学经典

《神农本草经》："润燥、滑肠、通便。"

3. 中医辨证

火麻油，是一种润肠油，对大肠热风燥结、便秘有很好的辅助康复效果。

4. 现代研究

火麻油对血虚、津亏、肠燥、便秘有辅助食疗效果。

食用注意

火麻油不适宜脾胃虚寒、久泻者应用。

传说故事

富人与披麻戴孝的哭丧女

从前，有一个家财万贯的大富翁，生了两个女儿。很不幸，富翁的大女儿得了不治之症，没多久就死了。为了给自己的女儿办一个体面的葬礼，富翁花重金请来了许多哭丧女，披麻戴孝为死去的女儿哭丧，这些人为了得到富翁的钱，一个个号啕大哭，哭得天昏地暗，看起来一个比一个悲伤。

富翁的二女儿见了这样的场景，忍不住感叹道："真是不幸啊！我们身为家人，不知道怎么才能尽哀，这些无亲无故的人，为什么却一个个哭得如此伤心呢？看起来，她们要比我们悲痛多了。"

这时，披在头上的麻皮对富翁的二女儿说："这些披着我们的皮哭得伤心伤意的人，只不过是表面现象，不必大惊小怪，她们怎么能为一个陌生人伤心痛哭呢？这些人之所以如此号啕大哭，并不是出于内心的悲哀，而是为了金钱装出来的。"

亚 麻 籽 油

亚麻抽丝纺车转，织就云锦代代传。

诚绘唐卡尊佛道，若修来生结佛缘。

——《亚麻》·清·江成子

物种基源

亚麻籽油，为一年生草本植物油用亚麻或兼用，亚麻（Linum usitatissimum）成熟种子的种仁榨取的脂肪油，又名胡麻油、胡麻子油、亚麻油。亚麻，按用途不同可分为纤维用亚麻、油用亚麻和兼用亚麻三种。油品以黄色、清亮、有特异的亚麻气味者佳。油用亚麻主产我国的西北、内蒙古一带。

生物成分

据测定，每 100 克亚麻籽油含热能 900 千卡，脂肪 99.6～99.9 克，维生素 389～391.2 毫克及微量元素磷、铁、锰、锌、铜等物质。油中主含亚麻酸 21%～45%，亚油酸 25%～59%，油酸 15%～20% 及棕榈酸、硬脂酸等甘油酯。此外，还含有阿魏酸、甘烷基脂、多种甾类、三萜类、氰苷等有机化合物。

食材性能

1. 性味归经

亚麻籽油，味甘、性平；归心、大、小肠经。

2. 医学经典

《本草图经》："润燥、祛风。"

3. 中医辨证

亚麻籽油，有润燥通便、养血祛风的功效，对病后虚弱、眩晕、便秘、老人皮肤干燥、瘙痒、毛发枯萎脱落等症的康复有辅助食疗效果。

4. 现代研究

亚麻籽油，有抗菌消炎的功效，对疮疡湿疹及高血压、血管硬化、胆固醇增高等症的预防和食疗效果佳。

食用注意

由寒症引起的久泻患者勿用亚麻籽油。

传说故事

泡桐树和亚麻

有一天，一棵泡桐树和亚麻聊天。高大魁梧的泡桐挖苦道："嘿，亚麻小弟，上帝对你真不公平，一只小小的杜鹃就把你压得弯腰驼背，沁人心脾的微风就把你吹得摇摆不定，你真是瘦弱不堪，让人可怜呐！你瞧瞧我，高大雄伟的犹如阿尔卑斯山脉，我根本不把刺眼的阳光放在眼里，还敢蔑视闪电，嘲笑风暴。同样一阵风，在强壮的我面前只能算是习习微风，可对瘦削的你而言，就是猛烈的狂风了。你要是在我身边，我可以替你挡风遮雨，保护你。只可惜，你离得那么远，我也照顾不到你啊！"

面对泡桐树的嘲讽，亚麻依然面带微笑，礼貌地回答道："谢谢你的关心！我虽然瘦小，弱不禁风，可强风暴雨对我的伤害并不大呀，我虽然弯腰，但并没有折断，要不了多久，我就会完全康复。泡桐大哥，你可要小心哟！虽然强风暴雨从没击垮你的坚强、让你俯首称臣，可它绝不会罢休的！"

泡桐听后哈哈大笑起来，觉得不可思议，没有理会亚麻的忠告。

过了一段时间，一场大风暴不期而至。北风呼呼地咆哮，它夹带着冰雹，仿佛是一个凶残的恶魔，要摧毁一切生灵。亚麻赶紧弯下腰，扑倒在地在上，而泡桐树笔直的躯干被吹得左摇右摆，岌岌可危。不一会儿，一轮更强的狂风暴雨袭来，把壮实的泡桐树连根拔起，重重地摔在地上。

猪　脂

球碰猪油，猪油碰球。

球碰猪油油不流，猪油碰球要油球。

流猪油油不由球，猪油油球球不怪油。

——《猪油·球》·民间儿童绕口令

物种基源

猪脂，为哺乳纲、偶蹄目猪科动物猪（Sus scrofadomestica）的肥膘肉盘肠网油、板脂油熬成的脂肪油，又名猪油、猪脂肪油、大油、猪脂膏。猪，由野猪驯化而成。据出土文物同位素测定，我国养猪至少有 5600 年至 6100 年的历史，以色泽洁白或白中略带微黄，有特殊香味者佳。全国各地均有熬制。

生物成分

经测定，100 克猪油，含热能 822～899 千卡，脂肪 87～99.9 克，碳水化合物 1.8～10.8 克，维生素 A27～89 微克，维生素 E5.21～38.38 毫克，胆固醇 93～98 毫克，还有微量的核黄素、尼克酸和磷、铁等矿物质。另外猪油中还含有花生四烯和 α-蛋白，这是植物油中所不含有的两种物质。

比重 0.934～0.938/cm³，熔点 36～46℃，吸收率 94%，三种脂肪酸组成（100 克）食部比例为饱和脂肪酸 43.2%，单不饱和脂肪酸 47.6%，多不饱和脂肪酸 8.9%，水分 1%。

食材性能

1. 性味归经

猪脂，味甘、性凉，无毒；归肺、胃经。

2. 医学经典

《本草纲目》："补虚、润燥、解毒。"

3. 中医辨证

猪脂，滋阴润燥。对脏腑枯涩、大便不利、燥咳、皮肤皲裂等症康复有辅助疗效。

4. 现代研究

猪油中含有的花生四烯，它能降低血脂水平，并可与亚油酸、亚麻酸合成具有多种重要生理功能的前列腺素。猪脂中含有低 α-蛋白，它可以预防冠心病和小儿心血管病。

食用注意

（1）猪脂不可与柿子同食。

（2）外感诸症、大便滑泻者忌食猪脂。

（3）高血脂、高血压患者，要慎食猪脂。

（4）糖尿病患者要严格控制猪脂食用量。

传说故事

小猪学走钢丝

森林里有只小猪，跟随猴子师傅学走钢丝。小猪胆小，看着那细如发丝的钢丝，不相信自己能在上面行走而不摔下来。

一次又一次，小猪从钢丝上摔下来，就是不能成功地走到钢丝另一头。于是，猴子师傅在小猪背上系了一根绳子，自己上到高高的台子上，拉着绳子的另一端，这样，即使它从钢丝上摔下来，也会因为被绳子拴着，而不会摔下来。

因为身上有绳子，小猪感到安全，它终于顺利地走完了全程。小猪高兴地笑了，但它再三请求师傅，千万不要松开背上绳子，否则它就会掉下来。猴子师傅告诉小猪，放心吧，我不会解下你身上的绳子。

但是，当小猪又一次走上钢丝时，师傅悄悄松开了手，绳子轻轻落了下去，小猪毫无察觉，带着绳子给它的安全感，顺利地走到了钢丝那一头。

从此以后，小猪再也不怕走上高高的钢丝了。

羊　脂

凉勺舀热羊油，热勺舀凉羊油。

凉勺舀了热羊油舀凉羊油，热勺舀了凉羊油舀热羊油。

——《舀羊油》·民间绕口令

物种基源

羊脂（Suet），为哺乳纲偶蹄目，牛科动物山羊（Capra hircus L.）或绵羊（Ovis aries L.）的脂肪熬成的脂，又名羊油，以洁白如冰、无异味者佳，内蒙古、青海、新疆、西藏产羊尤多且最佳。

生物成分

经测定，100克羊脂含热能895～899千卡，脂肪酸88～89.2克，碳水化合物7.6～8.6克，维生素A33～36微克，维生素$E_1$1.02～1.22毫克及痕量的钾、钠、钙、铜、磷、铁、锌等矿物质。

比重0.937～0.961克每立方厘米，熔点44～55℃，吸收率81%。三种脂肪酸的百分比为：饱和脂肪酸∶单不饱和脂肪酸∶多不饱和脂肪酸＝57.3∶36.1∶5.3，水分0.1%，胆固醇107毫克。

由于羊脂中的硬脂肪酸和软脂肪酸等饱和含量高及溶化性，口感等因素，精制过后的羊脂只可热烹食而不宜凉食用。

食材性能

1. 性味归经

羊脂，味甘、性温、无毒；归胃、肺、肾经。

2. 医学经典

《本草纲目拾遗》："补虚、润燥、祛风、解毒。"

3. 中医辨证

羊脂，益气补虚，温中暖下，对虚劳、消瘦、肌肤枯憔、久痢、丹毒、疮癣等症有辅助疗效。

4. 现代研究

羊脂，温中补肾，补血益气，对于肾虚阳衰、少食欲吐等症有良好的辅助食疗作用。

食用注意

(1) 外感不清，痰火内盛者忌食用羊脂。

(2) 糖尿病患者忌食用羊脂。

传说故事

秦风枝的羊脂烛"七灯"

传说，秦岚山下的秦家庄，住着一户姓秦名风枝的人家，人称他是"针头上削铁，蚊子肚里刮油，鹭鸶腿上剥精肉"的秦老抠，就是他家晚上点的灯，也是拣最小最瘦的竹管筒，中间放一根很细的棉线做竹芯，最后用的羊脂烊化倒进竹管筒，制成土羊蜡烛，点起来只有像萤火虫一样大的亮光。

他临死前，对儿子千叮咛万嘱咐地说："我死了，一不准火葬，二不准土葬。等真的断气后，把肉削下做熏烧上街卖，骨头卖给废品店。"说完便断气了。当儿子准备剥肉时，他却活过来了，对儿子说："刚才我忘了和你说，肉煮熟了上街卖时，千万不要从你舅舅家门前走，你舅舅这个人，我和他打了一辈子交道，是个出了名的'削子'，吃东西从来不给钱，要当心！"说完又断气了，当儿子再次要动手剥肉时，他又还魂了，对儿子说："你一点也不晓得节省，点的羊蜡烛做'七灯'，为何要头前点一支，脚后点一支，还不快把脚后头的羊蜡烛熄掉。"这次秦风枝等亲眼看到儿子将脚后头一枝土羊蜡烛"七灯"熄灭了才闭上眼真的死去。

牛　脂

六十六头牛，六十六个头。

六十六个牛头，挂六十六篓油。

牛头挂了油篓，油篓油了牛头。

牛头不挂油篓，油篓不油牛头。

——《油与牛》·民间绕口令

物种基源

牛脂，为哺乳纲，偶蹄目，牛科动物黄牛（Bos taurus domestica）、水牛（Bubalus bubalus）或牦牛（Poe phayus grunniens）的脂肪油，又名牛油，以白色固体或半固体，有独特的牛脂味为佳。水牛多产于长江以南中下游地区，黄牛多产于黄河中下游地区，牦牛多产于青海、西藏和新疆等地区。

生物成分

据测定，每 100 克牛脂，含热能 850～890 千卡，脂肪 92～99 克，碳水化合物 0.9～1.8 克，维生素 A54～67 微克，维生素 E4.6 毫克，另外还含核黄素、尼克酸及微量元素钙、铁、锌、磷等。新鲜的牛脂经过精制提炼后可作糕点食用。

比重 0.937～0.953 克/cm³，熔点 35～50℃，吸收率 89%，含有三种脂肪酸，百分比例为：饱和脂肪酸：单不饱和脂肪酸：多不饱和脂肪酸＝61.8：34：4.5，水分 0.2%～0.4% 左右，胆固醇 135～145 毫克左右。

食材性能

1. 性味归经

牛脂，味甘、性温；归脾、胃、胆经。

2. 医学经典

《神农本草经》："补肾、填髓、和脾胃，适当服用可延寿。"

3. 中医辨证

补脾益气血，强身健体，对人体虚损、瘦弱、脾虚少食、尿不畅、筋骨酸软等疾病有辅助食疗之效。

4. 现代研究

牛脂，须按医嘱食用，可对脾胃虚弱、气血不足、体倦乏力、脘腹隐痛且有冷感，面浮足肿等症康复有辅助之效。

用含 25% 的牛油与 75% 的植物油制成的混合食用油，可补充人体组织细胞重要组成部分，利于胆汁合成和激素样的生成，可改善长期低胆固醇导致的食欲不振、伤口难愈合、头发早白、牙齿脱落、骨质疏松等现象，可避免多种致病菌感染的危险。

食用注意

（1）牛脂热量高，不宜多食。

（2）传统牛脂火锅不宜常食，特别是回收老脂的牛脂火锅，因长期反复熬煮，会产生许多有害物质且不卫生。

（3）牛脂不可长期食用，适当、偶尔食用有益，长期食用有害，可防止高胆固醇和高脂血症。

（4）炒韭菜和炒猪肉时勿用牛油，易上火。

传说故事

把牛油钱贴给我——硬烤

相传，在台湾省的台东，有个钱家庄，有一个叫钱如敏的人，只要见钱便眼开。一天，本庄的一名财主亡故要请人抬棺材，出价 1000 两银子，被钱如敏知道后，准备一个人扛棺材，这样可以独得这 1000 两白银，但由于富人棺材大而重，此人试了几次都扛不动，最后只好雇了四人，可是每人只分给五两，并说定要四人帮忙将棺材四角搭起来，钱如敏钻到棺材下边驮着走，并嘱咐搭的四人，要等他在棺材下喊一声吉利话"富"，就一齐松手，棺材落在他的背脊上让他驮着走。四人照办。当他钻到棺材下，叫了一声"富"，四人真的一齐松手，由于棺材又大又重，把钱如敏压死了。压死后阴魂在阴曹地府里游荡，被黑白无常和牛头马面逮住，押送到送命的五殿阎王处，五殿阎王叫判官打开生死簿看钱如敏寿可曾绝，判官一查，钱如敏还有三十年。阎王问钱如敏："你命尚未绝，为何前来找死？"钱如敏道："阎王老爷在上，阳间的人，都是'人为财死，鸟为食亡'，我也是为财而死，被财主的棺材压死的，因他的棺材太大太重，这也怪不得小人啊！望阎王老爷明察。"五殿阎王一听，十分生气说道："钱如敏在阳间虽说苦力生财，但也太过分了，有坏做人纲常，把他放到牛油锅里煎了吧！"钱如敏一听要把他放到牛油锅中煎，喜出望外，忙换一副脸向五殿阎王求情道："阎王老爷在上，再包容小人一次，把牛油钱全部贴现给小人，把小人放在无牛油锅中硬烤吧……"

第四章　蔬菜类

大　白　菜

雨送寒声满背蓬，如今真是荷锄翁。

可怜遇事常迟钝，九月区区种晚菘。

——《菘园杂咏》·宋·陆游

物种基源

大白菜（Brassica pekinensis）为十字花科芸苔属一年或二年生草本植物，又名菘、菘菜、夏菘、红门白菜、黄芽菜、黄矮菜、黄芽白菜、花胶菜、结球白菜等。

大白菜是我国最古老的蔬菜，有 6000 多年的种植史。近代植物学家考证认为大白菜是由芸薹进化而来。它是芜菁和油菜的祖先，是全国消费量最大的蔬菜之一。我国是大白菜的原产地。

生物成分

据测定，每 100 克可食大白菜含热能 12 千卡，水分 95.4 克，蛋白质 1.2 克，脂肪 0.2 克，碳水化合物 1.4 克，膳食纤维 0.9 克，含维生素 A、B_1、B_2、C、E、硫胺素、尼克酸及钙、磷、铁、硅、硒等矿物质。

食材性能

1. 性味归经

大白菜，味甘，性平，微寒；归脾、胃、膀胱、肠、肝、肾经。

2. 医学经典

《名医别录》："养胃利肠、宽胸除烦、解酒消食、清热止咳"。

3. 中医辨证

大白菜养胃生津、除烦解渴、利尿通便、清热解毒、清凉降泻兼补益，对二便不畅、消除肺热、止咳痰、除瘴气以及对矽肺等症食之有益。

4. 现代研究

白菜含有蛋白质、脂肪、多种维生素及钙、磷、铁等矿物质，常食有助于增强机体免疫功能。白菜中的纤维素不但能起到润肠、促进排毒的作用，还能促进人体对动物蛋白质的吸收，可预防坏血病，减少肠癌发病率，对胃溃疡有显著疗效。大白菜所含的维生素 C、E，有护肤养颜的效果，可抵御冬季寒风皮肤的伤害。

食用注意

（1）不宜多食、偏食大白菜。因大白菜含有少量会引起甲状腺肿大的物质，这种物质干扰甲状腺对矿物质盐碘的吸收。

（2）不可食用霉烂变质和经久焖煮的大白菜，防止亚硝酸盐中毒和防亚硝酸盐破坏血红蛋白与氧集合的能力。

（3）服用维生素 K 时不宜食用大白菜，因大白菜富含纤维生素 C，可降低维生素 K 的止血疗效。

（4）不宜食用经水久泡的大白菜，这样大多数维生素损失于水中。

（5）不宜食用焯后挤干的大白菜，这样将会损失大量的维生素 C。

（6）不宜常食和多食用大白菜做成的酸菜，酸菜在制作过程中常因发酵过度或腐败变质引起致癌物质增多。

（7）不宜与动物肝脏同食，因动物肝脏含铜、铁等元素，使大白菜中的维生素 C 失去营养功效。

（8）不宜用铜制品盛放和烹饪大白菜，因铜元素破坏大白菜中的维生素 C。

（9）大白菜性偏寒凉，胃寒腹痛、大便清泻及寒痢者可暂不食大白菜。

传说故事

齐白石与大白菜

一天早晨，齐白石提着篮子去买菜，见市场上一个乡下小伙子的大白菜又大又鲜嫩，就问："小伙子，这大白菜多少钱一斤哪？"小伙子一看是大画家齐白石，就笑了笑说："不卖！"齐白石问："那你来丁吗？"

小伙子说："用画换。"齐白石说："怎么换法？"小伙子答到："您画一棵，我给您一车大白菜。"齐白石不由笑出声来："小伙子，那你可吃大亏了。""不亏，您画我就换。"于是齐白石来了兴致，提笔抖腕，当众作画。不一会儿，一幅淡雅清素的水墨白菜图便画成了，看者齐声称赞。

齐白石放下笔对卖菜人说："小伙子，这菜可归我了。""行，这一车都是您的！"齐白石望着满车的白菜说："小伙子，这么多菜让我怎么拿呀？"

卖菜的小伙子想想了说："您在这画上再添一个蚂蚱，我连车都换给您。"

齐白石没答话，拿起笔来又在白菜上添画了一只大蚂蚱。卖菜的小伙子连声说好，齐白石从车子上拿一棵白菜放在篮里，对小伙子说："这白菜还是一棵换一棵，其余的还是你留着卖吧！"小伙子一听急了，说："这不行，我们讲好的，这菜连车都是您的了。"齐白石说："我哪能一下子吃这么多？"两人你一言，我一语，争执不下。齐白石理解小伙子的一片诚意，只好把他带回家去慢慢开导。此后，每隔几日，小伙子总要送给齐白石一些白菜，齐白石也赠他一些画，渐渐地两人竟成了忘年交。

青　菜

桑下春蔬绿满畦，菘心青嫩芥苔肥。
溪头洗择店头卖，日暮裹盐沽酒归。

——《春日田园杂兴》·南宋·范成大

物种基源

青菜（Brassica chinensisL.）为十字花科芸薹属一年或二年生草本植物，食用部分为其嫩株，又名白菜、小白菜、江门白菜、夏菘、油白菜、寒菜、薹芥、红油菜、芸菜等。

青菜，有五个变种：一是直立生长，叶柄比叶长的青菜；二是贴地生长的塌棵青菜，如江苏南通的"塌塌菜"；三是叶与柄深绿，通体圆润的青菜，如江苏吴江的"苏州青"；四是叶柄短叶片长，像鸡毛形的鸡毛菜；五是以肥嫩花薹为特征的青菜薹。据史料查证，青菜为我国最早栽培的蔬菜品种之一，比大白菜种植时间还要早，至少距今 6000 多年，现全国一年四季都有栽培，是我国 56 个民族都喜欢的佳蔬。

生物成分

据测定，每 100 克可食青菜含热能 14 千卡，水分 93.5 克，蛋白质 1.6 克，脂肪 0.4 克，碳水化合物 2 克，膳食纤维 0.5 克，还含维生素 B_1、B_2、C、E 及胡萝卜素、尼克酸和钙、氯、磷、铁、镁、硒等物质。

食材性能

1. 性味归经

青菜，味甘，性平，微寒；归肺、胃、大肠经。

2. 医学经典

《便民图纂》："清热除烦，行气祛瘀，解毒消肿，宽肠通便。"

3. 中医辨证

青菜可散血、消肿，对劳伤吐血、血痢、丹毒、热毒、豌豆疮、乳痈等症有辅助治疗之效。

4. 现代研究

青菜为含维生素和矿物质最丰富的蔬菜之一，有助于增强机体免疫能力。青菜中含有大量粗纤维，其进入人体内与脂肪结合后，可防止血浆胆固醇形成，促使胆固醇代谢物——胆酸排出体外，以减少动脉粥样硬化的形成，从而保持血管弹性；青菜中含有大量胡萝卜素（比豆类多 1 倍，比番茄、瓜类多 4 倍）和维生素 C，进入人体后，可促进皮肤细胞代谢，防止皮肤粗糙及色素沉着，使皮肤亮洁，延缓衰老；青菜中所含的维生素 C，在体内会形成一种"透明质酸抑制物"，这种物质具有抗癌作用，可使癌细胞丧失活力。此外，青菜中含有的粗纤维可促进大肠蠕动，增加大肠内毒素的排出，达到防癌、抗癌的目的。

食用注意

（1）青菜不宜在烹饪前先切后洗，而应先洗后切，防止水溶性营养成分散失。

（2）青菜不宜与动物的肝脏同时食用，防止青菜与动物肝脏营养成分互相干扰，影响人体吸收。

（3）青菜不宜与黄瓜同时食用，防止黄瓜中的维生素分解酶破坏青菜中的维生素。

（4）青菜不宜与红萝卜同时食用，防止红萝卜中含有的抗坏血酸的酶破坏青菜中的维生素 C。

（5）服维生素 K 时不宜食用青菜，因青菜中的维生素 C 破坏维生素 K 的治疗作用而降低疗效。

（6）存放青菜时不宜洒水，会造成青菜细胞加速死亡溃烂，降低营养成分。

（7）煮熟的青菜隔夜后不宜食用，防止亚硝酸盐中毒，长期食用可引发癌症。

（8）焯青菜时只宜放少许盐保绿色，切不可放碱保绿，如放碱会破坏青菜中的维生素 C。

（9）小儿麻痹、疮疥应少食青菜。

传说故事

青菜与酸浆草

相传，《红楼梦》中贾宝玉是女娲娘娘补天时剩下的一块顽石，林黛玉则是灵河之岸的一株酸浆草（绛珠草）。二者久延岁月，受天地之精华，又加雨露滋润，石、草脱胎本质，各自修成男、女人身。顽石投胎于江宁贾家，绛珠草投胎于苏州林家，成为有机会常见的表兄妹，山盟海誓将来成为夫妻（即草石前盟），后因林家败落，林黛玉投亲到姥姥贾家，以圆"草石前盟"之梦；可是，受贾府门风所致，以"金玉良缘"（因贾宝玉是含玉降生，薛宝钗是带金钗降生）为由，强行拆散"草石前盟"，先是逼得林黛玉含恨而死，后是贾宝玉出家消亡。在赤霞宫神瑛侍者的撮合下，绛珠草还原再生淮安地界，顽石则化身如玉似花的青菜，这样二者盈盈共生，翠草同芳，如愿以偿伴相在一起。如今，凡是青翠碧绿的青菜园旁都有酸浆草（即绛珠草）的伴生。

芥 蓝

山僻村姑赛天仙，惹朕情牵意流连。

堪羡格蓝多艳福，得沾美人脂粉香。

——《芥蓝》·清·爱新觉罗·弘历

物种基源

芥蓝（Brassica alboglabra），为十字科芸薹属一、二年生草本植物，食用部分为白花甘蓝或黄花甘蓝的肥嫩茎和花薹，又名绿叶甘蓝、不结球甘蓝、盖蓝、盖蓝菜、隔蓝、格蓝、格蓝菜、佛光菜、白花芥蓝、隔暝仔菜等。起源于我国南方，栽培历史悠久，是我国的特色产业蔬菜之一。茎粗壮直立，高可达 30 厘米左右，叶片呈长倒卵形，青绿色，茎叶多白粉，质地柔嫩。芥蓝有两种，开白花的名白花芥蓝，开黄花的名黄花芥蓝，全国最出名的芥蓝产地为广东揭阳。其次是广东登峰蓝、佛山中迟芥蓝、台湾中花芥蓝。现北方也有产出。

生物成分

经测定，每 100 克可食芥蓝含热能 24 千卡，水分 92.5 克，蛋白质 2.8 克，脂肪 0.4 克，碳水化合物 1 克，膳食纤维 1.6 克，还含维生素 A、B_1、B_2、C、E、K 及胡萝卜素、硫胺素、烟酸及钙、磷、铁、镁、锰、铜、钾、钠等矿物质。

食材性能

1. 性味归经

芥蓝，味甘，辛，性凉；归肝、胃经。

2. 医学经典

《中华草本》："利水化痰、解毒祛风。"

3. 中医辨证

芥蓝有除邪热、解劳乏、清心明目的功效，有助于缓解食欲不振、便秘、牙龈出血、风热感冒、咽喉痛、气喘，并能预防白喉等症。

4. 现代研究

芥蓝含有机碱，这使它带有一定的苦味，能刺激人的味觉神经，增进食欲，还可以加快胃肠的蠕动，有助消化。芥蓝的另一种独特的苦味，成分是奎宁，能抑制过度兴奋的体温中枢，起消暑解热的作用。芥篮含有的大量膳食纤维，有防止便秘、降低胆固醇、软化血管、预防心脏病等功效。芥蓝还有养肝、护肝和补充产妇营养的功效。

食用注意

（1）芥蓝不可多食、久食，因芥蓝会抑制性激素的分泌。

（2）芥蓝一次食量不可过多，次数也不可过于频繁，芥蓝有耗人真气的副作用。

传说故事

桃山芥蓝的由来

关于桃山芥蓝的由来，民间流传着许多生动的传说。据《揭阳县志》记载，六祖法师未出家时，不食荤血，云游采摘野菜。一次，腹中饥饿，看见农家有以锅熟野味者，乃将野菜置其竹篮中，与野味同锅，隔开煮之而食，这种野菜后为农家广泛种植，被称为"隔篮"。"隔"与"格"音近，将"篮"之"竹"头改为草字头，以表菜名，该菜在潮汕地区遂有"格蓝"之称。

花　椰　菜

鸭头新绿拥鹅黄，碎影毵毸野岸长。

花透土膏留正色，根函风露吐真香。

如从佛地收金粟，闲替农夫补艳阳。

因到残春开更久，不知桃李为谁忙。

——《菜花》·清·张问陶

物种基源

花椰菜（Brassica oleracea var. botrytis）为十字花科一年或二年生草本植物，食用部分为其茎叶，又名花菜、莲花白菜、椰花菜、西洋菜、西兰菜（绿色）。花椰菜有白、绿两种，绿色的又叫西兰花、青花菜。花椰菜的老家在西欧，产地源于欧洲地中海沿岸，清朝中期传入我国，1949年后才得到普及推广，成为大众化的蔬菜，现在全国各地都有栽培。

生物成分

经测定，每100克可食花椰菜，含热能25千卡，水分92.5克，蛋白质2.1克，碳化合物3.6克，脂肪0.2克，膳食纤维1.2克及维生素B_1、B_2、C、E、胡萝卜素，还含钙、磷、铁、硒等。

食材性能

1. 性味归经

花椰菜，味甘，性凉；归肾、脾、胃经。

2. 医学经典

《中国药典》："补脑和胃、健身壮骨、补肾填精。"

3. 中医辨证

花椰菜有益于病久体虚、耳鸣健忘、脾胃虚弱、发育迟缓及伤风咳嗽等疾病的康复。

4. 现代研究

花椰菜含有异硫氰酸酯衍生物，有杀死白血病细胞的效用，此外这种物质对胃癌细胞及细胞癌化有抑制作用。

生物试验还证实，花椰菜含萝卜硫素、维生素 C、E 和 β 胡萝卜素等，所有抗氧化剂都有预防癌症及冠状动脉各种疾病的功效。

花椰菜是含有类黄酮最多的食材之一，类黄酮除了可以防止感染外，还是最好的血管清理剂，经常食用能够减少患心脏病与脑中风的危险。花椰菜在欧洲有"天赐的药物"和"穷人的医生"等美誉。

食用注意

（1）不宜与猪肝搭配食用，否则会降低其营养价值。
（2）煮食花椰菜时不要煮过火，以防营养被破坏或流失。

传说故事

花椰菜治皮肤病的传说

相传，清末江苏无锡郊区有一个名叫兰秀的姑娘，聪明美丽、清秀可爱，可不幸的是患上皮肤病，身上疖疮累累、痛痒流脓、日夜咳嗽不停，久治不愈，只得闭门在家。

一天夜里，兰秀梦见一片花椰菜，十分诱人。梦醒之后，独自思考，莫非花椰菜可以治我身上的病么。于是天亮后她到长满花椰菜的地里，摘取新鲜的花椰菜，炒食之，味道鲜美、清香可口，不久，大便通利，皮肤上的疖疮也逐渐缓解，咳嗽也日渐减轻。于是她坚持炒食花椰菜，没有花椰菜的季节，则将腌制晒干的花椰菜炒食，数月后，兰秀姑娘全身皮肤光亮滑润，甚至连疤痕也没留下，脸庞比以前更加漂亮了，咳嗽也好了。此后用花椰菜治皮肤病的方法在民间就流传开来。

木 耳 菜

味似木耳乳肉肥，滑软甘香过枣泥。
八十叟翁捋须笑，呼出童子取醐醍。

————《食木耳菜》·元·无名氏

物种基源

木耳菜，为落葵科草质藤本植物落葵（Basella rubra），食用部分为其嫩茎叶，又名落葵、繁露、承露、天葵、藤葵、胡燕脂，藤儿菜、滑藤、西洋菜、御菜、紫菜、藤露、紫豆藤、红藤菜、滑腹菜、胭脂菜、豆腐菜、胭脂豆、藤菜等，是我国的古老蔬菜。为肉质、秃净的草质藤本，长可达数米，有分枝，茎为绿色或淡紫色，草叶互生，有柄，肉质稍厚，叶呈卵形。花季为春季至初冬。我国各地均有栽培，因其炒熟软滑似木耳而得名。

生物成分

经测定，每 100 克可食用木耳菜含热能 24 千卡，水分 91.5 克，蛋白质 1.7 克，脂肪 0.2 克，碳水化合物 3.8 克，膳食纤维 1.5 克，还含维生素 A、B_1、B_2、E 及钙、铁、磷、硒等矿物质及葡聚糖、黏多糖、有机酸、皂甙等。

食材性能

1. 性味归经

木耳菜，味甘，性寒；归脾胃、肾、大肠经。

2. 医学经典

《泉州草本》："清热、凉血、滑肠、通便、解毒。"

3. 中医辨证

木耳菜具有温中行气、健胃提神、益肾壮阳、暖腰膝、散瘀解毒、活血止血、调和五脏等功效。可适用于胸脾心痛、噎膈、反胃、各种出血、腰膝疼痛、痔疮脱肛、遗精、阳痿、妇人经产诸症的食疗。

4. 现代研究

木耳菜富含维生素 C 和 A、B 族及蛋白质，而且含热能较低，有降低血压并有护肝、清热凉血、利尿、防止便秘的功能，对高血压、高血脂、视力模糊、二便不畅等疾病有食疗助康复的效果。

食用注意

（1）脾冷胃寒的人不适食用木耳菜。
（2）妇女怀孕早期和有习惯性流产的孕妇应忌食木耳菜。
（3）腹痛泻痢患者不宜食木耳菜。
（4）烹调木耳菜忌慢火，要旺火快炒，不宜放酱油。
（5）烹调前，忌切碎用水浸泡，防止维生素等营养成分流失。

传说故事

只吃冤家不吃亲家

五月初五端阳节，财主周剥皮总要加点菜招待长工，他想了个排场大、花钱少的花招，问长工今年过端阳爱吃什么，一个长工说："素菜淡饭是亲家，鱼肉荤腥是冤家。"

周剥皮听了大喜，开饭时，把鸡、鸭、鱼、肉摆了好几碗，炒了三大盆木耳菜。哪知道，长工们大吃荤菜，不碰木耳菜，财主周剥皮急了，忙问："你们不是说鱼肉荤腥是冤家吗？"长工回答说："是呀，不吃冤家，难道吃亲家不成吗！"

甘 蓝

赤似绣球白似瓜，红白皱叶是一家。

如若高俅还在世，踢遍中华赢天下。

——《甘蓝》·近代·高尤洲

物种基源

甘蓝（Brassica Oleracea），为十字花科二年生草本植物，食用部分为其叶茎，又名圆白菜、洋白菜、普洋白菜、蓝菜、西士蓝、包菜、包心菜、卷心菜、莲花白、椰菜、茴子白、结球甘蓝、葵花白菜等。

甘蓝的种类很多，在栽培园艺学上称"结球甘蓝"。依球的颜色和形状，可分为赤球甘蓝、白球甘蓝和皱皮甘蓝（又称羽衣甘蓝）三类。赤球甘蓝的叶球为紫红色；白球甘蓝的叶球为淡绿或黄褐色；皱叶甘蓝的叶片有折皱褶。我国栽培甘蓝由白球甘蓝向赤球甘蓝转化。依据叶球的形状可分为尖头、圆头和平头三种类型；按成熟期分，又可分为早熟、中熟和晚熟三个类型。我国种植甘蓝始于唐代，距今1300多年，大江南北广泛栽培只是近百年的事。最早药用记载是清代乾嘉年间成书的《本草拾遗》，现全国除高寒地区外，各地均有栽培。

生物成分

据测定，每100克可食甘蓝含热能21千卡，水分91.2克，脂肪0.2克，蛋白质1.5克，碳水化合物3.6克，膳食纤维1克，还含有丰富的维生素U、B_1、B_2、C、P、E、胡萝卜素、多种氨基酸以及钾、钠、钙、铁、磷、硫、氡、锰、钴、铜、锌、钼等矿物质。

食材性能

1. 性味归经

甘蓝，味甘，性平，无毒；归胃、肾、心经。

2. 医学经典

《本草拾遗》："补骨髓，利五脏六腑，利关节，填脑髓。"

3. 中医辨证

甘蓝有缓急止痛、清热散结、补肾填精、健胃通络、补脾益心、健脑壮骨、利脏器、壮筋骨、利关节、明耳目等功效。有益于睡眠不佳、多梦易醒、耳目不聪、黄毒、湿疹、关节屈伸不利、胃溃疡疼痛、久病体虚、耳鸣健忘、脾胃虚弱、肢体痿软、小儿发育迟缓等症的食疗。

4. 现代研究

甘蓝为"天然胃菜"，其所含的维生素K、U可保持胃部细胞活跃旺盛，防止病变，并能补中和血、宽肠胃、益肾补虚等，所含钼和吲哚物质是一种抑制癌细胞和分解癌细胞的物质，含钾较多，适合糖尿病患者和体胖人食用。

食用注意

（1）甲状腺机能减退症患者忌食甘蓝。

（2）常食甘蓝时，可以食加碘盐、海鱼、海藻和海产品食物来补充碘，因甘蓝含少量称为致甲状腺的物质。

（3）因甘蓝常被腌制成咸菜或泡菜，故含有较多的盐分，高血压、血管硬化患者应少食。

传说故事

地中海沿岸流传的甘蓝故事

在欧洲地中海沿岸，流传着一则关于甘蓝来历的神话故事，说甘蓝是由种植神朱匹忒的汗珠和血珠滴在土壤中长成的，汗珠长出来的是白色球形甘蓝。由于久劳成疾，鼻孔流血，流出的血滴在土壤中长出的是紫红色的球形甘蓝。由此可见人类的每一种食物的开发和利用，先民们所付出的辛劳和血汗是可想而知的。

芥　菜

将星落后，留得大名垂宇宙。

老圃春深，传出英雄尽瘁心。

浓青浅翠，驻马坡前无隙地。

此味能知，臣本江南一布衣。

——《减字木兰花·诸葛菜》·清·陈作霖

物种基源

芥菜（Brassica juncea），为十字花科芸薹属一年或二年生草本植物，食用部分为其茎或根。通常按其食用部位分三类：一是叶用芥菜，即名雪里蕻，又名黄芥、皱叶芥、弥陀芥，简称"芥"；二是茎用芥菜，又称菜头、青菜头、包包菜、芥菜头、茎瘤菜、菱角菜等；三是根用芥菜，又名大头菜、辣疙瘩、菜菜疙瘩、芥菜头、芜菁、香头菜、诸葛菜（相传，三国时期诸葛亮在荆州叫军队大量种植，解决了军粮短缺的困难而得名）、曼菁等。按品种分类可分为：青芥、皱叶芥、马芥、花芥、紫芥、石芥。青芥又名刺芥，很像白菜，叶上有绒毛。皱叶芥，又名大芥，叶子大并有皱纹，颜色为深绿，辛辣味强。马芥，叶子类似青芥叶。花芥，叶子边缘多锯齿状，像萝卜秧。紫芥，茎叶都是紫色，类似紫苏。石芥，茎秆低小。

叶用芥菜主要用于腌制咸菜、糟菜、酸菜、霉干菜、贡菜和上海、江苏的雪里蕻、四川的冬菜、浙江的霉干菜等。茎用芥菜主要用来腌制榨菜，如四川涪陵榨菜。根用菜主要加工酱菜，如江苏常州的五香大头菜，云南玫瑰大头菜等。

芥菜的种子，称为芥子，研为细末称为芥末，是一种吃海味时用的辛辣调味料。芥菜是一种古老的蔬菜，我国为原产国，史前即开始种植。故笔者认为：

芥菜说怪确实怪，一名涵盖三种菜。

一叶二茎三是根，君臣庶民无不爱。

生物成分

据测定，每 100 克可食鲜芥菜含热能 19 千卡，水分 93.7 克，蛋白质 1.8 克，脂肪 0.4 克，碳水化合物 2 克，膳食纤维 1.2 克及钙、磷、铁、硒、锌矿物质，还含维生素 B_1、B_2、C、D 及胡萝卜素、硫胺素、尼克酸、黑芥子苷、芥子酶、芥子酸、芥子碱、黏液等。

食材性能

1. 性味归经

芥菜，味甘，辛，性平，无毒；归脾、胃经。

2. 医学经典

《本草求真》：“宣肺豁痰，温中利气，治寒饮内盛、咳嗽痰滞、胸隔满闷。”

3. 中医辨证

芥菜有益于治疗寒饮痰嗽、利尿除湿、头昏目暗、耳目失聪及黄疸、腹胀、便秘、小便赤黄、肺痨（即肺结核），还可治牙龈肿烂、痔疮肿痛、漆疮瘙痒等。

4. 现代研究

芥子中含有芥子甙、芥子酸、芥子碱、芥子酶等，芥子的提取物对堇色毛癣菌、许蓝黄癣菌等皮肤真菌有一定的抑制作用。

现代研究还认为，芥菜还有消食下气、利水消肿、解酒开胃、增进食欲、解毒、止咳、辅助治疗糖尿病的功效，适用于食积不化、黄疸、酒碎、鼻衄、浮肿、疔疮、乳痈等症的食疗助康复。

食用注意

（1）腌芥菜，盐重味咸，水肿及肾功能不全者应少食，防止钠离子加重肾脏负担，导致水潴留，以致水肿复发。

（2）脾胃虚寒，腹泻者不宜多食芥菜制品。

（3）病后初愈，体虚者应慎食。

（4）新鲜芥菜不能与鲫鱼、鳖肉同食。

（5）腌制后的芥菜，高血压、血管硬化的病人应少食。

（6）内热偏盛及热性咳嗽患者少食芥菜及芥菜制品。

（7）疮疡、目疾、痔疮、便血者也不宜食用鲜芥菜。

（8）服凝血药时不宜食用芥菜，会影响凝血药的疗效。

（9）芥菜不宜与红萝卜、黄瓜、动物肝脏同食。因红萝卜中的抗坏血酸酵酶、黄瓜中的维生素 C 分解酶、动物肝脏中的铜离子，均有破坏芥菜中维生素 C 的作用。

传说故事

一、康熙与芥菜

相传，芥菜还与康熙皇帝沾上一点关系呢。康熙年迈之后，喜欢食粥，因牙齿不好，一般脆硬酱菜无法咀嚼，御膳房使用煮烂的芥菜疙瘩为康熙进膳。后来宫廷的这种制作方法传到民间，便成了天源酱园的“拳头产品”之一。

二、慈禧与芥菜

传说，清代慈禧太后曾品尝过天源酱园的糖桂花熟芥菜，当时的老板便借此大做文章，把这种产品用精制的瓷坛包装，并用大字标上“上用”糖桂花熟芥菜的字样，于是熟桂花芥菜便披上了御膳的"黄马褂"，从此一举扬名。

菠　菜

北方苦寒今未已，雪底波棱如铁甲。

岂知吾蜀富冬蔬，霜叶露芽寒更苗。

——《菠菜》·宋·苏东坡

物种基源

菠菜（Spinacia oleracea Linn.），为藜科一年或二年生草本植物，又名菠斯草、菠棱菜、赤根菜、鹦鹉菜、红菜、鼠根菜、角菜等。《新唐书·西域传·泥婆罗》载有"贞观二十年（公元647年），泥婆罗一遣使人献波棱、酢菜、浑提葱"，即是说菠菜由尼泊尔传入我国，距今已有1400多年的种植历史，是常年供应的绿叶蔬菜。其品种可分为春菠、夏菠、秋菠、冬菠和大叶菠。春菠大多为圆叶，冬春菠菜多数为尖叶，现全国皆有种植。

生物成分

据测定，每100克可食菠菜含热能32千卡，水分91.8克，蛋白质2.4克，脂肪0.5克，碳水化合物4.7克，食纤维2.3克及维生素B_1、B_2、C、E，尼克酸、芳香甙、辅酶Q_{10}和铁、锌、钙、镁、磷、氟、α-生育酚、σ-羟甲基喋啶二酮、叶酸、叶黄素、β-胡萝卜素、菠菜甾醇、胆甾醇、草酸、万寿菊素、麻叶素、菠菜皂甙A和B、叶绿素等。

食材性能

1. 性味归经

菠菜，味甘，性凉；归肠、胃经。

2. 医学经典

《本草纲目》："通血脉，开胸膈，下气调中，止渴润燥，根尤良。"

3. 中医辨证

菠菜可补血止血、利五脏、通血脉、止渴润肠、滋阴平肝、助消化，有利于缺铁性贫血、便秘、胰腺炎、夜盲症，亦可抗衰老、减皱纹、祛色素斑等。

4. 现代研究

菠菜中含辅酶Q_{10}，并含有丰富的维生素E，可促进胰腺分泌功能，分泌胰岛素，帮助消化，亦有助控制高血压、糖尿病，并能促进人体新陈代谢，增进身体健康。

食用注意

（1）菠菜含草酸，食用烹调前，先用100℃的水温焯一下以破坏草酸，防止与钙结合生成草酸钙，如果菠菜与豆腐同煮，菠菜必须焯水，防止尿道结石等。

（2）食菠菜后应适量饮水保持尿路通畅，防止草酸浓缩与钙等结合生成草酸钙。

（3）凡肠胃虚寒、便溏、腹泻者应少食或暂时忌用。

传说故事

乾隆与菠菜煮豆腐

相传，乾隆二十六年，乾隆皇帝微服私访到江南，不料，途中失窃，弄得身无分文，便走到一农家乞食。农妇善良，连忙给客人摊了几张面饼，又到自家菜园里挖了些菠菜，给来客做了一个家常菜——菠菜煮豆腐。客人见这道菜色泽艳丽、味道鲜美，一边吃，一边赞叹。告辞时，又问女主人："这是什么菜？"农妇见客人长得斯斯文文，就随口说道："金镶白玉版，红嘴绿鹦哥。"后来，乾隆回到宫中，经过大臣们的分析，才解开了这道菜的谜团。一是为了换口味，二是为了不忘农妇的相助之恩，乾隆经常让御厨做菠菜煮豆腐吃。

生　菜

一剥再剥层层剥，越剥越嫩越快乐。

清肝利胆兼养胃，常食神经不衰弱。

——《食生菜》·现代·赵度

物种基源

生菜，菊科莴苣属，为一年生或二年生草本植物叶用莴苣（Lactuca sativua），食用部分为其叶球或嫩叶，又名叶用莴苣、包生菜、千金菜、白苣、石苣、千层剥等。生菜按叶色分可分为绿生菜和紫生菜；按其生长状态区分有散叶生菜和结球生菜。它是我国原生蔬菜，后来传入欧美及全世界，是由莴苣派生出来的一个变种，以质嫩、叶润有光者优，全国各地均有种植。

生物成分

经测定，每100克可食生菜含热能12千卡，水分94.5克，蛋白质0.6克，脂肪0.1克，碳水化合物2.4克，膳食纤维1.2克，还含胡萝卜素、尼克酸，维生素A、B_1、B_2、C、P及钙、磷、铁、钾、镁等。

食材性能

1. 性味归经

生菜，味苦，性凉；归胃、肠经。

2. 医学经典

《药典》："清肝利胆、养胃。"

3. 中医辨证

生菜味苦，性寒，可适用于热毒、疮肿、口渴等。

4. 现代研究

生菜茎叶中含有莴苣素，故味微苦，具有镇痛催眠、降低胆固醇、治疗神经衰弱等功效；生菜中含有甘露醇等有效成分，有利尿和促进血液循环的作用；性甘凉，有清热爽神之功效；生菜还能保护肝脏，促进胆汁形成，防止胆汁瘀积，有效预防胆石症和胆囊炎。另外，生菜还能清除肠内毒素，防止便秘。

食用注意

（1）如熟吃生菜，不可过煮变烂，因生菜中抗病毒感染和抗癌低干扰素诱生剂在100℃温度下即被破坏。

（2）生菜性质寒凉，尿频、胃寒的人应少吃。

（3）生菜对乙烯极为敏感，储藏时应远离苹果、香蕉、梨，以免诱发赤褐斑病。

传说故事

生菜是樊梨花胸花的传说

相传，唐朝薛丁山征西时，两军对垒，与敌国巾帼英雄樊梨花阵前大战1600余回合，难分胜负。樊梨花因见薛丁山少年美貌，英勇善战，意在和薛丁山阵前招亲。薛丁山不从，举枪便制。樊梨花稍不留意，被薛丁山一枪刺落金镶碧玉胸花。樊梨花恼羞成怒，向空中挥起她师傅移山老母给她的制胜法宝"捆仙索"，将薛丁山缚下马，捆得像扎紧的粽子，带回大营。等薛丁山承认招亲，与樊梨花和好时，二人同去战场找金镶碧玉胸花，金镶碧玉胸花已长成柔嫩水灵灵的生菜。

芫 荽

丫鬟自古忌补药，美味佳肴任配角。

多食香草引狐臭，生疮瘙痒别上桌。

——《食芫荽》·现代·仇万里

物种基源

芫荽（Coriandrum sativum LINN），为伞形科一年生草本植物，又名胡荽、香荽、香菜、莚荽菜、满天星、圆荽、蔗荽、芫荽、莚葛草、蒝荽等。

芫荽，原产地中海沿岸，由汉张骞出使西域时引种国内，初名称胡荽。公元319年，石勒建立了后赵，自称后赵，因石勒是胡人，为避讳将胡荽改作芫荽，又因有特殊香气而称香荽或香菜。现在我国大部分地区均有栽培，芫荽喜凉而忌炎热。

生物成分

据测定，每100克可食芫荽，含热能21千卡，水分88.5克，蛋白质1.8克，脂肪0.4克，碳水化合物5克，膳食纤维1.2克，和维生素A、B、C、E、胡萝卜素、尼克酸及钾、磷、钙、硒、苹果酸钾、甘露醇、正葵醛、壬醛、芳樟醇、黄硐、雌二醇、雌三醇、芫荽油等。

食材性能

1. 性味归经

芫荽，味辛，性温；归脾、肺经。

2. 医学经典

《食疗草本》认为："醒脾和中、补肝、泻肺、升散，无所不达，发表如葱，但专行气分。"

3. 中医辨证

芫荽具有健脾消食、祛风解毒作用，适用于麻疹发透不快、食物积滞、胃口不开、感冒头痛、胃脘疼痛、乳汁不足及性冷淡症的食疗。

4. 现代研究

据现代医学药理试验，芫荽所含雌二醇、雌三醇等有效成分，能调整妇女内激素，促进排卵，故芫荽有治疗女性不孕的"妇科良"的美称。

芫荽还有辅助治疗糖尿病，降低糖尿病血糖的功能。

食用注意

（1）芫荽最好不要和黄瓜、猪肉、动物肝脏同食。

（2）服用维生素 K 时不宜食芫荽。

（3）服用补药或中药白术、牡丹皮不要食芫荽，防止降低药效。

（4）患口臭、狐臭、严重龋齿、胃溃疡、脚气病、生疮、瘙痒患者不宜食芫荽，防止病情加重。

（5）痧疹（麻疹）已透或虽未透而热毒壅滞、风寒未消清者忌食芫荽。

（6）久食、长食、多食芫荽，能引发腋臭，耗气、昏目、损精神。

（7）腐烂、发黄的芫荽不可食用，防止毒素中毒。

（8）产后、病后初愈者，存在不同程度的气虚，不宜食芫荽。

传说故事

一、芫荽的传说

相传，一日早晨，玉女去取梳头油，到玉皇宫为王母娘娘梳妆，正撞见天上的老鼠精在偷油喝，老鼠精见玉女进来，心里一慌手一滑，"咣啷"一声，梳头油壶掉在地上打得粉碎，油不住往人间滴，落到凡间的无名草上，从此，无名草满身香气，成为人们餐桌上佳肴里的配角——芫荽。

二、《东轩笔录》中的芫荽

《东轩笔录》：吕惠卿尝语王荆公曰："公面有黑干也。园荽亦能去黑。"荆公笑曰："天生黑子也，园荽其如何？"

韭 菜

气较荤蔬媚，功于肉食多。

浓香夸姜桂，余味及瓜茄。

——《韭花》·元·许有壬

特种基源：

韭菜（Allium tuberosum），为百合科草本植物，食用部分为韭菜的茎叶，又名长生韭、草钟乳、钟乳草、懒人菜、壮阳草、壮阳菜、起阳草、扁菜等。我国是韭菜的原产国，有记载史多达 3000 年的栽培历史。早见于《夏小正》有"正月囿有见韭"和《诗经》"献羔祭韭"的记载。《周礼》也述"豚（猪肉）春用韭"，说明韭菜炒肉丝在先秦时已是佳肴了。

生物成分

据测定，每 100 克韭菜，含热能 27 千卡，水分 90.8 克，蛋白质 2.4 克，脂肪 0.4 克，碳水化合物 3.2 克，膳食纤维 1.4 克及维生素 A、B_1、B_2、C、P、硫安素、尼克酸、还含钙、磷、镁、铁、锌、锰、铜、硒等矿物质及含有降脂作用的挥发性精油，含硫化合物、杀菌物质甲基蒜素类。

食材性能

1. 性味归经

韭菜，生品：味辛，性温。熟品：味甘，酸；入肝、胃、肾三经。

2. 医学经典

《名医别录》："温阳补虚，行血理气。"

3. 中医辨证

韭菜可以补肝肾、暖腰膝、壮阳固精。有益于反胃、胸痛、阳痿、早泄、吐血、衄血、尿血、痢疾、肠炎、跌打损伤、虫蝎蜇伤等的食疗。

另：民间有一经验，对误吞针、钉及其他金属物者，生吃韭菜可以将误吞物裹带而出。

4. 现代研究

韭菜具有如下功效：

（1）兴奋子宫，韭菜对子宫有兴奋作用。

（2）助泻排便，韭菜含有大量纤维素，可增进肠胃蠕动，增加排便。韭菜有"洗肠草"之称。

（3）降压降脂，韭菜对高血脂及冠心病患者有好处，含硫化合物等特殊成分，能分散发出一种独特辛香气味，有助疏调肝气、增进食欲、增加消化功能，更有降血脂作用。

（4）抗菌消炎，韭菜对痢疾、伤寒、大肠变形杆菌和金黄色葡萄球菌有抑制作用。

韭菜子，现代研究结果，有性激素样作用，温补肝肾，壮阳固精，用于阳痿遗精、腰膝酸痛、遗尿、尿频、白浊带下，临床报道韭菜子有治疗重症呃逆的作用。

附注

1. 适时食韭

韭菜有"春香，夏辣，秋辛，冬甜"之说，以春韭为最好。春天气候冷暖不一，需要保养阳气，而韭菜性温，最宜人体阳气，所以春天常吃韭菜，可增强人体脾胃之气。春季食用韭菜有益于肝，按照中医"四季侧重"的养生原则，春季补五脏应以养肝为先，而韭菜正是温补肝肾之物。

2. 韭黄

为百合科植物韭的叶，在温室或塑料大棚的避阳处完成生长全程，固缺乏光合作用，无叶绿素而呈黄色，称为韭黄或黄韭。性温，味辛，微甘；归心、肝、胃经。有驱寒散瘀，增强体力的作用，并能增进食欲，还能续筋骨、疗损伤。用于治疗阳痿、早泄、遗精、多尿、腹中冷痛、胃中虚热、泄泻、白浊、经闭、白带、腰膝痛和产后出血等病症。可以炒食，做馅料，煮汤等。阴虚内热及目疾之人忌食。

3. 青韭芽

为百合科植物韭的叶，按传统方法种植的韭菜芽，出土后即得到阳光充分照射，光合作用使得韭叶为青黄色芽，称为青韭芽。性温，味辛，微甘；归心、肝、胃经。有温肾阳、强腰膝、补虚、解毒的作用。青韭中矿物质和维生素的含量均高于韭黄，其中钙、铁、磷的含量是韭黄的 3.4 倍，维生素 A 的含量是韭黄的 3 倍，维生素 B_1、维生素 B_2、维生素 E 也都高于韭黄，所以一般以选食青韭为好。

4. 韭菜薹

为百合科植物韭菜秋天开花的嫩茎，性温，味辛，微甘；归心、肝、胃经，有补肾益胃、益肺气、散瘀行滞、安五脏、行气血、止汗固涩，平隔逆的作用，用于治疗阳痿，早泄、遗精、多尿，腹中冷病、胃中虚热、泄泻、白浊、经闭、白带、腰膝痛和产后出血等病症。阴虚内热及目疾之人忌食。

5. 韭菜花

为百合科植物韭菜开的花，刚开花采摘时得到。性微酸，味苦，辛，微甘；归心、肝、胃经。有温肾阳、强腰膝、活血散瘀、除胃热、解药毒的功效。适宜夜盲症、眼干燥症者食用，因为韭菜花中所含大量的维生素 A 原，可维持视紫质的正常效能，又适宜皮肤粗糙以及便秘之人食用，可腌制炒食。

食用注意

（1）阳虚火盛者，不宜食韭菜。

（2）夏日不应多食韭菜，多食会引起腹部不适或腹泻。

（3）韭菜烹调加热不宜过久，因长时间加热会破坏韭菜中的维生素 B_1。

（4）韭菜不应生食，因纤维素多，难以消化。

（5）韭菜不可与蜂蜜同食，韭菜中的维生素 C 被蜂蜜中的铜、铁离子氧化而失去作用，再加上蜂蜜性滑利，通肠，韭菜中的纤维素能导泻，二者同食，能导致泄泻。

（6）服维生素 K 时不宜食韭菜，如食降低维生素 K 之药效。

（7）不宜与白酒同食，易引起胃炎、溃疡病发作，易致肝病及出血性疾病。

（8）不宜与牛肉同食，易致牙龈炎症。

（9）炒熟韭菜不宜存放过久，过久存放，韭菜中的硝酸盐转化成亚硝酸盐。故炒韭菜不要隔夜食用，防止中毒。

（10）胃虚内热、下焦有水、消化不良者不宜食用。

（11）疮疖、疔肿、目疾患者均应忌食。

（12）韭菜有"春香，夏辣，秋辛，冬甜"之说，夏天应适量食为宜。

传说故事

丝瓜拔掉种韭菜

陶渊明被贬职时，乐守田园。一天，一个朋友到他家玩，中午留朋友吃饭，两人一边喝酒一边侃菜。朋友说菜中韭菜对男人最好，叫起阳草；对男人不利的是丝瓜子，吃了使男人倒阳不举。不一会酒喝完了，陶渊明叫老婆去拿酒，继续侃，不知不觉又侃了一个时辰，老婆还没有将酒拿来，忙叫孩子，问："你妈妈呢，酒为什么还不拿来？"孩子说："妈妈去把丝瓜拔掉栽韭菜了。"

空　心　菜

薄酒在手斟满盅，箸挟蕹菜根根空。

唯有朝暮佳蔬伴，快活神仙不言中。

——《蕹菜》·民国初期·柏增云

物种基源

空心菜为旋花科一年生蔓状草本植物蕹菜（Ipomoea aquatica Forsk.），食用部分为其嫩茎叶，又名蕹菜、无心菜、通心菜、藤菜、藤藤菜、蓊菜、通菜、空筒菜、竹叶菜、翁菜等，因梗中心是空的而得名。长在旱地名旱蕹，用竹苇筏根植水上漂浮着长的为水蕹。以整株硬挺、茎叶比较完整、新鲜细嫩、不长须根为佳。

空心菜原产于我国，自古即有栽培，至少有2000多年的历史，现在主要分布于长江以南地区。市场上的空心菜有青梗和白梗两种，菜质和口感白梗优于青梗。古代植物学家嵇含把空心菜誉为"南方奇蔬"，一是它与肉类同烹使肉味不变，二是在任何地方均可栽种，三是应时上市，补充蔬菜不足。

生物成分

据测定，每100克可食空心菜含热能24千卡，水分91.6克，蛋白质2.2克，脂肪0.3克，碳水化合物3.6克，膳食纤维1.2克，维生素A、B_1、B_2、B_6、C、E及叶酸、泛酸、尼克酸和钾、钠、铜、镁、钙、铁、锌、锰、磷、硒等物质。

食材性能

1. 性味归经

空心菜，味甘，性寒；归胃、大肠经。

2. 医学经典

《南方草木状》："清热凉血、解毒、利尿。"

3. 中医辨证

空心菜，清热解毒、凉血利尿、滋阴润燥、除湿通便，适用于便血、尿血、鼻衄、咳血、二便不畅及痔疮等症的食疗，另可解毒草、野菇等毒。

4. 现代研究

空心菜汁对金黄色葡萄球菌、链球菌等有抑制作用，可预防感染，因此，夏季常吃空心菜可以防暑解热，凉血排毒，防治痢疾。

空心菜属碱性食物，食后可降低肠道的酸度，预防肠胃内菌群失调，对防癌有益。

空心菜中膳食纤维含量丰富，具有促进肠胃蠕动、通便解毒的作用。最近研究还证实，空心菜的叶子中含有一定的植物胰岛素成分，可帮助Ⅱ型糖尿病患者控制血糖。

食用注意

（1）因空心菜性寒滑利，故体质虚弱、脾胃虚寒、大便溏泻者、慢性腹泻患者不宜多食。

（2）血压偏低之人不食为宜。

（3）体质虚弱和大病初愈者慎食，如多食可引发小腿抽筋。

传说故事

比干与空心菜的传说

相传,《封神演义》中的纣王和比干原来是如来佛面前两只宠物,纣王是一只乌龟,比干是一只大鹏鸟。一日,因乌龟放了一个屁,被大鹏鸟啄瞎一只眼。两宠物告状告到文殊菩萨处,文殊将乌龟降于人世间投胎为纣王,大鹏鸟则到纣王手下为相,后来,纣王为报前仇,借故将比干剖腹挖心,而比干被纣王挖心不死,飞马出北门,准备找纣王报仇,如来为了不让二宠物再因果轮回报应,请观音菩萨扮着卖空心菜的农妇,对比干说:"菜无心可活,人无心即死。"比干闻言,跌下马就死了。至此终止了二宠物的怨仇杀戮的轮回。

水 芹 菜

云梦溪面生水芹,无性生殖年年青。
圆茎无毛柱中空,三国时代有传情。

——《水芹菜》·近现代·施绪

物种基源

水芹菜(Oenanthe javanica),为伞形科多年生水生宿根草本植物,食用部分为其嫩茎叶,以母茎各节芽叶无性繁殖,从初冬至次年早春末采收,于蔬菜淡季应市。又名水英、水芹、河芹、小叶芹、野水芹、野芹菜、白芹、水靳、楚葵、芹菜等。据考,我国为水芹菜原产国,有近2000年栽培历史,楚地的云梦、蕲州、蕲县为水芹菜的发祥地,现在我国中部和东南部栽培最多。目前,安徽的桐城及江苏的宝应、高邮、兴化、洪泽、太湖沼泽地所产质地好,清脆肥嫩无残渣。

生物成分

据测定,每100克可食水芹菜,含热能15千卡,水分94.2克,蛋白质1.4克,脂肪0.2克,碳水化合物1.3克,膳食纤维0.9克,维生素B_1、B_2、C、胡萝卜素、硫胺素、尼克酸及钙、磷、铁、锰、锌、硒等矿物质。全草含香气挥发油0.066%,并含酞酸二乙酯、正丁基-2-乙丁基-酞酸酯和双酞酸酯,酞酸酯和多种游离氨基酸等。

食材性能

1. 性味归经

水芹菜,甘,辛,性凉,无毒;入肺、肝、胃经。

2. 医学经典

《千金食治》:"平肝、解表、透疹。"

3. 中医辨证

水芹菜味甘性凉,有益于暴热烦渴、水肿、带下、瘰疬、淋病、黄疸、流行性腮性炎等的助康复。

4. 现代研究

水芹菜有特殊的香味,可以让人增进食欲,还可以健胃、解毒。水芹菜中富含多种维生素和无机盐类，其中以钙、磷、铁等含量较高。水芹菜具有清洁人的血液，降低人的血压和血脂等功效，是既可食用又可药用的高档无公害草本蔬菜。

食用注意

水芹菜性凉，平素脾胃虚寒、腹泻便溏之人忌食。

传说故事

刘备与水芹菜的传说

相传，水芹菜与三国时的刘备有关联。刘备虽说是汉朝中山靖王的后人，可在出仕前穷困潦倒，以打草鞋卖钱度日。一日，打草鞋时，刘备发现打草鞋的草被风吹干，有点刺手。于是他就将草拿到河塘去泡一下，以便泡软好用。可刚将草放进水中，还没有来得及捞上来，突然，隔壁和他相处得如胶似漆的漂亮年轻寡妇黄二嫂家起火了，刘备顾不上捞出放在水中泡的鞋草，忙去救火，等将火扑灭，再到河塘捞鞋草时，鞋草已漂浮到塘中央，长出了白茎、青枝、绿叶的水草——水芹菜。

旱 芹 菜

爱汝玉山草堂静，高秋爽气相鲜新。
有时自发钟磬响，落日更见渔樵人。
盘剥白鸦谷口栗，饭煮青泥坊底芹。
为何西庄王给事，柴门空闭锁松筠。

——《崔氏东山草堂》·唐·杜甫

物种基源

旱芹菜（Apium graveolens），为伞形科一、二年生草本植物，食用部分为其鲜嫩全草，又名香芹、药芹、旱芹、蒲芹、兰鸭儿菜等。

旱芹菜，原产我国，是最古老蔬菜之一。最早诗歌总集《诗经》中就已有"言采其芹、芹楚葵也"的诗句。东汉时期佛教传入我国后，"八斋戒"的戒律中芹菜作为能刺激性欲的植物，禁止僧人食用。民间也认为芹菜是增进夫妇幸福的神妙之物，认为吃了芹菜会使人全身发暖、情欲高涨，而且认为这种兴奋作用夫妻双方都是一样的，故被看作是增进夫妇做爱情趣的幸福良菜。我国南北各地均有栽培。

生物成分

据测定，每100克可食旱芹菜茎中，含热能17千卡，水分92.2克，蛋白质0.8克，脂肪0.1克，碳水化合物2.5克，膳食纤维1.4克，含钾、纳、钙、磷、镁、铁、锰、锌、铜、氯等矿物质及维生素 B_1、B_2、C、P、胡萝卜素、硫胺素、尼克酸、芹菜甙、佛手甙内酯、挥发油、有机酸等。茎叶挥发油中，含有特殊香气味的丁基苯酞等苯酞衍生物成分，旱芹菜还含有酸性的降血压成分。经实际测定，旱芹菜叶的营养比茎要高得多，如蛋白质高出40%，碳水化合物高出75%左右，还含特有的 α-蒎烯、β-蒎烯、月桂烯、异松油烯等化学成分，对人体有很好营养价值。

食材性能

1. 性味归经

旱芹菜，味甘，微苦，性凉；入肺、胃、肾、肝经。

2. 医学经典

《本草推陈》："止血养精、保血脉、盗气消食。"

3. 中医辨证

旱芹菜清热利湿、补肾益精、平肝凉血，有益于缓解头晕目眩、头痛、牙痛、目赤、目痛、妇女月经不调、赤白带下、小便不利等。种子可做香料。

4. 现代研究

芹菜是高纤维食物，它经肠内消化作用产生一种木质素或肠内脂的物质，这类物质是一种抗氧化剂，高浓度时可抑制肠内细菌产生的致癌物质；它还可以加快粪便在肠内的运转时间，减少致癌物与结肠黏膜的接触，达到预防结肠癌的效果；芹菜含铁量较高，能补充妇女经血的损失，食之能避免皮肤苍白、干燥、面色无华，而且可使目光有神、头发黑亮；芹菜含酸性的降压成分，可使血管扩张，对原发性、妊娠性及更年期高血压有很好的降压作用；芹菜含有利尿的有效成分，可消除体内水钠潴留、利尿消肿。

现代研究还表明，芹菜苷和芹菜素及挥发性芳香油，对人体有安定情绪、消除烦躁、增进食欲、促进血液循环，健脑和治疗心脏病的功效。

生嚼芹菜可降血压，每日2次，每次20克，不仅降血压，还可使人精力充沛，解除中老年便秘，消除脂肪，缓解腹胀感。

食用注意

（1）旱芹菜，性凉质滑，故脾、胃虚寒，肠滑不固者食之宜慎。
（2）不宜过食旱芹菜，以免造成食过之弊。

传说故事

一、唐太宗醋芹宴魏征

传说，唐太宗偶然从侍臣中听说，魏征生活简朴，平时以醋拌旱芹菜为佳肴。在一次筵席中，唐太宗特意吩咐厨师做了这道菜，于大庭广众之中和魏征对吃，魏征十分感激唐太宗的恩宠。此事后来一时传为美谈。

二、张飞扎肉草生芹菜的传说

相传，三国时的张飞，在"桃园三结义"前，是个卖猪肉的，还养了一条小花狗，十分可爱，每天用卖剩下的碎肉骨头来喂养。一日，关云长的老母生病，想吃骨头汤炖豆腐，张飞就将碎肉骨头都送给了关云长，没有给小花狗吃，小花狗没吃到碎骨头，就将张飞放在肉案下扎肉用的扎草，衔到屋后的小菜园里，使得张飞找了好几天都没找着。后来，当张飞在小菜园发现扎肉草时，扎草已长成鲜嫩可爱，秀色可餐，脆枝绿叶的旱芹菜。

苋　菜

吴人吃瓜爱紫红，人面桃花别俱功。

穗中结籽像青葙，昆明播苋九州同。

——《苋菜》·清·齐尧

物种基源

苋菜（Amaranthus tricolor），为苋科苋属一年生草本植物，食用部分为苋菜的嫩茎叶，又名苋、红苋菜、清香苋、赤苋、紫苋、人苋、秋苋、米苋、野苋菜、三色苋、雁来红、酸苋、马苋、五行苋、九头狮子草、长命菜等。

苋菜原为野生蔬菜，经长期驯化而成现在的大圆叶红米苋和尖叶红米苋两大优良品种，常见的包括野生的现在约50多个品种，是我国的较为古老的驯化蔬菜品种之一。古籍《尔雅》中就有"赤苋"的记载。现在全国南北各地都有栽培。

生物成分

经测定，每100克可食苋菜含热能24千卡，水分90.1克，蛋白质2.8克，脂肪0.4克，碳水化合物5.9克，膳食纤维1.8克及钙、镁、磷、铁、锰、锌、钾、钠、铜、硒等矿物质；还含胡萝卜素，维生素B_1、B_2、C、硫胺素、尼克酸等，特别提及的是苋菜中含有大量的离氨酸，是一种人体不能制造且必需氨基酸之一。

食材性能

1. 性味归经

苋菜，味微甘，性凉；归肺、大肠经。

2. 医学经典

《唐本草》："清热解毒，除湿止痢，通二便，利窍止血。"

3. 中医辨证

苋菜清热明目、止痢解毒，有益于发热、目赤、咽喉炎、痢疾、小便不利等疾病的食疗。

4. 现代研究

苋菜含钙、铁较多，为贫血患者的好蔬菜。苋菜全株皆可以入药，犹以红苋菜为佳。

食用注意

（1）苋菜不宜一次食入过多，否则客易引起皮肤方面的疾患。

（2）肠胃怕寒、易腹泻的人不宜多食苋菜。

（3）肠胃不适、消化不良者不宜食苋菜。

（4）烹调时间不宜过长，防止维生素成分遭破坏。

（5）烹调时，不要先切后洗泡，而是先洗净而后切炒。

（6）苋菜按传统食忌，不可与甲鱼、龟同食。

传说故事

崔护是见到苋菜第一人的传说

相传，唐代青年诗人崔护进京赶考，落榜后心情非常郁闷。适值清明，独自到城南踏青，正觉口渴，在山桃绚烂、柳暗花明中呈现一座住宅，上前叩门求饮，一位美丽的姑娘端出一碗水，崔护心生爱慕，但碍于礼节，未能与姑娘交谈。

第二年清明节，崔护故地重游，景在宅在，姑娘不见了，他怅然若失，提笔在墙上写道："去年今日此门中，人面桃花相映红。人面不知何处去，桃花依旧笑春风。"刚题完，忽然一阵狂风，吹得桃枝乱摆，桃花如红雨纷纷落下，崔护心中更加悲凉，顺手拿起宅旁边的扫帚和铁锹，将落下的桃花扫葬，惆怅而去。

第三年清明节，崔护再度故地重游。景、宅皆不存在，只有去年扫葬桃花的地方，长出了色如桃花的苋菜，唐代崔护成了见到苋菜的第一人。

糖 萝 卜

形似纺锤甜疙瘩，味同甘蔗令人爱。

新陈代谢甜菜碱，食根啖叶总和谐。

——《糖萝卜》·现代·邵军

物种基源

糖萝卜（甜菜根），为藜科一、二年生草本甜菜（Beta vulgaris）肉质块根植物，食用部分为其块根及叶茎全草，又名甜菜、糖甜菜、甜疙瘩、红甜菜、甜菜头。甜菜起源于地中海沿岸，约在 15 世纪初传入我国。糖萝卜是甜菜的一种，甜菜有四个变种：根用甜菜、糖用甜菜、饲用甜菜和食用甜菜（叶用甜菜）。叶用甜菜有五种类型：白色叶用甜菜、绿色叶用甜菜、卷叶叶用甜菜、红色叶用甜菜和四季叶用甜菜。

我国糖萝卜的主要产区在北纬 40 度以北，包括东北、华北、西北三个地区。其中东北地区种植最多，约占全国甜菜面积的 65%，东北地区积温少，日照较长，昼夜温差大，单产和含糖率高，病虫害亦轻。云南、贵州、湖北及黄淮地区亦有栽培。是榨制砂糖的主要原料，其次是营养价值和药用价值。

生物成分

经测定，每 100 克可食糖萝卜含热能 74 千卡，水分 80 克左右，脂肪 0.2 克，蛋白质 0.9 克，碳水化合物 17.5 克，膳食纤维 2.2 克及维生素 B_1、B_2、B_6、B_{12}、C、E、烟酸、泛酸和丰富的钙、铁、磷和微量元素，尤其比其他蔬菜含钴量元素多。

食材性能

1. 性味归经

糖萝卜，味甘，性平，微凉；归肺、胃经。

2. 医学经典

《滇南本草》："补中下气，理脾气，去头风，利五脏。"

3. 中医辨证

糖萝卜性平微凉，有健胃消食、止咳化痰、顺气利尿、消热解毒等保健功效。

4. 现代研究

糖萝卜中含有碘的成分，对预防甲状腺肿大以及防治动脉粥样硬化都有一定的保健功能。糖萝卜的块根及叶子中含有一种甜菜碱成分，是其他蔬菜所没有的，它具有胆碱、卵磷脂生化药理功能，是新陈代谢的调节剂，能加速人体对蛋白质的吸收，改善肝功能。糖萝卜中的皂角甙类物质，它能把肠内胆固醇结合物不易吸收的混合物质排出。镁元素能调节血管的硬化强度和阻止预防血管中形成血栓的功效，对治疗高血压有重要作用。所含大量的纤维素和果胶，有抗胃溃疡病的因子功能。

在医疗实践中还发现萝卜有下泻功能，可消除腹中过度水分，缓解腹胀。

食用注意

（1）不可多食，多食动气。

（2）脾虚泄泻者忌食。

（3）腹中有积不宜食。

（4）糖尿病患者慎食或少食糖萝卜。

传说故事

糖萝卜与维纳斯

据说在古希腊，人们把甜菜根作为供品奉献给太阳神阿波罗。传说中的爱与美之神阿芙罗狄娜（维纳斯）就经常食用甜菜根以保持美丽容颜。对女士来说，甜菜根这种神奇的蔬菜是一道不可多得的养颜食材。

茼　蒿

一株结籽成百球，春食三四秋八九。
流离颠沛杜甫菜，知足常乐喜悠悠。
——《食茼蒿》·现代·陈石喜

物种基源

茼蒿（Chrysanthemum coronarium var. spatiosum），为菊科一年生草本植物，食用部分为其嫩叶茎，又名蓬蒿、菊花菜、蒿菜、蒿子秆、蒿子毛、春菊、蓬蒿菜、同蒿等。

我国普遍栽培的茼蒿有大叶和小叶两大形态类型。大叶茼蒿又叫板叶茼蒿或圆叶茼蒿，叶宽大，叶片缺刻少而浅，品质佳，产量高，栽培比较广；小叶茼蒿又叫花叶茼蒿或细叶茼蒿，叶狭小，叶片缺刻多而深，香味浓，产量低，栽培比较少。我国栽培茼蒿始于汉代，至今已有2200多年的历史，药用始于唐代，《千金要方》中有记述。现成为春秋二季和反季节主要蔬菜之一，全国南北各地均有栽培。

生物成分

据测定，每100克可食茼蒿含热能29千卡，水分91.8克，蛋白质1.9克，脂肪0.3克，碳水化合物 4.5 克，膳食纤维 0.6 克及胡萝卜素、硫胺素、尼克酸、维生素 A、B_1、B_2、C、E 及矿物质钙、铁、磷。还含有丝氨酸、天门冬素、苏氨酸、丙氨酸、谷氨酰胺、缬氨酸、亮氨酸、脯氨酸、酪氨酸、天冬氨酸、谷氨酸、β-丁氨酸、苯丙氨酸等。

食材性能

1. 性味归经

茼蒿，味甘，辛，性平；归脾、胃经。

2. 医学经典

《千金食治》："凉血养心、降压清热、润肺化痰、通血脉、和脾胃、助消化、安眠。"

3. 中医辨证

茼蒿有化痰止咳、降压、利二便的功效，适用于痰热咳嗽、心悸怔忡、失眠多梦、心烦不安、脾胃不和、高血压等病症。

4. 现代研究

茼蒿的根、茎、叶、花都可入药，有清血、养心、降压、润肺、清痰的功效，特别适宜夏季酷暑、烦热头昏、睡眠不安、头昏脑涨、大便干结、肺热咳嗽、痰多黄稠和贫血或骨折患者食用。

食用注意

（1）茼蒿气浊，多食动风气、熏人心，令人气满。
（2）寒痢泄泻患者应禁食。
（3）烹调时加热不宜过久，否则会使营养成分破坏损失。
（4）食用烹调前不宜用水浸泡或先切后泡洗，否则会使水溶性维生素损失殆尽。
（5）大便溏薄之人忌食用茼蒿。
（6）阴虚发热者不宜食用茼蒿。
（7）茼蒿中的芳香精油遇热易挥发，会减弱茼蒿的健胃作用，所以烹调时应注意旺火快炒。

传说故事

铁拐李抢茼蒿的传说

相传，茼蒿原是终南山山顶上的一株能治百病的仙草。南极仙翁命鹿童儿衔着仙草送往人间，给百姓消灾降福治百病。此消息被八仙中的铁拐李知晓，于是他想在半路上将仙草从鹿童嘴中抢去治瘸腿；鹿童不让，和铁拐李打得天昏地暗，为了不让铁拐李的企图得逞，鹿童和铁拐李边打边将衔在嘴里的有效药汁全部吸尽，剩下草渣，使铁拐李治瘸腿不见疗效。铁拐李一气之下，将仙草渣扔向茫茫大地，长出一株蒿草，这就是现在的茼蒿。

金 花 苜 蓿

朝日上团圆，照见先生盘。
盘中何所有？苜蓿长阑干。

——《咏苜蓿》·唐·薛令之

物种基源

金花苜蓿，为豆科苜蓿属，一年生或越年生草本植物南苜蓿（Medicago hispida）的，嫩茎叶，又名黄花苜蓿、南苜蓿、刺苜蓿、草头、秧草、三叶菜、紫花苜蓿、苜蓿、光风草。

据植物学家最新考证，苜蓿为我国原始物种，据《史记·大宛列传》记载，我国将野生苜蓿驯化变种植苜蓿始于西汉。西汉时，长安郊区辟有苜蓿园，种植苜蓿主要是用来为朝廷喂养战马和肉用牛。

还有与金花苜蓿同科同属同宗的姐妹植物紫花苜蓿，但只是作专用饲料和肥料（秧草），这是南苜蓿的一个变种，食后可产生对光过敏性皮炎。金花苜蓿我国大部分地区都产。

生物成分

经测定，每 100 克可食金花苜蓿含热能 32 千卡，水分 90.2 克，蛋白质 5 克，脂肪 0.7 克，碳水化合物 1.5 克，膳食纤维 1.4 克及维生素 A、B_1、B_2、C、胡萝卜素、尼克酸、视黄醇当量和铁、镁、锌、钙、磷、钾、钠、硒等矿物质，还含人体所必需的 16 种氨基酸、皂甙、卢瑟醇、苜蓿酚、大豆黄酮、苜蓿素、瓜氨酸、刀豆酸、果胶酸等。我国食金花苜蓿最早可上溯到三国时期，陆游也有过"苜蓿堆盘莫笑贫"的诗句，但食苜蓿一直被视为生活清贫的象征。自唐以来，金花苜蓿曾让历代黎庶度过多少饥荒年，实在功不可没。

食材性能

1. 性味归经

金花苜蓿，味甘，性平，涩；归脾、胃、大肠、小肠经。

2. 医学经典

《名医别录》："清胃热，利大小肠，下膀胱结石，舒筋活络。"

3. 中医辨证

金花苜蓿有清热、利便功效，对胃热烦闷、食欲不振、黄疸、目赤、便秘、湿热引起小便不畅、石淋有食疗助康复效果，还可防止肾上腺氧化，并有轻度雌性激素作用。

4. 现代研究

金花苜蓿含蛋白质、脂肪、碳水化合物、钙、磷、铁、胡萝卜素、维生素 B，等人体所需的多种微量元素和 16 种氨基酸，食之可安神明目、养肺补肾、增强记忆力。黄花苜蓿乃纯自然绿色蔬菜，营养丰富，其中胡萝卜素含量高于胡萝卜，维生素 B 含量在蔬菜中最高，并具有一定的药效作用，古今皆好食之。

食用注意

（1）紫花苜蓿是南苜蓿的一个变种，不宜食，防止产生对光过敏性皮炎。
（2）脾、胃虚弱、消化不良者不宜多食久食黄花苜蓿。

传说故事

刘备甘露招亲曾用苜蓿的传说

传说，刘备到镇江甘露寺与孙尚香完婚。孙权设盛宴招待，筵席上摆满了山珍海味。由于红扒熊掌等菜肴吃多了，感到燥热，孙权叫御厨再安排一些爽口而素淡的蔬菜上来。可正巧蔬菜都用完了，情急之下，厨师便跑到山下田野里采了一些苜蓿回来择择洗洗，加酒用旺火急炒，盛盘上桌。刘备、孙权一尝，觉得鲜嫩可口，很快就把一盘苜蓿吃得一点不剩。孙权问厨师："这是什么菜？味道真不错！"厨师见吴王夸奖这种菜，便信口说："这叫'王夸菜'。"苜蓿经吴王孙权吃开头后，老百姓也就纷纷仿效吃起来了。

苤 蓝

观音不食生与腥，方有苤蓝玉蔓菁。
况是丹头荐绝品，久饵能使玉寿延。
——《苤蓝》·清·佚名

物种基源

苤蓝，为十字花科芸薹属一、二年生草直立本植物擘蓝（Brassica oleracea caulorapa），食用部分为其球状茎，又名球茎甘蓝、人头疙瘩、不留客、玉蔓菁、撇蓝、茄莲、擘蓝、撇列等。

苤蓝是甘蓝中能形成肉质茎的一个变种，与结球甘蓝相比，其食用部位不同。按球茎皮色分绿、绿白、紫色三个类型；按生长期长短可分为早、中、晚熟三个类型。全株长滑无毛，茎短离地面2～4厘米处开始膨大，而生大长为一球状体，坚硬成椭圆形、球形或扁圆形。

苤蓝原产地中海沿岸，16世纪传入我国，现我国各地均有栽培，北方较为普遍。

生物成分

据测定，每100克可食苤蓝含热能20千卡，水分86.5克，蛋白质2.5克，碳水化合物3.1克，脂肪0.2克，膳食纤维1.5克，维生素 B_1、B_2、C、E、胡萝卜素、尼克酸、硫胺素及钙、铁、磷、硒等。

食材性能

1. 性味归经

苤蓝，味甘，辛，性凉；归肝、胃经。

2. 医学经典

《滇南本草》："利水消肿，止痛生机，宽肠通便，益气补虚。"

3. 中医辨证

苤蓝可补骨髓、利五脏六腑、利关节、通经络、明耳目、益心力、壮筋骨，主治脾虚火盛、中膈存痰、腹内冷疼、小便淋浊，又治大麻风疥癞之疾。生食止渴化痰，煎服治大肠下血，烧灰为末治脑漏，吹鼻治中风不语，皮能止渴淋。

4. 现代研究

苤蓝含维生素十分丰富，尤其是鲜品绞汁服用，对胃病治疗有作用，其所含维生素 C 等营养素，有止痛生肌的作用，能促进胃与十二指肠溃疡的愈合，还含有丰富的维生素 E，有增强人体免疫功能的作用，所含微量元素钼，能抑制亚硝胺的合成，因而具有一定的防癌抗癌作用。

食用注意

（1）苤蓝，性寒凉，脾胃虚寒或大便泻泄者不宜多食。

（2）苤蓝损气耗血，故病后及患疮者忌食或少食。

（3）如用于治十二指肠球部溃疡，不宜炒得过熟，更不宜煮烂，以生拌或绞汁服用为好。

（4）胆石症、脂肪肝、肝硬化、脑炎、痛风、神经性疾病最好慎食。

传说故事

观世音与苤蓝

相传，南海观世音菩萨遨游至苏北刘庄紫云山，腹饥，田野得野菜数枚，因菩萨不吃生、腥，遂将像萝卜一样的野菜，用皮纸包裹起来置于篮中而投入农家煮牛肉的锅中，以将荤素相隔，煮熟食之，觉其可口。后来，这里的人们得到了启示，便种似萝卜非萝卜、似芋非芋的野菜来。因皮纸的"皮"与"苤"谐音，包裹起来投入篮中在牛肉锅中煮熟的野菜叫"苤蓝"。

茭　白

寒菱翳秋塘，风叶自长短。
刳心一饱余，并得床敷软。

——《茭笋》·南宋·朱熹

物种基源

茭白，为禾本科多年生宿根草本植物（Zizania caduciflora）的肥大菌瘿，又名菰、菇、菰笋、茭笋、菰菜，茭瓜、茭耳菜、茭草、茭芦、蒋草、菰手、菇手等。

茭白是原产于我国的江湖、池塘、沼泽中的水生植物，在唐朝以前人们就知道茭白的籽实可煮饭餐食。茭白叶子很像蒲苇植物，在春末仲秋两季节可长出白茅如笋的茭瓜，剥出后嫩鲜笋供食用，是一种独特的水生蔬菜。长江以南和沿江两岸茭白最为鲜嫩可口。茭白与莼菜、鲈鱼并称为"江南三大名菜"。

生物成分

经测定，每100克可食茭白含热能30千卡，水分89克，蛋白质1.2克，碳水化合物5.9克，脂肪0.2克，膳食纤维1.9克，维生素B_1、B_2、A、E和矿物质钙、铁、锌、磷、钾、硒、钠，还含有尼克酸等营养物质。

食材性能

1. 性味归经

茭白，味甘，性寒；归脾、胃经。

2. 医学经典

《食疗本草》："清热通便、除烦解酒。"

3. 中医辨证

茭白，味甘，性凉，滑润，无毒，和食盐与醋共食，有降五脏的邪气、防治红脸酒齄鼻、白癫、颈淋巴结核溃烂、红眼热毒、利尿消渴等功效，对突发性心痛及目黄有辅助效果，还可用于便秘、高血压及心胸烦热等症，亦可催乳解毒。

4. 现代研究

茭白含较多的碳水化合物、蛋白质、脂肪等，能补充人体的营养物质，具有健壮机体的作用；茭白甘寒，性滑而利，既能利尿祛水，辅助治疗四肢浮肿、小便不利等症，又能清暑解烦而止渴，茭白有祛热、止渴、利尿的功效，夏季食用大为适宜；茭白退黄疸、通乳汁，对于黄疸型肝炎和产后乳少有益；茭白含有丰富解酒作用的维生素，有解酒醉的功用。

食用注意

（1）茭白忌与蜂蜜同食。

（2）脾寒虚冷、精滑便泻者慎食。

（3）茭白中含有难溶性草酸钙较多，故患有肾脏疾病、尿路结石或尿中草酸盐类结晶较多者不宜食用。

传说故事

茭白是玉琵琶轸化身的传说

相传，茭白的来历与《封神演义》中的姜子牙和玉石琵琶精相关联。玉石琵琶精是轩辕坟中三妖精之一，排行第三，与九尾狐狸精、九头雉鸡精一起去扰乱纣王江山。路过姜子牙卦馆，心生好奇，前去算卦，不料被姜子牙识破，用三昧真火将玉石琵琶精烧现原形。后来九尾狐狸精把玉石琵琶精放在摘星楼上，过了五年，玉石琵琶精复生，并以九尾狐狸精义妹的身份入宫，化名王贵人。商朝将灭之时，又与九尾狐狸精、九头雉鸡精一起去劫周营。被姜子牙率众击退，逃往轩辕坟，最后在女娲娘娘的帮助下，被大将护卫抓回周营，姜子牙命将玉石琵琶精斩首，砸烂玉石琵琶，并将玉石琵琶的四只"轸子"（弦轴）扔到太湖。从此玉石琵琶的轸轴在太湖浅水边长出了茭白，绿叶的层层包裹是玉石琵琶精阴魂不散，将玉轸子保持洁白无瑕。

萝　卜

芦服出深土，内含霜雪青。

冷然消暑渴，快矣解朝醒。

脆白浑胜藕，顽青亦可羹。

镇州禅悦味，从此得佳名。

——《芦菔》·元·吕诚

物种基源

萝卜（Raphanus sativus L.），为十字花科一年或二年生草本植物，食用部分为其块根，又名菜菔、芦菔、芥根、土酥、温菘、秦菘、罗服、芦萉、拉笔、萝一、雹葖、紫菘，麻萝卜、紫花菘、楚菘、萝白、葵子等。按其形状分有长、圆两类；按色分有白、青、绿、红、紫、绿皮红心、淡紫色、粉红色等。

我国是萝卜的故乡，萝卜是古老蔬菜之一，2000 多年前的《诗经》就有详细记述。按春夏秋冬四季，萝卜有四种不同的名字：春叫破地锥，夏叫夏生，秋叫萝卜，冬天叫酥。全国各地均有种植。

生物成分

经测定，每100克可食萝卜中，含热能14～32千卡，水分91.7克，蛋白质0.7～1.2克，脂肪微0.1克，碳水化合物2.6～6.7克，膳食纤维0.5～1.5克；还含胡萝卜素、维生素C、E、硫胺素、尼克酸、淀粉酶、氧化酚腺素、苷酶、胆碱、香豆酸、咖啡酸，苯丙酮酸、龙胆酸、羟基甲酸、芥子油、木质素、甲硫醇、莱菔甙及微量元素钾、钠、钙、镁、磷、铜、锌、铁、锰、硒及多种氨基酸等营养物质。

食材性能

1. 性味归经

萝卜，味甘、辛、性凉；归肺、胃、脾经。

2. 医学经典

《本草纲目》："消积滞、化热痰、下气、宽中、解毒。"

3. 中医辨证

萝卜，味甘辛、性平微凉，能健胃、消积滞、化热痰、止咳嗽、下中宽气、利尿解毒，适于胀满、消渴、吐血、衄血以及偏正头痛、胸闷、气喘等症食疗助康复。

4. 现代研究

我国科学最新研究发现，萝卜中含有一种抗癌、抗病毒的活性物质"干扰素诱生剂"，研究实验证明，它能够刺激细胞产生干扰素，对人的离体食管癌、胃癌、鼻咽癌、子宫颈癌等均有显著的抑制作用。干扰素诱生剂的有效成分是双链核糖核酸，有趣的是，萝卜中的双链核糖核酸对口腔中核糖核酸酶的耐受性相当高，在吞咽中不易被降解，且无任何副作用，但萝卜若煮熟后其有效成分能被破坏，只能生吃细嚼才能使其中的有效成分释放出来。应注意的是，生吃萝卜半小时内最好不吃其他食物，以防其有效成分被稀释。

一般白萝卜、青萝卜或者红萝卜都含有同样的干扰素诱生剂成分。

食用注意

（1）不宜和苹果、梨、葡萄等水果一起食用。萝卜与含大量植物色素的苹果等一起食用，经胃、肠道的消化分解，可产生抑制甲状腺作用的物质，诱发甲状腺肿，故萝卜不宜与苹果等水果一起食用。

（2）不宜与全红萝卜、黄瓜、动物肝脏同时食用。萝卜为维生素C含量高的食物，全红萝卜中的抗坏血酸酵酶，黄瓜中的维生素C分解酶及动物肝脏中的铜铁离子均有破坏白萝卜中维生素C的作用，使食物中的营养价值降低，故白萝卜不宜与全红萝卜等食品一起食用。

（3）服中药地黄、何首乌时不宜食用萝卜。萝卜和地黄、何首乌为畏恶之品，《本草衍义》说"莱菔根，服地黄、何首乌人食之，则令人髭发白"。故服中药地黄、首乌时不应食萝卜。

（4）服维生素K等止血药时不宜食用萝卜。萝卜所含的维生素C对维生素K有破坏作用，可降低其他止血药物的作用。故服维生素K及其他止血药时不宜食用。

（5）不宜与人参同时食用。萝卜行气可降低人参的补益作用，萝卜的利尿作用会加快人参有效成分的排泄，故不宜与人参同食。

（6）吃萝卜不应削皮。钙是萝卜的主要营养成分之一，90%的钙都集中在萝卜皮内，如果吃萝卜削皮，则会损失大量的营养成分。

（7）不宜与橘子同食，易诱发甲状腺肿。

（8）不宜与维生素 B_6 同食。

传说故事

一、乾隆与萝卜

江苏农村春节请客，桌上总少不了一盘红萝卜，这种吉祥象征与乾隆赏赐一家五代一个红萝卜的故事有关。

一天，乾隆南巡，路过扬州市郊，偶然来到一个地方，树木成林，牛马成群，青艳艳一片瓦房。乾隆信步来到近前，抬头一看，大院正门上额挂着一块横匾，上写着"天下第一家"五个斗大的金字。乾隆心里一怔，自语道："好大的口气，就连我这个一朝人皇之主，也没有自称，实属狂妄。"

他心里嘀咕着，要问个究竟。乾隆进入第一道门，迎出一位老人，胡子白如雪，拖到肚脐。乾隆问："老者多大年纪？""一百五十岁。""你可是当家的么？""不，当家的在后堂呢。"

乾隆进入第二道门，迎出一位老人，胡子白如银，一直拖到胸前。乾隆问"老者多大年纪？""一百二十岁。""你可是当家的么？""不，当家的在后堂。"

乾隆进入第三道门，迎出一位老人，胡子白如帛，垂挂到颈下。

乾隆问："老者多大年纪？""九十有零。""你可是当家的么？""不，当家的还在后边。"

乾隆进了第四道门，迎出的还是一位老人，胡须有一把，黑白相间。乾隆问："老者多大年纪？""七十有五。""你可是当家的么？""不，当家的还在后边。"

乾隆进入第五道门，这时，蹦蹦跳跳地迎出一个年龄在十岁上下的少年，绿褂红裤，脸像桃头，扎双抓髻。乾隆问他："后生，当家的在哪里？"小孩上前施一礼："小人便是，长者有何公干？""没有他事，仅有一点请教。""要说请教，实不敢当，有话请讲。""何谓'天下第一家'？""我家五代同堂，代代高寿，可谓天下第一。"乾隆点点头。

乾隆回到京城，心里老是想到这件事，一天，他心血来潮，还想考考那个小孩的才能。提起御笔写了道圣旨，还赐了一物，派人直送"天下第一家"。圣旨一到，全家老少，丫鬟小厮一百多口人都跪倒接旨，受赐。你猜是什么？原来是一个手指大的红萝卜，圣旨上写得清楚，要叫"天下第一家"的当家的，把一个小红萝卜分给全家一百多口人吃，要人人吃到，个个吃饱。这指头大小的东西，变成天大的难题，吓得全家张口结舌，脊梁骨上冒冷气。这时，只见那当家的跑过来说："来人哪，给我把萝卜捣烂，放在大荷花缸内，用温开水搅拌，全家人各拿碗一起喝萝卜汤，个个喝足。"结果，一大荷花缸萝卜汤，喝得像猫舔的一样。

钦差大臣回京交旨，述说经过，乾隆叹服："果然奇才，不愧是个好当家的。"从此萝卜才上宴桌，而且放在首席位置上。这样做，一是对首席贵客尊重；二是比喻，首席位子上是个好当家的。

二、韩湘子与萝卜

上杭萝卜干是"闽西八大干"之一，它香脆可口，具有补脾益气等作用，是人们非常喜爱的一种食品，其名传扬国内外。据闻，它还有个美丽的传说呢。

相传，有一天，八仙中韩湘子云游上杭，当路过太拔湖子里时已正日中，太阳火辣辣的，他感到肚饥口渴，于是来到附近的一村民家中想讨口饭吃，村民非常热情，递上茶水又端来白米饭，不过没有菜。

韩湘子感到很奇怪，问村民怎么没菜，村民说："现在正处蔬菜交接时，没有什么菜，要说有的话，还有一棵萝卜种。"韩湘子说"萝卜种也好，拔来做菜。"村民为难地说"萝卜拔了，我明年拿什么去做种？"韩湘子说"没关系，上半截留着做种，下半截拿来煮。我问你，你还有萝卜种子吗？如果有的话，现在还可以播。"村民说："我从来没听说过夏天能种萝卜的呀。"韩湘子走出大门，指了指周围的山地说："是真的，我能看到的地方，都能种萝卜，不信你现在可以试试嘛，你们这里一年三百六十天都可以播种，一年三百六十天都会有萝卜的。"村民听了半信半疑，笑着说："如果是真的，那太好了，我今天就去试播。不过天天都有萝卜，哪吃得这么多？吃不了会坏掉怎么办？"韩湘子听了后，想了想又说："你就做成萝卜干吧！"村民又问："怎么做呢？""很简单，卤以白盐，而后晒干，再入瓮内，泥纸封固，时过九九，即可开瓮取食。"

韩湘子走后，村民照此方法而行，说来也奇，这村民六月播的萝卜种子，同样也能生长，并能长萝卜。在这里原来只能在秋后至"小雪"播萝卜种，才能长萝卜的，如今这湖子里天天都能长萝卜了，每天都可吃到新鲜萝卜，吃不完的就拿来做萝卜干。后来附近村民听说这里的萝卜种子好，就买来种，这里的萝卜品种和做萝卜干的方法在上杭慢慢地传开了。

三、萝卜解人参毒的传说

20世纪50年代，有个药材仓库的管理员，偷偷地取出一包野山人参，用水煎好后，将湿人参烤干，放回原处。谁知他服了大量人参汤后，心胸顿感气闷难受，被送进医院抢救。医生诊断并无其他病情，问他最近吃了什么东西。他开始不肯直说，在病危急时终于道出了真情，偷吃了一包人参汤。医生为他开出一味中药莱菔子，煎汤后立即饮下，不久，病情得以缓解。

原来，萝卜的主要功能是破气、消积，它使人参等补气药物作用消失了。因此，人们在服用人参、地黄和何首乌等中药时，要忌食萝卜。

萝 卜 缨

姜姜萝卜缨，甘肥对头星。
古人菜根意，一食抵万金。
——《莱菔缨》·清·陈菘

物种基源

萝卜缨（Raphanus sativus Linn.），为十字花科植物萝卜的根生叶，即萝卜长出的茎叶，又名莱菔叶，莱菔菜、萝卜甲、莱菔甲等。多在早春或秋后初冬采收，经风干或晒干后加工制成的干品，可以长期贮存。

萝卜的品种繁多，因此萝卜缨的颜色也多，有青萝卜缨、红萝卜缨、洋花萝卜缨（最嫩）、水萝卜缨和白萝卜缨等多种。

生物成分

经测定，每100克可食萝卜缨含热能24千卡，水分88.5克，蛋白质3.1克，脂肪0.1克，碳水化合物4.7克，膳食纤维2.9克，维生素A、B_1、B_2、C、E、尼克酸及钾、钠、铁、钙、磷、硒等营养物质。

食材性能

1. 性味归经

萝卜缨，味苦，辛，性凉；归肺、胃经。

2. 医学经典

《本经逢原》："理气消食，噎隔呃逆，红肿疼痛，宽中下气，化热痰，解毒。"

3. 中医辨证

萝卜缨，味苦、辛、性温，理气、消食、下水，可治胸膈痞满、食滞不清、泻痢、喉痛、妇女乳肿、乳汁不通等症。

4. 现代研究

萝卜缨有降低血脂、软化血管的功能。萝卜缨中所含的芥子油和粗纤维，可促进肠胃蠕动，推动大便排出，还有抗菌消炎的作用。

食用注意

（1）萝卜缨为寒凉蔬菜，凡偏寒阴盛体质者不宜食用。

（2）胃溃疡及十二指肠溃疡及慢性胃炎者宜少食或不食。

（3）凡服用补益中药患者宜暂停食。

（4）患有子宫脱垂和有先兆流产者暂不食用萝卜缨。

（5）消化不良、大便溏薄者不宜食生腌萝卜缨。

传说故事

乾隆与萝卜缨

相传，乾隆年间，乾隆皇帝突然得了一个怪病，成天茶饭不思，三宫六院不临幸，但能天天上朝理政，只是形体消瘦，急得众太医像热锅上的蚂蚁、没头的苍蝇一样团团乱转。正在危急关头，江西贵溪龙虎山世袭张天师奉旨到京接受加封，拜见乾隆，得知龙体欠安，问明病情后，便对太医说："皇上过食甘酯，需降脂消食，可叫御膳房一日三餐，红、白、青萝卜缨轮流佐餐，七日后就见效。"太医在无可奈何的情况下，只好依照世袭张天师的话照办。果然，三日病情转机，五日病情好转，七日后开胃思食。

筱 麦 菜

凤尾筱麦展新蔬，鲜嫩欲滴不含糊。

莴笋生菜基因种，一变再变味更浓。

——《筱麦菜》·现代·吴是

物种基源

筱麦菜（Lactuca sativa var longifoliaf Lam），为菊科莴苣属一年生草本植物，食用部分为其嫩茎叶，又名牛俐生菜、凤尾莴苣等。

筱麦菜，从植物学亲缘关系看，属于尖叶型叶用莴苣或长叶莴苣类，与生菜很相近，是叶用莴苣的变种，叶片呈长披针形，有点像莴苣的"头"，叶细长平展，笋细而短，生长形态有"雉尾"、"凤尾"之称，色泽淡绿，肥力足时呈深绿，长势强健，抗病性、适应性强，少虫害，属于污染少的洁净蔬菜，口感较莴苣、生菜更为鲜嫩，是生食蔬菜的上品。全国多有栽培。

生物成分

经测定，每100克可食筱麦菜含热能12千卡，水分95.7克，脂肪0.4克，蛋白质1.4克，碳水化合物2.1克，膳食纤维0.6克，及维生素A、B₁、B₂、C、尼克酸、胡萝卜素、烟酸、乳酸、苹果酸、琥珀酸、莴苣素、天冬碱等，还含钙、磷、铁、镁、铜、锌、锰、钾、钠、硒等。

食材性能

1. 性味归经

筱麦菜，味苦，性凉；归胃、肠经。

2. 医学经典

《本草从新》："清肝、利胆、养胃、消燥、润肺。"

3. 中医辨证

筱麦菜有健脑、利二便、助消化的功效。有利于肠道消化、养颜减肥、食欲不振、美容保健，对新陈代谢也有帮助。

4. 现代研究

筱麦菜的营养价值比生菜高，更远远优于莴苣，主要特点是矿物质丰富，如钙含量比生菜高1.9倍，比莴苣高2倍。铁含量分别比生菜和莴苣高50％和33％，锌含量分别比生菜和莴苣高86％和33％，硒含量分别比生菜和莴苣高22％和1.8倍；还具有降低胆固醇、治疗神经衰弱、化痰止咳等功效，是一种低热量、高营养的食品。

现代医学研究还证实，油麦菜含纤维素多，低热量有消除多余脂肪的作用，适宜糖尿病患者食用。

食用注意

(1) 筱麦菜性偏寒，凡脾胃虚寒、大便溏泄者不宜多食。
(2) 如热炒，加热时间不可过长，防止纤维素被破坏。
(3) 筱麦菜含有草酸和嘌呤，有禁忌者应少食。
(4) 筱麦菜不可用铜器皿烹制和存放，防止维生素C遭损失。

传说故事

筱麦菜来历的传说

相传，轩辕黄帝古坟中有三妖：九头雉鸡精胡喜媚、九尾狐狸精苏妲妃、玉石琵琶精王贵人。受女娲娘娘之命，侍奉纣王，祸乱朝纲。商朝将灭之时，三位一起又准备劫持周营，被姜太公率众击退。九头雉鸡精正准备逃回轩辕坟时，被二郎神赶上一脚踩住雉鸡尾，抡起大刀，连砍九刀，将九头雉鸡精杀死，雉鸡精挣扎时断掉的雉鸡尾，立时在轩辕坟旁长成润滑水灵的筱麦菜。

芦　蒿

竹外桃花三两枝，春江水暖鸭先知。
蒌蒿满地芦芽短，正是河豚欲上时。

—— 《惠崇春江晚景》·宋·苏东坡

物种基源

芦蒿（Artemisin selengensis Turcz. ex Bess.），为菊科蒿属多年生草本植物，食用部分为其鲜嫩茎秆，又名蒌蒿、水蒿、柳蒿、驴蒿、藜蒿、香艾、小艾、水艾、瘦人草等。

芦蒿是春季时令蔬菜，多生于水边堤岸或沼泽地中。我国食用芦蒿历史悠久，在《诗经》中就有"呦呦鹿鸣，食野之蒿"的记载。

芦蒿按其嫩茎的颜色，可分为白芦蒿、青芦蒿、红芦蒿；按其叶形可分为，大叶芦蒿（柳叶蒿）、碎叶芦蒿（鸡爪蒿）。因其具有蒿类独特的清香，深受人们的喜爱，在全国芦蒿品种中青色和白色品质最优，红色稍次之，而南京的芦蒿质量名列第一。

生物成分

据侧定，每100克可食芦蒿中含热能23千卡，水分2.1克，脂肪0.6克，蛋白质3.6克，碳水化合物9克，膳食纤维4.5克及维生素A、B_1、B_2、C、胡萝卜素、维生素B_1、泛酸、天门冬氨酸、谷氨酸、赖氨酸和磷、铁、钙、钾、硒等。

食材性能

1. 性味归经

芦蒿，味甘，辛，性凉；归脾、胃、肝经。

2. 医学经典

《本草纲目》："平抑肝火，久服轻身。"

3. 中医辨证

芦蒿性凉，味甘，辛，具有利膈、开胃、行水清心、明目、护肝等作用。有益于胃气虚弱、浮肿及河豚中毒等病的食疗促康复，另有防治牙病、喉病和便秘等作用。

4. 现代研究

芦蒿中维生素、氨基酸、芳香脂及矿物元素、总黄酮含量较高，对降血压、降血脂、缓解心血管疾病均有较好的食疗作用；根茎含淀粉量高，可为机体提供热量能源，也可作为神经结构成分和酶、激素的组织成分。同时，也可起保护头脑的作用和充当肝脏贮备肝糖而起解毒作用。

食用注意

（1）因芦蒿香干钠的含量较高，糖尿病、肥胖病、肾脏病、高血脂等慢性病患者慎食。

（2）老人、缺铁性贫血患者应少食。

（3）脾胃虚寒者应少食。

传说故事

乌龟吃芦蒿肉丝小太监被斩

相传，明朝开国皇帝朱元璋，从小替财主家放牛时就特别喜欢养乌龟玩，直至登上九五之尊，还在皇宫的御膳处的玉瓮缸中养了几只金钱龟，供膳前膳后把玩一番。

洪武八年春，江宁知府皮俅，将芦蒿作为贡品送到御膳房供朱元璋尝鲜。御膳房为朱元璋炒了一盘芦蒿香干肉丝，待到上菜时，传膳小太监不小心衣袖一扫，把盘中的几根芦蒿和肉丝扫落地上，小太监忙一手托盘，一手将掉在地上的几根芦蒿和肉丝捡起来放到养金钱龟的玉瓮中；无巧不成书，小太监这一举动被正进御膳处准备用膳的朱元璋看见，当场就被朱元璋命人将传膳小太监绑出去斩了。事后，军事刘伯温问起朱元璋为何要斩小太监，朱元璋说："贡品芦蒿朕还没尝鲜，倒让乌龟先食，大为不敬。"

芦　荟

应用临床溯始唐，久癣获愈幸刘郎。
凉肝明目称良药，治秘通肠创妙方。
保健佳肴中外誉，美容圣品古今扬。
羡它四季常青翠，郁郁葱葱伴众芳。

——《芦荟》·现代·王焕华

物种基源

芦荟（Aloe var chinensis），为百合科多年生草本植物，芦荟的叶簇生，大而肥厚，又名狼牙掌、油葱、奴会、卢会、龙角、讷会、鬼丹、象胆、劳伟、番蜡、百龙角等。芦荟的原籍在南非，我国于西周时期开始种植，入药于唐宋年间。

芦荟的品种很多，有库拉索芦荟、好望角芦荟、翠叶芦荟、斑纹芦荟、木立芦荟、上农大叶芦荟、青鳄芦荟等。我国的食用芦荟只有木立芦荟、上农大叶芦荟等少数品种。大多数品种只是观赏植物，有些芦荟品种是有毒的，误食后可能引起中毒，甚至危及生命安全！凡食芦荟者，特别是个人家庭食用，食用前必须辨别清楚芦荟的品种后再烹调食用。当今世界公认的芦荟之王库拉索芦荟（俗称美国芦荟）是唯一被国际芦荟科学协会认证的无毒、无副作用的优质品种。

生物成分

据测定，每100克可食芦荟含热能23千卡，水分86.7克，蛋白质1.5克，脂肪1.2克，碳水化合物4.8克，膳食纤维5.6克及维生素A、B_1、B_2、泛酸、尼克酸、钙、磷、铁、镁、钾、锌、硒、芦荟大黄素、芦荟大黄素甙、阿尔波兰素、芦荟克酊A、B、芦荟吗喃素等70多种营养物质。

食用性能

1. 性味归经

芦荟，味苦，性寒；归肝、胃、大肠经。

2. 医学经典

《开宝本草》："清热通便、杀虫疗痔、生肌治伤。"

3. 中医辨证

芦荟凉肝明目、消疳积、清热杀虫，有益于肝经实热、狂躁易怒、伤风、消渴（糖尿病）及外用于癣、青春痘等疾病的康复。

4. 现代研究

芦荟中的芦荟大黄素甙、芦荟大黄素等有效成分起着增进食欲、大肠缓泄作用；芦荟中的阿尔波兰素 A、芦荟克酊 B 有显著降血糖作用；芦荟又能促进新陈代谢，提高人体免疫力，所以芦荟对糖尿病有神奇的、稳定的功效；芦荟中的多糖类能抑制异常细胞的生长；芦荟中的芦荟凝胶质——芦荟吗喃素，芦荟克酊 A、B 及亚洛米酊具有较强的攻击癌细胞的功能；芦荟中最为珍贵的微量元素有机锗，对抑制肿瘤有着神奇的功效，可全面调节人体免疫力（即抵抗力），使一些慢性病不治自愈；芦荟可促进细胞再生，使受伤和硬化的人体组织恢复健康；能促进血液循环、排除体内毒素；芦荟被称为维生素、氨基酸和矿物质的宝库，可补充人体所需的这些物质；芦荟多糖和维生素对人体的皮肤有良好的营养、滋润、增白作用；芦荟中的芦荟乌曹辛和芦荟亚洛米酊有较好的抗溃疡、抗炎作用；芦荟具有对皮肤的收敛作用和保湿作用，对脱发、白发、稀发有预防和治疗效果；还具有护齿、美唇、治癣、护肤、祛斑、防皱、改善胃肠功能等作用。

食用注意

体质虚弱或者脾胃虚寒者应谨慎服用，孕妇、心脏病以及急性肾病患者忌用，妇女经期、痔疮出血、鼻出血者慎用。体质虚弱的少儿患者不要过量服用芦荟，过敏者会出现皮肤红肿、粗糙的现象。

传说故事

刘禹锡与芦荟

唐代著名文学家、哲学家刘禹锡少年时代，曾患癣疾，初在颈项之间，后漫到左耳，遂成为慢性湿疹，浸淫难愈，颇为难看。先后用斑蝥、狗胆、桃树根等药，不但无效，"其疮转盛"。后来，偶然遇到楚州一位卖药人，教他用芦荟一两、炙甘草半两，研末，先以温水洗癣，拭净后敷之，"立干便瘥，真神奇也"。

叶 用 甜 菜

叶食变种莙荙出，甜甜蜜蜜排五种。
自古救荒非补药，粉身碎骨不论功。
——《叶用甜菜》·现代·单农

物种基源

叶用甜菜（Beta vulgaris var. ciclaL.），为黎科一、二年生草本植物，食用部分为其嫩茎叶，又名牛皮菜、厚皮菜、光菜、杓菜、猪牳菜、石菜、恭菜、甜菜等。原产欧洲南部，公元 5 世纪初从阿拉伯传入我国，早在《唐本草》中就有入药记载。按其叶柄颜色可分为白梗叶用甜菜、青梗叶用甜菜和红梗叶用甜菜三种类型。我国农家以种植青梗叶用甜菜较普遍。是集食用、饲用、观赏为一起的多用途植物，全国各地多有栽培。

生物成分

经测定，每 100 克可食叶用甜菜含热能 74 千卡，水分 78.8 克，蛋白质 0.88 克，脂肪 0.1 克，碳水化合物 17.3 克，膳食纤维 2.87 克及维生素 A、B_1、B_2、C、E、胡萝卜素、维生素 B_1、泛酸、叶酸、甘露醇、氨基酸及矿物质铁、锌、钾、锰、钙、锶、镁、硒、磷等多种营养物质。

食材性能

1. 性味归经

叶用甜菜，味甘，苦，性大寒；归肝、脾、肺经。

2. 医学经典

《嘉祐本草》："叶用甜菜（牛皮菜），补中下气、理脾气、去头风、利五脏。"

3. 中医辨证

叶用甜菜，清热解毒、行瘀止血，对麻疹透发不快、热毒下痢、闭经淋浊、痈肿伤折、通心膈、开胃口有食疗促康复效果。

4. 现代研究

叶用甜菜为碱性蔬菜，可纠正体内酸性环境，有利于体内酸碱平衡，还有大量的微量元素，有利于电解质紊乱的纠正，具有利尿止痢的作用。叶用甜菜有一定的健身强体的作用，能起到稳定和调节妇女内分泌功能，增加机体抵抗力，有调理月经和减少白带的作用。叶用甜菜中所含的甘露醇有利水、解热、透疹的作用。

食用注意

（1）脾虚泄泻者忌食叶用甜菜。

（2）糖尿病患者应慎食叶用甜菜。

（3）叶用甜菜，腹中有积食者不宜食，腹中无积食者不宜多食，多食则动气、动痰。

传说故事

欺心者的下场

传说古时四川青城山有一名叫姜崇岳的员外，家有四口，老大乃前妻所生，老二为后妻所养。后妻怕长子分其财产，时常暗中加害，对亲生儿子却异常娇宠。一年正月，天气十分寒冷，后妻吩咐两个儿子上山种叶用甜菜，要求他们不待叶用甜菜破土发芽则不许回家。暗中她将一包用热水浸过的叶用甜菜种子给长子，而没浸过热水的叶用甜菜种子则给自己的亲生儿子。她以为热水浸过的菜种不会发芽。谁料叶用甜菜种子经过热水浸泡后出苗更快，生长力更强，长子见种子发芽破土，很快便健康回到家中。次子由于娇生惯养，生存能力差，因饥寒交迫而死在山里。

因古人管叶用甜菜还叫葵菜，所以古人说：葵者、揆也，可揆测人心。这则关于叶用甜菜的故事广泛流传于民间。

莴 苣

日午醒来带睡痕，春卷莴苣荐盘飧。
菜叶漂泊碗见底，勤则方能蔬满盆。

——《春食莴苣》·现代·杨兰

物种基源

莴苣（Lactuca sativa），为菊科莴苣属一年生草本植物，食用部分为其嫩茎叶，又名莴笋、莴苣笋、香乌笋、生笋、白笋、千金菜、莴菜，藤菜、藤菜、石苣，千层剥等。

根据莴苣叶片形状可分为尖叶和圆叶两个类型，依茎叶的色泽又有白莴苣、青莴苣和紫莴苣之分。折之有白汁粘手，茎直立、光滑无毛、肥大如笋，故名莴笋。《清异录》："呙国使者来汉，随从人带来菜种，给以很优厚的报酬，于是称为千金菜。"

据植物学家考证，远在 4500 年前就有莴苣种植。公元前罗马凯撒大帝认为他的病是莴苣治好的，还给莴苣竖起一个祭坛和一个雕像。我国培育了专吃茎的莴苣笋。

生物成分

经测定，每 100 克可食莴苣含热能 16 千卡，水分 95.2 克，蛋白质 1 克，脂肪 0.1 克，碳水化合物 2.2 克，膳食纤维 0.6 克，维生素 A、B_1、B_2、C、胡萝卜素、硫胺素、烟酸、尼克酸及钙、磷、铁、锰、氟、锌、碘、硒等矿物质，还含有特有的莴苣素、苹果酸、乳酸、天门冬碱、琥珀酸等。

莴苣可以切丝、切块、切片与多种荤菜、素菜配在一起烹调，腌制、酱渍均可，还可生拌吃，清香可口、味道鲜美。据测定，莴苣叶的各项营养含量指标均高于莴苣茎。

食材性能

1. 性味归经

莴苣，味苦，性凉；归肠、胃经。

2. 医学经典

《黄贩翁医抄》："利五脏、通经脉、开胸膈、利气、强筋骨、清热、利尿、通乳。"

3. 中医辨证

莴苣含钙、铁多，故能补筋骨、通血脉，特别是小儿常吃莴苣，对换牙、长牙有帮助。莴苣嫩茎折断后流出的白浆有安神催眠的作用，并可增加胃液、胆汁，帮助消化。

4. 现代研究

莴苣中含有大量的钾（钾是钠的 27 倍），有利体内的水盐平衡，能维持心脏节律，促进排尿，调节神经传导，对高血压、冠心病、心律失常、失眠等大有好处。莴苣含糖量低，含烟酸高。烟酸被视为胰岛素的激活剂，因此，很适宜糖尿病患者食用。

莴苣含水量高、热量低。因此，如果需要减轻体重者可以在食谱中加入莴苣来缓解饥饿感，达到减肥的目的。

食用注意

（1）莴苣不应弃叶食茎，莴苣叶的营养价值远远高于茎的营养。叶与茎相比，叶的蛋白质高 40%，脂肪高 1 倍，膳食纤维高 66%，胡萝卜素高 4.8 倍，维生素 C 高 2.3 倍。

（2）莴苣不宜切碎冲洗食用，切碎冲洗食用，可使大量的水溶性维生素损失，使营养成分降低。

（3）内有寒饮者不宜食用莴苣。寒饮内停患者宜食温热，恶食寒凉。莴苣甘凉，甘能生湿助饮，凉可增寒，食用后可资助寒饮。

（4）炒食时不宜放盐过多，如放盐过多，可使营养成分外渗，也影响莴苣的口感口味。

（5）不宜用铜制器皿烹制和存放莴苣，铜离子可破坏莴苣所含的维生素 C 营养成分，使营养价值降低。

（6）在临床上发现吃莴苣太多而引起夜盲病症的病例。

（7）莴苣中含有草酸和嘌呤，有禁忌者少吃为妙。

（8）脾、胃虚寒、腹泻者，暂不宜食用莴苣。

传说故事

僧梦莴苣得寺院

五代时有道僧卓庵，在道边种菜卖钱度日，一天午休时做了一个梦，见金黄龙食所种的莴苣数畦。僧惊醒，自言自语说，一定有贵人到此。一抬头，看见一魁伟的男子正在梦中所见的位置取莴苣吃，只见此人相貌凛然，赶紧穿上衣服，很恭维的馈赠于他。不一会，那人告辞，对僧叮嘱曰："富贵不相忘。"僧又把做梦之事告诉他。那人说："我如他日得志，愿为老僧在这个地方建一大寺。"此人就是艺祖。即位后访其僧还活着，遂命建寺，赐名"普安都"，人称为道者院。

薄　荷

薄荷花开蝶翅翻，风枝露叶弄秋妍。
自怜不及狸奴点，烂醉篱边不用钱。

——《题画薄荷扇》·宋·陆游

物种基源

薄荷（Mentha haplocalyx〔Marvensis〕），为唇形科薄荷属多年生草本植物，食用部分为其嫩叶，又名银丹草、鱼香草、蕃荷菜、野薄荷、夜息香、人丹草、南薄荷、草薄荷、水薄荷、鱼香菜、狗肉香、水益母、接骨草、土薄荷、野人丹草、见肿消、苏薄荷、蕃薄荷、五香菜、升日菜、金钱薄荷等。

我国是薄荷的原产国，有近 3000 年的栽培历史。薄荷茎有四棱，叶对生，按花色可分为红花薄荷、白花薄荷和紫花薄荷，是药食两用的独特野生蔬菜。世界薄荷属植物 30 多种，能提取薄荷油的有 25 种，我国现有薄荷有 12 个品种，其中包括野生辣椒荷、欧薄荷、留兰香圆叶薄荷、唇萼薄荷、胡薄荷、新罗薄荷、石薄荷、龙脑薄荷。自古以来，胡薄荷、新罗薄荷、石薄荷是作茶用薄荷。而药用薄荷则以苏州产的龙脑薄荷为佳，名扬天下。

生物成分

据测定，每 100 克鲜薄荷中含蛋白质 6.8 克，脂肪 3.9 克，碳水化合物 6.6 克，膳食纤维 5 克及维生素 A、E、C、B$_1$、B$_2$、硫胺素、烟酸、胡萝卜素、镁、铁、铜、钠、钾、钙、锌、锰、磷、硒等营养物质。还含挥发油、薄荷精以及单宁等物质。是制造糖果和糕点的绿色添加剂。也可以用不超过规定应用范围限量的鲜薄荷或干薄荷煮粥。

食材性能

1. 性味归经

薄荷，味辛，性凉；入肺、肝经。

2. 医学经典

《本草纲目》:"排毒发汗、祛风除热。"

3. 中医辨证

薄荷味辛性凉,质轻气香,轻清凉散,善于疏散上焦风热,清头口而利咽喉,又能疏肝气,辟秽恶。然芳香辛散,发汗耗气,故体弱汗多者不宜服。

4. 现代研究

(1)内服小量薄荷油能兴奋中枢神经,使皮肤毛细血管扩张,促进汗腺分泌,使机体散热增加,故有发汗解热作用,大量则刺激脊髓,使反射机能麻痹。

(2)能制止肠内异常发酵,有制腐作用。

(3)外用能使皮肤黏膜血管收缩,并使局部发生清凉感,同时能麻痹神经末梢,故有消炎、止痛、止痒作用。

据抗菌试验,本品对结核杆菌、伤寒杆菌有抑制作用,并能杀灭阴道滴虫。

食用注意

(1)过量服用薄荷会导致呼吸麻痹,甚者有生命之虞。因此,一般人每人每日不应超过2毫克/千克体重。

(2)阴虚血燥、肝阳偏亢、表虚汗多者忌食。

(3)多食久食会令人虚冷,阴虚发热、咳嗽自汗者勿食。

(4)晚上尽量少食薄荷,以免造成睡眠困扰。

传说故事

情敌与薄荷

冥王哈迪斯爱上了美丽的精灵曼茜,这引起了冥王的妻子佩瑟芬妮的嫉妒。为了使冥王忘记曼茜,佩瑟芬妮将她变成了一株不起眼的小草,长在路边任人踩踏。可是内心坚强善良的曼茜变成小草后,她身上却拥有了一股令人舒服的清凉迷人的芬芳,越是被摧折踩踏就越浓烈。虽然变成了小草,她却被越来越多的人喜爱。人们把这种草叫薄荷。

胡 萝 卜

新鲜靓丽色艳,圆柱光滑晶莹。

芽参一经妙手,佳肴榜上有名。

——《胡萝卜》·现代·石山

物种基源

胡萝卜(Daucus carota var. sa-tiva),为伞形科一年或越年生草本植物,食用部分为其鲜根,又名黄萝卜、甘笋、胡芦菔、番萝卜、红芦菔、红根、丁香萝卜、赤珊瑚、芽参、金笋等,以皮、肉、心色鲜,肉质根膨大,根形整齐,尾部钝圆者佳。我国有700多年栽培历史,全国各地均有种植。

生物成分

据测定，每 100 克可食胡萝卜含：水分 89.6 克，蛋白质 0.6 克、脂肪 0.3 克、碳水化合物 7.9 克、膳食纤维 0.8 克、含胡萝卜素。主含 α、β、γ、E 胡萝卜素及番茄烃，六番茄烃多种类胡萝卜素。还含维生素 B_1、B_2、C、E 尼克酸及钾、钠、钙、镁、铁、锰、锌、铜、磷、硒另含咖啡酸、绿原酸、没食子酸、对羟基甲醇、槲皮素等营养物质。

食材性能

1. 性昧归经

胡萝卜，味甘、性平；归肺、脾经。

2. 医学经典

《日用本草》："健脾、化滞。"

3. 中医辨证

胡萝卜健脾消食，补肝明目，清热解毒，降气止咳，有益于消化不良，久痢、久咳的康复。

4. 现代研究

现代药理研究认为：胡萝卜含有槲皮素是组成维生素 P 的关键物质，有改进微血管循环，增加冠状动脉流量、降低血脂、强心降压的功能。经药理生化研究从胡萝卜中提取的一种能降低血糖成分，所以也是糖尿病患者食疗佳品。另外，胡萝卜有驱汞作用。

食用注意

（1）脾胃虚寒者，不可生食。

（2）不宜做下酒菜，而且在饮用胡萝卜汁后不要马上饮酒，因为胡萝卜中丰富的胡萝卜素和酒精一同进入人体，就会在肝脏中产生毒素，引起肝病。

（3）胡萝卜含有丰富的维生素，但是女性朋友如果胡萝卜吃多了，很容易引起月经异常，并导致不孕。美国约翰普金斯医学院研究发现，过量的胡萝卜素会影响卵巢的黄体素合成，分泌量减少，有的甚至会造成无月经，不排卵或经期紊乱的现象。

（4）服氢氯噻嗪时不宜食用，氢氯噻嗪为中效利尿药，服药后可使尿中排钾明显增多，应食用含钾的食物，而胡萝卜中所含的"琥珀酸钾盐"的成分具有排钾作用，二者同用，可以导致低血钾症。表现为全身无力、烦躁不安、胃部不适等症状。

（5）食用时不宜加醋太多，醋可破坏胡萝卜的胡萝卜素，胡萝卜素是胡萝卜的最主要营养成分，加醋太多则可明显降低胡萝卜的营养价值，故食用胡萝卜时应少放或不放醋。

（6）煮食胡萝卜或生吃，胡萝卜素均不易被吸收，还会较多地破坏胡萝卜中所含的维生素 B 和维生素 C；油炒则加热时间较短，保留的营养成分较多。据研究表明，油炒胡萝卜可使胡萝卜的吸收提高 2～3 倍，食用时可明显提高其吸收率。

（7）不可红白萝卜同时食用，红白萝卜同食是不科学的食法，因为白萝卜所含的维生素 C 较高，而红萝卜中含有一种维生素 C 分解酵素，会破坏白萝卜中的维生素 C，二者一旦混合一起，就会使维生素 C 丧失殆尽。故红白萝卜不能同时食用。

（8）不宜与富含维生素 C 的蔬菜（如菠菜、油菜、花菜、番茄、辣椒等）、水果（如柑橘、柠檬、草莓、桃梨、枣子等）同食，同食破坏维生素 C，降低营养价值。

（9）禁忌生食，胡萝卜属脂溶性营养素，其中的胡萝卜素只有溶解在油脂中才能在人体肝脏、肠壁中转化为维生素 A 为人体所吸收，生食约 90％ 的维生素不能被吸收。

传说故事

一、胡萝卜与"人参堂"

据传，江苏省东台市有座庙宇叫"人参堂"。其名称和来历都与胡萝卜有关。民间传说当地有位姓王的乡间医生，他在为农民治病时，多用胡萝卜代替参类药材。旧时，乡间穷苦人家是无力服用名贵补药的。这位医生以胡萝卜作为滋补品用于穷苦病人的施治，使许多人恢复了健康。后人为了纪念他的功绩，为他修了庙宇、挂了匾额，大书"人参堂"三字，以示崇尚。

二、胡萝卜叶与砒石毒

民国初年，河北邑东境县内褚姓，夫妻争吵反目。夫扬长离开家门，妻含恨吞下砒石。夜间砒毒发作，她心中热渴难忍，见锅中盛有泡干胡萝卜叶温水，就一碗一碗尽量饮服，顿时热渴渐消。糊涂的丈夫的胞妹在婆家也吞吃砒石，生命垂危。其妻知情后，开始讲明自己十多天前用胡萝卜叶温水解砒石毒的经过，嘱丈夫携带一筐经秋霜打过的干胡萝卜叶，直奔胞妹家中，赶紧用水浸泡，继而使之频频多饮，终于将胞妹从垂亡中救活。

百 合

芳兰移取遍中林，余地何妨种玉簪。
更乞两丛香百合，老翁七十尚童心。

——《咏百合》·宋·陆游

物种基源

百合（Lilium brownii var. viridulum〔L. brownii var. colches-teri〕），为百合科多年生草本植物，食用部分为百合、细叶百合、麝香百合及其同属多种植物鳞茎片，又名白百合、蒜脑薯、韭番、重迈、中庭、重箱、强瞿、中逢花、强九、百合蒜，夜合花、白花百合等。每年6～8月开花。花朵硕大、色泽俏丽，有白花百合（入药）、红花百合（又名山丹）、黄花百合（又名夜合）；唯前者入药，后二者为观赏盆景。我国南北朝时期就有梁宣帝盛赞百合花"接叶多重、含露低垂、从风偃仰"，说明百合在我国那时已有栽培，其花已被人们所赏识。

生物成分

据测定，每100克（干）可食百合含热能343千卡，水分10.3克，蛋白质6.7克，脂肪0.5克，碳水化合物77.8克，膳食纤维1.7克及硫胺素、核黄素、尼克酸和微量钙、钾、钠、镁、锌、锰、铁、铜、磷、硒。富含谷氨酸、亮氨酸等17种氨基酸等营养物质。还含有百合甙A、百合甙B及秋水仙碱和秋水仙胺等类似植物碱。

食材性能

1. **性味归经**

百合，味甘，性寒；归心、肺经。

2. 医学经典

《神农本草经》："养阴润肺、清心安神。"

3. 中医辨证

百合止咳润肺、清心安神，适用于阴虚久咳、痰中带血、虚烦惊悸、失眠多梦、精神恍惚、热病后余热未消、脚气浮肿等症的食疗促康复。

4. 现代研究

百合中含有百合甙 A 和百合甙 B、秋水仙碱和秋水仙胺，这些物质入口虽有苦味，但它们综合作用于人体，不但具有良好的滋补作用，对病后虚弱、结核病、神经官能症等患者大有助益，而且对癌细胞的增生有着明显的抑制作用，对治疗肺癌、鼻咽癌、皮肤癌、恶性淋巴瘤有辅助疗效。最新的研究指出，百合在人体内能促进单核细胞的吞噬功能，提高人体免疫力而防治癌症。对更年期综合征及对黄曲霉素的抑制有一定辅助疗效。

食用注意

（1）凡风寒咳嗽、溃疡病、结肠炎患者不宜食。
（2）凡中气虚寒或两便滑泄者忌食。

传说故事

一、百合荒岛救人的传说

传说，古时东海有一伙海盗，把妇女、儿童上百人劫到一座孤岛。第二天，海盗出海，狂风大作，掀翻了贼船，海盗全被淹死。孤岛上的妇女、儿童与外界隔绝，没有粮食，只有寻野草充饥。岛上长着一种开白色喇叭花的植物，它的根部有一个白色、圆圆似"蒜头"的东西，食之爽口，于是人们便挖来充饥。吃了一段时间，不仅没有饿死，原先患痨病咳血的人也恢复了健康。后来，他们被救回大陆，并把这救命的野草带回大陆栽种。因这野草救活受难者近百人，人们就给它取名叫"百合"。

二、白衣少女与百合

据《集异记》载，兖州徂山有个光化寺，一读书人住在这里，夏天在走廊上看壁画，忽见一个十五六岁的白衣美女，姿貌绝异，因诱至于室，两人情款甚密。白衣女子临走时，以白玉环相赠。那读书人站到寺门楼暗处，目送白衣女子，只见她走了百步就不见了。他下楼来寻到那里，见有百合苗一枝，白花艳伟。他挖出一看，其根如拱，不类寻常百合，仍旧把它栽好。回到房中，见那白玉环还放在那里。

三、法国国徽与百合

在法国，百合花是古代法国王室权力的象征。相传，法兰克王国第一个国王克洛维洗礼时，上帝用百合花作为贺礼。后来，法兰克王国分裂，发展成为法兰西。法国人为纪念他们的始祖，从 12 世纪起便把百合花作为国徽图案。

四、百合地里不打仗

在美国犹他州，传说古时有一年闹灾荒，居住在那里的印第安人没有粮食吃，连野草都吃光了，靠挖地下的百合充饥，才得以生存下来。从那时起，犹他州人们把百合看成神圣的东西，作为州的标记，还从法律上规定：不管任何情况，禁止在长有百合的地里打仗。

洋 葱

次第撕开深浅红，凝眸一霎失从容。

掉头滋味哭还笑，紧抱情怀剥到穷。

岂有伤痕真刻骨？却非眼泪不由衷。

呛人辛辣俏除尽，火上犹须片刻功。

——《剥洋葱》·现代·梅关雷

物种基源

洋葱（Allium cepa），为百合科多年生草本植物，食用部分为其鳞茎，又名葱头、球葱、红葱、回回葱、玉葱、圆葱等。洋葱，按皮色分，可分为：黄皮、红（紫）皮和白皮三种；按形状分，可分为：扁圆、凸圆两类。原产于亚洲西部，早在3000多年前就被人们所发现。黄、红、白皮三种洋葱是分三个时期引进我国的。最早的黄皮洋葱从唐朝时就引进种植；红皮洋葱是元朝成吉思汗带到中原；白皮洋葱在20世纪才引进我国。现全国各地均有栽培。

生物成分

据测定，每100克可食洋葱含热能43千卡，水分88.3克，蛋白质1.8克，脂肪0.2克，碳水化合物0.9克，膳食纤维0.9克；维生素A、B_1、B_2、C、E、胡萝卜素、硫胺素、尼克酸及微量元素钙、磷、铁、钾、钠、锌、硒等，还含硫醇、二甲二硫化物、三硫化物、枸橼酸、芥子酸、多种氨基酸等营养物质。洋葱还含特有前列腺素A。

食材性能

1. 性味归经

洋葱，性温，味辛；归心、脾、胃经。

2. 医学经典

《药材学》："发散风寒、温中通阳、消食化肉、提神健体、散瘀解毒。"

3. 中医辨证

洋葱性温而味辛，有清热化痰、解毒杀虫之效。可用于创伤、溃疡及妇女滴虫性阴道炎等疾病的食疗助康复。

4. 现代研究

洋葱含有在蔬菜中极为少见的前列素A。前列素A能扩张血管、降低血压、降低血液浓度、增加冠状动脉的血流量，可预防血栓形成，对高血脂、糖尿病等有辅助治疗作用。

食用注意

（1）不宜放盐腌制生食葱头，放盐腌制生食可使水溶性的营养成分外渗散失，食用营养价值降低。

（2）炒食时不宜加热时间过久，葱头里含有丰富的维生素 B，加热能使这些成分散失，加热时间越长损失越多，加热还可使水溶性的其他营养成分散失，过久还影响食用时的口味，故炒食不宜加热过久。

（3）胃火炽盛者不宜食用。胃火炽盛者应治清热泻火，食宜寒凉，本品味辛散耗津，性偏温助热，食可使胃火炽盛者病情加重。

（4）不宜切碎长时间放置后食用。切碎长时间放置后葱头的汁液容易散失，维生素容易被氧化，又因其挥发性大，辛散走窜，营养散失较快。

（5）凡有皮肤瘙痒性疾病，以及眼疾充血的人忌食。

（6）不宜多食，多食会使人胀气而感到不舒服。

传说故事

洋葱救马

20 世纪末，有位法国人饲养的马得了血管栓塞的病，起初还能行走，不久就瘫痪在地，眼看没有救了。养马人一筹莫展，心情沉重。也许是出于依恋之情，他信手给马吃了一些洋葱。过了几天，奄奄一息的马似乎有了些精神，于是养马人继续喂饲洋葱，数日后病马竟然恢复了健康。养马人惊喜之余，把这个奇迹告诉了一位医生。医生后来在动物和人群中进行了大量试验，发现确实是洋葱救了这匹马。因为研究结果证实，洋葱确实有消散血管内凝血块的作用。养马人这一无意的举动，为医学史上添上了光辉的一页。

豆　薯

相随时光翠蔓鲜，块茎如陀不着鞭。
《陆川本草》有认识，膳食有度可延年。

——《豆薯》·现代·成十喜

物种基源

豆薯（Pachyrrhizus erosus），为蝶形花科豆薯属一年或多年生缠绕性草质藤本植物，食用部分为其块根，又名凉薯、沙葛、白地瓜、甜薯、沙瓜、土瓜、地萝卜等，以色泽一致、不带泥沙、不带茎叶和须根、无斑、无腐烂、无干瘪者为佳。

原产我国南部和墨西哥、中北美洲。我国以贵州、四川、湖南、重庆和台湾省栽培较多。

生物成分

据测定，每 100 克可食豆薯含热能 43 千卡，水分 85.5 克，蛋白质 0.9 克，脂肪 0.1 克，碳水化合物 12.6 克，膳食纤维 0.8 克，维生素 B_1、B_2、C、E、胡萝卜素、尼克酸、氨基酸，视黄醇当量及钙、镁、铁、锰、锌、钾、钢、磷、钠、硒等营养物质。

食材性能

1. 性味归经

豆薯，味甘，性凉；归肝、胃经。

2. 医学经典

《陆川本草》："清热消暑，生津止渴，健胃明目。"

3. 中医辨证

豆薯，生津、清热、消暑、止渴、解酒毒、有益于风热感冒、发热头痛、烦躁口渴、头昏脑涨、面红目赤、大便干燥、慢性酒精中毒等康复。

4. 现代研究

豆薯，富含糖分、蛋白质、淀粉、多种维生素、粗纤维，含钙、铁、锌、铜、磷等多种元素，有降低血压、血脂的功效，还具有生津止渴、补虚益气、健胃强阴的功效；有较强的降低血中胆固醇含量、维持血液酸碱平衡、延缓衰老等作用。

食用注意

(1) 脾胃虚寒及大便溏薄者勿食豆薯为妥。

(2) 豆薯，寒性痛经女子在月经期间切勿食用生冷豆薯。

(3) 糖尿病患者不可多食豆薯。

(4) 豆薯的种子含有剧毒成分——鱼藤酮。只要误食四五粒，即可中毒，甚至有生命之虞。

(5) 豆薯的茎、叶亦含有豆薯酮和豆薯素，有毒，不可食用。

传说故事

豆薯的传说

相传，北宋末年，臭名昭著的奸相秦桧在任宰相期间，害死了许多像岳飞一样的爱国忠良。这与其妻王氏出谋划策无不相关，王氏死后，一位义士将已埋葬的王氏棺椁打开，将王氏的两个乳房割下，埋在岳飞的坟旁，以泄秦桧夫妇密谋陷害忠良之恨，可到了第二年春暖花开时，埋王氏乳房的地方长出了两棵薯苗，到了秋天霜降前结出好多像乳房似的豆薯。让后人世世代代食用奸巨之妻的乳房，以泄奸臣害死忠良之恨。

慈 姑

茨菰叶烂别西湾，莲子花开犹未还。

妾梦不离江水上，人传人在凤凰山。

——《江南行》·唐·张潮

物种基源

慈姑（Sagittaria sagittifolia），为泽泻科多年生水生草本植物，食用部分为其球茎，慈姑又名茨姑、茨菰、水慈菰、咋姑、白地栗、水萍、燕尾姑、剪刀草等。

慈姑，有纤匐枝，枝端膨大而成球茎，翌年由此而生新植株。生于沼泽中，一年根生十二个子，岁有闰月则结十三个子。因慈姑抚养孩子而得名。慈姑在我国唐代以前就有种植，是一种普通蔬菜。自《唐本草》开始，历代本草及植物志书目均有记载。如今慈姑太不被人们重视，故发展不如其他蔬菜，有些人不知其为何物，更不知其味了。清朝末代皇帝溥仪，爱吃"慈姑红烧肉"。江苏人则爱吃慈姑炒肉片，慈姑炒咸菜。在广东，自南汉王刘铁起就将慈姑列为"伴塘五秀"之一（五秀为：慈姑、荸荠、莲藕、菱角、茭白）。名产优质有广州的白肉慈姑，苏州的沈荡慈姑，江苏宝应圆慈姑等。自古以来，江苏人把慈姑列入宴席正菜。

生物成分

据测定，每100克可食慈姑含热能105千卡，水分76.3克，蛋白质4.1克，脂肪0.3克，碳水化合物23克，膳食纤维3.1克，维生素B、E、氨基酸、钙、铁、磷、硒等营养物质。

食材性能

1. 性味归经

慈姑，味苦，性微寒；归心、肝、肺经。

2. 医学经典

《本草纲目》："主疗肿、攻毒、破皮、解诸毒、蛊毒、蛇虫狂犬咬伤。"

3. 中医辨证

慈姑可散热消结、解毒利尿、强心润肺。对心慌心悸、心功能欠全、水肿、淋症、小便疼痛、肺燥、咽痒、咯血、恶疮毒肿等症有食疗助康复之效。

4. 现代研究

现代医学药品理研究结果表明：慈姑中所含丰富的蛋白质、氨基酸和碳水化合物，可促进机体发育，供给能量；丰富的磷元素是骨髓、牙齿和核蛋白等的组成成分，并可促进体内三大代谢，调节酸碱平衡。慈姑中钾的含量仅低于蘑菇，是其他蔬菜的数倍和数十倍之多，钾可以维持体内的各种平衡状态，维持心跳节律，参与物质代谢，并有利尿等作用。

食用注意

（1）慈姑不宜多食，多食则发肠风痔漏、崩中带下，使人干呕、损牙齿、失颜色、皮肉干燥等。

（2）孕妇慎食或不食为宜。

（3）慈姑不能生吃，要煮熟吃。

（4）因慈姑性小寒，胃寒者不宜多食。

传说故事

一、慈姑善举育孤儿的传说

有个叫四姑的女子，自己哺乳着一个孩子，见邻居婴儿父母均暴病而死，四姑不忍其挨饿，抱回家与自己的婴儿一同哺乳，乳水不够，她用茨菇做羹喂自己的孩子，而将母乳哺育邻居的婴儿，众邻居为感激四姑的善举，改称她为慈姑，同时也将茨菇改名为慈姑。

二、苏州慈姑硕大的传说

一日，观音去东海为龙王祝寿，路过苏州上空，时值天寒地冻，看到农夫在田里挖慈姑很辛苦，而挖上来的慈姑体形很小，皮呈褐红色，她动了慈悲之心，就把慈姑一道道的箍撕除，使其身体肥胖起来，从此苏州慈姑个头硕大。

三、江苏宝应慈姑的神话传说

远古，江苏宝应离海很近很近，就连东海老龙王打个喷嚏，岸上都要掀起一阵狂风。

传说龙王太子小白龙喜欢出来玩耍，他一出来就呼风唤雨，兴风作浪，掀起阵阵海啸。这可害苦了黎民百姓，田被淹了，庄稼颗粒无收，每年都要饿死不少人。

这事被南海观音菩萨知道了，就派了一位仙子下凡，解救黎民疾苦。这位仙女长得俊秀端庄，慈眉善目，大家都叫她"慈姑"。慈姑望着农田被淹，白茫茫一片，老百姓都在挨饿。她就到处找食物，终于让她找到一种野生的水生植物，这种植物不怕水淹，它的根上长了许多像圆球一样的肉疙瘩，可以充饥，又很有营养。慈姑从遥远的地方把这种水生植物带到密室，路程太远，她怕这种植物干死，一路上就用自己的泪水来滋润它。带来以后，又教大家如何种植。于是，这种植物就在密室传了种。每逢大水年成，水稻失收，家家就种这种水生植物当粮食，乡亲们再也不用挨饿了。

长了多少年，大家都不知道这种植物叫什么名字，因为它是慈姑千里迢迢找来的，为了纪念她，就把这种植物叫作"慈姑"。因为慈姑当年曾经用眼泪滋润过它，所以"慈姑"的味道稍微有点儿苦。

荸 荠

双莲荸荠出当阳，珍珠泉水叮咚响。

风味独特黑珍珠，泮塘五秀南汉王。

——《荸荠》·现代·钱塘

物种基源

荸荠（Eleocharis tuberosa），为莎科水生草本植物，食用部分为其地下球茎，又名马蹄、地栗、荸脐、水芋、马薯、红慈姑、乌茨、凫茨、尾梨等。荸荠品种一般分为干、湿和干湿两者之间三大类品种。干荸荠产于广西、福建砂质土壤中；湿荸荠产于浙江一带低畦泥沼地黏性土壤中；干湿之间荸荠产于江苏的高邮、兴化、洪泽湖一带的黏夹砂的土壤中。

生物成分

据测定，每100克可食荸荠含热能65千卡，水分82.7克，蛋白质1.2克，脂肪0.2克，碳水化合物14.2克，膳食纤维1.1克及维生素A、B、C、E、尼克酸、钙、磷、钾、钠、锌等营养物质。

食材性能

1. 性味归经

荸荠，味甘，性寒；归肺、脾、胃经。

2. 医学经典：

《罗氏会约医镜》："荸荠益气安中、清热生津、凉血泻火、利尿通便、化痰明目、止痢消渴、治黄疸、疗下血、解铜毒。"

3. 中医辨证

荸荠味苦甘，性微寒而滑，无毒。有清热止渴、化痰消积、温中益气、清风解毒等功效。

可治温病消渴、热淋、痞积目赤、辟蛊毒、咽喉肿痛、疗膈气、赘疣等病。

4. 现代研究

荸荠中含有"荸荠英"药用成分，对金色葡萄球菌、大肠杆菌及产气杆菌均有抑制作用，并且有不耐热、不溶于有机溶媒和不被动物炭吸附的性能，可抑制流脑、流感病毒，能用于预防流脑和流感病毒的传播，并有降低血压的功能。

食用注意

（1）不可食带皮生荸荠，防止姜片虫感染。如要生食可先去皮，后再经沸水浸烫后方可食用。

（2）脾肾虚寒和有瘀血患者忌食用。

（3）胃内寒凉，不易消化者不宜多食荸荠。

（4）食荸荠不要过量，过量令人腹胀，导致滑肠下泻。

（5）小儿和消化力弱的老人亦不宜多食荸荠。

传说故事

一、"双莲荸荠"的传说

相传，从湖北省当阳市玉泉寺美丽的玉泉山上流下两股清泉，一段向东，一股向西，向东的在山脚下汇聚成地，地中涌出粒粒"珍珠"，引来宾客驻足观赏，这便是闻名天下的"珍珠泉"。向西的一股也有"珍珠"涌出，但来观者甚少。于是当地人便用此水培育出一种风味独特的地下"黑珍珠"供人品尝，结果招来大量客商争相购买，此物便是成名已久的"双莲荸荠"。

二、"泮塘五秀"的来历

在2000多年前，南汉王刘铁的爱妾素馨不幸去世，南汉王悲伤不已。为了怀念这位爱妾，南汉王特将她葬在广州的泮塘花园，并命令下属在他爱妾墓地四周大种荸荠、莲藕、芝瓜、菱角和素馨花。这样荸荠便成为"泮塘五秀"之一。

莲　藕

> 蚊人折向水晶宫，却著金刀截玉筒。
> 齿颊冰浆流不尽，洒然嚼碎玉玲珑。
>
> ——《邵伯藕》·元·郝经

物种基源

莲藕（Nelumbo nucifera G.），为睡莲科多年生水生宿根草本植物，食用部分为莲藕的肥大根茎，又名藕、莲、莲根、荷梗、灵根、光旁、菡萏、芙蕖、莲菜、藕丝菜、水芝丹等。我国是世界上栽培莲藕最早的国家，据史料记载已有3000多年的历史。《诗经》中就有"彼泽之陂，有蒲与荷"、"湿有荷华"的记载。《齐民要术》中对"种藕法"更有专门的论述。传说农历六月二十四日是莲藕的荷花生日。

按藕茎生成的通心孔数，可分为两种，一种是七孔藕，一种是九孔藕，七孔藕的藕质比九孔藕的藕质要好。

莲藕中的所谓"莲藕十姊妹",是指藕、藕节、藕蒂、荷梗、荷叶、荷花、蓬房、莲须、莲心和莲子,皆有药用价值,但作为食物,只有藕、荷花和莲子,其余 7 种均为药用。莲藕花,叶为偶生,不偶不生,故其根的名字叫藕,与"偶"谐音。

生物成分

据测定,每 100 克可食藕中含热能 72 千卡,水分 81.3 克,蛋白质 2.5 克,脂肪 0.3 克,碳水化合物 14.9 克,膳食纤维 0.45 克,维生素 A、B_1、B_2、C、K、E、胡萝卜素、尼克酸及钙、铁、镁、锌和天门冬素、焦性儿茶酚、d—没食子儿茶精、新绿原酸、无色天车菊素、无色飞燕草素等多酚化合物与氧化合物酶等有机营养物质。还含有氨基酸、天冬碱、葫芦巴碱、干醋基酸等。

食材性能

1. 性味归经

莲藕,味甘,性寒;归心、肺、脾、胃经。

2. 医学经典

《本草纲目》:"清热凉血,散瘀止泻,健脾生肌,开胃消食,益血止血。"

3. 中医辨证

莲藕,清热凉血、散瘀止泻、健脾生肌、开胃消食、益血止血,辅助治疗肺热咳嗽、烦躁口渴、脾虚泄泻、食欲不振及各种出血等症。

4. 现代研究

藕的营养价值很高,富含铁、钙等微量元素,植物蛋白质、维生素以及淀粉含量也很丰富,有明显的补益气血,增强人体免疫力作用,故中医称其"主补中养神,益气力"。藕中含有黏液蛋白和膳食纤维,能与人体内胆酸盐、食物中的胆固醇及甘油三酯结合,使其从粪便中排出,从而减少脂类的吸收;藕散发出一种独特清香,还含有鞣质,有一定健脾止泻作用,能增进食欲、促进消化、开胃健中,益于胃纳不佳、食欲不振者恢复健康;藕含有大量的单宁酸,有收缩血管作用,可用来止血;藕还能凉血散血,其止血而不留瘀,是热病血症的食疗佳品。

食用注意

(1)烹煮莲藕食品时忌用铁器,以免引起菜肴发黑。

(2)藕性偏凉,故产妇不宜过早食用,一般产后 1～2 周后再食用,可以祛瘀。

(3)莲藕保鲜不宜放在冰箱里。因为在 5℃以下长时间贮藏,会使藕组织发生软化,直至形成海绵状而无法食用。

(4)市场发现莲藕洁白无瑕、无泥迹,又无水锈斑,可能是不法商用酸性药液浸泡脱白过。

(5)莲藕性凉,脾胃虚寒的人应忌食。

(6)用莲须作药服食时,忌与地黄、葱、蒜同食。

(7)饮用荷叶食时,不宜与茯苓同服。

(8)生食莲藕不宜过多,多则动冷气,可导致腹痛与滑肠。

(9)服用糖质皮激素时不宜食用莲藕。糖皮质激素可促进糖原异生,抑制糖分解,使体内血糖升高,服用糖皮质激素时再食用含糖高的食品容易诱发糖尿病。藕为含糖量较高的食材,故服用糖皮质激素时不宜食用莲藕。

传说故事

一、宋孝宗与藕节

关于藕节的解毒作用，有一个历史故事。据《养疴漫笔》记载，宋隆元兴年，高宗退位，孝宗继位当朝。这孝宗皇帝生活穷奢，吃腻了山珍海味，又挖空心思吃湖蟹，每日派数十人下湖捉蟹。因多食湖蟹，导致脘腹不适，腹痛腹泻，御医诊治数日不效。高宗微服私访，为孝宗寻医找药。这天，高宗来到京城西北的大街上，只见人流熙熙攘攘。药市上，一个药坊面前摆了一大担鲜藕节，人们争相购买，高宗不解，询问药师后才知为治痢之故，乃召药师入宫。药师入宫后仔细询问起病之因，又把脉叩诊，然后禀道："陛下此疾乃因食湖蟹损伤脾胃，导致痢疾，要服新采藕节汁，数日可康复。"高宗大喜，忙令人取来金杵臼，将藕节捣汁，送与孝宗热酒调服，几日后，孝宗果然康复。

二、焦湖藕的传说

很久以前，焦湖这里的河滩、堤埂遍植稻谷。有一年，正是"稻花香里说丰年"的时节，一条在此修炼成蛟的泥鳅，歹念顿生，兴风作浪，顷刻间满畈良田淹成一片汪洋。人们的怨气直冲凌霄殿，玉帝受惊，雷霆震怒，喝令东海龙王斩了泥鳅妖孽。

后来，这一片良田化作湖海，王母娘娘动了恻隐之心，命荷花仙子捧瑶池白莲子一把，撒入湖中，长出了甜脆无比的白莲藕，帮流离失所的灾民消灾度荒。从此，这肥硕硕、嫩生生的白莲藕就在这湖中绵延繁殖，被当地人民奉为上天所赐的恩物，而这湖，由于泥鳅起蛟成湖，起名为"蛟湖"。

后来，"蛟湖莲藕"成了皇宫贡品，皇帝降旨改"蛟湖"为"焦湖"，于是这里的莲藕被称为"焦湖藕"。

竹 笋

应有人家住隔溪，绿阴亭午但闻鸡。
松根当路龙筋瘦，竹笋漫山凤尾齐。

······

——《步入衡山》·元·范成大

物种基源

竹笋（Phyllostachys hterocycla），为禾本科竹亚科多年生常绿植物竹子的嫩苗，又名笋、玉兰片、竹肉、苦笋、竹胎、竹萌、竹芽等。我国为竹子的原产国，主要竹品种有毛竹、早竹、鸡竹、青竹、麻竹、绿竹等60多种。竹笋主产区为长江以南。常吃的竹笋品种主要为毛竹（多生冬笋）、斑竹和百家竹（多生春笋）、慈竹、麻竹、缘竹（多生鞭笋）。食竹笋，历史悠久，汉末成书的《名医别录》就有记载。

生物成分

经测定，每100克可食竹笋含热能19千卡，水分88.1克，蛋白质2.6克，脂肪0.2克，碳水化合物 7.5 克，膳食纤维 1 克；还含维生素 B_1、B_2、C、胡萝卜素、硫胺素、尼克酸、赖氨酸、色氨酸、苏氨酸、谷氨酸、胺氨酸等 16 种氨基酸及钙、铁、磷微量元素等营养物质。

食材性能

1. 性味归经

竹笋，味甘，性微寒；归胃、大肠经。

2. 医学经典

《本草纲目》："开胃健脾、宽胸利膈、通肠排便、益气化痰、消油腻、解酒毒。"

3. 中医辨证

竹笋味甘、微苦、性寒，能化痰下气、清除烦热、通利三便，适于热痰咳嗽、胸膈不利、心胃有热、烦热口渴、小便不利、大便不畅等疾病的食疗助康复。

4. 现代研究

竹笋富含 B 族维生素及烟酸，具有低脂肪、低糖、多纤维的特点，可吸附油脂达到减肥的目的。

竹笋富含膳食纤维，能促进肠道蠕动、帮助消化、消除积食、防止便秘。故有一定的预防消化道肿瘤的功效。竹笋中植物蛋白及微量元素的含量均较高，有助于增强人体的免疫功能，提高防病抗病的能力。

最新研究还表明，竹笋含有芦丁（维生素 β）的营养成分。故有利于心血管病患者的防治保健，可降低血压、软化血管，是高血压、冠心病患者辅助食疗的良好食材。

食用注意

（1）竹笋一定要煮熟了再吃，生吃必损人。
（2）竹笋是清寒之品，脾虚肠滑者忌食。
（3）因竹笋含较多的草酸钙，故肾炎、尿路结石者不宜食用。
（4）儿童不宜多食竹笋，因其妨碍对钙和锌的吸收。

传说故事

一、缸边竹笋

皖河边有位姓余的乡绅做寿那天，发现家里的水缸边长出了一棵竹笋，余老爷觉得碍眼，恼羞成怒，拿起菜刀就将竹笋砍掉了。他家里一个丫鬟随后走进厨房，见那竹笋上流着血，赶紧就用手帕包扎住了。就在这时，屋后突然传来一阵毛狗撵鸡的声音。原来余老爷一只鸡被毛狗叼去了。吝啬的余老爷立即叱斥着丫鬟去撵鸡，丫鬟一转身，余老家那间屋旋即被洪水冲走。丫鬟却因而幸免于难——传说那竹笋是龙王爷的一只角。

二、孟宗哭笋

在三国时，有一个孝子，姓孟，名宗，字恭武，从小就丧了父亲，家里十分贫寒，母子俩相依为命。长大后，母亲年纪老迈，体弱多病。不管母亲想吃什么，他都想方设法满足她。一天，母亲病重，想吃竹笋煮羹，但这时正是冬天，冰天雪地，风雪交加，哪来竹笋呢？他无可奈何，想不出什么好办法，就跑到竹林抱竹痛哭。哭了半天，他的孝心感动了天地。只觉得全身发热，风吹过来也是热的。他睁眼一看，四周的冰雪都融化了，草木也由枯转青了，再仔细瞧瞧，周围长出了许多竹笋。他把竹笋给母亲吃了，母亲的病就好了。

三、玉兰片的由来

湖南益阳住着唐代名将郭子仪的后代郭信一家。郭信有一身好武艺，在随军征战中立下了许多功劳，官升兵部侍郎。郭信回家探亲，娶了个美丽贤淑的妻子玉兰，两人相亲相爱，甜甜蜜蜜。后来郭信赴京上任，玉兰留在益阳家中，照顾郭信年迈的双亲。平时夫妻二人虽然不常见面，但玉兰常托人带一些家乡的土产给郭信，所以恩爱之情并不衰减。有一年，益阳竹笋大丰收，玉兰就将竹笋晒干，销往京城。郭信用笋干煮食烧汤，滋味鲜美，就献给皇上品尝，皇帝吃了，夸赞不已，就问此菜何名，郭信禀道："此乃竹笋，是臣妻玉兰亲手所制"。皇帝听了，点点头道："既然是爱卿之妻玉兰所制，就叫它玉兰片吧"。从此，这一雅号就不胫而走。

四、节节不通

有个先生，教了十个学生。有一次，十个学生每人交来一篇作文，先生一篇一篇地改，改到最后一篇时，咋改也改不下去了，他就在后面画了一棵竹子。

第二天，这个学生拿着作文来找先生："先生，我的作业咋没改，只画了棵竹子呀？"先生说："我改不了呀，你的作文就像个竹子，节节不通嘛。"

五、金钩鲜笋

李调元（734—?），字羹堂，号雨村，别号童山蠢翁。绵州（今四川绵阳）人，乾隆进士，清中叶著名的烹饪学家、文学家、戏曲理论家。他学识渊博，思路敏捷，著书颇多。有《雨村曲话》《雨村剧话》《童山全集》，其著作之丰，造诣之深，在清代四川首屈一指。他曾任广东学政，直隶通永道等职。除此之外他的饮食专著《醒园录》一书，为研究我国的饮食史的发展，提供了丰富的资料。

在四川民间至今还流传着很多有关他赴宴即席对对联一系列的美妙动人的轶事。李调元在乾隆四十八年赴任两江主考时，在当地州官和一些举子、贡生参加的迎宾宴上，有些官员、举子、生员想试一下李调元的才华，酒过三巡，即席联对。在州官举筵的客厅里放着一盆棕树盆景，举、贡、生员即以"棕树"为题，出联曰："蜀西老棕，枝长叶大根基浅"。李调元知其这是在讽刺自己，正在构思以对，这时正好厨房端上一盘"金钩鲜笋"入席，他不露声色地指着菜肴说："川人常夸江南嫩笋好呢"。这些举、贡、生员齐问："大人，这嫩笋如何好法？"李调元慢条斯理地答道：嘴尖皮厚腹中空。"并说："就以此为下联吧"。州官忙接下去说："江南嫩笋，嘴尖皮厚腹中空。"说得在座的举、贡、生员面面相觑。此联随口而出，对仗又十分工整，足以窥见李调元的才华非凡。

因为李调元知识渊博，生性刚直不阿，不畏权贵，而遭到当时乾隆手下的权臣和坤的妒恨，找碴儿将他充军新疆伊犁，受尽千辛万苦，但他还是不懈地写作，后以母亲年迈才得释归四川，隐居其田宅庄园"醒园"，著书立说，为我们后人留了不少的文化遗产，实是可敬可佩。

芦 笋

人间疏散更无人，浪兀孤舟酒兀身。
芦笋鲈鱼抛不得，五陵珍重五湖春。

——《芦笋》·唐·郑谷

物种基源

芦笋，为百合科多年生宿根草本植物石刁柏（Asparagus officina-lis）的嫩茎，又名石刁柏、龙须菜、蚂蚁杆、狼尾巴根、药鸡豆子、青芦笋、露笋、小竹笋等。芦笋有两种，一种白芦笋（未曾见光），没有形成叶绿素所致；一种是绿芦笋，经光合作用，营养高。芦笋没有叶片，它的叶片退化了，茎节上的薄膜状鳞片就是芦笋退化了的叶片。芦笋的绿色短枝代替叶片进行光合作用，制造有机物，像这样没有叶片的高等植物，在蔬菜中是绝无仅有的例子。芦笋是我国原产蔬菜之一，在我国的东北、河北承德、北京和华北的雾灵山等地尚有野生石刁柏分布。野生石刁柏经驯化后成为今天市场出售的芦笋。

生物成分

据测定，每100克可食新鲜芦笋含热能20千卡，水分93.5克，蛋白质1.8克，脂肪0.1克，碳水化合物3克，膳食纤维0.7克，还含钙、磷、铁、硒微量元素及维生素A、B_1、B_2、C、尼克酸、天门冬酰胺、甾体皂甙、甘露聚糖等。

食材性能

1. 性味归经

芦笋，味甘，性微寒；归肺、胃经。

2. 医学经典

《本草经集注》："清热生津、除烦、利尿。"

3. 中医辨证

芦笋，清火、生津止渴、除烦止呕、止咳润肺，利二便，适用于热病烦渴、胃热呕吐、肺热咳嗽、肺痈呕脓、热淋涩痛等症的食疗促康复。

4. 现代研究

现代医药药理研究结果表明：芦笋含有丰富的组织蛋白，能抑制异常细胞的生长；所含天门冬酰胺能增强机体的免疫能力，是肾脏的有效清洁剂，具有排除肾脏结石的作用，长期食用无副作用；所含丰富的甾体皂甙、甘露聚糖，对心血管疾病有辅助治疗作用。近年来，芦笋用于防治癌症已为世人所瞩目，研究证明，芦笋对淋巴肉瘤，膀胱癌、皮肤癌等有较好辅助疗效。

食用注意

（1）脾胃虚寒者忌食。

（2）腹胀、腹痛、泄泻者慎食。

（3）患有痛风者不宜多食。

传说故事

芦笋的传说

从前，古希腊人和罗马人很看重芦笋的药用价值，而且把它视为增加情欲的食材，是因为芦笋的形状长得有些"崇拜"的意思，它也被看作是一种重要的治疗不孕不育的药材。具体做法是把芦笋放在随身带的荷包里，做护身符用，同时还要饮用芦笋磨成的浓浆。芦笋的确繁殖旺盛，割了一茬又一茬，人们觉得其能使人怀孕，就如我国居民把韭菜作为壮阳食材类似。直到后来，法国的路易十四也对其十分喜爱，并让园丁发明了常年培育芦笋的方法，以便他一年到头都能食到新鲜的芦笋。

第五章　野菜类

荠　菜

日日思归饱蕨薇，春来荠美勿忘归。
传夸真欲嫌茶苦，自笑何时得瓠肥。

——《食荠》·南宋·陆游

物种基源

荠菜（Capsella bursa-pastoris），为十字花科一年或二年生草本植物荠菜的带根全草，又名地菜、地荠菜、地菜花、荙菜、细细菜、香善菜、清明菜、护生菜、田儿菜、芊菜、鸡心菜、净肠草、菱角菜、地米菜、鸡脚菜、假水菜、烟盒菜、上已菜、荠只是菜、蒲蝇菜、饭锹头草、香亲娘、香田荠、枕头菜、榄豉菜、蓟菜等。它是我国最为古老的野菜之一。春天"挑荠踏青"的民俗由来已久，《尔雅》《诗经》中有记载，民谚云："打了春，赤脚奔，挖荠菜，拔茅针。"现在多有人工栽培，其栽种已有100多年的历史。

生物成分

据测定，每100克可食荠菜中含水分85.1克，蛋白质5.3克，脂肪0.4克，碳水化合物6克，膳食纤维1.4克及胡萝卜素、硫胺素、尼克酸、维生素B_1、B_2、C，还含钙、铁、磷、镁、锌微量元素，人体所需的氨基酸、精氨酸、天冬氨酸、脯氨酸以及草酸、酒石酸、苹果酸、丙酮酸，及氨基苯磺酸等有机酸、山梨糖醇、谷甾醇、甘露醇、氨基葡萄糖等。另外还含有胆碱、乙酰胆碱、芸香甙、橙皮甙、黄酮类等。

食材性能

1. 性味归经

荠菜，性平，味甘，淡；归心、脾、肾经。

2. 医学经典

《千金·食治》："健脾利水、止血解毒。"

3. 中医辨证

荠菜，和脾、利水、止血明目，有益于痢疾、水肿、淋病、乳糜尿、吐血、便血、血崩、目赤疼痛等症的食疗促康复。

民间认为，荠菜用水煎服可治疗痢疾，可预防流脑和麻疹。荠菜煎鸡蛋可以清肝、明目，并可补益脾胃，用于肝虚有热、眩晕头痛或目昏眼干等。据记载，荠菜还有除蚊、避虫的作用。

4. 现代研究

荠菜具有防癌功效，是由于荠菜中含有吲哚类化合物和芳香异硫氰酸等癌细胞抑制剂。荠菜中含有胆酸、乙酰胆碱、芸香苷、香叶木苷、木樨草素橙皮苷、士的宁、酪酸、二氢非瑟素、槲皮素-3-甲醚、刺槐乙素、黑芥子苷等。可用于止血降压。荠菜中含维生素 A 较多，可防夜盲症、白内障等眼疾。其他成分有荠菜酸、皂苷、黄酮类、生物碱、胆碱、乙酰胆碱等。荠菜酸是有效的止血成分，能缩短出血和凝血时间。早先认为荠菜的降血压作用与胆碱及乙酰胆碱有关，但在荠菜的醇提取物中发现了一个不同于乙酰胆碱的季铵化合物。香叶木苷有维生素 P 样作用，其降低毛细管渗透性的作用比芦丁强，预防毛细血管脆性增加的效果也比芦丁好，并且毒性较低。

食用注意

（1）荠菜宽肠通便，便溏泄泻者慎食。

（2）服抗凝血药时不宜食用。芥菜虽含有较丰富的维生素 C，每 100 克约 55 毫克，但止血作用却明显，如服抗凝血药时食用，则会影响药物的疗效。

传说故事

一、荠菜煮鸡蛋治头痛的传说

传说荠菜还与名医华佗有关。据传，有一天，华佗采药时偶遇大雨，便在一老者家中避雨，见老者因头疼痛苦难熬，便采来一把荠菜，嘱咐老者用荠菜煮鸡蛋吃，老者吃了 3 剂荠菜煮鸡蛋后便痊愈了。

二、荠菜与清明祭祖

清明节祭祖的时候，借助祖先的神灵和财气，人们会将新鲜荠菜洗净后捆扎成一小束，放入鸡蛋、红枣、风球，再配两三片生姜，煮上一大锅，每人吃一碗，既可交发财运，又可防治头痛头昏病，久而久之便形成了一种民间特有的食疗习俗。另外，因"荠"与"吉"谐音，所以，荠菜也有"吉菜"的说法。

三、王宝钏与荠菜

相传在唐末，丞相之女王宝钏抛绣球选婿，绣球抛中乞丐薛平贵，丞相不允，薛平贵与王宝钏私奔长安城南五家坡。婚后适逢西凉国反唐，薛平贵奉命西征。战乱中，薛平贵被西凉国俘虏，并招为驸马，王宝钏只身一人守寒窑 18 载，终于等来有情人。18 年中，王宝钏靠挖荠菜充饥艰难度日，挖光了寒窑附近所有的荠菜。"山无棱，天地合，乃敢与君绝"，小小荠菜见证了王薛之恋的艰辛。

马　兰

九寨香飘远，马兰路边开。

田间移株蜜，野生人更爱。

——《马兰》·现代·旺月

物种基源

马兰（Kalimeris indica〔Aster indicus〕），为菊科马兰属多年生草本植物马兰的嫩茎叶，又名马兰菊、红马兰、田边菊、马兰青、马兰子、螃蜞头草、鸡儿肠、泥鳅串、鱼鳅草、竹节草、马莲、马兰花、黄草、席草、三角草、螃蜞菊、散血草等。马兰原产我国及亚洲的南部和东部，有红梗马兰和青根马兰之分，全国各地皆分布，而以安徽、江苏、浙江等省生长最多而普遍，野生于田埂、路旁、田间湿地。

生物成分

据测定，每100克马兰中含水分91.4克，蛋白质2.4克，脂肪0.4克，碳水化合物3克，膳食纤维1.6克，还含胡萝卜素、维生素A、B_1、B_2、C、E、尼克酸，挥发油中主要含己酸龙脑酯、甲酸龙脑酯等及钙、磷、铁、硒等微量元素，以及酚类、倍半萜烯、倍半萜醇、二聚戊烯及辛酸等。

食材性能

1. 性味归经

马兰，味辛，苦，性微寒；归肺、肝、脾、胃、大肠经。

2. 医学经典

《本草纲目拾遗》："清热宣肺、凉血解毒、活血止痛。"

3. 中医辨证

马兰清热解毒、止血、利湿、消食，适用于痢疾、湿热腹泻、咽喉肿痛、痈肿疮疡、血热衄血、吐血、便血、湿热黄疸、水肿、小便不利、饮食积滞、脘腹胀满等疾病的食疗助康复。

4. 现代研究

马兰对感冒发热、咳嗽、急性咽炎、扁桃体炎、流行性腮腺炎、传染性肝炎、胃溃疡及十二指肠溃疡等有清热解毒、抗病毒、消炎的辅助功效。

食用注意

（1）女子月经来潮期间或有寒性经痛史者不宜多食马兰。
（2）马兰含有光敏性物质，故食用后避免晒太阳，有光敏患者勿食马兰。
（3）脾、胃虚寒者不可食用。

传说故事

一、曹雪芹与马兰

传说曹雪芹困守京郊，写作之余，养花种草，年老力衰，穷困潦倒，过着"满径蓬蒿老不华，举家食粥酒常赊"的日子。一天，他吃了两天前的一碗剩饭，不料腹部阵痛，上吐下泻，苦于无钱就医，然曹雪芹颇通几分药理，就到郊外路边采了一把马兰，洗净煎汤连马兰吃下，连吃数剂，竟止吐止泻，病告痊愈。

二、马兰的传说

马兰山下，住着一户人家，王老爹、王妈妈和他们的两个女儿。两个女儿长得一模一样。姐姐叫大兰，好吃懒做。妹妹叫小兰，是个勤劳的好姑娘。小兰听说马兰山上有一种神奇的马兰花，很想看到。一天，小兰和王老爹在园中劳动，小兰又谈起马兰花，老爹疼爱女儿，决定在去马兰山采药时给女儿采一朵好看的花回来。老爹不畏艰难，翻山越岭，来到马兰山。山顶上的马兰花闪烁着光芒，老爹兴奋不已，忽然脚下一滑坠下万丈悬崖，幸亏被马郎看见，救起老爹。他得知老爹上山来想替女儿小兰摘一朵马兰花，并知道小兰就是随着朝霞起身、跟小鸟一块歌唱的那位姑娘，便愉快地把马兰花交给老爹。这时，松树公公说破马郎送花是向老爹的女儿小兰求婚，老爹满心欢喜。神奇的马兰花帮助老爹向家飞去，经过一山脊上空时，被躲在山洞中的黑心狼看见。黑心狼为了抢夺马兰花，暗暗地来到老爹家里，吃掉了老爹家的老猫，把自己变成老猫，混在老爹家里。老爹到家后，问两个女儿谁愿意嫁给马郎，大兰嫌深山野岭苦，不愿意嫁，小兰却愿意嫁给勤劳的马郎。马郎和小兰结婚后，他们和山上的朋友共同劳动，日子过得很幸福。

不久，小兰回家看望父母，随身带来许多礼物，引起大兰的嫉妒。黑心狼变的老猫乘机煽动大兰去骗小兰的马兰花。大兰就在送小兰回马兰山的路上，向小兰骗去耳环和衣服，老猫则夺下马兰花，并把小兰推下湖去。大兰看见妹妹被推下水，吓得昏死过去。老猫得到马兰花，因不知口诀，又威胁和利诱大兰扮成小兰上山去骗口诀。大兰无奈，只得跟着老猫上了马兰山。为防止露出马脚，老猫让大兰装病睡在床上，不许走动。大兰看到马郎的善良勤劳，深悔自己受骗，终于不顾恐吓，向马郎吐出真情。马郎得知真相，布下天罗地网，经过一场搏斗，夺回马兰花，把老猫打得现出原形，被丢下万丈悬崖。马郎借助马兰花的神力救回小兰，小兰与马郎和家人又欢聚在一起。

马 齿 苋

叶青花黄梗茎赤，截根久晒不改色。
医家认定能肥肠，令人久不思饮食。

——《咏马齿苋》·清·费解

物种基源

马齿苋（Portulaca oleracea），为马齿苋科马齿苋属一年生肉质草本植物马齿苋的全草，又名马齿草、马齿菜、长寿菜、地马菜、长命菜、瓜子菜、马蛇子菜、九头狮子草、酸苋、安乐菜、五行草、蛇草、酸味菜、马踏菜、猪母菜、马齿龙芽、五方菜、蚂蚁菜、长命苋等。有黄花和白花两种类型，但黄花为多，白花者少见。原产我国，是我国古老常食野菜之一，除高寒地区外，我国大部分地区有分布，尤以华东、华北、西南地区较多。

生物成分

据测定，每100克可食马齿苋，含水分92克，脂肪2.3克，蛋白质0.5克，碳水化合物3克，膳食纤维0.7克，β-胡萝卜素、维生素A、B_1、B_2、C、E及硫胺素、尼克酸、微量元素钙、磷、镁、铁、钾、钠、锰、锌、铜。全草含大量去甲肾上腺素，并含丰富的苹果酸、柠檬酸、谷氨酸、天冬氨酸、蒽醌甙、生物碱等。

食材性能

1. 性味归经

马齿苋，味酸，性微寒；归肝、脾、大肠经。

2. 医学经典

《本草经集注》："凉血止血，清热解毒，利水通淋。"

3. 中医辨证

马齿苋祛湿散血、消肿止痛、止血凉血，适用于痢疾脓血、热淋、血淋、便血、痔疮出血、带下、崩漏、产后子宫出血、痈肿恶疮、瘰疬、湿疹、肺痈、肠痈、丹毒、瘰疬、乳疮、肾水肿、小儿腹泻、蛇虫咬伤等疾病的食疗辅助康复。

4. 现代研究

马齿苋有杀菌消炎作用。对痢疾杆菌有灭杀作用，对伤寒杆菌、大肠杆菌、金黄色葡萄球菌及白喉杆菌有抑制作用，还有改善脂质代谢紊乱的功能。研究还发现，马齿苋中的活性物质对心脏病、高血压、中风及糖尿病等也有较好的预防功效。

食用注意

（1）马齿苋属寒凉之品，脾胃虚寒、肠滑腹泻者不宜食用。

（2）脾虚便秘者及孕妇禁食。

（3）马齿苋忌与胡椒、面粉、海龟、鳖甲等同食。

（4）服用螺内酯、氨苯蝶啶时不宜食用。这两种药为潴钾排钠类利尿药，服用时不宜食用含钾多的食物，马齿苋为含钾量多的食物。故不宜同服食。

（5）服用妥拉唑啉、酚苄明时不应食用。这类药为α-受体阻断药，马齿苋含有去甲肾上腺素、多巴胺等成分，同服食可使药效降低。

传说故事

马齿苋叫"报恩草"的传说

传说上古之时，十日并出，田禾皆枯。二郎神杨戬威武雄猛，力大无比，肩担两山，直赶太阳。太阳无处躲藏，情急智生，向下一看，只见马齿苋长得油绿滴翠，郁郁葱葱，便藏在马齿苋下面，才算躲过了危险。太阳确实有心，为了报答马齿苋的救命之恩，始终不晒马齿苋。天旱无雨，别的植物都垂头丧气，没精打采，唯独马齿苋绿油油的，开花吐蕊，结子繁殖，这就是"太阳草""报恩草"名字的来历。

豆 瓣 菜

水生里斯本，清香好诱人。

扰却妇着床，寒嗽避其能。

——《水蕺菜》·近代·黄生

物种基源

豆瓣菜（Nasturtium officina-le），为十字花科水芥菜属一、二年草本植物豆瓣菜的嫩茎和叶子，又名水蔊菜、无心菜、西洋菜、水生菜、水芥菜、水田菜、微子蔊菜、水田芥、水瓮菜、耐生菜、凉菜、水生山葵菜等。

栽培或野生于水中、水渠、沟边、塘边、山涧河边、沼泽地带或水田中。据载20世纪30年代初从葡萄牙引进至广东、澳门、香港后传入台湾，现在我国广东、广西、福建、台湾、上海、江苏、四川、云南都有栽培，其中广东栽培面积最大。由于澳门习惯称葡萄牙人为"西洋人"，故而将这种水菜称为"西洋菜"。

生物成分

据测定，每100克可食豆瓣菜含水分94.2克，蛋白质2.9克，脂肪0.5克，碳水化合物0.3克，膳食纤维1.2克，还含胡萝卜素、维生素B_1、B_2、C、E及钾、钙、镁、铁、锰、锌、铜、磷、硒等微量元素。豆瓣菜的种子中含有丰富的芥子油和油酸与亚油酸。

食材性能

1. 性味归经

豆瓣菜，性寒，味甘，微苦；归肺、膀胱经。

2. 医学经典

《中国药典》："清燥润肺，止咳化痰，利尿。"

3. 中医辨证

豆瓣菜具有润肺燥、清肺热、止咳嗽、祛痰、利小便，适用于清痰止咳、祛肺燥、咽喉炎、咯血、衄血、妇女痛经、月经过少、小便急涩，是治疗肺结核的理想辅助食材。

4. 现代研究

每天适当食用豆瓣菜，有助防范癌症，减少细胞中DNA的受损程度。研究还发现，豆瓣菜能干扰卵子着床，阻止妊娠，可作为避孕、通经及流产的辅助食材使用。

食用注意

（1）因其性寒，故脾胃虚寒、肺气虚寒之咳嗽及大便溏泄者不宜食用。
（2）孕妇不宜食用豆瓣菜。

传说故事

豆瓣菜引种的传说

关于中国引种豆瓣菜，颇具传奇色彩。传说广东有位叫黄生的商人，在葡萄牙做生意，由于人地生疏，语言不通，生意不好做，加上经营劳累，不久便病倒了。经医生诊断，他得的是肺病，这种病在当时被视为可怕的不治之症，患这种病的人多数活不长，且会传染给别人。黄生异国罹患，又无盘缠回乡治病，于是陷入了困境。当地政府唯恐黄生将肺病传染给他人，遂下令将他驱赶到荒凉的野外加以隔离。当时黄生贫病交迫，饥饿和求生的欲望促使他去采摘长在浅水中的一种野菜充饥。过了一段时间，奇迹出现了，他的咳嗽收敛了，吐血止住了，脸色渐渐红润起来，四肢也有力气了。连食数载，肺病这种顽疾终于被"水菜"征服了。黄生恢复了健康，回到了里斯本继续经商，家道也渐渐殷实起来了，并娶妻生子。

20世纪30年代，黄生及夫人回乡探亲时，把这种"水菜"种子带回广东中山市故乡栽种，并将部分种子分赠给澳门的亲友，后来又引种到香港。从此，这种可蔬可药的水菜开始造福于国人，并惠及香港、澳门同胞。

蕨 菜

陟彼南山，言采其蕨。
未见君子，忧心惙惙。
......

——《诗经·召南·草虫》

物种基源

蕨菜（Pteridium aquilinum. var. latiusculum），为凤尾蕨科蕨属多年生草本植物蕨菜的嫩叶，又名龙头菜、蕨苔、乌糯、粉蕨、蕨粉、拳头菜、吉祥菜、如意菜、狼萁、火蕨菜、鹿角菜、龙须菜、锯菜、佛手菜、猫爪子菜、荒地蕨、松耕蕨、山蕨菜、高沙利等，可分为绿蕨和紫蕨两种，广泛分布于全球，多见于山林阴湿处，我国以东北、内蒙古、西北为多。

生物成分

据测定，每100克可食蕨菜含水分86克，蛋白质1.6克，脂肪0.4克，碳水化合物10克，膳食纤维1.3克，胡萝卜素、维生素A、C、E及微量元素硒、镁、铁、锰、锌、钾、铜、钙、磷等，还含18种氨基酸、胆碱、1-茚满酮类化合物、麦角甾醇、多种蕨菜和蕨甙，蕨类酰胺等营养物质。

食材性能

1. 性味归经

蕨菜，味甘，微苦，性寒；归小肠、大肠经。

2. 医学经典

《食疗本草》："清热解毒，利湿，润肠。"

3. 中医辨证

蕨菜有解毒、清热、润肠、化痰等功效，有止泻利尿、下气通便、清肠、排毒的辅助作用，还适用于风湿性关节炎、痢疾、咳血等病，并对麻疹有预防作用。

4. 现代研究

蕨菜中的纤维素可促进肠道蠕动、减少肠胃对脂肪的吸收，并对感冒发热、黄疸、痢疾、噎膈、肺结核、咳血、肠风便血、风湿痹痛等症的辅助食疗有较好的效果。

食用注意

（1）素食、久食令人脚弱不能行，消阳事、缩玉茎。

（2）多食令人发落、鼻塞、目暗。

（3）虚寒体质人食后多腹胀。

（4）忌与黄豆、花生、毛豆同食。

（5）阳痿、脾胃虚、腹泻者忌食。

传说故事

一、铁拐李与蕨菜

一天，铁拐李云游至深山老林，逢见一茅屋中有人呻吟，遂去探询。原来，有位年事已高的土郎中在采药途中旧病复发，五脏虚损、气滞经络、筋骨间充盈毒气，曾多方下药，无奈药不自医，每逢春日旧病依然缠身，多年受其煎熬。铁拐李闻之，随身在草地采摘些野蕨菜嫩芽，嘱其服食。土郎中见是跛足汉子，又采摘随处可见的野蕨菜，对此颇为怀疑，困惑之际，已不见跛足之人，遂侥幸试之，果然灵验，才想起八仙铁拐李来。

二、康熙与蕨菜

传说当年康熙皇帝每年夏天都要到热河行宫木兰围场去打猎，路经六旗三十六营。每次皇帝来，这些旗营的头人都要拿着金银财宝去进贡，以表忠心。有一次，金凤营的头人海通，没什么可进贡的，这可急坏了。他有个家人名叫田不怕，也帮着想办法，无意中从窗户向远处的凤凰岭望去，恰好看到断了粮的百姓正成群结队挖蕨菜呢！田不怕心想，何不让皇上也尝尝老百姓吃的这些野菜呢？便说："进贡的事有办法了，咱们把凤凰岭上的蕨菜献给万岁爷。"海通一听，急了，说："什么时候还开这种玩笑。"田不怕说："不是开玩笑！这蕨菜色如碧玉，形如龙须，滑脆鲜美，真是色、香、味、形四美俱全，而且它还有升清气，下浊气，去痰生津，明目润面的功用。皇上天天吃山珍海味，蕨菜的名字都未必听说过，换换口味，一定欢喜不已。"海通被田不怕的话说动了，但还不放心，怕皇帝知道是野菜，怪罪下来，连命都要赔上，就说："不好，这蕨菜的'蕨'字与绝后的'绝'同音，不吉利。"田不怕说："那还不好办，叫它'长寿菜'，不就大吉大利了。"

第二天，海通提着一小袋蕨菜来进贡了，康熙皇帝一看便怒，你们竟敢拿野菜糊弄我！令武士把海通推出大营。这时，海通已视死如归，反而平静地昂首大笑。康熙奇怪地问："你笑什么？"海通说："人都说皇上英明，原来不过如此。"康熙一贯自信，最忌讳人看不起他，赶紧问个究竟："你的话什么意思？""皇上，我上贡的可是你从未吃过的长寿菜，这是不可多得的天赐宝物，这菜不仅味道鲜美，而且去痰生津、清气上升、浊气下降，常吃眼清目明、肤色润滑、长命百岁。"

康熙细看这长寿菜，果然鲜美可爱，不同凡响，态度和缓了些，问："你献的确实是宝？"海通说："请万岁明察。"又说："臣营里有位老人，名叫田不怕，最会做这长寿菜，随时供您使唤。"康熙立即召见田不怕，命他赶紧烹制长寿菜，要亲自品尝。田不怕随身带了两只小山鸡，去毛剥皮，还准备了各种佐料。康熙皇帝从上午接见大臣一直忙着，不觉转眼到吃午饭的时候，就派人催饭，田不怕说："长寿菜要文火炖，不能急。"一连催了几次，康熙已经有点急了，正要发火，只见一老者送上一只银盘，闪闪发光，里面盛着几片山鸡肉和不少碧玉色的长寿菜，恰好拼成一个"寿"字，康熙急忙品尝，果然香气沁透脾胃，口感脆、嫩、滑，一时食欲大开，精神清爽。

饭后，康熙赏了海通和田不怕一些银子，还要求海通多进贡些长寿菜，他要带回宫去，让皇亲国戚都尝尝。田不怕说："皇上，这菜长在凤凰岭的仙池旁，每年夏天只生出十几棵，实在不能多得。"皇帝听了，非常惋惜，只好作罢。

苦 菜

羊乳茎犹嫩，猪牙叶未残。

呼童聊小摘，为尔得加餐。

仗马卑三品，山雌羡一箪。

朝来食指动，苦菜入春盘。

——《食苦菜》·宋·王之望

物种基源

苦菜，为菊科苦苣属一年或二年生草本植物苦苣菜（Sonchus oleraceus）的全草，又名滇苦苦、茶拒马菜、如苦、无香菜、苦荬、老鹳菜、游冬、甘马菜、苦苣、茶苦荬、天精菜等。我国大部分地区都有野生，生长于荒地、山坡、沙滩、路边、田野、草丛、沟边等处，是我国传统的度荒年野菜之一。它是菊科野菜的一个大家族，包括苦苣菜属、莴苣属、苦荬等属、菊苣属等十多种。

生物成分

经测定，每100克可食苦菜含水分85.3克，蛋白质2.8克，脂肪0.6克，碳水化合物4.6克，膳食纤维5.4克及维生素A、B_1、B_2、C和钙、铁、镁、锌、铜微量元素，还含赖氨酸、色氨酸、天门冬氨酸等17种氨基酸，其中包括8种人体所必需的氨基酸、甘露醇、生物碱、甙类等。

食材性能

1. 性味归经

苦菜，味苦，性寒；归心、脾、胃、大肠经。

2. 医学经典

《神农本草经》："安心，益气，轻身，耐老。"

3. 中医辨证

苦菜具有清热解毒、破瘀活血、消肿止痢等功效，有益于阑尾炎、痢疾、血淋、痔瘘、疔肿、蛇咬、肠炎、子宫炎、咽炎、乳腺炎、扁桃体炎等疾病的食疗辅助促康复。

4. 现代研究

苦菜对金色葡萄球菌、绿脓杆菌、大肠杆菌和对白血病细胞有抑制作用，用其辅助治急性黄疸型传染性肝炎、急性细菌性痢疾、慢性支气管炎、口腔炎、胆囊炎以及慢性盆腔炎等，都有一定的疗效，以苦菜外敷，对刀伤、烧伤、蜂蜇蛇蝎咬伤与疮疔痈肿亦有辅助效用，如折之苦菜白乳浆汁，常点瘊子亦会自落。

食用注意

（1）脾胃虚寒者忌食。

（2）苦菜不可与蜂蜜共食。

传说故事

苦菜能治胃结石的传说

民国初年，青岛有位医生，这位医生有位漂亮的妻子，夫妻两人平时感情甚笃。这医生长年在外悬壶漂泊，贤妻在家操持家务，生活本来十分美满。可是有一年，医生的妻子突然病了，渐渐无法饮食，这名医生尽心竭力，用尽了一切能用的药方，最终还是丝毫不见起色。没有办法，只好求助于西医。手术后，从他妻子的胃里取出了一颗鸡蛋大小的结石，晶莹透亮，色如琥珀。可他妻子却因为体质虚弱，因并发症不治而去。这名医生悲痛欲绝，整日醉生梦死，不再行医治病，后来虽然痛定思痛，逐渐走出了痛苦，但还是不再行医了。

后来，他把妻子留下的结石轮换着用各种中药来浸泡，试图找到化解这种结石的药，以解心结。可是这结石像舍利子一样坚固无比，更无药可蚀。很多年过去了，这位名医生用过了上千种的药，可那块结石依然光泽如初，没受一点影响，他便请加工宝石的首饰匠将他妻子的结石切割下一点镶嵌在一双象牙筷子上，随身携带，不管在哪里吃饭只用这双筷子，试图找到化解结石的食物。开始人们很诧异，后来知道了原因便习惯了他的怪癖。

有一年春天，这名医生在崂山的一位朋友极力邀请下，去他家做客，到了之后，朋友上了很多野菜来款待他。这名医生依然用自己那双镶有结石的筷子，一边和朋友畅谈，一边慢慢品尝野菜。突然，他怔住了，因为他看到当筷子碰到一盘野菜的时候，筷子头上的结石居然像冰块放入热水中一样化掉了。他急忙问："这是什么菜？"他的朋友说是苦菜。这名医生又是一怔，随后看着那盘苦菜号啕大哭起来，哭得好伤心好伤心。

野 苋 菜

紫茄白苋以为珍，守任清真转更贫。
不饮吴兴郡中水，古今能有几多人？

————《野苋》·唐·孙元晏

物种基源

野苋菜（Amaranthus viridis L.），为苋科苋属一年生草本植物的嫩茎叶，分为红苋、绿苋和斑苋，又名白苋、糖苋、细苋、绿苋、皱皮苋、苋菜、假苋菜、刺苋菜、人苋菜等。生长于野荒地、杂草地、路边、宅旁，喜温，耐热，不经冻，耐旱不耐涝，对土壤要求不严，但偏碱土壤为好，我国各平原地区均有分布。

生物成分

经测定，每 100 克可食野苋菜含水分 80 克，蛋白质 5.5 克，脂肪 0.6 克，碳水化合物 8 克，膳食纤维 1.6 克及胡萝卜素、维生素 B_1、B_2、C、K 及微量元素钾、钠、钙、镁、磷、铁、锰、铜、硒、锌等。

食材性能

1. 性味归经

野苋菜，性凉，味甘，微苦；归心、胃经。

2. 医学经典

《食用本草》："解毒消肿，清肝明目，散风止痒，凉血止血，杀虫疗伤。"

3. 中医辨证

野苋菜有清热利湿，凉血止血，解毒消肿之效。内服有益于痢疾、肠炎、咽喉肿痛、白带、胆结石、胃溃疡出血、便血、瘰疬、甲状腺肿、蛇咬伤等；外用治痈疽疔毒、目赤、乳痈、痔疮、皮肤湿疹等。

4. 现代研究

野苋菜含有多种维生素和胡萝卜素，可增强人体免疫功能，提高人体抗癌作用。含有较多的钙质，对牙齿和骨骼的生长可起促进作用，并能维持正常的心肌活动，防止肌肉痉挛。含有维生素 K 和铁、钙等矿物质，可促进凝血，增加血红蛋白的含量，并提高携氧能力，促进造血，富含膳食纤维，可促排毒，防止便秘。

食用注意

（1）脾胃虚弱者慎食野苋菜。
（2）妇女在经期和孕期禁食野苋菜。
（3）野苋菜不可多食，食之过多会引起腹泻。
（4）野苋菜含有较多的对日光过敏的卟啉类物质，人体吸收后并受阳光照射后，会引起全身浮肿、瘙痒等症。

传说故事

野苋菜来历的传说

传说在远古年代，鬼城丰都名山脚下古家田坝边边上，靠近关山坡一带的地方，住着一个苦命的老婆婆，名叫王张氏。张氏结婚后不到两年的时间，她那个在江上打鱼的丈夫王春山就在风浪中翻船淹死了。留给她一间破屋子，一块菜地，和一个还在肚子里的娃儿。儿子生下后，取名叫春儿。从此，母子二人相依为命，过着艰难的生活。

春儿十八岁了，原先一个骨瘦如柴的半大娃儿长成了一个棒小伙，古家田坝一带的穷家姑娘见了他，都要悄悄地多瞄他一眼。但是王家家境贫寒，种菜卖菜仅够糊住嘴巴，莫说啥子聘金彩礼，就连制两床新铺盖，缝几身新衣服也都难办到。一晃春儿就是二十四五了，还是光棍一条，张氏心中不免暗暗着急。

有一天黄昏时候，春儿上山打柴还没有回来，张氏煮好菜稀饭，走出灶房张望，只见一个叫花子样的女子有气无力地坐在自家门边。那女子见了张氏，连忙跪倒，喊了一声："大娘，你做个好事。"就哭得不成样子了。

张氏为人心慈，扶起女子进屋去坐。那女子说，她是忠县山区逃荒来的，本想去涪陵投奔亲戚，不幸路途中害病，行走困难，恳求张氏让她借住一夜。张氏听后，一口就答应了，先舀了一碗菜稀饭给她吃，然后安顿她洗脸洗脚上床去睡觉了。

谁知第二天，这女子的病情越发严重了，头痛发烧，水米不进。张氏急忙打发儿子带上一串小钱进城去请医生，看病、抓药，一连过了七天，那女子才能下地走路，端碗吃饭。姑娘病好之后，一再感谢王家母子搭救之恩。煮饭、洗衣，格外卖力，把房前、房后，屋里、屋外收拾得干干净净，齐齐整整的。张氏看这女子这样能干，很是欢喜。

一个月过去了，一天吃过饭，张氏拿出一些钱对姑娘说："看来你的病已经全好了，我虽然舍不得你走，但也不敢长时间留你，你去涪陵投奔亲戚才是正路。"哪知那女子听后，扑通一声就跪在张氏面前，喊了一声"大妈"，然后说了实情。原来她老家亲人害瘟疫全部死绝了，也根本没有什么亲戚在涪陵。那天害怕大娘不肯收留才扯了个谎。眼下她是无亲可投，请求大娘收她做个干女儿，还说："我叫小红，以后你就叫我红姑娘吧。"说完泪流满面，连连磕头。

张氏听了红姑娘的话，十分怜悯她，连忙点头答应。夜间睡在床上想想，觉得儿子这么大了，也娶不起一个媳妇，不如就将这个红姑娘收为媳妇，不光收留了一个孤身女子，也了却了自己一件心事。

这红姑娘病好之后，突然长得桃颜花色，美貌极了，对张氏的儿子也格外亲近，体贴得很。有次春儿打柴挂破了汗衫，她就逼着站在屋檐下，轻手轻脚地给他缝补。张氏见了，心中当然欢喜，于是寻找机会，向双方把话挑明。不消说，双方都一口同意，说"全凭妈妈做主"。一年之后，春儿和红姑娘成了婚，婚后，俩小夫妻恩爱和睦，张氏也感到称心如意。

谁知好景不长，这一天，小夫妻俩进城赶场去了，家中来了一个游方和尚，化缘之后，张氏让他进屋喝碗热茶。和尚进屋后，东盯西看，一会儿和尚就问："施主，咋个你屋里有股鬼气？"张氏听了大吃一惊，忙把家中情况讲了一遍给和尚听。和尚说："看来鬼就鬼在这来路不明的红姑娘身上了。"于是，对张氏说了一番话，临走，还画了一道咒符在小夫妻住的那门上。

这天夜晚，张氏心中害怕，一晚上都睡不着觉。半夜时她爬起来，悄悄去儿子房中看有没有啥子动静。轻手轻脚来到房前，只见门没关死。张氏推门进屋，撩开麻布帐子，借着床前月光一看，床上根本没有红姑娘，只有儿子一人抱着被子睡得香。张氏心中一想，莫非那游方和尚说的当真么！

第二天天亮，春儿醒来，不见红姑娘，以为她是到江边洗衣服去了，也没多问。吃过早饭，便担起挑子进城卖菜去了。张氏送走儿子，急忙来到儿子房中仔细查看，果然发现地上有一条细细的红线。那是她昨天夜里按照和尚的吩咐，趁红姑娘不注意，用小针穿好悄悄别在她衣襟上的。顺着红线一路来到房后菜园边，发现小针别在一棵清清秀秀的野苋菜的叶子上。张氏仔细一看，这棵野苋菜确实有些特别，不仅杆子粗叶子大，而且那绿叶子的上面，隐隐显露着一道道血丝，仿佛人身上的血脉一样。看到这些，张氏骇得不得了，头一晕，差点栽在菜园里了。她勉强回到屋里，倒在床上，就昏昏睡着了。这时，突然见门吱呀一响，红姑娘披头散发走了进来，跪在张氏床前，给她说自己老家确实在忠山区，经人做媒嫁到丰都，在一次瘟疫流行时死了。好多年来，一直投不到胎，成了一个孤魂野鬼。天长日久，坟头上长出一棵野苋菜，她就寄托魂灵，修炼成精。因见王家春儿善良，忠厚，决心以身相许，结成美满家庭，绝无半点伤天害人之意，祈求大妈成全体谅，愿意勤劳持家，为您养老送终。

张氏一觉醒来，原来是梦。回想梦中情景，更加不晓得该怎么办好，依和尚之言，除掉红姑娘吧，又于心不忍，不除红姑娘呢，又怕害了儿子，精怪缠身不说，如果生下一个鬼胎，那不是断了王家香火，对不起死去的丈夫。想到这里，张氏心一横，走到厨房，抄起菜刀就往菜园走，闭上眼睛狠狠一刀朝那棵野苋菜砍去。耳边仿佛听得"哎哟"一声，那棵野苋菜应声倒地，血一般的水浸红了好大一片地。

中午，儿子卖菜回来，屋里屋外找不见红姑娘，问母亲，张氏知道是隐瞒不住的，只得一五一十照实说了。说完顺着红线，来到菜地边，只见那很小的线依然别在枯萎的叶片上面。春儿一见心爱的红姑娘死了，完全不听母亲的劝导，又是捶胸，又是顿脚，放声大哭，颗颗眼泪下雨一样洒在野苋菜身上。不一阵，泪尽血来，一口气上不来，就死在那棵野苋菜身边。

春儿一死，张氏十分后悔。念及儿子一片痴情，就把春儿的尸首埋在那棵野苋菜旁边。后来，那棵被砍倒的野苋菜由于得到心上人血泪，不久渐渐长出新芽来，不但长得格外好，而且菜秆菜叶逐渐变成了紫红的颜色。在那棵野苋菜的旁边，又长出来一棵青枝绿叶的野苋菜。两棵野苋菜相依而生，蓬在一起，叶挨叶，根连根，秋天结出一穗穗种子。张氏思念春儿和红姑娘，第二年将种子撒在菜地里，长出来许多青野苋菜和红野苋菜。听老年人说，现在生长在川东一带不光是红野苋菜，还有青野苋菜了。

落 葵

种葵北园中，葵生郁萋萋。
朝荣东北倾，夕颖西南稀。
——《落葵》·晋·陶渊明

物种基源

落葵（Basella rubra），为落葵科落葵属一年生缠绕草本植物落葵的嫩叶或全草，又名胭脂豆、胭脂菜、木耳菜、藤菜、胭脂藤、软浆叶、豆腐菜、红果儿、软姜子、滑复菜、御菜、蘩露、承露、天葵、藤葵、胡燕脂、藤露、潺菜、紫葵、紫豆藤、红藤菜、软藤菜、红鸡藤菜。有多个品种，根据花的颜色可分为白花落葵、红花落葵和黑花落葵，是我国非常古老的食用野菜之一，全国平原地区均有分布。

生物成分

据测定，每100克可食落葵含水分92.8克，蛋白质1.6克，脂肪0.3克，膳食纤维1.5克，碳水化合物2.8克及维生素A、B_1、B_2、E、C、尼克酸、胡萝卜素、视黄醇当量及微量元素钾、钠、钙、铁、磷、镁、硒等，还含葡萄聚糖、黏多糖、有机酸和皂甙等。

食材性能

1. 性味归经

落葵，味甘，酸，性寒；归心、肝、脾及大、小肠经。

2. 医学经典

《福建民间草药》："泻热，润肠，消痛，解毒。"

3. 中医辨证

落葵具有强身健体、扶正祛病、润肤养颜，有滑中、散热、利肠、凉血、解毒之功效。可对于胸膈烦热、大便秘结、血热鼻出血、便血、痢疾、斑疹、疔疮等病症有食疗助康复之效果。

4. 现代研究

落葵富含聚糖、黏多糖（组成中有L-阿拉伯糖，D-半乳糖，L-鼠李糖及糖醛酸），β-胡萝卜素和有机酸、皂甙、铁等，具有低热量、少脂肪特点，有降血压、益肝、清热凉血、利尿、防止便秘等功效，极适宜老年人食用。

食用注意

（1）平素脾、胃虚寒，便溏腹泻者忌食。
（2）怀孕妇女及女子月经期间尽量少食和不食。

传说故事

落葵治肺痨的传说

相传，唐伯虎家里的仆人得了肺痨，因传染性很强，当时没有很好的医学手段治愈此病，没有办法，将其辞退了。10 多年后，一次偶然的机会唐伯虎在街上碰到了这个仆人，当时他非常好奇，便问他病是怎么好的，仆人说，没钱看病，而且生活也比较困难，每顿只能在家里吃落葵菜稀饭，慢慢的，病也就好了。后来查看了医书才知道，落葵菜古时又叫作葵菜，常吃此菜有益身体健康。饮食的健康性无外乎五味调和。

菊　花　脑

吾方以杞为粮，以菊为糗。

春食苗，夏食叶，

秋食花实而冬食根，庶几乎西河南阳之寿。

——《后杞菊赋》·宋·苏东坡

物种基源

菊花脑（Chrysanthemum nan-kingense），为菊科菊属草本野菊花的近缘植物菊花脑的嫩梢和嫩叶，又名菊花叶、路边黄、黄菊仔、菊花郎、菊花菜、连梗野菊花等，有小叶菊花脑和大叶菊花脑两种，以大叶者品质为佳。原产我国。史料记载，15 世纪前我国就食菊花脑，江苏、湖南等省有野生种，是江苏南京地区的特产，当地居民门前屋后普遍栽植，冬季分根，春季摘其嫩叶作菜，9～12 月间开花，是一种很有开发前景的野生蔬菜。

生物成分

据测定，每 100 克菊花脑嫩茎叶中含水分 85.8 克，蛋白质 3.2 克，脂肪 0.5 克，碳水化合物 6 克，膳食纤维 3.4 克及维生素 B、C、E、胡萝卜素、菊甙和微量元素钙、镁、铜、钾、锌、硒等。

食材性能

1. 性味归经

菊花脑，味甘，性寒；归肝经。

2. 医学经典

《本草纲目拾遗》："清肝明目，凉血，益阴滋肾。"

3. 中医辨证

菊花脑，性味苦、辛、凉，有清热凉血、调中开胃的功效，有益于感冒风热、发热头昏、肝经有热、目赤多泪、肝肾阳虚、眼目昏花、肝阳上亢、眩晕头痛、疮疡肿痛。

4. 现代研究

菊花脑营养价值丰富，富含维生素 C、钙、锌及无机盐、蛋白质、粗纤维等，是具有鲜明特色的保健蔬菜，有清热凉血、解毒和降血压的功效，并可辅助治疗便秘、头痛、目赤等疾病；

还含有菊甙、黄铜甙、氨基酸和胆碱及挥发性芳香物质，对病毒及细菌感染有一定抑制功效。

食用注意

（1）菊花脑性寒，凡脾、胃虚寒、腹泻便溏之人忌食。

（2）菊花脑有凉血作用，故女子月经来潮期间以及寒性痛经者忌食。

传说故事

一、南京居民与菊花脑

清兵攻打太平军，南京（当时称天京）城被围，粮草殆尽，居民寻找野菜充饥，发现菊花脑嫩茎、叶清香可口，后来便加以引种。

二、弥留人与菊花脑

20 世纪 70 年代，南京有许多军工企业内迁到了云、贵、川一带，其中一家南京著名的企业来到了贵州。当年的贵州有这样的说法："天无三日晴，地无三尺平，人无三分银。"特别奇怪的是，南京人从家乡带过去的一些菜种，在当地种下去，居然长不出原有蔬菜的品种。南京人特别钟爱的青菜长出来菜叶上全是毛毛，吃起来全无青菜的感觉。当然，南京的其他特色菜更是无从栽种了。

据说，有一个南京到贵州的老太太，突患重病，已经进入弥留之际。当亲人问她还有什么话要说的时候，老人只说了句："想吃菊花脑，喝一口汤……"

亲人们立刻行动，一份加急电报打到南京，内容只有几个字："菊花脑！急急急！！"

老人的小儿子接到电报后马上买了菊花脑，急赴贵州。

从南京到贵州只有火车，那个年代，火车要开两天两夜。时间长还不是最大的问题，对一个急于见到亲人的小儿子来说，路上如何让菊花脑保持新鲜成了最大的难题。火车上的水是定量分配的，这名孝心十足的小儿子一路上把分配给自己的水留下一份，专门用来供应菊花脑。他用一个小菜篮装着菊花脑，上面覆盖着纱布，不敢让风吹着了，因为怕吹干了，但又不敢捂，还得通风。每过一段时间，就要向菊花脑上喷一点水，让菊花脑保持色泽。那份呵护，不亚于看护自己重病的老母亲。

快到贵州时，水的供应成了问题，小儿子眼看菊花脑开始发蔫，心急如焚，他找到列车员哀求，能否再给自己一杯水，不是用来自己喝，而是给菊花脑喝的。他流着泪告诉列车员，自己的母亲病了，临终前只有一个愿望，喝一口菊花脑汤，他现在要赶过去，满足母亲的最后一个心愿。

列车员被这份孝心感动了，匀出了自己的一份饮用水，只有一小杯。

到了贵州，全家人都期盼着小儿子的到来。七手八脚立刻烧了一锅菊花脑汤，给临终的老母亲端了过去。

老人已经进入弥留，但听到亲人们的呼唤，听到菊花脑汤的时候，艰难地睁开双眼，颤颤巍巍地把小儿子用调羹递过来的菊花脑汤喝了一口。

喝完汤，老人嘴唇翕动着，似乎想说什么，但终于没说出来，便离去了……

老人这句没说出来的话以后便成了一个谜。家人分析认为，也许老人想说：菊花脑汤真好喝，也许想说：我终于喝到菊花脑汤了……

桔　梗

幽幽桔梗花，寂寞开无主。
一朝不见红颜老，
满腔苦情待何时？
蓦然回首，夕阳西下，
伊人在何方？

——《咏桔梗》·清·程枫

物种基源

桔梗（Platycodon grandiflo-rusm），为桔梗科桔梗属多年生草本植物桔梗的嫩茎叶及根，一般用于栽培蔬菜的为紫花或白花桔梗，又名苦菜梗、明叶菜、和尚帽、六角荷、铃铛花、包袱花、道拉基（朝鲜族称）、梗草、僧冠帽、苦根、土人参、荠苨、大药，以根肥大、色白、体实、味苦者为佳。我国是桔梗的原产国，各地有广泛分布。

生物成分

据测定，每100克可食桔梗含水分67克，蛋白质0.2克，碳水化合物16.2克，膳食纤维3.2克，维生素B_1、B_2、C，此外，还含14种氨基酸和钙、磷、镁、锌、硒等22种微量元素及皂甙、桦木醇、桔梗聚糖、三萜烯、桔梗酸、生物碱等。

食材性能

1. 性味归经

桔梗，味苦，辛，性平；归心、胃经。

2. 医学经典

《神农本草经》："宣肺，利咽，祛痰，排脓。"

3. 中医辨证

桔梗具有宣肺祛痰、排脓散寒、止咳之功效，有益于外感咳嗽、咯痰不利、胸肋疼痛、咽喉肿痛、肺痈、外疡痈疮肿毒、痢疾腹痛等病症的食疗促康复。

4. 现代研究

桔梗含皂甙、桔梗酸A、B、C，植物甾醇等，具有祛痰镇咳、镇痛、解热、镇静、降血糖、消炎、抗溃疡、抗肿瘤和抑菌的作用。常食桔梗，可防病、抗病、泽润肌肤而健美。

食用注意

（1）阴虚久咳者不宜食用，咳血者忌食。
（2）下虚及怒心上升者不宜食用。
（3）不宜与白芨、龙眼、龙胆草、猪肉同食。

传说故事

一、桔梗叫"道拉基"的传说（朝鲜族）

"桔梗"的朝鲜文叫作"道拉基"。在朝鲜族的民间传说中，道拉基是一位姑娘的名字，当地主抢她抵债时，她的恋人愤怒地砍死地主，结果被关入监牢，姑娘悲痛而死，临终前要求葬在青年砍柴必经的山路上。第二年春天，她的坟上开出了一种紫色的小花，人们叫它"道拉基"。

二、"桔梗"名字的由来

"在很久很久以前，在一个小村庄里有一个少女，她的名字就叫桔梗，她从小就没有父母，一个人生活。

村子里有一个少年，他天天都来找桔梗，并承诺长大之后一定会来娶她，而桔梗也愿意长大之后嫁给这个少年，他们彼此许下了承诺。很多年之后，桔梗和那个少年都长大了，桔梗长成了一个漂亮的姑娘，而少年也长成了一个帅气的小伙子，他们之间还是信守着那个承诺。

有一天少年要出海打鱼，要过很久才能回来，在临走的时候他对桔梗说，只要他回来就会马上娶她，桔梗深信着。

少年走后，她每一天都会去海边等着他回来，就这样一直等，转眼十年过去了，桔梗依然没有放弃，她还继续等，因为桔梗相信他绝不会辜负她，就这样桔梗就一直等，最后她的身体化成了一朵花。人们就把那朵花名为"桔梗"。

三、桔梗是玉皇大帝四女儿所种的传说

很久以前，在大别山北麓的河南省商城县，有一个商家村，这一年，全村许多人患上了肺热病，男不能耕，女不能织，老人卧床延喘，娃子蹐伏母亲怀中，人人含泪祷上苍。一天，村里突然来了一位名叫商凤的姑娘，见此情景十分悲伤，决心为民除疾，降伏病魔。她身背药篓，踏遍青山采集草药，一天、两天、三天，姑娘带的干粮吃完了，她忍着饥饿，在悬崖上攀寻。七天过去了，却还没有找到可治肺热的草药，极度的劳累使姑娘昏倒在山上。这时，忽听有人呼唤"凤姑娘"，循声望去，见一位仙翁从白云端飘然而下。仙翁言道："凤姑娘历尽千辛，为民寻药治病，诚心感人，我这里有些药籽，你带回去撒在山上，七日后挖出来，煎汤服下，百姓可解除病魔。"商凤姑娘拜谢老翁后，回到商家村。姑娘依言而行，七日后，姑娘挖到哪里，哪里就有药材，村上人喝了商凤姑娘熬制的汤药，个个病除身轻，身强力壮，就在这天中午，姑娘乘着一朵白云飘然而去。人们为了纪念她，把这味药材起名叫"商接根"，意思是让子孙不忘商凤姑娘保住了商家村的根。"桔梗"便是"接根"的谐音。后人相传，商凤姑娘是玉皇大帝的四女儿，她找到神药后，七仙女拂抽起舞庆贺，自成一圈，在桔梗横断面上留下七个同心圆，就像一朵黄菊花。据当地药农说，三国时，神医华佗曾多次到大别山区商城采药，赞曰："千山万州都有觅，唯有商桔菊花心。"动人的传说，给商桔梗平添了几分神采，而桔梗却真是禀性难移，若将它移植到别地栽培，则肉质不坚实，中间没有菊花心，药效也大大降低。

紫　苏

紫苏寂寞红，亭亭发几丛。

凝露仰宿雨，窈窕舞薰风。

宜男不忍配，仙人岂相通。

解语朝暮伴，忘忧了残生。

——《紫苏》·宋·苏东坡

物种基源

紫苏（Perilla frutescens var. crispa），为唇形科紫苏属一年生草本植物的嫩茎叶，又名白苏、赤苏、红苏、香苏、黑苏、白紫苏、青苏、野苏、苏麻、苏草、唐紫苏、桂荏、鸡冠紫苏苴、皱叶苏、苏子等。紫苏包括两个变种：一种是皱叶紫苏，对称鸡冠紫苏；另一种是尖叶紫苏，又叫野生紫苏。紫苏几乎分布于全国各地，主要分布在江苏、浙江、贵州、河北、山西、北京、安徽、吉林、黑龙江等省。

生物成分

据测定，每100克可食紫苏含水分85.7克，蛋白质3.8克，脂肪1.3克，碳水化合物6.4克，膳食纤维3.4克及维生素 B_1、B_2、C、硫胺素、胡萝卜素、视黄醇当量、尼克酸，还含微量元素钙、磷、镁、铁、锌、锰铜、硒和挥发油，挥发油中主要含紫苏醛、紫苏醇、薄荷酮、左旋柠檬烯、α-蒎烯、薄荷醇、丁香油酚、白苏烯酮、抗衰老素、SOD，此外，尚含18种人体所需的氨基酸等。

食材性能

1. 性味归经

紫苏，味辛，甘，性微温；归脾、胃、肺经。

2. 医学经典

《药性论》："发表散寒，行气和胃，舒郁，止痛，安胎。"

3. 中医辨证；

紫苏，味甘，辛，性温，有行气宽中的作用，适应于胸闷、恶心、呕吐、腹胀、外感风寒、咳嗽气喘、胎动不安等疾病的辅助促康复。紫苏籽对咳逆痰喘、气滞便秘疾病有益。

4. 现代研究

紫苏有镇静作用，紫苏籽油能促进人的记忆功能。紫苏还能发汗解热、抗菌，抑制葡萄球菌、大肠杆菌、痢疾杆菌、促进胃液分泌、增进胃肠运动，可减少支气管分泌物，缓解支气管痉挛、镇咳，并可促进肠蠕动，升高血糖，所含物能滋养保护皮肤，并有抗辐射、抗氧化作用。

食用注意

（1）风寒表实者宜食，但不可过量。

（2）温热病及气弱表虚者忌食。

华佗与紫苏

　　九九重阳节，华佗带着徒弟到镇上一个酒铺里饮酒，只见几个少年在比赛吃螃蟹，他们狂嚼大吃，蟹壳堆成一座小塔。华佗想，这伙少年无知，螃蟹性寒，吃多了会生病，他便上前好言相劝。那伙少年吃得正来劲，哪听得进华佗的良言，一个少年还讽刺说："老头儿，你是不是眼馋了，我掰一块给你尝尝。"华佗叹了两声气对掌柜的说："不能再卖给他们了，吃多了会出人命的。"

　　酒店老板正想从那伙少年身上多赚些钱，哪里听得华佗的话，把脸一沉，说："就是出了事也不关你的事，你少管闲事，别搅了我的生意！"

　　华佗叹息一声，只好坐下来吃自己的酒。过了一个时辰，那伙少年突然都喊肚子疼，有的疼得额上冒汗珠，喊爹喊妈地直叫，有的捧着肚子在地上翻滚。

　　酒店老板吓坏了，忙问："怎么啦，得了什么病？"

　　"是不是这螃蟹有毒？劳您去请个大夫来给我们看看吧。"

　　这时，华佗在旁边说："我就是大夫，我知道你们得的什么病。"少年们都很惊异这老头竟然是个大夫。想到刚才自己的失礼，不好意思开口求救，但除了这条道无路可走，只好央求："大夫，刚才是我们的不是，冒犯了先生，请您大人不记小人过，发发善心，救救我们吧，你要多少钱都好说。"

　　华佗说："我不要钱。"

　　"那你要别的也行。"

　　"我要你们答应一件事！"

　　"别说一件，一千件，一万件都行，你快说是什么事吧。"

　　"今后一定要尊重老人，听从老人的劝告，再不准胡闹！"

　　"一定，一定，您快救命！"

　　华佗回答道："别着急，稍等，我去取药来给你们治。"

　　华佗和徒弟出了酒店，徒弟以为是回家取药，便说："师傅不用您操劳了，告诉我取什么药，我自个去取吧。"

　　"不用回家，就在这酒店外的洼地里采些紫苏叶给他们吃。"华佗和徒弟很快从洼地里抱回一捧紫苏叶，请酒店老板熬了几碗汤，叫少年们服用后，不一会儿，肚子不疼了。他们可乐了，再三向华佗表示感谢，各自回家了，并到处向人们讲华佗医道如何高明。

　　华佗对老板说："好险呵！差点闹出人命。你以后千万不要光顾赚钱，不管别人性命！"酒店老板连连点头称是。

　　徒弟疑惑道："老师，您可从没有用紫苏治过病，您怎么知道紫苏能治吃螃蟹中毒的病？是哪本书上这样写的？"华佗道："书上没有讲过，难道你忘了？前不久我们不是看到水獭吃紫苏叶治病的情况吗？"

　　那年夏天，华佗带着徒弟在一条河边采药。忽听河湾里哗哗啦啦水响，掀起一层层波浪。一看，原来是一只水獭逮住了一条大鱼，水獭把大鱼叼到岸边，嚼吃了好一阵，把大鱼连鳞带骨通通吞进肚里，肚皮撑得像鼓一样。水獭撑得难受极了，一会儿在水边躺，一会儿往岸上窜，一会儿躺着不动，一会儿翻滚折腾。后来，只见水獭爬到岸边一块紫苏地边，吃了些紫苏叶，又爬了几圈，跳跳蹦蹦地回到了河边，一会儿便舒坦自如地游走了。

　　为什么水獭吃了紫苏就逐渐舒服了呢？华佗对徒弟说："水獭吃的那种鱼属凉性，紫苏属温性，今天少年们吃的螃蟹也是凉性，我用紫苏来解毒，这是向水獭学的。"

徒弟听了老师的述说，心里顿时开了窍，更加佩服老师的高明，也知道了增长才干和学问的诀窍。

此后，华佗把紫苏的茎叶制成丸、散，给人治病中，又发现这种药还具有表散功能，具有益脾、宣肺、利气、化痰、止咳的作用。

本来，因为这种药草是紫色的，吃到腹中很舒服。所以，华佗给它取名叫"紫舒"。可不知怎的，后来人们又把它叫作"紫苏"了——大概是音近的缘故，弄混了吧。

鱼 腥 草

宁添一炷香，不绝一念情。
夹住江湖钓，山贼绕吏行。
不挑鱼腥草，怎知扛板旧。
煨煨皆中药，都能把病移。

——《鱼腥草》·南宋·洪适

物种基源

鱼腥草，为三白草科蕺菜属多年生草本植物蕺菜（Houttuynia cordata）的带根全草，又名蕺菜、侧耳根、鱼鳞草、臭菜、折耳根、狗贴耳、猪鼻孔等。因其含有鱼腥素，有腥味而得名，主要分布在长江以南各省的原野湿地。

生物成分

据测定，每100克可食鱼腥草含水分91.3克，蛋白质2.2克，脂肪0.4克，碳水化合物6.0克，膳食纤维1.6克，胡萝卜素、维生素C、K及绿原酸、棕榈酸、亚油酸、油酸、硬酸等有机酸，挥发油中有效成分醛酮化合物癸酰乙醛、月桂醛，还含微量元素钾、钙、磷、锌、硫酸钾、β-谷甾醇、蕺菜碱、黄酮类化合物等。

食材性能

1. 性味归经

鱼腥草，味辛，性寒；归肺、肝、脾经。

2. 医学经典

《分类草药性》："消水肿，去积食，补虚弱，祛鼓胀。"

3. 中医辨证

鱼腥草具有消肿排毒、消热解毒、利尿祛痰，用于肺脓肿排脓生肌、痰热喘咳、热痢、热淋、痈肿疮毒等症的食疗辅助康复。

4. 现代研究

鱼腥草中的有效成分鱼腥草素在体外试验，对卡他球菌、流感杆菌、肺炎球菌、金黄色葡萄球菌有明显抑制作用，鱼腥草还有镇痛、止血、抑制浆液分泌，促进组织再生等作用，可用于治疗肺炎、肺脓疡、热痢、疟疾、水肿、淋病、白带、痈肿、痔疮、脱肛、湿疹、秃疮、疥瘤等。

食用注意

（1）体质虚寒及阴性外疡者忌食。

（2）体质阴虚者尽量不要食用。

传说故事

越王勾践与鱼腥草

传说，浙江绍兴地区在春秋时期是越国的地界。当年越王勾践做了吴王夫差的俘虏，勾践忍辱负重，百般假意讨好夫差，才被放回越国。回国后勾践卧薪尝胆，发誓一定要使越国强大起来，以雪亡国之耻。勾践回国第一年，越国碰上了罕见的荒年，百姓无粮可食，为了和国人共渡难关，勾践亲自翻山越岭寻找可以食用的野菜。在三次亲口尝野菜中毒后，勾践终于发现了一种可以食用的野菜，这种野菜生长能力特别强，像韭菜一样，总是割了又长，生生不息，于是，越国上下竟然靠着这小小野菜渡过了难关。而当时挽救越国民众的那种野菜，因为有鱼腥味，便被勾践命名为"鱼腥草"。

蒲　菜

一箸脆思蒲菜嫩，满盘鲜忆鲤鱼香。

蒲菜佳肴甲天下，古今中外独一家。

——《蒲菜》·明·顾过

物种基源

蒲菜，为香蒲科多年生草本植物香蒲（Typha ltifolia）的假茎，又名蒲黄、长苞香蒲主、阔叶香蒲、达氏香蒲、宽叶香蒲、蒙古香蒲，多生于沼泽、河湖及浅水中，我国江苏、山东、浙江、四川、湖南、陕西、甘肃、河北、云南、山西等地都有分布，尤以江苏淮河段的淮安所产量多、质量高。

生物成分

据测定，每100克可食蒲菜的嫩茎中含水分90.5克，蛋白质1.2克，脂肪0.1克，碳水化合物2克，膳食纤维4克，胡萝卜素、维生素 B_1、B_2、C、E 及谷氨酸等18种氨基酸，还含钙、磷、锌、硒等微量元素。

食材性能

1. 性味归经

蒲菜，味甘，性凉；入肝、脾、心经。

2. 医学经典

《名医别录》："清热凉血，利水消肿，活血化瘀。"

3. 中医辨证

蒲菜，有止血、化瘀、通淋的功效，用于吐血、鼻出血、咯血、崩漏、外伤出血、经闭、痛经、脘腹痛痢、跌扑肿痛、血淋涩痛等症的食疗促康复。

4. 现代研究

蒲菜对子宫的作用及其产褥期的临床应用，总结中指出：通过文献查阅，药理及临床实验，蒲黄确有收缩子宫的作用、止血作用，蒲黄的"祛瘀"本质似乎在于收缩子宫，使得在崩漏，及产后诸病的治疗中，可以同时发挥两种作用，恰是相得益彰。

食用注意

蒲菜，性凉，脾胃虚弱者不宜食用过多。

传说故事

梁红玉抗金食蒲菜

南宋名将韩世忠和夫人梁红玉在镇守京口（镇江）淮安屡胜金兵，立下了卓越的功劳。建炎五年，金兀术兵分两路攻打淮安，梁红玉立即调遣水陆两路宋兵迎击金兵。你别看她是个女子，可真不简单！

她爬到木杆上击鼓指挥战斗，屡战屡胜。金兀术损兵折将，便把淮安视为眼中钉，肉中刺，一心想拔掉这个钉子。

一天深夜，金兀术亲自带领十万精兵，一下子把梁红玉围困在淮安新城里，几天后，包围圈越缩越小，梁红玉在内无粮草外无救兵的情况下，亲自到群众家访贫问苦，发动群众，共商抗金对策。红玉说："四面金兵围得像个铁桶，你们看怎么办？"

一个青年说："请求朝廷调拨粮草救兵。"

梁红玉听后笑道："朝廷得了恐金病，见金就抖，抗金不能指望朝廷了。"

"红玉，我们新城里有这么多的父老百姓。"一个白发苍苍的老人磕着烟锅激昂地说："天塌不下来！"

"对，只要父老们支持，"梁红玉接过话头说，"我就能打败金兀术。"群情振奋，个个摩拳擦掌，万众一心抗击金兵。金兀术下令十万金兵进一步缩小包围圈，要活捉梁红玉。梁红玉全力指挥水师、陆兵抗击敌人。梁红玉打到哪儿，老百姓就把粮草、饭菜送到哪儿。宋兵在百姓的支持下越打越有劲，金兵前进不得。

那时淮安十年九灾，老百姓自己的口粮也很少，但他们为支援宋军抗击金兵，宁可自己剥树皮拔野菜充饥，把从牙缝里省下的粮食送给宋军将士们，因此宋兵越战士气越高。他们决心：人在淮安在，誓死保家乡。

一天两天，一月两月地过去了，老百姓的粮食也吃完了，树皮树叶野菜也快吃光了，这怎么办呢？梁红玉又把大伙儿找来商量办法，大伙儿一合计，决定到柴蒲荡里去挖蒲草根吃。

梁红玉依靠百姓，吃着蒲根，终于打败了金兀术。

第二年春天，韩世忠也来到了淮安。他见夫人梁红玉兵强粮足，便惊疑地问百姓："父老们，你们受苦了！你们哪来的这么多粮食？你们这一个冬春吃的是什么？"

一个调皮的青年说："大帅，我们给部队送去的全是牙根粮，我们这一冬春吃的都是抗金菜。"

"牙根粮，抗金菜？"韩世忠不解地睁大了眼睛望着梁红玉重复道。

梁红玉笑着说："牙根粮就是百姓从牙缝里省下的粮食，抗金菜就是从蒲根上取下的蒲儿菜。"

"啊! 蒲儿菜。"

从此,这一带的人们就把蒲儿菜作为蔬菜吃了。

败 酱 草

败酱何时定,愁怀与夜长。

新秋犹逆旅,故国似他乡。

老马频嘶草,寒蛩空殷床。

思归不成梦,展转及晨光。

——《败酱》·宋·郭印

物种基源

败酱草,为败酱科败酱属多年生草本白花败酱(Patrinia sca-biosaefolia)、黄花败酱或其近缘植物的带根全草。白花败酱又名胭脂麻、山白菜、鹿肠、鹿首、鹿酱、泽败、酸益、野苦菜、苦猪菜、苦斋公、豆豉草、豆渣草、白苦爹、苦苴等。黄花败酱又名野黄花、土龙牙、黄花龙牙、野黄花、龙芽败酱等,因其用于揉有陈败豆酱气息而得名。白花败酱多见于东北、华北、华东、华南及西南地区,黄花败酱分布较广,几乎遍布全国各地。

生物成分

经测定,每100克可食败酱草含水分77.5克,蛋白质1.5克,脂肪1克,碳水化合物9.8克,膳食纤维7.5克,维生素A、B_2、C、视黄醇当量,胡萝卜素及微量元素钙、铁、镁、磷、铜、锌、硒等。白花败酱含白花败酱苷、齐墩果酸等。黄花败酱含齐墩果酸、黄花败酱皂苷A、B、C、D、E、F、G等。

食材性能

1. 性味归经

败酱草,性微寒,味辛,苦;归胃、大肠、肝经。

2. 医学经典

《神农本草经》:"清热解毒,祛瘀排毒。"

3. 中医辨证

败酱草有清热解毒、凉血、消痈排脓、祛瘀止痛的功效,有利于肠痈、肺高热、咳吐脓血、热毒疮疔、疮疖痈肿、胸腹疼痛、痢疾、产后腹痛、疥癣等症的食疗助康复。

4. 现代研究

黄花败酱挥发油有镇静作用,其作用有效成分是败酱烯和异败酱烯;败酱草、败酱根热水提出物均有抗癌作用;败酱草含挥发油、多种皂甙,败酱皂甙由齐墩果酸和鼠李糖、葡萄糖、阿拉伯糖、半乳糖、木糖等组成。败酱草还含鞣质和生物碱等化学成分。此外,败酱草还有丰富的蛋白质和多种维生素。药理研究证明,败酱草有促进动物肝细胞再生,改善肝功能的作用。大量应用,又引起暂时性白细胞减少和头昏、恶心。败酱草浸出液还有较强的抗菌作用,特别对金黄葡萄球菌、福氏痢疾杆菌、伤寒杆菌、绿脓杆菌、大肠杆菌有抑制和杀灭作用。

食用注意

(1) 久病胃虚脾弱、泄泻不止之症,一切虚寒下脱之疾,皆忌之。

（2）产后失血过多，血虚腹痛者忌服。

传说故事

"败酱草"又叫"墓头回"的传说

相传，有一位游方郎中手拿摇铃云走四方给人治病。当他走到一个村庄时，恰逢一家人办理丧事，众人正抬着棺材往坟地走。郎中仔细观察，发现地上有滴滴鲜血的痕迹，便随棺而行，直至墓地。询问后方知棺中是一成年女子，因阴道出血不止而死。郎中说："鲜血淋漓，从棺而出，说明还存一线生机。能否开棺治疗？"死者家属听说还有救治希望，大喜，立即开棺。医生即用一种无名小草，浓浓地煎了一锅，滤汁给病人缓缓灌入，不到一个时辰，病人苏醒，出血停止，又经一番治疗，渐趋康复。

这种小草叫什么名字呢？因病人从墓头抬回，就命名为"墓头回"。现在已经知道，"墓头回"是多年生草本植物"败酱草"，有异叶败酱和糙叶败酱之分，每年秋季采挖，去净茎苗及泥土，晒干，就是中药材墓头回；若用鲜药，可用包括根茎叶的全草，洗净泥土，煎汤内服。

牛　蒡

水外山光淡欲无，堤边草色翠如铺。绿杨风软鸟相呼。
牛蒡叶齐罗翠扇，鹿黎花小隘真珠。一声何处叫提壶。

——《浣溪沙》·宋·王之道

物种基源

牛蒡（Arctium lappa），为菊科牛蒡属二、三年生草本植物的肉质根，又名大力子、大力根、蝙蝠刺、东洋萝卜、牛鞭菜、牛子、白肌人参、黑萝卜、弯把钩等，以顺直、无叉根、无虫痕、表皮无损伤的为好，全国各地均有分布。

生物成分

据测定，每100克牛蒡嫩茎叶可食部分含水分87，蛋白质4.7克，脂肪0.8克，碳水化合物3克，膳食纤维2.4克及胡萝卜素、维生素B_2、D、C和微量元素钙、磷、铁、锌、硒，还含牛蒡甙、咖啡酸、绿原酸、异绿原酸、牛蒡酸等成分。叶茎中还可分离出旱麦草烯、富克酚、蜂头叶酮、蒲公英甾醇等。

每100克牛蒡肉质干品含蛋白质11.3克，脂肪8.5克，碳水化合物25克。

食材性能

1. 性味归经

牛蒡，味辛，苦，性寒；归肺、胃经。

2. 医学经典

《名医别录》："疏散风热，解毒透疹，利咽散肿。"

3. 中医辨证

牛蒡有清热祛湿、健胃和脾、通便、滋阴补肾、益气提神醒脑等作用，适用于风热感冒、咳嗽痰多、麻疹、风疹、咽喉肿痛、疟腮、丹毒和痈肿疮毒等症的食疗促康复。

4. 现代研究

牛蒡根中含有丰富的膳食纤维，膳食纤维具有吸附钠的作用，牛蒡根中钙的含量是根茎类蔬菜中最高的，钙具有将钠导入尿液并排出体外的作用，从而达到降低血压的目的；牛蒡根中所含有的牛蒡甙能使血管扩张、血压下降；牛蒡根中蛋白质的含量也极高，蛋白质可以使血管变得柔韧，能将钠从细胞中分离出来，并排出体外，也具有预防慢性高血压的作用；还能增进肾脏机能正常，促进排泄、增强排汗能力，也能净化血液；牛蒡所含的丰富纤维得以抑制癌细胞的发生，对预防大肠癌有效果；牛蒡中含有很多纤维素，能促使肠道蠕动，有很强的调整肠道功能的能力；牛蒡有促进血液循环、防止中风、辅助治疗便秘、降低血糖的功效；其肉质含有菊糖，尤其适于糖尿病患者食用，对控制尿糖有一定辅助疗效。

食用注意

（1）消化性溃疡者忌食。

（2）牛蒡滑肠，气虚便溏者忌用。

传说故事

一、牛蒡名字的由来

古代，一旁姓老农，一家五口，二亩薄地，一头老黄牛，男耕女织也能维持一家生计。但是家中老母有病，症状三多及视力模糊（糖尿病）。一天，老农耕地累了，在一棵树下睡着了，醒来看到老黄牛在路旁吃草，把牛赶来继续耕地，这老牛拉起犁来比刚开始时轻松多了，他自感有点跟不上趟。第二天老农又去耕地，休息时老牛又到路旁吃草，老农对昨日老牛吃过草后拉犁的牛劲大增有些奇怪，他想看看老牛吃的是啥草。过去一看，只见那草的叶子大而厚，像个大象耳朵，看牛吃得起劲，他就随手拔出一棵，哪知这草的根长得吓人，足有三尺多长，形状有点像山药，掰开里面呈白色，咬一口尝尝微黏带点土腥味，不知不觉把这草根吃完了，也没有不舒服的地方，反而觉得比刚才还精神了。于是，他拔了些带回家，让家人洗干净，切成段，再放几块萝卜一起煮，全家当汤喝。一连喝了七八天，老母亲的眼睛突然明亮了，原来的三多症状也消失了，还能干点体力活了。家中其他人的精神也大有改变，小儿子原来脸色土黄、嘴唇发白，如今变得红璞娇嫩，活泼可爱。全家人坐在一起议论这种草叫什么，给它起个名字，老农说：是老牛吃过这种草后拉犁才有劲的，我姓旁，在旁字上面加个草字头，就叫"牛蒡"吧！小儿子说：老牛吃了这种草就有劲，应该叫"大力根"。从此以后，人们叫这种草为"牛蒡"，也叫"大力根"。

二、牛蒡斗老鼠的传说

在民间曾流传牛蒡斗鼠的神话故事。说的是牛蒡在古时候生长非常茂盛，遍地皆是。种子肥厚，富含油性。被老鼠发现，尝其味道，又香又甜，强似其他食物。于是每当种子成熟时，成群结队的老鼠便来收获。吃过牛蒡的老鼠不但肥大，而且繁殖很快，几年工夫，牛蒡就所剩无几，连繁殖的种子也不多了。且被咬过的种子，在一般地里不生长，只有肥沃的地里才能生长。为对付老鼠，保存自己，牛蒡开始想办法，它先用苞片把种子包起来，成熟时一下裂开，种子入地繁殖，免遭鼠害。老鼠也不示弱，不等牛蒡成熟裂开就吃掉。牛蒡又把苞片向外长长，并裂成针状，先端带钩。这下可把老鼠治住了，当它去吃时，带钩的刺从四周钩住鼠毛，老鼠无法挣脱，多有饿死者。从此，老鼠不敢再吃牛蒡子了。人们称牛蒡子为鼠粘子，而牛蒡子只能生长在牛粪旁等一些肥地。

蒲 公 英

一个小球毛蓬松，
对它轻轻吹口气，
飞出许多小伞兵。
风啊！风！
请把伞兵送一送，
到了明年三四月，
路边开满蒲公英。

——《儿歌》·流传于江苏沿海

物种基源

蒲公英（Taraxacum mongoli-cum），为菊科蒲公英属多年生草本植物蒲公英的嫩苗。又名蒲公草、食用蒲公英、尿床草、西洋蒲公英、凫公英、構褥草、地丁、金簪草、孛孛丁菜、黄花苗、黄花郎、鹁鸪英、婆婆丁、白鼓丁、黄花地丁、蒲公丁、真痰草、狗乳草、地蜈蚣、鬼灯笼、羊奶奶草、双英卜地、黄花草、古古丁、茅萝卜、黄花三七、仆公英、奶汁草、仆公罂等。其独特的种子构造，使蒲公英传播到世界的每一个角落。近年从法国引进了厚叶管花蒲公英，适应性很强，耐寒耐热又耐碱，以叶多、灰绿色、根长且完整、花黄者为佳。全国各地均有分布。

生物成分

据测定，每100克可食蒲公英嫩苗，含水分85.5克，脂肪1.19克，蛋白质4.8克，碳水化合物5克，膳食纤维2.1克，胡萝卜素、维生素A、B_1、C、硫胺素、尼克酸及微量元素、钙、磷、铁、镁、锌、锰、硒、铜等，还含蒲公英甾醇、胆碱、菊糖、果胶、蒲公英素等。

食材性能

1. 性味归经

蒲公英，味微甘，苦，性寒；归肝、胃经。

2. 医学经典

《本草图经》："清热解毒，消肿散结，利尿通淋。"

3. 中医辨证

蒲公英具有清热祛毒、凉血散结、通乳、利尿，适用于内痈、乳痈、肺痈、肠痈、目赤、感冒发热、蛇虫咬伤、痈疖疔疮等症，民间还用于人体排结石。

4. 现代研究

蒲公英含有丰富的矿物质，不仅能帮助预防缺铁性贫血，而且其中的钾和钠能共同起到调节人体内水盐平衡的作用，并可稳定心率；蒲公英含有丰富的卵磷脂，可以预防肝硬化，增强肝和胆的功能；蒲公英含蒲公英醇、胆碱、有机酸、菊糖、葡萄糖、维生素C和维生素D、胡萝卜素等多种营养素，同时含有丰富的微量元素，其中最重要的是含有大量的铁、钙等人体所需的矿物质，能清热解毒、利尿散结。

食用注意

（1）蒲公英性寒，脾胃虚寒者慎食。

（2）不宜多食，会引起胃不适。

传说故事

一、蒲公英舍己救竹王子的传说

很久以前，在花王国里，国王有五个女儿，她们是：牡丹公主、玫瑰公主、水仙公主、百合公主，最小的便是蒲公英。与四个姐姐相比，她没有牡丹的雍容华贵，少了玫瑰的鲜艳美丽，缺失水仙的清新淡雅，无法与百合的芬芳馥郁媲美，她只是最不起眼的淡而又淡的小花。

后来，邻近的竹王国里，国王派使者前来求婚，四个姐姐跃跃欲试，只有蒲公英躲在角落里。虽然，她也很喜欢竹王子，可她却不敢露面，结果，牡丹和百合两位姐姐被选中，随使者而去，开始了她们的新生活。

但是，不久之后，竹王子得了一种怪病，浑身上下长满黄斑，如不及时治疗就会枯萎致死。要想治病必须去遥远的天山采那冰峰上的雪莲才行。这时蒲公英不顾父王及母后的坚决反对，毅然决然地踏上了艰难的征程。为了救回竹王子的生命，她不惜牺牲自己的一切。

当她来到天山脚下时，遇到了守候雪莲的女巫，女巫告诉她："你要拿走雪莲必须答应我一个条件：从此浪迹天涯，不能再回到花王国去。"为了自己挚爱的竹王子，蒲公英答应了女巫的条件。

竹王子因此得救了，蒲公英也因此开始了漂泊的生命历程，她的种子在风的吹拂下四处飘散，花儿开遍了大江南北，成为最普通的路边野花……

二、蒲公英治奶疮的传说

有一户人家的小姐忽然得了奶疮，又红又肿，疼得坐立不安。在封建礼教下，羞于开口，不愿让别人知道，一直强忍着。终于被其母发现了，以为她有越轨之事，骂道："不要脸的东西才害这种见不得人的病，给爹妈丢人啊！"小姐听出母亲话中有话，是对自己犯了疑心，又羞又气，可又无法说清，于是心一横，趁夜深人静，独自出走，来到江边，投江自尽。正巧，江边有一条渔船，船上有个姓蒲的老渔夫和他的女儿英子趁着月光撒网捕鱼。见有人投江，渔家姑娘识水性，忙跳入江中把小姐救起。问其缘由，小姐把患乳疮的事告诉了姑娘，姑娘告诉了老渔翁。老渔翁想了想说："明天你给她挖点药去。"

第二天，渔家姑娘按老渔翁的指点，从山上挖回一种有锯齿长叶、长着白绒球似花的野草，熬成药汤，给小姐喝了。过了些日子，小姐的病就好了。

小姐家里人听说女儿投江自尽，父母知道冤屈了女儿，又悔又急，忙派人到处寻找，一直找到渔船上。小姐哭别渔家父女，老渔夫让小姐把剩下的药草带着，嘱咐她如再犯病时煎着吃，小姐给老渔夫磕了三个头，回家去了。后来小姐叫人把药草栽到花园，为了纪念渔家父女，因为只知老渔夫姓蒲，尊称：蒲公，姑娘叫英子，她给这种药取名叫"蒲公英"。从此，蒲公英治奶疮就传开了。

刺　儿　菜

小院长畦就地裁，辣椒茄子竞相排。施肥浇水也宽怀。

末减孤鸿啼梦怨，频添只犬绕膝哀。刺儿菜盛少人摘。

——《浣溪沙·小菜园》·现代·古再丽

物种基源

刺儿菜，为菊科刺儿菜属多年本草本植物小蓟（Cephalano plos segetum〔Cirsium segetum〕）的嫩茎叶，又名野红花、小刺盖、小蓟、小刺儿菜、曲曲菜、青青菜、刺角菜，食用以鲜品为佳，以鲜嫩、无异味、无虫害者质优，全国各地均有分布。

生物成分

据测定，每100克可食嫩刺儿菜茎叶含水分87.5克，蛋白质4.5克，脂肪0.4克，碳水化合物4克，膳食纤维1.8克，胡萝卜素、维生素A、B₁、B₂、C、E、硫胺素、尼克酸及微量元素钾、钙、镁、磷、钠、铁、锰、锌、铜，还含视黄醇当量、挥发油、生物碱和菊糖等物质。

食材性能

1. 性味归经

刺儿菜，味甘，性凉；归心、肝经。

2. 医学经典

《食用本草》："凉血止血，祛痰消肿。"

3. 中医辨证

刺儿菜解毒消痈，清热凉血、止血，适用于衄血、吐血、尿血、便血、崩漏下血、外伤出血、痈肿疮毒等症的食疗助康复。

4. 现代研究

刺儿菜含挥发油、生物碱、菊糖和多种水溶性维生素，有清热解毒、消炎、止血和恢复肝功能、促进肝细胞再生的作用，且有较显著而持久的降血压作用，还具有抗氧化、抗衰老、提高免疫能力、抑制肝癌细胞生长的功能。

食用注意

（1）脾胃虚寒而无瘀滞者忌食。

（2）刺儿菜含生物碱等物质，常食可致脾胃虚寒，血瘀气滞，故不可多食。

传说故事

朱元璋与刺儿菜

相传朱元璋小时候，有一年在逃荒中与家人失散，经过一片荒野，前不着村后不着店，他又累又饿，实在走不动了，便一屁股蹲在了地上。他向四周巡视，这个地方空旷、荒凉，没有几棵树，地上长着稀疏的灌木和大片的野菜。那些野菜长着锯齿一般的叶子，一棵挨一棵，一丛连一丛。他饿极了，随手采起一把野菜塞到了嘴里，从来都没吃过野菜的他一尝，一丝甜甜、清香的味道在口中弥漫开来。他很激动，从没吃过这么好吃的美味，于是他狼吞虎咽地吃了个肚儿圆，浑身也有力气了，不敢停留太久，他又采了些野菜，带着备用，并且发誓，等他登基当了皇帝，一定封赏这种菜。

后来，他真的当上了皇帝，他封赏了大臣、官兵，封赏了一些奇花异草，却把那种野菜给忘了。十年以后，他的銮驾又经过那里，又看到了那种救过他命的野菜，急忙吩咐人呈上来，他捡了几棵放到嘴里，却"啪"地又吐了出来，只觉得满口的苦涩，和当年的味道完全不同了！他忙问当地的官员这是怎么回事？那官员战战兢兢地说，以前这种野菜是甜的。可是不知为什么以后就变苦了。朱元璋仰天长叹："我心中有曲啊！以后就叫它曲菜吧！"

这就是曲菜名字的来历。尽管传说已无从考证，一种野菜也不会因为没被封赏而改变了其味道，但人们对曲菜的喜爱是不言而喻的。

鸭 跖 草

鸭跖青翠披针形，群雁声声对花吟。
只缘紫色非可食，盆移斗室亦赏心。

——《鸭跖草》·清·董月琪

物种基源

鸭跖草（Commelina communis），为鸭跖草科鸭跖草属一年生草本植物。又名鸡舌草、鼻斫草、碧竹子、碧竹草、青耳环花、碧蟾蜍、竹叶草、耳环草、地地藕、蓝姑草、淡竹叶菜、竹鸡草、竹叶菜、碧蝉花、水竹子、露草、帽子花、三策子菜、竹叶兰、竹鸡苋、竹根菜、三角菜、牛耳朵草、鸭食草、水浮草、鸭子菜、菱角伞、碧蟑蛇、竹管草、鸭脚草、竹剪草、兰花草、野靛青、靛青花草、萤火虫草、鸭脚青、挂蓝青、雅雀草、兰紫草、哥哥啼草、兰花水竹草、竹叶活血丹、竹叶水草、水竹叶草、竹叶青菜、鸭脚板草、竹夹菜、翠蝴蝶、鹅儿菜、鸡冠菜、蓝花姑娘、鸭仔草等。以新鲜嫩绿、无虫害、无异味、无腐烂者佳。除西北外，全国各地均有分布。

生物成分

经测定，每100克可食新鲜鸭跖草含水分88.6克，蛋白质2.8克，脂肪0.2克，碳水化合物5克，膳食纤维1.2克，维生素A、B_1、B_2、C、胡萝卜素、尼克酸、视黄醇当量及微量元素钙、磷、铁、镁、锌、硒；还含1-甲氧甲酰基-β咔啉、哈尔满和去甲哈尔满等。

食材性能

1. 性味归经

鸭跖草，味甘，淡，性寒；归肺、胃、小肠、膀胱经。

2. 医学经典

《本草汇言》："清热、泻火、利尿、解毒。"

3. 中医辨证

鸭跖草具有清热解毒、利水消肿、清火凉血的功效。适用于伤风感冒初起、高热烦渴、水肿尿少、痈肿疮毒、小儿丹毒等症的食疗助康复。

4. 现代研究

鸭跖草有清热解毒的功效，既能清气分热毒，又可达邪于表，故能起到较好的退热作用。用于风热感冒、高热不退，有良好的利尿作用，可治疗肾炎、小便不利等症；此外，还含有丰富的维生素和钙、磷等矿物质。

食用注意

(1) 紫花鸭跖草有毒，不能食用。
(2) 脾胃虚寒者不宜多食。

传说故事

华佗与鸭跖草

相传，三国时的一天傍晚，华佗师徒看病采药来到一个小村庄，找了户人家落脚，主人听说是华佗师徒，欣然同意，并热情款待。饭后，众人坐在院子里乘凉，谈笑间，华佗看见两个小孩坐在石凳上玩，经过一天暴晒，此时石凳还很热，华佗便叫住他们，两个小孩又蹦跳着在院子里追逐玩耍。

夜间，华佗放下书本刚躺下准备休息，却听见外面传来主人声音："华大夫，您睡下了吗？"声音听起来有几分急切。华佗穿衣起身，把主人请入。"华大夫，深夜打扰您真是对不住，只是两个小孩入夜便叫着肚子胀，想小便却解不出，我本想过一阵子就好，深夜了也不好意思打扰您，可都一个小时了，还是便不出，华大夫，请您想想办法吧。"华佗急忙赶去看了小孩，面色通红，气稍急，小腹膨隆，叫着要尿尿。华佗又问了主人两小孩白天去过哪里，做了些什么，又想了想，记起两小孩傍晚坐石凳的事，定是坐了那石凳，热毒伤人，阻滞膀胱窍道。便叫主人拿了灯火，记得门前有个池塘，说不定那里有可治此症的草药。"果然有它，走吧。"华佗叫人拿了他采的草药，煮了水给小孩喝，两小孩喝了之后片刻便迫不及待地在卧房里长长的解了个小便，所有的人都笑了。华佗告诫他们，以后不要坐太阳晒烫了的石凳，两小孩一边叫着知道了，一边又嬉戏起来，其父叫骂了才上床睡觉。华佗在池塘采的中草药便是鸭跖草，它能清热解毒、利水消肿，之后，鸭跖草能治尿闭的事便在这个村庄传开了。

莼　菜

青丝族钉莼羹味，白雪堆盘缕脍鲈。
我向松江饫鲜美，菜肠今更食新菰。
——《泊吴江食莼鲈菰菜二首》·宋·袁说友

物种基源

莼菜（Brasenia schreberi），为睡莲科莼菜属多年生水生宿根草本植物水葵的嫩茎叶。又名马蹄草、驴脚蹄、水莲、蓴菜、湖菜等，是我国特有的水生高档野生蔬菜，产于我国东南部，分布于江苏、浙江、湖南及西南等地，生于池塘、湖泊中。以江苏太湖、杭州西湖莼菜最负盛名。

生物成分

据测定，每100克可食新鲜的莼菜含水分87克，蛋白质1.4克，脂肪0.1克，碳水化合物

3.3克，膳食纤维0.5克，富含维生素A、D、胡萝卜素、尼克酸及微量元素钙、磷、铁、锌等。此外，还含有多种氨基酸，如亮氨酸、苯丙氨酸、蛋氨酸、脯氨酸、精氨酸、苏氨酸等，莼菜叶背面分泌的琼脂样黏液中含有阿拉伯糖、岩藻糖、半乳糖、葡萄糖醛酸、甘露糖、鼠李糖、木糖等。

食材性能

1. 性味归经

莼菜，味甘，性寒；归肝、脾经。

2. 医学经典

《本草汇言》："清胃火、散热痹、消酒积、止咳嗽。"

3. 中医辨证

莼菜，能清热利水、消肿解毒、止咳止泻。有益于疗疽疔疮、清胃火、泻肠热、除烦、解热、消解百药毒、厚肠胃、安下焦等症。

4. 现代研究

莼菜含有莼菜多糖，能增加免疫器官——脾脏的重量，还能明显地促进巨噬细胞吞噬异物细胞的功能。医药研究还证实，大多数癌症患者的巨噬细胞功能显著下降，而多糖则通过宿主中介作用，强化机体的免疫系统，增强免疫能力，达到预防癌症的目的。莼菜的黏液质具有缓解癌症症状及降血压的作用。

食用注意

（1）莼菜，性寒而滑，多食容易伤脾胃。
（2）脾阳不振、大便溏薄之人忌食。
（3）妇女月经期和孕妇产后忌食。

传说故事

一、莼菜的由来

很早，奉化东面海边有个八百多亩的湖，湖里生长着一批碧绿碧绿的菜。有个看鸭癫头每日早上赶鸭放在湖里，鸭子吃光了湖面的菜后，第二天湖面又长出碧绿的菜叶，连冬天也一样。看鸭癫头非常奇怪，同村有人讲："这恐怕是神菜，若送到京城去，恐怕要当献宝状元哩。"

鸭癫头果真拔了一株"神菜"，特意送到京城。皇帝一看这么颗破草，火烧头顶，开口讲："大胆刁民，竟敢戏弄朝廷，绑出去杀头！"看鸭癫头又怕又悔，顺手一甩，把这株菜甩到御墙上。

过了两个月，皇太后生病了，太医医不好，皇帝正着急。有日夜里，他做了一个梦，梦见鸭癫头讲："皇上若要太后病好，只有吃我甩在墙头上的神菜。"皇帝有点不相信，叫太监去墙头寻寻看，太监抬头一望，果然看到上次癫头甩在墙上的菜还透着新鲜碧绿，皇帝连忙采下来给太后吃，太后吃了神菜后，毛病立时三刻好了，还讲："皇儿，这菜味道真好，还有么？下餐给我多进一些！"

皇帝知道自己杀错了送菜人，追封其为"献宝状元"，钦赐菜名叫"莼菜"，出产莼菜的湖叫莼湖。

不管咋样，莼湖是产莼而得名。但那种叫作"莼菜"的菜，在莼湖早已销声匿迹，只留一名而已。

二、杨贵妃与莼菜

唐开元年间，奉化县境内有个龙虎村。村前十里湖，村后二十里山，是个山水秀丽的鱼米乡。可惜十里湖有孽龙常兴风作浪，掀翻渔船，二十里山有猛虎常伤害牲畜人命。好端端的一个村子被龙盘虎踞着，扰得龙虎村十年九荒，民不聊生。

村中有个叫鲁锵的后生，他爹打鱼被孽龙翻船丧生，他娘砍柴被猛虎叼走。鲁锵发誓，要除去龙虎。一夜，鲁锵梦见一位老翁讲："现在贵妃娘娘生了重病，玄宗布告天下，有能医愈贵妃病的，要金赏金三千，要官官封四品。明日一早，你去湖中采一棵百年大莼菜，送进京城，定能治好杨贵妃的病。到时你可向玄宗皇帝请求，要求万岁起一个没龙虎二字的村名，村子便会太平。"

第二天清早，鲁锵去湖中打鱼，见湖心红光焰焰，鲁锵暗暗称奇，双桨齐发，向湖心划去。

原来这些红光都是从一棵特大的莼菜心里发出来的。莼菜是生在湖面上的一种水草，开着暗红色的小花，椭圆形的叶面上有黏液。鲁锵细细一看，不错，是莼菜，凭着这朵碗口大的花朵，少讲也有百年。

鲁锵忍饥挨饿，这一日到了京城，揭下了皇榜，进宫献上了这株百年稀奇的莼菜。监膳官、御膳官验证之后，御膳房便做了"莼菜汤"，让杨贵妃服用。

贵妃数月病魔缠身，服过的"神药"、"仙丹"何止十种百种，但都不见效。说来奇怪，今日杨贵妃光咽下一口莼菜汤，便觉气顺脉通。二口下喉，那瘪下去的肢体、脸皮便渐渐鼓了起来。三口下肚，杨贵妃便觉四肢有力，脸色发光，能下床走路了。杨贵妃喜极了，一口气把莼菜汤喝了个碗底朝天……

杨玉环病愈，唐玄宗眉开眼笑。他传旨让鲁锵上殿，问："你是想做官还是要金银？"

鲁锵讲："万岁，小民并非为金钱和做高官而来。只求万岁金口，为我村起个没有龙虎二字的村名。"

坐在一旁的杨贵妃，忙起身奏道："万岁，何不将药师的村起名为莼湖村？"

皇帝圣口一开，说也奇怪，猛虎销迹了，恶龙失踪了。这一带便成了五谷丰登、六畜兴旺的鱼米之乡。

榆　钱

风吹榆钱落如雨，绕林绕屋来不住。
知尔不堪还酒家，漫教夷甫无行处。
——《戏咏榆荚》·唐·施肩吾

物种基源

榆钱（Ulmuspumila.），为榆科榆属木本植物榆树的翅果。又名榆荚、榆实、榆仁、榆子、榆荚仁等。榆树又名白榆、家榆、胡榆。翅果也称种子，因圆薄似铜钱而被称为榆钱。榆树广布我国北部，长江以南也有种植。因榆钱与"余钱"是谐音，因而就有了吃榆钱就可以"余钱"的说法。

生物成分

据测定，每100克可食鲜榆钱含水分85.2克，蛋白质4.8克，脂肪0.4克，碳水化合物3.3克，膳食纤维4.3克，维生素A、B_1、B_2、C、E、尼克酸及微量元素钙、磷、硒、铁等成分。

食材性能

1. 性味归经

榆钱，味甘，微辛，性平；入肺、脾、心经。

2. 医学经典

《中国中药资源志要》："健脾安神、清心降火、止咳化痰、清热利水、杀虫消肿。"

3. 中医辨证

榆钱具有清除湿热、通淋利便、和胃健脾、消食。适用于神经衰弱、失眠、食欲不振，对妇女白带多、小儿疳积羸瘦有食用之益，外用可治疗疮癣等顽症，常适量食榆钱可助消化、防便秘等。

4. 现代研究

榆钱果实中含烟酸、抗坏血酸等酸性物质和无机盐，有健脾益胃、清热安神、清肺热、降肺气、止咳化痰之功效，有益于咳嗽痰稠之病症的食疗助康复。

食用注意

（1）胃溃疡、十二指肠溃疡患者慎食。
（2）脾、胃虚弱者不可多食。

传说故事

王子的胃口

古时候，有一位王子和他的臣子们战败了，在亡命途中，又饥又渴，来到一个村庄，遇上一位老妇人，王子命令老妇人贡献出最好的食物来。在那连年战乱的时代，哪有什么好的食物呢？老妇人只好把用榆钱做成的糕团献给王子。王子吃了，觉得香甜可口，一连狼吞虎咽了三四个糕团，还大加赞赏了一番。后来，王子继了位，吃腻了王宫里的丰美佳肴，突然想起以前吃过的榆钱糕团，便派人去向老妇人索取。榆钱糕团索取到手，王子刚咬了一口，就觉得十分苦涩，粗粝难咽，于是大怒，下令杀了那无辜的老妇人。

香 薷

紫金香薷望天南，南极仙杖落下凡。
心为济世挽沉疴，鹿鹤二童见亦难。

——《咏紫金香薷》·宋·高谷成

物种基源

香薷（Elsholtzia ciliata），为唇形科植物海州香薷的嫩茎叶。又名香菜、香茅、香绒、石香茅、石香薷、香茸、紫花香茅、蜜蜂草、细叶香薷、小香薷、小叶香薷、石艾、七星剑、夏月麻黄、香茹、香草等。生于山野，除西藏、新疆、内蒙古、青海外，大部分地区都有产出。

生物成分

据测定，每100克可食香薷含水分87.8克，蛋白质4.5克，脂肪0.4克，碳水化合物4.1克，膳食纤维1.8克及维生素 A、B_1、B_2、C、E、视黄醇当量、尼克酸及微量元素钙、镁、锰、锌、钾、铜、钠、磷等。还含挥发油，油内主要为香荆芥酚、百里香酸及对聚伞花素和烯类等成分。

食材性能

1. 性味归经

香薷，味辛，性微温；归肺、脾、胃经。

2. 医学经典

《本草经疏》："解寒散通，通气解痛。"

3. 中医辨证

香薷，可发汗解表、和中利湿。有益于暑湿感冒、恶寒发热、头痛无汗、腹痛吐泻、小便不利等症。

4. 现代研究

香薷挥发油有抑菌作用，对金色葡萄球菌、脑膜炎双球菌、伤寒杆菌等均有抑制作用。水煎剂对病毒 E、C、H、O 均有抑制作用。并具有镇痛、镇静和增强人体免疫功能的作用。对治疗感冒、治疗暑泻、小儿上呼吸道感染均有辅助食疗效果。

食用注意

（1）表虚自汗、阴虚有热者禁食。
（2）火盛气虚、阴虚有热者忌食。
（3）香薷与山白桃相克。

传说故事

紫金香薷的传说

相传，王母娘娘生了七个女儿，按太阳七彩光色——赤、橙、黄、绿、青、兰、紫排列。从居住、衣服到生活器具颜色与排名均相一致。

一日，七仙女在紫霞宫，往临窗香案上的紫金燻香炉中加燻香草，刚准备点燃燻香草，表哥二郎神蹑手蹑脚进了紫霞宫闺房，一把抱住七仙女想温存云雨一番，七仙女挣扎时，碰翻了香案上的紫金香燻，越窗落入人间海州，未点燃的燻香草在海州生根发芽，这就是现在的海州香薷。

清　明　菜

六朝人物随烟埃，金舆玉几今安在？
洪武出殡十三门，怀远生出清明菜。

——《清明菜》·民国·李志信

物种基源

清明菜，为菊科鼠曲草属一年生或二年生草本植物鼠曲草（Gnaphalium affine〔G. multiceps〕）嫩茎叶。又名佛耳草、鼠曲草、棉絮头、寒食菜、白头菜、鼠耳草、无心草、香茅、猫耳朵、田艾、白芒草、黄花曲草，以色油青有光泽，叶肥色艳者为佳，分布于华东、华南、华中以及西南各地。

生物成分

据测定，每100克可食清明菜含水分85.3克，蛋白质3.1克，脂肪0.6克，碳水化合物6.8克，膳食纤维2.1克，维生素A、B_1、B_2、C、胡萝卜素、视黄醇当量及微量元素钙、磷、铁、锌和尼克酸。还含有生物碱、甾米醇、挥发油和甙类等。

食材性能

1. 性味归经

清明菜，味甘，性平；归肺经。

2. 医学经典

《本草纲目》："纯阳之性，通十二经，具回阳、理气血、逐湿寒、止血安胎。"

3. 中医辨证

清明菜，可祛风除湿、调中益气、止咳化痰、养肝明目。对月经不调、经痛腹痛、流产、子宫出血及风湿、头风、月内风、眼热目赤等症有食疗助康复的效果。

4. 现代研究

清明菜，有止咳化痰、降压降脂、祛风之功。富含黄酮甙、挥发油、叶绿素等，对金色葡萄球菌有抑制作用。并具有扩张局部血管、降血脂、软化血管、降低血压，还可用于非传染性局部溃疡及创伤、镇咳、镇痛作用等疾病食之助康复。

食用注意

清明菜虽性平，但脾、胃虚弱者不宜多食，多食会引起胃部不适。

传说故事

清明菜的由来

南京有首民谣："南京地方有三怪，龙潭姑娘像老太，萝卜当作瓜果卖，十三城门出棺材。"

最后这一怪，说的是明朝开国皇帝朱元璋，他死后的第一个清明节，在同一个时辰，用同样的仪式从当时的神策、金川、仪凤、怀远、清凉、石城、三山、聚宝、通济、洪武、朝阳、太平、钟阜十三个城门出殡。谁也不知道朱元璋睡在哪一个棺材里。从在怀远门抬出那个棺材埋好后，升鞭炮祭奠。不巧，一个爆竹落到供桌上，将供菜碗盘炸翻，落地打碎。祭祀后，破碗盘和落地的供菜自然无人问津。夜色降临，供菜被田鼠衔进洞中，美餐一顿，剩下的从鼠洞长出了似菊非菊的草，这种草长出时正值清明节，人们就叫它"清明菜"，又是从鼠洞中长出来的，故又名鼠曲草。

罗　勒

鄂中零陵香，时珍治眼障。
用籽三五粒，八目无大妨。

——《罗勒》·清·能悟

物种基源

罗勒（Ocimum basiticum），为唇形科罗勒属一年生芳香草本植物萝芳的嫩叶，又名毛罗勒、零陵香、香草、九层塔、光明子、省头草等。

早在 1300 多年前，我国就有了罗勒栽培和加工方法的记载。罗勒野生于阴湿处，分布于云南、四川、广东、广西、福建、台湾、江苏、湖北、山东、山西、辽宁等地。

生物成分

据测定，每 100 克可食鲜嫩罗勒含水分 86.2 克，蛋白质 3.8 克，脂肪 0.3 克，碳水化合物 4.6 克，膳食纤维 3.9 克，茎、叶、花含芳香油，其主要成分为罗勒烯、α-蒎烯、芳梓醇、柠檬烯、甲基胡椒酚、丁香油酚、丁香洒酚甲醚、茴香醚、桂皮酸甲酯、糠醛等。果实（光明子）含蛋白质、脂肪、碳水化合物等。

食材性能

1. 性味归经

罗勒，味辛，性温；归胃、心经。

2. 医学经典

《嘉祐本草》："消肿止痛、活血通经、解热消暑、调中和胃。"

3. 中医辨证

罗勒有疏风行气、消食除秽、活血化湿、解毒。用于外感头痛、食胀气滞、脘痛、泄泻、月经不调。其种子又名光明子，质坚硬，富含油质，性味甘、辛、凉。主治目昏浮翳、多眵及口腔臭、齿黑、走马牙疳等症。外用可治疗蛇虫咬伤、湿疹等症。

4. 现代研究

用罗勒治疗女性排卵功能障碍，3 个月为一疗程，疗效显著，并能治疗气性坏疽。

食用注意

罗勒虽性温，但脾胃虚寒、久泄痢疾者勿食。

传说故事

罗勒治眼疾的传说

李时珍记载：以前庐州县县令彭大辩子在临安，突然得了红眼病后视物不清。一和尚拿罗勒籽洗净晒干，每一次放一粒在眼内，闭上眼片刻后，罗勒籽连同眼内的秽物而出，治愈了红眼病和视物不清。另一方法，是将罗勒籽研成细末和水制成汁，点入眼中也有效。李时珍云：

"我曾经取罗勒籽放入眼中，结果籽也胀大了。大概是因这籽被打湿后的原因，所以可黏附在眼膜上的尘物，然而眼中容不下一粒尘埃，而放入这籽三五颗却并没有妨碍，这大概是一个例外吧。"

车 前 草

庭院深深人悄悄，埋怨鹦哥，错报韦郎到。
压鬓钗梁金凤小，低头只是闲烦恼。
花发江南年正少，红袖高楼，争抵还乡好？
遮断行人西去道，轻躯愿化车前草。

——《蝶恋花》·近代·谭献

物种基源

车前草（Plantago asiatica），为车前科车前属多年生草本植物车前或平车前（Plantago depressa Willd.）的嫩茎叶。又名车前菜、车轮菜、当道牛遗、牛耳朵草、牛舌草、蛤蚂草、猪耳草、车辖辘菜、芣苢、地衣、蛤蟆衣衣等。原产于我国和亚洲东部，现全国各地都有分布，以江苏、安徽、江西产出较多。

生物成分

据测定，每100克可食鲜车前草的嫩茎叶，含水分79克，蛋白质4克、脂肪1克，碳水化合物10克，膳食纤维3.3克及胡萝卜素、维生素B_2、B_6、C、K、硫胺素、微量元素钙、磷、铁。此外，还含胆碱、钾盐、柠檬酸、熊果酸、草酸、棕榈酸、桃叶珊瑚甙、β-谷甾醇、车前甙、环烯醚萜类等。

食材性能

1. 性味归经
车前草，味甘，性寒；归肝、肾、肺、小肠经。

2. 医学经典
《名医别录》："清热利尿，祛痰，凉血，解毒。"

3. 中医辨证
车前草具有利水通淋、清肝明目、润肺化痰、凉血止血功效，适用于水肿尿少、热淋湿痛、暑湿泻痢、暑热咳嗽、吐血衄血、痈肿疮毒等症食疗助康复。

4. 现代研究
车前草及车前子不仅有显著的利尿作用，而且有明显的祛痰、抗菌，还有防肿瘤的作用。车前草、车前子中的腺嘌呤的磷酸盐有刺激白细胞增生的作用，适用于防治各种原因引起的白细胞减少症。所含琥珀酸对金色葡萄球菌、卡他球菌及绿脓杆菌、变形杆菌、痢疾杆菌有抑制作用，同时还有抑制胃液分泌和抗溃疡的作用。

食用注意

精气不固虚滑者禁用车前草。

传说故事

一、车前草治血尿病

相传，北宋皇祐五年（1053 年）8 月，吉安县永和一带发生瘟疫。当地人因受盛暑湿热、泄泻不止，个个脸色蜡黄。请来许多名医都束手无策。无奈，只有到乡下去寻找偏方。适逢一位土郎中献上一束草药，没想到一剂服下，泄泻即止。再服一剂，疾病痊愈。众人大为惊讶。第二天，群众去向土郎中道谢并求其再赐神药仙草，郎中听了哈哈大笑说："什么神药仙草！那只不过是一种路边野草而已！"众人忙问"此草何名？生于何方路旁？"郎中便娓娓讲道："当年汉将马武领兵伐匈奴，不料兵败被困，军中粮尽水竭，数万将士众多患"血尿病"，生命危在旦夕，唯有三四战马因常啃路上车辙的无名小草，而幸免此疫。细心的车夫发现此况，便挣扎着往车道中扯来那种无名小草，生嚼吞食，不料所患痈疾竟然好了。他高兴异常，忙将此事禀告马武，马武即下令全军服用，几天内，患者痊愈，终于杀出重围。后来马武想到这次死里逃生，无限感慨地说："全军死而复生，全仗路旁车前之仙草也！"从此，人们管这种野草叫"车前草"。

二、大禹与车前草

很久很久以前，尧舜禹时期，江西由于雨水过多，使得河流因泥沙淤阻，年年发生水灾。老百姓的水田被淹没，房屋被冲，无家可归。

舜帝知情后，要禹派副手伯益前往江西治水。他们采用疏导法，疏通赣江，工程进展很快，不到一年就修到了吉安一带。当年夏天，因久旱无雨，天气炎热，民工们发昏发烧，小便短赤，病倒的人不可胜数，大大地影响了工程的进展。

舜帝知道后，派禹带医师前往工地诊治，仍无济于事，急得禹和伯益将军在帐篷前来回踱步，如坐针毡。

一天，一位老大爷捧了一把野草要见伯益将军和禹，老大爷说："我是喂马的马夫，我观察到马群中有些马匹尿清澈明亮，饮食非常好。而有些马匹却不吃不喝，撒尿短赤而少。原来那些饮食很不错的马常常吃这种草。我就扯了这种草喂那些生病的马，结果第二天这些病马全好了。我又试着用这种草熬成水给一些有病的人喝，结果他们的病也好了。"

禹和伯益听后十分高兴，于是命令手下都去扯这种草来治病，结果患的士兵喝了这种草熬成的水后，不到两天就痊愈了。

因为马匹是在马车前面吃的这种草，所以就将这种草药命名为"车前草"。

三、霍去病将军与车前草

汉代名将霍去病，在一次抗击匈奴的战斗中，由于地理生疏，全军被匈奴围困在一个沙漠地带。时值盛暑，天晴无雨，夜无甘露。由于缺水，时间一长，将士们纷纷病倒，出现小便淋漓、尿赤尿痛、面部浮肿等症状。对此，霍去病很是焦急。一部将发现所有的战马都安然无恙，经他细细观察，原来这些战马都是由于吃了生长在战车前面的一种无名野草。他把这一情况向霍将军做了汇报。霍去病立即命令所有的将士们都用这种野草煎汤喝，果然病情很快得到了控制，一个个奇迹般地痊愈了。霍去病摘起一株车前草，仰天长叹："真乃天助我也。"

四、欧阳修与车前草

宋代文坛大师欧阳修有段与车前草鲜为人知的轶事。欧阳修经常苦于腹泻，虽屡经名医诊治，其效不显。一日，欧阳修夫人对他说："街市上有人出售治疗腹泻的药，三文钱一帖，偏方治大病，何不一试？"欧阳修不屑地说："虽人都有一付肠胃，但有不一样的症状，怎可轻易相信这些民间小术？"夫人无奈，又想出一良策，嘱咐佣人去市上将药买回，让欧阳修用米汤调服，岂料一次即愈。欧阳修痊愈后问夫人米汤里放了什么？夫人如实相告。当他得知只一味车前子时，感叹不已。车前草的叶及子均可作药用。《本草纲目》记载："车前草甘，寒，无毒。主治金疮，……下血、小便赤……能补五脏、明目、利小便、通五淋。"车前子，是车前草的种子，具有清热、止咳、祛痰的功效。

车前草叶子的特殊排列，曾给建筑学家以启示。它的叶子是按螺旋状排列的，第两片叶子之间的夹角都是137°30″，排列整齐，结构合理，所有的叶子都能得到充分的阳光照射。设计师们根据车前草的自然结构仿照设计、建造的按螺旋状排列的楼房，一年四季都有阳光照射所有的房间。

枸 杞 叶

僧房药树依寒井，井有清泉药有灵。
翠黛叶生笼石磴，殷红子熟照铜饼。
枝繁本是仙人杖，根老却成瑞犬形。
上品功能甘露味，还知一勺可延龄。

——《枸杞》·唐·刘禹锡

物种基源

枸杞（Lycium chinense），为茄科枸杞属蔓生灌木植物枸杞的嫩茎叶和幼芽，以鲜嫩、碧绿者佳，主产于宁夏、河北、甘肃、青海等地，华东、华南亦有分布。

生物成分

据测定，每100克可食鲜枸杞茎叶，含水分85.8克，蛋白质5.3克，脂肪1.1克，碳水化合物2.9克，膳食纤维1.6克，胡萝卜素、硫胺素、尼克酸、维生素 B_1、B_2、C 及甜菜碱、芸香碱、谷氨酸、天冬氨酸、脯氨酸、丝氨酸、酪氨酸、精氨酸等氨基酸。还含钙、镁、磷、锌、铜、硒等微量元素。

食材性能

1. 性味归经

枸杞叶，味甘，微苦，性平，微凉；归肝、肾经。

2. 医学经典

《名医别录》："滋补肝肾，益精明目。"

3. 中医辨证

枸杞具有清热补虚、养肝益精、祛风明目、生津止渴、止带的功效。适用于虚劳发热、烦渴、肝肾阳虚或肝热所致的目赤昏痛、涩痛、障翳夜盲、崩漏、带下、热毒疮肿、肾经虚火上炎所致的牙齿松动疼痛等症的食疗促康复。

4. 现代研究

枸杞嫩茎叶及枸杞子有抗氧化、抗衰老、耐缺氧、抗疲劳及对细胞免疫功能有很好的调节作用，并有抗突变、抗肿瘤、保肝、降血脂、降血糖、降血压、抗辐射等功效。枸杞提取液还能促进干乳酪酸杆菌的生长和产气量。

食用注意

枸杞性平凉，脾胃虚寒者应少食。

传说故事

少女责打曾孙

北宋年间，一使者去西河出差，路逢一位大约十五六岁的女子，在用棍棒责打一位八九十岁的老翁，使者误以为女子不孝，拉住那女子询问情由。原来，这老翁竟是那女子的曾孙，只因不肯服用长生不老之良药，才与常人一样老态龙钟，女子因而怒从心起，责以棍棒。使者听后，大吃一惊，一再追问，方知那女子已372岁，只因每日吃一味草药，故而青春常驻。此药正是枸杞子。

草　石　蚕

云罩万山山见小，苍天古树青藤绕。猿啸鹤鸣鸦雀闹。

沿江两岸风光俏，世外桃源归隐妙。此地参禅修道好。

——《浣溪沙·地参》·元·赵石宏

物种基源

草石蚕，为唇形科多年生草本植物甘露子（Stachys sieboldi）地下块茎。又名地参、宝塔菜、银条、银根菜、银条菜、螺丝菜、罗汉菜等。

草石蚕有着深厚而广远的历史背景，其始于夏，兴于唐，盛于明清，名于今。真可谓"草石蚕，故事多，传说汇成河，上下几千年，盛世话更多"。河南偃师草石蚕最为有名。

生物成分

据测定，每100克可食草石蚕，含水分70.15克，蛋白质4.3克，脂肪0.7克，碳水化合物23.7克，膳食纤维0.1克及维生素A、B$_1$、B$_2$、B$_6$、E和20多种微量元素，18种氨基酸、挥发油和单宁、酚类等。

食材性能

1. 性味归经

草石蚕，味甘，性温；归心、肺、肾、膀胱经。

2. 医学经典

《本草汇言》："清肺解表，利五脏，下气，清神。"

3. 中医辨证

草石蚕提神醒脑，开胃化食、补肝肾两虚，强腰膝筋骨之效。具有活血、利尿、通经、滋阳、润燥、通九窍、利关节、养气血等功能，主治腹痛、水肿、产后瘀血、跌打损伤等症，还可用于风热感冒、虚劳咳嗽、小儿疳积。

4. 现代研究

一种被世界食品医药界誉为"健康宝贝"和"超强双歧因子"的物质——水苏糖，作为天然四糖的水苏糖，简单的结构表示为半乳糖-半乳糖-葡萄糖-果糖。是功效最优越的益生元，是已获得美国 FDA 认证的寡糖产品。添加水苏糖的食品，因为具有抗衰老、健康防病的功效，日渐风靡于日本和欧美市场。据现代科学测定：银条富含糖类、酚类、维生素 C、粗蛋白、氨基酸、有机酸等物质，对软化血管、降低血脂、改善血液循环具有独特的疗效。全草可治肺炎。

食用注意

草石蚕，性温，凡温病初起者暂勿食。

传说故事

一、草石蚕与夏桀

据说，当年商朝宰相伊尹辅佐商汤时，"庖厨"出身的伊尹，在"帝喾"庙南的寺庄发现了一种草茎，以生烹熟，以熟着味，居然烹成绝代美味佳肴，为帮助商汤战胜夏桀，伊尹拿出厨师的看家本领，三次潜入夏都（今偃师市二里头村），为当时的夏王桀制作美味佳肴，赢得夏桀信任。而后，他又讨得夏桀最宠爱的女人妹喜的欢心，通过妹喜让夏桀吃下银条。妹喜编出"要想不死身，白酒和银条"，哄夏桀用银条下酒。夏桀"举箸不忍放下，愈饮愈觉酒香"，自此酒量猛增，荒于国事，不理朝政。这年正月初五，商汤与伊尹里应外合，终于一举推翻了夏朝的统治。

只凭一碟小菜，夺取一国江山，似乎有点玄乎。但透过这以小说大的传说，可窥见银条的味美爽口。不信你再看这句关于美食的笑谈："千叟宴上比来头，敢有银条夸海口。前朝多少宾客宴，它是压桌第一口。"这千叟宴说的是商汤灭夏后在亳（即今偃师）召集古稀老人千名，赏以国宴以采治国之策，宴中诸老在品尝过银条后都赞不绝口，于是便引出了上面的那几句话。在帮助商汤灭夏后，为让老百姓得到更多实惠，伊尹便将银条的种植方法和烹制法子教给了大家。人们感念伊尹的恩德，便将这种植物命名为"尹条"。后来，西亳古城周围的老百姓种植此菜，换回白花花的银子，由此又称它为"银条"。

二、周总理赞草石蚕

新中国成立后，周恩来总理和刘少奇主席曾先后到偃师市东寺庄村视察农耕。品尝到银条后，周总理高兴地赞道："银条真是好吃呦。"而刘少奇主席更是幽默地称道："世上除了金条便是银条了！"

茵　陈　蒿

　　荒野翔野雀，沟河势若龙。

　　声随潮涨落，色伴季枯荣。

　　莽沼飘丹顶，迷滩泛茵陈。

　　金风拂晚照，渔火映天红。

——《茵陈蒿》·明·陈月文

物种基源

　　茵陈蒿（Artemisia capillaris），为菊科多年生草本植物茵陈蒿的嫩茎叶。又名因尘、马先、茵陈、青蒿、绒蒿、臭蒿、绵茵陈、野兰蒿、婆婆蒿、安吕草、细叶青蒿等。我国大部分地区分布，主产于江苏、浙江、山东、福建东部靠海地区。

生物成分

　　据测定，每100克可食茵陈蒿含水分83.1克，蛋白质5.6克，脂肪0.4克，碳水化合物8克，膳食纤维1.2克，胡萝卜素、硫胺素、尼克酸、维生素B_1、B_2、C及微量元素钙、磷、铁等，尚含蒿属香豆精、咖啡酸、叶酸和挥发油等成分。

食材性能

1. 性味归经

　　茵陈蒿，味苦，辛，性微寒；归脾、胃、肝、胆经。

2. 医学经典

　　《神农本草经》："清湿热，退黄疸。"

3. 中医辨证

　　茵陈蒿，清热利湿、利胆退黄。适用于湿热黄疸、肝腹水、小便不利、风痒疥疮等的食疗助康复。

4. 现代研究

　　茵陈蒿具有如下功效：

　　（1）茵陈蒿有明显的利胆作用，在增加胆汁分泌的同时，也增加胆汁中固体物、胆碱和胆红素的排泄；其利胆成分为对羟基苯乙酮和绿原酸。

　　（2）茵陈浸剂有强烈的解热作用，但煎剂解热作用较弱。

　　（3）茵陈中所含的6，7-二甲基香豆精，不但有降低血压，增加冠状动脉血流量的作用，并有平喘作用。

　　（4）本品能抑制肠管蠕动，对肠蛔虫有麻醉作用，故可试用于驱蛔。

　　（5）能降低血清胆固醇和β脂蛋白，防止血管壁脂质堆积。

　　（6）本品所含挥发油、绿原酸，有利尿作用。

　　据抗菌试验，本品对肝炎病毒、人型结核杆菌、枯草杆菌、伤寒杆菌、流感病毒、皮肤病的病原性丝状菌均有很强的抑制作用。

食用注意

　　脾、胃虚寒和有慢性胃炎患者少食或不食茵陈蒿。

传说故事

一、秦始皇与茵陈蒿

相传，公元前219年，秦始皇带着群臣，雄心勃勃向屹立在东方的泰山进发，封禅泰山。不料，秦始皇封禅泰山后，不仅封禅受到儒生们的冷嘲热讽，连秦王朝的功德也遭彻底否定。为此，秦始皇忧郁而病，眼目肌肤周身皆黄，病倒后，御医束手无策，于是张榜于天下，寻医觅药。后一陈姓老药农将一种青蒿献给太医院，水煎蒿汤全食，连食月余，黄根病除。秦始皇开心之余，问及此药何名，太医回说："不知其名，只知献药人陈姓，使陛下安康。"秦始皇将青蒿赐名，因陈姓献蒿病而愈，就叫茵陈蒿。

二、扁鹊与茵陈蒿

相传扁鹊给一黄痨病人治病，苦无良药，无法治愈。过了一段时间，扁鹊发现病人突然好了，急忙问他吃的是什么药？他说吃了一种绿茵茵的野草。扁鹊一看是青蒿，便到地里采集了一些，给其他黄痨病患者试服，但试了几次均无效果。扁鹊又去问已痊愈的病人是几月的蒿子，他说是三月里的。扁鹊醒悟到：春三月，阳气上升，百草发芽，也许三月的蒿子最有药力。

第二年春天，扁鹊又采集了许多三月间的青蒿，给黄痨病患者服用，果然，吃一个好一个，但过了三月的青蒿又没有功效了。

为了摸清青蒿的药性。第三年，扁鹊又把根、茎、叶进行分类给黄痨病患者试服，经试验证明，只有幼嫩的茎叶可以入药治病，并取名"茵陈"。这就是扁鹊"三试青蒿草"的传说。

他还编了药性汤头歌诀供后人借鉴：

三月茵陈四月蒿，传于后人要记牢。

三月茵陈治黄痨，四月青蒿当柴烧。

由于我国幅员辽阔，南北温差较大，茵陈在不同地区的成熟性不一样，所以，也有谚语讲："三月茵陈四月蒿，五月六月当柴烧。"五、六月以后的茵陈蒿就不能入药治病了。

地　肤

花红地肤多分枝，山野荒坡相倚依。

风雨飘飘千里梦，胞果熟落一年期。

——《咏地肤》·宋·金红石

物种基源

地肤子（Kochia scoparia），为藜科地肤属一年生草本植物扫帚菜的嫩茎叶。又名扫帚草、绿帚等。地肤子原产于我国及亚洲中、南部和欧洲。我国各地均有分布。适应性很强，在原野、山林、荒地、田边、路旁、果园、庭院均有生长，喜阳光、抗干旱，在偏碱的地方亦能生长。

生物成分

据测定，每100克可食地肤嫩茎叶含水分82.5克，蛋白质5.2克，脂肪0.8克，碳水化合物8克，膳食纤维2.2克，胡萝卜素、维生素A、B_1、B_2、C、尼克酸及微量元素钾、钙、镁、铁、锰、锌。此外，地肤的种子还含皂苷及 15％脂肪油，其主要成分为高级脂肪酸、长链烷烃及芳香族化合物、尚含齐墩果酸、三萜皂苷、生物碱、黄酮类等。

食材性能

1. 性味归经

地肤子，味辛，苦，性寒；归肾、膀胱经。

2. 医学经典

《神农本草经》："清热利湿，祛风止痒。"

3. 中医辨证

地肤，能补阴益气、安心养神，适用于皮肤瘙痒、荨麻疹、肾虚浮肿、小便不利、手足酸痛、痈疽肿痛、疝气疼痛、阴虚血亏、胆囊炎等症的食疗助康复。

4. 现代研究

地肤子水浸剂对革兰氏黄癣菌等常见致病性皮肤真菌有不同程度的抑制作用，同时对膀胱炎、尿道炎有一定的食疗助康复。

食用注意

脾、胃虚寒及慢性胃炎者少食或不食。

传说故事

地肤的传说

相传，地肤的前身是天庭灵霄宝殿张玉皇的一种花草，因为有一天挂烂了玉皇大帝的朝服，于是就将其降罪到人间，并叫扫帚星用扫帚扫得一枝一叶不准留。到凡间后，只准贴在地面长，用以防风固沙来赎罪，永不准翘枝叶，所以因贴地而叫地肤，又因是扫帚星用扫帚扫下凡而贴地生长，故又名扫帚菜或绿帚等。

绞　股　蓝

笑劳生梦秋色晚，
呼呼吹帽风轻。
林下丛生天堂草，
旷野怀远，
山影鹊边横。

露染层林绞股蓝，
枝叶烟拂柔轻。
今生未醉冠不倾。
酒香飘临，
落日断霞明。

——《临江仙·绞股蓝》·清·顾飞熊

物种基源

绞股蓝（Gynostemma simplici-folium Bl.），为葫芦科绞股蓝属多年生草质藤本植物小苦药的嫩茎叶，又名七叶胆、福音草、甘茶蔓、天堂草、超人参等，以鲜嫩、无黄叶、无杂质者为佳。绞股蓝，主要分布于云南、贵州等省，湖南、湖北、山东亦有分布。

生物成分

据测定，每100克绞股蓝茎叶中含水分86.5克，蛋白质4.7克，脂肪0.3克，碳水化合物7克，膳食纤维3.2克，维生素 A、B_1、B_2、C、尼克酸及微量元素钙、磷、铁、硒等，此外，含多种皂苷成分，如绞股蓝皂苷等，尚含有芦丁、陆商苷和丙二酸、氨基酸等。

食材性能

1. 性味归经

绞股蓝，味甘，性寒；归心、胃、肝经。

2. 医学经典

《抗衰老药物学》："消炎解毒、止咳化痰。"

3. 中医辨证

绞股蓝具有清热解毒的功效、祛痰止咳、镇静安神、益气强身的功效。适用于治疗失眠、食欲不振、偏头痛等病患者的食疗助康复。

4. 现代研究

绞股蓝有延长细胞寿命、抑制肝脏中过氧化脂质，从而延缓机体衰老和抗疲劳的作用，并提高机体的应变能力，使血清中的中性脂肪和总胆固醇水平降低，抑制血清谷丙转氨酶升高，有防治高血压、高血脂、心脑血管病变及各种癌症等，并有镇痛、镇静、催眠作用。

食用注意

绞股蓝，性寒，凡脾胃虚寒、腹痛腹泻、大便溏薄者忌食。

传说故事

绞股蓝治鼓腹病的传说

相传，从前广西大瑶山原始森林边住着一半百男子，腹鼓如球，并且前脑门长有鹅蛋大黑色素瘤，他深知自己来日无多，于是，就弃家入林中深处，日夜不归，效仿金丝猴饥食绞股蓝、浆果，渴吮嚼绞股蓝叶汁，三月余，腹平如初，前额脑门的黑色素瘤亦消失得无影无踪，遂重返家门。

乌 蔹 莓

藤叶常悬四五葩，闲随乌蔹过邻房。
西厢托疾东厢假，南寺听经北寺茶。
……

——《乌蔹莓》·明·袁宏林

物种基源

乌蔹莓（Cayratia Japonica），为葡萄科多年生半木质攀缘植物乌蔹莓的嫩茎叶，又名野葡萄、母猪藤、母猪菜、过路边、蜈蚣藤、乌蔹草、五叶藤、乌猫卵、五龙草、五爪金龙，以叶茎嫩、黄亮有光泽者佳，我国各省、区均有分布。

生物成分

据测定，每100克可食乌蔹莓的可食嫩茎叶，含水分83克，蛋白质4.7克，脂肪0.3克，碳水化合物7.0克，膳食纤维1.2克，维生素B_1、B_2、C、胡萝卜素、尼克酸及微量元素钙、磷、镁、铁、锌、硒等。还含黏液质、阿聚糖、硝酸钾、甾醇、黄酮类等。

食材性能

1. 性味归经

乌蔹莓，味苦，微酸，性寒；归心、肝、胃经。

2. 医学经典

《食物本草》："清热解毒，活血散瘀、利尿消肿。"

3. 中医辨证

乌蔹莓，性味苦寒，具有清热、解毒，对烫伤、咽喉肿痛、疔肿、痛痛、疔疮、痢疾、尿血、不浊、跌打损伤、毒蛇咬伤等均有一定的食疗助康复的效果。

4. 现代研究

乌蔹莓嫩茎叶含黏质鞣质、生物碱等，对金黄色葡萄球菌、溶血性链球菌、痢疾杆菌、大肠杆菌等均有抑制作用。

5. 食用注意

乌蔹莓，性寒，脾胃虚弱者慎食。

传说故事

乌蔹莓治烫伤的传说

乌蔹莓也叫乌猫卵。很久以前，有一个县太爷，生了个漂亮的女儿。女儿长的貌若天人，县太爷想：说不定女儿将来还能选进宫当妃，到时候自己就能飞黄腾达了，所以县太爷非常疼爱女儿。女儿一天天长大，也一天比一天漂亮，可把县太爷高兴得合不拢嘴。

县太爷的女儿从小怕猫。有一天，大家正在沏茶喝的时候，不知哪来的一只野猫跳进屋子里来，把县太爷女儿吓得魂都差点丢了，慌乱之中打翻了茶几，里面的开水溅到了脸上，把一边脸烫伤了，又红又肿。这下可如何是好，脸都毁容了，女儿伤心欲绝，县太爷也是心急如焚，赶忙叫人去请大夫，同时，派人去抓住那只该死的野猫。大夫过来后，看了看小姐的伤势，道："贵千金的烫伤并不算严重，只要外用一种叫'乌猫卵'的中药就可以了"。一听到有"猫"字，小姐不自主的颤抖了一下，惊恐地望着窗外野猫逃去的方向，说什么也不肯用这种中药。"我家女儿自幼怕猫，如今，又因为一只野猫受惊致伤，恐怕女儿心里的阴霾更加重了，只怕是不会接受这'乌猫卵'了，还有其他办法没有？"县太爷如是说。大夫想了想，说："这样啊，那就用另外一种叫'乌脸'的中药吧，这种药治疗烫伤也有很好的效果，并且还有美白的效果"。

"这样最好了，劳烦你了，真是十分感谢，要是女儿治好了，定要重赏你。"县太爷高兴地说。于是，县太爷女儿按照大夫的交代，用了这叫"乌脸"的草药，不出十日，就把烫伤治好了。大夫自然也得到了县太爷的重赏。其实，这味叫"乌脸"的草药就是人们所说的'乌猫卵'，只不过是为了说服县太爷女儿用药罢了。人们也觉得叫"乌脸"比"乌猫卵"好听且吉利，就叫这种草为"乌脸"。后来，人们为了表明只是一种草，就改成了"乌蔹莓"。

青 葙

宁神益智声名远，清肝明目野鸡冠。
不羡繁华招蜂蝶，开葙救美息事端。
——《青葙》·近代·余辉

物种基源

青葙（Celosia argentea），为苋科青葙属一年生草本植物青葙的嫩苗、嫩叶、花序或块茎，又名狗尾巴子、野鸡冠花子、大尾鸡冠、野鸡甍、狼尾花，分布于我国云南、贵州、四川、河北、陕西、甘肃等省，生于坡地、路边、荒野等向阳处，喜干热气候，要求阳光充足、疏松肥沃、排水良好土质，忌霜和阴湿积涝。

生物成分

据测定，每100克可食青葙鲜嫩苗叶，含水分89.2克，蛋白质2.7克，脂肪0.3克，碳水化合物4.7克，膳食纤维1.2克，维生素A、B₁、B₂、C、E、K及胡萝卜素、尼克酸、硫胺素、β-谷甾醇、棕榈酸胆甾烯酯、脂肪酸、多种氨基酸及多种微量元素。

食材性能

1. 性味归经

青葙，味苦，微寒；归肝、脾经。

2. 医学经典

《医宗金鉴》："活血调经，补气养脾，清肝明目，宁神，益智。"

3. 中医辨证

青葙，清热解毒、凉血止痢。用于赤痢腹痛、久痢水止、痔疮出血、痈肿疮毒及吐血、头风、目赤、血淋、月经不调、风瘙身痒、疥疮等症。

4. 现代研究

青葙提取物对肝脏的损害有保护作用，可治疗原发性高血压，治疗红眼病，并对眼睛的结膜炎、角膜炎有显著保健疗效。

食用注意

青葙，有散大瞳孔作用，有光眼患者忌食青葙嫩叶及青葙子。

传说故事

青葙治眼病的传说

相传过去有一位猎人，在山林里听到隐隐约约的哭声，他搜寻过去，看到草丛中放着一只青色的大箱子，猎人打开箱盖，发现里面蜷缩着一个衣衫破烂的姑娘。

原来，姑娘的母亲害了眼病，有一天，山村里来了两个游医，姑娘就请他们到家里给母亲治病，两个游医胡乱看了看病人的眼睛后说，要上山去采药，让姑娘带路。上山后，两个歹人把姑娘关进箱子，还未运走，就碰见了这个救命的猎人。猎人把姑娘送回家，随即采来野鸡冠花种子煎出汤水，一部分用来服用，一部分用来洗眼睛，不久老人的眼睛就治好了。人们记住了这个故事，从此便把野鸡冠叫"青葙"，其种子便叫"青葙子"了。

委 陵 菜

止血利湿信委陵，东君又寄霜娥轻。
日食野菜二三两，体态轻盈赛半仙。

——《委陵菜》·清·江瑶

物种基源

委陵菜（Potentilla chinensis），为蔷薇科委陵菜属多年生草本植物委陵菜的嫩幼苗和块根，又名翻白菜、蛤蟆草、虎爪菜、癞宝草、老鸹爪等，我国各地均有分布，生于湿草地（河岸草甸）、湿碱性沙地和路旁，适应性强，对环境要求不严格。

生物成分

经测定，每100克鲜品可食委陵菜含水分77.3克，蛋白质9.2克，脂肪4.0克，碳水化合物5.5克，膳食纤维2.1克，胡萝卜素、维生素B_2、C及钙、磷、镁、铁、铜、锰、锌等微量元素，还含熊果酸、丝石竹皂苷元、没食子酸、山奈素、槲皮素、壬二酸等。

每100克可食委陵菜块根，含水分69克，蛋白质12.6克，脂肪1.4克，碳水化合物7.3克，膳食纤维3.2克，维生素B_1、C、尼克酸及微量元素钙、磷、铁等。

食材性能

1. 性味归经

委陵草，味苦，性寒；归肝、大肠经。

2. 医学经典

《本草纲目》："清热解毒，凉血止痢。"

3. 中医辨证

委陵草具有清热祛湿、止血之功效，对关节肿痛、咽喉疼痛、百日咳、吐血、咯血、便血、尿血、子宫功能性出血均有效果，对外伤出血、痈疖肿毒、疥疮亦有食疗助康复。

4. 现代研究

委陵草有扩张支气管作用，对阿米巴滋养体有杀灭作用，乙醇提取物具有抗菌作用，对伤寒杆菌有抑制作用，其有效成分为没食子酸、槲皮素和壬二酸，常食委陵草能提高身体的抗病能力，强身健体。

食用注意

委陵草性寒，对脾胃虚寒而腹泻者忌食。

传说故事

委陵草治痔疮的传说

从前，在一个小村落里，有一个叫刘久云的年轻小伙子，以打猎维持全家的生计。他很勤快，并且箭术相当好。一天，他跟往常一样，来到山上打猎，可是这天运气不太好，已经过了大半天了，都还没有找到一只猎物。他并不放弃，继续寻找猎物。走着走着，到了一条小溪边，听到了蛙声。循声望去，一只小蛤蟆坐在一块石头上鸣叫着，而就在不远处，有一条虎视眈眈的蟒蛇。说时迟，那时快，正当蟒蛇准备扑向小蛤蟆的时候，一支利箭射穿并定住了蟒蛇，蟒蛇不能移动了，束手就擒。小蛤蟆受了惊吓，赶紧逃走了。这条蟒蛇虽说不是很大，但也能让全家人吃一顿了，刘久云高高兴兴地提着蟒蛇回去了。

当天晚上，刘久云的痔疮发作了，非常痛苦，辗转反侧，无法入睡。这时候，一只大蛤蟆叼着一些草跳到了他的跟前，而且还说话了。只听得蛤蟆说："年轻人，我是修炼了1000年的蛤蟆精，非常感谢你今天救了我的儿子，要不是你，我儿子可能就被那条蟒蛇吃了，看你现在的样子，你是痔疮发作了吧，我这里有一些草药，可以治痔疮，你需要把它捣碎外敷。"说完，蛤蟆就凭空消失了。疼痛难忍的刘久云赶紧按照蛤蟆精的话去做，果然外敷上这些草药后就感觉凉爽了许多，没有那么痛了，总算能入睡了。接连几天，他就外敷这种草药，慢慢地，痔疮就被控制了。后来，每当有人痔疮发作，就采些这样的草药回来给人外用，每有良效。人家问他这是什么神丹妙药，他想了想，然后说道："是蛤蟆草。"于是蛤蟆草就这样被传开了。

薤　白

隐者柴门内，畦蔬绕舍秋。

盈筐承露薤，不待致书求。

束比青刍色，圆齐玉箸头。

衰年关膈冷，味暖并无忧。

——《秋日阮隐居致薤三十束》·唐·杜甫

物种基源

薤白（Allium macrostemon Bge），为百合科葱蒜属多年生草本植物的嫩全草（包括鳞茎），又名小根蒜、野蒜、山蒜、野葱、泽蒜、苦蒜等，广布于我国的华北、华东、华中及西南地区，以江苏、浙江产者为佳。喜阴湿的环境，在原野、路边、山坡、树林下、丘陵、山谷和草丛中生长。

生物成分

据测定，每100克可食薤白含水分65.5克，蛋白质3.4克，脂肪0.4克，碳水化合物25克，膳食纤维1.2克，维生素 B_1、B_2、C、E、胡萝卜素、尼克酸及微量元素钙、磷、铁、镁、锌等。还含挥发油，油中有多种硫化物甲基丙烯基、三硫化物、二烯丙基硫、二烯丙基二硫等、蒜氨酸、甲基蒜氨酸、大蒜糖以及亚油酸、油酸、棕榈酸等脂肪酸。从薤白的抗凝和抗癌活性部位分离到6个化合物，经分析确定为甾体皂苷类化合物。

食材性能

1. 性味归经

薤白，味辛，苦，性温；归肺、胃、大肠经。

2. 医学经典

《神农本草经》："通阳散结，行气导滞。"

3. 中医辨证

薤白，有滋阴润燥、宽胸理气、通阳散结之功效，有益于胸痹疼痛、痰饮咳喘、泻痢后重、脘痞不舒、干呕、疮疖等症的食疗助康复。

4. 现代研究

薤白的水煎剂对痢疾杆菌、金黄色葡萄球菌有抑制作用，对人血小板聚集均显示强的抑制作用，有益于支气管哮喘和原发性高脂血症，并对胸痹疼痛、脘胀腹痛、脾胃虚弱、消化不良、痢疾或腹泻均有明显的辅助食疗效果。

食用注意

（1）气虚无滞、胃弱纳呆者不宜食。
（2）不宜与牛肉同食。
（3）忌与韭菜同食。

传说故事

《本草纲目》中的薤白治病

李时珍《本草纲目》曾记载：一人得病后，遂能大餐，每日食至一斛，五行家贫行乞。一日大饥，至一园，食薤一畦，大蒜一畦，便闷极卧地，吐一物如龙，渐渐缩小，有人撮饭于上，即消成水，而病寻瘳也。李时珍据此认为："薤散结，蒜消症之验也。"说明薤蒜有消症结的效果。

青　蒿

一半朱砂一半雪，其功只在青蒿节。
任教死去也还魂，服时须用生人血。
——《青蒿》·明·李时珍

物种基源

青蒿（Artemisia annua），为菊科青蒿属多年生草本植物黄花蒿的嫩根苗，又名黄花蒿、青蒿草、青蒿菜、柳青蒿等，分布于东北、华北、华中、华东等地，生于低山区向阳处，湿草甸、沼泽地、水边、树木灌丛中。

生物成分

据测定，每100克青蒿嫩茎叶中含水分81克，蛋白质3.7克，脂肪0.7克，碳水化合物8

克，膳食纤维 2.1 克，维生素 B_2、C、胡萝卜素、尼克酸及微量元素钾、钙、磷、钠、铁、锰、锌、铜等，还含有青蒿素、青蒿酸、青蒿内酯、黄酮类、香豆素及挥发油等。

食材性能

1. 性味归经

青蒿，味苦、辛、性寒；归肝、胆经。

2. 医学经典

《神农本草经》："清热解暑，凉血除蒸，除疟。"

3. 中医辨证

青蒿，可健体补虚、清心解毒、截疟、利胆退黄、开胃行水、化痰止咳、化瘀止血、调经止痛。适用于疟疾、肝胆湿热、风湿痹痛、咳喘、脾虚纳滞、脘腹胀满、口干，食欲不振等症食疗以及外伤出血、大伤等的辅助康复之效。

4. 现代研究

青蒿含有多种化学成分，尤其富含胡萝卜素和维生素 C，有助于增强人体免疫功能、提高机体素质、防治疟疾、润泽皮肤。青蒿气味辛香怪诞，能刺激人的食欲，增强胃肠蠕动，帮助消化食物。民间常用来防治疟疾和防止肝炎，特别是传染性肝炎。

食用注意

（1）脾胃虚弱、饮食停滞、泄泻者勿食。
（2）服用当归、地黄者不宜同时食用青蒿。

传说故事

一、青蒿治疟疾的传说

相传唐太宗贞观年间，太宗李世民刚刚平定天下，但是残兵流匪仍流窜乡里，祸害百姓，百姓仍生活在水深火热之中。

此时，中原地区发生了瘟疫疟疾，死人无数。官府派官员前往疫区监督疫情的控制，但是由于没有有效的治疗方法，疫情无法控制，每天都有成千上万的人死去。恰巧"药王"孙思邈在中原地区采药，得知疫情后便主动前往疫区。孙思邈发现所有感染疟疾的患者都有日轻夜重，全身高热等症状，便从随身携带的药箱中拿出一种药草，让百姓煮水喝。那些患者吃喝完后，症状很快就减轻了许多。但是，由于患者太多，药材很快就用完了。于是，孙思邈就发动百姓上山采药材，可百姓大多不认识，因此常常会弄错。孙思邈看到这种情况，就给百姓编了口诀："青蒿，色青，高半尺，夏月吃来寒热失。"正是由于有了这口诀，百姓去采这个药材时便很少出错，这句口诀也就世代相传。最后人们把这个药材称为青蒿，也都知道这是用来治疗瘟疫疟疾的。

二、名医用青蒿的传说

钱经纶，字彦曜，康熙年间浙江秀水人，不但医术精湛，且秉性正直，医德极高，一生清贫，鞠躬尽瘁地为乡里穷苦百姓治病，直到临死，还惦记着乡亲。

某年隆冬腊月，一病人寒热不已，前后请过不少医生，药石兼投，终不见效，后请钱氏诊治，经纶细察，认真辨证，独言由于伏暑，众医听罢，愕然不语，认为现在正值冰天雪地之时，水液凝冱，不知暑从何来。经纶自信地说："诸公不信，看吾用药，保管药到病除。"大家想，已经屡治无效，只好听他安排。钱经纶处方仅用青蒿一味，煎汤饮之而愈，众人无不称奇。此事被传为佳话，无论远近，慕名求医者接踵而至。钱经纶医德高尚，凡是请他诊治过的人都知道他的脾气：治病必按贫富收费，十分贫者，不但免费，还施舍药饵，一般贫者不收或少收，富者则非多收不可。因他技术高明，富者也心甘情愿。但对一些路远的富人，虽以厚酬，亦不应诊，并对他们说："以此重币，不难致他医，何必我？我邻里孤穷疾病者待我诊治，安能舍之而去哉？"正因如此，当钱经纶去世后，四方的群众悲痛万分，大家自觉地为他送葬，为他伤心流泪，并立小祠祀，还尊奉他为当地的土地神。生为神医，死为神仙，此风历数百年而不衰。正是：美誉千年留故里，丹心片片暖桑梓。此处借钱经纶妙用青蒿一事，来歌颂一下古代名医的医德医风。

〔附注〕青蒿衍生物有抗病原微生物作用：据世界卫生组织和中国中医药管理局2015年10月6日公布结果表明，青蒿乙醚提取物青蒿素，对各种疟疾病有治疗效果，总有效率达97%。早在1967年5月23日中国中医药科学研究院成立了疟疾新药科研课题立项，代号为：家523项目，交中科院中医药研究所课题组长屠呦呦负责，经63个相关单位3000多人的紧密攻关合作，49年后，于2015年10月5日屠呦呦获得诺贝尔生物或医学奖。2015年10月6日，李克强总理委托副总理刘延东看望85岁高龄的屠呦呦，并表示祝贺。

玉　竹

宴罢瑶池王母家，挥簪划就银河斜。

牛郎肩挑一双儿，簪坠凡地生玉竹。

绿叶风软鸟对语，浆果成球紫红钗。

——《玉竹》·宋·高枫

物种基源

玉竹（Polygonatum odoratum〔P. officinale〕），为百合科多年生草本植物葳蕤的根茎。又名荧、委萎、女萎、王马、节地、虫蝉、青粘、黄芝、地节、萎蕤，马熏、女草、娃草、丽草、葳参、玉术、萎香、小笔管菜、山玉竹、十样错、竹七根、竹节黄、黄脚鸡、百解药、山铃子草、铃铛菜、灯笼菜、山包米、山姜、黄蔓菁、芦莉花、尾参、连竹、西竹。

玉竹，因叶光莹像竹而得名，分关玉竹、东玉竹、南玉竹。其中关玉竹系东北产品；东玉竹系江苏产品，质量最优；南玉竹系安徽产品，以条长肥壮，色黄白，体软伴甜者为佳。另有两种同科植物的根茎亦作玉竹用的则是：（1）西南地区产的大玉竹，又名假万寿竹（深裂竹根七）；（2）四川、云南、贵州产的小玉竹（康定玉竹）性味稍差，但能食用。

生物成分

据测定，每100克可食鲜玉竹苗，含水分83.5克，蛋白质4.3克，脂肪0.3克，碳水化合物7.7克，膳食纤维3.1克，富含胡萝卜素、维生素A、B_1、B_2、C及微量元素钙、镁、磷、钠、钾、铁、锰、锌、铜等，还含甾体皂苷、植物甾醇、黄酮类等。

食材性能

1. 性味归经

玉竹，味甘，性平；归肺、胃经。

2. 医学经典

《神农本草经》："养阴润燥，生津止渴。"

3. 中医辨证

玉竹具有主中风暴热，自汗灼热及劳疟寒热。有益于肺阴受伤、肺燥咳嗽、干咳痰稠、胃热炽盛、津伤口渴、消谷易饥等疾病的康复和辅助食疗。

4. 现代研究

小剂量食用玉竹有强心作用。大剂量食用则可抑制心脏，并有降低血糖的作用。另玉竹有类似肾上腺皮质激素的作用，还有润肠通便的作用。

食用注意

玉竹虽性平和，但毕竟为滋阴润燥之品，故脾虚而脾湿者宜少服食或不服食。

传说故事

一、华佗与玉竹

三国时代彭城的樊阿，从小就拜华佗为师。华佗传授给他一秘方，叫漆叶青黏散，服之利五脏、去虫、轻身益气，可长寿五百余岁。青粘生丰沛彭城及朝歌一带，一名地节，一名黄芝；主理五脏，益精气。本出于迷人之手，因入山见仙人服之以告华佗，华佗认为此方很好，告于樊阿，于是秘藏而不授。人们见樊阿酒醉误说，遂传于世，服之多有灵验。后方知乃玉竹、黄精之类尔。

二、玉竹抗衰润肌肤的传说

相传，唐代有一个宫女，因不堪忍受皇帝的蹂躏，逃出皇宫，躲人深山老林之中。无食充饥，便采玉竹为食，久而久之，身体轻盈如燕，皮肤光洁似玉。后来宫女与一猎人相遇，结庐深山，生儿育女，到60岁时才与丈夫及子女回到家乡。家乡父老见她依然是当年进宫时的青春容貌，惊叹不已。

三、玉竹的由来

相传，织女私下凡间与牛郎喜结良缘，生下龙凤胎。被王母娘娘发现后认为违犯天条，命天兵天中将织女捉回天宫问罪，织女施展法术，让牛郎肩挑一双儿女随后。被王母娘娘发觉，拔下头上玉簪一划，变成一条银河挡住了牛郎，王母娘娘划河时气不过，用力过猛，玉簪坠落人间。天长日久，被泥土掩盖，屡经阳光、和风、雨露孕育，终于幻化成一株翠绿的植物——玉竹。年复一年，由一株玉竹繁衍成一片又一片玉竹留传至今。

苍 术

山精媒长生，仙理信可诘。
梨枣本寓言，杞菊亦凡质。
幽人爱臞儒，药鼎荐珍物。
绝粒谢烟火，耘苗换肌骨。
摩挲菜鞠甗，尘生不须拂。

——《苍术》·宋·范成大

物种基源

苍术（Atractylodes chinensis），为菊科苍术属多年生草本南苍术或北苍术的根茎，又名赤术、青术、仙术、山精、天精、枪头菜，以茅山、嵩山产为佳，块根如老姜、苍黑色，肉白有油膏质好，分布于东北三省、河南、江苏及华北平原。

生物成分

苍术，经现代科学测定，根含蛋白质、微量脂肪、碳水化合物、膳食纤维、多种维生素及氨基酸和微量元素钙、磷、铜、铁、镁、锌、硒等。根茎还含挥发油，主要成分含苍术酮、白术内酯甲和乙、苍术醚、脱水苍术内酯等，还含有苍术素、β-按叶醇、茅术醇。根可食，《救荒本草》载："苍术，久服轻身，延年不饥。"

食材性能

1. 性味归经

苍术，味甘，辛，微苦，性温，无毒；归足太阴、阳明、手太阳经。

2. 医学经典

《神农本草经》："燥湿健脾，祛风，散寒，明目。"

3. 中医辨证

苍术有健脾、燥湿、解郁、辟秽之功。有助于湿盛困脾、倦怠嗜卧、脘痞腹胀、食欲不振、呕吐、泄泻、痢疾、痰饮、疟疾、时气感冒、风寒湿痹、足痿、夜盲症的康复与辅疗。

4. 现代研究

苍术含丰富的维生素 A，有助于维生素 A 的缺失所致的夜盲症和角膜软化症。研究结果还表明，苍术对结核杆菌、枯草杆菌、大肠杆菌、结脓杆菌及金黄色葡萄球菌等有杀灭作用，对多种炎症、肺结核等有辅助康复的作用。

食用注意

（1）苍术忌与桃、李、大白菜、青鱼同食。
（2）凡体虚热症者慎服食苍术。

传说故事

一、李时珍与苍术的传说

相传，明代大药学家李时珍到茅山采集药材，在悬崖间发现一株长得又高又大的苍术，芳香异常，更为奇特的是这株苍术长在一块鹤嘴石上，石头突兀山岩之外，活像一只仙鹤，白颈项，灰羽毛，丹顶冠。李时珍轻手轻脚地来到岩石边，用药锄挖下这棵奇异的药草，一锄、二锄、三锄，只听"啷"的一声响，蹦起了一块小石块，不偏不倚正好蹦到仙鹤岩的丹顶冠上，冠上竟一滴一滴地滴下七滴血珠。李时珍颇为惊异，只听"砰"的一声响，这岩石竟变成一只美丽的仙鹤，长鸣三声，展翅飞向云天。李时珍拾起苍术切开一看，里面印着七颗鲜红鲜红的朱砂点。从此，茅山苍术的朱砂点，永不褪色，功效也远比其他各地产的苍术好。

二、食苍术可长寿的传说

《神仙传》中载："陈子皇得饵术要方，服之得仙去。霍山妻疲病，其婿用饵术法服之，病自愈安，寿一百七十岁，登山取术，重担而归，不息不极，颜色气力如二十许人。

三、苍术治饮癖的传说

许叔微《本事方》云：微患饮癖三十年，始因少年夜坐写文，左向伏几，是以饮食多坠左边。中夜必饮酒数杯，又向左卧。壮时不觉，三五年后，觉酒只从左下有声，胁痛食减嘈杂，饮酒半杯即止。十数日，必呕酸水数升。暑月只右边有汗，左边绝无。遥访名医及海上方，间或中病，止得月余复作。其补如天雄、附子、矾石等，利有牵牛、甘遂、大朝戟备尝之矣。自揣必有癖囊，如潦水之有科臼，不盈科不行。但清者可行，而浊者停滞，无路以决之，故积至五七日必呕而去。脾土恶湿，而水则流湿，莫若燥脾以去湿，崇土以填科臼。乃悉屏诸药，只以苍术一斤，去皮切片为末，生油麻半两，水二盏，研滤汁，大枣五十枚，煮去皮核，捣和丸梧子大。每日空腹温服五十九。服三月而疾除，自此常服，不呕不痛。

雁 来 红

> 若将群卉分高下，此种无因到画栏。
> 寒蝶不知红是叶，飞来犹作野花看。
> ——《雁来红》·南宋·薛嵎

物种基源

雁来红（var. splendens），为苋科一年生草本植物雁来红的嫩茎叶，又名老少年、老来少、秋色、还童草，以鲜嫩、鲜红色有光亮者佳。因其叶之美深得画家、诗人的青睐。

有趣的是有人题诗云："绿绿红红似晚霞，牡丹颜色不如它。昆虫蝴蝶飞千遍，此种原来不是花。"诗中形容叶色之美，竟把蝴蝶等昆虫也欺骗了。原产东亚及美洲热带，大约于宋代前引种我国，南方各地普遍栽培。

生物成分

据测定，每 100 克可食雁来红叶含蛋白质 1.9 克，脂肪 0.1 克，碳水化合物 3.7 克，膳食纤维 1.9 克，尚含维生素 A、B_1、B_2、E 叶酸、烟酸等，还含多种微量元素如钙、磷、镁、锌、硒等及氨基酸等。

食材性能

1. 性味归经

雁来红，味甘，微涩，性凉；归肺、膀胱经。

2. 医学经典

《本草再新》："利尿，祛寒热。"

3. 中医辨证

雁来红，疏肝理气、宁心安神、利于小便不畅、膀胱有热的食疗助康复。

4. 现代研究

雁来红作野生蔬菜，其含有的维生素及其他人体需要的营养成分特别丰富，有补血辅助效果，对贫血患者及老年气血不足者的康复有益。

食用注意

（1）寒性体质慎食。
（2）孕妇忌食。
（3）不要和夹竹桃科植物"雁来红"混为一谈，因其有毒。

传说故事

雁来红的传说

相传，在盐河边上有个小伙子名叫雁子，有个姑娘名叫小红，他们是一对恋人。一天，当地恶霸串通官府把雁子打发到遥远的地方去做工，并逼小红与他人成亲，小红不从，一头撞死在一树下，于是她的身体变成了花。当雁子听到小红已死的消息后，也因忧愁致死，其身化为一只雁，当雁飞到小红变成的那棵植物旁时，其叶子就变成了鲜红色，故把这种植物叫雁来红。虽然是个毫无科学道理的传说，但表明在很久以前人民群众就熟悉并喜爱这种红叶似花的植物。

野　豌　豆

春雨沥沥春烟浓，野豌焯水入盘中。
初啖带寒香齿颊，再嚼满嘴生清风。

——《食野豌苗》·清·陈学高

物种基源

野豌豆（Vicia sativaL.），为豆科野豌豆属一年或多年生草本植物野豌豆的苗或成熟的种子，又名救荒野豌豆、马豆草、野麻豌、野绿豆、荞豌、荞荞儿、豌菜、箭知豌豆、山绿豆、土黄芪、草豆、两叶豆苗，民间又称歪头菜，以叶嫩，表面有稀疏的黄色短柔毛者佳。种子成熟后亦可食，我国大部分地区有分布。

生物成分

据测定，每100克可食野豌豆茎叶含水分76克，蛋白质2.5克，脂肪0.3克，碳水化合物11克，膳食纤维5.4克及胡萝卜素、维生素B、C、钙、磷、钾、镁、钠、锌、铜、硒，还含大波斯菊甙、芹菜素、葡萄糖甙、木犀草素-7-葡萄糖甙等。

食材性能

1. 性味归经

野豌豆，味甘，性平，无毒；入肝、脾、肾经。

2. 医学经典

《救荒本草》："补肾调经，清痰止咳。"

3. 中医辨证

野豌豆，有补肾虚、醒肝调肝、理气止痛、清热利尿、活络消肿的功效。有利于肾虚腰痛、遗精、月经不调、咳嗽多痰、虚劳瘦弱、头晕、眼目昏花、食欲不振的康复与辅疗。

4. 现代研究

野豌豆，含芹菜素，可解痉止痛和抗胃溃疡，促进溃疡愈合，有利于胃及十二指肠溃疡的修复，其所含木樨草甙对咳痰、喘症均有辅助疗效，有利于急慢性支气管炎的康复，亦可降低动脉胆固醇含量，用作高血压、冠心病患者的辅助食疗品。

食用注意

脾胃虚寒、便溏腹泻者忌食野豌豆。

传说故事

朱元璋与野豌豆

相传，明朝开国草根皇帝朱元璋的老婆——大脚马皇后，月经不调，太医开出方药有八箩筐，总是吃药不见效果。一日，朱元璋临幸马皇后，马皇后说："陛下，臣妾月经不调，身子不净。"朱元璋听后说道："这有何难？"说着命司农派人到乡间野外挖野豌豆苗让马皇后当菜吃。果然，连吃数日野豌豆苗，治好了马皇后的月经不调，从此，再也没有发作过。

野 茼 蒿

菊科三七草丛香，山村野蔬半夏粮。

救荒载草数百种，啖食野素身万康。

——《食野同蒿》·清·童舒

物种基源

野茼蒿（Crassocephalum crepidioides），为菊科三七草属一年或二年生草本植物野茼蒿的嫩苗，又名野青菜、安南菜、飞花菜、滨蒿。在从前历朝饥荒年代，百姓曾以吃它充饥，故又名"救命菜"，以有密绢毛、鲜绿光滑、叶密集者佳，全国大部分地区有分布，以东北地区及河北、山东、江苏产出最多。

生物成分

据测定，每 100 克可食野茼蒿部分，含蛋白质 4.5 克，粗纤维 2.9 克，胡萝卜素 5.1 毫克，维生素 B_2 0.33 毫克，尼克酸 1.2 毫克，维生素 C 10.0 毫克。

食材性能

1. 性味归经

野茼蒿，味甘，辛，性平；归脾、胃经。

2. 医学经典

《千金·食治》："和脾胃，利二便，消痰饮。"

3. 中医辨证

野茼蒿有化痰止咳、利二便的作用，有辅助痰热咳嗽、心悸怔忡、失眠多梦、心烦不安、脾胃不和等症的康复作用。

4. 现代研究

野茼蒿，富含多种维生素、矿物质、膳食纤维、胆碱、挥发油等营养成分，有助于感冒发热、痢疾、肠炎、尿路感染、营养不良性水肿、乳腺炎等疾病的食疗助康复。

食用注意

野茼蒿，辛香滑利，胃虚泄泻者慎服食。

传说故事

野茼蒿的由来

相传，神农氏的身体玲珑透明，从外边可看清五脏六腑，因此，以身尝草试药，看植物在胃肠如何运行发挥作用。他还有一条神鞭，叫作"赭鞭"，用赭鞭逐一抽打植物，植物经过鞭挞，无论有毒无毒或寒或热，各种性质都会一目了然显露出来；尽管如此，神农日尝药草七十二，还是平均中毒十二次。

一次，他先后尝茼蒿和滨蒿，后鞭抽说："茼蒿能吃。"再尝滨蒿，鞭打后说："能吃，也似茼蒿。"记植物名的臣民，把茼蒿和滨蒿写成"茼蒿"和"也茼蒿"。后来人们为了把茼蒿和写错了的"也茼蒿"区别清楚，便将"也茼蒿"改叫成"野茼蒿"。

冬 葵 菜

冬至钱葵爽似冰，天寒地冻老犹菜。

战国秦汉五蔬首，曾与寺僧享太平。

——《葵》·元·陈尚则

物种基源

冬葵菜（Malva verticillata），为锦葵科锦葵属一、二年生草本植物冬葵菜的嫩茎叶。又名冬苋菜、葵菜、冬寒菜、露葵、蕲菜、滑肠菜、金钱葵、茴菜、金线紫花葵、奇菜、马蹄菜、卫足菜等。

冬葵菜是一种非常古老的蔬菜，《十五从军征》有"舂谷持作饭，采葵持作羹"的诗句，这里所说的"葵"即是冬葵。事实上，在战国及秦汉时期，我国人民食用的主要蔬菜有五种，葵即其中之一，且被称为"百菜之王"，原产亚洲东部，广布我国各地。

生物成分

冬葵种子含脂肪油和蛋白质。鲜冬葵含单糖（6.8%～7.4%），蔗糖（4.1%～4.6%），麦芽糖（4.5%～4.8%）及淀粉（1.2%）等营养成分，另外，花含黏液及色素。

食材性能

1. 性味归经

冬葵，味甘、涩、性凉；归脾、膀胱经。

2. 医学经典

《神农本草经》："清热，利尿，消肿。"

3. 中医辨证

冬葵，具有清热、利湿、滑肠、通乳功能，有利于肺热咳嗽、热毒下痢、黄疸、二便不通、丹毒、金疮，冬葵根具有清热、解毒、通淋之功效，有益于消渴、淋病、二便不通、乳汁少、白带、虫蜇伤等康复与辅助食疗。

4. 现代研究

冬葵，清热利尿、消肿，有益于产后乳汁稀少或排乳困难、乳房胀痛或乳痈初起、痢疾、小便不利、妊娠浮肿等疾病协助康复。

食用注意

脾胃虚寒久泻者勿食用冬葵。

传说故事

冬葵测人心的故事

古时一员外家，四口人，二个儿子，老大乃前妻所生，续妻也生一子，两儿子年龄相当。续妻唯恐分其财产，时常虐待老大，对亲儿子却娇惯无比。春天将到，天气寒冷，她对两个儿子说："你们都上山种冬葵，不长出来不要再回家。"她暗中将老大的种子放到锅里炒过，认为种子出不来，老大自然也就不能回家了。谁知冬葵子经微炒后反而出苗更快。老大提前回家，老二由于饥饿，冻死在山里。其母得知后痛哭而死。葵可揆测人心，从此流传于此。葵叶大而倾日，不让太阳照其根，象征母护子，又称葵为卫足、葵向日，是正义的体现。

天 门 冬

蔓茂攀绕原上草，钱铿常为百疾消。

四九妻妾五四儿，彭山从此声浪高。

——《天门冬》·清·郑学高

物种基源

天门冬（Asparagus cochinchinen-sis（Lour）Mer.），为百合科天门冬属多年生攀缘状草本植物天门冬的块根和嫩茎叶。又名天冬、天棘、万岁藤、多儿母、八百崽、丝冬、白罗杉、石刁柏、小百部、地门冬、管松、淫羊食。

天门冬，小枝成叶状，扁条形，5～8枚丛生，叶退化为鳞片。花常州2朵腋生，雌雄异株，白色或淡红色。花期夏季，浆果红色，具块根，呈纺锤状。分布于我国华东、华南、西南及河北、山西、陕西、甘肃等地。

生物成分

天门冬含天门冬素、β-谷甾醇、甾体皂甙、黏液质、糖醛衍生物等成分，全株淀粉含量为33%，蔗糖含量为4%。天门冬块根中分离分可得7种寡糖类成分，1种新酮糖及6种寡糖，并含有天冬酰胺、瓜氨酸、丝氨酸、苏氨酸、脯氨酸、甘氨酸等9种氨基酸。另含β-甾醇、5-甲氧基甲基糖醛（5-merthoxy-methylfural）、葡萄糖、果糖及多种低聚糖和4个呋喃甾醇类化合物。近年来又从天门冬中提取发现了4种多糖，即天冬多糖A、B、C、D。

食材性能

1. 性味归经

天门冬，味甘，微苦，性寒；归肺、肾经。

2. 医学经典

《神农本草经》："养阴润燥，清肺生津。"

3. 中医辨证

天门冬，具有润肺滋肾、清热化痰之功效，有益于肺肾阴虚有热所致的肺痨咳嗽、燥咳痰黏、咯血、衄血等症，并有益于津伤消渴、潮热遗精、肺痿、肺痈，肠燥便秘之症的康复与辅助食疗。

4. 现代研究

天门冬能升高白细胞，增强巨噬细胞吞噬功能，具有养阴润燥、滋补肺肾之功效。常食可提高抗病能力，使身体强壮。天门冬含有天冬酰胺、黏液质等成分。研究表明，天冬酰胺有去除色素沉着的作用。此外，天门冬对炭疽杆菌、α-溶血性链球菌、β-溶血性链球菌、白喉杆菌、假白喉杆菌、肺炎双球菌、金黄色葡萄球菌、柠檬色葡萄球菌、枯草杆菌等均有抗菌作用。

食用注意

脾胃腹泻者慎食天门冬的根和叶。

传说故事

服天门冬长寿的传说

据《列仙传》云：古时有一名赤松子者，得服天门冬之方，服至十日，身转目明；二十日，百病愈，颜色如花；三十日，发白变黑；五十日，行及奔马。其常服之，年逾古稀，齿落更生，细发复出，被列为群仙之首，仙乃长寿者也。

野荞麦苗

城南城北如铺雪，原野家家种荞麦。
霜晴收敛少在家，饼饵今冬不忧窄。
……

——《荞麦》·宋·陆游

物种基源

野荞麦苗为蓼科一年生草本植物野荞麦（Fagopyrum cymosum）的嫩茎叶苗。又名流注草、野三角麦、野鹿蹄草等。野荞麦苗也是一种蜜源植物，多生于荒地或路旁，茎直立，高 40～60 厘米，有分枝，表面光滑，红色，叶互生，心状三角形，也有的近五角形。花白色或淡粉红色。幼苗采食期为 6～7 月，花果期为 7～8 月。主分布于我国西北、东北、华北及西南地区，华东亦有分布。

生物成分

野荞麦苗含蛋白质 3.1 克，脂肪 0.1 克，碳水化合物 0.5 克，膳食纤维 1.2 克，胡萝卜素 0.5 克及维生素 B_1、B_2、C、尼克酸，此外，还含微量元素钙、镁、铁、锰、锌、铜、磷、硒等物质。

食材性能

1. 性味归经

野荞麦苗，味甘，微苦，性微凉；归脾、胃、大肠经。

2. 医学经典

《千金·食治》："宽肠，醒脾。"

3. 中医辨证

野荞麦苗，有清热祛湿功能。有益于胃热、水肿的康复与食疗。野荞麦叶煎服可助于紫癜、眼底出血等症的康复。

4. 现代研究

野荞麦苗中含芦丁、水杨胺、4-羟基苯甲胺、N-水杨叉替水杨胺等成分。对人体抗自由基的生成具有抗氧化作用，实验还证明，野荞麦的花粉有抗贫血作用。另外，野荞麦叶有止血作用，外伤出血可将野荞麦叶捣烂外敷，叶还有降血压的功效。

食用注意

脾胃虚寒引起的腹泻者忌食野荞麦苗。

传说故事

野荞麦苗延年益寿

准格尔旗有个神山，唐朝时，有位民间医生上山采药，忽然看到有两位仙女结伴游戏，尽情歌舞。民间医生驻足观看，仙女便笑呵呵地走过来搭讪。霎时，云绕波涌，如鱼滚动，不知不觉，民间医生竟跟着仙女走进洞中。洞内温暖如春，四季常青。仙女对民间医生百般照顾，一日三餐，必吃两顿野荞面，菜为野荞麦叶。民间医生只待到第三天，便思念亲人出山回家。哪知，洞中方三日，人间几千年，回家后人物全非，子孙已历五十世。这时民间医生方觉几千年过去了，他却长生不老。他逢人便说："常食野荞麦叶与面，延龄增寿又年轻。"以后，山区农民祖祖辈辈吃野荞麦苗和野荞麦面。

麦 门 冬

叶青似莎草，熬霜草沿阶。
如韭生力足，四季不凋谢。

——《麦冬》·清·吴传奎

物种基源

麦门冬（Ophiopogon japoni-cus（L·f）Ker-Gawl.），为百合科沿阶草属多年生草本植物麦冬的块根。又名沿阶草、书带草、羊韭、马韭、羊荠、爱韭、禹韭、忍陵、不死药、卜垒、随脂、羊薯、秀墩草、家边草、韭叶麦冬、瓜黄、小叶麦冬、寸冬、苏冬。以根须较粗、顶端或中部膨大成纺锤状肉质小块根，地下匍匐茎细长，叶为线形，基生成丛，先端尖，革质，深绿色，平行脉明显者佳。

原产我国，分布于广东、广西、福建、浙江、江苏、江西、湖南、湖北、四川、云南、贵州、安徽、河南、陕西南部和河北以南地区。

生物成分

每 100 克麦冬块根含蛋白质 3.7 克，脂肪 0.5 克，碳水化合物 10 克，维生素 C、尼克酸、微量元素钙、铁、磷、锌。块根中还含多种甾体皂甙，沿阶草甙 A、B、B′、C、C′、D、D′，含单糖类与低聚糖类 71%；一种新的菊淀粉型多糖，系由 D-果糖与 D-葡萄糖组成。

食材性能

1. 性味归经
麦门冬，味甘，微苦，性微寒；归心、肺、胃、大肠经。

2. 医学经典
《神农本草经》："养阴润肺，清心除烦，益胃生津。"

3. 中医辨证

麦门冬,有养阴生津、润肺清心的功效,有益于肺燥干咳、虚痨咳嗽、津伤口渴、心烦失眠、内热消渴、肠燥便秘、咽白喉等症的康复与辅助食疗。

4. 现代研究

常食麦门冬,可增强人体正气和抗病能力,延年益寿。另外,麦冬粉对伤寒杆菌、大肠杆菌、枯草杆菌、白色葡萄球菌有较强的抗菌作用。抗菌试验:对白色葡萄球菌、大肠杆菌、伤寒杆菌有较强的抑菌作用。

食用注意

虚寒性体质慎食麦门冬。

传说故事

一、麦门冬名字的由来

相传,大禹治水时,有一次在山下渡江时,揹在身上的口粮袋被石头擦破,撒漏在江边,后来在这地方长出一种草,时值种冬麦的时候,人们把这种草称之为"麦冬"。因为它凌冬不凋,四季常青,古代亦有"不死草"之称。

二、麦门冬的传说

据《十州记》载,相传,在秦始皇时代,有一只鸟衔来一株草,绿叶像韭菜,淡紫色花瓣,与绿叶相映,煞是雅致。秦始皇便派人问鬼谷子,此草为何?据说鬼谷子擅长养性修身,精通医术。见此草便说:"此乃东海瀛洲上的不死之药。人死后三天,用其草盖其身,当时即活,一株草就可救活一人。"秦始皇闻之,遂派方士徐福为使者,带童男童女数千人,乘楼船入东海,以求长生不老之药。

当然,徐福只能一去不返,秦始皇寻仙药也只是梦想。其实,麦门冬并不如鬼谷子所言,会有那么神奇的功效。但是对于治疗咽喉炎确实有很好的作用。咽喉属于肺胃之要道,若外感风热之邪、熏蒸肺系或多食辛辣煎炒之品,引动胃火上蒸、津液受灼而生痰浊、痰火蕴结,皆可导致咽喉肿痛,涉及西医的急性咽喉炎、扁桃体炎等。麦冬既可以滋养肺阴,又可以清除肺热,于是,不管是阴虚或是实火,用麦冬都非常有效。

柴 胡 苗

省郎忧病士,书信有柴胡。

饮子频通汗,怀君想报珠。

亲知天畔少,药味峡中无。

归楫生衣卧,春鸥洗翅呼。

犹闻上急水,早作取平途。

万里皇华使,为僚记腐儒。

——《寄韦有夏郎中》·唐·杜甫

物种基源

柴胡（Bupleurum chinense），为伞形科柴胡属多年生草本植物柴胡的嫩叶。又名地熏、茈胡、山菜、茹草、柴草、津柴胡、南柴胡（又称软柴胡、软苗柴胡、狭叶柴胡、香柴胡、红柴胡、细叶柴胡）、北柴胡（又称硬柴胡、硬苗柴胡、竹叶柴胡、韭叶柴胡、蛇叶柴胡、铁苗柴胡、蚂蚱腿、山根菜、黑柴胡、山柴胡）。以有不规则的侧根，嫩叶红褐色，有光泽者佳。主要分布于吉林、辽宁、河北、河南、山东、江苏北部等。

生物成分

柴胡含柴胡皂苷 a、b、c、d-菠菜甾醇、槲皮素、柴胡多糖、白芷素和挥发油，油中含棕榈酸乙酯、d-甲基环戊酮等。此外，还含有机酸、多烯类化合物、木脂素类、维生素 C 及胡萝卜素等，尚含有较多的钙、钾和铝等多种微量元素。

食材性能

1. 性味归经

柴胡，味苦，微寒；归肝、胆经。

2. 医学经典

《神农本草经》："疏散退热，舒肝，升阳。"

3. 中医辨证

柴胡补五劳七伤、消痰止咳、润心肺、添精髓，对肝胆有热、头痛眩晕、止昏赤痛、障翳、女人月经不调、小儿痘疹余热等症有很好的辅助食疗。

4. 现代研究

柴胡有提高免疫、镇静、保肝、利胆、降压、解热等作用，对原发性高血压、原发性痛经、高脂血症、脑震荡后遗症、肝硬化等疾病的康复与辅疗效果明显。

食用注意

（1）真阴亏损，肝阳上亢者忌食柴胡野菜。
（2）食柴胡野菜时，不宜与皂角藜芦等中药同食。

传说故事

柴胡治寒热病的传说

在很久以前，蜀国的凤凰山上，流传着这样一个故事：相传，山上有两个人很要好，一个姓柴，一个姓胡。他们都在给一个地主家当长工，二人亲如兄弟。有一天，胡弟突然患了病，病很奇怪，一会儿热，一会儿冷。地主知道后，便硬要撵走他，柴兄和地主争论了半天，一点儿作用也没有，气得他一咬牙，背起胡弟就走了。柴兄背起胡弟爬到半山腰处，把被盖在一片小草旁铺好，把胡弟安顿好后，便在山林中寻找一些柴火和野果充饥。

胡弟躺着等柴兄，等得肚子也饿了，口也渴了，便顺手拔些身边的野草，嚼着它的根充饥，胡弟越嚼越觉得味道不错，便接着咽了下去。

柴兄回来了，带着柴火和野果、野菜，就开始生火煮食，他俩美美地吃了一顿野味。看看天色巳晚，兄弟俩就在这山坡草地上露宿下来。

柴兄一觉醒来，见胡弟没睡觉，询问胡弟，胡弟一愣，说："怪了，我昨晚上为什么没发病呢？"柴兄想到胡弟嚼过了野草，就试着用这种野草煎汤给胡弟喝，果然见效。他们干脆暂不回家，也不再给那地主干活了，决定采些这种野草下山去卖，一来可治好穷哥们的病；二来我们也有了一条生活的门路。于是，二人就采了很多这种草，并用两人各自的姓给这种野草药起名为"柴胡"。

于是，他们开始做起卖柴胡的生意了。时间不长，这一带用"柴胡"又治好了几个人，于是名声传出，患病的人纷纷前来购买，柴胡也随之被列为中药收载起来。

威 灵 仙

居然能消何谓仙？非仙谓仙何其灵。

十二经脉众风去，君莫错食铁线莲。

——《能消》·清·朱程

物种基源

威灵佩仙（Veronicastrum sibiricum），为毛茛科腹水草属多年生草本植物威灵仙的幼苗或嫩茎叶，又名能消、九节草、山红花、百条根、老虎须、铁扇扫、葳灵仙、葳苓仙、铁脚威灵仙、灵仙、黑脚威灵仙、九阶草、风车、鲜须苗、黑骨头、黑木通、铁杆威灵仙、七寸风、铁脚灵仙、牛闲草、牛杆草、辣椒藤、铁灵仙、灵仙藤、黑灵仙、黑须公、芝查藤根，以鲜嫩、油光、茎不分枝、叶无毛或略披柔毛者佳，主要分布于我国的东北、华北、陕西北部、甘肃东部及山东半岛。

生物成分

威灵仙的嫩叶含蛋白质、膳食纤维、糖类及维生素 B_1、C 及微量元素钙、铁、锌、磷等，还含白头翁素、齐墩果酸、常春藤皂甙元皂甙，所含糖类主要为：鼠李糖、核糖、阿拉伯糖、葡萄糖等多种。春末夏初采食嫩苗、叶，用水焯去苦味后凉拌加佐料。

食材性能

1. 性味归经

威灵仙，味辛，微苦，性寒；归膀胱经。

2. 医学经典

《开宝本草》："祛风湿，通经络。"

3. 中医辨证

威灵仙，有祛风除湿、通络止痛的功效，对风湿痹痛、肢体麻木、经脉痉挛、屈伸不利等症的辅助食疗效果不错。

4. 现代研究

威灵仙含多元皂甙，对多种风湿病以及痰多咳嗽、经脉不通者，各种肿痛、破伤风等疾病有速效辅助康复效果。

食用注意

（1）威灵仙，性寒，脾胃虚寒、腹泻者不宜以威灵当野菜食。

（2）棉团铁线莲和柱果铁线莲同属毛茛科，也叫威灵仙，不宜作野菜食用，有毒。

传说故事

一、威灵仙传说

从前，江南一座大山上有座古寺，名叫威灵寺。寺里有个老和尚，治风湿痹病、骨渣子卡喉很出名。老和尚治病时，总是先焚香念咒，再将香灰倒在一碗水里，让病人喝。说来也怪，病人喝下香灰水，病就好了。老和尚说，这是老佛爷施法救的，因此，他不但骗了不少香火钱，还得到了人们的信任，都说威灵寺的佛爷有求必应，老和尚是"赛神仙"。

其实，老和尚那盛香灰的碗里放的不是一般的茶水，而是一种专治风湿痛、骨渣子卡喉的草药汤。老和尚每天让一个小和尚在密室里煎这种药。这个小和尚每天除煎药外，还得烧火做饭、打扫院子等，但老和尚还经常打骂他。小和尚有气难出，便想了一个捉弄老和尚的办法，在煎药时，故意换上根本不能治病的野草。

这天，有个猎人的儿子被兽骨卡住了喉。猎人抱着儿子来威灵寺找老和尚治病。可是，小孩喝了药汤毫不见效，兽骨渣仍横在喉里，憋得他脸色发青，哭不出声。老和尚一看，急得浑身冒汗，生怕当场出丑，便对猎人说："你身上准不干净，冒犯了佛爷。去吧，佛爷不想救你孩子了!"当猎人抱着气息奄奄的儿子走出大殿时，小和尚端着一碗药汤从后门追上说："佛爷不灵，吃我的药吧。"小孩喝下药汤，不一会儿，兽骨便化了，小孩得救了，猎人连声道谢。从此，老和尚的香灰水再也不能治病了。求小和尚治病的人却越来越多，人们都说，威灵寺前门的香灰水不治病，后门的药汤倒治病。

一天，有个患风湿的樵夫求药，他忘了走后门，直接跑到大殿上找小和尚。这时老和尚才恍然大悟，原来香灰水失灵的原因就出在小和尚身上。他气得脸色铁青，牙齿咬得咯咯响。可当着樵夫的面，他又不便发作，急匆匆走出大殿，要找小和尚算账，谁知一没留神，失了足，从台阶上摔下来，跌死了。

此后，这个小和尚就成了威灵寺的住持，他大面积种植这种专治风湿和化骨渣子的草药。凡是到威灵寺求医的，小和尚都分文不取。由于这种草药出自威灵寺，治病又像仙草一样灵验，所以大家都叫它"威灵仙"。

二、威灵仙治手足不遂的传说

唐贞元中，嵩阳子周君巢作《威灵仙传》，说威灵仙可去众风，通十二经脉，朝服著效，疏宣五脏，冷脓宿水变病，微利，不泻人。服此四肢轻健，手足微暖，并得清凉。并记载着这样一则故事：先时，商州有人病，手足不遂，不履地者数十年，良医殚技，都没有效。因此，家人只好把他放在道旁，以求救者。后遇一新罗僧，见之，对他们说："此疾一药可活，但不知道此地有否?"于是派人到山上寻找，果有此药，照方服之，数日便能行走。其后山人邓思齐知之，遂传其事。新罗僧高大威严，能传此药疗效灵验，故后人取名为"威灵仙"。意指一个威严的仙人所传之灵丹妙药。

夏枯草苗

地角田塍草一株，根青花紫志踌躇。容颜易老叶先枯。

不事君王医百姓，宜收药典进千书。当年救我出痰茶。

——《浣溪沙》·现代·刘南陔

物种基源

夏枯草苗（Prunella vulgaris L.），为唇科夏枯草属多年生草本植物夏枯草的嫩叶，又名夏枯头、夏枯球、夏枯花、铁线夏枯、麦穗夏枯草、麦夏枯、铁色花、白花草、胀饱草、干叶叶、牛枯草、广谷草、棒槌草、锣槌草、羊胡草、牛抵草、炮杖草、捧头柱、地枯牛、棒枝头花、大头花、滚子花、灯笼头、六月干、东风、乃东、夕句、燕面、羊肠菜、郁臭、山苏子、枯草穗、锣锤草、灯笼草、古牛草、牛佝头、丝线吊铜钟，以鲜嫩、淡紫色，有柔嫩细毛者佳，主产于江苏、安徽、浙江、河南等省，其他省（区）亦有零星分布。

生物成分

据测定，每100克可食夏枯草嫩茎叶含水分81克，蛋白质2.5克，脂肪0.7克，碳水化合物11克，膳食纤维2.9克，胡萝卜素、维生素B_2、C、尼克酸、钾、钙、磷、锌等，此外，还含有皂甙、芦丁、夏枯甙、金丝桃甙及挥发油。

食材性能

1. 性味归经

夏枯草，味甘，辛，微苦，性寒；归肝、胆经。

2. 医学经典

《神农本草经》："清火、明目、散结、消肿。"

3. 中医辨证

夏枯草，有清泄肝火、散结消肿、清热解毒、祛痰止咳、凉血止血的功效。适用于淋巴结核、甲状腺肿、乳痈、头目眩晕、筋骨疼痛、肺结核、血崩、带下、急性传染性黄疸型肝炎及细菌性痢疾等，对瘰疬、乳痈、目赤肿痛、肝风头痛、头晕等病的辅助康复与食疗。

4. 现代研究

夏枯草有降低血压的作用，并能扩张血管，其所含芦丁有抗炎作用，并能降低血管通透性，减少脆性，降低肝脂。此外，夏枯草还有抑制癌细胞的作用，还具收缩子宫和增强肠管蠕动功能。据抗菌试验：夏枯草对绿脓杆菌、结核杆菌、伤寒杆菌、大肠杆菌、痢疾杆菌均有抑制作用。

食用注意

便溏腹泻者勿食野菜夏枯草。

传说故事

一、神农与夏枯草

神农是民间传说中的药仙，他解除众生疾苦之伟绩，千古传颂。

从前有位书生名茂松，为人厚道，自幼攻读四书五经，然屡试不第。茂松因此终日郁闷，天长日久，积郁成疾，颈部长出许多瘰疬（即淋巴结核），蚕豆般大小，形似链珠，有的溃破流脓，众医皆施疏肝解郁之法，无效，病情越来越重。

这年夏天，茂松父亲不远千里寻神农。一日他来到一座山下，只见遍地绿草茵茵，白花艳丽，似入仙境。他刚想歇息，不料昏倒在地。茂松爹怎么也没有料到，这百草如茵的仙境，竟是神农的药圃。此时，神农正在给药草浇水施肥，见有人晕倒，急忙赶来救治。茂松爹醒来，谢恩并诉说了自己的苦衷。神农听罢，从草苑摘来药草，说："用此草上端球状部分，煎汤服用"。又说："此草名'夏枯草'，夏天枯黄时采集入药，有清热散结之功效。"茂松按方服之，不久病愈。后来，父子二人广种夏枯草，为民治病，深得人心。

二、夏枯草治淋巴结核的传说

有这样一段有趣的故事。古时候，一位秀才的母亲患了瘰疬，脖子肿得老粗，还流脓水。他去求医，医生带他上山，采了一种紫色花穗的野草回来，剪下花穗，煎给他母亲吃，几天之后，病果真好了。到了夏末，县官的母亲也得了瘰疬，张榜求医。秀才立刻揭榜说："我会治瘰疬"。县官很高兴，随即派人跟秀才上山采药。然而踏遍山野也找不到这种紫色花穗的草药了，县官骂他是骗子，把他打得皮开肉绽。但他不服，第二年春天，又只身上山，见到满山都是这种草药。他觉得奇怪，便去请教那位医生，医生笑着说："这草到了夏天就全株枯死了，它的名字就叫'夏枯草'。"

绿叶鸡冠菜

何处一声天下白，霜华晓拂绛云冠。

五陵斗罢归来后，独立秋亭血未干。

——《鸡冠菜》·元·姚文奂

物种基源

绿叶鸡冠菜（Celosia argentea Linn.），苋科一年生草本植物鸡冠菜的嫩苗，又名昆仑草、狐狸尾、指天笔、牛尾巴草、土鸡冠、牛尾巴花，以有分枝、绿色或红紫色、无毛、光滑、鲜嫩者佳，主要分布于我国秦岭以南各省（区）。

生物成分

绿叶鸡冠菜，含有蛋白质、脂肪、叶酸、泛酸、维生素 B_1、B_2、B_8、B_{12}、C、D、E、K 等多种维生素及 21 种氨基酸，13 种微量元素和 50 种以上的天然酶和辅酶，其中蛋白质含量高达 43.5%，意大利一位科学家在一份调查报告中指出，每年第三世界国家大约有 8 万名儿童缺乏氨基酸而双目失明，只要每天食用 100～150 克鸡冠菜，就足以阻止这一灾祸的发生。我国历史上亦有将鸡冠菜作为救荒济民食品的记载。

食材性能

1. 性味归经

绿叶鸡冠菜，味甘，微苦，性微寒；归脾、肝经。

2. 医学经典

《医家金鉴》："消肝火，醒脾，明目。"

3. 中医辨证

绿叶鸡冠菜，清热泻火，明目退翳，对肝热目赤、眼生翳膜、视物不清、肝火眩晕等症的康复有帮助。

4. 现代研究

现代医学药理结果表明：绿叶鸡冠菜有抑菌、减眼压、保肝的作用，对赤白下痢、原发性高血压、红眼病等症的辅助食疗作用独特。

食用注意

对病后虚弱、脾胃虚寒引起的腹泻慎食。

巢 菜

微贱所食谓之薇，荒岁物稀市价贵。

耻食周粟山中隐，家财万贯不相会。

——《巢菜》·清·茅构

物种基源

巢菜（Vicia cracca），为豆科植物大巢菜的嫩茎叶，又名薇、垂水、春巢菜、普通苕子、野菜豆、黄藤子、苕子、肥田草、草藤。巢菜茎叶蔓生，气味似豌豆，春末夏初开花结荚，花冠蝶形，青紫色。荚果光滑，有种子3～5粒。分布于北半球的温带，我国北部及中部嫩苗称巢芽，作蔬菜，历史上曾作为荒岁充饥之物，而现在多栽培作牧草或绿肥，但现时乘嫩时作野蔬菜还真是别有一番风味。

生物成分

经测定，每100克可食巢菜含水分80克，蛋白质3.8克，脂肪0.5克，糖类9克，粗纤维5.5克及钙、磷、铁、锌、镁等矿物质，另含微量的氢氰酸，叶含抗坏血酸，种子含蛋白质和精氨酸、γ-羟丁氨酸等。

食材性能

1. 性味归经

巢菜，味甘，咸，性凉。归脾、胃、膀胱经。

2. 医学经典

《食疗本草》："利湿，活血，止血，明耳目，截疟。"

3. 中医辨证

久食不饥，调中、利大小肠、利水道、下浮肿、润大肠，食用对于黄疸、浮肿、疟疾、心悸、梦遗、疔疮、痔疮等疾症有益。

4. 现代研究

巢菜含有多种氨基酸和维生素、膳食纤维、矿物质，对大小便不利、妇女月经不调，疟疾发热等疾病的康复和食疗有较好的效果。

食用注意

巢菜性凉，对脾胃虚寒引起的长泻应少食或不食。

传说故事

采薇而食的故事

伯夷、叔齐，乃商朝孤竹君的两个儿子。相传其父遗命要立次子叔齐为继承人。孤竹君死后，叔齐让位给伯夷，伯夷不受，叔齐也不愿登位，先后都逃到周国。周武王伐纣，两人曾叩马谏阻。武王灭商后，他们耻食周粟，逃到首阳山，采薇而食。作歌曰："登彼西山兮，采其薇矣。以暴易暴兮，不知其非矣。神农、虞、夏忽焉没兮，我安适归矣？于嗟徂兮，命之衰矣！"后饿死在山里。

地　黄　苗

荒郊野外酒壶花，枝叶葳蕤西晚霞。
誉满天涯生熟地，一生奉献大中华。

——《地黄》·现代·曹兵

物种基源

地黄苗（Rehmannia glutinosa Libosch.），为玄参科多年生草本植物地黄的嫩苗，又名酒壶花、怀地黄、婆婆丁、老婆子脚，其块茎刚挖出名鲜地黄，生晒干为生地黄，蒸煮后晒或烘干为熟地黄，主产河南、江苏、山东、湖北、甘肃、陕西、河北、内蒙古、辽宁、山西。

生物成分

地黄苗含蛋白质、糖类、粗纤维、维生素 B_1、B_2、C、A 及多种氨基酸，其块茎根含 β-谷甾醇、甘露醇、豆甾醇、梓醇、菜油醇、维生素 A 类物质、水苏糖、葡萄糖、脂肪酸、地黄素、精氨酸、γ-丁氨酸及生物碱等。

食材性能

1. 性味归经

地黄苗，味甘，苦，性寒；归心、肝、肾经。

2. 医学经典

《神农本草经》："生津润燥，滋阴补肾，调经补血。"

3. 中医辨证

地黄，清热凉血、养阴生津，有益于热入管血、舌绛烦渴、斑疹吐衄、阴虚内热、骨蒸痨热、津伤口渴、内热消渴、肠燥便秘等症的辅助食疗。

4. 现代研究

地黄有免疫、抗衰老、抗真菌、镇静等作用，有益于肝炎、风湿、类风湿关节炎、电光性眼炎、湿疹、麻疹、神经性皮炎等症的康复有效果，另外还见报道，地黄对血糖高及心血管系统病的辅疗作用也很有帮助。

抗菌试验：地黄对多种皮肤真菌有抑制作用，在体外有中和白喉毒素的作用。

食用注意

地黄性寒而滞，脾虚湿滞，腹满便溏者不宜服食。

传说故事

一、地黄治瘟疫的传说

在唐朝时，有一年黄河中下游瘟疫流行，无数百姓失去生命，县太爷来到神农山药王庙祈求神佑，得到了一株根状的草药，送药人将此药称为地皇，意思是皇天赐药，并告诉县太仰神农山北草洼有许多这种药，县太爷就命人上山采挖，解救了百姓。瘟疫过后，百姓把它引种到自家农田里，因为它的颜色发黄，百姓便把地皇叫成地黄了。值得一提的是，不管是否和传说有关，此后一说到地黄，人们都会认为怀庆府所产的最为地道。明朝名医刘文泰在《本草品汇精要》中说生地黄，今怀庆者为胜。药物学家李时珍在《本草纲目》中记载，今人唯以怀庆地黄为上。

二、地黄止血的传说

宋代方书《信效方》中，记载一则关于生地黄的生动故事。该书作者在汝州（今河南临汝县）时，一次外出验尸，当地保证赵温却没到验尸现场。他就问当地人："为何赵保证不来？"回答说："赵保证衄血数斗，昏沉沉的，眼看有生命危险了。"后来他见到赵保证，只见赵的鼻血就像屋檐水似的不断滴着。他马上按平日所记的几个止衄血的方子，配药给赵治疗，但血势很猛，吹入鼻中的药末都被血冲出来了。他想：治血病没有药能超过生地黄的了，于是当机立断，即刻派人四处去寻找生地黄，得到十余斤。来不及取汁，就让赵生吃，渐渐吃到三四斤，又用生地黄渣塞鼻，过了一会儿，血便止住了。

黄 精 苗

割断凡缘，心安神定。
山中采药修身命。
青松林下茯苓多，白云深处黄精盛。
百味甘香，一身清净。
吾生可保长无病。
八珍五鼎不须贪，
荤膻浊乱人情性。

——《踏莎行》·宋·张抡

物种基源

黄精苗（Polygonatum sibiricum），为百合科黄精属多年生草本植物及同属若干种植物的嫩苗（根亦可食）。又名龙衔、兔竹、垂珠、鸡格、米脯、菟竹、鹿竹、救穷、戊己芝、萎蕤、苟格、马箭、仙人余粮、气精、生姜、野生姜、米哺、野仙姜、山生姜、玉竹黄精、白及黄精、阳誉蕨、土灵芝、老虎姜、山捣臼、鸡头参、赖姜、鬼蔓菁。

黄精的品种较多，有东黄精（东北黄精）、西南黄精（滇黄精、金氏黄精、大黄精）、多花黄精（姜形黄精）、囊丝黄精、卷叶黄精及其混用品苦黄精、轮叶黄精，严格说来，中药界以叶对生块茎根为正黄精，叶不对生的叫偏黄精。黄精的根、叶、花、果实都可以食用。主产云南、贵州、湖南、安徽、浙江、河北、内蒙古、辽宁。

生物成分

黄精含淀粉、黏液质、皂甙类，黄精多糖，含天门冬氨基酸、高丝氨酸、吖丁啶羧酸、黄精低聚糖、蒽醌类化合物及多种氨基酸等。黄精苗可水焯熟后凉拌，根可与猪肉、鸡等烹调冬季补虚佳肴。

食材性能

1. 性味归经

黄精，味甘，性平；归脾、肺、肾精。

2. 医学经典

《雷公炮炙论》："润肺滋阴，补脾益气。"

3. 中医辨证

黄精，能补五劳七伤、助筋骨、止饥、耐寒暑、益脾胃、润心肺，有益于虚损热寒、肺痨咳血、脾胃虚弱、倦怠无力、食欲不振、口干、筋骨软弱、风湿疼痛等病症的食疗与康复。

4. 现代研究

黄精能增强机体免疫力，有利于抗病防病，对高血糖、高血压、动脉粥样硬化、肝脏脂肪浸润有预防和食疗效果。抗菌试验结果亦表明，对痢疾杆菌、伤寒杆菌、金黄葡萄球菌以及常见的致病性的皮肤真菌亦有抑制作用。

食用注意

黄精属滋补之品，易于助湿，故痰湿壅滞，中寒便溏者不宜服食。

传说故事

一、黄精是精的传说

《夷坚志》载：袁州萍乡县兴教寺后有徐仙亭，古老相传，初有徐君居此地，每日见一黄犬往来，颇异之，访其主，无能知者。遂诱而烹食之，盖黄精也，因是仙去。后人于故基筑亭，为一邑之胜处。

二、女佣以黄精当野菜食的传说

传说古代临川士家一女佣，不堪虐待和凌辱，逃往深山老林，以野菜野果度生。一天，她偶然发现一种叶嫩可爱的野菜，便连根拔出来尝，其味甘甜，女佣当即饱餐一顿。以后她天天寻找这类野菜充饥，久而久之，她感到自己的身体越来越轻盈敏捷，行动灵活，久食不饥。一夜宿树下，听见风声，疑有虎来，急腾身而上树梢。从此夜宿树上，日行山中，常吃此草，亦无所苦。后其家人采樵所见，近之则腾身上树，归告主人，或曰：婢岂有仙骨，家人伏草中齐出，婢欲腾空而不灵，遂被捉。问其如何充饥，具述其故，指山中一种草，拔数茎而归，识者辩论乃黄精也。

三、"黄经"与"黄精"

相传，天台山上有个云雾仙洞。每隔3000年西王母才命仙女打开洞门一次，放出瑶池仙水，以灌溉洞口四周的仙草，待成熟后，全部供仙人们食用，以求青春常驻。

有一年，天台山下发生大旱，庄稼枯死，百姓缺吃少喝又得了一种怪病。村里最漂亮的秀姑，新婚三个月，也染上了这种病，生命奄奄一息。秀姑的丈夫黄经看见自己的妻子病成这样，着急万分，又一筹莫展。正在此时，一位白胡子老道，肩背葫芦，手拄拐杖，路经他家门口。黄经邀请老道到秀姑床前为她诊治。老道诊脉后说："姑娘肺热胸闷，已成慢痨。据贫道所知，村内不少人得这种病。若要治好此病，需连服仙草3个月，但这种仙草长在天台山云雾仙洞，须得翻过九座高山，越过九条深涧，攀登千丈岩壁，你能行吗？"小伙子说："为了全村人和秀姑，我就是上刀山下火海，也要找到云雾仙洞和仙草。"老道为黄经的精神所感动，就把手中的拐杖送给他，并说："你带上它，就会找到云雾仙洞，再用拐杖轻轻一敲，洞门就会打开。"黄经接过拐杖，感激不已，说道："请老神仙留下高姓大名！"老道哈哈一笑："我叫葛玄。"说完，就不见了。黄经经历了千辛万苦，找到了云雾仙洞。这时，拐杖头的金光射向一块巨门似的岩石上。黄经用仙杖在岩石上轻轻一敲，石门慢慢打开了。根据葛仙翁的吩咐，黄经用杖头往洞顶一戳，洞顶立刻流下一股清澈的仙水。洞口外在仙水流过处慢慢地长出了一片仙草。这时，西王母带着天兵天将要来收仙草。因为葛仙翁已预料到会发生战斗，在杖头上念了十万禁咒，天兵天将无法收到仙草，只好收兵而归。

黄经氢仙草拿回村里，乡亲们纷纷拿了仙草食用，病很快就好了。黄经为了阻止西王母再来关闭云雾仙洞，一直守在洞口，以食仙水和仙草为生，久而久之，也成了仙人。因这种仙草是黄经发现，故被后人称为"黄经"，后改为"黄精"。

四、黄精名字的由来

从前有个财主，家里有个丫鬟名叫黄精。黄精出身很苦，可天生一副好容貌。财主色迷心窍，一心想要黄精做小老婆。

财主捎信给黄精的父亲说，你家祖祖辈辈种我的田，吃我的粮，而今我要娶黄精做小老婆，你要是不愿意，就马上还我的债，滚出我的家门。

阳雀不与毒蛇同巢，一家人急得没办法，只好让黄精赶快躲出家门去。漆黑的三更夜，黄精逃出了财主的庄园。可是她刚刚逃出虎口，就被狗腿子发觉了。于是，财主马上派家丁打着灯笼火把去追赶黄精姑娘。黑灯瞎火中黄精深一脚浅一脚地跑啊跑，鬼晓得怎么跑到了一座悬崖边，这时身后灯笼火把愈来愈近了，姑娘一狠心跳下了悬崖。黄精跳崖后以为这一下必死无疑，可没想落到半山腰却被一棵小树挂住了，摔到了树边的一小块斜坡上。只觉得浑身一阵阵火辣辣的疼，一下子昏了过去。不知过了多久，她幽幽地醒转，身子非常虚弱，四下一看，吓了一大跳，只见身下是万丈深渊。她见身边长着密密麻麻的野草，黄梗细叶，叶子狭长，开着些白花，便顺手揪下一把草叶，放在嘴里暂且充饥。一次，她揪叶时拔下一棵手指粗的草根，放在嘴里一嚼，觉得又香又甜，比那些草梗草叶好吃得多。打这以后，黄精姑娘便每天挖草根过日子，一边寻找上山的路。太阳升起又落，月亮落了又升，转眼过了半年。一天，姑娘爬上了一块大岩石后面，只见一棵酒杯粗的黄藤从崖顶上垂了下来，她抓住藤萝向上爬，这时才发现自己轻得像燕子一般，非常轻松地爬上了山顶，连气都没有喘。

上了山顶，她径直朝西走去。走着，走着，看见前面不远处有了一个村落，便走到一家门前说道："主人家，请给碗饭吃吧。""吱呀"一声，门开了，里边走出来一位六七十岁的老婆婆，看了姑娘一眼说："讨饭也不看看时间，人家大清早还没有生火呢，哪来饭吃啊。"说完又回屋去了。

"老妈妈请行行好，我好几天没吃东西了，有碗剩饭也行。"黄精说道。

老婆婆见她说得可怜，就开门让黄精进了屋，又去热了碗剩饭，烧了碗热腾腾的汤。过了一会儿，只见一个背柴火老头儿进了门。老婆婆指着黄精对老头儿说："这是个苦命的讨饭姑娘，她家乡闹旱灾，爹娘都死了，讨饭到这里，咱们就收下她做闺女吧。"老头儿看了看姑娘，点了点头。从此，黄精姑娘就在老婆婆家住下了。

日子一长，姑娘便把身世告诉了大妈、大伯。黄精遭难跳崖没死，全靠吃草叶、草根活了半年多，这下可叫大妈、大伯吃了一惊，都说姑娘命大、造化大。姑娘的遭遇渐渐地传遍了全村，村里有个采药的老人，他听到姑娘吃草根能活这么长的时间，又见到黄精姑娘那么水灵灵的，就问姑娘吃的是什么样的草根。姑娘带着老人在山上找到了那种草。采药老人挖起放在嘴里细细地品尝，觉得味道清香甘甜，吃后身子又暖和，又舒服，精力旺盛。后来他把这种草根给病人吃，病人吃后病情就减轻了，给老年人服用，老人身子骨就渐渐变得硬朗了。

因为是黄精姑娘发现的这种草。所以大家就给它起名叫黄精。

五、"应身菩萨"与"黄精"

无暇禅师24岁时在山西五台山出家，法名海玉。两年后他开始游历天下名山大川，后在安徽青阳县九华山结庐隐居，刻苦修行。无暇在九华山中隐居了100余年，不带徒弟，不见人，126岁时圆寂。

后来崇祯帝派朝中王尚书来九华山进香，遍查附近山洞，这才发现已经坐化了三年多的无暇禅师的真身，其肉身已干枯，身旁有血经81本和一卷身世自传书。同年，崇祯帝派人送来御笔"应身菩萨"的匾额，并以金粉涂身。

无暇禅师长期隐居深山，缺粮少食，何以能活到126岁呢？原来，他就靠吃黄精、野果、丹参之类而得以生存。传言，后来无暇禅师可以连续几天不进食，只吃黄精。他先后花费38年时间用血写成了81本《大方广佛华严经》，如今，这部血经还陈列在九华山寺内。

六、李时珍与黄精

明代万历年间，李时珍带着徒弟庞宪来到江西临川采药。他们爬上山，庞宪见到满山都长着药材，特别是黄精，长得枝肥叶茂，茎块硕大可爱，直乐得合不拢嘴。正当他忙着采药时，突然一惊，对李时珍喊道："师傅，那边丛林中有个人，不知是死是活。"师徒二人忙着过去一看，原来是一名女子，面色苍白，不省人事。李时珍一按脉搏，就对庞宪说："她是饿昏的，你快去挖些黄精来，用水罐煮点汤给她喝，她便有救了。"庞宪煮好了黄精汤，给那女子灌了下去，不一会儿，那女子便睁开了眼睛。李时珍见了，和气地对她说："姑娘，你一定有几天没吃东西了吧。来！我这儿有点干粮，你快将着就吃吧！"姑娘畏畏怯怯地把干粮一口气吃完了，还一双眼睛死死盯住那只水罐。李时珍把水罐递给她，说："这里的东西可以吃，它还是大补的哩！"姑娘又把那罐里的黄精全部吃光了。这时，她的手脚也灵便了，起身向李时珍师徒看了一眼，放下水罐，然后拔腿就跑，一会儿就不见了踪影。

原来这女子名叫梅香，年方十七，生得标致漂亮，只因父母双亡，被族人卖给一个名叫胡来的财主当婢女。这胡来虽已年过花甲，见梅香有几分姿色，却仍是癞蛤蟆想吃天鹅肉，要纳梅香做妾。梅香一心想着青梅竹马的阿牛哥，死也不从。这就惹恼了胡来，天天命手下人对梅香拷打责骂，想逼她就范。梅香忍受不了欺凌，就在一个月黑风高的深夜溜出了财主的家门。她怕连累了阿牛，只好逃到青莲山上。由于连日粒米未沾，饿昏在地。她不知道在这个世界上除了阿牛还会有好心的人，她生怕又被重新落入圈套，因而在她吃下东西能够走动时，便慌忙逃跑。

第二天，梅香又偷偷来到昨日晕倒过的地方，辨认庞宪丢在草丛中的那些黄精的枝叶，就按照它的形态在山中觅食。从此，她饿了就拔些黄精来充饥，渴了就喝些山泉水来解渴，并且找了个山洞栖身。就这样，在青莲山上隐居起来。

一天清晨，梅香在山上觅食时，突然遇到一只饿虎向她扑来，她措手不及，不由自主地将身子往上一跳，谁知这样一跳，却跳上了两丈多高的一棵大树上，避免了猛虎的伤害。又有一天，胡来的儿子带着四名家丁上山打猎，晌午时分，衣衫褴褛的梅香被一名家丁发现了，五个人借着丛林的掩护，悄悄地向梅香包围过来。当他们突然出现在梅香面前时，梅香这才大吃一惊，一个箭步飞身跃起，跳上了十几丈高的悬崖，把这五个人吓得个个成了庙里的呆神。

次日，胡来带了一百多人，由那四名家丁引路，上山捉拿梅香。由于青莲山北面是悬崖绝壁，他们就从东、西、南三面合围。梅香一见这个阵势，不免有些惊慌，因为这悬崖有数十丈高，一下子恐怕难以纵身跳上去。她仔细一看，幸好那崖壁的半中间有几株松树，心里的一块石头才算落地。待众人围过来时，梅香又是一个箭步跳上了那棵松树，再从树上一纵，就登上了山顶。这时候，山顶上恰巧有个砍柴的小伙子，他一眼就认出了梅香，说："梅香，你怎么在这儿？你把我想得好苦啊！"原来这小伙子就是阿牛。她向阿牛诉说了自己的遭遇，阿牛让她躲进了一个隐密的石洞，又搬块石头堵住洞口。当胡来的众家丁们赶上山顶时，一见阿牛就问："刚才有个女子跳了上来，跑哪儿去了？"阿牛说："我只看见一道白光'唰'的一下向东方飞去，我以为是神仙路过，没看清是男是女。"胡来他们已经亲眼看到梅香的身手，把阿牛的话当真了，便带着人赶紧回去了。后来，阿牛就把梅香带回家去，两人结为夫妻，相亲相爱地过日子。

黄 芪 苗

孤灯照影日漫漫，拈得花枝不忍看。
白发敲簪羞彩胜，黄芪煮粥荐春盘。
东方烹狗阳初动，南阳争牛到作团。
老子从来兴不浅，向隅谁有满堂欢。

——《黄芪苗》·宋·苏轼

物种基源

黄芪苗（Astragalus memnbranaceus（Fisch.）Bge. var. mongholicus（Bge.）Hsiao）或膜荚黄芪（A. mongholiocus Bge.），为豆科多年生草本植物黄芪或荚黄芪的嫩苗，常以根入药。又名口芪、北芪、绵芪、戴糁、戴椹、独椹、芰草、蜀脂、百本、王孙、羊肉、卜奎芪、白皮芪、多序岩黄芪、红芪。与黄耆同一生物。

黄芪嫩苗似嫩槐芽叶，但稍微要尖小些，为青白色。开黄紫色的花，大小如槐花。结小尖角，长约3厘米，根长80～100厘米，种子和根都有豆腥味。黄芪的产地与品质有密切关系，上乘为山西太原产。黄芪的种类亦多，有金翼黄芪、多花黄芪、梭果黄芪和塘谷耳黄芪等。主产地在山西、安徽、甘肃、四川，青海也有产出。

生物成分

据测定，每100克黄芪苗含水分80％左右，粘黏液质、蔗糖、葡萄糖醛酸、氨基酸、苦味素、胆碱、甜菜碱、叶酸、熊竹素等物质，还富含稀有元素硒。

食材性能

1. 性味归经

黄芪苗味甘，性微温；入脾、胃经。

2. 医学经典

《神农本草经》："补气固表、止汗、燥湿、利水、抗毒、排脓、敛疮生肌。"

3. 中医辨证

黄芪苗，有益气壮筋骨、生肌补血、破症瘕之功，对肠风血崩、赤白下痢、月经不调、妇人宫冷、五痨消瘦、虚劳自汗、诸经疼痛有较好的辅助食疗效果。

4. 现代研究

黄芪苗含有丰富的微量元素硒，硒有提高机体对疾病的抵抗力和缓解细胞衰老的功用，还有类似维生素E、C的抗氧化作用和调节免疫功能，有利于人类的健康长寿。还有轻度降低血糖作用。

食用注意

（1）凡有胸脘气滞胀闷、湿阻不思饮食、舌苔浊腻、阴虚火旺症状者不宜服食黄芪苗。
（2）遇有发热、食积不消化等情况，应暂不服黄芪苗为野菜的菜肴。
（3）津液不足、口唇干燥者，均不宜食黄芪苗。

传说故事

一、唐肃宗与黄芪

相传，古时候有一位善良的老人，名叫戴糁。他善于针灸治疗术，为人厚道，待人谦和，一生乐于救助他人。后来，救坠崖儿童而身亡。老人形瘦，面肌淡黄，人们以尊老之称而敬呼之"黄耆"。老人去世后，人们为了纪念他，便将老人墓旁生长的一种具有味甜且可补中益气、止汗、利水消肿、除毒生肌作用的黄药称为"黄芪"，并用它救治了很多病人，在民间广为流传。

后来唐肃宗刚继位不久，太后突然昏迷过去，牙关紧闭，文武百官一筹莫展。肃宗十分焦急，忽然想起黄芪有益气之功，便对御医说："太后既然口禁不能服药，宜把黄芪煮汤，用汤气治疗，药入皮肤，可望治好。"御医赶忙煮黄芪汤数斛，置于太后榻下。顿时满室药味弥漫，不多时，太后苏醒，病慢慢好了。

二、袁枚与黄芪

清朝大文人袁枚在一年夏天因贪口患了痢疾，腹痛泻痢不止，医生认为袁枚年高体弱，于是用黄芪、人参等补益药治疗，结果邪无出路，致使袁枚病情加剧，险些丧命。后来他的一位叫张止厚的老友劝他服用自制的大黄，虽然很多医生都认为大黄药性太过峻猛，年老病人不宜服用。但是，袁枚还是服了大黄，结果痢疾很快痊愈了，他还特地作诗以谢老友："药可通神信不诬，将军竟救白云夫。医无成见心才活，病到垂危胆亦粗。"

中医学认为，下痢是由于湿、热等毒邪停留于肠中，导致肠道的功能失调而造成的。治疗时应先给邪气以出路，引邪外出，而不能用参芪温补，造成气机壅塞，邪不能出，也就是常说的"闭门留寇"。

益母草苗

中谷有蓷，暵其干矣。

有女仳离，嘅其叹矣。

嘅其叹矣，遇人之艰难矣！

中谷有蓷，暵其修矣。

有女仳离，条其啸矣。

条其啸矣，遇人之不淑矣！

中谷有蓷，暵其湿矣。

有女仳离，啜其泣矣。

啜其湿矣，何嗟及矣！

——《蓷》·《诗经》

物种基源

益母草苗（Leonurus artemisia〔L. heterophyllus〕），为唇形科一至二年生草本植物益母草的嫩苗，又名蓷、萑、益母、茺蔚（益母草果）、益明、大札、臭秽、贞蔚、苦低草、郁臭草、二质汗、野天麻、火枚、负担、辣母藤、郁臭苗、猪麻、益母艾、扒骨风、红花艾、坤草、枯草、苦草、四芝麻棵、小暑草、益母伉、陀螺艾、地落艾、红花益母草、四棱草、月母草、旋风草、油耙菜、野油麻，以苗叶鲜嫩，柔润者佳。我国大多地区有分布。

生物成分

益母草苗含益母碱甲、乙、水苏碱、氯化钾、月桂酯、油酸、香树精、豆甾醇及谷甾醇、果实含生物碱，含脂肪约 37%。油中主要成分为油酸和亚麻酸，另含维生素 A 样物质。益母草汁可挤出煮粥，花可炖鸡片，嫩益母草可炒食，老益母草可煮鸡蛋等。

食材性能

1. 性味归经

益母草苗，味辛，微苦，性寒；归心、脾经。

2. 医学经典

《神农本草经》："活血调经，清肝明目，消肿利水。"

3. 中医辨证

益母草苗，可活血调经、利尿退肿，对胎漏产难、衣胞不下、血晕、血风、血痛、崩中漏下、尿血泻血、痔疮、痢疾、打扑内损瘀血、大小便不通等症有辅助食疗效果。

4. 现代研究

益母草有如下药理功效：

（1）益母草苗和果实茺蔚子均有对子宫兴奋作用，加强子宫收缩与张紧能力，加快子宫收缩频率的作用。

（2）有明显的利尿、降低血压的作用。

（3）抗菌试验，其水浸液对常见致病性皮肤真菌有抑制作用。

（4）最近还有报道，益母草对于治疗肾小球急性炎症有很好的效果。

食用注意

（1）益母草之果茺蔚子用时不可过量，过量有毒，有报道超过 30 克就能引起中毒症状。全身乏力，酸麻疼痛，甚至出汗虚脱。如中毒用甘草煮泻解之。

（2）益母草无止血作用，故下血而无瘀滞者不宜用。

（3）孕妇忌食益母草嫩叶制作肴菜。

传说故事

一、程咬金与益母草

传说，瓦岗寨程咬金的父亲因病早死，只剩他和老母亲二人，家里穷得叮当响，程咬金只好靠编竹耙子换钱养活老母。老母在生程咬金时，留下产后瘀血疼痛病。程咬金长大成人了，母亲的病还没有好，程咬金决心请郎中治好母亲的病。

为了给老母买药，程咬金一连几个晚上没睡觉，编了许多件竹耙子，挣了半两碎银，到邻村一个郎中的药铺，买了两剂中药。程母吃了草药，病情果然好转。程咬金高兴极了，又接连几个晚上没睡觉编竹耙子，挣了点碎银，又跑去找那位郎中，可是，这位郎中说这次买的药得花三两银子。程咬金听了心中一惊，我哪来这么多钱呀！怎么办？……想来想去，程咬金忽然灵机一动，就答应说："我可以给你那么多钱，但要等我娘的病好了，再还你钱。"那位郎中同意了程咬金的要求。有一天，郎中到地里去采药，程咬金在后头跟着，偷看郎中采的是什么样的药，长在什么地方。程咬金心中有数了，就只从郎中那买了一剂药。后来，程咬金也到地里采郎中所采的那种药，煎汤给母亲治病，终于把母亲的病治好了。从此，程咬金就给这药草起了个名字，叫"益母草"。

二、益母草叫"龙须菜"的来历

有一种奇怪的草，嫩芽可以当菜吃，叫作"龙须菜"。长大了、成熟了，茎子、叶子可以熬药，是治妇女病的一种有效药，叫作"益母草"，熬出来的药叫"益母膏"；种子也是妇科药，叫作"茺蔚子"。据说以前北京天坛还没有修建前，这里是一片黄土地，有一家姓张的庄户，老头子死了，家里剩下一位老大娘。老大娘没儿子，只有一个十六七岁的闺女。母女俩过着缺粮少钱的苦日子。老大娘因为常常想念死去的丈夫，又发愁没人给她们种地，日子一久，就生了病，病一天比一天沉重。老大娘着急了，张姑娘更着急。请了好多医生，吃了好多的药，怎么也不见效。就在秋天庄稼收净的时候，张姑娘打定了主意，到北山去找灵药。还是在她小的时候，爸爸、妈妈给她讲故事，深山老谷里，灵药可多了，只要不怕爬山，就能找到，这种灵药，什么重病都能治好。

她托隔壁的大娘替她照管妈妈，自己带上干粮，就出门去了。

出了家门，张姑娘一直朝北走。这一天，来到一座山口，张姑娘想：是不是进这座山呢？正在这时，打山口里走来一个白胡子老头。老头儿瞧见张姑娘，笑了笑说："姑娘，你一个人，到深山老谷干什么去呀？"

张姑娘就把娘怎么有病，自己怎么来到北山找灵药的事，说了一遍，说完又问白胡子老头儿："老爷爷，这山里有灵药吗？"

老爷爷回答说："有！有！"

"老爷爷，上山怎么走呀？"

白胡子老头儿又笑了笑，回头向山里一指，说："小姑娘。你打这儿上山，左拐七道弯，右拐八道弯，饿了吃松子，渴了喝清泉，瞧见地上天，灵药到手边。"

姑娘听老爷爷像唱曲儿似的话，心里明白了，就是不懂什么叫"地上天"，刚要问老爷爷，白胡子老头儿早就出了山口，走得很远了。张姑娘真的往左边拐了七道弯，往右拐了八道弯，饿了拣些地上的松子吃，渴了就趴在山泉边喝点清水，记不住走了几天了。这一天，她来到一个小山顶上，只见山顶上有一个小水池子，池子里的水清极了，张姑娘正在这里发愣，忽然听见身后有姑娘们说话的声音。张姑娘一回头，瞧见两个美丽的姑娘朝她走过来。一个穿的是一身雪白的衣裳，一个穿的是一身淡黄的衣裳，上面绣着白梅花，走近了，那个穿白衣裳的姑娘笑笑说："姐姐，发什么愣？不认识我们这'地上天'吗？"

张姑娘一听说"地上天"，高兴极了，说："姐姐们这里有灵药吗？快救救我妈妈吧！"

穿白衣裳的姑娘说："姐姐不用说了，白胡子公公都告诉我们了。我这里有一口袋灵药，回家熬成膏子，给大娘吃了就好。这口袋里，还有灵药的种子，大娘病好了以后，姐姐可要把这些种子撒在地边上，让它自己生长，以后再有得了大娘这样病的人，就不怕了。"

张姑娘千恩万谢地向两位姐妹道了谢，回身向山下走去。走了不远，张姑娘真舍不得这两个好心的姐妹，她想再瞧瞧她俩，回头一看，哪里还有穿白衣裳、黄花衣裳的姑娘，只见一只白鹦鹉、一只梅花鹿。

张姑娘一到家，马上将灵药熬成膏子，给妈妈吃了，没过几天，妈妈病好了。张姑娘和邻居们都十分高兴。张姑娘把口袋里的灵药种子，撒在了地边上，春天长出了深绿色的嫩芽，夏天又长成了灵药，秋天灵药又结了种子，一年比一年多。妇女们有病的，便照着张姑娘传的法子，熬灵药治好了病。灵药叫什么名字呢？大伙说："这是好心的张姑娘，千辛万苦为妈妈找来了灵药，给妈妈治好了病，咱们就管它叫益母草吧。"益母草的名字，就这样流传下来了。

后来，不知道过了多少年，北京有了皇上了，也不知道传到哪一个皇上的时候，这个皇上要拜求老天爷保佑他，便在这块长着益母草的土地上，盖了一座天坛。天坛盖成了，空地上还长出了茂盛的益母草，皇上生气了，说："我这拜天的地方，哪许这么长野草，统统给我拔了去。"

这时候，有一个大臣站出来跟皇上说："皇上，这不是野草，它叫龙须菜。皇上不是龙吗？要是把它都拔净，皇上您就不长胡子了。"皇上怕不长胡子，就让天坛里留下了益母草。打这儿起，益母草的嫩芽，就叫龙须菜了。

三、益母草果叫"茺蔚"的由来

古时候有个茺蔚的孩子，茺蔚的娘自生他以后，身体一直虚弱，渐渐地竟卧床不起了。茺蔚进山采药给娘治病，夜晚借宿在山里一个古寺中。古寺的方丈感念孩子的一片孝心，送他一首草药诗："草茎方方似麻黄，花生节间七月开。三棱黑子叶似艾，能医母疾效可夸。"茺蔚细心琢磨诗句的意思，很快找到了草药，母亲的病从此痊愈了。自那以后，益母草就有了"茺蔚"的别名。它的种子也能做药，叫茺蔚子。除了茺蔚，益母草还有"坤草"的别名，而这个"坤"字，同样也代表女性。

茅 芽 根

和风晴日漾春晖，茅芽生时柳絮飞。
江南塞北风物否，桃花流水鳜鱼肥。
——《茅芽根》·宋·赵琪

物种基源

茅芽根（Imperata cylindrica（L.）Beauv Var. major（Nees）Hubb.），为禾本科植物白茅的根上的嫩茎尖，又名茅针、茅根、兰根、茹根、地菅、地筋、兼杜、白茅菅、白花茅根、丝茅、万根草、地节根、坚草根、甜草根、寒草根，以雪白鲜嫩、粗壮、无地下害虫伤者为佳。春节采嫩芽，秋挖采嫩根尖。采白茅嫩芽，剥去外皮，取里面嫩心直接食用。分布于辽宁、河北、山西、山东、陕西、新疆、江苏等省（区），尤以江苏沿海质地肥大、甘甜。

生物成分

据化学分析，白茅草根含大量钾盐，并有茅根甙、木密糖、果糖、葡萄糖、柠檬酸、草酸等。

食材性能

1. 性味归经

茅芽根，味甘，性寒；入肺、胃、心、膀胱经。

2. 医学经典

《神农本草经》："凉血止血，清热利尿。"

3. 中医辨证

白茅根，甘味，性寒，既能清心、肺、胃经之热，而有凉血生津之功，又能入膀胱而利尿，可导热下行。本品的优点是：味甘而不腻膈，性寒而不碍胃，利尿而不伤阴，故热症而津液不足者亦可用之。唯作用平和，用量宜大，鲜用功效尤佳。

本品清肺胃之功与芦根相似，均可用于胃热呕吐、烦热口渴及肺热咳嗽等症，但芦根偏于气分，以清热生津为主，白茅根偏于血分，以凉血止血为主，这是二药不同之处。

4. 现代研究

茅芽根具有利尿作用，可能与含大量钾盐有关，还能缩短出血和凝血时间，并能降低血管通透性，故能止血。

食用注意

脾胃虚寒、腹泻者慎食。

茅芽根沟的传说

相传，秦始皇听说东南方有王气，便令人凿山开地至东南沿海，直至现在的江苏境内，发现一根巨大的茅芽根，长达数丈，横卧于所开凿之处，白天砍开它，到晚上又接合完好。正无可奈何，忽有人梦见神仙告语说："夕置畚锸于此，根可立断也。"次日依其言行事，茅芽根果然断于深沟，后人就给此地取名为茅芽根沟。断根后的茅芽，深入泥土，四处发芽冒尖，层出不穷，变成茅芽长白茅成片。

第六章　芽菜类

黄　豆　芽

种豆豆苗稀，力竭心已腐。
早知淮王术，安坐获泉布。

——《种豆》·南宋·朱熹

物种基源

黄豆芽（Glycine max〔L.〕Merr），为豆科一年生草本植物大豆（黄豆）的成熟种子经水浸泡后发出的嫩芽，又名如意菜、清水豆芽，以豆芽长短适中，白中显淡黄绿者佳。我国各地菜场均有出售。

生物成分

据测定，每 100 克黄豆芽含热能 32～43 千卡，水分 84.1～91.8 克，蛋白质 3.9～5.6 克，脂肪 1.3～2.8 克，碳水化合物 1.3～5.2 克，膳食纤维 1.1～3.1 克及维生素 A、B_1、B_2、C、E、胡萝卜素、尼克酸、视黄醇当量及微量元素钙、镁、铁、锰、锌、铜、钾、钠、磷、碱等物质。

食材性能

1. 性味归经

黄豆芽，性寒，味甘；归脾、大肠、膀胱经。

2. 医学经典

《本草汇言》："和胃清热，散结消肿，利尿解毒，祛湿。"

3. 中医辨证

黄豆芽，清热解毒、利湿消积、润燥，对胃中积热、水肿湿痹、痉挛膝痛、妇人恶露、寻常疣、肺痿等有食疗助康复之效。

4. 现代研究

黄豆芽营养丰富，维生素 B_2 含量高，可预防口角发炎，能减少体内乳酸堆积，治疗神经衰弱，消除疲劳，含有丰富的蛋白质和维生素 C，能保护皮肤和毛细血管，防止小动脉硬化，防治老年高血压。能营养毛发，对面部雀斑有较好的淡化效果。对青少年生长发育、预防贫血有好处。黄豆芽中还含有一种干扰素诱生剂，能诱生干扰素，干扰素能干扰病毒代谢。含有一定量的纤维素，可以增进肠胃蠕动，更宜于便秘老人食用，可以清除体内的烟尘，因为它富含一种抗癌症的酶，还可以降低血脂、预防高血压及心脏病，亦有修复损伤的组织、增加血管壁的韧性和弹性、预防产后出血及便秘、提高母乳质量的作用。

食用注意

（1）黄豆芽性寒，慢性腹泻及脾胃虚寒者忌食。

（2）虚寒尿多者慎食。

小记

科研结果表明，黄豆蛋白质含量虽高，但由于它存在着胰蛋白酶抑制剂，使它的营养价值受到限制，所以人们提倡食用豆制品。黄豆在发芽过程中，这类物质大部分被降解破坏，黄豆芽的蛋白质利用率较黄豆要提高 10％左右，另外，黄豆中含有的不能被人体吸收，又易引起腹胀的棉籽糖、鼠李糖、水苏糖等寡糖，在发芽过程中急剧下降乃至全部消失，这就避免了吃黄豆后腹胀现象的发生。黄豆在发芽过程中由于酶的作用，更多的钙、磷、铁、锌等矿物质元素被释放出来，这又增加了黄豆中矿物质的人体利用率。黄豆发芽后，除维生素 C 外，胡萝卜素可增加 1～2 倍；维生素 B_2 增加 2～4 倍，尼克酸增加 2 倍多，叶酸成倍增加。黄豆生芽后天门冬氨酸急剧增加，所以人吃豆芽能减少体内乳酸堆积，消除疲劳。豆芽中还含有一种叫哨基磷酸酶的物质，这种物质能有效地抗癫痫和减少癫痫发作。近年发现豆芽中含有一种干扰素诱生剂，能诱生干扰素，增加体内抗病毒、抗癌肿的能力。

传说故事

黄豆不用施肥的传说

相传，过去种黄豆和种其他作物一样，都需要施肥，为什么如今的黄豆不需要施肥呢？这里有一段传说。

有一年，乾隆皇帝刚被封为太子时，那时还小，随康熙去清东陵祭祖，途中要大便，就图方便在道旁的黄豆田中解大便，把裤子解开，蹲下时被豆秆戳了一下，乾隆皇帝就顺口说道："啊，黄豆，不要追肥啊？"因为乾隆当时已被封为太子，是当然的将来的皇帝，亦是金口玉言。从此，黄豆就不再需要施肥了。

绿 豆 芽

玲珑剔透玉针，金镶玛瑙两瓣。

细嫩柔脆可口，色香味美宜人。

——《绿豆芽》·宋·陈若霖

物种基源

绿豆芽（Phaseolus radiutus），为豆科一年生草本植物绿豆的成熟、干燥种子经水浸泡后发出的嫩芽，又名豆芽、绿豆芽、巧菜、银针菜、拐杖菜、豆菜，以茎部短而胖、脆而易折、茎部洁白、芽部淡黄者佳，各地菜场均有出售。

生物成分

据测定，每 100 克绿豆芽，含热能 17～26 千卡，水分 91.9～96.2 克，蛋白质 1.9～2.2 克，脂肪 0.1~0.2 克，碳水化合物 3.5~4 克，膳食纤维 0.4~0.8 克，含微量胡萝卜素及维生素 B_1、B_2、C_6 以及微量元素钙、磷、铁等。

食材性能

1. 性味归经

绿豆芽，性寒，味甘；入肝、肾、胃、三焦经。

2. 医学经典

《本草纲目》："清暑热、调五脏、利小便、消水肿。"

3. 中医辨证

绿豆芽，清热解毒，对热毒、酒毒、水肿、喉燥咳嗽、视力模糊、食欲不振、体倦乏力等食疗促康复有效。

4. 现代研究

绿豆芽，能保护血管、防治便秘，所含叶绿素能有效地分解致癌物质亚硝胺，可预防直肠癌和其他癌变，对长期吸烟者尤具防病作用。

现代医学研究还发现：经常食用绿豆芽，对冠心病、高血压、糖尿病、口腔炎、神经衰弱、贫血等有一定的保健作用。

食用注意

（1）绿豆芽烹用过程中需要注意两点：一是烹煮绿豆芽不能加碱，因为碱可破坏绿豆芽中的维生素、胡萝卜素等营养成分；二是不需要去掉绿豆皮，绿豆皮中医叫绿豆衣，具有比绿豆更强的清热解毒作用。

（2）患有慢性肠炎、慢性胃炎及消化不良者不宜多食。

（3）脾、胃虚寒者不宜长食。

（4）不宜用铜器盛放后食用。用铜器盛放绿豆芽，铜器中释放的铜离子可破坏绿豆芽中的维生素 C，故不宜用铜器盛用。

（5）用化肥生发的绿豆芽不可食用。用化肥生发的绿豆芽，因化肥中有含氮类化合物，在细菌作用下，可转变成亚硝胺而存于绿豆芽中。亚硝胺可使人患胃癌、食管癌、肝癌等。故用化肥催发的绿豆芽不可食用。

传说故事

乾隆与素炒绿豆芽

相传，乾隆皇帝特喜欢"油泼豆莛"，实际就是素炒绿豆芽。一天，御厨将择净的绿豆芽放入漏勺，以炸花椒的热油将其泼浇至九成熟，将油沥淋尽，撒上盐花，只见绿豆芽亭亭玉立、清香四溢，入口清脆。御厨在传菜过程中，被太监三德子看到色、香、味俱佳的绿豆芽，馋涎欲滴，忍不住用手捏了一根放到嘴里，还没有来得及品味，被乾隆看见，命试毒尝菜太监掌三德子的嘴，可尝菜太监出于嫉妒，出手太重，将三德子打落两颗门牙，鲜血直流。当时，宫中一时笑谈三德子："推浪鱼打花，为嘴伤大雅；一根绿豆芽，损去两门牙。"

香 椿 芽

岂如吾蜀富冬蔬，霜叶露芽寒更苗。
宋苏颂盛赞：椿木实而叶香可啖。

———《春菜》·宋·苏轼

物种基源

香椿芽（Toona sinensis〔A. Juss〕Roem），为楝科香椿属多年生木本植物香椿树的嫩芽，又名椿头、山椿、猪椿、春尖叶、虎木树、大眼桐，以紫香椿幼芽、绛红色、有光泽、香味浓郁、纤维少、含油脂量高者佳，可食香椿芽只有紫香椿芽和绿香椿芽两种，全国各地均有分布。

生物成分

据测定，每100克可食香椿芽含热能44千卡，水分85.2克，蛋白质1.7克，脂肪0.4克，碳水化合物9.0克，膳食纤维1.9克及维生素A、B_1、B_2、C、E，还含胡萝卜素、硫胺素、尼克酸和钙、铁、磷、锌、硒等及视黄醇当量。

食材性能

1. 性味归经

香椿芽，味苦，性凉；归肺、胃、大肠经。

2. 医学经典

《本草纲目》："除热燥湿、杀虫固精、健脾理气、解毒止血。"

3. 中医辨证

香椿芽，和中健脾、祛风利湿、润肤明目、益肾，有益于肺热咳嗽、痢疾、目赤、疔疮、腰膝酸软、白秃、脱发的食疗助康复。

4. 现代研究

香椿芽营养丰富，为菜中珍品，它含有诱人的芳香物质，颇能增进食欲；富含膳食纤维，维生素C含量高，蛋白质质优量丰，生物学价值高，且谷氨酸、天冬氨酸等呈鲜味成分含量高，故作为调味用特别适宜；对多种致病菌如金黄色葡萄球菌、肺炎球菌、大肠杆菌、绿脓杆菌、伤寒杆菌、痢疾杆菌有抑制作用，具有清热利湿、利尿解毒之功效，是辅助治疗肠炎、痢疾、泌尿系统感染的良药；香椿芽的挥发气味能透过蛔虫的表皮，使蛔虫不能附着在肠壁上而被排出体外，故可用于驱虫。此外，还有"黄体酮"的美称。

食用注意

（1）忌食用末腌透之品。末腌透的香椿中含有大量的亚硝酸盐，亚硝酸盐进入人体血液循环中，可使正常的低铁血红蛋白氧化成高铁血红蛋白，使红细胞失去载运氧的能力，导致全身缺氧，出现胸闷气促，嘴唇青紫等中毒症状。

（2）服用螺内酯类利尿药时不应食用。螺内酯类利尿药有储钠排钾的作用，服用时不可食用含钾多的食物，本品含钾较多，食后容易诱发高钾血症。

（3）不应和动物肝脏同食。香椿属含维生素C特高的蔬菜，和动物肝脏同时食用，动物肝脏中的铜铁离子极易使维生素C氧化而失效，导致营养成分大为下降。

（4）服用硫酸亚铁时不应食用。服用铁制剂补血药时应禁食多钙、多磷的食物，因钙、磷与铁剂可结合成不溶性物质，降低铁制剂的吸收。本品为含磷与钙较高的蔬菜，服用铁制剂时食用可降低铁制剂的治疗效果。

（5）服用四环素类药物及红霉素、甲硝唑、西咪替丁时不应食用。服用四环素类药物忌食含钙多的食物，因钙离子可与药物结合成新的物质，既使食物的营养降低，也使药效降低，钙离子还能减少红霉素、甲硝唑、西咪替丁等药物的吸收，故服以上药物时，不应食用香椿。

（6）服用维生素 K 时不应食用。维生素 C 和维生素 K 有相互抵消作用，服用维生素 K 时，食用含维生素 C 多的食物，既使维生素 K 的治疗作用降低，也使香椿的营养价值降低，故服维生素 K 时不可食用香椿。

（7）虚寒痢疾者不宜食用。香椿性平而偏凉，苦降行散，湿热下注所致的痢疾适宜，虚寒痢疾治当温中补虚食宜甘温，本品不宜，食之则会加重病情。

传说故事

一、刘秀错封香椿树

滕南流传着这么一首儿歌："椿树椿树王，你长粗来我长长；你长粗来好解板，我长长来穿衣裳。"大年三十，孩子们就抱着椿树唱这首歌。

汉高祖九世孙刘秀被王莽追得上天无路，入地无门，眼看就要追上。刘秀跑到一棵大榆树下，大喊三声："榆树，榆树，救我！救我！"话没落音，那棵大榆树"咔嚓"一声，树身裂开，"哗啦"一下子，树歪倒了，把刘秀盖得严严实实。

王莽的兵眼见刘秀来到树下，等追到，连个影子也没有了，就又向前追去。等兵过去了，老树又挺起了身。刘秀爬起身来，对榆树说："等我恢复汉家江山以后，一定给你披红戴花，封你为树中之王。"说完就逃往南阳去了。

后来，刘秀打败王莽，又恢复了汉朝，当了皇帝。

一天，刘秀想起榆树救他的事，就命太子带上彩红、金花，去封那榆树为王。太子来到那里，看到了挨排溜站着榆树、椿树和柳树。他看着榆树裂纹炸丝、窟窟窿窿、歪歪巴巴，不成体统，怎么能为树王？再看柳树，柳树树头大，树身不挺拔，也不配当王。再看椿树，椿树高插入云，直直挺挺，很有点气派，太子觉着它当王还差不多，就高声对椿树说："我奉父王之命，封你为树中之王。"叫随从人员给椿树披上彩红，戴上金花。完了，太子带领人马回去了。

这么一来，榆树气得死去活来，树心烂得更厉害啦。据说榆树常常空心，就是这么回事儿。再说柳树，为这事天天低头沉思，太子光看外表，不问实情，封椿树不封榆树，太不公平啦。从那儿，柳树枝头就一直向下垂着，再也抬不起头来。

那天，张天师路过这里，看了也生气，指着椿树骂："你这个家伙，长相倒不孬，其实臭不可闻！"从那儿，椿树就有了臭气，可它受了皇封，总是高高在上，什么树也盖不住它，还开金色的花，结金色的籽，连小孩都称它"椿树王"哩。

二、朱棣与香椿

相传永乐皇帝到燕山一带打猎，为了追一头野兽，和卫士跑离了大队人马，一直追了下来。渐渐地天黑了，皇帝又累又饿，抬头见山上有一户人家，就和卫士一起敲开柴门，想讨顿饭吃。主人一听皇帝来到自己家，连忙把家中仅有的四个鸡蛋拿了出来，准备给皇帝吃。可是，四个鸡蛋炒不了一盘。初春时节，山野之中一时又没有其他菜肴，主人想来想去，突然，想想院中那棵香椿树。他马上从树上掰下几个嫩芽和四个鸡蛋一起炒，谁知端上桌子后，皇帝一看非常高兴。这盘鸡蛋炒香椿，有黄有绿，有红有白，油光鲜亮，又嫩又香。皇帝吃遍山珍海味，从没吃过这道菜，今天觉得清香无比，赞不绝口。皇帝回到宫里，就把这道香椿炒鸡蛋列入宫廷御膳，后宫嫔妃吃后也无不称赞。

谷 芽

稻谷粟米生谷芽，伤食胀满就惧它。

能治孕后妊娠吐，芽饼充饥饴糖佳。

——《谷芽歌》·现代·邵为

物种基源

谷芽，为禾本科一年生草本植物或粟（Setaria italica（L.）Beauv.）的成熟种子发芽后经处理而得，又名蘖米、谷蘖、粟芽。以粒饱满、均匀、色黄、无杂质者佳。全国各地均有产出。

生物成分

谷芽，每 100 克谷芽含热能 27 千卡，水分 85.6 克，蛋白质 10.9 克，膳食纤维 3.1 克，还含脂肪油淀粉、麦芽糖、维生素 B_1、B_2、C 及微量元素锰、锌、硒等，此外尚含硫胺素和 α、β 淀粉酶、腺嘌呤。

食材性能

1. 性味归经

谷芽，味甘，性温；归脾、胃经。

2. 医学经典

《本草纲目》："消食和中，健脾开胃。"

3. 中医辨证

谷芽，能消胀满，健脾胃。对食积不消、腹胀口臭、脾胃虚弱、不饥少食等症状的食疗很有帮助。炒谷芽偏于消食，用于不饥少食，焦谷芽善化积滞，用于积滞不消。

4. 现代研究

谷芽所含的 β-淀粉酶能将糖淀粉完全水解成麦芽糖，α-淀粉酶则使之分解成短直链缩合葡萄糖，从而起到消化淀粉的作用。

药食注意：

煎煮谷芽会降低其消食效力。

传说故事

稻谷是怎样来的（布朗族）

早先，世间是不兴种植五谷的。人都生活在老林里，全靠摘野果、打野味来充饥。后来，野菜、野果都吃光了，飞禽走兽也猎不到了，人们找不到东西吃，只好躺在旷野里，眼睁睁地忍受着饥饿的煎熬。有的已经饿死了，那情景，够惨啦。大森林的尽头是一望无际的大海。在白茫茫海洋的那一边，有一处地方，名叫勐木里木劳。勐木里木劳有三座很高很高的大山。大山里，有一个白鼠国。

勐木里木劳的大山里长着一种叫作"贺克"的植物，就是我们现在的稻谷。白鼠国的白鼠们吃的就是这东西。吃不完的，就搬回家里攒起来，留到以后慢慢吃。白鼠王的王宫里有好些个大仓库，仓库里收藏着好多好多的稻谷，那些稻谷啊，黄灿灿的，饱绽绽的，堆成了山。

白鼠王有两个儿子，聪明善良，都长着九条尾巴，每条尾巴都有九分长。两个儿子每天吃饱了，就到山上的树林里玩，到大海里游泳。有一天，哥俩又到了山上。忽然，从海上隐隐约约地传来一种从来没有听到过的声音。兄弟俩竖起耳朵仔细听了一回，听出来啦：是人在呼喊、啼哭。哥俩爬上山顶，睁大眼睛往大海那边仔细瞭望。看清啦：原来是饥饿的人们在对着大海边呼叫。男的女的，一个个瘦得皮包骨头，母亲倒在地上，连叫一声的力气都没有，孩子们趴在她的怀里，眼睛都睁不开。他们只剩下最后一口气啦！

白鼠王子兄弟俩非常同情这些饥饿的人，商量着要怎样才能帮助他们。弟弟说："他们是缺吃的，要是人间也有稻谷就好了，有了稻谷，人就不会挨饿了。"哥哥拍拍手说："对啦，我们这里的仓库里不是有很多稻谷吗？为什么不送些给人，让他们学会种稻谷呢？"

两个小王子兴冲冲地跳回宫里，把他们的想法告诉了父亲："大海那边的人没有东西吃，都快要饿死啦！父王，请让我们送些稻谷给他们去吧。"白鼠王摇摇头，不肯答应。兄弟俩恳求父亲说："您不知道他们多么惨！父王，您到山上去瞧瞧就会明白的。"白鼠王拗不过两个儿子，跟着他们到山上看了一转，也很同情受难的人们，对两个儿子说道："好吧，我答应你们，既然你们有这番好心肠，你们就帮他们一回吧。来，我给你们两个大冬瓜，里头都装着谷种，你们俩给他们送去吧，路上可要小心。"

白鼠王派了一千白鼠兵给两个小王子，又砍了一张芭蕉叶，在上面画了些符号，交给两个儿子："这是我亲自签发的文书，有了它，你们沿途就通行无阻了。"

两个王子带上文书，告辞了白鼠王。一千个白鼠兵抬着两个大冬瓜，他们高高兴兴地上路了。

兄弟俩带着队伍游过大海，上了岸，来到了黄牛国。两位王子对那一千白鼠兵说："这里离人在的地方太远了，你们回去吧。"白鼠兵点了点头，跳下大海往回游去。兄弟俩看到他们游得无影无踪了，就用各自的九条长尾巴卷起两只大冬瓜往前进。这个冬瓜好沉啊，累得他们满头大汗，他们也顾不上擦一擦。

他们正在吃力地拖着，遇到一群黄牛，牛群叫嚷着要吃掉他们，牛王来了，问他们："去哪里？干什么？"

"去人在的地方，人都要饿死了，我们是给人送谷种去的。"兄弟俩回答说，接着呈上白鼠王写的芭蕉叶文书。

牛王看了文书，对牛群说："嗯，他们是不可以吃的，人要饿死了，我们也应当帮助人。"于是牛王下了命令："派五百头黄牛护送白鼠王子把谷种送到人在的地方去。"

送谷的队伍到了老虎国，一群老虎拦住他们，又跳又吼，要吃掉他们。虎王来了，问他们："去哪里？干什么？"

"去人在的地方，人都要饿死了，我们是给人送谷种去的。"兄弟俩回答说，接着呈上白鼠王写的芭蕉叶文书。

虎王看了文书，对虎群说："嗯，他们是不可以吃的，人要饿死了，我们也应该帮助人。"命令："派五百只老虎兵护送白鼠王子，给人送谷种去。"

送谷的队伍到了白兔国，一群白兔拦住白鼠兄弟，蹦蹦跳跳，要吃掉他们。白兔王来了，问他们："去哪里？干什么？"

"去人在的地方，人都要饿死了，我们是给人送谷种去的。"兄弟俩回答说，接着呈上白鼠王写的芭蕉叶文书。

白兔王看了文书，对兔群说："嗯，他们是不可以吃的。人要饿死了，我们也应该帮助人。"命令："派五百只白兔兵护送白鼠王子，给人送谷种去。"

就这样，经过龙国，龙王派了龙兵送。经过蛇国，蛇王派了蛇兵送。经过羊国，羊王派了羊兵送。经过猴国，猴王派了猴兵送。经过鸡国，鸡王派了鸡兵送。经过狗国，狗王派了狗兵送。到了猪国，猪王除派了猪兵，还派了七头大象跟他们一道去。

浩浩荡荡的送谷队伍来到了人在的地方，人们兴高采烈地欢迎它们。

人们填平了路，铺上白沙，在路边栽上芭蕉树，种上甘蔗，点起蜡条，敲起大锣，唱着跳着，来迎接它们。

白鼠王子把两只大冬瓜献给了人们，一位年老的妇女接过礼物，感谢地说："好心的王子，感谢你们啊！"白鼠王子说："你们没有吃的，我们送来这点东西，表表我们父王的一点心意，冬瓜里装的是稻谷，可以吃的。"

老妇人剖开了瓜，黄灿灿的稻谷撒满了一地。几个孩子抓起来就往嘴里塞："真好吃，真好吃，没有比这个更好吃的了！"

白鼠王子笑了，对人说："你们瞧，掉在地上的谷子会出芽哩。一粒谷子会变成九十九粒新的稻谷，让我们来种稻吧，种成了，就会世世代代吃不完吃不尽了。"

人们的脸笑开了花。

白鼠王子兄弟俩热心地教人种稻谷，同来的伙伴们也各自施展自己的绝技。

猪兵们用嘴拱地，它们拱呀拱，把地拱得又泡又松，实在累不动了，它们才躺下来喘口气。

蛇呢，把它那长长的身躯横卧在地上，于是成了一条条埂。

龙躺在水中，便成了坝，它们的前爪往地上一扒，就成了沟，把水引进田里。

牛拉犁，它可是一声也不吭，一沟一沟，拉呀，拉……

三月里，太阳热辣辣，龙热得难受啦，人就给他泼水。清明一过，要插栽了，人们从河边挑来细沙，在佛寺前堆成塔，祝愿收获的谷子像沙子一样多。七月里，稻田里泛起杨梅绿，眼看丰收在望，布朗人有说不出的喜悦。他们不能忘记那些替他们送来谷种的善良动物，在每年举行尝新米仪式的时候，总要先端一碗香喷喷的新米饭喂牛，喂狗，然后才自己吃。

吃新米的时候为什么要喂狗，这时头可有点来由。当初大伙帮人种稻谷的时候，大家都很勤快，可就数狗懒。它见大伙都忙着，就觑空躲到树林里去睡觉。睡醒了，才蹍到地头，把猪拱开的土随便扒了扒，恰好叫人看见了，这时猪正累了在喘气，人还认为猪懒狗勤快哩。以后呀，人就给狗吃饭，猪吃糠。尝新米的时候，除了给牛吃，还先喂狗。给牛吃是对的，牛劳苦功高，给狗先吃，那是人误会啦。

麦　芽

麦芽伴着啤酒花，酿成琼浆千万家。
斗酒百篇唐李白，无从考证涉及它。
——《麦芽与啤酒花》·民间打油诗

物种基源

麦芽为禾本科，一、二年生草本植物大麦（Hordeum vulgare L.）的成熟果实经发芽干燥而得，又名大麦毛、大麦蘖、麦蘖、大麦芽，以质充实、色淡黄有胚芽者为佳。全国各地均有产出。

生物成分

据测定，每100克麦芽含蛋白质13.7克，脂肪1.9克，膳食纤维3.3克及维生素B，还含有淀粉酶（有α和β两种）、转化糖酶、磷脂、糊精、麦芽糖、葡萄糖等。此外，还含有微量的大麦芽碱。

食材性能

1. 性味归经

麦芽，味甘，性平；归脾、胃经。

2. 医学经典

《名医别录》："行气消食，健脾开胃，退乳消胀。"

3. 中医辨证

麦芽，消食和中，下气消胀。对积食不消、脘腹胀痛、脾虚食少，乳汁郁积、乳房胀痛、妇女断小孩奶等疾病的辅助食疗效果好。

4. 现代研究

麦芽孢中所含的α-淀粉酶能将糖淀粉分解为麦芽糖和糊精，有助消化的作用；麦芽浸膏口服有降低血糖的作用，大麦碱A、大麦碱B有抗真菌的作用，生麦芽中所含麦角类化合物有抑制催乳素分泌的作用，炮制的麦芽作用减弱。

药食注意

（1）孕妇、乳妇忌食，麦芽可回乳，减少乳汁分泌。
（2）无积滞、脾胃虚者忌食。
（3）痰火哮喘者忌食。

传说故事

江夏无麦粮

明朝的兵部尚书熊廷弼，是武昌府江夏县人氏，他每次从朝廷回来，总是一身布衣百姓的打扮，走四乡了解百姓疾苦。一天，他打马来到高河，听到一河两岸的男女在对歌，那边女的唱："好女不嫁江夏，爹爹扛犁妈找把，苦苦苦，怕怕怕。"这边男的在唱："好男不爱闲花，不种谷子不织麻，懒懒懒，罢罢罢。"熊廷弼听了，急忙下马来盘问根由。男的上前答道："河那边又是一个县，那边男的无麦粮，女人不种田，快活得很，因此，女的不嫁江夏……"

熊廷弼知道这件事后，心里非常不安，日日夜夜在为江夏百姓减轻征粮赋役想法子。后来，他琢磨出一个好主意：一次，他趁夜深人静，把猪油调蜜当墨，在皇帝佬常走的路上提笔写了"江夏无麦粮"五个斗大的字。

第二天早上，皇帝佬见路上有虫头蚂蚁堆成的五个大字，好生奇怪，便急忙上朝召来熊廷弼查明究竟："江夏不长麦子，难道全是死黄土？"熊廷弼听了，急忙乘机禀告道："江夏位于江湖之滨，只在坡地上种些黄豆。"皇帝佬听后，连连点头传旨说道："那就免征夏粮，种好黄豆。"

从此以后，江夏就无麦粮了，同时，黄豆越来越多，越种越好，人们富起来了，高河两边的男男女女也相互通婚了。

豌 豆 芽（苗）

夺泥燕口，削铁针头。

刮金佛面细搜求，无中觅有。

鹌鹑嗉里寻豌豆，鹭鸶腿上劈精肉。

蚊子腹内刳脂油，亏老先生下手。

——《醉太平》·元·无名氏

物种基源

豌豆芽（苗）（Pisum sativum L.）为豆科，蝶形花亚科，栽培豌豆属（Pisum sativum spp.）亚种，一、二年生草本植物豌豆干籽经过吸水萌发的嫩苗，以苗体嫩黄、苗尖翠绿、色泽鲜艳、软嫩者佳。全国各地大型菜场或蔬菜超市有售。

生物成分

经测定，每100克可食豌豆芽（苗）含热能33千卡，水分90克，蛋白质4.9克，脂肪0.3克，糖类2.6克，膳食纤维1.7克及维生素C、B_2、胡萝卜素、硫胺素、烟酸。其中，维生素A原胡萝卜素的三种异构体α-胡萝卜素、β-胡萝卜素、γ胡萝卜素俱全，而β-胡萝卜素的效值最高，1个β-胡萝卜素分子可分解成2个维生素A分子。此外，豌豆芽（苗）还有区别于其他芽菜，含有叶绿素和人体所必需的8种氨基酸和多种微量元素。

食材性能

1. 性味归经

豌豆芽（苗），味甘，性平；归脾、胃、大肠经。

2. 医学经典

《植物名实图考长编制》："润肺、生津、止渴、利二便、解乳石毒。"

3. 中医辨证

豌豆芽（苗）有和营卫、消水胀、止消渴的功效，有助妇女产后缺乳、二便不畅、消渴症（糖尿病）、脾胃虚弱等症的食疗促康复。

4. 现代研究

豌豆芽（苗）中含有丰富的维生素C，除具有抗坏血病功能外，可阻断亚硝胺合成，阻止外来致癌物的活化，解除外来致癌物的致癌毒性，提高免疫机能、抗氧化，促进干扰素的合成。豌豆芽（苗）中所含纤维素，增加肠胃的蠕动，加速二便的运行。豌豆干种粒中原含有人难消化吸收的棉籽糖等低聚糖类，随着萌发时间的延长，其含量逐步下降。与此同时，容易被人体吸收的可溶性糖类不断增加，最高可达总糖类的3.03%，并具有抗菌消炎，增加新陈代谢的功能。

食用注意

豌豆芽（苗），性甘、平、诸无所忌。

传说故事

慈禧与豌豆黄

　　豌豆黄是传统北京小吃，最早从民间传入宫廷，精细化改良后，回流民间。传说慈禧太后最爱吃豌豆黄，由此名声大噪。

　　护国寺清真小吃制作技艺是北京的非物质文化遗产，这里头也包括豌豆黄的制作。北京小吃非遗传承人、护国寺小吃连锁店经理马国华讲，过去小贩在庙会上推着独轮车卖豌豆黄，车两侧的架子上放着一个个砂锅，拿起砂锅往案板上一扣，就是黄金耀眼香味扑鼻的豌豆黄，吆喝豌豆黄得拉长音——"豌豆黄儿哎——大块的！"据说这种豌豆黄还有豌豆皮，也叫糙豌豆黄。

　　而细豌豆黄则是宫廷里改进的御膳。传说慈禧住在北海静心斋叠翠楼上，她听到街上的吆喝声，就问："大中午的这里卖什么？"太监回说是卖豌豆黄的，慈禧就让把小贩叫进来，她尝了豌豆黄觉得真好吃，就把小贩留在宫中专门为她做豌豆黄，从此，这豌豆黄就成了御膳。

蚕　豆　芽

> 长鞭随牛牛引车，三冬以来要贮积。
> 十倍之价在须臾，都城之物不便美。
> 枯笋宿菜供庖厨，况此剉秣岂能足，
> 杂以蚕豆调陈麸，却思当年在江湖。
> ——《蚕豆》·元·欧阳玄

物种基源

　　蚕豆芽（Broad bean；Vicia faba）为豆科一年野豌豆属一年生草本植物蚕豆的干籽粒经过吸水萌发得到的豆嘴处长出芽连豆，又名芽蚕豆、发芽蚕豆、寒豆芽、芽马齿豆，以新鲜、碧绿、芽白、芽长不超过1厘米者佳。1千克风干蚕豆种子可生产1厘米长的发芽豆4千克左右，全国各菜市场（特别是春季）均有出售。

生物成分

　　据测定，每100克可食蚕豆芽（不去皮），含热能37千卡，水分88.3克，蛋白质2.4克，0.2克，碳水化合物4.4克，膳食纤维0.9克及维生素B_1、B_2、C、硫胺素、烟酸。此外，还含有微量元素钙、磷、铁、镁、锌、硒等。

食材性能

　　1. 性味归经

　　蚕豆芽，味甘，性平；归脾、胃经。

　　2. 医学经典

　　《随息居饮食谱》："健脾、开胃、利尿。"

　　3. 中医辨证

　　蚕豆芽，补中、益气、实肠、利尿、祛水。有助于水肿、尿涩黄、不思饮食、心烦气短、五脏不调、壅滞等症的食疗促康复。

4. 现代研究

蚕豆芽含蛋白质、脂肪、碳水化合物、膳食纤维、钙、磷脂、胆碱等物质及一定数量的维生素 B_1、B_2、E。药理证实，它有丰富的营养作用，并可降低血压及血液中的血脂浓度，因此，有老年性高血压、高脂血症者，食疗有助疗效。所含磷脂是细胞膜、线粒体膜、微粒体膜结构物质基础，改善膜通透性，实触性的功能，受体等也都依赖于磷脂，对人体的营养有重要意义。

食用注意

（1）有蚕豆过敏者，勿食蚕豆芽。

（2）服用云南白药者勿食蚕豆芽。

（3）中焦虚寒者，慎食蚕豆芽。

传说故事

蚕豆开花黑良心

在所有花朵里，蚕豆花别出一格，开出黑色的花心。这里有个传说。

从前有个叫蚕丫头的童养媳，她那个婆婆拿她不当人。有一天蚕丫头饿急了，偷吃掉一块冷锅巴，婆婆见了，就从热灶膛里抽出烧红的火钳，逼着蚕丫头跪上去，烫得蚕丫头直喊救命。这一来惹起了众怒，把恶婆婆送进了监牢。俗话说："多年养媳熬成婆"。后来，蚕丫头也弄了个童养媳妇。来了个"前半世铁匠店里吃了亏，后半世豆腐店里来翻梢"，待童养媳妇和她婆婆一样的凶，也逼童养媳跪烫火钳。隔壁邻居劝她说："蚕丫头，你婆婆作孽坐监牢，你若再不回头，也没有好下场。"蚕丫头怀恨在心，暗地里买来巴豆，捣成汁水，趁夜黑，偷偷地倒进了村里人吃的水井里。村里人吃了井水，人遭灾，畜遭殃，病的病，亡的亡，村里一片凄惶。

村里人查实了投放毒汁的蚕丫头，众怒之下，就把蚕丫头反绑起来，罚她跪在井边。到快天黑的辰光，刮起了北风，下起了大雪。雪停了，人们到井边一看，蚕丫头不见了，雪地里留下了她跪下的膝盖印，从膝盖印中长出一棵草来。这棵草，枝条楞方，叶子碧绿，开着雪青的花朵儿，花冠像蝴蝶，花心翅是黑的。

人们知道井边长出的这棵小草花，是蚕丫头变的，就取名"蚕豆花"。蚕豆花很漂亮，就是花心是黑的，它的秸子老了是黑的，叶子老了是黑的，连豆荚老了也是黑的。

萝卜芽

芦菔出深土，内含霜雪清。

冷然消暑渴，快矣解朝醒。

脆白浑胜藕，顽青亦可羹。

镇州禅悦味，从此得佳名。

——《芦菔》·元·昌诚

物种基源

萝卜芽（Raphanus sativus L），为十字花科一年生或两年生草本植物萝卜的成熟种子，经过吸水萌发得的嫩芽苗，又名莱菔芽、萝卜子芽、芦菔芽、罗服芽、温菘芽，以芽苗叶绿、茎白、鲜嫩为佳，全国各地均可有售，亦特别适宜家庭培育，自培自食。

生物成分

萝卜芽含有大量的胡萝卜素（为维生素 A 原），并含有维生素 B_1、维生素 B_2；维生素 C 和维生素 E，其中维生索 C 含量很高，相当于柠檬果实含量的 2.4 倍。萝卜芽含有丰富的铁、磷、钙和钾等矿物质。此外，还含有淀粉分解酶和纤维素类。

食材性能

1. 性味归经

萝卜芽，味辛、甘、性平；入脾、胃、肝经。

2. 医学经典

《新修本草》："消食导滞，降气化痰。"

3. 中医辨证

萝卜芽既能消食导滞，又善降气祛痰，消食之中还具有行气除胀之功，但均立于实症。对食积停滞、脘腹胀闷诸症，与消导行气药同用，其功益彰；若正气虚者，应与补脾益气药配伍，庶食积去而中气不损。其用治痰饮停留、咳嗽、痰多、气喘之症，与化痰止咳药同用，效较显著。

4. 现代研究

萝卜芽能兴奋消化道腺体的分泌，有利胆及利尿作用。此外，萝卜芽中的淀粉分解酶有利于消化，可治疗慢性肠胃病；纤维素可促进肠胃蠕动，对治疗便秘十分有益。据抗菌试验，本品对链球菌、葡萄球菌、肺炎球菌、大肠杆菌均有抑制作用。对常见致病性皮肤真菌有抑制作用。

食用注意

（1）若肺肾虚咳喘满者，不宜服用。
（2）本品能损耗正气，体虚者不宜服食。
（3）本品能消除补药药力，故不能与人参、熟地等补药同用。

传说故事

一、萝卜制面毒的传说

据《洞微志载》：齐州有人病狂，云梦中见一红裳女子，引入宫殿中，小姑会，每日递歌云。

五灵楼阁晓玲珑，天府由来是此中。
惆怅闷怀言不尽，一九萝葡火吾宫。

有一道士解释说："此犯大麦毒也。"医经云，萝卜制面毒，故曰"火吾宫"，久者毁也，遂以药并萝卜治之，果愈。据资料记载，萝卜与地黄同服，可使头发变白。《国老谈苑》中记有一则故事："寇准年三十余，太宗欲大用，尚难其少，准知之，遂服地黄，兼饵萝葡以反之，未几，髭发皓白。"

二、萝卜汤治豆腐毒的传说

有一人好吃豆腐，而中豆腐毒，医治无效。一天，听卖豆腐的说他的妻子错把萝卜汤倒入锅中，豆腐没做成。他心想，萝卜汤能致豆腐做不成，何不以萝卜汤饮之，治我之病。以此，病果然好了。萝卜解毒之功由此可知。民间有："吃完萝卜喝热茶，气得大夫满街爬。""三天不吃萝卜汤，两腿腰部软汪汪"的谚语。

第七章　瓜茄类

冬　瓜

剪剪黄花秋复春，霜皮露叶护长身。

生来笼统君莫笑，腹内能容数百人。

——《咏冬瓜》·宋·郑安晓

物种基源

冬瓜（Benincasa hispida），为葫芦科一年生攀缘草本植物，食用部分为其果实。冬瓜又名水芒、东瓜、枕瓜。以表有层蜡样粉末、墨绿色、无病斑、皮较硬、肉质结实、成熟的种子变黄褐色者佳，有白、青、青黑皮三种，原产我国南部及南亚和印度次大陆，现除高寒地带，各地均有栽培。

生物成分

据测定，每 100 克可食冬瓜，含热能 11 千卡，水分 96.5 克，蛋白质 0.4 克，碳水化合物 1.9 克，脂肪 0.1 克，膳食纤维 0.5 克，含有较高的维生素 C，胡萝卜素、核黄素、硫胺素、尼克酸及钙、铁、磷、镁、钾、锰、锌、铜、钠、硒等微量元素，还含有丙醇二酸及葫芦巴碱氨基酸等。

食材性能

1. 性味归经

冬瓜，味甘，淡，性凉；归肺、大小肠经、膀胱经。

2. 医学经典

《古今医亲录》："清心火、泻脾火、去胃热、利湿去风、和五脏、消肿止渴、解暑消热、益气耐老、除胸心满、轻身不肌。"

3. 中医辨证

冬瓜能清热、镇咳、涤肠胃、利尿息肿、治五淋、除烦惯恶气，适用治疗暑热、咳嗽有痰、肠胃不舒、小便不利、水肿等病，且能解鱼毒和酒毒。冬瓜皮、冬瓜子对治肾病浮肿、肺脓肿病和糖尿病等症有食疗促康复效果。

4. 现代研究

冬瓜含有丰富的维生素 C 和多种微量元素，可以增强人体细胞的中间质、阻止癌细胞生长；冬瓜中的粗纤维能刺激肠道蠕动，使肠道里积存的致癌物质尽快排泄出去；含糖量低，水分含量较高，能利水消肿，去掉过剩堆积的体脂，对糖尿病、冠心病、动脉硬化、高血压及肥胖病患者都有良好的辅助治疗作用。含钠量较低，也是肾脏病、浮肿病患者理想的蔬菜。据中医专家介绍，冬瓜有解毒抗癌作用，可用于癌症腹水、胸水与肢体浮肿等症的食疗促康复。

食用注意

（1）冬瓜性寒，故久病的人与阴虚火盛者应少食。

（2）冬瓜属损精伤阳，不利于性功能的食物，男性不宜过量食用。

（3）冬瓜如用于解暑清热、止渴利尿，就需要连皮煮汤服食，但体弱肾虚病患者食之会引起腰酸痛。

（4）形体消瘦者不宜多食，因消瘦者食用，则渗利伤阴。躁动浮火，不但使形体消瘦，而且会出现阴虚火旺的病变。

（5）服用维生素 K 时不宜食用，因冬瓜相对含维生素 C 高，食用后可使维生素 K 的治疗作用降低。

（6）脾胃虚寒易泄泻者应少食冬瓜，以免病情加重。

（7）服滋补药品期间应忌食冬瓜。

传说故事

冬瓜的传说

相传，神农氏爱民如子，见天下百姓光有粮食没有瓜吃，便培育了瓜，并封"四方瓜名"，名之曰：东瓜（冬瓜）、西瓜、南瓜、北瓜。命令它们各奔所封地方，传宗接代，造福万民。西瓜到了西方，扎根沙土，长得蜜甜蜜甜。南瓜到了南方，爬墙生蔓结了果，既能当菜，又能当饭。北瓜到了北方，长出瓜来肉厚味甜，既可食用，又可药用，亦可供赏玩。唯独冬瓜怕东方海风大、怕南方天气热、怕西方风沙大、怕北方风雪冷，最后，还是听从安排去东方安家。神农氏很高兴，说："东瓜，东瓜，东方为家。"冬瓜反驳说："应该是冬瓜，不是东瓜。"神农氏说："冬天少菜，你喜欢叫冬瓜，就叫冬瓜好了。"冬瓜高兴极了，唱道："天有四季分阴阳，春夏秋冬冬为王。地有四方明走向，东西南北东为王。"便高高兴兴地到东方去了。后来，南瓜、北瓜、西瓜听说冬瓜妄自尊大，便一起来责问冬瓜。冬瓜一气，把肚子胀得既大又长，它本来应该是冬天成熟的，但它怕冷，还没等冬天到，就催人们提前把它摘回家。人们便讥笑冬瓜说："冬瓜冬瓜不见冬，个子大来肚子空。"

关于冬瓜名称，还有一段趣闻。相传，在唐代，有个县官冬天下乡体察民情，一位老农用贮藏的冬瓜做菜招待，他在餐桌上得意地说："冬天出冬瓜，名副其实也。"后来人们嘲笑他："冬瓜本姓夏，有奶未必妈。"为什么夏季所产的瓜，却又取名为冬瓜呢？这是因为瓜熟之际，表面上有一层白粉状的东西，就好像是冬天所结的白霜。相同的原因，冬瓜又称为白瓜。

西　瓜

碧蔓凌霜卧软沙，年来处处食西瓜。

形模蔓落淡如水，未可蒲萄首蓿夸。

——《西瓜园》·南宋·范成大

物种基源

西瓜（Citrullus lanatus），为葫芦科一年生蔓生匍匐草本植物，食用部分为其果瓤。西瓜又名寒瓜、夏瓜、打瓜、水瓜、洋瓜，分为普通西瓜、瓜子瓜（因瓤不吃，又名"避瓤子"）、小西瓜。成熟的西瓜以瓜形端正、瓜皮坚硬饱满、花纹清晰、表皮稍有凹凸不平的波浪纹，以指轻弹、声音刚而脆为佳。西瓜按成熟期的先后可分为早、中、晚三种；以形态分，有圆、椭圆、枕形，国外还有人工培育成方形的，以皮色分，可分为黑、白、青、花和核桃皮瓜，以瓜瓤的颜色可分为大红瓤、白瓤、黄瓤、淡红和绿瓤瓜等。西瓜原产南非沙漠中，是由野生果驯化而来，埃及人首种西瓜，约在唐朝时由西方传入我国，故名"西瓜"。

生物成分

据测定，100 克可食西瓜，含热能 23～28 千卡，水分 93.0～94.1 克，蛋白质 0.4～1.12 克，碳水化合物 4.2～6.1 克，膳食纤维 0.2～0.3 克，脂肪 0.1 克。含有钙、磷、铁等微量元素及胡萝卜素、硫胺素、核黄素、尼克酸、抗坏血酸，还含有瓜氨酸、α-氨基、β-丙酸、丙氨酸、氨基丁酸、γ-氨基丁酸、谷氨酸、精氨酸、磷酸、草果酸、乙二醇、甜菜碱、腺嘌呤、果糖、葡萄糖、蔗糖、番茄烃、穴氢番茄烃等有机物质，特别含有抗氧化剂维生素 C。

食材性能

1. 性味归经

西瓜，味甘，淡，性寒；归心、肺、脾、胃经。

2. 医学经典

《日用本草》："清暑热，消烦渴，宽中下气，利尿，止血痢。"

3. 中医辨证

西瓜，味甘，性凉，无毒，能清热解暑，除烦止渴，利小便，对暑热烦渴、热盛伤津、小便少而不利、血痢、喉痹口疮等有食疗效果，有"天然白虎汤"之称。

4. 现代研究

西瓜含有大量的果糖、葡萄糖、蔗糖酶、丰富的果酸、氨基酸、胡萝卜素、维生素 C、维生素 B_1、维生素 B_2 以及钙、磷、铁等矿物质，这些都是人体不可缺少的营养物质。西瓜含有的糖和酶能把不溶性蛋白质变成可溶性蛋白质。常食适量西瓜，可以降低血压和胆固醇，促进新陈代谢，有软化及扩张血管的功能，可预防心脏病发作及中风等。西瓜还有美容作用，用瓜皮轻擦面部，可使面部皮肤白净光滑，富有弹性。

现代研究还表明：西瓜中某些成分具有减少胆固醇在动脉壁上沉积的功能，有可能给高血脂患者带来福音。

食用注意

（1）西瓜性寒，不可无节制的吃，因过多汁液冲淡胃液会引起消化不良或腹泻。

（2）患有慢性肠炎、十二指肠溃疡和脾胃虚、寒、湿感患者不宜多食，以免伤脾胃，引起肠道功能紊乱。

（3）寒积冷痛、大便溏泻或小便频繁者慎食。

（4）西瓜变质后不可以吃，容易引起胃肠病及下痢。

（5）心力衰竭，慢性肾病，口腔溃疡和糖尿病患者应少食西瓜。

（6）西瓜不能与羊肉同食。

（7）感冒初期不宜吃西瓜，否则会加重感冒或延长治愈时间。

附注：

西瓜皮

西瓜皮，为葫芦科植物西瓜的皮，称"西瓜翠衣"，性凉，味甘。具有清暑解热、止渴、利小便的功效，可治疗水肿、烫伤、胃炎等症。患风火牙痛时，可取经过日晒夜露的干西瓜皮适量，研成碎末后加少量的冰片，涂搽在牙痛处，能起到止痛、消炎的效果。

西瓜皮可菜可药，方书上称"西瓜翠""西瓜青""西瓜翠衣"，可用于暑热烦渴、小便短少、水肿、口舌生疮的治疗。西瓜霜，是西瓜皮与芒硝混合后产生的白色结晶物，为古今口腔科所习用，有治疗喉风、喉痹、咽痛、口疮、牙疳的作用，喉科要典《喉痧症治概要》把它誉为"玉钥匙"。

传说故事

一、西瓜汁治暑厥救人的传说

传说，清代道光年间，湖州遭水灾，霍乱流行。其时，名医凌晓五坐轿出诊返归，途中见一家门前烧席示丧。凌氏嘱轿夫停轿，上前询问病者死已有多少时辰。问后知之刚死，凌氏随即上门探望，按其胸口尚有热气，继而切脉沉伏，断定为暑厥，于是急令病家剖西瓜取汁频频灌服，须史，死者复生，全家惊喜有幸遇凌仙人。原来该人患暑厥长时休克，而西瓜则为解暑散热佳品。

二、猪八戒吃西瓜

唐僧、沙僧、八戒、行者一齐到西天去取经。一路走来，到了一个地方，看见前面有一座高山。山上是黄土乱石，没有一棵树木。山下也都是荒地，没有一户人家。唐僧说："大家都走累了，到哪里歇歇才好？"行者抬头向前一看说："前面有座古庙，快点走吧！"这时候，正是六月天气，太阳当头照，晒得人嘴也干了，舌头也焦了。他们四人，过了中午还没吃饭，也没喝上水，又饿又渴，真想赶到庙里，喝上几碗凉茶，吃上几个馒头。哪知到了庙里，一个人也不见。行者说："师父不要着急，大家在这里休息休息。我出去找点果子来。"说着就要走。八戒在旁边听见了，心里想："我跟他一起去，要是找到果子，就可以早点吃到。"他连忙对唐僧说："我也去！"唐僧说："好吧，你们早去早回。"

八戒跟着行者出了门，脚踏在晒热了的土地上，烫得难受，心里后悔起来。可是又不好意思不去。走了一程，看见路边有棵白杨树，八戒想："要是能在这树下睡一会儿多好！"他就假装肚子痛，嘴里"哎呀，哎呀"叫起来。行者问他："怎么了？"他说："哥啊，我肚子痛，走不动了，你自己去吧！我在这里等你，要是找到果子，快点回来，可别自己吃了。"行者知道八戒偷懒，也不去说穿他，就说："好吧，你就在这里等着，不要走开。等我采了果子回来，一起去见师父，分果子你吃。"八戒连忙答应"好的，好的。"行者点点头，一个筋斗翻上天去了。八戒等他走了，就在大杨树边躺下。一阵清风吹来，十分凉快。他正想睡一会儿，忽然看见山脚下有个绿油油的东西，阳光照得闪闪发光。八戒连忙起来，走过去一看，原来是个大西瓜。八戒心里高兴极了。他把大西瓜搬到树下，拔出刀来，正想要切又放下了，嘴里说："师父和沙僧在庙里等着呢，我不能自己一个人吃了这个大西瓜。"他想不吃，可又实在嘴馋，眼睛看着这个绿油油的大西瓜，嘴里直流口水。他忍不住举起刀来，把西瓜切成四块。一边又说："师父！我把这瓜切成四块，我先吃自己的一块，也说得过去。"说着拿起一块，大吃起来。

再说行者一个筋斗十万八千里，来到南海边上。这里到处开满香花，树上结满了果子，桃、杏、梨、枣，什么都有。真是个好地方。行者来不及细看，急忙爬上树去，采了些蜜桃、甜枣、玉梨、黄杏……解下围裙，满满地打了个包袱，往身上一背，又一个筋斗，回到原来的地方。正要落下，忽然一想："慢着，让我先看看八戒在干什么。"就停在半空中，从云缝里往下看，正巧看见八戒捧着一块西瓜在大吃。行者想："好小子！找到大西瓜，躲在这里一个人吃，把师父和咱们都忘了。"正想下去说话，看见八戒吃完一块，嘴里不知在说些什么，便停住细听。只听见八戒说："一块瓜不解渴，我再把猴子的一块吃了吧！留下两块给师父和沙僧，也说得过去。"行者听了心想："难得他还记得师父和沙僧，就吃了给我的一块，也不去说他了。"只见八戒几口就把那块西瓜啃完了，接着又说了："可越吃越想吃了，嗨！我把沙僧的一块也吃了吧，给师父留下一块。"说着又捧起一块吃起来。行者看了心想："这傻子也真贪吃，总算他还记得师父。"这边行者在天空中想，那边八戒又把一块西瓜啃光了。想不到他捧起最后一块西瓜来说："师父，师父！不是老猪不留给你吃，一来是老猪实在口渴，二来拿回去一块西瓜也不好意思，就让我代你吃了吧。"说着就把西瓜往嘴里送。行者看得又好气又好笑，心里骂着："馋猪！有了吃的，什么都忘了。"便在空中叫了声："八戒！"八戒听见有人叫他，心慌了，捧着西瓜，不知怎么办好。行者又叫了一声："八戒在哪里？"八戒不敢答应。他想："要是猴子知道我在吃瓜，多不好意思呀！"想着连忙把手里的西瓜皮扔得远远的，又急忙拣起地上的三块瓜皮，使劲一丢，丢得看不见了，这才放心。他掀起袍子擦了擦手，轻声问："是谁叫我呀？"行者在半空中看得明白，慢慢地从空中降落下来。八戒看见赶忙跑过去，说："哥哥辛苦啦！"行者装作什么都不知道，说："你这半天在干什么？"八戒说："没干什么，就在树下睡了一会儿。"说着伸出舌头舔舔嘴唇。行者看着笑问："你做梦吃果子了？"八戒连忙说："没有，没有，嘴还干着呢。"行者说："我倒采了些果子，你方才肚子痛，不敢给你吃了。"八戒才吃了个大西瓜，肚子正胀着，就说："不忙，不忙！先带回去送给师父和沙僧吃，我不着急。"行者听了好笑，说声："那就走吧。"八戒就跟着行者回去了。才走几步，八戒就踏上一块西瓜皮，摔了一跤，脸都跌肿了。行者连忙把他扶起来，问他怎么这样不小心。八戒站起一看，是自己丢的西瓜皮，不敢响了。行者倒骂起来："是哪个懒家伙把西瓜皮乱丢，害得八戒摔了一跤！"一边又对八戒说："你摔这一跤，就算是给师父磕了个头吧。"八戒忙说："不要紧，不要紧！没摔痛。"说着赶忙就走。想不到走了十几步，又踏上一块西瓜皮，身子一摇，跌倒了。行者把他扶起，叫声："哎呀，又是哪个懒家伙？偷吃了西瓜，把西瓜皮乱丢。"八戒看了一下西瓜皮，心想："真倒霉！"行者忙说："不要生气，这一跤就算给沙僧行礼吧！"八戒也不敢多嘴，慢慢地向前走去。这回，八戒倒是小心了，眼睛看着地，一步一步走。偏偏行者跟他谈起南海地方多么好，到处有果子吃。八戒听了，心里只想到南海去吃果子，忽然脚下一滑，跌倒在行者身边。行者笑着扶起他，叫了声："八戒，干吗给我磕头呢！"八戒低头细看，又是一块西瓜皮，心里想："真奇怪！"

看看来到庙前，八戒心想："总算到了，让我老猪进去，好好休息休息，这一路摔得我好苦。"心里一急，脚步加快，一不小心，又摔了一跤。行者在旁笑起来说："真是个好徒弟，没进庙门，就给师父磕头啦。"行者扶着八戒进去。唐僧、沙僧看见行者带回大包果子。十分高兴；又看见八戒脸上一块青一块红，肿了一大半。看起来更加胖了，忙问："这是怎么的？"八戒哼着说："别提了，是我不该一个人吃了个大西瓜，这猴子一路上倒请我吃了四块西瓜皮。"说得行者笑痛了肚皮。

南 瓜

银斧剖开两爿天，金盘两盏群儿现。
万物年衰必至此，盈筐累担暖心田。

——《剖南瓜》·清·张野

物种基源

南瓜（Cucurbita moschata），为葫芦科南瓜属一年生蔓生草本植物，食用部分为其果实。南瓜又名番金瓜、伏瓜、麦瓜、饭瓜、金冬瓜、番瓜、倭瓜、番蒲、舍瓜、癞瓜、番南瓜、茄瓜、阴瓜、老面瓜、老缅瓜、中国南瓜、老窝瓜等，以瓜皮较硬，表面略有白霜、又面又甜者佳。现栽培的南瓜有中国南瓜、印度南瓜、日本南瓜及变种的西葫芦型南瓜。我国除高寒地区，均有栽培。南瓜起源于北美洲，我国种植南瓜始于元代，先进入粤、闽、浙，后传至北方，《群芳谱》中将其称为番南瓜，耐暖储存，若经过霜的老南瓜，能存放到来年春天。

生物成分

据测定，每 100 克可食南瓜，含热能 19～29 千卡，水分 91.9～95.5 克、蛋白质 0.3～0.7克、碳水化合物 2.7～5.7 克、脂肪 0.11 克、膳食纤维 0.6～0.8 克。富含维生素 A、B_1、B_2、C、E、视黄醇、尼克酸、胡萝卜素及钙、铁、磷、钴、锌、镁、钾、铜等。除一般营养成分外，还含有瓜氨酸、葫芦巴碱、腺嘌呤、精氨酸、南子氨酸、多缩戊糖、天门冬素和果胶等。

食材性能

1. 性味归经

南瓜，味甘、性温；归脾、胃经。

2. 医学经典

《滇南本草》："补中益气、消炎止痛、化痰排毒、排脓、杀虫。"

3. 中医辨证

南瓜，补中益气、解毒止痛、化痰排脓、杀虫，对寒性哮喘、肺虚咳嗽、老慢性支气管哮喘、消渴、蛔虫、蛲虫等症有食疗助康复效果。

4. 现代研究

南瓜富含维生素 A、维生素 C、蛋白质、胡萝卜素、精氨酸、葫芦巴碱和果胶等，所含的大量果胶，在肠道内被充分吸收后，形成一种胶状物质，能延缓对脂质的吸收；果胶还能和体内过剩的胆固醇黏结在一起。从而降低血液胆固醇的含量，起到防止动脉硬化的作用；所含的纤维素，具有良好的降脂减脂效果和通便作用。南瓜是一种低糖、低热量的食品，含有多种微量元素，其中钴的含量为所有蔬菜类之冠，钴是胰岛细胞所必需的微量元素，可促使糖尿病患者胰岛素分泌正常。南瓜有较好的抗毒能力，它能黏结和消除铅、汞等有毒金属，降低亚硝酸盐的致癌性，增强肝肾细胞的再生能力。起到抵御环境中毒的作用，所以也适宜癌症患者食用；南瓜汁还有加快肾结石和膀胱结石溶解的作用，南瓜高钙、高钾、低钠，特别适合中老年人和高血压患者，有利于预防骨质疏松和高血压；南瓜还可以预防中风，因南瓜里含有的大量亚麻仁油酸、软脂酸、硬脂酸等甘油酸，均为良质油脂。

最近研究发现，南瓜可以助糖尿病、肝病、肝硬化、肾炎等多种疾病康复，所以被国外医学界公认为"特级保健食品"。常吃南瓜，可使大便通畅，肌肤丰美，尤其对女性，有美容作用。清代名医张之洞曾建议慈禧太后多食南瓜，可见南瓜是药食两用之佳品。南瓜富含维生素 B_6 和铁，这两种营养素都能帮助身体所储存的血糖转变成葡萄糖，而葡萄糖正是脑部唯一的燃料，有益于脑功能。

食用注意

（1）患有脚气、湿热气滞者忌吃，脾胃湿热、胸腔胀闷、胃热、热淋、黄疸者忌食，患有毒疮、黄疸者不宜多食。

（2）南瓜忌与羊肉同食。

（3）连续吃南瓜 2 个月以上，可出现皮肤黄染，停吃两三个月后逐渐消退，此为胡萝卜素由汗泄所致。

小记

现代医学认为：南瓜中含有丰富的微量元素钴，钴是胰岛素所必需的微量元素，但以嫩青南瓜为好。南瓜中含有锌，锌能参与人体内核酸、蛋白质合成，是肾上腺皮质激素的固有成分，为人体生长的重要物质。南瓜中富含果胶。果胶有很好的吸附性，保护胃黏膜，有助于消除体内细菌毒素和其他有害物质，并可帮助食物消化，延缓肠道对糖和脂质的吸收，达到减肥的目的。关于南瓜能"降糖"学说，保健功能理论尚有争议，因能否"降糖"，必须符合三个条件：一是看物质是否具有促进胰腺素分泌的功能；二是看能否增强胰岛素 β 细胞的功能；三是看其能否减缓人体内对淀粉、葡萄糖的吸收。显然，作为食物来说，前两个功能南瓜不具备，但它具备第三个功能，即南瓜中含有纤维素，进入人体附着到肠壁上，使肠壁减少对肠道内淀粉、葡萄糖物质的吸收。如利用南瓜中的钴、铂、锌等微量元素对"糖友"的功能与保健只限于嫩南瓜，对特别粉甜老南瓜适量吃一点没有问题，但不能一概而论把南瓜作药吃。

传说故事

一、摇茄瓜的传说

相传，一年地球上洪水漫天，所有生灵都被洪水吞没，只剩下摇姓的兄妹俩，将大如磨盘南瓜剖开，兄妹俩把南瓜当小舟，坐在瓜中，随波逐流，待洪水退后方逃过一劫。兄妹繁衍生子，靠种南瓜度过荒年，因此民间有南瓜又叫作"摇（姚）茄瓜"，因是摇氏兄妹传的种。

二、南瓜雕空当灯笼的传说

这又是源于古代爱尔兰。故事是说一个名叫 JACK 的小孩，爱恶作剧。一天 JACK 死后，因为做了坏事不能上天堂，所以下了地狱。但在地狱里他冥顽不化，竟把恶魔骗上了树，随即在树桩上刻了个十字，恐吓恶魔，令他不敢下来。然后 JACK 就与恶魔约法三章，让恶魔答应施法让 JACK 永远不会犯罪为条件让他下树。地狱长知道后很生气，把 JACK 赶了出去，他只好提着一个萝卜灯在人间游荡，遇到人类就躲进去。渐渐地，JACK 的行为得到了人们的原谅，小孩们在万圣节也纷纷效仿。古老的萝卜灯演变到今天，则是南瓜做的 Jack-O-Lantern 了。据说爱尔兰人到了美国不久，即发现南瓜不论从来源还是雕刻来说都比萝卜胜一筹，于是南瓜就成了万圣节的宠物。

北 瓜

皮赤常刻字诗画，文人雅士案头花。
把玩观赏说嘉靖，同宗同族南北瓜。

——《桃南瓜》·明·宋鼎

物种基源

北瓜（Cucurbita pepo），为葫芦科南瓜属一年生蔓生草本植物南瓜的一种变种。食用部分为其果实。北瓜又名桃南瓜、吊瓜、红金瓜、鼎足瓜、凸脐瓜、红番瓜等。果实呈扁圆形，似扁圆形小南瓜，果皮多为深橙黄色或橙色。夏季开黄色钟形小花，秋季结果，脐凹四周显著突起四足，形成十字深沟，以面光滑、柿红色为多，脐突出部呈灰白色，与柿红色部分界处呈绿色者佳。果实直径9～16厘米左右，果肉淡黄色，多种子扁卵形，长约1厘米上下可食，北瓜实为南瓜的一个变种。有一定观赏价值，人们常将其陈列于案头做观赏用，且存放日久不也不干瘪腐烂，若在果皮上刻以花卉，字画等图案，则增添居室的文化气息。我国南北均有栽培，主产于河北、江苏、广西、四川等省。

生物成分

据测定，每100克北瓜，含热能18千卡，水分94.5克，蛋白质0.5克，脂肪0.1克，碳水化合物3.9克，膳食纤维0.6克。还含维生素A、B_1、B_2、B_6、B_{12}、C、E及钙、磷、铁、锌、铜、钼、硒等微量元素和玉蜀嘌呤、甾醇等物质。

北瓜食用营养极为丰富，由于产量相对的低，导致种植量的限制，有时不是在菜市场能见到，而是在花鸟市场见到，作为休闲食物，则配以葱、姜、糖、蜜、桂花，风味独特，品味高雅。

食材性能

1. 性味归经

北瓜，味甘，微苦，性微温；归肺经。

2. 医学经典

《慈航活人书》："润肺平喘，止咳化痰。"

3. 中医辨证

北瓜味甘，性微温，无毒，有润肺、清烦、止咳、平喘的功效，对外感风寒、咳嗽、老年小气喘、小儿百日咳、烦渴多饮等有助食疗促康复之效。

4. 现代研究

北瓜中含有丰富的锌，锌能参与人体内核酸、蛋白质的合成，是肾上腺皮质激素的固有成分，可促进人体生长发育，还含有甘露醇，有较好的通便作用，可以减少粪便中毒素对人体的危害，并有降糖止渴的效果。另外，北瓜中所含果酸，能黏结和消除人体内细菌毒素和其他有毒物质。

食用注意

（1）胃热炽盛、气滞满中、湿气热滞者忌食北瓜。

（2）脚气、黄疸患者慎食北瓜。

（3）患疮、疔、疖、肿者暂勿食北瓜。

（4）胃溃疡患者不宜食北瓜。

传说故事

一、北瓜外形的传说

相传，明朝嘉靖皇帝为求长生不老，听信方士的蛊惑，先是将妇女的月经与中药共研为丸（即当时的"红丸"），每日用上等白酒过口服用，后来发展到吸吮处女的初潮月经，而且要现到月经当场吮吸服用，不用酒过口。一日，宫女们忍受不了嘉靖的这种非人道的虐待，利用嘉靖吸月经之机，用裤腰带套在嘉靖脖子上，准备将其勒死，幸好总管太监张光东赶到叫来了御林军，当场将被吸月经的宫女和勒嘉靖的宫女统统杀死，才救了嘉靖一条命。就在嘉靖勒住脖子难受时，呼出的大气将被吸月经宫女的子宫吹得顶到肚脐，幸好肚皮包着。被吸月经的宫女，死得实在冤枉，就将嘉靖呼大气使子宫顶住肚脐的形状变成桃南瓜（俗称"北瓜"）形，让人们常将桃南瓜陈列于案头做观赏用。且存放日久不会干瘪腐烂，向后人展示当年嘉靖皇帝突显的恶劣行径。

二、五殿阎王"五七"要吃北瓜的传说

相传，老人死后，从死亡的当天计算，一周为一七（民间风俗"头七"实为六天），称"六天做七，七天算"，共有七周，称为七七。在一七至七七，家人都要上坟烧些香烛、纸钱和其他祭拜物品，而其中五七阎王吃北瓜，五七阎王烧北瓜则是不可少的，这是为什么呢？传说，每一个人死后，都要到地府阎王那里去报到，而地府阎王共分为一殿至十殿，报到须从一殿开始，依序而行。从一殿至九殿阎王都好讲话，又有善心，一路都能顺利通过，可是十殿阎王就厉害了，私欲又大，还爱吃北瓜，但他是最后一殿，难不住人，达不到自己的欲望。于是想出一个点子，将自己和五殿阎王对调，这样就能达到自己的目的了。所以在五七上坟祭拜，就是家境再贫困的人家也要贡上北瓜供奉这五殿阎王，否则就要剁掉死人的手脚，方可让死者通行。故民间有"送命的五阎王"之说。

甜　瓜

二月十五，瞿昙灭度。

文乂顿足普贤悲，外道拊掌波旬舞。

甜瓜彻蒂甜，苦瓠连根苦。

——《偈颂七十六首》·宋·释子益

物种基源

甜瓜（Cucumis melo）为葫芦科一年生攀缘或匍匐草本植物，食用部分为其果实。甜瓜又名香瓜、甘瓜、果瓜、熟瓜、黄金瓜、青皮瓜、梨瓜、银瓜，以外观呈淡绿色、果实外皮圆润有光泽、有纹者纹理清晰、香气浓郁者佳。我国各地均有栽培，华北、西北产甜瓜味浓，潮湿地区产的水分多，味淡。

生物成分

据测定，每 100 克可食甜瓜，含热能 27 千卡，水分 92.4 克，蛋白质 0.4 克，脂肪 0.5 克，碳水化合物 5.6 克，膳食纤维 0.4 克及胡萝卜素、枸橼酸球蛋白、维生素 A、B_1、B_2、C、E、尼克酸和钙、磷、钾、纳、镁、铁、锌、硒、铜、钼等微量元素。

食材性能

1. 性味归经

甜瓜，味甘，性寒；归心、胃经。

2. 医学经典

《食疗本草》："甜瓜能止渴、益气、除烦热、利小便，通三焦、壅寒气。"

3. 中医辨证

"甜瓜祛风化痰、通经络、行血脉、下乳汁、除热利肠，主治大小便带血、痔漏崩中、黄积疝毒、卵肿、气血作痛、痈疽肿痛、痘疹胎毒、身热烦燥、热病口渴等症。还对主口鼻疮、风湿麻木、四肢痛疼等有食疗助康复效果。

4. 现代研究

甜瓜提取物对乙型脑炎病毒有明显预防作用，感染病毒注射它，保护率可达 60%—80%。甜瓜组织培养液中还可提取到一种抗过敏性物质泻根醇酸，其有很强的抗过敏作用。现代研究结果还表明，甜瓜汁还是消雀斑、增白、去除皱纹的不可多得的天然美容剂，常用甜瓜液擦涂脸部，可以美容嫩肤、抗皱消炎、预防和消除痤疮及黑色素沉着。

甜瓜尚含有转化酶，可将不溶性蛋白质转变成可溶性蛋白质，能帮助肾脏病人吸收营养，对肾病患者有益。甜瓜蒂所含的葫芦素 B 能明显增加实验性肝糖元蓄积，减轻慢性肝损伤，从而保护肝脏。甜瓜蒂含有的苦毒素、葫芦素 E 等结晶性苦味质，能刺激胃黏膜和胃感觉神经。内服透气，可引起呕吐中枢兴奋，致呕吐和下痢，医药上可用作催吐剂和利尿剂。

食用注意

（1）甜瓜，性味甘寒，凡脾胃虚寒腹胀、腹泻便溏者忌用。
（2）瓜蒂含有喷瓜素，有毒不可食。
（3）出血及体虚者不可食瓜蒂。
（4）患有严重的脚气病者应少食甜瓜。
（5）糖尿病患者应少食甜瓜。
（6）甜瓜不宜与田螺、螃蟹、油饼等同食。

传说故事

一、上海七宝镇黄金瓜的传说

传说，从前有一位公主突然染病，不思茶食，日渐枯瘦，太医们束手无策。一天，有位大臣向皇帝进献了一篮七宝黄金瓜，公主闻到诱人的瓜香，顿时胃口大开，一口气连皮带蒂地吃了好几个，病居然痊愈。皇帝大喜，令上海地方官年年进贡。从此，七宝黄金瓜被列为贡品而名扬天下。

二、青霉素菌种来源于甜瓜

在青霉素发明初期，为了要得到高产的青霉素突变菌株，科学家们从世界各地用军用飞机搜集上百种霉菌来培养青霉素。但是产生青霉素多的霉菌是在 1943 年夏天从皮奥立亚市场上买来的一个发霉的甜瓜上得到的。它产生的青霉素是弗莱明所发现的霉菌产生的青霉素 50 倍之多。这只甜瓜因为人类最伟大的发明之一建立了功勋而被记载于历史。

苦 瓜

荣华未必是荣华，园里甜瓜生苦瓜。
记得水边枯楠树，也曾发叶吐鲜花。
——《竹枝歌（三首）》·明·刘基

物种基源

苦瓜（Momordica charantia），为葫芦科苦瓜属一年生攀援草本植物，食用部分为其果实。苦瓜又名凉瓜、癞瓜、癞葡萄、癞蛤蟆、锦荔枝、红姑娘、红绫鞋、红羊、菩达、君子菜等，以早熟品种长白苦瓜和华绿苦瓜品质较好，瓜条硬实、端正、瘤状突出者为佳。

据考苦瓜原产东南亚，约在宋元时代从亚印尼西亚传入我国，因其果皮生来就有难看的瘤状癞皮，所以又叫它"癞葡萄"。在华南生长适宜，我国广东、广西栽培较多，台湾、福建栽培亦不少。

生物成分

据测定，每 100 克可食苦瓜，含热能 17 千卡，水分 94 克，蛋白质 0.1 克，脂肪 0.1 克、碳水化合物 3.2 克。膳食纤维 1.4 克。并含有胡萝卜素、苦瓜甙、苦瓜素、尼克酸、氨基酸、维生素 A、B_1、B_2、C、E 及钙、镁、铁、锰、钾、铜、钠、磷、视黄醇当量、硒多种矿物质等。在苦瓜的主要营养成分中，较为特殊的是维生素 C 的含量较多，居瓜类之首，是冬瓜的 3 倍，黄瓜的 6 倍、南瓜和丝瓜的 11 倍。所以苦瓜虽然味苦，可吃起来犹佳。

食材性能

1. 性味归经

苦瓜，味苦，性寒；归心、肝、胃经。

2. 医学经典

《本草纲目》："清暑涤热，明目解毒，开胃进食，益气壮阳。"

3. 中医辨证

苦瓜，味苦，性寒平。有清暑涤热、明目解毒的作用。治热病烦渴引领、中暑痢疾、赤眼疼痛、痈肿丹毒、恶疮诸症。古代医学家李时珍曾指出：苦瓜具有清邪热、解劳乏、清心明目、益气壮阳，还可治胃热痛、痢疾、呕吐、腹泻及尿血等症。

4. 现代研究

苦瓜营养价值高，含蛋白质、糖及维生素 A、维生素 B、维生素 C 等，特别是维生素 C 的含量是瓜类中最高的；苦瓜中的苦瓜甙和苦味素能增进食欲，健脾开胃，所含的生物碱类物质奎宁，有利尿活血、消炎退热、清心明目的功效；苦瓜含的某些蛋白能刺激巨噬细胞的产生并有抗癌作用。苦瓜的新鲜汁液，含有苦瓜甙和类似胰岛素的物质，具有良好的降血糖作用，是糖尿病患者的理想食品；含有一种具有明显抗癌功效的活性蛋白质，能够激发体内免疫系统防御功能。增加免疫细胞活性，清除体内有害物质。

食用注意

（1）苦瓜中含有奎宁，奎宁可刺激子宫收缩，因此容易导致流产。虽然苦瓜中奎宁的含量较低，还有开胃的功效，不过还是建议想要开胃的孕妇不要食用。

（2）胃腹疼痛或脾胃虚寒的患者应慎用。

附：苦瓜去苦

（1）苦瓜的品种比较多，白色的苦瓜苦味要比绿色的淡很多。

（2）无论苦瓜怎么料理，处理苦瓜的时候都一定要尽可能地把散发苦味的白色内膜层去掉。

（3）苦瓜料理前，用冰水浸泡片刻，不仅能去苦味，还能使苦瓜的口感吃起来脆爽。

（4）如果经过冰水处理过的苦瓜你依然觉得不能接受，你可以用盐揉搓一下苦瓜后再料理，苦味即可去除。

（5）把苦瓜和辣椒炒在一起，可明显减轻苦味。

传说故事

一、"苦瓜"名字的来由

苦瓜，还有别名"癞瓜"、"癞葡萄"。这个得名与一个民间传说有关：多年前，成都梁家巷有个孤身老汉，从原籍广东带来一种小白瓜试种，因气候土质适宜，结出的瓜既香又甜。某年夏天凌晨，老汉走进瓜园，发现小白瓜被啃得坑坑洼洼，就干脆在地边搭个瓜棚看守。一个月夜，他忽然看见地边井里跃出一匹小野马，闯进瓜园胡乱地啃瓜。老汉抢起扁担追打，受惊的小野马来不及返身跳井，急速朝附近温江县方向奔跑而去，之后，就不见踪影了。从此，被小野马啃过的小白瓜变成满身癞疤疙瘩，瓜皮表面形成瘤状之突起，味道也变苦了，加上老汉孤身种瓜十分辛苦，故称之为"苦瓜"，苦瓜亦由此得名。

二、"苦瓜"的苦是自找讨来的

很早以前，苦瓜的名字叫美瓜。它有着一张清秀、平整、光滑、细腻的脸。翠绿的皮肤下长着又白又嫩，又甜又脆的瓜肉。每到它成熟的季节人们都争相采摘。有人把它当作时令贵重礼品送给远方的亲朋好友，有人把它当作盛宴上的酒后美食，还有的人把它车装船载到遥远的他乡换回大把的金币。人们不但感谢上苍赐给人类这样美观、甘甜、可口的美味，更称颂美瓜为人类作出的贡献。

谁也想不到，这天，美瓜自己闯上了天庭，声言要面见玉帝，有冤情要上达天庭。

玉帝闻报后急忙上朝。美瓜跪奏道："我再也不想当这人见人爱的美瓜了，求玉帝给我换一换吧！"玉帝吃了一惊说："人见人爱有何不好？难道你希望人人讨厌你不成？"美瓜说："人见人爱有什么好？他们无非是观赏我俊美的容颜，品尝我鲜美的滋味，还用我的身体换来他们喜爱的金钱，而我又能得到什么好处呢？这太不公平了！"玉帝说："人们的喜爱就是对你最好的奖赏，你还想得到什么好处呢？"美瓜说："我要做他们的国王，听话的就让他观赏我的容貌，为我效劳的就让他品尝我的美味，不然我就深藏宫中，叫他们谁也看不到，谁也尝不着！"玉帝耐着性子说："世间万物各司其职，各守本分，这是天经地义的事情。人们喜欢你，说明你尽到了你的职责，做好了你的本分。你能有今天除了你自己的品种优势外，还要靠农夫的精耕细作。土地使你得以生根，温度、湿度使你得以发芽；阳光、雨露使你得以生长；季节更替使你得以成熟，没有大家的帮助你能成为一个人人喜爱的美瓜吗？"

美瓜说："你说得不对，没有我，他们所有的付出和牺牲都会付诸东流，正是因为有了我，他们的付出和牺牲才变得有意义，现在我已经名扬四海，我就应该得到与这美名相应的地位和权势——成为他们的国王！"

玉帝皱着眉头说："我不能答应你的要求，你不仅没有一个国王的才能，更没有一个国王应有的品德和操守，如果你实在不愿做一个美瓜，我倒可以让你变成一个没有多少人喜欢，而你又能自由自在地生活的苦瓜。"

美瓜一听自己的要求被玉帝一口回绝，非常失望。它赌气地说："那好吧，我就做你说的那只苦瓜，我要让所有的人从此再也尝不到我鲜美的滋味！"

玉帝摇了摇头说："那你就当一个苦瓜吧！"

第二年，人们发现原本又白又嫩，又甜又脆的美瓜变得苦涩异常，农夫们纷纷将它连根拔起，再也无人种它了。不久，农夫们培育出了一个更好的瓜种——哈密瓜。美瓜慢慢变成了人们遥远的回忆！

苦瓜终日以泪洗面，后悔莫及，那张清秀、平整、光滑、细腻的脸也被泪水流成了一道道不规则的沟槽，成了现在的这个样子。

哈 密 瓜

龙碛漠漠风搏沙，胡驰万里朝京华。

金箱丝绳慎包匦，使臣入献伊州瓜。

——《哈密瓜》·清·程荣

物种基源

哈密瓜（Cucumis melo Var. sac-charinus），为葫芦科甜瓜属植物，食用部分为其果实。哈密瓜又名甘瓜、玉瓜、网仔瓜、美衣瓜、洋香瓜、东湖瓜等。

哈密瓜，古称甜瓜，实际是甜瓜的一个亚种，维吾尔语称"库洪"。我国只有新疆和甘肃敦煌一带产出。植物分类学上称之为"厚皮甜瓜"。据考，公元1228年成书的《长春真人西游记》第一次提到新疆有这种瓜。哈密瓜的得名，始于清初康熙年间。

我国产哈密瓜的历史十分悠久，1959年我国考古工作者在吐鲁番高昌故城北的一座唐墓中发现两块甜瓜皮。其瓜子与瓜皮网纹与现在的哈密瓜没有什么两样，说明我国在唐代就在新疆种植哈密瓜了。

现在新疆现有哈密瓜品种180多个，除少数高寒地带外，大部分地区均产哈密瓜，优质的哈密瓜产于鄯县善鄯哈密、吐鲁番等地。属典型的大陆性气候，海洋风吹不进，夏季高温日照长，昼夜温差大，适应瓜的糖分转化与积累，故十分甜。主要优质品种有"可口奇"（维吾尔语为"绿色而脆"的意思）."密极甘"（维吾尔语为"花君子"的意思）两个品种。

生物成分

据测定，每100克可食哈密瓜含热能34千卡，水分91克，蛋白质0.5克，脂肪0.1克，碳水化合物 7.9 克，膳食纤维 0.2 克及胡萝卜素、尼克酸、抗坏血酸及钙、磷、钾、钠、镁、锌、铜、硒等微量元素。

此外，成熟的哈密瓜，除含糖量高外，尚含乙酸、乙酯和乙醇、乙烯等，散发出浓郁的芳香气味，这也是哈密瓜广为消费者喜爱的原因之一。

食材性能

1. 性味归经

哈密瓜，味甘，性寒；归心、胃经。

2. 医学经典

《寿域神方》："清肺润肠，和中止渴，清凉消暑，除烦热，利小便。"

3. 中医辨证

哈密瓜，味甘，性凉，主治清暑热、解烦渴、利水、通三焦壅气，具有疗饥、利便、益气、清肺热、止咳的功效，适宜肾病、胃病、咳嗽痰喘、贫血和便秘患者食用。

4. 现代研究

哈密瓜香甜可口、营养丰富，是天然的保健果品，它有利于人的心脏和肝病正常工作，以及肠道系统的活动，促进内分泌和造血机能，对人体造血机能有显著的提升，可作为贫血者的食疗。此外，哈密瓜钾含量较高，且钠及脂肪含量较低，有助于控制血压；含丰富的维生素 C，可降压、缓解血管硬化。

食用注意

（1）哈密瓜性凉，不宜多食，以免引起腹泻，而且过食易上火。
（2）患有脚气病、黄疸、腹胀、便溏、寒性咳喘等病症不宜多食。
（3）产后和病后的人不宜食用。
（4）哈密瓜含糖较多，糖尿病患者少食为佳。

传说故事

哈密瓜名字的由来

哈密瓜古称甜瓜、甘瓜，维吾尔语称"库洪"。我国只有新疆和甘肃敦煌一带出产。植物分类学上称之为"厚皮甜瓜"。1228 年成书的《长春真人西游记》第一次提到在新疆有这种瓜。哈密瓜之得名，始于清初康熙年间。据《回疆志》记载："自康熙初年，哈密投诚，此瓜入贡，谓之哈密瓜。"道光年间，曾在哈密住过多年的清代诗人肖雄，在一首咏瓜诗的注释中说："西域多瓜，一为甜瓜，列为贡物，称哈密瓜。"从此，新疆所产的厚皮甜瓜，被人们统称为哈密瓜。当时，每当哈密瓜成熟季节，哈密王即作贡品。

黄 瓜

簌簌衣巾落枣花，村南村北响缲车。牛衣古柳卖黄瓜。
酒困路长惟欲睡，日高人渴漫思茶。敲门试问野人家。

——《浣溪沙》·宋·苏轼

物种基源

黄瓜（Cucumis sativus），为葫芦科一年攀缘状生草本植物，食用部分为其果实。黄瓜又名胡瓜、王瓜、刺瓜、青瓜、嗇瓜、酥瓜、勤瓜等。黄瓜，按品种的外形可分为，刺黄瓜、鞭黄瓜、秋黄瓜三种。刺黄瓜的品质最好，形成棒状，表面有突起的纵棱和果瘤。瓜把稍细，瓤小籽少，肉质脆嫩，生食最好。鞭黄瓜是长棒形，形似鞭，表面无棱和瘤，无刺毛，光滑，瓜皮浅绿色，顶端透黄色，瓜肉薄，瓜瓤大，肉质软，品质较次，生熟吃均可。秋黄瓜是棒形，表面有小棱和小刺毛，肉厚，瓤小肉脆，水分多，品质尚佳，可生、熟食用。

相传，黄瓜是张骞从西域带回中国，故名胡瓜。据唐代《本草拾遗》中说，东晋时羯税人石勒做了后赵王时，不满"胡"字而改称黄瓜，现称黄瓜。现除高寒地区外，全国各地均有种植。

生物成分

据测定，每 100 克可食黄瓜，含热能 17 千卡，水分 95 克，蛋白质 0.7 克，脂肪 0.2 克，碳水化合物 1.6 克，膳食纤维 0.5 克及钙、磷、铁、丙醇二酸和维生素 A、C、E 等成分。还含有 2.6 - 壬二烯醇和带苦味葫芦素 A、B、C、D 等。

食材性能

1. 性味归经

黄瓜，味甘，性寒；归胃、小肠经。

2. 医学经典

《陆川草本》："清热解渴，利水道，解毒消炎，利肠胃。"

3. 中医辨证

黄瓜，性味凉甘，具有清热、利水、解毒的功能，用于治疗热病烦渴、咽喉肿痛、目赤、小便不利等症的辅助食疗。

4. 现代研究

黄瓜中含蛋白质、脂肪、糖类化合物、钾、钙、磷、铁、丙醇二酸和维生素 A、维生素 C、维生素 E 等成分，头部含胡萝卜素 A，对胸热、利尿等有独特的功效，对除湿、滑肠、镇痛也有明显效果，丙醇二酸能抑制糖类物质转化为脂肪，所以对肥胖者和高血压患者有利。胡萝卜素 C 可抗癌，黄瓜汁有美容功效。黄瓜为低热量食品，含有较多的矿物质、果胶质和少量维生素，而且还含有娇嫩的细纤维素，能促进肠道中腐败食物的排泄和降低胆固醇；所含的黄瓜酸能促进人体新陈代谢，排出毒素；所含维生素 C 的含量比西瓜高 5 倍，能美白皮肤，使其保持弹性，抑制黑色素的形成，而且吃黄瓜有助于化解炎症。黄瓜中所含的丙氨酸、精氨酸和谷胺酰胺对肝脏病人，特别是对酒精性肝硬化患者有一定辅助治疗作用，可防治酒精中毒。黄瓜中所含的葡萄糖甙、果糖等不参与通常的糖代谢，故糖尿病人以黄瓜代淀粉类食物充饥，血糖非但不会升高，甚至会降低。黄瓜中的纤维素对促进人体肠道内腐败物质的排除和降低胆固醇有一定作用，能强身健体。黄瓜含有维生素 B_1，对改善大脑和神经系统功能有利，能安神定志，辅助治疗失眠症。

食用注意

（1）不宜与辣椒、菠菜、芹菜同食，同食破坏维生素 C。

（2）不宜与花生搭配食用，引起腹泻。

（3）不宜多食，多食易于积热、生温，小儿多食易生疳虫。

（4）患有疮疥及脚气病患者及浮肿的人应慎食，以免加重病情。

（5）胃寒腹泻者应少食黄瓜，以防肠炎、痢疾病情加重。

传说故事

康熙与黄瓜

相传清朝康熙皇帝好奇心极大，常穿上普通人的服装微服私访。有一年初夏，他在街上看到一个十五六岁的孩子光着头，赤着脚，拎着一篮顶有花、身有刺的嫩绿黄瓜叫卖。康熙正觉得口渴，就问小孩："黄瓜多少一根？"小孩一看是个老头，就回答说："这黄瓜不论根卖，论把卖，一把五根，是东家叫这样卖的。"康熙一摸口袋，没带钱，只好转身走了。但口愈觉渴，就又转回头。小孩见到了就问："大爷，你想吃黄瓜？"康熙违心地说："啊，不，随便看看，这黄瓜真好！"小孩从篮里拿出一根黄瓜递给康熙说："这根黄瓜是我自己解渴的，我不吃了，送给您老人家吧。"康熙也就收下了，吃得鲜美快活。康熙喜欢上了这小孩，就问了小孩姓名、年龄、家里情况，要认他做干儿子，还要带他到京城去读书。小孩答道，要和母亲商量才行。第二天，小孩说妈妈走亲戚未归，又送给康熙两根黄瓜，一连几天均如此。第七天康熙惊喜地发现，缠绕自己多年的老毛病下肢浮肿病竟不治而愈了。第八天，小孩回康熙的话，说妈妈同意自己到京城学做事，只是没有路费。康熙答应先垫上，以后这个叫王小的小孩就和皇太子们一起读书习武，直至当上了户部尚书。

丝 瓜

黄花褪来绿身长，百结绿色困晓霜。

虚瘦得来成一捻，刚偎人面染指香。

——《咏丝瓜》·宋·赵梅隐

物种基源

丝瓜（Luffacylindrica），为葫芦科一年生攀缘草本植物，食用部分为其鲜嫩果实或霜后干枯老果实。丝瓜又名天丝瓜、天罗、布瓜、蛮瓜、绵瓜、天络瓜、天吊瓜、纯阳瓜、倒菜、洗锅罗瓜、水瓜、絮瓜、砌瓜、纺线意思、蜜瓜、天罗絮等。

丝瓜有普通丝瓜和棱角丝瓜两种，均有细长种和短粗种之分，著名品种有上海"香丝瓜"，四川"肉丝瓜"，江西"安源丝瓜"，湖北"白玉霜"，云南"线丝瓜"，南京"长丝瓜"等。

据考，丝瓜原产印度，唐末传入我国，到了明代才广泛种植于南北各地。

生物成分

据测定，每100克可食丝瓜，含热能23千卡，水分92.5克，蛋白质1克，脂肪0.1克，碳水化合物3.6克，膳食纤维1.4克，以及维生素A、B_1、B_2、C、E、尼克酸、胡萝卜素、视黄醇当量，还含钙、镁、铁、锰、锌、磷、钾、铜、钠、硒等微量元素及皂甙、瓜氨酸、植物黏液、丝瓜苦味质、木聚糖、甘露聚糖及木质素等。

食材性能

1. 性味归经

丝瓜，味甘，性凉；归肺、肝、心、胃经。

2. 医学经典

《慈山参人》："清热化痰，凉血解毒，生津止渴，消暑除烦，通经活络。"

3. 中医辨证

丝瓜味甘，性凉，无毒，有清热、祛风、化痰、解毒的功能，可用于治疗热病烦渴、痰喘咳嗽、痔漏、崩带、血淋疔疮、痈肿、乳汁不通、肌肤美容等。丝瓜的络、籽、藤、叶均可入药。近年日本科学家研究发现，丝瓜的藤茎、汁液具有去皱美容的特殊效果。

4. 现代研究

丝瓜营养丰富，含有大量的维生素、矿物质及皂甙、脂肪、蛋白质、瓜氨酸、植物黏液、木糖胶等物质，其味甘性凉，能清热、凉血、解毒，对慢性支气管炎、咳嗽并发或咽喉肿痛均有一定效果。丝瓜中维生素 C 含量较高，每 100 克中就含 5 毫克，可用于抗坏血病及预防各种维生素 C 缺乏症。维生素 B_1 等含量亦高，有利于小儿大脑发育及中老年人保持大脑健康。

研究还发现，丝瓜提取物对乙型脑炎病毒有明显预防作用，感染病毒前注射它，保护率可达 60%～80%，在丝瓜组织培养液中还提取到一种抗过敏性物质泻根醇酸，其有很强的抗过敏作用。

除此之外，丝瓜还是消雀斑、增白、去除皱纹的不可多得的天然美容剂。长期食用丝瓜或用丝瓜液擦脸，可以美容嫩肤、抗皱消炎、预防和消除痤疮及黑色素沉着。

食用注意

（1）丝瓜性寒滑，多食易致泄泻；男士勿多食，以免损人阳气，令倒阳不举，且不可生食。

（2）慢性胃炎、慢性肝炎、脾虚泄泻、大便溏薄者忌食。

（3）阴素大虚者，不宜多食丝瓜，以免引起滑精。

（4）若患脚气、虚胀、冷寒人食之，会增加病势。

（5）患有胃下垂、直肠脱落、慢性肠炎、消化不良者忌食丝瓜。

木　瓜

晚节从卑秩，岐路良非一。
既闻持两端，复见挟三术。
木瓜诚有报，玉楮论无实。
已矣直躬者，平生壮图失。
去去勿重陈，归来茹芝术。
　　　　——《叙怀二首其二》·唐·张九龄

物种基源

木瓜（Chaenomeles sinensis），为蔷薇科植物灌木或小乔木的果实，又名樱木瓜，万寿果，铁脚梨（光皮木瓜），贴梗海棠（皱皮瓜）等。古称乳瓜。

"投我以木瓜，报之以琼瑶"，这是我国第一部诗歌总集《诗经》中的名句。《尔雅》记述，3000 多年前，我国已开始人工种植木瓜。在种植分类学上，木瓜与番木瓜，虽说仅一字之差。其名都叫木瓜，既不同科，又不同属，更不同宗，是毫无关联的两种植物。

木瓜又有两个品系：即"光皮木瓜"和"皱皮木瓜"。

"光皮木瓜"是蔷薇科植物榠楂的果实，又名铁脚梨，榠栌、木桃，如安徽宣城木瓜、云南大理木瓜、山东曹州木瓜，为"中国木瓜三兄弟"，享誉国内外。

"皱皮木瓜"是蔷薇科植物贴梗海棠的果实，同"光皮木瓜"是"堂兄弟"。"光皮木瓜"与"皱皮木瓜"不同之处，"光皮木瓜"供食用，作为水果供应市场。"皱皮木瓜"仅供应药用，如木瓜酒。因"光皮木瓜"与"皱皮木瓜"二者植株均属木本植物的灌木或小乔木，果实如小瓜而得名，有"百益之果"之雅称。

生物成分

据测定，每 100 克可食木瓜，含水分 92.2 克，蛋白质 0.4 克，脂肪 0.1 克，碳水化合物 6.2 克，膳食纤维 0.8 克及维生素 B_1、B_2、C、胡萝卜素和钙、铁、磷、硒等微量元素。还有酒石酸、苹果酸、柠檬酸、齐墩果酸、木瓜酸等营养物质。

食材性能

1. 性味归经

木瓜，味酸，性温；入肝、脾、肺、肾经。

2. 医学经典

《雷公炮炙论》："平肝舒筋，和胃化温。"

3. 中医辨证

木瓜保肝健胃，活络舒筋，消食止渴，和中祛湿，对腰腿酸痛、吐泻腹痛、四肢抽搐等症有康复与食疗效果。

4. 现代研究

木瓜有抗氧化作用。木瓜的提取物，包括水煎剂及醇提物，对艾氏腹水癌有较强的抑制作用。临床用于胃癌、骨肉癌、肺癌、淋巴细胞性白血病，并可预防男性精子 DNA 受损，有利增强男性生育能力。木瓜中含有酵素，能消化蛋白质，是心脏病、高血压、糖尿病患者理想的食品。对转筋、脚气均有明显的治疗效果。木瓜可催乳，产妇可食。用木瓜酿成的酒有祛湿舒筋功效，是传统的保健药酒。木瓜还有美发作用，用木瓜浸油梳头，可治"发槁不泽"。

食用注意

（1）怀孕时不能吃木瓜，因为此时吃木瓜会引起子宫收缩腹痛。

（2）木瓜不能与鳗鲡同食。

（3）食过多木瓜会损伤牙齿和骨骼。

（4）体质虚弱及脾胃虚寒的人，不要食用经过冰冻的木瓜。

（5）胃酸过多和积滞内停者应忌食木瓜。

（6）木瓜的种子有毒性极强的氢氰酸，注意防止误食。

（7）木瓜忌铁，故在烹食与入药制剂时勿用铁器。

传说故事

一、木瓜治腿病

《名医录》载：广德顾安中患有脚气、筋急、腿肿，行走十分困难。一次他外出，在船中，舟人令其将足放在一袋上，渐觉不痛，问舟人此袋何物？答曰："宣州木瓜也。"遂回去做了个木瓜袋进行治疗了，没多久足疾便治愈。

二、杨贵妃与木瓜

唐代，李隆基开创了开元盛世。但物极必反，以"安史之乱"为标志，大唐帝国开始走下坡路。此前，任平卢、范阳、河东节度使的安禄山深受玄宗的宠信，出入宫禁，竟被小他许多岁的杨贵妃认为干儿子，那安禄山实际垂涎贵妃美貌，心存非分之想，在宫中调戏贵妃，玄宗睁一只眼闭一只眼。安禄山得寸进尺，言行放纵，一日故意拿起贵妃寝宫中摆放的"金木瓜"色迷迷地投向杨贵妃，正中贵妃乳房，顿时涨大，贵妃负疼怀羞，芳心欲醉。玄宗实在看不过去，才令禄山回了范阳。这安禄山念念不忘杨贵妃，心想，这天下第一尤物，岂能让你李隆基一人独占？我如果得了李家天下，这杨贵妃就是我的。于是便联合史思明在范阳发兵，开始了为时十年的"安史之乱"。这木瓜引起的战争，导致了唐朝的没落。从此，木瓜又与"丰乳"有了联系。

三、齐桓公与木瓜

据《诗经》记载，木瓜与齐桓公还有一段美好的传说。在春秋五霸之际，群雄混战，相互争霸，弱肉强食。时卫国与狄国相战，大败而归，沿通粮道而逃，被齐桓公相救。且封之以地，赠之以车马器服等物。卫国人十分感激，欲厚报之而不能，于是作歌曰："投我以木瓜，报之以琼琚。非报也，永以为好也。"从此齐卫两国永结盟好，齐桓公之美名也就相传于世，千古流芳。正如《诗经》所言："木瓜，美齐桓公也。"

番 木 瓜

大实木瓜熟，压枝常畏风。
贴花先漏目，喷露渐成红。
——《赞木瓜》·宋·梅尧臣

物种基源

番木瓜（Carica Papaya），为番木瓜科植物热带草木状小乔木番木瓜的果实，又名万寿瓜、缅冬瓜、文冠果、蓬生果、木冬瓜、石瓜、木瓜、广西木瓜、番瓜等。

番木瓜有两种类型一种叫公木瓜，瓜身苗条，瓜肉厚，瓜子少，汁水多而清甜；另一种圆木瓜，瓜身较圆，瓜肉较薄，瓜子多，瓜汁少。因番木瓜结果实外形大小像冬瓜，故又称为冬瓜树。目前，广东、广西、台湾、海南、云南、福建、四川等地均有栽培。

生物成分

据测定，每100克可食番木瓜，含热能30千卡，水分92.2克，蛋白质0.4克，脂肪0.3克，碳水化合物7克，膳食纤维0.6克，含维生素A、B_1、B_2、B_6、C、E、叶酸、生物素、胡萝卜素及钾、钠、镁、铜、钙、锌、铁、硒、磷、矿物质。富含异亮氨酸、亮氨酸、赖氨酸、苯丙氨酸、酪氨酸、苏氨酸、缬氨酸、天门冬氨酸、谷氨酸、甘氨酸、精氨酸、组氨酸、丙氨酸、脯氨酸、丝氨酸等17种氨基酸和木瓜酵素、木瓜碱、木瓜蛋白酶、脂肪酶、木瓜凝乳酶等。

食材性能

1. 性味归经

番木瓜，味甘，性平；归脾、胃、心经。

2. 医学经典

《陆川草本》："和胃化湿，舒筋活血，助消化，通二便。"

3. 中医辨证

番木瓜，主利气、散瘀血、疗心痛、解热邪，对于厌食、驱虫、清热、祛风、肺热、干咳、乳汁不通等症有益。

4. 现代研究

番木瓜营养丰富，果实中含有丰富的胡萝卜素、蛋白质、钙盐、苹果酸、柠檬酶和多种维生素，它特有的木瓜酵素能帮助消化，可治胃病。独有的木瓜碱具有抗肿瘤功效，对淋巴性白血病细胞具有强烈抗癌活性。番木瓜肉可食率高，果实含有丰富的木瓜酶、维生素C及矿物质钙、磷、钾等，其营养高、易吸收，具有保健、美容、预防便秘等功效。

食用注意

（1）有少数人吃番木瓜会引起过敏，凡有过敏体质者应慎食。

（2）连续过多食用番木瓜，口中可能感觉变苦，只要停吃，改吃番茄或喝清茶，会自然消失。

（3）番木瓜果实的浆汁及种子有收缩子宫和堕胎作用，故孕妇应忌食番木瓜。

（4）患有小便淋涩疼痛者不宜食番木瓜。

（5）烹饪番木瓜菜肴时忌与铁锅器皿接触。

（6）番木瓜忌与鳗鱼同食。

传说故事

番木瓜树有奇效

《清异录》中有个叫段文昌的人，深知番木瓜对足膝最有益，可健康长寿，用番木瓜树做了个木桶，每天用以洗足，以祛湿舒筋。用番木瓜树做成的手杖，也有舒筋活血的作用，所以古代许多老人都挂番木瓜手杖。

葫 芦

壶卢碗逮百年矣，穆为古色含表里。

摩挲不忍释诸手，"康熙御玩"识当底。

昔时未审赐何人，其家弗守鬻之市。

展转兹复充贡珍，是诚珍胜其他耳。

辞尘世仍入西清，碗如有知应自喜。

敬思当日圣意渊，不贵异物祛奢靡。

园开丰泽重农圃，蔬瓠尔时种于此。

就模中规成诸器，神枢即契造物理。

对碗可悟见诸羹，幼海浮沉宁论彼。

——《恭题壶卢碗哥》·清·爱新觉罗·弘历

物种基源

葫芦（Lagenaria siceraria），为葫芦科一年生攀缘草本植物，食用部分为其果实。葫芦又名葫芦瓜、瓠子、瓠瓜、蒲瓜、长瓜、天瓜、甘瓜、甜瓜、长瓠、扁蒲、壶卢、腰舟、龙蜜瓜等。

古人称葫芦，时壶、瓠、匏三名皆可通用。初时并无区分，后来以其长形来区分，首尾一样者为瓠。如瓠一头有腹，长柄者为悬瓠。无柄而圆头扁形者为匏，有短大腹者为壶。壶有细腰者为蒲芦。各有各分，形状亦各有不相同，但其苗、叶、皮、子性味则一样，其实则为一类，只是其形状不同而已。现全国各地除高寒地区外均有栽培。

生物成分

据测定，每100克可食葫芦含热能15千卡，水分92.5克，蛋白质0.6克，脂肪0.1克，碳水化合物2.7克，膳食纤维0.9克及胡萝卜素、抗坏血酸营养素和钙、铁、磷、硒等矿物质，在于瓠中还含有葡萄籽，脱氧葫芦素D及戊聚糖、木质素、莽草酸、抑肽酶等。

食材性能

1. 性味归经

葫芦，味甘、淡、性平、微寒；入肺、脾、肾经。

2. 医学经典

《本草再新》："利尿通淋，除烦润肺，清热解毒。"

3. 中医辨证

葫芦味甘淡，性平。有利水通淋作用，对水种、腹胀、黄疸、风痰鼻塞、头痛目眩、风虫牙痛、痈疽恶疮、尿路结石、死胎不下等多种疾病可食疗促康复。葫芦种子有润肠消炎作用，对肺炎、阑尾炎有辅助治疗作用。

4. 现代研究

葫芦营养丰富，含蛋白质、脂肪、糖类、钙、铁、磷、维生素C、胡萝卜素等，这些营养素对维护人体生理功能有一定的作用，具有清热、利水、通淋等作用，可帮助身体的新陈代谢。葫芦性凉，可清热除烦，对于热症有很好的功效，此外还有抗癌、抗病毒的作用。

食用注意

（1）葫芦性寒，脾胃虚寒，素体阳虚，风湿腹痛，大便溏泄者不宜食用。

（2）葫芦如作为蔬菜服食时，不应施用氮肥过多，如氮肥过多加之日照不足，有小毒，所食时宜慎之。

小记

葫芦除食用外，就是作盛蛐蛐的笼子（在葫芦上钎一些小孔透气），蛐蛐迷们在入冬后，用葫芦装上蛐蛐放在身边，往往伴着蛐蛐的鸣叫声入睡。清末文人陈忍有诗："风吹葫芦叶乱翻，嫩芽做菜好佐餐。秋盛蛐蛐伴君眠，一觉醒来日三竿。"老熟葫芦可盛水、盛酒、盛中成药，除此以外，还可做渔网浮子、鼻烟壶。甘肃兰州的葫芦雕也是中外闻名。我国种植葫芦距今已有7000多年的历史。1973年，考古工作者在浙江余姚河姆渡村发掘距今7000多年的母系氏族公社时的村落遗址，在遗物中就发现有葫芦种。《诗经》中也有"齿如瓠犀"之句，古人用此比喻女子牙齿之美。

传说故事

一、陶谷的牢骚诗

《东轩笔录》中一有段故事是这样的：宋朝时，有一个翰林学士叫陶谷，字秀实。他的学问很渊博，文章写得也很好。宋太祖赵匡胤对一些办文告和写文章的官员，包括像他这个翰林学士在内都不太重视。一次，他在宋太祖面前表明自己如何卖力，不料宋太祖却对他说："听说做翰林院历来都是拿前人的旧本，改换一下词句，这就是依照样子画个葫芦，不需要花什么大力气。"

陶谷当时嘴里虽然不敢说什么，但是心里并不服气。有一天，他在翰林院的墙上题了一首诗，来发泄自己的牢骚。诗的原句是："官职须由生处有，才能不管用时无。堪笑翰林陶学士，年年依样画葫芦。"

二、孙思邈与葫芦

据民间传说，唐朝药王孙思邈就经常背着一个药葫芦云游四方。一次，他到长安一家专卖猪肚、猪肠的饮食店吃"杂糕"，发现肠子腥味大、油质多，口味不好，便解下身上的药葫芦送给店主，叫他用葫芦里装的花椒、大香、上元桂等调味品兑汤烹制。结果，再做出来的"杂糕"就香气四溢，特别好吃。店主大为高兴，便把药葫芦高挂门首，并把"杂糕"易名为"葫芦头"，以此招徕顾客，果然生意大为兴隆。直到今天，西安的一些饭店还有"海味葫芦头"这道名菜。

三、神葫芦的传说

上古洪荒年代，人烟稀少，可偏偏有几个冤孽对上天不敬，惹得玉皇大怒，兴心罚世，下令雷公雨师湮灭人类。

雷神很是着急。他牵挂自己的骨肉啊，恐怕伏羲和女娲难逃劫难，便给了伏羲一颗神奇的葫芦种，让他种在泗水空桑之地，并教给伏羲一套逃避洪水的办法。伏羲按照雷神的吩咐，立即把葫芦籽种在了泗水空桑之地。说也神，这葫芦种一入地，一个时辰扎根，两个时辰发芽，三个时辰生枝，四个时辰开花，五个时辰结葫芦，六个时辰就长大啦。长的有多大？长得比谷囤还要粗，还要大。七个时辰掐不动，八个时辰就成熟啦。到了第九个时辰，伏羲和女娲在葫芦上开了个盖，把吃的、喝的、穿的、用的全都放进葫芦里，还带了两只鸡蛋，两颗白果。伏羲对人们说："赶快逃命吧，洪水就要来啦！"可是，谁也不相信他的话。伏羲就拉着女娲进了神葫芦，盖上了葫芦盖。

待了不到半个时辰，就听得雷声滚滚，狂风咆哮，暴雨倾盆，一直下了九天九夜。雨下得多大，他俩也不知道。他们躲在葫芦里，随水飘荡，饿了吃，渴了喝，困了睡，因了九天九夜。后来，雷不响了，风不刮了，雨也住了，伏羲打开葫芦盖一看，哎呀！四面八方一片汪洋，到处都是水，望也望不到边。世上一个喘气的生物都没有了，只有他们兄妹俩躲在葫芦里，才逃过了这一劫。后来，伏羲、女娲把两只鸡蛋暖啊暖，孵出了一对鸡；把两颗白果种在地上，从此，世上才有了鸡和白果树。

西 葫 芦

暮色明灯邀月婆，农家村院景观多。
大葱紫菜西葫芦，小戏红颜东府歌。
月季花旁麻将垒，石榴树侧象棋搏。
民安物阜清平世，畅饮开怀庆泰和。

——《村院夜景》·现代·屈得胜

物种基源

西葫芦（Cucurbita pepo），为葫芦科南瓜属一年生草本植物，又名番瓜、南瓜等，因其味似葫芦而得名。西葫芦，据考证应在元末明初时传入我国，故在 14 世纪时成书的《饮食须知》中就有记载。

我国栽培西葫芦按植株状态可分为三种类型：一是矮生形，藤蔓长 30～50 厘米，属早熟品种。二是半蔓生形，藤蔓 50～100 厘米，属中熟品种。三是蔓生形，蔓长 100～400 厘米，属晚熟类品种。目前，我国大部分地区均有栽培，其中以西北最多。

生物成分

据测定，玄武 100 克可食西葫芦，含热能 13 千卡，水分 95.5 克、蛋白质 0.7 克、碳水化合物 2.4 克、膳食纤维 0.7 克、含钙、磷、铁等矿物质及维生素 B_1、B_2、C、胡萝卜素、尼克酸、干扰素诱生剂、葫芦巴碱及木质素、果胶等，不含脂肪。

食材性能

1. 性味归经

西葫芦，味甘，性平；归脾、胃、肾经。

2. 医学经典

《本草纲目》："清热利尿，除烦止渴、润肺止咳、消肿散结。"

3. 中医辨证

西葫芦，清热、除烦、利尿、止渴、润肺，对消渴、内热、热盛、肺虚咳嗽、小便不利、水肿等症有食疗促康复的效果。

4. 现代研究

西葫芦含有一种干扰素的诱生剂，可刺激人体产生干扰素，提高免疫力，在一定程度上发挥抗病毒、抑制致癌物质突变的作用。

西葫芦含有葫芦巴碱，具有促进人体胰岛素分泌的作用，可以有效地预防和改善糖尿病。西葫芦含的膳食纤维、木质素、果胶等这些物质不能被人体消化酶水解，但可促进肠道蠕动，有利粪便排出。

临床应用表明，西葫芦还具有清热利尿、润肺止咳、消肿散瘀、缓解水肿、消渴等功效，可辅助治疗糖尿病、腹胀、烦热口渴及肾炎、肝硬化、腹水等症。

食用注意

（1）腹痛、大便溏泄者不宜食用。
（2）脾胃虚弱者不宜多食用。

传说故事

一、西葫芦与 60 岁老人不能死的传说

据传，在很久很久以前，人只要活到 60 岁就该死去，不能住在家里，更不能让活人看到，于是孝顺儿女就偷偷在野外挖个窑洞，把老人送到这里偷度余生。说有个孝顺儿子在皇宫当差，他妈妈 60 岁的时候只好送往窑洞，孝顺儿子每天给妈妈送饭。

有一天，皇宫里来了一个外国人，要给皇上进贡，贡品就是一个西葫芦。外国人问皇上知道不知道西葫芦里多少粒籽？皇上不知道。于是，就把满朝文武招来，问谁知道西葫芦多少粒籽？众臣们你瞧瞧我，我瞅瞅你，谁也回答不上来。孝顺儿子给妈妈送饭的时候把这件事给妈妈讲了，妈妈说："你去告诉皇上，西葫芦里只有两粒籽。"第二天孝顺儿子把此事奏给皇上，说西葫芦两粒籽。外国人听了说："对。"而后皇上问孝顺儿子："你怎么知道西葫芦只有两粒籽呢？是谁告诉你的？"孝顺儿子说："是窑洞里的妈妈告诉我的。"皇上听了，说："看来人老了还是有用的，60 岁不能死。"因此，皇上就废除了人活到 60 岁就该死的章法。

二、济公与西葫芦

西葫芦的外形形状和葫芦并没有区别，只是个头比葫芦大，那为什么现在成了长形？而且外皮上还有五条隐着手指形线条，这与济公和尚有关联。济公，天性是个食肉和尚，一天，他云游杭州西湖，来到西湖苏堤南端，两旁大树上牵满西葫芦，树下有一烤猪肘的边烤边卖，猪肘的色、香、味俱全，让济公喉咙里直咽谗唾。他依在路旁牵满西葫芦的树下，打起了歪主意：用破芭蕉扇扇了两下，掉下两只西葫芦，拿在手上一抹，变成两只生猪肘，拿到烤猪肘的面前要"搭锅"。烤肘人见是个和尚，便道："你把生猪肘放着，拿两个熟的去啃吧。"济公毫不客气地将两个西葫芦变的猪肘放到末烤的猪肘筐内。拿起熟猪肘靠在大树上边啃边唠叨："见鬼，见鬼，真见鬼，西葫芦变猪腿。"啃完又用破芭蕉扇一扇，将"搭锅"的两只猪肘重新挂到西葫芦藤上。忘了恢复西葫芦原形，至今长形的西葫芦上还能隐约看到济公用手将西葫芦拉伸成猪肘的五条指印呢。

佛 手 瓜

瓜名三白脆于冰，佛手瓜甜绿满膣。
解渴不须催雪藕，阿侬手剥马纹菱。

——《咏佛手瓜》·观潮老人

物种基源

佛手瓜（Sechium edule），为葫芦科佛手瓜属宿根性多年生攀缘草本植物，食用部分为其果实。佛手瓜又名合掌瓜、杜果南瓜、梨瓜、华人瓜、菜肴梨、福手瓜、洋丝瓜、拳头瓜、安南瓜、瓦瓜、万年瓜、丰收瓜、番橡瓜、阳茄子、土耳其瓜、棒瓜、寿瓜、福寿瓜。

我国目前栽培的佛手瓜有 20 多个品种，按皮色有绿皮和白皮两个类型，主要分布在华南和西南地区，云南、四川、福建、浙江栽培较广。福建古岭和浙江金华佛手瓜名扬海内外，近年来佛手瓜的栽培还渐北移山东、河南、河北、辽宁等地，但只能作一年生栽培，产量较低。

生物成分

据测定，每 100 克可食佛手瓜含热能 16 千卡，水分 94 克、蛋白质 1.2 克、脂肪 0.1 克、碳水化合物 2.6 克、膳食纤维 1.2 克及维生素 A、B_1、B_2、C、尼克酸、胡萝卜素、视黄醇当量，还含钙、磷、镁、铁、锰、锌、钾、钠、铜、硒等。

食材性能

1. 性味归经

佛手瓜，味苦，酸，性平，温；归脾、胃、肝、肺经。

2. 医学经典

《闽南民间中草药》："疏肝理气，种中化痰，行气止痛，开胸快膈。"

3. 中医辨证

补中益气、祛风清热、健脾开胃，对于风热感冒引起的头痛、咽痒、口干、咳嗽痰少或黄稠等脾热湿热引起的腹脘胀满、口苦纳呆、大便不畅等症食疗有益。

4. 现代研究

佛手瓜营养丰富，含多种矿物质和维生素；维生素和矿物质含量也显著高于其他瓜类，并且热量很低，又是低钠食品，是心脏病、高血压病患者的保健蔬菜。经常吃佛手瓜可利尿排钠，有扩张血管、降压之功能。佛手瓜在瓜类蔬菜中营养全面、丰富，常食对增强人体抵抗疾病的能力有益；它含有植物性纤维和维生素 A、维生素 B、维生素 C，有滋润解燥、帮助胃消化的功效，能治消化不良；因含钾量高，含钠少，对肥胖和忌食钠盐者而言是上等的保健蔬菜。

食用注意

由于佛手瓜性温，所以凡属阴虚体热和体质虚弱的人应少食佛手瓜为宜。

小记

佛手瓜的果实和种子都很特殊，无瓤，每个瓜只有一粒种子，种子成熟时充满整个子房腔，疏松多汁的种皮与果肉紧贴在一起，以保持种子的湿润和葫发时的水分及养料的供应。佛手瓜的种子是没有休眠期的，悬结挂在藤蔓上的成熟佛手瓜种子，很快就萌发长出幼苗。因此，佛手瓜留种和种植时，不能从瓜中把种子从果肉中取出来。而必须留老瓜来进行种植，是名副其实的"种瓜得瓜"，如果勉强把种子从瓜的果肉中取出来种植，由于种子得不到果肉的保护和水分、养料的供应，种子不是干死就是很快烂掉。正由于佛手瓜有种子不离开母体就发芽生长的特征，所以称它为"胎生"植物。

另：芸香科佛手果与佛手瓜是两科属完全不同的植物。

传说故事

佛手瓜的传说

相传阴曹地府中掌握生杀大权的是五殿阎王，但他是个聋子，有时将话听错，听错了就将事情断错，故人称送命的五阎王。一天，一个吃斋念佛的人和一个杀猪的人，一同到五殿阎王面前报到，五殿阎王问吃斋念佛的人，你在阳间做什么？可曾作恶？吃斋念佛人双手合十："阿弥陀佛，小的在阳间吃斋念佛。"五殿阎王由于耳聋，把"吃斋念佛"误听为"杀人做贼"，于是命小鬼将双手合十的手剁下来扔向阳间喂狗，身子放在油锅里煎。

杀猪人一想，吃斋念佛的剁去双手放在油锅煎，我杀死成千上万头猪能有什么好下场，当五阎王问杀猪人在阳间做什么时，杀猪人说："我在阳间和你妈妈睡觉。"

这回五殿阎王没听错，忙下宝座，搀起杀猪人："不知继父到，请座，请上座。"小鬼觉得吃斋念佛人被误判，怪可怜的，没有将他双手合十之手喂狗而是埋葬起来，第二年，埋葬的双手长出了佛手瓜，手还合着呢。

番　茄

色似樱桃不争春，众说纷纭最养人。
舶来佳蔬皆知性，有疾岂能作药吞？

——《番柿》·清·佚名

物种基源

番茄（Lycopersicum esculen-tuml），为一年或多年生茄科草本植物，食用部分为其新鲜果实。番茄又名西红柿、洋海椒、洋柿子、番李子，番金橘、番柿、红金瓜、狼桃等。

番茄原产于南美洲，我国栽培番茄已有300多年的历史。1708年，清代成书的《广群芳谱》中有记载。我国现在栽的五个番茄品种：普通番茄（果大、叶多、茎带蔓性）、大叶番茄（叶似马铃薯叶，裂片少而较大，果实也大）、直立番茄（茎粗节间短，带直立性）、梨形番茄（果小，形如洋梨，叶小、浓绿色）、樱桃番茄（果小而圆，形似樱桃）。现代的番茄是从野生种樱桃番茄驯化而来的，番茄的颜色有红色、大红、粉红、橘黄、乳白色等，全国各地均有栽培。

生物成分

据测定，每100克可食番茄含热能21千卡，水分95.9克，蛋白质0.8克，脂肪0.3克，碳水化合物4.1克，膳食纤维0.5克及维生素A、B_1、B_2、C、E、尼克酸、胡萝卜素、视黄醇当量、谷脱甘肽、番茄素、番茄碱、腺嘌呤、葫芦巴碱、胆碱烟酸、柠檬酸、苹果酸等，还含钙、磷、铁、硼、锰、铜、硒等无机盐。

食材性能

1. 性味归经

番茄，味甘，酸，性微寒；归脾、胃、肾经。

2. 医学经典

《陆川本草》："清热解毒，止渴生津，消食健胃，凉血平肝，温肾利尿。"

3. 中医辨证

番茄，味甘酸、性微寒，能生津止渴、健胃消食、增进食欲以及防治头昏眼花，目眩等症。

4. 现代研究

番茄中的番茄红素，含有对心血管具有保护作用的维生素和矿物质元素，能减少心脏病的发作，有抑制细菌的作用；所含的苹果酸、柠檬酸和糖类，有助消化功能，对肾炎患者有利尿作用；番茄含有维生素C，有生津止渴、健胃消食、凉血平肝、清热解毒、降低血压之功效，对高血压、肾脏病人有良好的辅助治疗作用，尼克酸能维持胃液的正常分泌，促进红细胞的形成，有利于保持血管壁的弹性和保护皮肤。对防治动脉硬化、高血压和冠心病也有帮助；番茄富含维生素C、胡萝卜素、蛋白质、微量元素等，可以使皮肤色素沉着减退或者消失。

此外，人体血浆中番茄红素含量越高，前列腺癌、肺癌、冠心病的发病率就越低。此外，番茄还含有香豆酸和氯原酸，它们在人体内有消除致癌物的作用。近年来科学家发现，番茄中还含有一种抗癌、抗衰老的物质——谷胱甘肽。临床测定，当人体内谷胱甘肽的浓度上升时，癌症的发病率明显下降，还可推迟某些细胞的衰老。

食用注意

（1）未熟青番茄不可生食，内含大量龙葵素，会造成急性食物中毒。如加热煮食，龙葵素消失。

（2）空腹不宜食番茄，避免胶质、果质及柿胶酚等可溶性收敛成分与胃酸发生作用，形成难溶解的"结石"而阻塞胃的出口——幽门。

（3）有多动症的儿童应禁食番茄，因番茄内含水杨酸类物质。

（4）便溏者不宜多食番茄。

（5）急性肠炎、菌痢及溃疡活动期病人不宜食番茄。

（6）肠胃湿热者少食和不食番茄。

（7）番茄不宜和黄瓜同食。

（8）服用新斯的明或加兰他敏西药时不要食用番茄。

（9）服用双香豆素等抗凝血药物时不宜食用番茄。

（10）番茄性寒，月经期的妇女不宜生食番茄。

传说故事

首吃番茄是 17 世纪的法国画家

相传番茄的老家在秘鲁和墨西哥，原先是一种生长在森林里的野生浆果，当地人把它当作有毒的果子，称之为"狼桃"，只用来观赏，无人敢食。当地传说狼桃有毒，吃了狼桃就会起疙瘩长瘤子。虽然它成熟时鲜红欲滴，红果配绿叶，十分美丽诱人。但正如色泽娇艳的蘑菇有剧毒一样，人们还是对它敬而远之，未曾有人敢吃上一口，只是把它作为一种观赏植物来对待。据记载，16世纪，英国有位名叫俄罗达拉的公爵在南美洲旅游，很喜欢番茄这种观赏植物，于是如获至宝一般将之带回英国，作为爱情的礼物献给了情人伊丽莎白女王以表达爱意，从此，"爱情果"、"情人果"之名就广为流传了。但人们都把番茄种在庄园里，并作为象征爱情的礼品赠送给爱人。过了一代又一代，仍没有人敢吃番茄。到了十七世纪，有一位法国画家曾多次描绘番茄，面对番茄这样美丽可爱而"有毒"的浆果，实在抵挡不住它的诱惑，于是产生了亲口尝一尝它是什么味道的念头，因此，他冒着生命危险吃了一个，觉得甜甜的、酸酸的、酸中又有甜。然后，他躺到床上等着死神的光临。但一天过去了，他还躺在床上，鼓着眼睛对着天花板发愣。怎么？他吃了一个像毒蘑一样鲜红的番茄居然没死！他咂巴咂巴嘴唇，回想起咀嚼番茄那味道好极了，满面春风地把"番茄无毒，可以吃"的消息告诉朋友们，他们都惊呆了。不久，番茄无毒的新闻震动了西方，并迅速传遍了世界。

白 兰 瓜

异国同窗路经华，发现兰州可种瓜。
远洋寄来欧洲种，华夏始有白兰瓜。

——《说白兰瓜》·现代·白痴

物种基源

白兰瓜，为葫芦科一年生蔓性草本植物，食用部分为其果实。白兰瓜又名兰州密瓜、绿瓤甜瓜。因为这种甜瓜皮为白色，首产落户兰州，故取名为兰瓜。由于兰州天气干旱，雨量稀少，阳光充足，结出瓜呈圆球形，其幼小时皮为绿色，近成熟时转黄白色，充分成熟时，向阳面为玉白色，着地面为鲜黄色。瓜瓤色略带翠绿，香气醇郁，汁多味甜。原产于欧洲，后经美国传入我国。现主产于甘肃兰州市郊和皋兰、威武等县。

生物成分

据测定，每100克可食白兰瓜，含热能23千卡，水分93.1克，蛋白质0.5克，脂肪0.2克，碳水化合物5.2克，膳食纤维0.7克，含维生素B_1、B_2、C、胡萝卜素、尼克酸及钙、磷、铁等矿物质和柠檬酸及球蛋白等。

食材性能

1. 性味归经

白兰瓜，味甘、性寒；归脾、胃、膀胱经。

2. 医学经典

《食疗》："清暑热、解烦渴、利小便。"

3. 中医辨证

白兰瓜，止渴、益气、祛烦热，在夏季可用于暑热所致的胸膈满闷不适、口干口渴、风湿麻木、四肢不爽、食欲不振等症，有食疗助康复之效。

4. 现代研究

白兰瓜含有大量的碳水化合物及柠檬酸、胡萝卜素和维生素B、维生素C等，且水分充沛、可消暑清热、生津解渴、除烦等。含有转化酶，可将不溶性蛋白质转变成可溶性蛋白质，能帮助肾脏病人吸收营养，对肾病患者有益。含有蛋白质、脂肪、无机盐等，可补充人体所需要的能量及营养素，帮助机体恢复健康，白兰瓜蒂所含的葫芦素 B，能明显增加实验性肝糖原蓄积，减轻慢性肝损伤，从而保护肝脏。白兰瓜蒂含有的苦毒素、葫芦素 E 等结晶性苦味质，能刺激胃黏膜，内服适量，可致呕吐，但不为身体吸收，无虚脱及中毒等弊端。

食用注意

（1）白兰瓜含糖量较高，故糖尿病患者不宜多食。

（2）白兰瓜性寒，故脾、胃虚寒、腹泻患者慎食。

传说故事

白兰瓜如何引种到我国的

1944 年，美国当时的副总统华莱士取道兰州，去苏联参加一个会议。在兰州，他拜访了昔年的中国同学，时任甘肃省建设厅厅长的张心一。华莱士读书时学的是农业，他发现兰州的土壤、气候很适宜种植甜瓜。回国后，他给张心一邮来了一种 20 世纪初从欧洲引进到美国加州的甜瓜种子。从此，我国开始种植白兰瓜。

白　瓜

硎谷白瓜幸未生，尚堪松下抱遗经。

春秋断烂无人读，一点寒灯老眼青。

——《书元闷寮》·宋·朱性夫

物种基源

白瓜（Cucumis meloL. Var. conomon（Th-unb）Mak），为葫芦科甜瓜属一年生蔓生草本植物，食用部分为其果实。白瓜又名稍瓜、酥瓜、生瓜、庵瓜、水瓜、香瓜等。主要品种有：白皮、青皮、花皮（金线种）三种。据史料记载，白瓜是我国原生瓜类，已有 3000 多年种植历史，现全国除高寒地区外均有种植。

生物成分

据测定，每 100 克可食白瓜含热能 10 千卡，水分 92.8 克，脂肪 0.1 克，碳水化合物 1.7 克，蛋白质 0.9 克，膳食纤维 0.9 克；含维生素 B_1、B_2、C、E、胡萝卜、尼克酸、视黄酮当量及钙、镁、铁、锰、锌、钾、钠、磷、硒等矿物质及多种氨基酸。

食材性能

1. 性味归经

白瓜，味甘，性寒；归肠、胃经。

2. 医学经典

《食用本草》："祛热积、消渴、解酒毒、除胸闷烦躁。"

3. 中医辨证

白瓜，性寒，有益于热积消暑毒、解烦渴、除受热湿症等食疗助康复。

4. 现代研究

白瓜营养丰富，含甘露糖、葡萄糖、卵磷脂、蛋黄素、铁、钙、多种氨基酸、维生素、胡萝卜素等，帮助新陈代谢，能润肺、正气、帮助消化。

食用注意

（1）脾、胃虚寒者慎食。

（2）苦味白瓜不宜食，以防中毒。

传说故事

白瓜的由来传说

相传，明朝嘉靖年间奸相严嵩亡故，严府七七四十九日斋幡不倒，动用全国七十二寺庵僧尼诵经超度。出殡这天，强令市民送葬，人人披麻戴孝，个个手持哭丧棒，棒头吊一盏白灯笼，京城十里长街，犹如一条游动的白龙。道济和尚见此场面道："阿弥陀佛，场面如此浩大，有哭丧棒在手足矣，白灯笼可免去，让它去变瓜吧。"叹完，破芭蕉扇一挥，一只只白灯笼，从送葬的人手中不翼升飞，飞落至京城郊外田野里，变作一个个香甜解渴的白瓜。

笋　瓜

一片秋云炉太虚，穷荒漠漠走群狐。

笋瓜黄处藤如织，北枣红时树若屠。

雪塞捣砧人戍远，霜营吹角客愁孤。

几回兀坐穹庐下，赖有葡萄酒熟初。

——《秋道中》·元·黄维康

物种基源

笋瓜（Cucurbita maxima），为葫芦科南瓜属一年生藤蔓性草本植物。食用部分为其嫩瓜。笋瓜又名玉瓜。以瓜体圆润、周正、色新、质嫩、不破、不烂、不老者佳。原产南美洲，唐代传入我国，除高寒地区外，各地均有栽培。

生物成分

根据测定，每100克可食笋瓜含热能12千卡，水分94.5克，蛋白质1.4克，脂肪0.3克，碳水化合物2.4克，膳食纤维0.7克，维生素 B_1、B_2、C，尼克酸、胡萝卜素，还含有钙、磷、镁、铁、锌、硒等微量矿物质。

食材性能

1. 性味归经

笋瓜，味淡，性平；入脾、胃经。

2. 医学经典

《海上名方》："补中益气，调理肠胃。"

3. 中医辨证

笋瓜，性平，可补脾益胃，可充饥，又可去病，可清热凉血、止咳化痰，益力气、治脚气。有益于脾虚食积、痈疽疮疡、无名肿毒等的食疗促康复。

4. 现代研究

笋瓜营养丰富，含热量小，具有减肥作用，适合肥胖者食用。笋瓜富含维生素 A，对夜盲症有一定的功效，笋瓜含糖量低，可以用作糖尿病患者的补充食物。笋瓜含有丰富的钾等矿物质及多种维生素，具有降低血压的作用，对高血压患者有一定的食疗作用。

食用注意

（1）大便溏稀者慎食。

（2）肾阴虚损者不宜多食。

传说故事

猪八戒尝笋瓜

相传，天蓬大元帅猪八戒，天性是贪吃，没吃过的食物要尝鲜。他到高老庄招亲时，路过高家菜园，见瓜架上结满了油光水滑像倒挂着春笋的果实，十分诱人，八戒垂涎欲滴，不管三七二十一，连摘都没摘，更谈不上清洗了，踮起脚上前就是一口，哪知未成熟的笋瓜是苦的，一嚼苦味直往心里钻，咬破笋瓜还不停往外滴苦水，猪八戒本能地用双手将咬破的瓜伤一捏顺手一抹，瓜的苦汁止住不滴了，瓜可变成了椭圆形，咬没了笋瓜尖。因此，我们现在所见到的笋瓜都是秃秃的，且表面有 10 条宽纵棱和棱间浅状沟，这些宽纵棱和浅状沟都是当年猪八戒抹瓜时留下的手指印痕。

菜 瓜

> "六必""天源"双齐名，济美亦是百年店。
> 王续颂题藏头诗，全然菜瓜酱焖腌。
> ——《酱菜瓜》·清·陈旭斋

物种基源

菜瓜（Cucumismelo var. flexuosus），为葫芦科甜瓜属甜瓜的一个变种。又名生瓜、青白瓜、酥瓜，以鲜嫩、润滑有光泽、不伤、不烂者佳。植物学家认为，菜瓜原产于我国，在成书于春秋时代的《诗经》就有咏"瓜"的诗篇。菜瓜起源地为秦岭地区，现全国各地均有种植。

生物成分

据测定，每 100 克可食菜瓜含热能 15 千卡，水分 95.3 克，蛋白质 0.9 克，脂肪 0.1 克，碳水化合物 2.9 克，膳食纤维 0.6 克，以及维生素 B$_1$、B$_2$、胡萝卜素及尼克酸、抗坏血酸、钙、铁、磷、硒等微量元素。

食材性能

1. 性味归经

菜瓜，味甘、淡，性寒；入胃、膀胱、大肠经。

2. 医学经典

《经验良方》："清热除烦，生津、利尿、滋阳、润燥。"

3. 中医辨证

菜瓜，主治咽痛、目赤，对消渴、热毒肿毒、小便不利、虚劳吐血、阴虚干咳、营养不良、食欲不振有很好的辅助疗效。

4. 现代研究

菜瓜，营养丰富，含热量少，含有丰富的水分和维生素及矿物质、磷酸、糖甙等物质，有清热利尿的作用，适当食用可治疗尿少短赤、浮肿等疾病，还因菜瓜含脂肪较少，可作为糖尿病人和高血脂患者辅助食疗的食品。

食用注意

脾胃虚寒、久痢不停的患者少食菜瓜。

传说故事

济公和尚与"六必居"酱园

北京的"六必居""天源酱园"和山东临清市"济美酱园"的酱瓜风味独特，闻名大江南北、长城内外，咸、辣、甜、酸、腥样样有。这与酒肉济公和尚有关联。

相传，明嘉靖九年，山西一位姓赵的商人来京开设了一小酒馆，济公没少来光顾，菜肴没少吃，但是酒是从自备葫芦中倒出。赵老板气量很大，猪、马、牛、羊、鸡、鸭、鹅让济公随便吃，从未向济公提过银两之事，日久，济公也觉过意不去，便对赵老板说："你可知道我为什么吃你菜肴自备酒？"赵老板说："愿闻其详，洗耳恭听。"济公说：我自备的酒，必须做到"六个必须"：一是黍稻必齐（制酒各种粮食必须齐必备）。二是曲蘖必实（必须如实按配方投料）。三是湛之必洁（浸泡酒曲必须清洁）。四是陶瓷必良（制酒用的缸必须是优质的）。五是火候必得（制酒的操作规程必须掌握得当）。六是水泉必香（制酒必须用好的泉水）。如果你将来用这样"六必须"制成的酒，作甜酱发酵菜瓜，做成酱菜。够你世世代代发财的啦！赵老板磕头作揖，拜谢不止。

后来小酒馆不开了，便按济公指点，自制佳酿制甜酱发酵。菜瓜制作酱菜 60 多种并将酱园定名为"六必居"，至今 400 多年不衰。据说后来北京"天源酱园"与山东临清"济美酱园"亦得六必居早年技术真传。

越　瓜

种自安南生华夏，因此冠名称越瓜。

《齐民要求》有种法，落刃嚼冰水玉佳。

——《越瓜》·民国初年·钟石斋

物种基源

越瓜（Cucumis melo var. cono-mon），为葫芦科甜瓜属的一个变种，又名梢瓜、脆瓜、酥瓜、水瓜，广东、广西及台湾又称它为白瓜。植物学家研究认为越瓜、菜瓜、甜瓜起源于同一物种。由非洲经中东传入印度（亦说东南亚）传入安南（越南），经进一步分化后传入我国，故名"越瓜"。实际越瓜我国很早就有栽培，在1300多年前成书的《齐民要求》中就记载越瓜的种植方法，到宋代后就有"梢瓜"之名。现在全国各地均有产出。

生物成分

据测定，每100克越瓜含热能14千卡，水分96克，蛋白质0.4克，碳水化合物2.5克以及维生素 B_1、B_2、C、尼克酸、胡萝卜素等，还含有钙、磷、铁等微量元素。

食材性能

1. 性味归经

越瓜，味甘，性寒；归胃、大肠经。

2. 医学经典

《本草求真》："调理肠胃、通利小便、清热解毒。"

3. 中医辨证

食越瓜有益于治疗饮食积滞、饮酒过量、肠胃损伤、烦渴不食、恶心呕吐、水肿、小便不畅等症，还可用于胃炎与口疮等症的食疗促康复。

4. 现代研究

越瓜含有丰富的水分和维生素 C 等营养物质，食后可防暑降温，还含有磷酸、柠檬酸等矿物质，用于利尿通淋和辅助治疗水肿等症，不含脂肪，碳水化合物含量远低于甜瓜，所以适合糖尿病患者和减肥者辅食。

食用注意

脾胃虚寒、久痢未愈者慎食或少食越瓜。

传说故事

越瓜种子的来历

相传，越瓜是从越南传入我国。在传入过程中有一段趣事：很久以前，靠近中越边界的越南一侧，有一对青年男女在瓜地里调情。男的咬一口越瓜嚼好吐到女的嘴里让女的吃，女的吃完也咬一口越瓜嚼好吐到男的嘴里，让他吃，就这样周而复始地调情。就在男女双方都达到干柴烈火正欲成交时，被女方家人发现，倾家出动捉拿，青年男女无法，只好忙向中国一侧逃逸。当女方家人发现他们逃出边境，无法追拿时便忍气作罢。两人发现后边无人追拿时，便停了下来，互相对看，男的发现女的嘴巴下沾着两粒越瓜子，无独有偶，女子看到男方嘴巴下也沾着两粒越瓜子，双方一对抹，瓜种掉落在地上，从此越瓜的种子在中国大地上发芽、生根、长茎叶、开花、结出了越瓜。

瓠 瓜

顾无所择随所有，亦曰吾师吾仲尼。
瓠瓜鱼肉皆可食，乡党一篇炳星日。

——《初食瓠瓜》·宋·邵力

物种基源

瓠瓜（Lagenaria siceraira var. clauata），为葫芦科南瓜属一年蔓生草本植物。又名扁蒲、葫芦、夜开花、瓠瓜、瓠子、蒲瓜等。植物学家考证其起源于非、美洲，但是从印度传入还是从东南亚传入我国，目前考古学家尚无定论。瓠瓜是极其古老的果蔬食品，史载，南美洲在公元前13000多年前的古墓发现瓠瓜的踪迹，墨西哥在7000年前古洞穴中也有碳化瓠出土，泰国在公元6000年前遗迹中也发现过它，埃及在公元前3500年前的底比斯遗迹中也发现过瓠瓜的种子，我国在春秋时期成书的《诗经·国风》中已有瓠瓜的记载。瓠瓜有甜苦之分，甜者嫩时可作蔬菜食用，苦者有毒，多作药用。

生物成分

据测定，每100克瓠瓜含热能15千卡，水分94.8克，每100克可食用瓠瓜含白质0.6克，脂肪0.1克，碳水化合物3.1克，膳食纤维1.0克；还含胡萝卜素、硫胺素以及维生素B_2、尼克酸、抗坏血酸及钙、磷、铁等微量元素。另外，尚有葡萄糖、戊聚糖，果实成熟时含葫芦素，木质素，但有微毒。

食材性能

1. 性味归经

瓠瓜，味甘淡，性寒；归心、肺、肝、肾、膀胱经。

2. 医学经典

《饮膳正要》："利水道、通淋、除心烦热、益气、润肺、解毒。"

3. 中医辨证

瓠瓜，有利水、除烦、通二便、顺气的功效，对小便短赤、流火腿脚疼痛、尿路结石、心烦不安、齿龈肿痛等症有辅助促康复效果。

4. 现代研究

瓠瓜，营养丰富，含热量少，具有减肥作用，适合肥胖者食用；富含维生素A，对夜盲症有一定的功效。含糖量低，适合糖尿病病人食用；含有丰富的钾等矿物质以及多种维生素，具有降压作用，对高血压病人有一定的食疗作用。

食用注意

（1）风湿积食、湿痰积聚的寒疾患者食后易腹痛，不宜多食。
（2）苦瓠瓜不可食、有毒。

传说故事

瓠瓜的传说

相传，韩信一生有两大爱好，一是钓鱼，二是身带佩剑。一日他与喝醉酒的肖屠夫途中相遇，肖屠夫对韩信说："你不要老身带佩剑吓唬人，如果你今天用剑将我杀了就够种，否则是孬种，承认是孬种的话就从我裤裆爬过去。"韩信想，堂堂男子汉，怎和醉者一般见识，于是就忍辱从肖屠户的裤裆中间爬过去，惹得众围观者哄堂大笑，而肖屠户晚上回到屠宰场草棚睡觉时，呕得一塌糊涂。第二天一早起来看时，呕吐物的堆上长出一个甜瓠瓜和一个苦瓠瓜，而且是夜里开花，夜里结的果，故瓠瓜又有"夜开花"的雅号。

蛇 瓜

茆舍丝瓜弱蔓堆，漫陂鹈鸭去仍回。

开帘正恨诗情少，风卷野香迎面来。

——《漫兴》·清·赵越

物种基源

蛇瓜（Trichosanthes anguiua），为葫芦科栝楼属一年生草本攀缘藤本植物，食用部分为鲜嫩果实。蛇瓜又名蛇丝瓜、印度丝瓜。横径 3～5 厘米，长 82～120 厘米，两端稍尖，末端弯曲形似蛇，灰白色、有绿色条纹，表面光滑，具有蜡质，有鱼腥味，以植物"拟态"故得名蛇瓜，由印度传入我国。广泛分布于西非、美洲和加勒比海等地区，东南亚和澳大利亚亦有不少栽培，在我国只有部分地区少量栽培。

生物成分

据测定，每 100 克可食蛇瓜含热能 15 千卡，水分 93.55 克，蛋白质 0.9 克，脂肪 0.2 克，碳水化合物 3.1 克，膳食纤维 0.5 克，钙、磷、镁、铁等矿物质及维生素 B_2、C、胡萝卜素等，还含有氨基酸（如谷氨酸、天冬氨酸、精氨酸、天冬酰胺、核氨酸、丙氨酸）等。

食用注意

1. 性味归经

蛇瓜，味甘，苦，性寒；肺，胃，肝，大肠四经。

2. 医学经典

《本草再新》："生津止渴、驱虫、通便、去湿热。"

3. 中医辨证

蛇瓜清热生津、清湿热渴，有益烦渴、湿热、黄疸、便秘等症食疗助促康复。

4. 现代研究

蛇瓜对病之后津伤、肝炎黄疸食疗效果不错，还有健脾益胃功能，适用于上消型（渴而多饮）糖尿病患者。研究还发现，蛇瓜的种子含有植物油 29%，油中含有石榴酸 42.8%，可用作泻存，并可杀死肠道寄生虫，如蛔虫、钩虫、蛲虫等。

食用注意

(1) 脾胃虚寒者慎食蛇瓜。

(2) 寒凉腹泻者忌食蛇瓜。

传说故事

蛇瓜的传说

相传，蛇瓜的来历与《白蛇传》中的小青偷情有关。

有一天，白娘娘回四川峨眉山寻根谢师。保和堂药店中只有许仙和小青二人，外面下着瓢泼大雨，无顾客光顾。闲得无事，小青百般调戏许仙，先是脱去上衣，后又解去裤腰带，并将裤腰带放在床面前靠窗的桌案上。小青与许仙只顾偷情，老法海使用禅杖将小青的裤带挑出窗外，正准备用手去拿裤腰带时，小青突然快活得高叫一声，法海被突如其来的声音一吓，手一滑，小青的裤腰带掉落在窗外的绣球花上。雨浇裤带与绣球便结出了如今的蛇瓜。

节 瓜

白粉墙头红杏花，竹枪篱下种节瓜。
厨烟乍熟抽心菜，策火新干卷叶茶。
草地雨长应易垦，秧田水足不须车。
白头翁妪闲无事，对坐花阴到自斜。

——《春日田园杂兴》·清·陶冶

物种基源

节瓜（Benincasa hispida（Thunb.）cogn. var. chieh-qua How），为葫芦科冬瓜属一年生攀缘草本植物，又名毛瓜、条瓜、小冬瓜。瓠瓜中的一种，冬瓜的变种，比冬瓜小，白皮，蔓地生，一节生一瓜而得名节瓜，以外观有稀疏的粗毛，瓜表面没有像冬瓜白色蜡质粉，无黄色"太阳斑"者佳，分布于广东、广西、福建、台湾等省。

生物成分

据测定，每 100 克节瓜，含热能 12 千卡，水分 96.5 克，蛋白质 0.4 克，碳水化合物 2.4 克，膳食纤维 0.4 克以及胡萝卜素，维生素 B_1、B_2、C、尼克酸，还含有钙、铁、磷等微量元素。节瓜不含脂肪，故所含热能极低，是糖尿病患者和需减肥者最佳食物。

食材性能

1. 性味归经

节瓜，味甘，性凉；归脾、胃、膀胱经。

2. 医学经典

《本草求原》："补中益气，止渴生津。"

3. 中医辨证

节瓜，有消暑热、利小便、健脾胃、益气等功效，有益于暑热烦渴、水肿、小便不利、消渴等症食用助康复。

4. 现代研究

节瓜不含脂肪，含钠极低，含水分的比例很高，富含多种对人体有益的物质，如维生素及微量元素。常吃节瓜，可去除身体多余的脂肪和水分，起到减肥作用。《神农本草经》也说："常吃节瓜令人悦泽好颜色、益气不饥，久服轻身耐劳。"

食用注意

节瓜性凉，虚寒腹泻者暂勿食用。

传说故事

泼妇数节瓜

相传，从前台湾花莲县有个泼妇，在菜地里种了几十棵节瓜。她天天到菜地里转一趟，数一数自己种的节瓜又结了几个。这天她又到地里去数，因为节瓜每个节都结瓜，怎么数和上一天数的都不相符。她认定是让别人偷去了，非常生气，回家后立即爬上房顶，气呼呼地骂道："谁家王八羔子，把我当成了十三点，我家的节瓜，昨天我还是二百五，今天就变成了二百六了，总以为我不识数吗？"

金 瓜

夏果初收唤绿华，冰盘巧簇映金瓜。荷香飞上玉流霞。

明月长留千岁色，蟠桃多结几番花。谁知罗带有丹砂。

——《浣溪沙》·宋·张辑

物种基源

金瓜（Cucurbita pepo L. var. Kintoga Mak.），为葫芦科南瓜属一年蔓生草本植物，食用部分为其果实。金瓜又名海蜇瓜、裸拌瓜、金丝瓜、海蜇丝瓜、鱼翅瓜、搂瓜、搅瓜、粉条瓜、粉丝瓜、金丝南瓜、四季美角瓜、四季美菱瓜。

金瓜发源地为美洲的墨西哥，亦说原产地印度，唐朝末年传入我国。瓜形椭圆，皮色金黄色而得名。通常瓜个重500～1000克。食用时，洗净纵向掰开，去瓤和子在锅或笼上蒸3～5分钟，入凉开水中，用筷子由内向外按顺序搅动，就会奇迹般地出现金黄色的粉丝粗的"金丝"，又像"海蜇丝"，故有"金丝瓜"和"植物海蜇"之美称。我国上海崇明岛产出的金瓜品质最优良。据上海县志记载已有千年种植史。

生物成分

据测定，每100克可食金瓜，含热能25千卡，水分92.3克，蛋白质0.4克，脂肪0.1克，碳水化合物5.6克，膳食纤维0.8克以及维生素A、B_1、B_2、C、E、P及尼克酸、视黄酮，还含有钙、镁、铁、锰、锌、钾、钠、磷、铜、硒等微量元素和人体所必需的氨基酸、腺嘌呤、葫芦巴碱丙醇二酸等物质。

食材性能

1. 性味归经

金瓜,性凉,味甘;归肺、肝、脾经。

2. 医学经典

《陆川草本》:"补中益气、健脾润肺、解毒杀虫、消食消火。"

3. 中医辨证

金瓜有清肺止咳、清热止痢、健脾除积的功效,可以治疗风热或肺热咳嗽、痰出不畅、痢疾、食积伤中、不思饮食、肠鸣腹泻、小儿积食等疾病。

4. 现代研究

金瓜中所独有的胡萝卜巴碱和丙醇二酸,能调节人体的新陈代谢,并有减肥、抗癌和防治糖尿病的作用。瓜肉中含有丰富的 A、B、C、E、P 维生素及瓜氨酸、腺嘌呤、氨酸等,对老年人高血压、冠心病、肥胖症亦有较好的辅助疗效。金瓜高钾、低钠,具有一定的降压功效,对高血压患者有一定的食疗作用。

食用注意

(1)女子月经来临前及月经期忌食金瓜。

(2)金瓜嫩、老均可食用,但是嫩的金瓜不易成丝,以老瓜为佳。

(3)为保持金瓜成丝的似"海蜇"的脆性,蒸煮时切忌过头、过熟。

传说故事

蓝采和的花篮与金瓜

相传,八仙中的蓝采和,一生喜爱手不离花篮,但没有一只中意的。一日到东海龙宫闲游,不经意撞入东海龙王三小姐的闺房,看到三小姐的针线包。打开一看,内装好多五光十色丝线,要是拿回去可以编织一个漂亮的花篮那该多好啊!主意已定,掏出针线包内的丝线,但一想,如果全部拿走,针线已空空瘪瘪的不就露馅了吗?如果不拿,漂亮的花线诱人眼目,太可惜。正在没主意时,一只小海蜇从闺房窗外擦过。蓝采和一想,机会来了,于是他一手掏出针线包内的丝线,一手抓住海蜇塞进了掏空的针线包并包好。等三小姐回闺房取针线包用时,丝线全无,只有一只被闷得半死不活的海蜇,一气之下把针线包和海蜇一起甩向东海西岸,落地后长成了金瓜。

而蓝采和拿回去的丝线编成了一个漂亮的花篮。后来八仙闹海各显神通时,蓝采和就是乘着用龙王三小姐的花丝线编成的花篮渡海的。

茄　子

紫头青项背如龟,青不青兮紫不绯。

仔细看来茄子色,更兼腿大最为奇。

——《论紫青色》·宋·贾似道

物种基源

茄子（Solanum melongena），为茄科茄属一年生草木植物，食用部分为其果实。茄子又名吊菜子，落苏、酪酥、昆仑紫瓜、矮瓜、伽子、昆仑瓜等。按外形分有圆茄子、长线茄子（长茄）和灯泡茄子（矮茄），以手握有黏滞感、外观亮泽、表皮光滑无皱缩者为佳。除高寒地区外，全国各地均有栽培。

生物成分

据测定，每100克可食茄子，含热能19千卡，水分92.9克，蛋白质1克，脂肪0.1克，碳水化合物3.5克，膳食纤维1.3克，维生素A、B$_1$、B$_2$、C、P、E及胡萝卜素、烟酸、尼克酸等，还含钙、磷、铁、锌、钾、铜、钠、硒等矿物质及视黄醇当量、葫芦巴碱、水苏碱、胆碱、龙葵碱、紫葵甙、葡萄甙、色素茄色甙、活性成分等，另含8种氨基酸。

食材性能

1. 性味归经

茄子，味甘，性凉；归脾、胃、大肠经。

2. 医学经典

《医林纂要》："清热利水、消肿解毒、宽肠利气、祛风通经、活血止痛。"

3. 中医辨证

宽中、散血、消肿、活血、止痛、止泻、消痈、杀虫，对咳嗽、气喘、疝气、风湿性关节疼痛、慢性支气管炎、肠风下血、虫疾等症有辅助调理作用。

4. 现代研究

茄子为心血管病人的食疗佳品，特别是动脉硬化症、高血压、冠心病和咯血、紫癜及坏血病者，食之非常有益，有辅助治疗的作用。常吃茄子，可防治高血压所致的脑溢血，糖尿病所致的视网膜出血等症，对急性出血性肾炎等也有一定疗效。此外，外用可治疗多种外科疾患，如乳腺炎、疔疮痈疽、皮肤溃疡。

食用注意

（1）脾胃虚寒者不宜过量食茄子。

（2）茄子不宜油炸食用，油炸茄子会损失大量的维生素P。

（3）立秋后晚茄子和老茄子含茄子碱分不宜多食，多食对人体有害，易发痼疾及损目。但冬天反季节上市的茄子不在此内。

（4）肺寒咳嗽者，忌食茄子。

（5）妇女经期前后尽量少食茄子，多食能伤子宫，导致无孕。

（6）慢性腹泻，消化不良者少食茄子。

（7）茄子含有诱发过敏的成分，多食会使人神经不安定、过敏体质者要避开勿吃。

（8）怀孕妇女忌吃茄子"茄味甘气寒，质而利，孕妇食之，尤见其害"。

（9）食用茄子忌削皮，无论是紫皮、白皮、还是青皮，都含有较多维生素P，如削皮，维生素P就损失近50%。

传说故事

一、惹茄容易退茄难

《笑林广记》上记载了这样一则故事，一位私塾先生，东家一日三餐供他下饭的都是咸菜，而东家园中许多长得又肥又嫩的茄子，却从来不给他吃一次，天长日久，咸菜委实吃腻了，忍无可忍，终于题诗示意，曰："东家茄子满园烂，不予先生供一餐"。不想从此以后，天天顿顿吃茄子，连咸菜的影子也不见了，这位先生到底吃怕了，却又有苦说不出，只好续诗告饶："不料一茄茄到底，惹茄容易退茄难。"可见茄子虽长得好看，味道却是一般，故在烹调茄子的过程中，十分讲究厨艺。

二、"茄"字与"蒙"字

从前有个笑话，说有个人要吃茄子开菜单，写茄子，写了草字头，却想不出来底下该怎么写，旁人就告诉他，再加个"加"字。他听了就写下去。写完一看，大发脾气说："你以为我连启蒙的'蒙'字也不认识吗？"原来旁人说的是"加"，他误以为是"家"，草字头下写个"家"，确实是有点儿像"蒙"。

三、紫金山上紫茄子

很早很早，南京东郊有一座无名大山。山顶上从早到晚，紫雾腾腾。山脚下住着种菜的老汉金老三。他无儿无女，只有个老伴儿。金老三种的菜，样式不少，都不出奇，唯独他种的茄子，又嫩又大，乌紫油亮，烧出来透鲜，远近出了名。

这一年，风调雨顺，金老三的紫茄子长势来得好，老两口欢喜得夜里做梦也笑。

老太婆说："卖了茄子，好收拾收拾破草房啦！"

金老三笑道："是呐，是呐，今年有指望了！"

老太婆又说："卖了钱，我要扯好褂子穿啦！"

金老三道："好咧，好咧，只要钱够，你就扯吧！"

老两口要多高兴有多高兴。

哪晓得天有不测风云。这天夜里，陡然一场大风雨，树刮断了，房掀跑了，金老三的紫茄子也打枯了。

金老三站在茄子地里，伤心得气都没处叹。就在这当口，金老三忽然觉得眼前一亮，他看见一只乌黑发紫的小茄子，正吊在一根枯茎上晃荡着哩。金老三心里奇怪：怎么这个小茄子没有打坏呢？他摘下茄子，放在手心里看。那小茄子就说起话来了："老爷爷，别气啦，山神……"金老三吓得要命。

"什么？什么？山神……"金老三吓得要命。

小茄子说："是呀！山神昨晚上派风婆去教训那黑心的财主，不在意毁了你的茄子。山神要赔你，叫你今夜三更，到山顶上去，在石壁上敲三下，山门就开了。我是开山门的钥匙，千万不要把我丢啦！"

小茄子说完，就不再开口。

金老三疑惑地把小茄子揣在怀里，回家一五一十说给老太婆听。老太婆欢天喜地地说："老天爷来搭救我们啦！"

当天夜里，打过三更，金老三就上山。到了山顶，他用小茄子在石壁上敲三下，"哗……"的一声，山门开了，一股金光射出来，照得金老三直往后退。眼前现出一座金殿。山神爷爷从里面走了出来，笑眯眯地招呼金老三："老人家，你想要什么，就快拿吧！"

金老三四下看看，金殿里一箱箱装的全是金元宝、银元宝，只有左边角落上摆着两箩油光水滑的紫茄子，跟他种出来的一模一样。金老三看到了心肝宝贝，连忙说："山神爷，就给我那两筐茄子吧！"

山神奇怪道："这么多的金银财宝你不要？"

金老三一连三摇手："不用不用，那东西再值钱，不是我种出来的，不能要！"

山神笑道："好吧，以后有什么难处，尽管来找，我会帮你的！"

金老三高高兴兴地把两箩筐茄子挑回家。

老伴儿一见金老三挑来两筐茄子，起先倒也高兴，再听说金殿里有的是财宝，顿时脸一挂："真没见过你个老呆瓜！要两匹布也比这茄子值钱啊，今晚上你再去要！"说着，一脚把箩筐踢翻，茄子滚了一地。金老三心疼不过，把茄子一个个拾起来。老太婆更来气了。"老笨蛋！老笨蛋！"地骂个不停。金老三气得扛起锄头就下地。天黑归家，老婆还在骂，饭也不给吃，金老三只好饿着肚子上床睡觉。朦朦胧胧的，听见小茄子在耳朵边说："老爷爷，今夜你就上山拿只元宝吧，省得家里吵窝子啦！"

他眼还没睁开，老太婆就把他摇醒了，瞪着眼说："快三更啦，还不快上山呀！"

金老三叹了口气上山去，跌跌撞撞，爬上山顶。可是一见到石壁，又发起愣来。"老爷爷，快敲山门呀！"小茄子在口袋里喊。

金老三想：好吧，好歹就敲上回！他掏出小茄子，对石壁敲了三下，山门又开了。山神走出来，不等他开口，把一只老大的金元宝往他手上一塞说："拿回家吧，老人家。"

金老三谢过山神，急匆匆奔回家，指望这下子能过安稳日子了。哪晓得老太婆脾气更大。

"你这个木头人！把你一个，就不能要两个啦？"

金老三家有了金元宝，日子富啦！老太婆再不帮他种菜了，还笑他："你是黄连木刻成的——生来的苦坯子！有福不会享！"

过了几天，老太婆上城闲逛，看见东村财主老婆坐了一顶大花轿，后头四个跟班，一路前呼后拥，好不威风。老太婆心里想：跟山神要一顶轿子，还能不给？回到家屁股还没沾板凳，就逼金老三当晚上山。这回金老三不依了，冲老太婆说："庄稼人要坐那玩意做什么？也不怕丑！"任凭老太婆好说歹说，死活不去。

可老太婆一心想过坐轿子的瘾，趁金老三睡着了，偷了他口袋里的小茄子，溜出门，连摸带爬上了山。她拿小茄子敲开石门，进去一看，乖，果真不假，尽是金元宝、银元宝！再走进去，金轿子、金马、金车，样样有，看得发酸，就是不见山神出来。老太婆心里想：也好，这样拿东西更方便。她把金车套上了金马，又把金元宝装满车，拉出山门，自己往车上一爬，那金马就"得得得"地往前走了。老太婆坐得高高的，二郎腿一跷，心里美得了不得！她想，有了这把宝贝钥匙，我也犯不着跟金老三受罪啦！就把缰绳一抖，把车子往娘家赶，顺手往口袋里一摸，发现小茄子不在，是刚才丢在山门里了！

"糟！"老太婆急忙爬下金车，直扑山门。可山门早已关得铁桶一般，任凭她叫唤，没一丝动静。老太婆急疯了，回头想上金马车，可是，金马车也无影无踪了。老太婆气得呼天喊地，狂奔乱跳，成了个疯婆子。

从那以后，山肚里的宝贝，再也没有人拿过，此紫茄子便一代一代传到现在。因为那山肚里金银多，山顶上的紫雾大，这座大山，大家就叫它紫金山。

黄 秋 葵

神州舶来洋辣椒，麻布洁面誉如潮；
盛传功盖淫羊藿，古人不识庐山貌。

——《黄秋葵》·现代·石晓

物种基源

黄秋葵（Hibisus esulentuasl），为锦葵科，秋葵属，一年生草本植物羊角豆的嫩果荚，又名黄葵、咖啡黄葵、补肾草、洋辣椒、羊角豆、毛茄、秋葵荚、不辣洋椒，原产于非洲，20世纪中叶由印度引种传入我国南方地区，曾有"植物黄金"之称。据我国生物学家考证，我国西藏地区也有野生黄秋葵存在。现我国台湾、广东、深圳、浙江三门、江山、湖北荆州，江苏盐城均有栽培。

生物成分

黄秋葵嫩果荚（烘干），含蛋白质22.98克，脂肪9.4克，碳水化合物21.92克，膳食纤维3.1克，黄酮2.56毫克及维生素A、B_1、B_2、B_6、B_{12}、E，微量元素钙、磷、锌、镁、铁、铜、硒极为丰富，还含有可观的芦丁。多糖主要为阿拉伯聚糖、半乳聚糖，鼠李聚糖等。黄秋葵成熟的种子含有咖啡因1%～1.2%。

食材性能

1. 性味归经

黄秋葵，味苦，性寒；归肾、胃、膀胱经。

2. 中医辨证

黄秋葵，具有强肾补虚，健胃消食之功，对肾虚者腰酸腰痛、耳鸣、遗精、盗汗、食欲欠佳、消化不良伴有胃痛、体力虚弱、中气不足、尿频、尿急、尿不尽等疾患有较好的辅助食疗效果。

3. 现代研究

黄秋葵含果胶黏质液、半乳聚糖等，有助消化，对胃炎、胃溃疡等病的胃黏膜有保护作用，可促进胃液发泌、增长食欲、改善消化不良等。含有的钙、铁、硒等微量元素，可有效预防贫血。维生素A、B族维生素有益于视网膜的健康，保护视力。维生素C和可溶性的纤维素，对皮肤有保健作用。促进皮肤美白，细嫩，特别对女士效果明显。含维生素E锌、可消除疲劳，对青年壮年和运动员迅速恢复体力，特别对男性器质性疾病辅助治疗效果佳。所含芦丁对糖尿病患者极为有益。

传说故事

黄秋葵叫"植物伟哥"的由来

相传，19世纪末，印度新德里郊区一庄园的苗猪繁殖场主人木吉布，每天总见到三头种公猪翻串出围栏，到附近的山坡上吃一种长得像羊角椒似的野生黄秋葵的枝叶和嫩果荚，吃饱后又毫不费力地穿蹦入栏，更奇怪的是，他发现吃了野生黄秋葵后，公猪与母猪交配时雄壮有力，时间也长，母猪生下的猪仔又多又壮，母猪的产仔率比其他种公猪配种的产仔率高出 40% 左右。

　　森吉布喜欢小孩，为了多生小孩，他先后娶了五个老婆，可五个老婆中一个都不生孩子。后他从种公猪吃野生黄秋葵中得到启示：莫不是黄秋葵可以壮阳？于是他开始试吃生野生黄秋葵果荚，味道不但苦而且有青草气，不好吃。他又将野生黄秋葵的嫩果荚采摘回家用文火煎熟吃，又脆又香，苦味也减轻了。连吃三个月后，每天生理上有晨勃，再吃，越吃性欲望越强烈，让五个妻子同吃后，妻子性欲也亦然。半年后，巧得很，五个妻子都怀上了，第二年行后生下了三男二女，个个健壮。这事传到城里，城里男女跟着吃黄秋葵，果然灵验。从此，黄秋葵便有了"植物伟哥"这一名字。

第八章　豆荚类

大　豆

歇处何妨更歇些，宿头未到日头斜。

风烟绿水青山国，篱落紫茄黄豆家。

雨足一年生事了，我行三日去程赊。

老夫不是如今错，初识陶泓计已差。

——《山村二首》·宋·杨万里

物种基源

大豆（Glycine max）为豆科一年生草本植物黄豆成熟的黄色种子，又名菽、黄豆，按种皮颜色又可分为黄豆、黑豆、青豆、绿豆、褐豆、双色豆、花豆，以及采鲜黄用其嫩豆作蔬菜的毛豆等。据考证，古籍中的"菽"就是指黄豆。最初，人们把它用作祭祀的供品，后来才成为食物，已有4000多年的种植栽培历史。

生物成分

据科学测定，每100克大豆，含蛋白质32.9～35克，脂肪16～20.9克，碳水化合物18.7～23.3克。大豆富含钙、铬、铁、磷、钾、铂、硒、锌等微量元素，其中，钙含量在豆类中首屈一指，铬等微量元素参加调整人体的糖代谢，吃大豆还可补充人体B族维生素、硫等。

食材性能

1. 性味归经

大豆，性平，味甘；入脾、胃、大肠经。

2. 医学经典

《千金要方》："主胃中热，去身肿、除痹、消谷、止肿胀、痉挛、膝痛。"

3. 中医辨证

大豆具有健脾、益气宽中、润燥消水等作用，可用于脾气虚弱、消化不良、疳积泻痢、腹胀羸瘦、妊娠中毒、疮痛肿毒、外伤出血等。

4. 现代研究

（1）防治心脑血管病。大豆所含的不饱和脂肪酸、皂甙、黄豆甙、生物碱，能降低胆固醇，预防动脉粥样硬化等多种心脑血管病。

（2）抗衰老。大豆有益于维持脑神经正常功能。

（3）豆抗癌。大豆富含硒元素，硒元素有抗癌作用，常食可增强机体的抗癌能力。

（4）调节血糖。大豆中的铬元素，可调节人体血糖功能。

（5）防止骨质疏松和预防小儿佝偻病。大豆中富含的钙和磷，对预防儿童佝偻病和老年人骨质疏松、脱钙很有帮助。

另外，黄大豆中还含有一种类雌激素的物质，可以帮助女性保持青春靓丽。

食用注意

（1）炒熟的大豆不宜多食。

（2）对大豆过敏者不宜食用。

（3）煮食时不宜加碱。

（4）食用时不宜加热时间过长。

（5）服用铁制剂时不宜食用。

（6）服用氨茶碱等茶碱类药时不宜食用。

（7）不宜与猪血、蕨菜同食。

传说故事

一、大豆起源

传说在很古很古的时候，有一个名叫后稷的农神来到人间教人们种植五谷。五谷指禾、稷、稻、麦、菽。菽，就是今天誉满全球的大豆。大豆起源于中国，早在 3000 年前，我国人民就开始种植大豆了。科学工作者推算，我国选育和栽培大豆距今至少有千年的历史。

二、二月二炒金豆的传说

相传，古时候有一年大旱，民不聊生，龙王怜悯众生，私自做主下了一场大雨，救活了百姓。玉皇大帝震怒，把龙王压在山下，称金豆开花之时才有出头之日。于是百姓寻找金豆开花，盼望龙王降雨，形成了二月二炒金豆的习俗。中国南方还有"二月二，龙抬头，盼雨水，炒金豆"的习俗。

三、曹植"七步煮豆诗"

曹植是曹操的小儿子，从小就才华出众，很受父亲宠爱。曹操死后，曹丕当上了魏国的皇帝。曹丕的猜疑心很重，他担心弟弟威胁到自己的皇位，就千方百计想害死他。

有一天，曹丕叫来曹植，要他在七步之内作出一首诗，以证明他有真才实学。要是写不出，就罪同欺君，理应处死。

曹植知道哥哥的心思，悲愤交加。但他还是从容地迈着步伐，不到七步，就吟出了一首传世佳作：

煮豆持作羹，漉菽以为汁。

萁在釜下燃，豆在釜中泣。

本是同根生，相煎何太急？

豆 腐

家用为宜客非用，合家高会命相依。

石膏化后浓于酪，水沫挑成绉似衣。

剁作银条垂缕滑，划为玉段截肪肥。

近来腐价高于肉，只恐贫人不救饥。

——《豆腐》·清·李调元

物种基源

豆腐为豆科一年生草本植物大豆（Glycine max）的制品之一，由选料→浸泡→磨浆→过滤→煮浆→加凝固剂→成形等工序制成。

关于豆腐是谁发明的，至今说法不一。一种传说是杜康造酒，妹妹杜怀南造豆腐。第二种传说豆腐的发明者是战国时代，燕国大将乐毅。第三种认为是早在 2000 多年前，由西汉淮南王刘安所造。但有一点可以肯定，豆腐是古人对人类的很大贡献。至于豆腐有"南豆腐"和"北豆腐"之称，无关紧要，入乡随俗。水分小于 82% 称北豆腐，水分大于 85% 称南豆腐。

生物成分

据测定，每 100 克豆腐中含营养成分如下表：

品种	蛋白质（克）	碳水化合物（克）	脂肪（克）	核黄素（毫克）	尼克酸（毫克）	维生素 E（毫克）	钙（毫克）	铁（毫克）	磷（毫克）	硒（毫克）
南豆腐	5.4～5.6	2.7～3.0	2.0～2.3	0.03～0.05	0.1～0.4	2.16～3.27	102～184	1.4～2.3	85～104	2.11～3.66
北豆腐	12.7～15.5	1.1～2.6	2.7～5.5	0.02～0.03	0.2～0.3	2.43～4.27	157～182	3.7～4.7	184～280	0.7～17.20

此外，豆腐还含有对妇女有益的植物性雌性激素及多种氨基酸。上表是参考值，在制作时加凝固剂（石膏、盐卤或葡萄糖酸-8-内脂）的多少而各种成分随着波动。

食材性能

1. 性味归经

豆腐，味甘，性凉；归脾、胃、大肠经。

2. 医学经典

《随息居饮食谱》："清热、润燥、生津、解毒、补中、宽肠、降浊。"

3. 中医辨证

豆腐，有补中益气，生津消渴，清热解毒（包括酒毒），对身体虚弱、咳嗽多痰、虚劳哮喘、肠胃胀满、气短力乏、大便干燥、小便不利、自汗盗汗、久痢、百日咳、子宫出血等症食疗效果显著。

4. 现代研究

豆腐中的植物蛋白、矿物质，尤其是钙、钾含量较高，有助于预防老年痴呆、降低血压、减少中风的机会。所含胆固醇的量很少，有助于降低血脂水平，预防动脉硬化，改善脑组织供血。

食用注意

（1）痛风、结石患者都不适宜食用豆腐。

（2）脾胃虚寒、便溏腹泻的患者也不宜多食豆腐。

（3）豆腐尽量不要和菠菜搭配烹食，二者可产生草酸钙和草酸镁，影响营养正常吸收。

（4）臭豆腐不宜多吃。因为臭豆腐存有挥发性的盐基氨及硫化氢，对人体有害，多吃会导致肠功能差的人拉肚子。

小记

不同豆腐，营养有别。

市场上各种豆腐让人眼花缭乱，不同的豆腐成分、口感不同，可适量选择哦！

北豆腐：又称老豆腐，以盐卤（氯化镁）点制，其特点是硬度较大，口感很"粗"，但蛋白质含量最高，其镁、钙的含量也更高一些，能帮助降低血压和血管紧张度，预防心血管疾病的发生，还有强健骨骼和牙齿的作用。

南豆腐：又称嫩豆腐、软豆腐，一般以石膏（硫酸钙）点制，其特点是质地细嫩，富有弹性，含水量大，味甘而鲜，蛋白质含量在5％以上。宜拌、炒、烩、汆、烧及作羹等。

内酯豆腐：用葡萄糖酸内酯作为凝固剂，虽然质地细腻，口感水嫩，但没有传统的豆腐有营养。一是大豆含量少；二是缺少来自石膏和卤水的钙和镁。

"假豆腐"：现在市场上还有许多"花样豆腐"。如日本豆腐、杏仁豆腐、奶豆腐、鸡蛋豆腐等。虽然同叫"豆腐"，但却和豆腐一点关系也没有。以日本豆腐为例，其实就是用鸡蛋制成胶体溶液后凝固制成的"鸡蛋豆腐"。

传说故事

一、乐毅与豆腐

豆腐原名叫"豆府之玉"。这个鲜为人知的名字与战国时代燕国大将乐毅有关。

乐毅是个孝子，对父母很尊敬，父母老年牙掉光了，咀嚼东西很不方便，特别是炒黄豆或是煮黄豆。乐毅看在眼里，想在心里。一天，他把一些黄豆发胀后，磨成浆。父母见了说："儿啊，你这是做啥呀？""省得二老咀嚼呀！"乐毅把磨好的豆渣豆浆一起煮，煮熟了，他端了一碗给父母品尝。父母尝了，摇摇头说："没滋味！""慢慢来，会有滋味的。"乐毅说。

第二天，乐毅又磨了些黄豆，磨得很细，再用夏布（一种用麻织成的布，古人用制夏季上装）过滤；留下豆浆，放在锅内煮沸。他正想在豆浆中放点糖给老人吃，老父唤他，他把本来伸进糖罐的手，伸进了盐罐，抓了一把盐放进豆浆，然后把灶膛的火弄灭后就走出去了。等他转回来一看，哈，怪了！——锅里的豆浆凝成了白生生的乳块，腻敦敦，嫩嘟嘟，多逗人喜爱啊。

乐毅将豆乳块小心用刀剖开，放了些油与葱蒜花，先盛了一碗给父母尝，父好说"好滋味！"乐毅又请了近邻一些人米尝，都说："滋味好！"

那这种豆乳块叫什么名字呢？乐毅和大家一时想不出来，村里有个知书识字老者，捻着白须说："依我看，就叫豆府之玉！"乐毅做出"豆府之玉"的消息，四乡八邻都传开了。陆陆续续有人来拜乐毅做师傅，经营这门事儿。乐毅又寻思着如何把这"豆府之玉"做得更好些。他朝思暮想，多次试做，还是老样子。有一次，他老母亲病了——牙床溢血，唇焦舌烂。他请来医生。老医生诊过脉说："中焦热结,胃火上升,血因热逼而妄行,自有良药治本!"医生开的头道药是石膏。乐毅问:"石膏药性怎样?"医生说"石膏性凉"。乐毅早听老人说黄豆性热、性烈,说不定石膏能制服它。于是他撮药时又买了点石膏回来。他母亲药到病除。乐毅又高高兴兴做起"豆府之玉"来了。这回他弄了点石膏粉往滚开的豆浆中冲,过了一会儿便成了一碗白花花的"豆府之玉"。从此,凡是豆腐的凝固剂,不是盐卤就是石膏。这一传统制作方法在民间流传了2000多年,至于为何叫豆腐,这是燕王写错的。

那时乐毅已为大将,一天,燕王召见乐毅,问乐毅豆府是什么样子。他答道:剖开像一片片肥肉。燕王心不在焉地把"豆府之玉"像肥肉写成了"豆腐","府"字下边加了个"肉"字,重叠起来而丢了"之玉"二字,后来传到民间,因"豆腐之玉"读起来不顺口,也就以讹传讹叫"豆腐"了。

二、杜康妹妹发明豆腐的传说

在很古很古的时候,有个人叫杜康,发明了酒。一般的人只晓得杜康发明了酒,不知道杜康的妹妹发明了豆腐哩。

杜康的妹妹叫怀南,她十分孝顺,又十分聪明。家里有个老母亲喜欢吃黄豆,年纪大了,又不大嚼得动。怀南就想了个办法,用磨子磨碎了给她吃。这么一磨,豆浆子磨出来了。怀南天天烧热了给母亲喝。有一天,盛豆浆的碗是咸碗,不到一刻儿,豆浆冻起来了,怀南看了十分惊奇,又不是大冷天,豆浆怎么结成块了呢?其实这就是豆腐脑。怀南到底是聪明人,想来想去想出道理来了:是豆浆碰上咸气,才结块子的。第二天一试,果然如此。根据这个道理,怀南就做起豆腐来了。她母亲还特别爱吃哩!从此,豆腐就传了下来。

至于人说关公卖豆腐,这倒是老远以后的事了。

三、八公山豆腐的传说

西汉年初,汉高祖刘邦的孙子刘安,在十六岁的时候承袭父亲的封号为淮南王,仍然建都寿春,也就是今天的安徽寿县。刘安为人好道,欲求长生不老之术,因此不惜重金,广泛招请江湖方术之士炼丹修身。一天,八公登门求见,门吏见是八个白发苍苍的老者,轻视他们不会什么长生不老之术,不予通报。八公见此哈哈大笑,遂变化成八个角髻青丝、面如桃花的少华。门吏一见大惊,急忙禀告淮南王。刘安一听,顾不上穿鞋,赤脚相迎。八位又变回老者。恭请入内上坐后,刘安拜问他们姓名。原来是文五常、武七德、枝百英、寿千龄、叶万椿、鸣九皋、修三田、岑一峰八人。八公一一介绍了自己的本领:画地为河、撮土成山、摆布蛟龙、驱使鬼神、来去无踪、千变万化、呼风唤雨、点石成金等。刘安看罢大喜,立刻拜八公为师,一同在都城北门外的山中苦心修炼长生不老仙丹。当时淮南一带盛产优质大豆,这里的山民自古就有用山上珍珠泉水磨出豆浆作为饮料的习惯,刘安入乡随俗,每天早晨也总爱喝上一碗。一天,刘安端着一碗豆浆,在炉旁看炼丹出神,竟忘了手中端着的豆浆碗,手一撒,豆浆泼到了炉旁供炼丹的一小块石膏上。不多时,那块石膏不见了,液体的豆浆却变成一摊白生生、嫩嘟嘟的东西。八公中的修三田大胆地尝了尝,觉得很是美味可口。可惜太少了,能不能再造出一些让大家来尝尝呢,刘安就让人把他没喝完的豆浆连锅一起端来,把石膏碾碎搅拌到豆浆里,一时,又结出了一锅白生生、嫩嘟嘟的东西。刘安连呼"离奇、离奇"。这就是八公山豆腐初名"黎祁",盖"离奇"的谐音。后来,仙丹炼成,刘安依八公所言,登山大祭,埋金地中,白日升天,有的鸡犬舔食了炼丹炉中剩余的丹药,也都跟着升天而去,流传下来了"一人得道,鸡犬升天"的神话,也留下了恩惠后人的八公山豆腐。

四、朱元璋与虎皮毛豆腐

相传，明太祖朱元璋幼年时，因家境贫寒，致使他不得不很早就去给地主当长工。他曾在一家财主家放牛，除了白天放牛外，半夜里还要起来与其他长工们一起磨豆腐。朱元璋年岁虽小，但很讨人喜欢，他手脚勤快，虚心好学，不明白的事情常向其他年长的叔叔伯伯及兄长们请教，与其他一些长工们相依为命，亲如一家。长工们都把他当着自己的孩子或亲弟弟看待，有什么好吃的大都会给他留着，有什么重活、累活，尽量不让他干，生怕累了他的身子。久而久之，财主得知他与其他长工们的关系颇不寻常，嘴上没说，可心中极为不满。后来，便找了个理由将他辞退了。朱元璋没有办法，只得到处行乞，常与一座破庙里的乞丐来来往往。仍留在原来财主家干活的叔叔伯伯及兄长们，时时刻刻记着朱元璋。他们得知朱元璋每天都要到那座破庙里去。轮流从财主家悄悄地端些吃的去。他们将一些饭菜和鲜豆腐，藏在庙里的干草堆里，到时，朱元璋就悄悄地取走，与其他一些小伙伴们分食。就这样过了几年，朱元璋的父母和兄长都相继去世，剩下他独自一人，更加孤苦伶仃，无依无靠。不久，他到寺庙里当了和尚。长工们心中仍放心不下，常常给他送吃的去。大家知道朱元璋喜欢吃豆腐，就每天给他送去一大碗新鲜豆腐。长工们每天将豆腐放在固定的地方，朱元璋每天去取。有一次，因寺庙做庙会，朱元璋忙于张罗别的事去了，一连好几天没有去取豆腐。数日之后，朱元璋想起去取叔叔们给自己送来的豆腐，跑去一看，豆腐上长了厚厚的一层白毛。他将豆腐拿起来闻了闻，不仅没有异味，反而有一股清香味。他深知这是叔叔及兄长们的一片心意，舍不得将豆腐丢弃，便将豆腐拿回庙中，将其切成小块，用油煎炸，顿觉香气扑鼻，令人垂涎。元朝末年，农民起义爆发了，朱元璋投奔了义军。1357 年春，他率领义军在徽州驻防时，常亲自教随军的厨师们制作煎制毛豆腐。自此以后，此道菜就在当地广为流传，并被后人美誉为"虎皮毛豆腐"。后来，朱元璋当了皇帝，不太喜欢皇宫中的美味佳肴，仍很怀念与他结下不解之缘的虎皮毛豆腐，常叫人按他亲口传授的方法制作正宗的虎皮毛豆腐。久而久之，这道菜便成了御膳房必备的佳肴。

五、北京王致和臭豆腐

清朝康熙年间，北京前门外延寿街有个开豆腐坊的人，名叫王致和。有一次，他的豆腐做多了，没卖完，发了霉，但不愿倒掉，就在上面撒了些盐，放在缸里，过了一段时间，取出一尝，味道鲜美，出售后很受欢迎。王致和的名字，从此就和臭豆腐连在一起了。豆腐为什么臭呢？这是微生物的功劳。豆腐块上繁殖了一种能产生蛋白酶的霉菌，分解了蛋白质，形成极为丰富的氨基酸，吃起来非常鲜美。臭味主要是蛋白质在分解过程中，产生硫化氢所造成的。制作臭豆腐在选料上很考究，过去，该号所用黄豆均精选北京郊区所产的伏豆，磨豆腐用的水也全是甜井水。此外，制作技术精细也是重要原因：经过泡豆、磨浆、滤浆、点卤、前发酵、腌制、后发酵等几道工序。其中，腌制工序是关键，撒盐和作料的多少，将直接影响豆腐的质量，盐多了，豆腐不臭，盐少了，豆腐则过臭。因为豆腐块上长满了青色的霉菌，故"王致和"和"臭豆腐"便有另一个雅号——"青方"，至今留传于世。

豆　浆　皮

磨龙流玉乳，烹煮结清泉。
色比土酸净，香逾豆髓坚。

——《豆汁皮》·元·郑允端

物种基源

豆浆皮，由大豆浆经煮沸后，在豆浆锅表面凝结而成的一层薄膜。用芦苇秆或竹竿一张张挑出后干燥而成。又名豆浆皮儿、油皮儿、豆腐衣。芦苇秆或竹竿上挑皮儿的次数多了，粘在上边的豆浆皮简称"皮辊"，又称腐竹，这与腐竹机制出的腐竹有质的区别，以油黄、有光泽、坚韧而脆者佳。

生物成分

据测定，每100克豆浆皮含热能435～485千卡，水分8.0～9.2克，蛋白质45～56.5克，脂肪21.2～26.3克，还含有微量的尼克酸、维生素E及微量元素钙、铁、磷、硒等成分。

食材性能

1. 性味归经

豆浆皮，味甘，性平；归肺、脾经。

2. 医学经典

《本草纲目拾遗》："清肺热，止咳喘。"

3. 中医辨证

豆浆皮，有清肺、清痰之效，对自汗盗汗、冷嗽病、脾胃不足、症见消瘦、幼儿皮肤瘙痒等症食疗促康复有益。

4. 现代研究

豆浆皮是大豆中的精华部分，营养均衡而全面，对清肺热、解热毒、抗衰老、嫩肌肤、缓解心脑血管疾病症状有独特的食疗效果。

食用注意

痛风患者不宜食用。

传说故事

西施与豆浆皮

相传，古代四大美女之一——西施，从小外貌较丑，皮肤黑且毛孔粗糙。后来，她家邻居开的一爿豆腐作坊，每天吃豆浆皮、粳米汤加冰糖，渐渐皮肤变得细嫩白皙起来。最终成为中国历史上第一位最美的女人，使吴国国君夫差爱得不理朝政。

附：豆腐干

豆腐干，为豆科植物大豆的种子加工成豆腐后，再以特定的工艺进行部分脱水的制成品，又称为"豆干"。性平、味甘，归脾、胃经。优质豆腐干呈乳白色或淡黄色，质地细腻，切开处不出水，边角整齐，气味清香，咸淡适宜。其营养价值与豆腐基本相同，含丰富的蛋白质，以及脂肪、钙、磷、铁等。豆腐干又可做成卤干、熏干、酱油干等，是拌凉菜、炒热菜的上乘原料。其钠含量较高，糖尿病、肥胖症或慢性病如肾脏病患者不宜多食，缺铁性贫血患者、老人慎食。

黑 大 豆

画得十分，且信一半。

脚尾脚头，浑无畔岸。

一点鬼眼睛，黑豆终难换。

徐换缓步五峰头，一轮明月凌霄汉。

——《自赞》·宋·释普度

物种基源

黑大豆为豆科一年生草本植物大豆（Glycine max）的黑色种子，又名橹豆、料豆、乌豆、零乌豆、黑小豆、马科豆、冬豆子、黑豆、大菽，以用指搓去表面的一层白色霜物，见其乌黑发亮者的新黑大豆，光发亮无白霜物为陈黑大豆。我国东北、华北、华东地区均有产出。

生物成分

据测定，100 克黑大豆含蛋白质 36.8 克，脂肪 15.9 克，碳水化合物 23.9 克，膳食纤维 10.7 克，以及胡萝卜素、钙、磷、铁、维生素 A、B_1、大豆黄酮甙等物质。

食材性能

1. 性味归经

黑大豆，性平，味甘；归脾、肾经。

2. 医学经典

《本草纲目》："祛风除热，调中下气，解毒利尿，补肾养血。"

3. 中医辨证

黑大豆，入药又食用，是一种清凉性滋养强壮食材，对水肿胀满、风毒脚气、黄疸浮肿、痈肿解毒、遗精盗汗、消渴腰痛、头昏目眩、产后诸病等有食疗促康复效果。

4. 现代研究

黑豆内所含的植物性固醇，可与其他食物中的固醇类相互竞争吸收，从而加速粪便中固醇类的排出，避免过多胆固醇堆积在体内，可预防动脉血管硬化。黑豆富含维生素 E，花青素及黄酮，这些成分具有抗氧化能力，维生素 E 能捕捉自由基，成为体内最外层防止氧化的保护层。黑豆种皮释放的红色花青素，可消除体内自由基，在酸性（胃酸分泌时）抗氧化活性更好，进而增强活力。异黄酮可预防骨质疏松、防癌与抗氧化，黑豆中有粗纤维及寡醣，粗纤维能帮助肠道蠕动，使体内胀气与毒素顺利排除，改善便秘，而寡醣有利于双叉杆菌增殖，从而改善肠内菌丛环境，具有整肠作用。黑豆中不饱和脂肪酸在人体内能转成卵磷脂，它是形成脑神经的主要成分。黑豆中所含的矿物质中钙、磷皆有防止大脑老化迟钝、健脑益智的作用。

食用注意

（1）中满或消化不良者慎食。

（2）黑豆中含血球凝素，可使血液异常凝固，严重者可使血管引起阻塞，加热充分可破坏血球凝素，因此，食黑豆必须煮熟、不得夹生食用。

（3）黑豆中含有嘌呤碱能加重肝、肾的中间代谢负担，因此，肝、肾器官有疾患时，宜少食或不食黑豆。

附：大豆黄卷

大豆黄卷，为豆科植物大豆（黑豆）的种子，经发芽后晒干而成，又名大豆卷、黄卷、黄卷皮。

大豆黄卷，味甘，性平，有清解表邪、分利湿热的功用，可治湿温初起、湿热不化、汗少、胸痞、水肿胀满、小便不利、湿痹、痉挛、骨节烦疼等症。

传说故事

一、黑大豆的来历

传说，很久很久以前，在姚丘（今濮阳县徐镇一带）有户人家，男人叫瞽叟，娶了个媳妇叫握登，结婚没几年生下个儿子，因为儿子眼中生就的双瞳仁，所以取名叫重华。媳妇得病而死，于是瞽叟就继娶了一个媳妇，不久又生下一个二儿子名叫象。因为大儿子是前妻丢下的，再加之瞽叟是个头脑糊涂、遇事不讲道理的人，宠爱后妻和二儿子。继母心地狭窄，弟弟象好吃懒做又不讲道理。重华在家常受虐待。一家人合起来想害死重华，重华只有逆来顺受。

有一天，后母想了个坏主意，叫重华和二儿子一起到西北的历山上（今胡状乡杨岗上村一带）去种豆子。临出门时，后母交给两个儿子每人一袋豆种，并且恶狠狠地说："你们俩去历山种豆子，谁的豆子长出豆苗，谁就回家来，谁种的豆子长不出苗就死在外边别回来啦，回家来也得打死谁。"兄弟二人带着干粮和各自的豆种离开家，一直奔20里外的历山去了。

来到历山，带的干粮吃完了，兄弟两个就只好吃袋子里的豆籽。

大儿子重华越吃越香，二儿子象越吃越难吃，弟弟看着哥哥吃得很香，就来抢哥哥的吃，一尝就是比自己的好吃，弟弟就说："哥哥，你的豆子籽怎么比我的好吃，并且和我的颜色也不一样，咱俩换换吧"哥哥善良仁义，就同意了弟弟的请求。两人吃饱以后，就去历山坡上种上了豆子。

几天过去了，眼见哥哥重华种的豆子全部长出了豆苗，而弟弟种的豆子左等也不出，右等也不出，一直等了10多天还是不出。这下弟弟害怕了，哭得跟泪人一样，哥哥要弟弟一起回家，弟弟不敢。哥哥重华双膝跪在历山上，祈求上天神灵："保佑弟弟的豆子早早发芽，把一切罪过都记在我身上，弟弟种的豆种本来是我的，要死只能我死。"说也真巧，重华双目一落泪，天上下起了雨，低头再看弟弟的豆苗长满一地。兄弟两个千恩万谢后回家了。

回家后，后母问："你们俩的豆子都长出来了吗？"兄弟俩回答："都长出来啦！"后母不信，因为是她在豆种里作了手脚，把大儿子的豆种给炒熟了，想害死大儿子，于是逼着老头去看，一看两大片豆子长得非常可爱。也就无话可说了。

秋天豆子长成后，收回家才发现豆籽有黑色，有黄色，原来熟豆子长出的是"黑豆"。生豆子长出的是"黄豆"。从此，有"黑豆"和"黄豆"之分。因为象认为黑色豆子好吃，后来人们多数把黑豆喂牲口，牲口既爱吃又很上膘，所以人们又称黑豆叫料豆。

后来，人们在历山上重华跪拜求天的地方盖了一座庙，叫"舜王庙"，遇天大旱无雨的季节，人们也像重华一样跪拜求雨。后来人们一传十，十传百，就在这里形成庙会，直到现在这座庙还在呢！

二、卖黑豆

从前，有一个人，推了一小车黑豆到京城长安去叫卖，走到灞桥时不幸翻了车，黑豆全部掉在了水里。此人火速回家，打算叫上家人来捞黑豆。他刚走不久，桥边店铺里的人们便争着从水里捞走了黑豆，一点儿也没有留下，等到那人带着家人前来打捞时，河里只剩下一些蝌蚪在嬉戏。那人还以为蝌蚪是他的黑豆呢。便带着家人下水打捞。蝌蚪们受到了惊吓，立马就惊散了。此人惊叹良久，说："黑豆啊，黑豆，你不认识我，反而背着我逃走。最可怕的是我不认识你了，你怎么会突然长出尾巴来啦？"

三、豆苗汁解毒

古时候的猎人打猎，喜欢用乌头捣榨茎汁，煎为射罔，以敷箭射禽兽，十步即倒。一次，有一猎人射中一只鹿，鹿随即滚下山崖，猎人只好绕道而行，却找不到鹿的踪迹。只见山下一片豆苗被鹿食掉。后方知豆苗可解其毒，有误食者，煮其苗服汁而解，并传于后人。

豌　豆

豌豆豆花，噼里啪啦炸，
炸出的姑娘像朵花，
眉儿长，眼睛大，
会做衣，会绣花，
姨爹为你拣个好人家。
豌豆豆花，羞答答，
递上一块小手帕，
帕中装着一朵花，
什么花，百合花。
豌豆豆花，
一心爱的只是他，
决不是他什么家。

——《豌豆豆花》·江苏·溧水民谣

物种基源

豌豆（Pisum sativum），为豆科豌豆属一年或越年生草本植物豌豆的种子、嫩荚、嫩苗。又名青豆、小寒豆、小青豆、毕豆、圆胡豆、圆回回豆、淮豆、麻豆、雪豆、荷兰豆、冬豆等，是古老的豆类作物之一。在新石器时代（约公元 7000 多年前）瑞士湖居人就种植豌豆。我国种植豌豆传说是汉代张骞出使西域时将豌豆与蚕豆一起引进。

现在栽培的豌豆可分为粮用豌豆和菜用豌豆两大类别。菜用豌豆又分三类：一类是粗粮用豌豆，荚不宜食用；另一类是菜用豌豆，以荚食为主；还有一类是粮菜兼用豌豆。

粮用豌豆有白粒和青粒两个品种。青粒豌豆颜色好，鲜味足，粳性；白粒豌豆鲜味淡、糯性，早熟丰产，不仅荚色淡，豆粒颜色也淡。

菜用豌豆又叫荷兰豆，市场上有宽荚和狭荚两个类型。宽荚种荚色淡绿，味淡，鲜味差。狭荚种如竹叶青，荚色较深些的味浓。

荚粮兼用豌豆与荚用豌豆同属于软荚豌豆，荚肉肥厚，豆粒大，味甜脆，吃口好，但不宜炒过头。

生物成分

据测定，100 克可食用豌豆，含蛋白质 20.9 克（白）22.2 克（青），脂肪 1.0 克（白）0.8 克（青）；碳水化合物 57.9 克（白）53.8 克（青）；膳食纤维 7.8 克（白）10.6 克（青）；赤霉素 A、外源凝集素、胡萝卜素、维生素 B_1、维生素 B_2、烟酸、维生素 C 及微量元素钙、磷、铁等。

食材性能

1. 性味归经

豌豆，性平，味甘；归脾、胃、大肠经。

2. 医学经典

《证类本草》："健脾利湿，生津解毒。"

3. 中医辨证

豌豆，益脾和胃、生津止渴、和中下气、除呃逆、止泻痢，对脾胃虚弱或脾胃不和、吐泻转筋、胃阴不足、咽干口渴、痈疮肿毒等症有食疗助康复的效果。

4. 现代研究

豌豆中蛋白质的含量丰富、质量高，经常食用对身体发育极有益处，具体来说，豌豆主要有以下几种功效：

（1）稳定血糖水平。豌豆中所含的钙能促进体内糖和脂肪的代谢，维持胰岛素的正常功能，稳定血糖水平。

（2）预防和改善高血压及动脉粥样硬化。作为含锌量相对高的食物，豌豆可以提高体内锌、镉比值，减少镉的积累，预防和改善动脉粥样硬化及高血压。

（3）美肤抗衰。豌豆含有人体所需的八种必需氨基酸及植物凝集素等，能够抵抗皮肤衰老，美容护肤。

（4）开胃、通乳。豌豆能增进食欲，解胸闷、消浮肿，并能止渴、通乳、解毒。

（5）增强免疫力。豌豆富含氨基酸和蛋白质，经常食用可提高人体的抗病能力。

食用注意

（1）痛风患者不宜过多食用。

（2）豌豆美味可口，但不宜多食，否则，容易发生腹胀、肠胀气。

（3）煮豌豆时不要加碱，否则损坏豌豆中的营养价值。

传说故事

一、哪吒与豌豆

相传，豌豆的来历与天上托塔李天王的三公子哪吒相关联。因哪吒抽了东海龙王熬广三太子敖丙的龙筋后，四海龙王齐心将李家告上天庭。玉皇大帝大怒，认为李家犯了天规，下玉旨命天兵天将捉拿李天王全家，打入天牢，严肃天条。哪吒虽小，可是个孝子，自己犯法，绝不连累父母与家人，决心"剖肉还母，剔骨还父"，以示好汉做事好汉当。将随身"浑天绫红肚兜"、"脚踏风火轮"、"乾坤圈"三件宝物送还师傅，将周岁时师伯麒麟子送给他的用昆仑玉珠制成的青、白两条手链礼物扯断，洒向人间，第二年落在中原大地的青、白玉珠发芽、伸根、长叶、开花，结出了青豌豆和白豌豆。

二、凭垫豌豆选妻子

从前有一位王子，想找一位真正的公主结婚。

他走遍了全世界，想要寻到这样的一位公主。可是无论他到什么地方，总是碰到一些障碍，公主倒有的是，不过他没有办法断定她们究竟是不是真正的公主。

一天晚上，忽然刮起了一阵可怕的暴风雨。天空在掣电、打雷、下着大雨。这真有点使人害怕！这时，有人在敲城门，老国王命人过去开城门。站在城外的是一位公主。可是，天哪！经过了风吹雨打之后，她的样子是多么难看啊！水沿着她的头发和衣服向下面流，流进鞋尖，又从脚跟流出来。她说她是一个真正的公主。

"是的，这点我们马上就可以考查出来。"老皇后心里想，可是她什么也没说。她走进卧房，把所有的被褥都搬开，在床榻上放了一粒豌豆。然后她取出二十床垫子，把它们压在豌豆上。随后，她又在这些垫子上放了二十床鸭绒被。这位公主夜里就睡在这些东西上面。早晨大家问她昨晚睡得怎样。

"啊，不舒服极了！"公主说"我差不多整夜没有合上眼！天晓得我床上有件什么东西？我睡在一块很硬的东西上面，弄得我全身发青发紫，这真怕人！"现在大家就看出来了，她是一位真正的公主，因为压在这二十床垫子和二十床鸭绒被下面的一粒豌豆，她居然还能感觉得出来。除了真正的公主以外，任何人都不会有这么嫩的皮肤的，所以那位王子就选她为妻子了。因为现在他知道他得到了一位真正的公主。这粒豌豆因此也就送进了博物馆。如果没有人把它拿走的话，人们现在还可以在那儿看到。

绿　豆

绿珠泪泪沁心脾，宛若青城响血施。
喜煞醉翁开倦眼，烦疴立去抚征骑。

——《喻绿豆》·宋·陈若霜

物种基源

绿豆（Phaseolus radiatus），为豆科一年生草本植物绿豆成熟的种子。又名青豆子、植豆、交豆、青小豆、吉豆等。从外观上分为：明绿豆、毛绿豆和统绿豆；从收割方式可分为：刈绿豆和摘绿豆；从粒型上可分为大绿豆和小绿豆；明绿豆、毛绿豆、统绿豆属小豆型，刈绿豆的范畴；大绿豆因千粒重比小绿豆千粒重高出60％左右，属摘绿豆的范畴。河北宣化的鹦哥绿豆即属摘绿豆，颗粒大、色泽鲜、光泽好、沙性大，主要用于出口。

我国栽培绿豆历史较久，6世纪贾思勰《齐民要术》已有记述，大面积推广种植最晚于宋代。现全国各地均有栽培，由于生长适宜，东北、华北种植多。

生物成分

据测定，100 克绿豆，含蛋白质 22 克，脂肪 0.8 克，碳水化合物 57.2 克及微量元素钾、钠、钙、铁、锌、磷、硒。其蛋白质主要是球蛋白类，脂肪中主要含有磷脂胆碱等物质，磷脂成分中主要包括磷脂胆碱、磷脂酸乙醇胺、磷脂酸肌醇、磷脂酸甘油、磷脂酸丝氨酸、磷脂酸等。此外，绿豆中还含有胡萝卜素、维生素 B_2、E、视黄醇当量、尼克酸、硫胺素。

食材性能

1. 性味归经

绿豆，性凉，味甘，无毒；归心、胃经。

2. 医学经典

《开宝本草》："清热解毒，消暑利水。"

3. 中医辨证

绿豆，有消暑热、静烦热、润燥热、解毒热，对暑热烦渴、水肿、泻痢、丹毒、痈疖、解热药毒等症食疗促康复效果佳。

4. 现代研究

绿豆除了有清心安神、治虚烦、改善失眠多梦及精神恍惚等功效外，还能有效清除血管壁中胆固醇和脂肪的堆积、防治心血管病变。绿豆含有降血压及降血脂的成分，高脂血症患者每天进食 50 克绿豆、血清胆固醇下降率达 70%。绿豆常被用来解毒，如酒精中毒、药物中毒、食物中毒等。其中的多糖成分能增强血清脂蛋白酶的活性。使脂蛋白中甘油三酯水解达到降血脂疗效、从而可以防治冠心病。药理分析表明，绿豆有防止动脉粥样硬化症，还能使已升高的血脂迅速下降。其提取液有明显的解毒保肝作用。此外，绿豆皮对葡萄球菌有较好的抑制作用，绿豆对葡萄球菌以及某些病毒有抑制作用。能抗感染，清热解毒，据临床实验报道，绿豆的有效成分具有抗过敏作用，可治疗荨麻疹等反应性疾病。

食用注意

（1）服温热药物时不宜食用。绿豆寒凉清热，食用可降低温热类中药的治疗效果，故服温热药时不宜食用。

（2）服用四环素类药物时不宜食用。服用四环素类药物时不应进食含钙多的食物，因食物中的钙能和四环素类药物形成不溶性络合物，既影响药物灭菌作用，还会破坏食物的营养，绿豆为含钙多的食物，故不宜食用。

（3）服西咪替丁、甲硝唑、红霉素时不宜食用。服西咪替丁等时不宜食用含钙离子多的食物。绿豆含钙离子较多，服用西咪替丁时食用，能延缓或减少药物的吸收。

（4）服用铁制剂时不宜食用。食物中的磷元素能和铁制剂结合形成不溶性的复合体，降低铁剂的吸收，绿豆中含有丰富的磷元素，故服铁剂时不宜食用。

（5）煮食时不宜加碱。煮食时加碱可破坏绿豆中所含的维生素等营养成分，使营养价值降低，故煮食时不宜放碱。

（6）老人、病后体虚者不宜多食。绿豆甘寒养阴清热，热病后气阴两伤，适量食用有益于康复，多食则伤阳伐气，反影响健康，其他疾病后及老人体质较差者，更不宜多食。

（7）如果只是想消暑，煮汤时将绿豆淘净，用大火煮沸，10 分钟左右即可，注意不要久煮。如果是为了清热解毒，最好把豆子煮烂。这样的绿豆汤色泽浑浊，消暑效果较差，但清热解毒作用更强。

（8）绿豆忌与鲤鱼同食。

传说故事

宋真宗引种绿豆

相传，绿豆大面积推广种植，造福于民，始于宋代。宋真宗十分重视农业、听说印度的绿豆籽粒大、色泽油亮、绿色鲜艳、沙性好、口感美，于是派特使携带了五石合浦珍珠和新疆和田玉五车去印度，只从印度换得绿豆种二斗，种于皇家后苑，连续繁殖五代后赐给农家种植。从此以后，绿豆在中华大地广泛种植开来。

赤　豆

绿畦过骤雨，细束小虹霓。
锦带千条结，银刀一寸齐。
贫家随饭熟，饷客借糕题。
五色南山青，几成桃李溪。

——《红豆》·宋·苏东坡

物种基源

红豆（Phaseolus angularis），为豆科植物赤小豆或赤豆的干燥成熟的种子，又名赤豆、赤小豆、红小豆、杜赤豆、米赤豆、茅柴赤、米赤、猪肝赤、红饭豆、饭赤豆、赤菽、金红小豆、朱红小豆等。籽粒有红、白两种。红者，以色紫有光泽；白者，淡白色有光泽者佳。原产亚洲，我国栽培较广，以江苏、陕西、广西为主。

生物成分

据测定，100 克红豆，含蛋白质 20.7 克，脂肪 0.5 克，碳水化合物 58 克，膳食纤维 7.5 克。还含植物甾醇、微量的维生素 A、B_1、B_2、烟酸、微量元素有钙、磷、铁、硒以及三萜皂苷等。

食材性能

1. 性味归经

赤豆，味甘，酸，性平，微温；归心、小肠、肾、膀胱经。

2. 医学经典

《神农本草经》："专利下身之水而不能利上身之湿。"

3. 中医辨证

清热解毒、健脾益胃、利尿消肿、通气除烦、通乳，对水肿胀满、脚气浮肿、黄疸赤尿、风湿热痹、痈肿疮毒、肠痈腹痛、解酒毒、防结石有一定的食疗效果。

4. 现代研究

除传统药食功效外，赤豆煎剂对金黄色葡萄球菌、福氏痢疾杆菌及伤寒杆菌有抑制作用，赤豆中还能提制出一种粉状天然食用红色素，并被命名为"赤豆红色素"。

食用注意

（1）形瘦体虚及久病者不宜食用。赤小豆渗利损阴伤阳，补益之力不足，如食用，则使正气更为耗伤，体质更虚。

（2）不宜加碱煮食。煮食时加碱虽能使赤小豆变软，糜烂加快，但却能破坏赤小豆的维生素及无机盐等营养成分，故不应加碱煮食。

（3）服用四环素类药物及红霉素、甲硝唑、西咪替丁时不宜食用，以上诸药不应与含钙量高的食物同时食用。本品含钙量较高，故不宜同食。

（4）服用硫酸亚铁时不宜食用。食用含钙、磷较多的食物，其中的钙、磷元素易和铁剂结合形成不溶性络合体，降低铁剂的吸收。故服用硫酸亚铁时不应食用本品。

传说故事

宋仁宗与赤小豆

北宋仁宗年间的一个春天，皇帝赵祯一日起床时觉得耳下两腮部发酸，隐隐作痛，用手一摸，感到有些肿胀，遂唤来御医。御医跪着给赵祯切脉后，又细细地察看了两腮，然后奏道："陛下此症，名谓痄腮（腮腺炎），乃风湿病毒之邪，由口鼻而入所致。当以普济消毒饮内服，如意金黄散外敷，可保龙体安康。"

不料三天以后，赵祯病情恶化，恶寒发热，倦怠呕吐，两腮肿痛坚硬，张口困难……御医们慌了手脚，一个个走马灯似的为之诊治，然后研讨方剂，有的说："陛下乃邪与气血相结，当服软坚消肿之剂。"有的说："万岁系湿毒内袭，需用清热解毒之法。"赵祯怒道"养兵千日，用兵一时，全是一群废物。"御医们个个面如土色，浑身如筛糠，跌跪在地，连说："卑职死罪。"

不久，一张皇榜飞出宫门："凡能治愈皇上之疾者，必有重赏。"那京城之内，名医不下百余，然"伴君如伴虎"，又有谁敢去冒这个风险？一晃三日，京城有个姓傅的游方郎中，看到那张皇榜，他想：在京城近日生意清淡，无人问津，衣食无着，这皇帝既是痄腮之病，有何难哉？于是返回住处，取出赤豆若干，研成细末，以水调成糊状，美其名曰"万应鲜凝膏"。然后去揭下皇榜，给皇帝敷上，一连三天，居然治好了痄腮。自此以后，傅郎中名闻京城，病人络绎不绝，应接不暇。

蚕 豆

白花翠英旁畦低，桑女轻筐采更携。
磊磊绿珠嵌凤眼，纷纷红袖剥香泥。
——《咏蚕豆》·宋·陈若霖

物种基源

蚕豆（Vicia faba）为豆科野豌豆属，一年生或越年生草本植物蚕豆的种子。根据播种期可分为春蚕豆和冬蚕豆；以种皮色来分，可分为白皮豆、青皮豆和红皮豆。蚕豆又名胡豆、佛豆、罗汉豆、马齿豆、夏豆、回回豆、蜜豆、青皮豆、海豆、川豆等。蚕豆是世界上最古老的栽培作物之一，已有4000多年的栽培历史，原产亚洲西南至非洲北部一带，次生起源中心为阿富汗和埃塞俄比亚。我国栽培蚕豆由汉代张骞出使西域带回。在《太平御览》中记有"张骞使国外，得胡豆归"，已有2000多年的历史。

生物成分

据测定，每100克可食蚕豆，含蛋白质25.8克，脂肪1.5克，碳水化合物51.4克，膳食纤维2.6克，此外还有磷脂、胆碱、烟酸、维生素B_1、B_2和铁、磷、钙、钾、钠、镁等多种矿物质，亦含葫芦巴碱及巢菜碱甙等。

食材性能

1. 性味归经

蚕豆，性平，味甘，微辛；归脾、胃经。

2. 医学经典

《救荒本草》："利湿消肿，涩精止带。"

3. 中医辨证

蚕豆可补中益气、健脾益胃、清热利湿，对于中气不足、倦怠少食、咯血、衄血、女性带下等病症有很好的食疗协助康复的效果。

4. 现代研究

蚕豆具有以下养生功效：

（1）维持人体细胞的结构和功能。常食用蚕豆可为人体细胞的分裂繁殖提供物质基础，维持其功能。

（2）促进骨骼发育。蚕豆中含有丰富的钙，多食蚕豆有利于人体对钙的吸收，促进骨骼的发育。

（3）预防心脑血管疾病。常食蚕豆可减少和预防心脑血管疾病的发生。

（4）预防癌症。蚕豆中含有一种外源凝集素，这种物质可以附着在肠壁细胞吸收一些分子，而这些分子可抑制肿瘤生长。

食用注意

（1）有蚕豆病家族史和溶血家族史者忌食。有些先天性有缺陷的人（体内缺乏6-磷酸葡萄糖）即有蚕豆病者，食蚕豆特别是食生蚕豆或吸入蚕豆花粉后会发生急性溶血性贫血——蚕豆黄病，可突然出现发热、胃寒、面色苍白、软弱乏力、头昏头痛、全身酸痛（特别是腰痛）、胃肠功能紊乱、呕吐、恶心、厌食等症状，数小时内出现黄疸、贫血、尿色深黄或至酱红色（血红蛋白尿），甚至出现休克，心、肾功能衰竭而危及生命，故蚕豆须煮熟后再食。一旦发生蚕豆病应及时送医院救治。

（2）脾胃虚寒者忌食。蚕豆性壅滞，服过量易致食积腹胀。《本经逢原》："性滞，中气虚者食之，令人腹胀。"老蚕豆多食易腹胀，需煮烂食。

（3）儿童慎食。蚕豆含0.5%的巢菜碱苷，摄入过量可抑制机体的自然生长。

（4）对蚕豆过敏者忌食。蚕豆含较多的蛋白质，部分人食后可产生过敏反应，出现发热、心慌及肠胃不适症状。

（5）服优降宁、痢利灵、呋喃唑酮、帕吉林时忌食，否则可能会诱发血压升高，甚至导致高血压危象，严重时会出现脑出血。

（6）服云南白药患者忌食蚕豆。

传说故事

徐文长与茴香豆

茴香豆，是浙江绍兴一带文人食客和劳动人民喜爱的下酒佳品，其味美醇厚，"茴香豆"又被称为"还乡豆"，这与才子徐文长贪吃误考的一段趣事有关。

徐文长一生除了喜爱诗词、文赋、书法、丹青之外，还有第五大嗜好，就是吃茴香豆。传说他是靠吃茴香豆才考上秀才，又为着吃茴香豆而丢弃了举人功名。徐文长年轻的时候，曾经两次在县里考秀才，都不曾考中。什么原因呢？原来他文思敏捷，笔头极快，别人要花三个时辰完成的试题他不消一个时辰就答完了。封建时代的科举制度严格规定，考生不得提前交卷和离开考场，否则，被视为狂生。余下两个时辰。他耐不得寂寞，便提着笔在试卷的背面东涂西抹地画起来。他画了一个年轻官员，头戴乌纱，身穿蟒袍，正在祠堂里焚香祭祀祖先（古代有惯例，考中得官后须到祠堂去拜谢列祖列宗）。试卷呈上去后，主考官一看文章，字字珠玑，句句锦绣，十分赞赏；但一看到后面的画，眉头顿时打起结来。这考生还没有做官，倒已在打算祭祖了，实在狂妄自大。于是提笔批了八个字："文章虽妙，祭祖太早。"竟将试卷丢进了焚字炉。第二次考试，徐文长毛病重犯，又在试卷背面画了只展翅高飞的凤鸟。主考官一看又不高兴了，批语是："才学虽高，野心不小。"自然又没有让他上榜。他两次名落孙山，徐文长本人并不在意，他老婆可急了："这么下去怎么得了！"猛想起徐文长平时嗜豆如命，只要有茴香豆吃，天大的事也会置于脑后，于是有了主意。待到第三次考试时，她特地缝制了一只布袋，装满了茴香豆，让丈夫带到考场吃。徐文长进了考场，果然顾不得看考卷，津津有味地嚼起茴香豆来。待一袋豆吃完，离终场时间只有半个时辰了。徐文长这才擦擦嘴巴，抓过试卷一看，不加思索，一挥而就。这一次，试卷后面没有来得及画什么，主考大人很满意，徐文长总算成了一名秀才。

考上秀才以后，老婆想他还要赴省城杭州去参加乡试考举人，又准备了一袋茴香豆。徐文长背着一袋茴香豆上路了。第二天清早，老婆刚拉开院门，一眼看到村口大道上，徐文长急急忙忙往家中走来。老婆诧异地问，你怎么回来了？路上出事了？徐文长扬着手中的袋说："娘子，豆在路上吃完了，所以我只好连夜赶回来了。"老婆气的只好换了个大布袋装豆。可是不出两天他又回来了。后来索性给他装了一麻袋豆，足有数十斤，够他吃几个月的，雇了头毛驴驮着，不料道曲折难行，再加上毛驴走不快，徐文长又舍不得丢掉那一麻袋宝贝茴香豆，所以赶到杭州时，一年一次的乡试已结束了。徐文长回到家中，老婆免不了埋怨一番。徐文长却笑呵呵地说："功名前程有什么滋味？吃不到茴香豆，我情愿回乡来。"老婆无可奈何地说："唉，茴香豆变成还乡豆了。"

白 扁 豆

描凤画坊描白凤，一声春雷九州同。
作药做膳何日起，大慈大悲谢神农。

——《白扁豆》·清·陈盎

物种基源

白扁豆为豆科一年生缠绕草质藤本植物扁豆（Dolichos lablab）白色成熟种子，处方用名扁豆、白扁豆、生扁豆、炒扁豆，又名峨眉豆、白凤豆、羊眼豆、茶豆、藤豆、树豆、白小刀豆、南白豆、白膨皮豆、白沿篱豆、白南扁豆等，主产于湖南、湖北、云南、贵州、安徽和江苏省的北部地区，是典型的药食两用植物。

生物成分

经测定，每 100 克白扁豆含蛋白质 22.7 克，脂肪 1.8 克，碳水化合物 57.0 克，膳食纤维 8.7 克，含钙、镁、磷、锌等微量元素及植酸钙、泛酸、淀粉抑制酶、L-呱可酸、血球凝集素 A、B、阿拉伯半糖 1 和阿拉伯半糖 2、维生素 B、C、胡萝卜素、水苏糖、麦芽糖、棉籽糖、果胶多糖、脂肪酸、棕榈酸、硬脂酸、花生酸、山萮酸以及植酸等物质。

食材性能

1. 性味归经

白扁豆，味甘，性微温；归脾、胃经。

2. 医学经典

《神农本草经》："补脾止泻，解暑化湿。"

3. 中医辨证

白扁豆甘温，补脾而不滋腻，芳香化湿而不燥烈，故为补脾、化湿、解暑之佳品。凡脾虚有湿的泄泻或妇女带下，以及暑湿内壅之吐泻等症，皆常应用。大病之后，初进补剂，先用本品，调养正气而无壅滞之弊。解暑宜生用，健脾胃宜炒用。

4. 现代研究

白扁豆有抗菌、抗病毒作用，对痢疾杆菌有抑制作用，对食物中毒引起的呕吐、急性肠胃炎等有解毒作用，对人体还具有免疫功能。

食用注意

（1）白扁豆生食有毒，研末作药服用要在中医师指导下进行。
（2）多食白扁豆会导致壅气。
（3）食积有寒热者忌食用。
（4）不宜油炸食用，油炸食用会破坏白扁豆中所含的维生素等营养成分。

传说故事

白扁豆的传说

相传，唐僧还在娘肚中时，父亲陈子春带着妻子殷凤英赴九江上任。从河南堰师到长江边换乘水路时，上了江洋大盗刘洪的贼船，行致途中，刘洪突然惊呼："真古怪来真古怪，南边有金龙在戏水，北部有鲤鱼跃龙门，速请陈大人出舱看宝珍。"陈子春闻得，信以为真，忙从船中钻出问刘洪何处有宝珍。话语未了，刘洪一脚将陈子春踢落江心。将身怀唐僧的殷凤英连同金银细软劫往含潘口，陈子春被打落江中顺江流而下，撞进东海龙王三小姐闺房后花园，被三小姐的贴身丫鬟蚌精发现，将其藏在自己的私房，并从龙宫宝库盗得还魂枕，经过七七四十九天后，陈子春真魂附体还阳，由衷感激蚌精的救命之恩，将随身的传家宝夜光珠赠给蚌精，以示救命之情。蚌精对陈子春亦日久生情，顺手将七珠条形珍珠发夹回赠陈子春，并恋恋不舍，将陈子春送至九江复任，惩处刘洪贼，与殷凤英团圆，随身带到任上的七珠条形珍珠发夹被殷凤英发现，殷凤英出于妒忌，将七珠条形珍珠发夹扔出衙门窗外，落地后长出了白扁豆缠绕于树上。

注：关于唐僧父亲"陈子春"和母亲"殷凤英"两名字是民间传说中的又一版本。——编者

扁　豆

豆花初放晚凉凄，碧叶阴中络纬啼。
贪与邻翁棚底话，不知新月照清溪。
——《凉生豆话》·明·王伯稠

物种基源

扁豆为豆科植物扁豆（Dolichos lablab）的嫩荚和成熟的豆粒，依豆粒的颜色可分为斑扁豆、赤扁豆、黑扁豆和白扁豆，又名架豆、耳朵豆、羊眼豆、南扁豆、茶豆、膨皮豆、小刀豆、峨眉豆、南豆、眉豆、沿篱豆、鹊豆、肉豆等。据史料考证，扁豆为我国原生栽培植物，有5000多年历史，现全国均有种植。

生物成分

据测定，每100克可食扁豆（干豆），蛋白质19～25.3克，脂肪0.4～1.3克，碳水化合物42.2～55.4克，膳食纤维6.5～13.4克，含维生素 B_1、B_2、B_{12}、A、E及微量元素镁、铁、钙、锌、硒、磷等。

食材性能

1. 性味归经

扁豆，味甘，性微温；归脾、胃经。

2. 医学经典

《药性辩疑》："扁豆，属清暑，故和中而止霍乱，极补脾故治痢而闭脓血，消水湿、治热泄。"

3. 中医辨证

扁豆，有调和脏腑、安养精神、益气健脾、消暑祛痰和利水消肿的功效。

4. 现代研究

扁豆中的植物酸、杨梅素、槲皮素、芹菜素、可防止细胞癌变、降低胆固醇、防治糖尿病、保持血管畅通、通经络、行经脉的功效。含有的丰富维生素 B_2，可健脑美容。维生素C能加速手术后康复，预防病毒与细菌感染，对于防过敏与感冒很有帮助。

食用注意

（1）不食未煮熟的扁豆荚，因其含抗胰蛋白的酶因子和植物凝血素、皂素等物质。抗胰蛋白酶影响人体对蛋白质的消化吸收；植物血球凝集素有凝血作用；皂素对消化黏膜有刺激作用，可引起溶血性疾病。还容易导致恶心、呕吐、腹痛等中毒症状。

（2）扁豆筋宜用手撕不要用刀切。如切碎，则刀上铁元素可破坏扁豆中的维生素C，造成不

应有的营养损失。

（3）不宜油炸扁豆，油炸扁豆可破坏扁豆中所合的微量元素等成分，降低营养价值。

（4）食积胀满患者，尽量少食和不食扁豆。

（5）服用潴钾排钠类利尿药患者禁食扁豆。因扁豆中钾含量较高，每100克扁豆含钾1.3克左右，因大多利尿药如螺内酯等忌食含钾量高的食物。

传说故事

红白扁豆的来历

相传，500万年前，王母娘娘与阴蚀王，同拜红光老祖为师，师兄妹二人日久生情，就在烈火炖油时，玉皇大帝从中插了一杠子，谁知神仙也和凡间一样，也神往高处看，水往下方流，玉皇大帝毕竟是天庭之主，王母娘娘就抛开阴蚀王，嫁给了玉皇大帝，生下了赤、橙、黄、绿、青、兰、紫七个仙女。阴蚀王为报复情敌，利用扫帚星想当上星的机会，让扫帚星唆使王母娘娘的七个女儿全部下凡人间，嫁神的嫁神、嫁人的嫁人。如大仙女红儿嫁给食神，七仙女紫儿嫁给凡人董永。王母娘娘为此事十分恼火，命赤脚大仙去南天门把顺风耳和千里眼叫到灵霄宝殿问个明白，一是七个仙女下凡为什么不报？二是七个仙女现在何处安身？可赤脚大仙来到南天门，顺风耳和千里眼二仙不想卷入是非门，去当是非人，加之顺风耳又和千里眼与阴蚀王都沾亲搭故，顺风耳和阴蚀王是表弟兄，千里眼与阴蚀王是姨弟兄。一个说近来耳朵闭气，什么也听不见，一个说近来有眼疾，什么也看不见，总之，就是不肯上灵霄宝殿去见王母娘娘。赤脚大仙无法，伸出双手揪住顺风耳两只大耳朵，拖了就跑，而顺风耳死活不走，屁股往下一埋，只听嚓嚓两声，两只血淋淋的耳朵抓在赤脚大仙的手中，赤脚大仙一气之下，手一甩，将顺风耳两只被揪下来的耳朵扔向凡间。由于用力过猛，一只掉下凡间，一只掉在天庭盛放救火水的大水缸中，赤脚大仙一不做二不休，又从水缸中捞起了耳朵再扔向凡间。这两耳朵落入凡间后长出了两种扁豆，没进水缸泡过的血耳长出来的是红扁豆，在铜水缸泡去血水落到凡间长出来的是白扁豆。

豇　豆

风拂裙带细又长，可蔬可果亦可粮。
荤素皆宜药食可，犹入花丛阵阵香。

——《豇豆》·现代·陈德生

物种基源

豇豆（Vigna sinesis），为豆科豇豆属一年生缠绕草本植物亚种豇豆的嫩荚或成熟的种子，又名饭豆、姜豆、长豇豆、角豆、腰豆、甘豆、长豆、浆豆、裙带豆、架豆、蔓豆、江豆、黑脐豆等。豇豆在全世界达160多种，我国所种有五种：普通豇豆、短豇豆、长豇豆和盘香豇豆、饭豇豆。据考证，我国栽培豇豆已有3000多年的历史，全国各省（区）市均有栽培。

生物成分

据测定：每100克可食干豇豆，含蛋白质18.4～20.2克，脂肪1.1～1.4克，碳水化合物54.4～58.9克，膳食纤维6.5～8.2克，还含有多种氨基酸、磷脂、类黄酮、胡萝卜素、维生素B_1、B_2、B_{12}、C、E及多种矿物质。其中，钙与铁的含量较高。

食材性能

1. 性味归经

豇豆，味甘，性平；归脾、胃经。

2. 医学经典

《医林纂要》："理中益气，补肾健胃。"

3. 中医辨证

豇豆，健脾补肾，对脾胃虚弱、泻泄、消渴、遗精、小便频繁有食疗促康复效果。

4. 现代研究

豇豆所含维生素 B_1，能维持正常消化腺分泌和胃肠道蠕动的功能，抑制胆碱酶活性，可帮助消化、增进饮食。含优质蛋白质和适量的碳水化合物及多种维生素、微量元素等，可补充机体的营养。所含维生素 C 能促进抗体的合成，提高机体抗病毒能力。

食用注意

豇豆多食则易滞，故气滞便结者不宜食之过量，以免发生腹胀之疾。

传说故事

秦始皇的赶山填海鞭

豇豆的来历，与秦始皇有一段相关的美丽的传说。秦始皇统一中国后，心中最放不下的事是华夏大地山峦叠嶂，西高东低，凹凸不平。为了却心愿，他去求助于天庭主管搬重移物的大力神——麻力大仙，帮助移山填海，麻力大仙说："这有何难，我借你一根赶山鞭，只要把我这鞭儿拿在手上轻轻一挥，高山夷为平地，山填大海变桑田。"秦始皇听后非常高兴，拿起赶山鞭轻轻一挥，果然灵验，将原在河南嵩山位置的泰山，移至山东临海现在的泰安。移山填海的事，非同小可，惊动了东海龙王敖广，他忙召集四海龙王商量如何阻止秦始皇移山填海，保住数百万年的龙宫。四海龙王正无计可施之际，东海龙王的三女儿咐耳于父："如此这般……"东海龙王哭丧着脸说："事到如今也只好如此了"。于是东海龙王三小姐，带着贴身丫鬟蚌精和赶鱼虾的水族鞭，腾云驾雾，半夜子时来到秦始皇的阿房宫，叫蚌精在宫外守候，独身入宫，只见秦始皇与正宫娘娘眉开眼笑，嬉闹调情，好生快活。三小姐念动真言，将秦始皇的正宫娘娘移身，自己摇身一变，变成秦始皇的正宫娘娘，继续与秦始皇嬉戏调情，情激顶峰，为不露馅，便也尽情与秦始皇云雨一番。秦始皇与龙王三小姐云雨过后，心旷神怡，满足地进入梦乡，呼呼入睡。三小姐见秦始皇睡熟，将"水族鞭"与"赶山鞭"调了包，并将赶山鞭断成三截抛向中原大地，长成像鞭杆、鞭梢样豇豆随风飘荡。第二天，秦始皇全朝銮驾，带领文武大臣，聚集于天山、昆仑山准备移山填海，可三鞭打下，高山纹丝不动，只有山沟的小鱼小虾炸开了锅，四处逃命……

刀 豆

草木皆兵刀不奇，温中止呃胜柿蒂。

酱汁蜜饯老收子，青啖佐酒炖螃蜞。

——《戏说食刀豆》·现代·陈德生

物种基源

刀豆（Canaualia gladiata），为豆科刀豆属一年缠绕性草本植物刀豆的嫩荚或种子，又名中国刀豆、关刀豆、大刀豆、挟剑豆、刀鞘豆、刀巴都、马刀豆、刀培豆、马豆等。

刀豆有立刀豆（矮生）和蔓生刀豆两种。我国的刀豆栽培历史已有 1500 多年，现栽培的主要是蔓生刀豆。矮生刀豆有栽培，数量不太多，主要分布在华南、华东的苏、浙、皖及长江以南地区，西南亦有少量种植。

生物成分

据测定，每 100 克鲜嫩豆荚含蛋白质 2.1 克，脂肪 0.3 克，碳水化合物 4.4 克，膳食纤维 1.8 克。

每 100 克可食刀豆种子含蛋白质 18.4 克，脂肪 10.4 克，碳水化合物 60.2 克，膳食纤维 4.3 克。微量元素钙、磷、铁、镁及胡萝卜素、维生素 B_1、B_2、尼克酸。此外还含有赤霉素 I、II、血球凝集素等物质。

食材性能

1. 性味归经

刀豆，味甘，性温；归肺、胃、肾、大肠经。

2. 医学经典

《救荒本草》："温中下气，益肾补元。"

3. 中医辨证

刀豆，补充元气、温中下气、止呃逆、益肾，对虚寒呃逆、呕吐、腹胀、肾虚腰痛、痰喘等症的食疗康复有益。

4. 现代研究

刀豆具有较高的营养价值，含有丰富的糖类、蛋白质和脂肪、具有维持人体正常代谢的功能、促进人体内多种酶的活性，从而增强机体免疫力，提高人的抗病能力；刀豆所含刀豆赤霉素和刀豆血球凝集素能刺激淋巴细胞转变成淋巴母细胞，具有抗肿瘤作用；血球凝集素对用病毒或化学致癌剂处理后而得的变性细胞的毒性大于正常细胞的毒性。还可使部分肿瘤细胞重新恢复到正常细胞的生长状态。

食用注意

（1）刀豆中所含的活性成尿酶和血球凝集中的有害成分，只有在煮熟透的情况下，才能被破坏，故不宜食半生不熟的刀豆。

（2）胃热盛者慎食刀豆。

传说故事

华佗与刀豆的传说

相传，三国时代，魏国曹操经常犯头痛病，一发作，抱头在床上乱滚，他叫手下人请当时名医华佗来诊治。一次，曹操的头痛病止疼后，曹操问华佗："本相此病有无根治之法？"华佗见问得真诚，便也回答中肯："丞相此疾，当然有根治之法，需要动手术，动手术时，必须要选择风和日丽的晴天中午，这样有利于根治，刀痕在天气变化时不留有后遗症。"曹操认可。一日，在天气晴好的中午，华佗应约为曹操做头风病手术，可一打开手术包，曹操见包内刀、锤、锯、钻、凿、针、线，凡是民间木匠有的工具包里应有尽有，木匠没有的工具也具备。曹操一见，凝心病又犯了，大惊失色，这时在一旁察言观色副谋士许辽乘机与曹操附耳："丞相，华佗图谋不轨，有害您的动机，理由有三：一是手术包内藏有利器；二是手术期选在二月十七，选在乌龟生日为您忌日；三是时辰选在午时，是古对死囚行刑的恶时辰。"曹操听毕，忙命武士将华佗当场绑了，还叫华佗将做手术的柳叶刀吞下肚，定于当天午时三刻问斩。临刑前，华佗当众将手术刀头吐在刑场以示自己医德清正，后来入土刀头长出了和手术刀一模一样的藤蔓植物刀豆。

四 季 豆

风吹带断难系铃，铃落尘土结荚柄。
年年月月花不尽，一枝一叶总关情。

——《戏说四季豆》·清·宗磊

物种基源

四季豆（Phaseolus vulgaris），为豆科菜豆属一年生缠绕草本植物四季豆的嫩荚和种子，又名荬豆、唐豆、龙爪豆、云扁豆、龙牙豆、龙骨豆、二生豆、三生豆、玉豆、棍豆、梅豆等。

四季豆起源于中南美洲，考古学家在墨西哥曾发现公元前7000年的野生四季豆的化石遗迹。史料记载，我国种植四季豆始于明代。目前栽培面积仅次于大豆。我国栽培品种有硬荚形和嫩荚形两种。硬荚形的我国民间称饭豇豆。而嫩荚形的我国民间称菜豇豆。嫩荚形是我国农学家培育的特形品种，所以我国是嫩荚形四季豆的起源中心。经大棚栽培后，一年四季都有清脆碧绿嫩的豆荚上市，因而得名为四季菜豆。

生物成分

经测定，每100克可食嫩四季豆荚，含蛋白质1.5克，脂肪0.4克，碳水化合物4.7克，膳食纤维1.5克。

100克可食四季豆干豆含蛋白质23.4克，脂肪3.4克，碳水化合物47.4克，膳食纤维9.8克，富含微量元素钙、镁、磷、铁、锌、硒及维生素A、B_1、B_2、C、胡萝卜素等营养物质。故营养学家认为，四季豆营养丰富，含有多种被人体易于吸收的物质，可促进人体内多种酶的活性增强，使人精力充沛，同时还能增强人体的抗病能力。四季豆的种皮含有无色蹄文天竺素、无色矢车菊素、无色飞燕草素、山柰酚、槲皮素、杨梅树皮素等成分。

食材性能

1. 性味归经

四季豆，味甘，淡，性温；入脾、肾经。

2. 医学经典

《滇南本草》："温中下气、健脾利水、益肾。"

3. 中医辨证

四季豆、健脾和胃，补肾，对肾虚腰痛、淋巴结核初起、慢性胃痛、痢疾、百日咳、小儿疝气、糖尿病等疾病有食疗康复效果。

4. 现代研究

四季豆的营养价值很高，是很好的植物蛋白质来源，所含的碳水化合物能起到类似粮食的作用，纤维有利于降低人体内的胆固醇，适用于高血脂人群，还能加强胃肠蠕动，有利于防止便秘。四季豆含蛋白质、脂肪、钙、铁、磷、淀粉和维生素 A、维生素 B、维生素 C，能补血、明目、助排泄、防脚气；它含有的高蛋白质和维生素 B 能健脾补肾，理中益气；亦含有大量的铁质，具有造血、补血的效用。四季豆种子中含有植物血凝素，重症肝炎、再生障碍性贫血、血细胞减产症、血小板减少性紫癜、流行性出血热等疾病患者食疗可促康复。富含蛋白质和矿物质，能预防肠胃不适。

食用注意

（1）胃有热者忌食。
（2）不可生食，应煮熟食用。

传说故事

张果老与四季豆

相传，吕纯阳在八仙中可算得上是一个风流大仙。在民间有吕纯阳三戏白牡丹的佳话，在八仙中也有常戏何仙姑的传说。有一日，在云南昆明郊外，吕纯阳与何仙姑以绿草为床，彩云当被，成就云雨好事，被倒骑毛驴四海游荡的张果老撞见。张果老大仙感到又好气又好笑，气的是吕、何二仙不守仙规，青天白日做出了常人难为的荒唐事。笑的是仙家和凡人没有什么两样，七情六欲一样不缺。于是他来了个恶作剧，手指吕、何二仙腰带念念有词，念毕用手捏住毛驴的嘴巴，对准二仙裤腰带又吹了一口驴气，顿时，何、吕二仙的裤腰带断成一节一节的，纷纷落入草丛不见了，二仙没了裤腰带全然不知，等双双站起来时，裤子都一直落到脚面上。从此，民间把生活作风不好的人喻为："没裤腰带约束的人。"而落入草丛中的断裤腰带，长出了"终年花盛开，四季都结荚"的四季豆来。

芸 豆

外表全然琥珀色，纹身如穿花衣裳。
粉粉甜甜娇子豆，半作佳蔬半作粮。
——《芸豆》·现代·陈德生

物种基源

芸豆为蝶形花科豆属，一年生缠绕藤本植物颅豇豆（V. cylindrica）的种子，又名白豆、菜豆、花雀斑豆、麻雀斑芸豆、大白芸豆、大黑花芸豆、黄芸豆和红芸豆等，其中大白芸豆和大黑花芸豆品种最为著名。

芸豆对光照要求不严格，属中日照性植物，在长日照和短日照条件下均能正常生长、开花、结果。因此、我国大部分地区均可春、秋两季栽培。

生物成分

据测定，100 克可食芸豆，含蛋白质 22.5 克，脂肪 0.9 克，膳食纤维 3.6 克，碳水化合物

9.2克。还含多种人体所必需的氨基酸、维生素 A、B$_1$、B$_2$、B$_3$、C、E 等以及含钙、镁、磷、铁、锌、锰、铬、硒等微量元素和尿素酶、皂甙等。

食材性能

1. 性味归经

芸豆，味甘，性温，无毒；归脾、胃、肾经。

2. 医学经典

《医食心鉴》："温中和气，宣肺气，利肠胃，益肾补元。"

3. 中医辨证

芸豆，调颜养生、生精髓、止消渴，对脾胃虚弱导致的身体消瘦、面色萎黄、食积腹胀及肾虚遗精、腰酸带下等症有食疗促康复效果。

4. 现代研究

芸豆营养较全面，经常食用可加速肌肤新陈代谢，所含的特殊的皂甙类物质，能够有效地促进脂肪代谢。芸豆还是一种高钾、高镁、低钠食材，对心脑血管疾病患者康复有很大的帮助。

食用注意

（1）芸豆中含有血细胞凝集素和溶血素，食时一定要炒熟煮透，以免产生不良反应。
（2）芸豆在食后消化吸收过程中会产生过多的气体，造成肚子胀气，故不宜过量食用芸豆。

传说故事

五色石渣生芸豆的传说

相传，《西游记》中的孙悟空与六耳猕猴都是十八长老须菩提的徒弟，但二者的出生各异。孙悟空是石矶娘娘身上月经来潮，坐在昆仑山顽石上休息时，月经滴在石头上经日经月华，从石头中蹦出来的。六耳猕猴是罗刹女在荡秋千时，月经来潮，滴在椴木秋千板上，后秋千板腐烂，在烂板缝中生出了六耳猕猴。故此，孙悟空的武艺要胜六耳猕猴一筹。

一天，孙悟空和六耳猕猴一起，都说石矶娘娘是亲生母，争执不成，二猴打了起来。

孙悟空抢起十万八千斤的金箍棒把六耳猕猴往死里打，六耳猕猴边打边往西退，退到西北擎天柱时，孙悟空对准六耳猕猴脑门一棒，六耳猕猴头一歪，孙悟空一棒打断西北擎天柱，天塌一角，连玉皇大帝也大惊失色，忙命女娲娘娘带补天童炼五色石补天，补完后，补天童把剩下的五色石碎渣，拎住袋往下一抖，纷纷落入人间。后来在中原大地发芽、生根、长叶、开花、结果，这果实便是芸豆。

莱 豆

洪荒鉴尝神农氏，初播试种邱处机。
洁白无瑕胜似米，列入救荒洪武后。

—— 《莱豆》·现代·陈德生

物种基源

莱豆，为蝶形花科豆属，一年生藤蔓性或矮生草本植物大莱豆（Phaseolus limensis）或小莱豆（P. lunatus）的种子，又名皇帝豆、大拇指豆、雪豆、细绵豆等，原产我国，因种植较少，后因战乱而一度绝种。1960 年又从台湾省引种到大陆。它是豆类中除淮蚕豆之外豆粒粒径最大者，加上风味的甘香位于豆类之冠，因此，博得"皇帝豆"之美誉。台湾习俗过年吃莱豆，有步步高升，当大官赚大钱的吉祥之意。

生物成分

经测定，100 克可食莱豆，含蛋白质 23.5 克、脂肪 3.2 克、膳食纤维 10.0 克、碳水化合物 55.1 克，还含有微量元素、钙、磷、铁、锌、硒等及维生素 A、B_1、B_2、C、胡萝卜素、烟酸等。

食材性能

1. 性味归经

莱豆，味甘、平、性温，无毒；归脾、胃、膀胱、大肠经。

2. 医学经典

《寿世传真》："除湿，消水肿，调肠胃。"

3. 中医辨证

和五脏、助消化、生精髓、健脾胃，对脾虚胃弱泻痢、消渴、遗精、白带、白浊、小便频繁等症有辅助食疗康复效果。

4. 现代研究

莱豆具有提高人体自身免疫能力，增强抗病功效。可激活淋巴细胞等，对肿瘤细胞的发展起抑制作用，它所含的尿素酶可用于肝昏迷（肝性脑病），常食效果较好。

莱豆中皂甙类物质能降低脂肪的吸收能力，促进脂肪代谢，所含的膳食纤维可以加快食物通过消化系统的时间，想减肥者多食用莱豆，会达到瘦身的效果。

常食莱豆，对皮肤、头发很有好处，可提高肌肤的新陈代谢、促进机体排毒、令肌肤延缓衰老，常葆青春。

食用注意

（1）莱豆虽有利肠整胃之功效，但一次也不宜吃得过多，以免肚子胀气难受。
（2）莱豆煮食必须煮熟煮透，否则，莱豆的有害物质不能破坏而出现中毒现象。

传说故事

"皇帝豆"的来历

莱豆之所以叫"皇帝豆"，这与汉朝开国皇帝刘邦有关联。相传，汉高祖刘邦是在砀荡山斩白蛇后才发迹的，这背后有一段鲜为人知的故事。刘邦原是黄龙，为南海龙王，经再度修炼终成正果，投胎转世为人皇（即当皇帝），而白蛇则是烃河龙王，是一条白龙，其修炼道行与黄龙仅一步之遥。这一步之遥，意味着他要想成人皇，必须等汉朝气数尽，改朝换代才可成人皇。白龙等不及，于是准备乘刘邦路过砀荡时，以巨形白蛇现身，张开血盆大口将刘邦吞入肚内而灭之，这样便可顺利地将刘邦取而代之。而刘邦对白蛇现身砀荡也心知肚明，毅然拔出利剑迅速将白蛇斩杀，并用剑挖去白蛇双眼，弃扔于砀荡山洞，口中念念有词：

蛇眼圆溜溜，晶莹赛玉球。

入涧洁白菽，席间可佐酒。

后来，滚入山涧的白蛇眼睛，果真长出又大又白圆的菜豆，又因蛇眼出于汉高祖刘邦的手，菜豆佐酒又出于刘邦的口，故有"皇帝豆"的名称。

野 米 豆

蝶形黄花开，雁去燕子来。

斜坡生野豆，天赐美食材。

——《野米豆》·现代·陈德生

物种基源

野米豆为豆科赤豆属，一年生缠绕草本未经完全驯化的长藤野米豆（Phaseolus angularis Wight）的种子，又名野龙牙豆、野生藤豆，野架豆、野龙爪豆等，因牵藤过长，野性十足，故又称"野爬豆"。

野米豆的种子有淡绿色和淡红色两种，前者种皮淡绿而薄，口感佳；后者种皮淡红而稍厚，口感一般。因种实的直径与长度比为 1∶2 左右，与稻米的粒径和长度比相仿，故有野米豆之名。苏、浙、皖均有少量栽培，由于野性尚存，对土地和需肥要求不高，产量可与小赤豆不相上下，遇到风调雨顺之年，有过之无不及。

生物成分

经测定，100 克可食野米豆，含蛋白质 19.8～23.2 克，脂肪 0.4～1.2 克，碳水化合物 52.8～55.6 克，膳食纤维 9.8～13.7 克。含微量元素钙、磷、铁、镁、锌、铜、硒等，以及尼克酸、抗坏血酸、胡萝卜素、核黄素、硫胺素，并含糖蛋白、其糖分为甘露糖、葡萄糖胺、阿拉伯糖、木糖及岩藻糖等。

食材性能

1. 性味归经

野米豆，味甘，淡；归脾、胃、肾、膀胱经。

2. 医学经典

《救荒本草》："温中补肾，利尿消肿，散寒。"

3. 中医辨证

野米豆，温中利水、补肾，对腰腿乏力、小便不畅、水肿胀满、脚跟浮肿、风湿热痹、疮毒等杂症有食疗辅助效果。

4. 现代研究

野米豆是一种滋补性食物，可促进人体内多种酶的活性增强，提升抗病能力。野米豆中含的赤霉素 A_{21} 和 A_{22} 及游离氨基酸有抑制癌细胞作用。所含的植物血凝素，可有助于重症肝炎、再生障碍性贫血、白细胞减少症、血小板减少性紫癜，流行性出血热等症状的缓解。所含蛋白质和矿物质，能预防肠胃不适。

野米豆含脂肪量少，而其中所含的维生素 A 和钾，可预防贫血，润肤、保护眼睛、坚固牙齿与骨骼，对于抗老化、抗氧化效果很好，还能维持血压正常，增进神经传达的功能。

食用注意

（1）野米豆虽有调整肠胃的功能，但一次勿食用过多，以免出现胀气，肚子闷痛等不良反应。

（2）野米豆若为自己栽种，成熟后摘取新鲜烹食风味最佳，如存放长久则原味尽失。

传说故事

张果老毛驴与野米豆的传说

相传，一日八仙聚会蓬莱仙境，在蓬莱阁，一边饮酒作乐，一边商量如何去戏耍东海龙王，可张果老忘了将毛驴收进道情筒内，散放在蓬莱岛的朝阳斜坡上。突然，从草丛中钻出条像壁虎一样大小的草鞋龙一上来就斗毛驴玩。毛驴用尽力气对着草鞋龙大吼一声，草鞋龙一吓，调头就逃。毛驴紧赶草鞋龙，并用驴蹄去踩草鞋龙的尾巴，草鞋龙只顾逃命，毛驴踩一脚，草鞋龙就丢一节尾巴。被毛驴踩入泥中的草鞋龙的断尾巴，马上长上藤蔓，开着蝶形黄花，结出了像草龙尾巴样的野米豆。荚内一粒粒野豆米，活像草鞋龙尾巴中一节一节的软骨。

白 米 豆

形似米粒化身，超越米之功能。
秋风初起收获，扯断无数蔓藤。
——《白米豆谣》·苏北民歌

物种基源

白米豆，为蝶形花科赤豆属，一年生藤本植物米豆（Phaseolus angularis）的白色种子，又名牛米豆、米豆、米眉豆、米眼豆、米草豆、白眼豆等。原产我国，后由旅外华人传到东南亚及印度，因其种子的色泽和口味与稻米相似而得名，以身紧、色白带淡绿者佳，黄淮地区有栽培。

生物成分

白米豆，经测定，每100克可食米豆，含蛋白质20.2克，脂肪0.6克，膳食纤维6.5克，碳水化合物56.6克，还含有丰富的维生素A、B_1、B_2、B_3、C、E、叶酸、胡萝卜素、木质素及微量元素钙、铁、镁、锰、钾、硒等。

食材性能

1. 性味归经

白米豆，味甘，性微温；归胃、肾、大肠经。

2. 医学经典

《汤液本草》："调五脏，暖肠胃，补气和中，助十二经脉。"

3. 中医辨证

白米豆，滋养、解热、利尿、消肿，对脾胃虚弱、肾虚遗精、口渴多尿者、糖尿病患者有辅助食疗康复之效。

4. 现代研究

白米豆，所含膳食纤维素可抑制癌细胞生长，尤其对乳房癌及生殖系统的癌症有较好的助疗作用。白米豆脂肪含量少，且其含维生素 A 与钾，可润肤、保护眼睛和预防贫血，固牙齿、强骨骸、抗氧化、抗衰老的效果，还可维持血压平稳，增进神经传达功能，如与谷类或薯类一起蒸煮食用，可提升蛋白质的利用率。白米豆所含的叶酸是育龄妇女不可或缺的重要营养之一。

食用注意

（1）使用量要控制得当，不宜多食，防止肚子胀气难受。
（2）煮食时一定要煮熟透，防止半生不熟，食后对身体带来不适。

传说故事

白米豆的传说

喜爱看各种版本《白蛇传》的人很多，但大多数人只看到白娘娘与法海和尚斗得地动山摇，不可开交的后果，鲜为人知的前因却知之甚少。

相传，数千年前，在四川峨眉山，白娘娘还是一条雌白蛇，法海和尚不过是一只母癞蛤蟆，都拜移山老母为师在仙山学道，二者需修炼三千年才能圆满修成正果。法海一心潜心修炼，而白娘娘听从北固山黑风老妖乌鱼精的唆使，可走捷径不需三千年，就能提前功德圆满修成正果。黑风老妖告诉白蛇，只要每天吃掉一只癞蛤蟆产出的仔变成的蝌蚪，就能少修炼一天，白蛇听后认为，这种美事何乐不为呢。于是白蛇真的每天吃一只蝌蚪，总共吃掉三十六万只癞蛤蟆所产的小蝌蚪，真的少修炼了一千年而提前出道，从此，癞蛤蟆与白蛇结下了深仇大恨，民间有诗为证：

> 癞宝白蛇欲成仙，本应诚修三千年。
> 白蛇不正走邪道，冤怨相报并非轻。

因此，法海比白娘娘晚成正果一千年，等修成正果后，还是在杭州西湖边找到白娘娘，用照妖钵将白娘收住，压在雷峰塔下一千年，将吞进去的三十六万只小蝌蚪全部吐出来才饶了白娘娘，而吐出的小蝌蚪全部滚落天目山山涧，结成洁白似玉的白米豆。

白 凤 豆

> 秋风和煦一阵阵，暖暖十月小阳春。
> 牵绕棚架白凤豆，鸿雁飞来唱几声。
> ——《白凤豆》·现代·陈德生

物种基源

白凤豆为豆科一年生缠绕藤本植物白凤豆（Dolichos lablab）的种子，又名凤眼豆、关刀子豆、刀把子豆、拇指豆等。种粒为白色，亦有微黄色，四月底播种，九月底收获，古今南北方均有种植。但因土壤和气候的关系，无论从药用、营养、口感，黄河以北产出的白凤豆，不及长江中下游所产的品质优良，经考证，在我国的种植史已有 1000 多年，但大多为零星种植。

生物成分

据测定，每 100 克可食白凤豆，含蛋白质 23.4 克，脂肪 0.3 克，膳食纤维 5.9 克，碳水化合物 53.8 克，还含有，钙、铁、钾、钠、钵、镁、铝、铜、硒及维生素 B_1、B_2、A、E 胡萝卜素、血球凝集素、刀豆氨酸等营养物质。

食材性能

1. 性味归经

白凤豆，味甘、微淡、性温、无毒；归脾、胃、肾、大肠经。

2. 医学经典

《本草纲目》："和肠胃，克胀满，止呃逆，益肾气，宣肺。"

3. 中医辨证

白凤豆，和中健脾、补气益肾。对脾胃虚热、暑湿内蕴、泄泻呕吐、腹胀、咳嗽及痰喘有辅助康复效果。

4. 现代研究

白凤豆能抑制癌细胞因子，其所含的亲糖蛋白，可以增强免疫力，刺激自然杀手细胞增长及抑制癌细胞的生长，但必须经过萃取成制剂才有实质性的效用，并能预防和改善腰痛、咽喉痛、牙痛、皮炎、尿道炎、溃疡、腹胀、气管炎等症状。

食用注意

（1）烹煮时，不宜油炸，以免破坏其营养成分。
（2）食用时必须蒸熟煮透，以免引起白凤豆中毒。
（3）食用不可过量，以免引起腹内胀气。
（4）由于白凤豆性温，热症患者慎食或少食。
（5）如果以白凤豆入药，应以白色为优，淡蓝或红色则次之。

传说故事

孙悟空与白凤豆

相传，白凤豆与《西游记》中孙悟空三打白骨精有关联。孙悟空三打白骨精中第一次打的是白骨精变的二八佳人。美猴王孙悟空七情六欲的好奇和驱使，想看看白骨化成少女是否俱有性感佳人的内在特征。于是用嘴对准死去的美女酥胸一吹，外罩衣顿时破裂飞散，由于用力过大，将白骨精化身的少女的洁白乳头吹滚、落入尘埃，后从尘埃中生长出来的就是我们现在餐桌上的粮蔬皆佳的美味食材——白凤豆。

毛　豆

人嘴两片皮，舌尖有动移。
待字在闺中，强行剥外衣。

——《毛豆怨》·民间顺口溜

物种基源

毛豆为豆科植物大豆（Glycine max）的带绿色嫩荚的未成熟的种子，又名青豆。全国各地都有栽培，长江流域产毛豆最多。毛豆的主要品种、早熟种有上海四月枝、五月枝、成都乌花白等，中熟种有杭州五香毛豆、上海慈姑青等。

生物成分

据测定，100 克可食毛豆含热量 560.7 千卡，水分 69.8 克，蛋白质 13.6 克，脂肪 5.7 克，糖类 7.1 克，粗纤维 2.1 克，灰分 1.7 克及胡萝卜素、硫胺素、核黄素、尼克酸、抗坏血酸和微量矿物质钙、磷、铁等成分，还含异黄酮类、大豆黄酮皂苷及胆碱、烟酸、叶酸、亚叶酸、泛酸等。

食材性能

1. 性味归经

毛豆，味甘，性平；归脾、胃、大肠经。

2. 医学经典

《本草纲目》："健脾宽中，润燥消水，解毒消疮。"

3. 中医辨证

毛豆，可生津润燥，宽中益气，清热解毒。对脾胃虚弱、气血不足、消瘦萎黄；疳积泻痢、腹胀赢瘦、脾虚水肿、脚气、妊娠中毒、痈肿疮毒、误食毒物及热药有食疗辅助康复之效。

4. 现代研究

毛豆中含有稀有元素钼和硒。钼对于食道癌的生长有明显的抑制作用，我国肿瘤研究所的罗贤懋教授认为，钼可以增强肾及小肠黏膜黄嘌呤氧化酶的活性，从而明显减轻亚硝胺对细胞遗传物质的损伤和提高机体对组织的修复能力。埃及的癌症研究机构报告说：毛豆中的硒，能防止致癌物质与正常细胞内的脱氧核糖核酸的结合，从而起到防癌作用。日本专家发现，毛豆皂苷对艾滋病毒有抑制作用。

食用注意

（1）毛豆不宜多食，多食壅气。
（2）肾炎患者应少食，以防血清中非蛋白的氮成分增加。

传说故事

毛豆和豆制品的评说

一天，四川的毛豆腐、北京的臭豆腐、毛豆三者相遇在一起，闲谈之中评论人类的吃。臭豆腐先开口，拿我来说："我本来白白胖胖、香喷喷，可人类就将我沤臭了配上佐料吃，还说闻起来臭，吃起来香，真不可思议。"毛豆腐插上来说："你不可思议，我还想不通呢，我的本来面目和你老兄一样，人类不但将我沤臭，还等长了一身毛再下锅烹食，够难受的了。"毛豆在一旁哭丧着脸道："你们二位都在妈妈腹中老了以后让人类各有所为，而我呢，当我怀胎后，没等瓜熟蒂落，顺利产下，而是强行剖开妈妈的腹将我剥出来配上葱、姜、油、盐和丝瓜一起炒后下酒，你们说难受不……"

第九章　籽实类

花　生

仙子黄裳绉春谷，白锦单中笼红玉。
别有煎忧一寸心，照入劳民千万屋。
　　　　——《落花生》·明·徐文长

物种基源

花生为豆科植物落花生（Arachis hypogaca）的种子，又名土露子、落花生、落花参、南京豆、长生果、落地松、番豆、万寿果、地果、地豆、花生果、千岁子、花生米等。主要有普通形、多粒形、珍珠豆形、蜂腰形四类。我国是花生的原产国，考古工作者先后在浙江吴兴钱山漾和江西修水山背遗址中发现 6000 年前的碳化花生。关于花生的最早记载是明朝嘉靖年间的《常熟县志》。我国是世界上产花生最多的国家之一。凡是黏夹沙的土壤均可栽培花生。

生物成分

据测定，每 100 克可食花生仁，含热能 565 千卡，水分 8 克，蛋白质 24.8 克，脂肪 44.3 克，碳水化合物 16.2 克，膳食纤维 5.5 克及胡萝卜素、视黄醇当量、尼克酸、维生素 A、B_1、B_2、C、E、K 等，还含微量元素锌、铜、镁、磷、钙、钾、钠、硒等，此外，尚含卵磷脂、脑磷脂及人体所必需的氨基酸。花生衣中含有油脂和使凝血时间缩短的物质。

食材性能

1. 性味归经

花生仁，味甘，性平；归脾、肺经。

2. 医学经典

《滇南本草图说》："补中益气，盐水煮食养肺。"

3. 中医辨证

花生仁，润肺止咳、醒脾和胃、养血补血、益智健脑、润肠通便、催乳增乳，适用于营养不良、脾胃失调、咳嗽少痰、带下水肿、产后乳汁不足、肠燥便秘等症。

4. 现代研究

花生除具传统控病防病功能外，花生中含有大量的亚油酸，可使人体内胆固醇分解为胆汁酸排出体外，避免胆固醇在体内沉积，减少高胆固醇发病的机会，从而防止冠心病和动脉粥样硬化。花生中所含的卵磷脂、脑磷脂是神经系统所需的重要物质，能延缓脑功能的衰退，具有益智健脑的作用。另外，花生的红衣有补血和促伤口愈合的作用，是名副其实的抗衰老健康食品。

食用注意

（1）不宜多食存放过久的花生。花生存放过久，容易产生黄曲霉素，多食此类花生容易导致癌症。

（2）不宜多食油炸的花生。油炸花生会破坏花生中所含的维生素 E 等营养成分，降低食用的营养价值。

（3）服硫酸亚铁等铁剂时不宜食用花生。铁剂会和食物的磷结合形成不溶性复合体，降低铁剂的吸收，本品每百克中含磷高达 0.4 克左右，故服铁剂时不宜食用。

（4）不宜生食。花生含脂肪较多，消化吸收缓慢，生食容易引起消化不良。另外，花生生长于泥土之中，常被寄生虫卵污染，也常被鼠类污染，生食还易感染寄生虫病及鼠类疫源性疾病。

（5）不宜食用长芽的花生。花生长芽以后，外皮遭到破坏，黄曲霉菌、寄生曲霉菌等容易侵入，强致癌物黄曲霉素是黄曲霉菌、寄生曲霉菌的代谢产物，故长芽的花生不宜食用。

（6）食用时应细细咀嚼。花生不容易消化，且最容易感染黄曲霉菌，因此，必须细嚼，因为细嚼不但有利于食物的消化，且唾液里所含的酶还能破坏黄曲霉菌产生的黄曲霉素，不细细咀嚼，既容易引起消化不良，还容易使黄曲霉菌在体内蓄积，诱发癌症。

（7）不宜与毛蟹同食，易导致腹泻。

（8）不宜与黄瓜同食，易导致腹泻。

（9）胆囊切除患者应少食花生。

（10）消化不良者暂不宜食花生。

（11）高血脂患者慎食花生。

（12）大便溏泄者不宜食煮花生。

（13）胃溃疡患者不宜食油炸花生。

（14）糖尿病患者少食花生，如食，食用量应在每日控油范围内，按每 18 粒（正常大小）花生 10 克油计。

（15）花生中含有嘌呤，痛风患者应少食。

（16）血液黏度高或有血栓者应少食和慎食花生。

传说故事

一、花生姑娘的神话传说

传说，很久很久以前，山里住着一对老夫妻，老爷爷和老奶奶。他们家没有孩子，但有八亩山坡地。这山坡地很奇怪，种其他农作物都不长，只有种花生，不管是旱年头还是涝年头，都丰产，籽粒饱满，个大，皮红。吃一个，你猜什么滋味？甜甜的，香香的，每一年，他们打的花生不出村就卖光了。因此，人们送老爷爷一个外号"花生爷爷"，叫老奶奶"花生奶奶"。

有一年，他们照例到田里种花生，可到了该出苗的时候，不见苗。扒开土一看，没有花生种子，再扒，还是没有。扒了很多，照样没有。唉，奇了怪！明明都一窝一窝地播下了种子，怎么会没有了呢？这是怎么一回事呢？

花生爷爷细心一看，这么大块地，只是地中央出了一棵花生苗。好在有一棵苗，力气总算没有白费。于是，花生爷爷捡来一些石头，围成一个圈，把花生苗围在中间，照旧施肥、锄草、侍弄着。

日子一天天过去，天气一天比一天温暖。这地中央的花生苗越长越大，到了秋天，长得比人还高，像大树。收割那天，花生爷爷、花生奶奶拿来锹镐和箩筐，小心翼翼地挖起花生。费了半天劲，只挖出两颗大花生。个头大得很，人可以进去躲下。花生爷爷和花生奶奶一次抬一个，给抬回家了，放在屋子外面。村民赶来围观，说从来没见过这么大的花生，稀奇！花生爷爷、花生奶奶又把巨大的花生秧子弄回家。花生秧子放到院子里，奇迹发生了：每一片叶子都变成了花生了。花生爷爷又获得了丰收。

晚饭后，二位老人上炕睡觉。忽听外屋有响声，继以出现光电闪烁，那些光闪透过门缝，照射室内。接着，传来一个小姑娘甜甜的声音："爷爷、奶奶，不怕，我们是您的孙女，是来伺候你们的。因为你们侍候了我们的'小'，所以我们来侍奉你们的'老'！俗话说，受人滴水之恩，当涌泉相报。"

花生爷爷壮着胆子下炕，打开门一看，只见两个穿着红裙子的小姑娘，正微笑着："爷爷！""爷爷！"但见她俩身后的俩花生壳打开着，并且像夜明珠一样透明而发亮。于是，花生爷爷、花生奶奶甚是欢喜，有孙女啦。

自从俩花生姑娘来到花生爷爷、奶奶家，一切活都抢着干，刷锅、抱草、做饭、喂鸡和喂猪。春天种地，夏天锄草，秋天收割。年像年，节像节，日子过得有滋有味。花生爷爷、奶奶嘴都合不上，逢人就说："年纪大了，腿脚不灵便，不中用啊，多亏一对花生姑娘侍候着我们！"

多年后，花生爷爷、花生奶奶相继去世，花生姑娘就用那水晶材质半透明的特大花生壳当寿材，将二老入土，尽了孝心。

二、金童玉女与花生

相传，天上的赤脚大仙，原是天宫的护宝天尊，与玉皇大帝面前的金童、玉女是甥舅，从前并不赤脚，也是穿鞋的，事情是这样的：

一日，金童、玉女推开南门朝凡间一看，人间车水马龙，灯红酒绿，歌舞升平。于是凡心大动，拖住护宝天尊要求带他们二人下凡看男耕女织。护宝天尊无法，只好带着他们偷偷下凡，甥舅三人按下云头来到海州地界。甥舅三个私凡，被值日天官察觉，便奏明灵霄宝殿玉皇大帝，玉皇大帝怒命托塔天王李靖父子四人到海州捉拿护宝天尊与金童、玉女，护宝天尊见事已如此，不想伤害金童玉女，忙将脚上的两只鞋子脱下，叫金童与玉女缩身躲进鞋中，然后将两只鞋一合，埋在沙土之中，顺手扯了一根藤蔓插作标记后，便上前迎接李靖父子。李靖父子只见护宝天尊，不见金童、玉女，便问"孩子"到哪里去了。护宝天尊说，我今天没穿鞋（"鞋子"与"孩子"是谐音），李靖父子见护宝天尊答非所问，便用捆仙索将护宝天尊像凡间扎粽子样捆得结结实实押往天庭交旨。护宝天尊因私凡，有犯天条，由护宝天尊降为大仙，并罚永远不准穿鞋，从此，得名为赤脚大仙。而护宝天尊的一双鞋子和鞋中的金童、玉女永留人间，成为地上长藤蔓，地下结果实的落花生，至今还保留当年的模样，当人们掰开花生时，两只鞋的模样还在，金童与玉女还躲在里面呢！

芡　实

一塘蒲过一塘莲，荇叶菱丝满稻田。

最是江南秋八月，鸡头米实蚌珠圆。

——《芡实》·清·郑板桥

物种基源

芡实为睡莲科一年生水生植物芡（Euryale ferox）的干燥或成熟的种子。又名鸡头、水鸡头、鸡头实、鸡嘴莲、刺莲蓬实、鸡头莲、水底黄蜂、鸡头米。

芡实，全株有刺，叶圆盾形或磨盘状，直径数十厘米，叶背紫红色，网状脉着生硬刺，漂浮于水面。花单生在花梗顶端，部分露出水面，花瓣似莲，多为紫红色。浆果海绵质，顶端有宿存的萼片，果呈球形，全果外壳密生锐刺，每个重约250～300克，内含120～150余粒种子。因其果顶先端尖细，酷似鸡头，故而又名"鸡头果"。芡的种子，俗称"鸡头米"，学名"芡实"。通常分南芡和北芡两种，未碾去内皮称药芡，南芡产于苏州南部，北芡产于山东东平湖和河北的白洋淀，南芡质优于北芡。

芡实，据《植物志》记载，生长历史达10000多年，与莲藕几乎是同时代植物。芡实在我国分布很广，北起黑龙江，南至海南岛均有生长，但大多为野生。如今，江苏、安徽、山东、湖南、湖北、江西、吉林等省正在逐步扩大人工栽培，发展其种植。

生物成分

据测定，每100克可食鲜芡实，含热能153千卡，水分63.4克，蛋白质4.4克，脂肪0.2克，碳水化合物31.1克，膳食纤维0.4克及维生素B、C、胡萝卜素、尼克酸、烟酸、钙、磷、铁、钾等18种微量元素，其植物蛋白中含16种人体所必需的氨基酸，还含有葡萄糖、甾醇苷类化合物。

食材性能

1. 性味归经

芡实，味甘，涩，性平；归脾、肾经。

2. 医学经典

《神农本草经》："主湿痹腰脊膝痛，补中除暴疾，益精，强志，令耳目聪明。"

3. 中医辨证

芡实能止渴生精、益肾、强志，适用于小便不禁、遗精、白浊、带下等症。

4. 现代研究

芡实能加强小肠吸收功能，提高尿糖排泄率，增加血清胡萝卜素的浓度，并能有益于慢性肾炎蛋白尿和小儿慢性腹泻等症康复。

食用注意

（1）芡实性涩滞气，一次忌食过多，否则难以消化。
（2）平时大便干结或腹胀患者忌食芡实。
（3）外感风寒前后，疟疾、便秘、尿赤者不宜食芡实。
（4）妇女产后不宜食用芡实。

传说故事

一、芡实的传说

这是一个说不清的朝代，只记得这湘湖一带连年战乱，无人治理，湖下淤泥堆积，湖上葑草疯长，偏又遇上水灾，大水过后，湘湖成了鱼鳖之地。百姓们难挨这荒凉的秋天，走的走，亡的亡，湘湖一片荒凉。

美女山下有个叫纤纤的寡妇，儿子才四岁，家中床上还躺着个病婆婆，走不了也死不了，只得留在湘湖边靠挖野菜、拣田螺苦挨着日子。田螺、野菜难养人，儿子瘦得皮包骨，婆婆更是一日不如一日，茫茫湖滩还有什么好吃的呢？

这是一个淅淅沥沥的下雨天，儿子饿得连哭都哭不动了，婆婆的呻吟声也十分微弱，纤纤只得又提着篮子冒雨到湖滩转悠，几根野慈姑草在风雨中摇曳，纤纤高兴地扑上去，挖几颗慈姑本是小事一桩，可饥贫交加的纤纤却力不从心，慈姑一颗颗地增加，力气一点一点减少，想到儿子和婆婆又可以得到食物了，她咬着牙挖。忽然，不知从何处窜出来一只兔子，这只兔子瘦得不像兔子了，但一双眼睛却极有神采，它看了看纤纤又嗅了嗅慈姑，伸出爪子帮她挖起慈姑来了。就这样兔子和人一起努力，挖出了一堆慈姑，人成了泥人，兔也成了泥兔。正当纤纤将慈姑放进篮子的时候，一边的兔子跪下了，两眼发出祈求的光。纤纤叹了口气说："兔子呀兔子，你帮我挖了慈姑我不会伤害你，你去吧！"兔子却不走，还跪在那里。纤纤又说："兔子呀兔子，难道你也有难处？"兔子竟朝她点点头，并示意她跟着它走。纤纤迟迟疑疑地跟在它后面，来到一个草丛中，兔子扒开草丛，露出一个洞穴，洞内有两只小兔子已饿得奄奄一息。纤纤被感动了，她伸手将两只兔子揣入怀中并对大兔说："走吧，让我们一起挨过饥荒吧！"就这样，纤纤的三口之家变成了六口，生活就更艰难了，纤纤终于支持不住自己微弱的身子，她病倒了。迷糊中，她听到了窸窸窣窣的声音，睁开眼睛一看，大兔子浑身湿淋淋守着几颗圆形的带刺的黑色果子。这种果子湘湖的浅滩中常有见到，可它这副吓人的样子，谁也不敢去碰它，一直让它们自生自灭，今日兔子衔来干啥？兔子见她醒了，马上引来小兔，它咬开刺果，顾不得满嘴的血将白色的果肉分给小兔吃，一家三口就这么津津有味地吃着。纤纤看得稀奇，也伸手拿起一只来吃，那味道竟甜滋滋的，还有一股淡淡的清香。知道这种果子可以食用，纤纤精神大振，她挣扎着起了身，让兔子带路来到湖滩，下到水中，捞了一篮子回来，想不到这种外观丑陋的果子，去刺剥皮煮熟以后味道极好，儿子吃了会满地跑了，婆婆吃了也精神见好。从此，这果子成了这一家六口的主食，熬过了长长的饥荒期。

春天来了，外出逃荒的人陆续回来了，他们看到纤纤一家不但没有饿死，而且气色极好，还养了三只兔子，连那个病婆婆也支撑着起了床。纤纤拿出刺果回答了大家的疑问。于是刺果一时成了抢手的食物，因为是纤纤发现的，人们叫它"芡（纤）实"。后来，人们还知道芡实还是一味药材，可治几种疾病。

二、唐玄宗与芡实

唐玄宗和贵妃杨玉环在华清池洗澡，杨贵妃出浴，"锦袖初起，蝤蛴微露"时，唐玄宗扪弄其乳曰："软温，好似新剥鸡头肉。"后来说书艺人"艺术加工"，就将芡实称之为"杨贵妃的乳房"。

三、乾隆与芡实

传说，乾隆是海宁陈家的血脉，乾隆六次下江南，就是为了与生身父母相聚。金庸以此为题材演绎了武侠小说《书剑恩仇录》。在陈家老宅对面的风情街上，竟然有好几家糕饼店在卖芡实糕，这里的芡实糕包装朴素平实，盒子上面印着这样一些字："古镇特产，御用作坊芡实糕，乾隆吃过，阁老尝过。"

莲 子

蜂不禁人采蜜忙，荷花蕊里作蜂房。

不如玉蛹甜于蜜，又被诗人嚼作霜。

——《食莲子》·宋·杨万里

物种基源

莲子，为睡莲科多年生水生宿根草本植物莲（Nelumbo nucifera）的干燥成熟的种子，又名莲实、莲米、藕实、水芝丹、泽芝、莲蓬子、水莲子、莲心、莲肉等。

莲子，在中医处方上称莲子、莲肉、湘莲肉等。莲子按栽培地分类有池莲、湖莲、田莲三种；按采收季节分类有伏莲和秋莲两种。伏莲在秋分之前采收，养分充足，颗粒圆整饱满，肉厚质佳；秋莲在秋分后采收，粒小，肉薄，质较差。以皮色分类有白莲、红莲两种，还有一种冬瓜莲，品质仅次伏莲，而质优于秋莲。我国的"三大名莲"为：湖南的"湘莲"、江西的"通心莲"、福建的"白莲"。不是所有的莲藕都结莲子，以生产莲子为主的莲藕称"子莲"。生产莲藕而不结莲子的藕，是做藕粉的优质原材料，如四川省资阳市乐至县天池藕。与产莲子为主的莲藕不同的是：结莲子的莲藕一般为9～15个孔，而乐至的莲藕只有7个孔，大小一样。乐至的莲不产莲子，但出粉率高。9孔以上的莲藕多开单花，很少有"并蒂莲"。乐至莲藕多开双花，故有"花开并蒂，藕贯七心"之说。

莲子是世界上生命力最强的种子之一。一颗成熟的生莲子，不管它外边气温条件如何，它都能不死，经过300～500年，在适当的条件下，仍可发芽生长。据报道，在辽宁沈阳附近的古代泥岩中，曾挖掘出5000年以前（查《植物志》莲藕在10000年以前即有生长）的莲子。经过植物学家用水浸泡后竟然抽出芽来。

莲子的莲实老于莲房，堕入淤泥，经久坚黑如石，故名石莲子。石莲子主要为药用，但市售的石莲子大多做假。

生物成分

据测定，每100克可食莲子含水分10.2克，蛋白质17.2克，脂肪2克，膳食纤维3克，维生素B_1、B_2、E、胡萝卜素和钙、磷、铁、锌、锰、铜、钾、镁、硒、钠、无机盐，还含尼克酸、视黄醇当量等营养物质。

莲子鲜而嫩者可生食，味道清香，老的莲子或干莲子可泡软后煮熟吃，可做成冰糖莲子、蜜饯莲子，还可以制作糕点、做羹、做菜等，荤、素、甜、咸皆宜。

食材性能

1. 性味归经

莲子，味甘，涩，性平；归脾、肾、心经。

2. 医学经典

《日华本草》："益气、止渴、助心、止痢、治腰痛、泄精。"

3. 中医辨证

莲子，鲜者甘平，清心养胃，治噤口痢，生熟皆宜。干者甘温，可生可熟，安神补气、镇逆止呕、固下焦、已崩带、遗精、厚肠胃，愈二便不禁，可以磨成粉作糕或同米煮为饭粥，健脾益肾。

莲子芯也可入药，可健脑益智，但极苦，可敛液、止汗、清热、养神、止血、固精、降压等功效，可治高血压、头昏脑涨、心悸、失眠等症。

4. 现代研究

莲芯含莲心碱、甲基莲心碱、去甲基乌药碱、非晶性生物碱 Nn-9 等多种生物碱及荷叶碱、木樨甙和金丝桃甙生物活性物质，可固精、安神。莲子亦有同样功效。

食用注意

（1）肠燥便秘患者忌食莲子，否则会加重病情。

（2）吃莲时，要将莲芯去掉，因莲子是治虚诸症，莲芯苦寒，恐有伤脾之虞。

（3）凡外感风寒前后、疟疾、疳、痔、气郁痞胀、溺赤便秘、食不消化及妇女产后皆忌食莲子。

（4）莲子宜取鲜嫩者，但多食伤脾胃。

（5）煮食前不可浸泡，否则煮不烂。

传说故事

一、白藕与莲花

远古时候，八百里洞庭白茫茫的一片水，没有鱼虾，岸边溜光光的一片荒地，没有花草。相传有一个美丽而善良的莲花仙子，私偷了草的种子，下到洞庭。在湖边遇上了一个叫藕郎的小伙子，他们在洞庭湖里种下菱角、艾实；在湖岸边种下蓼米、篙笋；在湖洲上种下蒲柳、芦苇。原来连鸟兽也不栖身的洞庭潮，被莲花仙子打扮得比天底下任何地方都漂亮！她自己也忘记了天上的琼楼玉宇，与藕郎结成婚配，在洞庭湖过起了美满的凡间生活。

不料，这件事被天帝知道了，天帝大发雷霆，派下天兵天将，要将莲花仙子捉拿问罪。莲花仙子只得到湖里躲起来，临别时，她将一颗自己精气所结的宝珠交给藕郎。几天后，藕郎被天兵捉住，就在天兵挥刀向他脖子砍来的一刹那，他咬破了宝珠，吞进腹中。虽然，藕郎身首两节，但刀口处留下细细白丝，刀一抽，那股白丝就把头颈又连接拢来。一连砍了九九八十一刀，怎么也杀不死藕郎。天帝赐下法箍，箍住藕郎的脖子投入湖中，谁知藕郎沉入湖底泥中后，竟落地生根，长出又白又嫩的藕来。那法箍箍住一节，它又往前长一节，法箍就变成了藕节。

再说莲花仙子躲入湖中，隐身在百草间，得知藕郎化成了白藕，自己也沉入湖底，当天帝亲自带兵赶到洞庭湖时，水面上突然伸出来一片伞状的绿叶，一枝顶端开着白花的花梗，不一会，长出一个莲蓬来，上面长满了一颗颗珠子。天帝见状，忙下令挖掉它。可是，挖到哪里，荷叶绿到哪里，莲花开到哪里，白藕长到哪里。天兵天将挖遍了洞庭，红莲、白藕、青荷同时也长遍了洞庭，气得天帝只好收兵。

从此，白藕和莲花在洞庭湖安家了，他们年年将藕和莲子奉献给这里的人民。

二、西施与莲子

春秋末年，吴越相争，越王勾践大败，作为人质在吴受尽凌辱。获赦回国后，起用范蠡为相国，决心东山再起，报仇雪耻。范蠡献计，一面用金帛美女迷惑吴王，一面生聚教训，富国强兵，伺机再起。勾践同意后，便派范蠡出发寻找美女。这一天正是清明节，范蠡在诸暨苎萝山下的浣纱溪边发现了为寄托三年前亡国之耻而穿孝的西施。在他的说服下，西施接受了越王之命，愿意离开故土去吴，洗雪"会稽之耻"，范蠡亲自护送她前往苏州。

行行复行行，谁知走到嘉兴南湖，体质柔弱的西施竟病倒了，龙船只好在这里停泊。范蠡一面传医诊治，一边煎汤送药，不敢怠慢。一个月后，西施病体仍未复原，范蠡心里十外焦急。这时，忽见一个丫头采来几支莲蓬，说是莲心可治姑娘的病。范蠡大喜过望，立即剥了莲实给西施吃，姑娘吃后觉得很受用，胃口渐开。又有乡人来说，用莲子煮烂成羹，加上冰糖，常吃可以补脾养心，清热泻火，有利西施姑娘的病体。范蠡依言，煮成冰糖莲心羹，每天早晚让西施吃下去，果然不久便康复上路了。范蠡高兴地慨叹道："冰糖莲心，连着西施姑娘爱国爱乡的玉洁冰心啊！"从此，冰糖莲心羹便成了杭、嘉、湖和苏州民间一道著名甜点。

黑 花 生

麻屋尚未拆，陈设依旧式。

排入黑五谷，皮肤非洲黑。

——《黑花生》·近代·鲍照

物种基源

黑花生为豆科落花生属一年生草本植物彩色落花生（Aeachis hypogaea）的黑色种子，又名富硒黑花生、黑粒花生、晴仁谷花生等，是彩色花生的一种，是近代农学家在传统花生基因上，经过特种技术进行驯化杂交所得到彩色花生新品种，集观赏、食用、营养、保健于一身，种植前景无限。

生物成分

经测定，黑花生除含有普通花生的常规蛋白质、脂肪、碳水化合物、膳食纤维外，还含有钙、钾、铜、锌、铁、硒、锰微量元素，八种维生素 A、B_1、B_2、C、D、E、K、P 及十九种氨基酸，如：谷氨酸、精氨酸等，氨基酸均高于普通花生。其中：粗蛋白含量比普通花生高 5％，精氨酸含量比普通花生高 23.9％，钾含量比普通花生高 19％，锌含量比普通花生高 48％，特别是微量元素硒，比普通花生高 101％，这在所有的粮油食材中是少见的，更有氨基酸的总量比普通花生高出 22.9％，不但营养丰富，而且口感很好。

食材性能

1. 性味归经

黑花生，味甘，性平；归脾、肺、肾经。

2. 医学经典

《食补》："滋阴补肾，补血活血，利水除湿，祛风解毒。"

3. 中医辨证

黑花生，益精补肾、活血生津、润脾补气，用于肾虚消渴、不孕不育、耳聋、盗汗自汗。还可治血虚、目暗、下血、水肿、脚气、黄疸、浮肿、风痹、痉挛、胃痛、疮毒肿痛等。

4. 现代研究

黑花生含氨基酸较高，有促进脑细胞发育、增强记忆的功能，含钾量高于普通花生，有益高血压的调整，黑花生含硒量特别高，对防癌抗癌有一定的功效。

食用注意

（1）体寒湿滞及肠滑便溏者不宜食黑花生。

（2）跌打损伤者不宜食用黑花生，因黑花生有一种促凝血因子，可使血瘀不散，加重瘀肿。

（3）胆囊切除者，不宜多食黑花生。

（4）高血脂患者宜少食黑花生。

（5）黑花生不宜与黄瓜、螃蟹同时食用。

传说故事

花生的坚强精神

一个牧羊人本来以牧羊为生，一天他看大海十分平静，于是就决定做航海生意。他卖掉了自己所有的羊，买了一船枣子，可全部落入海中，他自己侥幸保住了性命。后来，有个朋友又邀他一起出海，他摇摇头说："我这辈子再也不出海了。"朋友朝他笑笑，递给他一颗花生："用力捏捏它。"牧羊人疑惑地接过花生，用力一捏，花生壳碎了，只留下花生仁。"再搓搓它"朋友说。牧羊人又照着做了，红色的皮被搓掉了，只留下白白的果实。"要用手捏它。"朋友继续说。牧羊人用力捏着，却怎么也没办法把它毁坏。"再用手搓搓看。"朋友说。当然，什么也搓不下来。朋友微笑着看着他："虽然屡遭挫折，却有一颗坚强的百折不挠的心，一颗花生尚且如此，你只遭遇一次打击，就放弃了吗？"百折不挠、愈挫愈战，你才会离成功越来越近。天下没有那么多风平浪静、一帆风顺的事情去给你做，只有拥有一颗百折不挠，勇于进取的恒心，你才会取得成功。

白　芝　麻

芝兰同好百年春，麻生王孙何复云。

开花落花尽他意，花木精神面面金。

节行故人安近利，节正须知凤历新。

高山流水伯牙琴，好景瑶池访知音。

——（《芝麻》·唐·沈继全·藏头诗）

物种基源

白芝麻（Sesamum indicum），为胡麻科一年生草本植物芝麻的干燥成熟的种子，又名油麻、胡麻、巨胜子等。相传是西汉时期张骞出使西域时引进我国。我国自古就有许多用芝麻和芝麻油制作的名特食品。它与油菜、荞麦并称为我国三大蜜源作物。古代养生学家陶弘景曾这样形容："八谷之中，惟此为良，仙家作饭饵之，断谷长生。"除高山荒岭，全国各地均有栽培。芝麻在成熟过程中，每开一朵花就拔高一节，故有"芝麻开花节节高"，寓意好上加好。（唐有《芝麻》，上述藏头诗）。

生物成分

经测定，每100克的芝麻含水分5.8克，蛋白质19.9克，脂肪50.1克，碳水化合物23.8克，膳食纤维13.6克及维生素 B_1、B_2、C、E、尼克酸、视黄醇当量，硫胺素、胡萝卜素及钾、钠、钙、镁、铁、猛、铜、锌、磷、硒等微量元素。还含芝麻素、芝麻酚、芝麻林素、卵磷脂等成分。

食材性能

1. 性味归经

白芝麻，味甘，性平；归肝、肾、大肠经。

2. 医学经典

《千金要方》："滋养肝肾，润燥滑肠，补肺气，益脑髓。"

3. 中医辨证

养肝、养血、润燥、护肤、养颜。有益于辅疗眩晕，须发早白，腰膝酸软、妇人少乳，咳嗽痰少、失眠多梦症，外用可解毒生肌等，对治疗烫伤效果尤其明显。

4. 现代研究

白芝麻有抑制肾上腺皮质功能，特别是在妊娠后期，使维生素 C 含量增加更明显，能降低血糖和延缓衰老进程。

食用注意

（1）白芝麻是一种发物，凡患有疮毒、湿疹等皮肤病者忌食。
（2）白芝麻多油脂，易滑肠，脾弱便溏者忌食。
（3）凡下元不固、精滑、白带患者忌食白芝麻。

传说故事

一、种熟芝麻的人

有位农夫听说白芝麻的营养价值很高，买来滋补养身的人趋之若鹜。因此，他决定将土地重新整理一番，用来种植白芝麻。隔天，到城里的农作物种子店，询问老板有关白芝麻种植的方式，熟的白芝麻销路如何？人吃了白芝麻后身体是否会更健康？吃起来的味道如何……

卖种子的老板不厌其烦地一一向他解释。这位从来不曾种过白芝麻的农夫，听老板说了那么多白芝麻的好处，心中仍不是很相信，他想试试白芝麻的滋味，于是伸手抓了一把白芝麻放入口中。哇！这味道又涩又苦！这东西怎么好吃呢？种这种东西怎么会有人买？种子店的老板就说：哎呀！你把生白芝麻拿来吃，当然是又涩又苦，白芝麻要炒过，炒熟后的白芝麻既香又有营养。农夫听了，便买下一袋白芝麻种子回家。一回到家立刻生火、热炉，将整袋白芝麻倒入锅中，炒热、炒香。果真，这些白芝麻种子经过炒熟后，香味持续散发出来。得意扬扬的农夫将炒熟的白芝麻种子拿到田里开始播种，每天都守在田里，看到杂草冒出来了，就很用心、很努力地除草，希望这些白芝麻种子能快点生根发芽。

十天、半个月过去了，白芝麻种子仍是迟迟不发芽，他开始感到苦恼。在隔壁田里耕作的农夫看到他每天都很认真，作物却迟迟不发芽，就跑来问："你这些白芝麻种子为何这么差？"他回答说："我也不知道，这是我第一次种白芝麻，在种植之前，我曾向人请教种植的方法，播种后，也很辛勤地在照顾，但就是不知为何它不会发芽。"热心的农夫说："我替你看看。"他蹲下将土翻开，看到那些白芝麻种子时，吃惊地问："为什么你的白芝麻种子都是熟的？"这位农夫如实地将买白芝麻和种植的过程叙述了一遍。隔壁的农夫听了，哈哈大笑说："种子店的老板教你耕种的方法的确没错，你照他的方法去做也没有错，只是他告诉你白芝麻炒后会香，是指：我们种好收成后，别人买回去要食用时的处理方式，而不是教你先炒后再种。你想想，白芝麻种子都炒熟了，它怎么可能生根、发芽呢？"

二、耩芝麻

清末寿光才子王季槐，读私塾时就疾恶如仇，同情穷人。

这一年的春天，他听说邻村有一家财主对觅汉刻薄、克扣工钱、用劣质的饭菜应付觅汉。王季槐就特地逃学到这个财主家应聘打短工。因为刚下过雨，地里湿润，财主特地给他出难题：要王季槐和另一个短工去用双眼耧耩芝麻，芝麻耩稀了不行，密了种子就不够耩的。王季槐和另一个短工扛着耧，牵着毛驴，来到地里。他估算了一下，这块地能耩十耧芝麻。他偷偷地把控制下种的耧仓板堵死，把芝麻种倒进耧斗里。他小心地扶着耧，短工在前面牵着毛驴开始耩起来。老远望去，这两个人不紧不慢地耩着。其实，王季槐只是让耧脚在地里划痕，一粒芝麻也没进地。等耩到第五耧时，王季槐又偷偷把耧仓板拨开，让芝麻粒活蹦乱跳地流进地里。等这一耧耩到头，耧斗里一粒芝麻也不剩，他们又空耩了五耧。

几天以后，财主算计着芝麻该出苗了。他到地里一看，只见地中间的两行芝麻苗密密匝匝挤在一起，而其他的垄里一棵苗也没有，往路过石碑上一看，一首用瓦片写的诗文映入眼帘："南河王季槐，逃学到这来，十耧芝麻一耧耩，芝麻是挪着栽。"

注：故事中有些语言为山东方言。

黑　芝　麻

本自田园土里生，花凡雨润沐后风。

不随五谷争先位，独善一秋待后倾。

头上无衔心自净，世间有道品独行。

粉身碎骨清芳溢，遍惠香髓不为名。

——《寄全椒山中道士》·唐·韦应物

物种基源

黑芝麻为胡麻科一年生草本植物脂麻（Sesamum indicum）的黑色干燥种子，又名黑胡麻、黑油麻、黑巨胜子等。我国除了荒山秃岭，其余各地均有栽培，每年8～9月待果实顶端最后一个花果饱实时即可采收，割取全草，捆成小把，晒干果开裂，打下种子，除去杂质再晒干，民间有"白芝麻榨油多，黑芝麻食用强"的说法。

生物成分

据测定，每100克可食黑芝麻含水分5.7克，蛋白质19.1克，脂肪46.1克，碳水化合物24克，膳食纤维14克，其中脂肪的主要成分为：油酸约48%、亚油酸约37%、棕榈酸、硬脂酸、花生油酸、廿四烷酸的苷油酸，并含木脂素类成分芝麻素、芝麻林素。此外油中尚含芝麻酚、维生素E、植物甾醇、磷脂酰胆碱0.56%等成分。种子还含胡麻苷、蛋白质约22%及寡糖类，如车前糖、芝麻糖及少量磷、钾及细胞色素C以及胡萝卜素、硫胺素、尼克酸、维生素C、E和微量矿物质等。

食材性能

1. 性味归经

黑芝麻，味甘，性平；归肝、胃、肾、大肠经。

2. 医学经典

《新修本草》："主伤中虚羸、补五内、益力气、长肌肉，填髓海，久服轻身不老。"

3. 中医辨证

黑芝麻，补血明目，祛风润肠，生津养发，补肝通乳，有益于辅疗身体虚弱、头发早白、贫血萎黄、津液不足、大便燥结、便秘、头昏耳鸣等症。

4. 现代研究

长期服用黑芝麻，对慢性神经炎、末梢神经麻痹、高血压等症有一定的辅疗作用。黑芝麻脂肪是种促凝血药，可用于治疗血小板减少性紫癜和出血性素质者。黑芝麻提取物可降低血糖，增加肝脏及肌肉中糖原含量，但量大则又降糖原之含量。

食用注意

（1）患有慢性肠炎、便溏腹泻者忌食黑芝麻。
（2）根据前人的经验，男子阳痿、遗精者忌食黑芝麻。
（3）黑芝麻忌与鸡肉同食。

传说故事

一、三粒黑芝麻考儿媳妇

很早以前，阳曲县黄寨地区有一姓刘的农户人家，三代同堂，人丁兴旺，男耕女织，生活安乐。这户人家有三个儿子，都已娶了媳妇，而且三个媳妇都为刘家各生了一个大胖小子，一家人过得和和美美，有滋有味，真应了一句俗语：芝麻开花节节高。

这一天，上了年纪的老公公忽然心血来潮，想考考三个儿媳妇，看哪一个更聪明，善于理财，能经营好家业。于是把三个孙子都叫到自己屋里，拿出三颗饱满的芝麻分别放在三个孙子的手心里，并嘱咐道：把黑芝麻交给你们的母亲，就说是爷爷给的。三个孙子不明白爷爷的意思，就问道："给妈妈做什么用？"爷爷只是笑而不答，说："回去交给妈妈就行了，其他的不用问"。

大媳妇接到儿子拿回的芝麻说："要这一粒黑芝麻能做什么。"不假思索就把芝麻丢进了嘴里。二儿媳妇拿到儿子给自己的芝麻说："这一粒黑芝麻有甚用。"随手就扔在了地上。只有三儿媳拿着芝麻沉思了起来，公公既然给我这一颗平平常常的芝麻，一定有不平常的用意。于是她把这粒黑芝麻种进了花盆中，不几日就长出了芝麻苗，她精心照料，按时浇水，一株绿油油的黑芝麻苗长成了。一直到开花结籽，到黑芝麻成熟的时候，三儿媳收获了63粒新黑芝麻。第二年春天，她又把这63粒黑芝麻种入了花池里，这样年复一年，三儿媳种的芝麻年年丰收，积少成多。老公公看在眼里，喜在心头，默默称赞，三儿媳不仅聪明而且是个当家理财的能手。为了启发那两家儿媳妇，老公公专门从大家庭的农田里拨出十亩良田给三儿媳，并宣布由三儿子和媳妇独自经营，不参与家庭分配。从此，三儿子的小家庭在媳妇的操持下过得越来越红火。

二、芝麻换来的老婆

从前，有一个姓孙的老头，当了一辈子长工，受了一辈子罪。他有两个儿子：大儿子叫根生，小儿子叫天命。根生是个实打实的庄稼汉，天命是个贪嫖爱赌的混鬼。

有一天，孙老头把两个儿子叫到跟前说："现在你们每人取一把镰刀，跟着我走。"

老大根生很听话，可是老二天命却说："又是去劳动，我不去。"

孙老头发了脾气，老二才勉强去了。走啊走，只管走。他们翻过了五十五道山梁，绕过了九十九道湾，到了一个避风湾停了下来。老二举目一望，只见满地荒草烂石，就说："这真是个鬼都不愿来的地方！"老汉对老大、老二说："孩儿们，这里就是我们的家，我们用自己的双手，在这里打草盖房，开荒辟地，谋幸福日子。""哦！原来是这么回事。"老大自言自语地说。起初他跟着爹往这里走，并不明白是要去做什么，这阵儿才忽然明白了。因此爹叫干啥，他就干啥。因为在这里，第一没有欺压，第二海阔天空。没过些日子，老大就爱上了这个地方。老二却不爱这个地方，天天唠叨。

到这里不久，老汉就病死了，临死之前，他摸出一个揣了很久的布袋说："孩儿们，这是一升芝麻，是爹留给你们的全部家产，爹爹穷，连媳妇都没有给你们娶到，从今往后，靠这些种子，你们自己想办法吧。你们千万要注意，世界上要数人和种子贵重，有了人和种子，就会有一切。"说罢，老汉就断了气。

老汉死后，老二没等老人的尸体冷却，就说："哥哥，咱们分家吧，就是这一升芝麻，给我半升，咱们兄弟各走各的吧！"

老大吃惊地说："啊呀，老二！事情可不能这样办。"

老二哪管这些，揪起布袋给老大倒一半，自己拿了一半就走了。

从此，兄弟俩就各奔前程了。

先说老二走后情况。老二长的那条"马长腿"，三脚两步就走出了山，一出山，就鬼混起来。

头一天住店，一进门就问："掌柜的，店里有老鼠没有？""有是有，不多。"掌柜回答。

"我带着半升芝麻，该往哪放？"老二问。

"随你的便。"掌柜笑着回答。

老二又叮嘱了一句："你说的算话吗？"

"当然！"掌柜回答。

黑夜，他偷偷把芝麻放到老鼠洞口上，老鼠见了芝麻，自然给他嗑了个精光。他可找到岔子了。第二天一起床，他就嚷着要掌柜赔他的芝麻，说那是"天麻"。掌柜的一听，说道："这咱可赔不起。"

"赔不起，拆房，给我寻老鼠！"老二说。

好人怕赖人，没法子，只好给他把房子拆掉，挖地三尺，去捉老鼠。另外，还赔给了他四两白银，作为对芝麻的赔偿。

有一天，他往前走到另外一个地方，又住了店，喊道："掌柜的，店里有猫没有？我带了一只金眼鼠，你看该往哪里放？"

"随你的便。"掌柜回答。

老二又叮嘱了一句："你说话算数吗？"

"当然！"掌柜回答。

黑夜，老二偷偷把老鼠在猫眼前一晃，就叫猫给吃了。到了天明，又是一阵吵吵闹闹。老二硬要掌柜除了把猫赔给他外，还要赔五十两银子。掌柜的没有办法，只好把猫赔给了他，另外还给了他白银五十两，作为对金眼鼠的赔偿。

有一天，他往前走到另外一个地方，又住了店，一进门就喊道："掌柜的，店里有狗没有？"

"有，不用怕。"掌柜回答。

"我有只金头猫，狗不会伤它吧？"老二问。

"不怕，客人放心好了。"掌柜回答。

他又叮嘱了一句："你说话算数吗？"

"当然！"掌柜回答。

黑夜里，他把猫儿送到狗的嘴边。第二天天一亮，他大呼大叫狗吃了猫，非要掌柜的把狗赔给他，并且还要五十两银子赔偿金头猫。没办法，掌柜的只好办了。

有一天，他往前走到另外一个地方，又住了店。这次住的是骡马大店。他一进门就喊道："掌柜的，我有一只狗，名叫宝儿，你看该往哪里放？"

"你看看办吧，哪儿都可以。"

他就等着这句话。黑夜，天命把狗拴在一匹大马的尾巴上。狗咬，马踢，狗叫，马惊，闹了半夜，那只狗被踢成一堆碎骨烂肉了。

结果又是以狗换马，还捞到了一副骑鞍串铃。

有一天，他催马加鞭，耀武扬威地闯进一个村子去。这村正有一家人送殡，看见马"嘎嘎嘎嘎"地跑来，以为是反兵来了，人们吓得撅起屁股跑了，连棺材也扔下来了。天命毫不急慢，马上就把死人从棺材里拉出来，驮在马鞍上。又到了一个村庄，有姑嫂两个正在抬水。他恭恭敬敬地下了马，施了一个礼，说："嫂子，我爹一天没喝水了，给口水喝吧！"小姑娘很热情，马上回家端出一碗绿豆米汤。他背着她俩，把尸体搬下来，灌了几口绿豆汤随即就去送碗，道谢。当他一转过身来，就突然大叫了一声："哎呀，我的爹，你怎么死了。天命这么一喊叫，把姑嫂俩吓了一惊，小姑娘说："米汤是我们自己喝的，怎么会毒死你爹？"

"你们存心害人，我去告你们！"天命威胁地说。

姑嫂一看他是个骑马的人物，没理也强有三分理，知道斗不过他，连忙说好话。天命见有机可乘，说道："好吧，你们想把这件事情拉倒，你们总得跟我一个。"

天命贼眼一溜，看见小姑娘生得俊美极了，就说："就是你吧！来，姑娘请上马！"老二红了眼，不管三四，强拉硬拽，把小姑娘扶到马上，把死人身上的装裹一扒，尸首一脚踢了丈二远。然后，骑着红马，抱着姑娘去见老大。

一路上，有人悄悄议论："诺，这可是个大官！"

"啊呀！看那个媳妇多漂亮！"

老二听了，更是得意，顺口唱起小调来："不种地，不砍山，腰里的白银千千万，不拿针，不拿线，穿的绫罗和绸缎；不学诗书不考官，骏马美女都归咱……嘿嘿，俺爹那大儿子啊，保险是连骨头毛毛也找不到了，走啊！回去看看。"

老二来到了避风湾，首先就寻找他爹盖的那房子。房子找到了，但已烂得不成样子，房外还是荒草烂石，他用脚一踢，地上还有白骨。

"看，这就是老大的下场！"他得意地说道。

他正要返马回程，忽然听到远处有山歌，于是，他随着避风湾旁的一条小溪，一直往里走。

三回九转，景色越变越好，泉水潺潺地流着，小鸟儿在崖头歌唱，河畔花红草绿，简直到了另一个世界。

他又转了一个弯，来到一个三面是山，山上满是芝麻的地方。他骑在马上，望着这"世外桃源"的景色，望着光着臂膀，正在干活的农民，心想：我走遍天下了，像这样的地方还是初见！这山沟野村，恐怕官家也没有发现。我在这里占山为"王"，岂不更美！

他正想得昏昏欲醉，忽然，从崖头上骨碌碌地滚下一块石头来。接着，"呜"的一声，卷起了漫天大风，雾时飞沙走石，昏天黑地。他骑的马被大风卷上了半天云里。随即，老鼠咬瞎了他的眼，花猫抓了他的脸，黄狗拉下了他的鞍，他"啊"的一声，死鬼揪他上了天。揪上天去不是叫他好活去，而是处罚他去了。不一会儿，大风停了，一团红火"呼呼"地在半天空里绕了一阵，"嘶"的一声落了下来。红火团一落落在河边的青草滩上。你当这是什么？这正是那一匹枣红马，背上还坐着那位美丽的姑娘，坐的可稳哩。

姑娘四下一看，好像一梦醒来，说："我到了哪儿啦？我的家乡在哪儿？"不由得鼻子一酸，就哭了起来。这时候，有一个虎背熊腰的中年汉子走过来说："姑娘！你是哪里的人？怎么到了这里？"姑娘披这个中年汉子一问，就痛苦地把她如何被老二讹诈的经过说了一遍。

"咳！该死的东西！我还是他的哥哥呢……"老大向姑娘讲了他怎么跟老二"分家"，怎么样忍饥挨饿，死里逃生，又怎么样偷偷回村，邀了一伙穷朋友，到这儿开泉引水，垦荒种地，就是那半升芝麻的种子，一而十，十而百，百而千，千而万，种了收，收了种，变成现在这个样子：山清水秀，麻天麻地。

姑娘听到后，感动极了，说："你真是个好人！"又说："你们这个地方真好，我就留在这儿给你们烧火煮饭，做油织布吧！"

"太好了，姑娘！"老大高兴地说。

于是，姑娘就留下未了，并与老大结为夫妻。

从此，他们每天一起劳动，一起唱歌，过着幸福美满的生活。

冬 瓜 子

知了声声似鸟鸣，蚱蜢飞来啃青皮。

雷鸣三声风雨后，水浮地芝载蝻蜥。

——《冬瓜园即景》·清·季斌

物种基源

冬瓜子为葫芦科草本藤蔓植物冬瓜（Benincasa hispida）的成熟干燥的种子，又名地芝仁、瓜瓣、冬瓜仁、瓜犀等。冬瓜在我国栽培历史相当悠久。在公元 6 世纪北魏贾思勰编撰的《齐民要术》中称它为"地芝"，在《神农本草经》中称之为"水芝"。冬瓜主要有两个品种，一种是个儿大，长圆形，老熟时上敷白粉，所以又名白瓜。另一种在老熟时无白粉，皮青，称作青皮冬瓜，又叫"玻璃冬瓜"。在广州地区还有一种冬瓜的变种，叫"节瓜"，模样和口味都和冬瓜相似，但瓜体要小得多。老熟时有被毛，但无明显白粉。我国的植物学工作者在云南的西双版纳的密林中还发现过野生冬瓜，它的个头很小，只有小碗那么大。傣族人称它为"麻巴闷哄"，思第一带称作"山墩""罗锅底"。不过这种野冬瓜味苦，不堪入口，只能作药用。野生冬瓜的发现更进一步证明我国是冬瓜的原产国之一。冬瓜子外皮类白色或淡黄色，有时有裂纹，一端钝圆，另端略尖。尖端有两个小突起，边缘光滑者俗称"单边冬瓜子"；两面边缘均有一环形边者，欲称"双边冬瓜子"。

生物成分

经测定，每 100 克冬瓜子仁含蛋白质 31.5 克，脂肪 31.8 克，碳水化合物 8 克，膳食纤维 4.9 克及胡萝卜素、泛酸、尼克酸、维生素 B_1、B_2、E，还含微量元素钙、铁、锌、磷、钾、钠、铜、镁、硒等物质，生食、炒熟均可，药用水煎服。

食材性能

1. 性味归经

冬瓜子，味甘，性凉；归肺、大肠经。

2. 医学经典

《食经》："利水道、去淡水、治肠痛。"

3. 中医辨证

冬瓜子，有益气，主治烦闷不乐，镇咳祛痰等功效，有益于咳嗽多痰、老年性阴道炎、小儿热性哮喘、眩晕症、白带、肾虚尿浊、咳嗽有痰、小便黄赤、面色枯黄、容颜憔悴等症的康复食疗。

4. 现代研究

冬瓜子内含有脂肪油酸、瓜胺酸等成分，有淡斑的功效，含油 31.8％，其中甘油三酯的含量在 72％～96％ 之间，故食用冬瓜子具有润肠通便的作用。此外，冬瓜子中还有钙、铁、钾等多种成分，具有提高免疫功能的作用。

食用注意

寒饮咳喘，久病滑泄者忌食用冬瓜子。

传说故事

练剃冬瓜毛学剃头的故事

江苏扬州自古三把刀出名，即"剃头刀""厨师刀""修脚刀"。相传，从前扬州的一家理发店，新招了一名小徒弟，师傅天天叫小徒弟抱着冬瓜练刮毛的功夫，但小徒弟每次在练的中途，当师傅叫他打水、扫地、挤毛巾什么的，小徒弟就随手将剃头刀顺便往冬瓜上一扎，等帮师傅做完事回来再抱住冬瓜继续练剃光头。一天，小徒弟正替少林寺的和尚剃头，师傅要方便，关照小徒弟边剃头边要看好水桶里养的鱼，别让猫拖走了。就在师傅刚走不久，突然，一只大黄猫叼起水桶里的鱼就跑，正在替和尚剃头的小徒弟急了，把剃头刀往和尚头上一扎，忙着去追猫索鱼了，可和尚疼痛难忍，凭着武功，将理发店砸得稀巴烂，最后还放了一把火，把理发店烧得精光。

西 瓜 子

种瓜黄台下，瓜熟子离离。
一摘使瓜好，再摘令瓜稀。
三摘犹尚可，摘绝抱蔓归。

——《黄台瓜辞》·唐·李贤

物种基源

西瓜子，为葫芦科西瓜属一年生藤蔓草本植物西瓜（Citrullus lanatus）干燥成熟的种子。西瓜在我国的栽培历史十分悠久，有史记载，在秦汉时期，我国就开始种植西瓜。有史料说，在5世纪时由西域传入我国，所以叫"西瓜"。但是在我国河姆渡新石器时代的遗址中，曾发现淡黄色的西瓜子。那么我国是不是西瓜的原产国之一，尚有待史学家和生物学家进一步考证。现在我国种植西瓜的范围很广，大江南北都有它的踪迹。而炒货食品中的西瓜子，又称"黑瓜子"是取于西瓜类的"籽瓜"的种子。"籽瓜"因其瓤淡而酸，不作鲜果供应市场，较出名的如兰州的打瓜。

生物成分

经测定，每100克西瓜子含蛋白质32.4克，脂肪45.9克，碳水化合物3.2克，膳食纤维5.4克及胡萝卜素、尼克酸、维生素B_1、B_2、C、E。还含有磷、钾、钙、硒、钠、铁等微量矿物质。

食材性能

1. 性味归经

西瓜子，性平，微寒；归心、肺、大肠经。

2. 医学经典

《食鉴本草》："清肺止咳，润肠通便。"

3. 中医辨证

西瓜子，利肺、润肠、和中、止渴、助消化的作用，有益于痰浊中阻、肠燥便秘、消渴症等。

4. 现代研究

西瓜子，可辅助治疗咳嗽多痰和咳血等症，西瓜子含有不饱和脂肪酸，有助于预防动脉硬化，缓解急性膀胱炎、降低高血压等。

食用注意

炒食不宜多食，以免舌面干燥。

传说故事

一、诸葛亮与吃瓜留子

诸葛亮不仅能种出好庄稼，而且还有一手种西瓜的好手艺。襄阳一带曾有这么一个规矩：进了西瓜园，瓜可吃饱，瓜子不能带走。传说这条"规矩"也是当年诸葛亮留下来的。

诸葛亮种的西瓜，个大、沙甜、无尾酸。凡来隆中作客和路过的人都要到瓜园饱饱口福。周围的老农来向他学种瓜的经验，他毫不保留地告诉他们，西瓜要种在沙土地上，上麻饼或香油脚子作肥料。好多人都来向他要西瓜种子，因为以前没有注意留瓜子，许多人只好扫兴而归。第二年，西瓜又开园了，他在地头上插了个牌子，上面写道："瓜管吃好，种子留下。"

诸葛亮把收集的西瓜子洗净、晒干，再分给附近的瓜农。现在，汉水两岸沙地上的贾家湖、长丰洲、小樊洲的西瓜仍有名气，个大、皮薄、味沙甜。有些地方还遵守着那条"吃瓜留子"的老规矩。

二、玫瑰香水瓜子的由来

苏州北郊有一个古老的小镇，叫黄埭。镇上的玫瑰香水炒西瓜子在国内外享有盛誉，1919年在杭州西湖博览会上还得过奖。

据说，在清乾道光年间，吴县知县做六十大寿，各镇的商贾大户都去送礼。虽然，知县的家境并不富裕，对于钱财却看得很轻，唯一的嗜好就是吃零食，一张嘴巴简直像老鼠，一天到晚嚼个不停。他只要见到好吃的东西，就像孩子一样高兴。所以，做寿那天，各大户都投其所好，送好吃的，比如：木渎镇严家送的是枣泥麻饼；东山翁家送的是碧螺春茶叶；望亭杨家送的是芙蓉饼；角立沈家送的是酱萝卜……唯独黄埭镇的吴家拿不出好吃的特产，只得送上二十两银子。

再说，知县见黄埭送来的是银两，硬是婉言谢绝了。知县的寿宴，也办得与众不同。别人做寿都吃寿面，他却用收来的寿礼招待客人。在宴席上，他是吃到什么就讲什么，活像推销员介绍产品一样。最后，他说："吴县这么大的地方，要算黄埭人最笨，只会吃不会做。诸位请看，这桌面上就没有黄埭的东西。他们拿不出好东西来。"知县这一番话，羞得黄埭吴家老板脸上红一阵、白一阵，抬不起头来，落了个高兴而来，败兴而归。

吴老板是个好强的人，受到知县的当众奚落，好像当头一棒，心里着实难过。因此，他打定主意："不搞出一种名扬四海的黄埭特产来，誓不为人！"于是，他就把本地出产的各种蔬果、豆粟之类，反复调配制作、整理，下了两年的工夫，始终也没有搞出个像样的名堂。后来，他索性带了盘缠出门走亲访友，拜师学艺。不料，走到山东境界，碰上了强盗，身上的银两全被抢光，只留得一条性命，不得已，只好沿路讨饭吃。

有一天，吴老板来到胶县的地方，天色已晚，就借住在一座寺院城。寺院里的一位老和尚夜来无事，找他聊天。他就把自己的遭遇诉说了一番。老和尚听了很感慨，称赞他有志气，于是，把他尊为上宾。不仅招待吃住，还答应帮忙搞一种特产。

原来，这和尚是炒瓜子的出身，有一手制作玫瑰香水炒瓜子的绝技。因为，年轻时跟作坊老板的姑娘相好，被老板赶了出来。后来，他听说老板的姑娘寻了短见，一气之下便进了空门。这次，他与落难的吴老板相遇，难免产生同情之心，便把自己的绝技献了出来，而且还资助吴老板回到了家乡黄埭。吴老板回到黄埭之后，就派人到山东胶县，一来是答谢老和尚的知遇之恩；二来是要从那里采办百担西瓜子。然后，在家乡开了一间作坊。制作出当地第一批炒货时，恰恰又赶上知县的寿辰之日。吴老板置备了五斤炒货，贴上"黄埭特产玫瑰香水西瓜子"的标签，给知县送了去。知县还是那个老脾气，照例用客人送来的寿礼待客。当知县见到黄埭瓜子的标签时，皱了皱眉头，大有不屑一顾的意思，可待他把瓜子放进嘴一磕，不禁连连说道："唔，好，这瓜子板粒儿整齐，没有一粒翘翘，入口一磕，立分三爿，壳、籽分明，籽粒饱满松脆，真是齿颊留芳，津津有味。"接着，他摊开手看了看说："这瓜子还很干净，手上不沾半点油渍、黑汁，反倒沾上一股清香味儿"。

这时，吴老板站起来打躬问道："知县大人，你看黄埭人怎么样？"知县跷起拇指夸奖道："哈，真没想到，黄埭人这么聪明，这么有志气！"在场的黄埭人听了这话都很高兴。吴老板更是开心地大笑起来。

南 瓜 子

剖杀黄膘猪，斗大煮一锅。

炒熟半升籽，清香腮里钻。

——《南瓜子》·清·叶德尧

物种基源

南瓜子为葫芦科南瓜属一年生蔓生藤本植物南瓜（Cucurbita moschata）的成熟干燥种子，又名南瓜仁、白瓜仁、金瓜米等。炒货中的"南瓜子"是南瓜、倭瓜、窝瓜、葫芦瓜、玉白瓜等的统称，但因大部分取自南瓜，所以习惯统称南瓜子，是老少喜爱的干果炒货食材，各省均有产出。云南的昭通、丽江是我国出口南瓜子的重要产地，出口的品种主要有雪白瓜子、光边瓜子和花边瓜子。

生物成分

据测定，每100克南瓜子含蛋白质35.1克，脂肪31.8克，碳水化合物8克，膳食纤维4.9克，还含钙、磷、铁、胡萝卜素、维生素 A、维生素 B_1、维生素 B_2、维生素 C、维生素 P、尼克酸、南瓜子氨酸等营养物质。

食材性能

1. 性味归经

南瓜子，味甘，性平；归脾、大肠经。

2. 医学经典

《毒性本草》："驱虫、杀虫、补脾益气。"

3. 中医辨证

南瓜子，味甘，性平，有驱虫利水功效，中医临床主要用于治疗绦虫、蛔虫、血吸虫病以及便秘、贫血、营养不良、产后缺乳。

4. 现代研究

南瓜子富含脂肪酸，可使前列腺保持良好功能，所含的活性成分可消除前列腺炎初期的肿胀，还有预防前列腺癌的作用。每天吃上 30 克左右炒熟的南瓜子，可有效地防治前列腺疾病。南瓜子含有丰富的泛酸，可缓解静止性心绞痛，并有降压的作用。南瓜子也是维生素 E 的最佳来源，可以抗老化。根据我国专家研究发现，南瓜子中含有大量的磷质，如果常吃南瓜子，可以防止矿物质在人的尿道系统凝结，使之随尿排出体外，达到预防胆结石的目的。

食用注意

不宜多食，多食则壅气滞膈。

传说故事

李时珍与南瓜子

相传，李时珍师徒采药来到太行山区的时家庄，发现庄上的孩子一个个面黄肌瘦，脸上尽是虫斑。便对庄主说："庄上的这些孩子一个个面黄肌瘦，骨瘦如柴，有病何以不治？"庄主叹了一口气："这穷山野洼，哪有什么药来治孩子的病啊。"这时李时珍把眼光落在院外的一只只大南瓜上，这些大南瓜，小的有十几斤，大的有几十斤。李时珍对庄主说道："药是现成的，只是未用罢了。""此话怎讲？老先生。"李时珍指着院外的南瓜说道："把这些大南瓜剖了，把瓜子掏出来洗净，连晒都不要晒，放锅里用文火慢慢炒，炒成半焦，分给孩子们吃，每人一两，别给吃饭，明天看效果。"果然，第二天，庄上凡吃炒南瓜子的孩子在大便中拉下各种大小不同的蛔虫、绦虫等各种寄生虫。从此，人们便知道南瓜子能治各种虫积。

葵 花 子

特立古君子，沉吟大道旁。

江山纵高鸟，箬笠挽斜阳。

秋月为谁满，菊花空自香。

平林感摇落，怀瑾一何伤。

——《咏向日葵》·五代·徐寅

物种基源

葵花子为菊科向日葵属一年生草本植物向日葵（Helianthus amnuucs）花的成熟干燥的种子，又名葵花、葵花花、天葵子、向日葵子、向阳花子、望日葵子等。葵花子按外壳颜色分有：黑籽、白籽、花白籽；论品质黑籽和花白籽最好，白籽次之。据史料记载，我国栽培葵花子已有 1000 多年历史，现在全国各地均有分布。

生物成分

经测定，每 100 克葵花子含蛋白质 23.9 克，脂肪 49.9 克，碳水化合物 13 克，膳食纤维 6.1 克及胡萝卜素、维生素 A、B_1、B_2、B_3、E、P 和微量元素钙、磷、铁、锰、锌、铜、镁、硒等，此外还含磷脂、β-谷甾醇等营养物质。

食材性能

1. 性味归经

葵花子，味甘，性平（炒后性温燥）；归大、小肠经。

2. 医学经典

《中国药植图鉴》："补脾、润肠、止痢消痈。"

3. 中医辨证

葵花子，有补虚损、补脾益胃、止痢消肿、驱虫，有益于治疗食欲缺乏、血痢、透痈和降血脂。

4. 现代研究

葵花子含脂肪可达 50% 左右，其中主要为不饱和脂肪，而且不含胆固醇；亚油酸含量可达 70%，有助于降低人体的血液胆固醇水平，有益于保护心血管健康，含有丰富的铁、锌、钾、镁等微量元素，具有预防贫血等疾病的作用；含有大量的食用纤维，每 7 克葵花子中就含有 1 克，比苹果的食用纤维含量比例高得多。

食用注意

大量嗑葵花子会严重耗费唾液，久而久之会影响人的口腔健康，甚至影响消化。葵花子炒后性温燥，多食后易致口干、口疮、牙痛等上火症状。葵花子含油量高，进食过多会使老年人肝负担加重，有可能诱发肝炎。过多食用，还会使血压升高或使高血压病患者症状加剧，严重者还会诱发脑中风或心绞痛。

传说故事

一、沉默的爱

克丽泰是一位水泽仙女。一天，她在树林里遇见了正在狩猎的太阳神阿波罗，她深深为这位俊美的神所着迷，疯狂地爱上了他。可是，阿波罗连正眼也不瞧她一下就走了。克丽泰热切地盼望有一天阿波罗能对她说说话，但她却再也没有遇见过他。于是她只能每天注视着天空，看着阿波罗驾着金碧辉煌的日车划过天空。她目不转睛地注视着阿波罗的行程，直到他下山。每天，她就这样呆坐着，头发散乱，面容憔悴。一到日出，她便望向太阳。后来，众神怜悯她，把她变成一大朵金黄色的向日葵。她的脸儿变成了花盘，永远向着太阳，每日追随他——阿波罗，向他诉说她永远不变的恋情和爱慕。因此，向日葵的花语就是——沉默的爱。

二、追求光明

古代有一位农夫女儿名叫明姑，她憨厚老实，长得俊俏，却被后娘"女霸王"视为眼中钉，受到百般凌辱虐待。一次，因一件小事，她顶撞了后娘一句，惹怒了后娘，后娘便用皮鞭抽打她，可一下失手打到了前来劝解的亲生的女儿身上。这让后娘又气又恨，夜里趁明姑熟睡之际挖掉了她的眼睛。明姑疼痛难忍，破门出逃，不久死去，死后在她坟上开着一盘鲜丽的黄花，终日面向阳光，它就是向日葵。表示明姑向往光明，厌恶黑暗之意。这个传说激励人们痛恨暴力、黑暗，追求光明。这向日葵繁衍至今。

三、梵·高的《向日葵》

"向日葵"是荷兰印象派画家梵·高后期特别喜欢的题材，也是他的艺术的一个高峰。梵·高所作的《向日葵》充满了智慧和灵气，其中部分作品为世界一些著名的博物馆或美术馆所收藏，有些作品散落在民间，也有些作品毁于战争。据说这些画是梵·高在明媚灿烂的法国南部所作。梵·高的《向日葵》是插在花瓶中而不是开在田野里的。画面上的向日葵分为两种：一种花瓣为金黄色，年轻而充满朝气；一种花瓣为棕红色，花盘中的种子丰盈而饱满，散发着成熟的魅力。虽然都是一幅幅的静物画，但是画中的每枝向日葵都充满了动感，有的花瓣张扬，有的俯首含羞，有的腰肢扭动，有的翘脸飞笑，画家用厚重有力的笔触、单纯强烈的色彩赋予向日葵鲜活的生命和热烈的情感，真是姿态万千，美不胜收。

松　子

林居屏百患，覃思观幽遐。
炎黄已芜没，末路多玭瑕。
私智互驰骋，短长迭矜夸。
更相为祸福，胜负时纷挐。
超然赤松子，高笑在云霞。

——《感遇二十五首》·宋·张耒

物种基源

松子，为松科植物红松（Pinus koraiensis）的成熟干燥的种子，又名果松子、海松子、新罗松子、松脂等。

我国松子的产地很广，东北的黑龙江大、小兴安岭和吉林长白山区是松子的主要产地；西南的云南、四川、贵州等省，松子的产量也很多。西北的陕西、甘肃也有松子出产。此外，山西也出产松子。东北出产的松子壳色老黄，颗粒粗大，底部略圆，顶端稍尖，多数呈三角形，仁肉肥满，品质最好。西南所产颗粒中等，呈扁椭圆形，少数呈三角形，壳较薄，棕褐色，仁肉饱满，品质逊于东北松子。西北出产的松子大多壳厚肉少，颗粒小，形如葵子而短，坚硬难嗑，品质更次。

生物成分

据现代营养学家分析：每 100 克松子仁含蛋白质 13.4 克，脂肪 70.6 克，碳水化合物 2.2 克，膳食纤维 10 克及维生素 E_3、B_1、B_2、A、胡萝卜素和镁、铁、锰、硒、铜、磷、钙、微量元素等营养物质。

食材性能

1. 性味归经

松子，味甘，性温；归肝、肺、大肠经。

2. 医学经典

《日华子本草》："补不足，润皮肤，肥五脏。"

3. 中医辨证

松子，甘润益肺、清心止咳、润肠，有益于风痹、头眩、燥咳、吐血，特别是对老年体弱、腰痛、便秘、小儿生长发育迟缓等症有食疗促康复效果。

4. 现代研究

松子中富含不饱和脂肪酸，这些类脂肪是脑髓和神经组织的主要成分，多食能够促进儿童的生长发育和病后身体恢复。松子中所含的不饱和脂肪酸和大量矿物质如钙、铁、磷等，一方面能够增强血管弹性、降低血脂、预防心血管疾病。另一方面，能给机体组织提供丰富的营养成分、强壮筋骨、消除疲劳，对老年人保健有极大的益处。松仁富含油脂和多种营养物质，有显著的辟谷充饥作用，能够滋润五脏、补益气血、乌发白肤、养颜驻容、保持健康形态，是良好的美容食品。松仁富含脂肪油，能润肠通便缓泻而不伤正气，对老人体虚便秘、小儿津亏便秘有一定的食疗作用。

食用注意

松子含丰富的油脂，滋腻性较大，易润滑肠道，所以咳嗽痰多、大便溏泻者不宜多吃。此外，不可过量食松子，过量易蓄发热毒。

传说故事

一、乾隆与松仁

相传，乾隆南下到了松鹤楼，见神台上有条活蹦乱跳的鲤鱼，便下令要厨师烹调给他食用，厨师得知皇上驾到，不敢怠慢，不但在口味上下足功夫，而且将鱼做成了昂首翘尾的松鼠的形状。此鱼色泽酱红，外脆里嫩，酸甜可口。乾隆食后，龙颜大悦，从此，松仁鳜鱼名扬大江南北。

二、罗隐骂绝松树

除了松树以外，所有的树砍掉以后，树桩都可以透芽抽条，重新生长，唯独松树不行，砍后的树桩很快就会烂掉，这就是罗隐金口玉言，说了一句它"烂死桩"的话。话说有一天，天气微热，罗隐走到叫白路桥的地方，有些累了，刚好路边有棵砍倒不久的松树，外层粗壳已经铲去，露出红红的再生皮层，上面沁出一些油珠。罗隐也没细看，就一屁股坐在上边，坐了好一会，起身时，长外衣后襟像被人拽住一样，用力一挣，本已陈旧的外衣却被撕开一条长口子。罗隐回身一看，原来是松汁作怪，不由骂道："该烂死桩，死后都不透青不抽苗！"没奈何，把前后襟都斜着卡进腰带。

这事让观音菩萨知道了，暗道："不好，怎能让罗隐骂绝一种树？要点化他唤回松树生命。"于是，观音菩萨就在罗隐要经过的路旁，化作一老年妇女，变出一间茅屋，升起炊烟，飘出诱人的饭菜香气。罗隐正有些饥渴，那香气不由撩起肚里的馋虫。观音有意在门口招呼道："客官想是饥饿了，不妨歇歇再走。"罗隐就坡下驴，道声："打扰。"进屋闻到那股香味，不由道："婆婆家好香的吃食。"观音道："客官如已饥饿，不妨也吃一些充饥。"说罢就端起一木盘喷香、烘烤焦黄的饼，罗隐不由分说，抓起就吃，越吃越香，不由问道："婆婆，这饼里放了什么，这般喷香？"观音道："也没什么，就是把松树果晒干、碾细，掺进米粉做来便是。"罗隐不由赞道："想不到松树果还有这般好处。"观音乘机道："松树好处多哩，松针可以烧锅，可以铺床，松枝可以做柴火，松干是盖房的好料，松油可以燃烧照明，修道的人都喜欢在松树下盘坐，人都说'松鹤延年'，都用它表示长寿呢！"观音一番话，叫罗隐深深内疚起来，暗想道："它有这般多好处，我却因自己不小心咒它，真不应该。"想着不由又脱口而出道："松树真正可以飞子成林！"

从那以后，松树砍了后，树桩虽是烂死，再不抽芽，可是松子发芽率很高，飞到哪里就在哪里长出小松苗来，凡有高大松树的地方，都可以看到成片成片的松苗。

三、松子糕的传说

很早以前，海盐县城有个叫宋良的读书秀才，宋良聪明好学，日夜在家里苦读诗书，一门心思打算进京赶考。宋良的父母为使儿子早日出山，屋里屋外的一切事情都不让宋良插手，老两口宁愿自己吃苦受累，任劳任怨，辛勤劳作，想方设法让儿子安心读书。

然而，天有不测风云，这一年江浙流行瘟疫，宋良的父亲染上了瘟疫，医治不好不幸病故。痛失了父亲，对宋良来说无疑是一个致命的打击。家里失去了顶梁柱，一时间宋良是内疚不已，埋葬了父亲后，家里的钱财也剩得不多，日常的开支靠母亲一个人每天出去打零工勉强维持。这样的处境令宋良坐立不安、无心攻读。这一天，宋良就对母亲说："妈，你年岁已大，每天出去打工太辛苦了，儿子我年轻力壮，读书又不一定能考上功名，所以我想与同村的人一起出去做些小买卖，等赚到了一些钱后，我再去用功读书。"宋母听后，连忙摇摇头说："儿子，千万不能这样，明年就是大考之年，如果你现在放弃学业，那是半途而废，以后你会后悔一辈子的！虽然你爹已经不在人世了，但有我在，你怕什么呢？我会缝缝补补，也会下地劳作，只要你安心地读书，我一定也能操持好这个家，以后这日子不照样过去了吗？"宋良听后，眼眶一热，说："妈，那你太辛苦了。"

从那天起，宋良又静下心来埋头苦读，宋母上织机下田地，忙里忙外，把宋良的衣食住行安排得井井有条。宋良读书用功，常常忘了吃饭，有时候是边看书边吃饭。有一次，母亲把热饭菜端过去时，宋良正在赶写一篇文章没停下来吃，等文章写完后，饭菜早已凉了。宋良吃了这冷饭凉菜后，结果拉了好几天肚子。宋良躺在床上一个劲地叹息："可惜，可惜，浪费了我几天的好时光。"

宋母看到宋良潜心苦读，身体一日比一日瘦，心里很难过。怎样才能让儿子随时随刻吃好每一顿饭呢？宋母左思右想，终于想出了一个好办法来：她把家里仅有的一点糯米拿了出来，放在铁锅里用文火慢慢炒熟后，用石磨磨成细粉，把兑了糖的开水洒到米粉里，均匀揉成一个长方形状。糯米糕成形后再放入铁锅烘焙干燥，然后找来了一张纸把做好的糯米糕紧紧包了起来。

宋良正在看书，见母亲端着一个纸进来，惊奇地问："妈，你今天让我吃什么？"宋母说："妈今天没给你做饭，做了个点心给你尝尝，你想什么时候吃都可以。"宋良半信半疑，说："我才不信呢。"宋母说："不信，那你就自己看吧。"说着放下纸包就走出了屋。

宋良心疼母亲，宋母出去后，他忙将纸包打开，微微发烫的纸包中，放着一块色泽黄白的长方形糯米糕。宋良抓起糯米糕想啃一口，却发觉米糕上有一条条切痕。用手一掰，一薄片米糕随即散了开来。宋良扯一片放入口，又香又甜又脆，那滋味真是好吃，脆香味让宋良感动得热泪满面。这时宋母也正好走了进来，见此情景不由也流了泪来。宋良说："妈，我不会辜负您的一片心意，一定奋发苦读！"

宋良在母亲的细心呵护下，读书更用功了，第二年科举大考，宋良进京赴考，结果金榜题名，高中状元。

十年寒窗无人知，一朝题名天下晓。宋良中了状元，亲朋好友、四乡八邻的人纷纷来祝贺。很多人都问宋良读书有什么窍门，宋良推推搡搡也说不出个理由来，最后只好说："我这次能考中，主要原因是我妈的点心做得好。""什么，点心做得好！"人们怎么也捉摸不透这话的意思，只是一个劲地跟着大笑起来。

进京之后，宋良在朝廷做官，宋母也随着儿子荣华富贵过着衣食无忧的生活。每当空闲之余，宋良经常想起自己与母亲相濡以沫的那段艰苦岁月，特别是忘不了母亲给他做的糯米糕，有时候想着想着竟不由流出了口水来。宋母看在眼里，记在心里。虽然她不间断地给宋良做糯米糕，但宋良尝过后，糯米糕的味道远远没在老家时的香甜。为了却儿子这一个心结，这一年的春节前夕，宋母特意从京都赶回海盐，与海盐的小吃名师共同探讨、研究、摸索，又经过无数次的试验，最终决定把糯米糕的制作除米粉、松仁外，再加入白糖、食油、饴糖等原料，经炒米、打粉、落糖、擦粉、蒸糕坯、烘焙等11道工序的制作，而终于获得成功！宋良闻讯后，骑快马从京城赶来。到了海盐后，宋良顾不得长途跋涉的辛苦，提出马上要品尝糯米糕。宋母从热锅里取出了一块，宋良接过来，细细一品尝，不由惊叫起来："好吃，好吃，现在这个比当年糯米糕点还要香甜还要好吃！"

面对久违了的糯米糕，宋良紧锁的眉头又露出了笑容。他琢磨着让母亲给它取个好听又有纪念意义的名字。宋母说："其实我当时也没什么想法，一门心思送给儿子吃能考试高中，就是送子高的意思。送子高说起来有点别扭，就干脆叫它'送子糕'吧。""'送子糕'这个名字好，那以后就叫它'送子糕'吧！"

打这以后，"送子糕"这种食品在海盐就慢慢地传了开来，特别是在过年过节的时候，人们家家户户做送子糕，吃送子糕。再后来，"送子糕"又被人改称叫成"松子糕"，经过几代人的改良与摸索，如今海盐的松子糕已成了人们的大众食品，成了富有海盐特色的旅游食品。

附注：

（1）松果：为松科植物油松、马尾松、云南松等的球果。有马尾松果、湿地松果、木荷树果、相思果、云杉树果、木麻黄树果、枫香树果等等品种，别名松子、松塔、松实、松元。性温、味苦，成熟的松果表皮呈褐色，种粒灰黑色，饱满，不腐、不烂，不易变形者质量较好，可较长时间保存，具有祛风除痹、润燥通便的功效。

（2）松针：性味苦、涩、温，有祛风活血、明目安神、解毒止痒的功效。

（3）松花粉：性味甘、温，有收敛、止血的功效。

（4）松树皮：性味苦、涩、温，有收敛、生肌的功效。

（5）松树梢：性味苦、涩、温，有解毒的功效。

（6）松节：性味苦、温，有祛风除湿、活络止痛的功效。

（7）松塔：性味苦、温，有祛痰、止咳、平喘的功效。

（8）松香：性味苦、甘、温、有小毒，有燥湿祛风、生肌止疬的功效。

桃　仁

山桃红花满上头，蜀江春水拍山流。

花红易衰似郎意，水流无限似侬愁。

——《竹枝词》·唐·刘禹锡

物种基源

桃仁，（Prunus persica）为蔷薇科落叶小乔木桃或山桃（Pruns davidiana）的干燥成熟的种子，又名桃果种仁、山桃种仁、毛桃种仁、白桃种仁等。

桃的种类，除了人们常见的普通桃外，我国的桃还有以下三个变种：

（1）蟠桃：千百年来，人们对蟠桃的描述添加了不少神秘的色彩，有人称它为"西王母蟠桃"，实际蟠桃并不像神话故事中所讲的那样，只能生长在"瑶池河畔"，在我国江浙一带，很多地方都有栽培。它的果实形状与普通桃不同，是扁圆形的。果面茸毛较少，色泽有淡黄葱绿、鲜红之分。像"撒花红蟠桃""陈圃蟠桃""长生蟠桃""黄金蟠桃"等，它们都具有肉质柔软、汁液丰富、果味芳香的特点。蟠桃由于形状是扁平的，所以食用时拿取方便。

（2）油桃：一提起桃，我们就会自然想到桃的表面一定着长很多的毛，对于普通的桃来说，桃毛是一种天然的保护物，它可以保护桃子在炎热的夏天不致蒸发大量的水分或遭日光直射而产生"酌伤现象"，桃毛也防御了病虫侵害娇嫩的桃皮，我们所以能吃到柔软多汁的桃，桃毛也是有很大贡献的。但是在我国新疆、甘肃一带还有一些表面不长毛、表皮光滑的"油桃"。据考证，油桃是现代普通毛桃的原始类型。油桃的发现，进一步证明桃是原产于我国的。

（3）寿星桃：是我国桃的独特种类，用它作砧木嫁接普通桃，可以使树体极度矮小，例如我国各地室内栽培的盆桃有的就是用寿星桃做砧木，嫁接普通桃培育而成的。

生物成分

桃仁中，含苦杏仁约 3.0%，挥发油 0.4%，脂肪油 45%，油中主含油酸、甘油酸和少量软脂肪以及硬脂肪酸的甘油酯。

食材性能

1. 性味归经

桃仁，味甘，微苦，性平；归心、肝、大肠经。

2. 医学经典

《本草经集注》："活血祛瘀，润肠通便。"

3. 中医辨证

桃仁有活血、行血、清散瘀血、祛痰和润肠的作用，对桃仁活血化瘀的功能中医总结为："性善破血、凡血结、血秘、血燥、瘀血、留血、蓄血、血痛等症，用之立通。散而无收，泻而无补，过用之及用之不得其当，能使血下水止，损伤真阴，为害非细。"所以用桃仁活血应十分慎重。

4. 现代研究

桃仁有扩张血管、抗凝及抑制血栓形成、润肠通便、镇咳、抗炎、兴奋子宫、镇痛、驱虫、抗过敏、保肝、抗癌的作用，有利血管性头痛、顽固性高血压、皮肤瘙痒的康复和辅助食疗。

食用注意

（1）不应食用两仁的桃子。《食经·七卷》说："桃有两仁者有毒，不可食。"食用容易出现腹痛、泄泻的中毒症状。

（2）溃疡病及慢性胃炎患者忌服。桃仁有小毒，忌生吃、多吃，孕妇忌服。

传说故事

东方朔偷桃

西汉时，有个东方朔和母亲一道住在象山港边。母亲年老多病，东方朔小心服侍。

一年秋末，母亲躺在床上想吃桃子。这时立冬将近，哪里还有桃子，东方朔讲："母亲，我买橘子给你吃吧！"母亲讲："我做梦也想吃桃子，你就依着我吧。"

东方朔没法，只得把母亲托付给邻居，带些干粮，出门去寻桃子。他历经千辛万苦，仍旧没寻到桃子。这一日，他来到江西，得知龙虎山张天师有法术，就到道院去请求寻桃办法。天师问明情况，念其一片孝心，就讲："你如肯拜我为师父，我就告知你寻桃方法。"东方朔便拜张天师为师，洗澡、换衣、穿上道袍一表人才。他拜见师父后，天师对其讲："现在只有天宫有桃，你要有决心，不怕死，才可上天摘桃。"东方朔表示一定做到师父的话，寻得桃子给母亲吃。天师见他诚心就教其方法："龙虎山顶有一条天梯，一直通到天上，有决心的人可以从这条路上天去。但山上毒虫、猛兽很多，如果胆小怕死就没命，希望你做到心口如一，三不回头！切记！切记！"

第二日，东方朔带了一点干粮就寻路上山，刚穿行竹林，忽然刮起一阵狂风，乱树丛中跳出一只大老虎，张着大口向他扑来。东方朔吓倒在地，但他记起师父的话，就站起向老虎走去，老虎却跑掉了。东方朔继续爬山，转过乱石坡，看见一条车盘大小的毒蛇拦住去路。张牙吐舌，实在吓人。但东方朔不怕死，走上前去，蛇反而溜走了。

东方朔继续爬山，山越来越陡，已经没有路好走了，他攀藤附石爬过山壁，终于来到天梯下面。这条天梯有石阶千级，高入云天。东方朔爬上去的辰光，头上有人喊："凡人不许上来，再走一步就用石头砸死你!"东方朔没去听,仍旧向上爬。

石头真的像雨一样落下来,大的像磨盘,小的像碗口,砸得东方朔头破血流,他还是不停步,忍住痛一级一级往上爬,终于爬上天梯。东方朔不知道桃园在哪里,东张张,西望望,寻到一堵高墙外,见有扇小门,就进去了。里面果然是桃园,水蜜桃白得像雪,其伸手摘了一个蜜桃回头就走。刚出园门,被天兵天将捉住要杀他,正好观音大士路过,阻止说:"杀不得,这是孝子。"还摘下一片莲瓣,让东方朔闭上眼睛,坐着莲瓣回家去。

玉皇大帝得知这件事,很恼火,当着观音的面又不好发作,只好命巨灵神劈断龙虎山天梯,从此,凡人就不能上天了。

东方朔回到家,把蜜桃献给母亲吃,母亲吃了一半,病就好了。还有半个给儿子吃,东方朔听娘的话,把桃子吃了,桃核种在屋前边地里。

东方朔吃蜜桃后得道成仙,带着娘云游天下去了。其走后,屋前长出一株桃树,四年后,桃树开花结果,被奉化人寻着,觉得味道特别好,索性移到奉化,通过嫁接栽培,结出了奉化水蜜桃。

杏　仁

胡儿处处路旁逢,别有姿颜似慕容。

乞得杏仁诸妹食,射穿杨叶一翎风。

——《上谷边词》·明·徐渭

物种基源

杏仁,为蔷薇科李属梅亚属落叶乔木植物杏（Prunus armeniaca）或西伯利亚杏、东北杏干燥成熟的种仁。又名杏核仁、杏子、木落子、杏梅仁等。杏树为我国原产树种,早在公元前2600年之前就种植栽培,用作食材杏仁。《礼记》《汉书》均有记载。明代李时珍在《本草纲目》对杏仁的药用有详细记述。杏仁的品种繁多,通常分为甜杏仁与苦杏仁两大类。甜杏仁味甜,主要供食用,苦杏仁味苦且有毒,专供药用和工业用。现在还将杏仁用于美容。

甜杏仁与苦杏仁主要鉴别方法有三:

（1）甜杏仁的颗粒通常比苦杏仁大,形状呈扁圆、扁长圆、鸡心形（苦杏仁多为滚圆形,颗形粗壮,但也有少数扁仁,中腹部鼓突）。

（2）甜杏仁皮色比苦杏仁浅,略带红色或浅黄略带浅红色（苦杏仁均为棕黄色或深黄色）。

（3）甜杏仁味甜、脆、香（苦杏仁味苦）。

主产长江以北各省区。

生物成分

经测定,每100克可食甜杏仁含水分7.5克,蛋白质22.5克,脂肪45.4克,碳水化合物15.9克,膳食纤维8克,维生素A、B_1、B_2、C、E及微量元素钾、钠、钙、镁、铁、锌、锰、铜、磷、硒等,还含有杏仁苷成分。

食材性能

1. 性味归经

（1）甜杏仁:味甘,性平,无毒;归肺、脾、胃、大肠经。

（2）苦杏仁:味苦,辛,性温,有小毒;归肺、大肠经。

2. 医学经典

《神农本草经》："降气止咳平喘，润肠通便。"

3. 中医辨证

杏仁是我国历代中医临床中治疗咳喘、润肠通便的主药之一，既有发散风寒之能，复有下气除喘之力，缘辛则散邪，苦则下气，润则通便，湿则宣滞行痰，故凡肺经感受风寒而见喘嗽咳逆、胸闷便秘，无不可调治。

杏仁有苦、甜两类，因性味不同，临床应用有区别。苦杏仁长于治实症咳喘；甜杏仁偏于滋养，多用于虚咳，临床需鉴别而用之。

4. 现代研究

杏仁除传统临床用于止咳平喘、润肠外，还有辅助治疗高血压、心血管病以及抗癌的功效。

食用注意

（1）不宜多食杏仁，特别是苦杏仁，虽经浸泡处理，但还含有微量的氢氰酸。

（2）阴虚咳嗽及大便溏泄者忌食。

（3）服中药黄芪、黄芩、莴根时不宜食用杏仁。

传说故事

一、慈禧太后与杏仁

慈禧太后人人皆知，相传在她的美容美发秘方中，有抹头油的习惯。据传，老佛爷的护发油就是杏仁，恰恰印证了现代精确化验的结果——杏仁油中含有高达95%以上的不饱和脂肪酸。有权力的人就是厉害，那么早就知道开始用杏仁油了，不过我们老百姓现在也开始用了，是不是比太后还强！

二、杨贵妃与杏仁

杨贵妃与杏仁也是因为美容关系，早在《旧唐书》中就记载了中国的四大美女之一的杨贵妃为"姿色冠代"，被诗人白居易描写为"回眸一笑百媚生，六宫粉黛无颜色"的杨太真，在她使用的化妆丽容处方中，有一张秘方，名为"杨太真红玉膏"，秘方的主要成分就是杏仁。

三、杏仁与延年益寿

传说，明代翰林辛士逊夜宿青城山道院，梦中遇见一皇姑，密授其方：汝旦食杏仁七枚，可致长生不老，耳聪目明。此后，这位翰林每日早晨洗脸漱口后，便遵照皇姑的密授，口含七枚杏仁，良久脱去皮，细嚼慢咽，日日食用。数月后，翰林便食欲增加，身体健壮，面色红润。此法坚持至老年，果然，身体轻健，耳聪目明，心力不倦，思维敏捷。

巴旦杏仁

新城果园连湘西，枇杷压枝杏子肥。

半青半黄朝出卖，日午买盐沽酒归。

——《夔州竹枝歌九首》之三·宋·范成大

物种基源

巴旦杏仁，为蔷薇科落乔木巴旦木（Prunus amygdalus）的成熟果实，又名八达杏、巴旦姆、巴旦木、扁桃等。巴旦杏，是蜚声中外的珍贵干果，每年六、七月间，当南疆杏子、桃子成熟季节，如果到了英吉沙，路途所见，那绿叶丛中闪闪烁烁、似杏非杏、似桃非桃的就是巴旦杏。一个个压弯枝头，伸手可及，它就是昆仑山下的珍果。

原产波斯一带，丝绸之路的驼队把它带到了新疆，在英吉沙、喀什、和田一带落户。这里夏季气温高，雨水稀少，土壤疏松，光照时间长，昼夜温差大，得天独厚的自然条件使英吉沙县的巴旦杏长得格外茂盛。巴旦杏树高八米以上，树皮灰色，其树形似山桃，果实皮薄肉少，成熟后皮裂而核出，核大小似桃核，色如奶油，仁似月牙，甜香味美。

新疆巴旦杏已培养出四五十个品种，如小软壳、双仁软壳、早熟薄壳、扁嘴褐、双果、大巴旦等，均为优良品种。

巴旦杏的果仁，又名"扁桃仁"，其特点是果仁尖端偏歪，颗粒要比甜杏仁大许多，而风味品质也要优于普通甜杏仁。扁桃仁是维吾尔族传统的营养滋补品，被称之为"宝果"。

生物成分

据测定，扁桃仁含蛋白质、脂肪、碳水化合物、维生素 A、维生素 B_1、维生素 B_2、维生素 E、胡萝卜素及钙、磷、铁等营养物质，其蛋白质含量高于松子、核桃和榛子，并含有苦杏仁甙，还含有柠檬酸、苹果酸等。

食材性能

1. 性味归经

巴旦杏仁，味甘，性平；归肺、大肠经。

2. 医学经典

《全国中草药汇编》："润肺，止咳，祛痰，润肠，通便。"

3. 中医辨证

巴旦杏仁为滋养缓和性止咳药，有利于治疗咽干、干咳，特别对老年肺病虚弱、干咳无痰等症的康复有辅助食疗效果。

4. 现代研究

巴旦杏仁有滋润心肺功效，对虚性咳嗽气喘、肠燥便秘等症的康复辅助治疗极为有益，能促进高血压等心血管病的康复，还有美容的效果。

食用注意

巴旦杏仁有甜、苦两种，它们的成分及效用大致与杏仁相同。苦巴旦杏仁含有较多的苦杏仁甙，在体内可水解产生氢氰酸引起中毒，通常 7～10 粒即可造成小儿中毒危及生命。因此，除入药外，注意不要误食苦扁桃仁。甜巴旦杏仁虽然仅含有少量的苦杏仁甙，一般不会引起中毒，但是也不可无节制过量食用，以免中毒。

杨玉环杏仁红玉膏

在著名的宫廷秘方《鲁府禁方》中，记载有一则"杨太真红玉膏"。"太真"，即唐代的贵妃杨玉环。《旧唐书》称她"姿色绝代"，《长恨歌传》中说她"治其容，敏其词，婉变万态，以中上意"。杨贵妃的迷人，在于她善于美容保养，红玉膏就是她所用的"增色"秘方之一。该方以杏仁为主药，制作时将杏仁去皮，取滑石、轻粉各等份，研末，蒸过，加入龙脑、麝香少许，用鸡蛋清调匀，早晚洗面后敷之。据说有"令面红润悦泽，旬日后色如红玉"的功效。现代科学证明，甜杏仁含有丰富的维生素 A 等多种维生素与矿物质，是制作面膜的理想材料。值得注意的是，方中的轻粉虽能润肤去垢治疥癣，但有剧毒，千万不可擅制。

第十章　鲜果类

甘　蔗

老境于吾渐不佳，一生拗性旧秋崖。

笑人煮簀何时熟，生啖青青竹一排。

——《甘蔗》·宋·苏轼

物种基源

甘蔗（Saccharum SPP），为禾本科热带和亚热带多年生、温带一年生草本植物甘蔗的茎。又名薯蔗、干蔗、接肠草、竿蔗、糖梗等。我国是甘蔗的原产地之一，种植历史悠久。按栽培品种可分为糖蔗和果蔗两种，糖蔗顾名思义为制糖原料，含糖量为 12%～18%。果蔗，茎秆粗壮，肉质脆嫩，汁液充沛，清甜爽口，含糖量为 8%～10%。从皮色上分，果蔗又有紫皮、红皮、青皮和黄皮之别。紫皮甘蔗又称黑皮甘蔗，以广东黑皮、福建乌皮、台湾玫瑰竹蔗为著名。红皮甘蔗以浙江兰溪，广东中山，番禺最负盛名。青皮甘蔗，以广东"潭州白蔗"最为著名。青皮甘蔗以"天下奇观钱塘潮"的观潮胜地——盐官镇产出的皮薄、汁多、味甜，素有"脆如雪藕甘似蜜"之美誉。

生物成分

据测定，每 100 克去皮甘蔗，含热能 44 千卡，水分 81.3 克，蛋白质 0.4 克，脂肪 0.1 克，碳水化合物 15.4 克，膳食纤维 0.9 克，此外，还含胡萝卜素及微量元素钙、镁、铁、磷、锰、锌等人体必需的矿物质。特别是果蔗含铁居水果之首，素有"补血果"的美称，是冬令佳果。甘蔗的糖分主要由蔗糖、果糖、葡萄糖三种成分构成。

食材性能

1. 性味归经

甘蔗，味甘，性平；归肺、脾、胃经。

2. 医学经典

《日用本草》："利咽喉，强筋骨，止虚热，消烦渴，解酒毒。"

3. 中医辨证

甘蔗可清热生津、润燥下气，有利于口干舌燥、津液不足、小便不利、大便燥结、消化不良、反胃呕吐、呃逆、高热烦渴等症的食疗助康复。

4. 食用注意

甘蔗，富含蔗糖、果糖、葡萄糖、乙酸、乙醇酸、甘氨酸、乌头酸等，对暑热大汗、心悸气短、精神恍惚或反胃呕吐不息、泻痢日久及中风失音等症有独特保健功效。

食用注意

（1）脾、胃虚寒，痰湿咳嗽者宜少食。

（2）凡甘蔗霉变和蔗肉变为浅棕色者不可食，防止 3-硝基丙酸毒素中毒。

（3）糖尿病患者最好不食。

传说故事

一、曹丕与甘蔗

相传，三国时代，曹丕很喜欢吃甘蔗，他在大殿上和大臣们议事时，还边吃边谈哩，下殿时，居然还挂着甘蔗当拐杖。可见，自古以来，甘蔗就是一种颇受人们欢迎的果品。

二、无蜂之蜜

公元前 327 年，马其顿皇帝亚历山大在他的远征军开往印度前，给军队的司令官们每人尝一点儿蜜，以示最高的信任和嘉奖。远征军回国后，有位司令官惊喜地报告国王说，印度的"蜜"不是来自蜜蜂，而是取自芦苇秆。原来这位军官错把甘蔗认作芦苇了，因甘蔗甜似蜜，故被誉为"无蜂之蜜"。

三、"甘蔗"名字的由来

秦始皇带着兵马到五通，看到路上长着很多像竹子一样的大芭芒，叶子像剑一样，长张长张的。开路先锋挥起宝剑，一丛一丛地砍倒了。这些像竹子一样的大芭芒流出水来，兵士们怕有毒，不敢吃。有一个麻子兵看到了，心想，自己与其干死、渴死，不如痛痛快快地吃一餐这种东西，享点饱福后见阎王爷也值得。于是，不管三七二十一，他拿起一根就嚼，汁水甜得蜜糖一样，他吃了一根又吃一根，吐出一团团像棉花一样的碎渣。吃罢，他觉得全身都长了力气，高兴地喊了起来："我吃了比甘露还要好吃的东西！"

旁边的士兵见了麻子兵吃了那种东西没碍事，又听讲好吃，于是，大家都去捡起吃了起来。他们又写了个牌子插在大路边，告诉后边的兵马，路边砍倒的像竹子一样的大芭芒可以吃。后来，士兵们又根据这种东西比甘露还甜，砍倒的时候又发出"渣渣"的声音，就把它喊作"甘渣"，喊来喊去就喊成甘蔗啦。

秦始皇征服了桂林以后，就叫老百姓在义江两岸种起甘蔗来，每年都要老百姓把甘蔗进贡给郡主和皇上，从此，五通甘蔗就出了名。

蔗趣

一、寿命最长的甘蔗

福建省松溪县有一片"百年蔗"。据考查，是清代雍正四年（1726）种的，到现在已有 289 年。这片甘蔗是世界上寿命最长甘蔗。更有趣的是，这片世界甘蔗家族的"老寿星"至今仍青春常在，就是在 2012 年，还发了新苗，平均每丛发棵 24 株，高 75 厘米，根粗壮，叶色浓绿，生机盎然。

这种留根甘蔗具有省工、省种、早熟、高产等优点，它在留根甘蔗栽培的理论研究和生产实践上，都有很大的价值。

二、长得最高的甘蔗

据记载，台湾省新竹的竹蔗，节间很长，皮薄而质韧，含糖量高，2006 年有一株竹蔗最高达 9 米多，这是世界上甘蔗中的"高个子"了，这种竹蔗大多用来榨汁制成清凉饮料。

三、是谁这样的"好吃"

从前，一个人在街上捡起一团嚼过的甘蔗渣，放到嘴里使劲地嚼了半天，没吃出一点甜味，他很不高兴地说道："这是谁这么又馋又好吃，把甘蔗吮得一点儿甜味都没有了。"

苹　果

银海清泉洗玉杯，恰笤白酒冷偏宜。水林檎嫩折青枝。
争看使君长寿曲，旋教法部太平词。快风凉雨火云摧。
——《浣溪沙》·宋·朱敦儒

物种基源

苹果（Malus pumila），为蔷薇科植物苹果的果实，又名柰、频婆、标子、西洋苹果、天然子、超凡子、严波等。我国也是苹果的故乡，在汉武帝时的御花园"上林苑"中就已有白柰、紫柰和红柰，据史料记载已有 3000 多年的种植历史。

生物成分

据测定，每 100 克可食苹果，含热能 41 千卡，水分 84.6 克，蛋白质 0.4 克，脂肪 0.5 克，碳水化合物 13 克，膳食纤维 1.0 克，胡萝卜素、维生素 B_1、B_2、C、尼克酸、硫胺素及微量元素钙、钾、磷、锌、硒等，此外还含芳香成分醇类、羰类、酯类和苹果酸、柠檬酸成分。苹果有"三果"之称，即："减肥果""智慧果""青春果"，可见其膳食营养之丰富。

食材性能

1. 性味归经

苹果，味甘，酸，性平；归肺、胃经。

2. 医学经典

《滇南本草》："生津，轻生，延年黑发，调营卫而通神明，解瘟疫而止寒热。"

3. 中医辨证

苹果，清热除烦、益脾止泻、下气消痰，对脾虚而致的不思饮食、脘纳呆、暑热而致心烦的口渴等症有很好的食之助康复效果。

4. 现代研究

苹果中的果酸、纤维素和半纤维素，具有吸附胆固醇，并使之随大便排出体外的功能，从而起到降低血液中胆固醇的含量，避免胆固醇沉淀在胆汁中形成胆结石，还可以减轻环境污染造成的慢性中毒。苹果还有降低血压的功能，所含的钾元素能促进钠盐的排出，因而能降低血压。

食用注意

（1）痛经者如月经来潮时应暂勿食苹果。

（2）习惯性便秘、产后便秘、大病后便秘者慎食苹果。

（3）苹果虽性平，味甘，但味甘助温，多食有伤脾胃。

（4）苹果勿与萝卜同时食用，防诱发甲状性肿大。

（5）服用磺胺类药物及碳酸氢钠时不宜食用苹果。

（6）糖尿病患者少食苹果，但在全天碳水化合物总量控制下，而且在两餐之间可适当食用。

传说故事

苹果又叫"蛇果"和"禁果"的传说

《圣经创·世纪》里的一段故事：上帝创造了人类的祖先亚当，又用亚当的肋骨造了女人夏娃，并让他们结为夫妻，生活在伊甸园里，嘱咐他们不能吃园内果树上的果实。但天上的魔鬼变成了一条毒蛇，它引诱夏娃说，上帝不准你们吃树上的果子，是因为那果子是"智慧之果"，吃了以后会变得智慧无穷等等。夏娃被说得凡心大动，忍不住就摘了一枚果实吃了，又劝亚当也吃了果子。上帝得知他们偷吃了禁果，勃然大怒，把他们赶出了伊甸园，使他们的后辈儿孙世世代代吃苦受难，直至今天。亚当和夏娃所偷吃的禁果，就是苹果。因此苹果就被称为"蛇果"和"禁果"。

附注：

1. 苹果皮

蔷薇科植物苹果的果皮，性凉，味甘；入胃经。有升清降浊、止呕消痰之功效，治反胃呕吐、痰饮等症。每次用15～30克煎汤内服，或沸水浸泡内服。应取新鲜的苹果反复洗干净之后削皮食用。

2. 苹果叶

蔷薇科植物苹果的树叶，性寒，味苦；入肝、胃经。有清热解毒、活血止血、消肿止痛之功效。可治火盛毒疮、痈疽疔疮之症；还可治血淤之痛经、产后瘀血阻滞之腹痛等。每次用30～50克煎汤内服，或鲜叶捣烂外敷患处。

3. 蛇果

蔷薇科植物苹果的果实，俗称"蛇果"。有金蛇果、青蛇果和红蛇果等品种，别名"地厘蛇"。性平，味微酸，甘；归脾、胃经。它的主要产地在美国。蛇果皮色鲜红、亮度高，一般要选择坚实、颜色鲜明，用手指轻弹声音很清脆的蛇果。要避免选择有碰伤、软塌或有斑点的。蛇果具有生津开胃、消痰止咳、退热解毒、安眠养神、润肠止泻等功效。并含有丰富的营养物质，其中果胶和钾的含量居水果类之首，适合所有人群，号称"记忆之果"。蛇果气味馥郁芳香，口感甘美，与苹果类似，但口感较甜。蛇果含有丰富的钾和纤维素，减肥作用比苹果更强。红蛇果除了美容之外，还具有很高的营养价值。英国有种说法："一天吃一个蛇果，让你不用看医生"。研究发现，蛇果是苹果中抗氧化剂活性最强的品种，具有抗癌的功效。胃炎和消化不良者，可以每天吃蛇果 1～2 个，有助于消化、记忆力减退或者神经衰弱。建议经常食用蛇果，有防病作用，肥胖者可以每天吃 1～2 个蛇果，不仅减肥，还有美容作用。建议当成午餐、小吃或拌色拉；不建议烹饪，因为蛇果很容易变成糊状。脾胃虚寒者应少吃，糖尿病患者应慎食。

无 花 果

有子系枝，不荫而实。
薄言采之，味比蜂蜜。

——《赞天仙果》·宋·宋祁

物种基源

无花果（Ficus crica），为桑科榕树属落叶灌木或小乔木的成熟果实。又名天仙果、蜜果、古渡子、隐花果、文仙果、奶浆果、天生子、映日果、优昙钵、阿驵、品仙果、安居尔、糖包子、太阳果、生命果等。隋唐时期引种栽培，已有 1000 多年历史。无花果实际有花，花单性，雌雄异花。它的花隐在囊状总花托内，雄花在上面，雌花在下面，亦有总花托内只有雌花的。因为人们总见其果不见其花，就以它是不开花而结果的，故取名为"无花果"。实际上，我们吃的无花果本身就是其肥大的花托，古籍《群芳谱》中论：无花果有七大特点，一是"实甘可食"；二是可制干果；三是供食时长；四是大枝扦插，本年结实；五是叶为医痔圣药；六是未成熟果可制蜜饯；七是得土即活，随地可种。一年内二次成熟三次收果，即先年存鲜，五月成熟，第一次收果，七月中旬本年坐的果成熟，九月当年第二次坐果成熟，未成熟留待下年五月再收。

生物成分

据测定，每 100 克可食鲜无花果，含水分 81.3 克，蛋白质 1.5 克，脂肪 0.1 克，碳水化合物 16 克，膳食纤维 3 克，维生素 B_1、B_2、C、E、胡萝卜素及微量元素钙、磷、钾、钠、镁、锌、铜、硒、铁和 17 种人体所需的氨基酸。此外，还含琥珀酸、植物生长激素（茁长素）、淀粉糖化酶、酯酶、蛋白酶等。

食材性能

1. 性味归经

无花果，味甘，性平；归肝、脾、胃、大肠经。

2. 医学经典

《本草补遗》："润肺止咳，清热润肠，开胃催乳，消肿解毒。"

3. 中医辨证

无花果，可补脾利咽、润肠通便。有益于食欲不振、消化不良、痢疾、黄疸、胸闷、咳嗽痰多、肺热声嘶、咽喉疼痛等症的助康复。

4. 现代研究

无花果含有脂肪本酶、水解酶等，有降血脂和分解血脂的功能，故可降血脂，减少脂肪在血管内的沉积而起到降血压，预防冠心病的作用。无花果提取液对癌肿特别是胃癌晚期有较好的助疗缓症状效果，同时，还有润滑皮肤、美容的作用。

食用注意

无花果，味甘性平，一般人均可食用。

传说故事

一、公主与猎人

新疆维吾尔族民间传说，古时一个国王的女儿爱上一个年轻的猎人，猎人向国王求亲，国王不愿将女儿嫁给一个猎人，就为难他说，你等到人间有树不开花就结果的时候再来求亲吧。可世界上哪有不开花就结果的呢？这一对青年不顾国王的反对，仍然执着地追求着自己的爱情，终于他们真挚的爱情感动了上天，天上的神女下令无花果不开花直接结果，猎人和公主终于成亲了。

无花果真的不开花而结果吗？其实无花果也是先开花后结果的。由于无花果有花蕊和花萼包在花托里边，从外边看不到开花，因此人们就给它起了一个名不符实的名字——无花果。

二、日神和无花果

希腊神话中，有则故事说，日神泰卫为了营救被天神宙斯紧紧追赶的索克斯的儿子，于是急中生智，让他变成了一棵无花果树，从而躲过了天神宙斯。这个古老的神话，至今仍在希腊索克斯城流传着。

三、罗马人与无花果

古罗马时代，有一棵神圣的无花果树，因为它曾庇护过罗马的创立者罗莫路斯王子，躲过了凶残的妖婆和啄木鸟的追赶。这棵无花果树后来被命名为"罗米亚"，意思即"守护之神"。因此，长期以来，无花果树成为古罗马宫廷中的重要饰品，人们对它表示无限的崇敬。

梨

欲上秋千四体慵，拟交人送又心松。画堂帘幕月明风。

此夜有情谁不极，隔墙梨雪又玲珑。玉容憔悴惹微红。

——《浣溪沙》·唐·韦庄

物种基源

梨（Pyrus），为蔷薇科植物白梨、沙梨或秋子梨等栽培品种的果实，又名快果、果宗、玉乳、蜜父、玉露、甘棠等。

我国是梨属植物的起源中心之一，在梨属大家族中有 25 个品种，我国产有 14 个品种，占了半数以上，是世界上梨树品种最多的国家。梨是我国栽培历史悠久的果树品种，已有 3000 多年历史。梨分四个系列 1032 个品种，秋子梨、洋梨、白梨和沙梨。沙梨主要分布在长江流域以南及淮河流域，白梨主要分布于华北、西北、辽宁等地；秋子梨主要分布于东北、河北、山东、甘肃等地。洋梨是由引进西方梨品和与我国的地产梨嫁接杂交而成的优良品种，如巴梨、茄梨、三季梨是洋梨中的佼佼者，入口酥、甜、软、香、浓。

生物成分

据测定，每 100 克可食鲜梨，含水分 83.6 克，蛋白质 0.1 克，脂肪 0.1 克，碳水化合物

13.3 克，膳食纤维 1.3 克，胡萝卜素、维生素 B_1、B_2、C，尼克酸及微量元素钙、磷、铁、钾、钠、镁等，还含有苹果酸和枸橼酸等。梨与苹果、橙为世界"三大果霸"。

食材性能

1. 性味归经

梨，味甘，微酸，性凉；归肺、胃经。

2. 医学经典

《名医别录》："外可散风，内可涤烦，生用清六腑之热，熟食滋五脏之阴。"

3. 中医辨证

梨，生津、除烦、止渴、滋阴、润肺、清热、泻火、化痰。适用于痢疾、慢性咳喘、口渴失音、小儿风热、眼赤肿痛、喉痛反胃等症。

4. 现代研究

梨中含有配糖体及鞣酸等成分，对肝炎患者的肝脏具有保护作用，同时，对咽喉还具有养护作用。梨中还含有多种维生素，其中维生素 B_1 能保护心脏、减轻疲劳，维生素 B_2、B_6 及叶酸能降低血压，保持身体健康。

食用注意

（1）生梨性冷利，脾胃虚寒、呕吐便溏者不宜食。
（2）糖尿病患者不宜多食。
（3）产妇，金疮患者，小儿痘后亦勿食。
（4）服用糖皮质激素后不宜食，防止诱发糖尿病。
（5）服用磺胺药类和碳酸氢钠时不宜食用梨。
（6）不宜与蟹同食，与蟹同食伤肠胃，致呕吐、腹痛、腹泻。
（7）食梨后不宜立即饮开水，会致腹泻。

传说故事

一、刘秀御封梨树王

传说是在一个秋高气爽的日子，刘秀率领文武百官来到山东冠县梨园，走到一棵高大的梨树下，有个梨子突然从树上掉下来摔碎在他的脚前。于是他命人从树上摘下一个，这一尝不要紧，顿觉满口生津，唇齿溢香。刘秀赞道："此真乃梨之王也！"说了奇怪，那树遂枝摇叶摆，好像在谢主隆恩。因此那棵树被称为"御封梨树王"。

历经 1900 多年，"御封梨树王"原树几度枯衰。但是，每次干枯之后，都会在原处萌发新芽。长大后，总是挺拔繁茂、高大异常，从不失王者风范。现在这棵梨树王，已经不知道是第几代"树王"了。

刘秀封了梨树王之后，自然不能让梨树王成为"孤家寡人"，在随臣的提议下，他又按自己朝中的"编制"，一并册封了梨王国，也就旅游图上的"梨王宫"，其中"将""相""后""妃"，一应俱全。"梨树王"南侧的两株便是"左右梨相"。

梨树王北侧的一棵大树为"梨王后"，这棵树高 8 米，胸径 1 米，树冠遮地面积近 200 平方米。但每年产量仍达 4000 多斤，而又酥脆，只有梨树王能与之媲美。

在近2000年的悠悠岁月里，"梨树王"和它的"后，妃，将，相"一起经历着风吹沙打，兵荒马乱，一起见证着冠州梨园的盛衰枯荣。近两千年来，梨树王的子孙们，曾以浓密的树叶，为农民起义军遮风挡雨，避敌藏身。曾以甘甜的果实，为遭遇荒年的穷苦百姓填充饥肠，解饿止渴。

二、扁鹊与梨

相传，名医扁鹊一天与两徒弟出诊，因气候干燥，口渴难忍，其徒上山采摘些野梨给师傅解渴。秋梨皮薄多汁，香甜爽口。扁鹊食后说："果甜如乳汁，此玉乳也。"故后世人称梨为"玉乳"。

三、唐玄宗与"梨园"

唐代，都城光华门外的禁苑中，有一处广植梨树的果园，人称"梨园"。园内有"梨园亭"，供皇家演奏音乐和调教歌舞艺人。唐玄宗李隆基幼时聪慧，喜爱歌舞，六岁的时候就曾为其祖母——女皇武则天表演节目受到赞赏。年长以后，精通音律。乃至做了皇帝，仍乐此不疲，后被尊称为梨园界的祖师，戏剧界艺人则称为"梨园弟子"，戏剧界称"梨园界"或"梨园行"。

四、魏征与梨膏糖

据传说名相魏征之母患咳嗽，因嫌煎药太苦不愿服食，结果咳嗽加剧。魏征是个孝子，见母亲久咳不愈，十分着急。他知道母亲爱吃梨，就将煎好的药汁与梨榨出的汁合在一起煎熬成膏送给母亲服用，不久老人的病就好了。自此之后，皇室相仿制上，后来就逐渐传入民间，并流传于世。

传统做梨膏糖生意的人，都能说会唱，善于做广告。有唱戏名的，有唱药名的，如唱："一包冰屑吊梨膏，二用药味重香料，山（三）楂麦芽能消食，四君子能除女儿痨，五和肉桂都用到，六用人参三七草，七星炉内生炭火，八卦炉中炼成膏，九制煎熬合工序，十全大补病除了。"唱词只求唱着顺口，合着押韵，图个热闹，能将梨膏卖出去就是目的。并不计较唱词是否准确。在这样别具一格的推销下，梨膏糖就被广泛流传开来，至今畅销不衰。

提 子

葡萄美酒夜光杯，欲饮琵琶马上催。
醉卧沙场君莫笑，古来征战几人回？

——《凉州词》·唐·王翰

物种基源

提子，是葡萄的一种，为葡萄科落叶木质藤本植物的优良葡萄树（Vitis vinifera）的果实。又名美国葡萄、美国提子。20世纪40年代初就相继从欧美引种并与我国新疆优质葡萄品种杂交。提子的品种，我国现在有红提、黑提、无核青提、黄提子等。提子的种性很需适应性，它的寿命很长，结果年限有几十的甚至几百年。据生物学家考证，在英国苏格兰有株提子树是1891年栽的，它的覆盖面积达460多平方米，最长藤蔓达90多米，每年可采果穗十万余个，是世界最大的提子树。1893 年在美国加利福尼亚州，栽种的一棵提子树，至今已 100 多年，现在还年产 300 多千克提子。

提子含糖量极高，可达 20％～30％，而又主要是葡萄糖，很容易被人体直接吸收，每 100 克果实中，含有蛋白质 200 毫克、钙 4 毫克，磷 15 毫克，铁 0.6 毫克，维生素 A0.4 毫克，维生素 $B_1$0.04 毫克，维生素 $B_2$0.1 毫克，维生素 C4 毫克，以及卵磷质、酒石酸，苹果酸、枸橼酸和果胶等。

食材性能

1. 性味归经

提子，味甘，性平；归脾、肾、肺经。

2. 经学经典：

《新疆草药》："生津止渴，润肠通便。"

3. 中医辨证

提子，有补血功能，并能滋肾液、益肝阴，有助于久病肝肾阴虚、心悸盗汗、干咳劳嗽、筋骨无力的补益食疗果品。

4. 现代研究

提子的皮、果、汁富含天然抗胆固醇物质和天然抗真菌化合物，它能抵抗人体血清胆固醇和降低血小板凝聚力，是预防血管硬化、冠心病、脑梗死、脑血栓病、高胆固醇血症、视网膜炎等疾病有积极意义。

食用注意

（1）长期或者大量吃提子干可能导致缺铁，因提子干中的多酚会抑制铁的摄取，这会增加患缺铁性贫血的危险。

（2）糖尿病患者少食或慎食提子，因其含葡萄糖量高。

传说故事

葡萄酒贿赂贪官

在我国历史上，葡萄酿造业也很发达。汉末曾有一个叫孟陀的人，用葡萄酒贿赂宦官张让，结果被提拔为凉州刺史。唐朝诗人刘禹锡曾就此事写出了"酿之成美酒，令人饮不足。为君持一斗，往取凉州牧"的诗句。通过这件史实，一方面看出统治者的昏庸，同时也说明我国古代葡萄酿造业已具有很高水平，那时葡萄酒的风味已是十分诱人了。

荔　枝

剖见隋珠醉眼开，丹砂缘手落尘埃。

谁能有力如黄犊，摘尽繁星始下来。

——《荔枝》·宋·曾巩

物种基源

荔枝，为无患子科荔枝属木本植物荔枝（Litchi chinensis）的果实，又名丹荔、丽枝、离枝、火山荔等，是热带、亚热带的常绿乔木。我国是荔枝的原产国，栽培已有3000多年的历史，是一种长寿果树，上千年的果树依然枝繁叶茂。福建莆田县城内有一株古荔枝树，还是唐玄宗年间所植，距今已有1300多年，树干粗7.1米，树冠16.4米，年年繁花，岁岁结果，老当益壮。我国荔枝品种有近百个，常食用有近40种。大致分为大核、细核、焦核三种。大核为正种，最为香甜，细核无渣滓，焦核带酸味，其中桂味，糯米糍是上佳品种。"罗岗桂味""笔村糯米糍"及"增城挂绿"有"荔枝三杰"之称。

生物成分

据测定，每100克可食鲜荔枝，含水分83.6克，蛋白质0.7克，脂肪0.1克，碳水化合物15克，膳食纤维0.5克，维生素 A、B_1、B_2、C、胡萝卜素、尼克酸、硫胺素及叶酸、苹果酸、氨基酸、枸橼酸等，还含钙、磷、铁微量元素。荔枝除鲜食外，还可以制荔枝干、罐头、荔枝汁、荔枝酱、荔枝膏、荔枝茶、荔枝酒等高档食品。

食材性能

1. 食材性能：

荔枝，味甘，酸，性温；归脾、胃、肝经。

2. 医学经典

《本草拾遗》："生津，益血，理气，止痛，补肺，宁心，和脾，开胃，安神，益智。"

3. 中医辨证

荔枝，可益心脾、养肝血、止烦渴、填精髓、益颜色，适用于治淋巴结核、肿毒、痘疹、脾虚久泻、胃寒痛、疝痛等症的食之助康复。

4. 现代研究

荔枝含多种糖类、维生素、有机酸等，适合老年人和产妇食用。现代医学研究还证实荔枝中含 α-次甲基丙环基甘氨酸，可使血糖下降，若吃过多的荔枝可发生中毒性血糖降低性昏厥，医学上称为"荔枝病"。若遇此情况，可服用荔枝壳煎汤。

食用注意

（1）不宜多食，防止得"荔枝病"。
（2）服用维生素 K 时，不宜食用荔枝。
（3）不宜和动物肝脏同食。
（4）服用阿司匹林、异烟肼、布洛芬、退热净等药时不宜食用荔枝。
（5）不宜与胡萝卜和黄瓜同时食用。
（6）服苦味健胃药时不宜食荔枝。
（7）睡眠质量差的人晚上少食荔枝。
（8）糖尿病患者少食荔枝。

传说故事

一、兰竹"荔枝王"

龙海九湖附近九宝窟，是个风景优美、果树飘香的村庄。村里有棵大荔枝树，叶子浓密枝干粗，当地人叫它"荔枝王"。提起它，还有一段传说。

从前，有个大财主，名叫王大捌，家里金银财宝样样有，果园稻田片连片，他有个女儿叫千金，长得世上无双。坏竹有时生好笋，她和大捌不一样，为人聪明伶俐爱劳动。

财主有个长工叫林大田，为人勇敢勤劳又善良，因为父母双亡欠下财主债，只好当了长工。千金很同情他，常常瞒着大捌偷偷给大田送衣送吃的，日子久了，两人有了感情。有一天，弯弯的月儿正东升，千金、大田在花园桃树下相会，被大捌看见了，"癞蛤蟆想吃天鹅肉，要娶我千金难上难。"第二早晨，他就把大田赶出门，回头又将千金关进暗房。

千金被关了一整天，饭也不吃茶也不咽，她想着大田，想得难入眠。到了夜里，大门被推开了，大田急步跑进来，带她从后花园跳墙逃出了王家大门。

第二天早晨，大捌来看女儿，人去屋空冷清清，大捌气得脸发青，东寻西找寻不着，却又不好声张，不敢叫喊。

千金、大田逃到一座荒山坡下，搭了草棚安了家。

从此，他俩每天起五更睡半夜，开垦荒地，想把荒山开成良田果园。有一天，他俩正在开垦园地，中午吃饭的时候，忽然从荒山密林里走出一对衣衫破烂，拄着拐杖的老人，来到他们面前，老头儿说："做做好事吧，我俩已经三天没吃饭啦！"

老婆婆说："行行好吧，我俩无儿又无女。"

千金、大田忙把饭让给老公公老婆婆吃，自己饿着肚子。第二天，中午要吃饭的时候，两位老人家又拄着拐杖来了，千金、大田又把自己的饭让给他们吃。第三天中午，又是这样。

老人家端着饭碗说："我们试了你们三天了，你俩是一对善良的好夫妻。我老实告诉你们，我俩是天上的南北斗星君，下凡到人间来查访人心的善恶。你们有什么要求，尽管讲吧！"千金看看大田，大田望着千金，他俩一时想不出什么要求。最后大田看看新开垦的田地，他说："老公公、老婆婆，我们新开的这片地，还不知道要种什么好，你有什么难得的种子吗？"

老公公说："有呀，有呀，这就是难得的种子，从远方采来的难得的荔枝。"

老人讲后，将手里的竹拐杖向地上一插，他说：难得荔枝快生根，难得荔枝发绿芽，来年结果红艳艳，甜甜果实粒粒大。

忽然，一阵浓烟升起，两位老人不见了。大田去摇摇竹拐杖，摇也摇不动，好像生了根一样。第二天，拐杖生了绿芽，第三天，发了绿叶，叶子越来越旺。几天之后，这棵树已经是绿叶成荫的大树了。

春天，树上开着米黄色的小花，引来无数的蜜蜂。夏天，树上结着红艳艳的果子，招来很多看奇果的人们。大田从树采下一些，请大家吃，啊！真是别有风味。大田，千金忙着采啊，采了三天才采完树上的果子，挑到附近的市镇上去卖，人人都说好吃。有人问："这叫什么果啊？"大田说："叫难得荔枝。"

难得荔枝的事，一传十，十传百，最后传到财主王大捌的耳里。他立刻上山，把这株果树霸占了，还在这株果树边，盖起一所大屋。每天，他也故意地穿着破旧衣衫，到密枝里去干活。他想遇见天上的神仙，向他多要些宝贝种子。

有一天，密林里一阵浓烟升起，那两个白发老人走来了，这次他俩没有拄着拐杖，只是身上背着葫芦。老公公说："做做好事吧，我两三天没吃饭啦！"老婆婆说："做做好事吧，我俩无儿又无女！"

大捌说："来来来，来吃饭。"赶快叫家人到家里去煮一锅子饭，送给老人家吃。老人家一口气把它吃光了，又说没吃饱。大捌叫再煮，煮来又说没吃饱，大捌有些心痛了。大捌说："吃我的半斤，应该还我八两，快拿些宝贝给我，不然也给我一些难得的种子。"

老公公、老婆婆说："我们没有什么宝贝了。"

大捌看看老公公背着葫芦，他说："你这个宝贝是啥？"

老公公说："这葫芦里装着八宝：珍珠，玛瑙，碧玉，翡翠，钻石……你要哪一种，我给你。"

大捌伸手，指着葫芦说："八宝我都要。"老婆婆说："宝葫芦给你吧！不过你一定要在没有外人看见时才能打开。"大捌高兴地点头答应了。

忽然，一阵浓烟升起，两个老人家不见了。

大捌看看四周，没有人，把宝葫芦放在耳旁一听："嗡嗡嗡"，嗡嗡嗡，多么好听，他一下子把葫芦盖打开，从葫芦里飞出八种颜色不同的恶蜂，大捌见蜂就跑，恶蜂紧追不放，他跑到山坡，恶蜂追到山坡，他爬到树上，恶蜂追到树上，他跑到菜园，恶蜂追到菜园，他跑到泥潭里，恶蜂追到泥潭里。最后，把这个无恶不作的坏蛋，活活叮死在泥潭里，千金、大田知道大捌已死，就搬回大屋住下，每天劳动开垦园地，过着快乐的日子。

至今，这棵大荔枝王还在，因为年长月久，一代传一代，所以把"难得荔枝"叫成"兰竹荔枝"。因为荔枝一宝，加八种恶蜂为宝，所以，这个村子叫"九宝窟"。

二、挂绿荔枝的传说

明代嘉靖年间，官至南京礼、吏、兵三部尚书的湛若水请辞获准，途经江苏、浙江、福建返回故乡广东增城沙贝（今新塘）。当他到达福建仙游时，当地的文人雅士便奔走相告，聚集在枫亭设宴欢迎他的到来。酒罢，他们请尚书品尝当地出产的荔枝。第一颗荔枝刚放入口中，湛若水就觉得仙游的荔枝不但其味清甜，而且色鲜果大，比家乡荔枝品种优胜很多。于是，他挑了几颗果身饱满、颜色鲜红的荔枝吃掉，然后用手帕把荔枝核包起来，放在怀里，带回家乡沙贝。

若水回到沙贝后，便把放在怀里所带的荔枝核放到花园里培育，第二年，管花园的园丁见荔枝已长成小树。便叫一个叫阿三的后生把荔枝新树拿到沙贝当时已有很多荔枝的四望岗上培植。

阿三从小就跟着父亲在四望岗的荔枝园干活，对荔枝特别有感情。他虽然年纪轻轻，但接枝、避虫、耘树头等种荔枝的手艺活已十分熟练。当他知道这是尚书怀核归来育出来的荔枝树时，当即就表示要把其培育好。接了又驳，驳了又接，经过阿三和很多果农的悉心栽培，荔枝终于结果了。这种荔枝果身肥大，皮红壳薄，果肉厚而清透，味道清甜而不带酸味。人们为了纪念尚书湛若水，就把这种荔枝称作"尚书怀"。

几十年以后，当年的后生阿三已变成王爷，他带出来的人也成了在四望岗耕种荔枝的能手。经过一代又一代果农的辛勤种植，四望岗一带已经成了一望无际的荔枝林。四望岗培植出来的尚书怀荔枝清甜多汁，高产易种，很快被推广到岭南各地，成了岭南荔枝的主要品种。"六月增城百品佳，居人只贩尚书怀。玉栏金井殊无价，换尽蛮娘翡翠钗。"诗人屈大均的荔枝诗，把新塘的荔枝越唱越红。

有人问，为什么现在荔枝却很少听到尚书怀这个品种呢？原来，清代乾隆年间的两广总督阮元写了一首诗，诗云"不须夸署尚书衔，怀核归来味共参，此是白沙真种子，甘泉浸得水枝甘。"他的诗出了以后，人们就逐渐不在荔枝头上加上尚书的头衔，而把尚书怀荔枝简称为怀枝，慢慢又把怀枝写成槐枝。今日，岭南荔枝市场上最大量的槐枝，其实就是尚书怀了。

尚书怀的传说说完了。但很多人都不知尚书怀有个高贵的儿子。那个高贵的儿子就是当今荔枝的稀世珍品挂绿。这种挂绿荔枝，就是当年新塘人在四望岗上，从尚书怀荔枝中，经过反复优选而培育出来的。

三、杨贵妃与荔枝

传说杨贵妃是历史上四大美人之一。素有"后宫佳丽三千人，三千宠爱在一身"之称。唐玄宗为其美艳所倾倒，尤偏爱她"回眸一笑百媚生"之美态，但杨贵妃却撒娇地说："非鲜荔枝不启齿为笑。"因荔枝不易贮藏，唐玄宗为取说于美人，每年指使以一天走两天路的飞快人马，从南方把荔枝昼夜兼程送到长安，常致人马途中绝命，一"笑"背后沾染多少人间血泪。这种淫逸害民伤财误国的结局，终致安史之乱，美人殒命于马嵬坡，步褒姬烽火一笑倾周朝之后尘。

山　楂

枝屈狰狞伴日斜，迎风昂首朴无华。

从容岁月带微笑，淡泊人生酸果花。

——《吟山楂》·唐·知一

物种基源

山楂（Crataegus pinnatifida），为蔷薇科落叶灌木或小乔木山里红或山楂的果实，有许多品种，如北山楂、南山楂、辽山楂、山里红等，又名鼠查、红果、山里红、大山楂、酸梅子、山梨、酸查、映山红果等。

我国种植山楂历史很悠久，已有3000多年了，栽培品种近20个。由野生山楂红驯化培育成的变种大山楂，是我国特有的优良品种，东起黑龙江，西到新疆，北自内蒙古，南至云南、广西均有种植，尤以北方为多。产于河北、山东、辽宁、北京、山西等省市称为北山楂，产于云南、广东、湖南等省区的为南山楂。南方的山楂树可常年青绿而不落叶。

生物成分

据测定，每100克可食山楂，含水分74.1克，蛋白质0.7克，脂肪0.2克，碳水化合物22克，膳食纤维2克，维生素B_1、B_2、C、胡萝卜素、尼克酸、硫胺素及微量元素钙、磷、铁、钾、钠等，此外还含三萜类、黄酮类（生山楂2.6%，炒山楂2.2%，焦山楂2.0%）等。

食材性能

1. 性味归经

山楂，味甘，酸，性平；归脾、胃、肝经。

2. 医学经典

《世医得效方》："开胃消食，化滞消积，活血化瘀，收敛止痢。"

3. 中医辨证

山楂，可消食积、散瘀血、健胃宽膈、下气活血、消痞散积、杀虫除疳，对于医治的肉食停滞、痰饮、痞满、腹痛、泄泻、症瘕积聚、暖气吞酸、肠风疝气、腰痛、妇女产后儿枕痛、恶露不尽、瘀阻腹痛、小儿乳食停滞等症具有良好的食疗助康复效果。

4. 现代研究

山楂，除了具有前人已知的疗效外，还发现它有抗菌消炎及治疗心血管疾病的作用。黄酮类化合物壮荆素是一种抗癌作用较强的药物成分。槲皮苷具有扩张气管、促进气管纤毛运动，排痰平喘之效，有利于气管炎患者的治疗。

此外，在应用山楂治疗菌痢、肠炎及小儿腹泻过程中都取得好的疗效。

食用注意

（1）孕妇不宜食用，现代药理研究提示，山楂有明显的收缩子宫作用，按中药学理论，山楂破血破气、散瘀化滞，孕妇食用容易动伤胎气，导致流产，故不宜食用。

（2）空腹不宜多食，山楂消积化滞之力较强，所含的酸性成分较多，空腹多食，会使胃中的酸度急剧增加，容易导致胃部疼痛不适，诱发疾病，甚至导致溃疡。

（3）服用维生素 K 时不应食用，维生素 K 为止血药，山楂为活血药，山楂中所含的维生素 C 可使维生素 K 分解破坏。

（4）体弱、久病体虚者不宜食用。

（5）服磺胺类药物及碳酸氢钠时不宜食用。本品为酸性，食用可使磺胺类药物在泌尿系统形成结晶而损害肾脏，使碳酸氢钠的药效降低。

（6）不宜与猪肝同食，降低营养价值。

（7）不宜与黄瓜、南瓜、胡萝卜、笋瓜同食，本品所含维生素 C 会被分解破坏。

（8）不宜与海味同食，否则，可引起便秘、恶心、呕吐、腹痛等症状。

附注：

山楂除果实外，叶亦可药用。山楂叶中含对羟基苯甲苹果酸、桷皮素、金丝桃苷、牡七荆素、牡荆素、鼠李糖苷、盐酸二乙胺及山梨酸等。由山楂叶总黄酮制成的山楂黄酮片，可治疗冠心病、心绞痛。

传说故事

一、山楂的由来

相传，山东境内有座驼山，山脚下有位姑娘叫石榴。她美丽多情，爱上了一位名叫白荆的小伙子，两人同住一山下，共饮一溪水，情深意厚。不幸的是，石榴的美貌惊动了皇帝，官府来人抢走了她，并强迫其为妃。石榴宁死不从，骗皇帝要为母守孝一百天。史帝无奈，只好找一幽静院落让其独居。石榴被抢走以后，白荆追至南山，日夜伫立山巅守望，日久竟化为一棵小树。石榴逃离皇宫寻找到白荆的化身，悲痛欲绝。扑上去泪如雨下。悲伤的石榴也幻化为树，并结出鲜亮的红果，人们叫它"石榴"。皇帝闻讯命人砍树，并下令不准叫"石榴"，叫"山渣"——山中渣滓，但人们喜爱刚强的石榴，即称她为"山楂"。

二、梨与山楂

《南史张敷传》有一则笑话，说是张敷小名为楂，父邵小名为梨。文帝见张敷戏之曰："史楂何如梨。"意即山楂与梨相比，哪一个更好。张敷说："梨是百果之宗，楂何敢比也。"

三、欠一串山楂果

某人不识字，一概赊欠全凭图形为记。一天，邻居向他借了个鸡蛋，他便在墙上画个圆圈。一连五天，邻居借了五个鸡蛋，他在墙上挨个儿画了五个圆圈。不久，邻居如数还清。他在圆圈上画了一长线以示勾销。不料，又过了一个月，他又到邻家讨账，邻居莫名其妙，说："我借的东西早已还清，为啥又冒出账来了？"

他愤愤说："到我家墙上看看，你还欠我一串山楂果。"

枇 杷

满寺枇杷冬著花，老僧相见具袈裟。

汉王城北雪初霁，韩信台西日欲斜。

门外不须催五马，林中且听演三车。

岂料巴川多胜事，为君书此报京华。

——《赴嘉州过城固县，寻永安超禅师房》·唐·岑参

物种基源

枇杷（Eriobotrya japonica），为蔷薇科乔木植物枇杷的成熟果实，又名卢桔、金丸、粗客、炎果、腊兄、芦枝、焦子等。

枇杷原产我国，栽培历史悠久，已有 3000 多年。在我国，枇杷有 120 多个品种。依果肉色泽可分为后沙（白肉）枇杷和红沙（红肉）枇杷两类。枇杷枝叶繁茂，四季常青，树冠华美，自古以来除了得以品赏"秋荫，冬华，春实，夏熟"的佳果外，还是优良庭院观赏植物。我国江南各地均有栽培与佳果产出。最著名的枇杷当数江苏洞庭山的"照种"，为白沙中的名品；福建莆田"大钟"；浙江塘栖"大红袍"为红沙中的名种。

生物成分

据测定，每 100 克可食枇杷，含水分 90 克，蛋白质 1.1 克，脂肪 0.5 克，碳水化合物 7.2 克，膳食纤维 0.8 克，胡萝卜素、维生素 B_1、C、果胶、有机酸及微量元素磷、钙、铁、钾、铜等。

食材性能

1. 性味归经

枇杷，味甘，酸，性凉；归脾、肺、肝经。

2. 医学经典

《名医别录》："正渴下气，利肺气，止吐逆，润五脏。"

3. 中医辨证

枇杷，有润肺止咳、生津止渴、和胃降逆，有益于肺热咳嗽、虚热肺痿、肺燥咯血、胃热口渴、呕逆少食、吐血等症的食之助康复。

4. 现代研究

枇杷含有多种营养素，能够补充和提高营养及抗病能力，发挥强体健身的作用，能镇咳祛痰、抑制流感病毒的作用。枇杷叶有泄热苦降、下气降逆，为止呕良品，可治疗各种呕吐呃逆，并能治热感冒。

食用注意

（1）不熟之果不宜食用。《本经逢原》：枇杷"若带生味酸，力能助肺代脾，食之令人中满

泄泻"，故不熟之果不宜食用。

（2）不宜与海味食物及富含蛋白质的食物同时食用。枇杷富含果酸，若和钙或蛋白质丰富的海味及其他富含蛋白质的食物同时食用，果酸可与海味中的钙结合发生沉淀，使蛋白质凝固，影响营养成分的消化吸收，故枇杷不宜与海味或其他富含蛋白质高的食物同时食用。

（3）不宜与萝卜、黄瓜等食物同时食用，枇杷含有丰富的维生素C，若和萝卜或黄瓜同时食用，维生素C将会被黄瓜中的维生素C分解酶或萝卜中的抗坏血酸酵酶破坏。故枇杷不宜与萝卜、黄瓜同时食用。

传说故事

一、枇杷与琵琶

有人将枇杷写作琵琶，不知道称呼由来的人就当成笑柄被讥笑。据民间流传，从前有人收到一筐枇杷，礼单贴上写的是"琵琶"，他就捧腹大笑，并写了一打油诗："这枇杷不是那琵琶，只为当年识字差。若使琵琶能结果，满城箫管尽开花。"意在讥讽送礼之人。其实将"枇杷"写成"琵琶"也不是无道理的。枇杷之名的由来就是因为它的叶子很像乐器中的琵琶，又从木，就习惯写成"枇杷"。

二、念慈庵川贝枇杷膏

清代杨太夫人积劳成疾，多年来肺弱痰多，咳嗽不止，后杨孝廉得名医叶天士传授川贝枇杷膏真方，其母病得以痊愈。杨太夫人临终时嘱咐杨孝廉广制此膏，造福世人。为纪念母亲，遂以"念慈庵"为此膏命名。

石 榴

鲁女东窗下，海榴世所稀。

珊瑚映绿水，未足比光辉。

清香随风发，落日好鸟归。

愿为东南枝，低举拂罗衣。

无由共攀折，引领望金扉。

——《咏邻女东窗海石榴》·唐·李白

物种基源

石榴（Punica granatum），为石榴科石榴属乔木植物石榴的果实，又名安石榴、珍珠石榴、海石榴、若榴、丹若、金罂、金庞、涂林等。石榴在我国的栽培已有2000年以上的历史。据《博物志》及《广群芳谱》记载，汉张骞出使西域，得涂林安石榴种以归，故又名"安石榴"。如今依然有将石榴称为安石榴，可能亦源于此处。石榴有70多个品种，按用途可分为观赏和食用两类。观赏石榴又名"花卉石榴"，其中又名"观花"和"观果"两个分支，其花卉石榴中，火红色的石榴花，只不过是石榴花中普通品种，除此之外，花色还有粉红色、纯白色、杏黄色、橙红色、玛瑙色以及红白相间的花色。它们各呈异彩，争芳斗艳，使人眼花缭乱、目不暇接。观赏石榴从花瓣上又可分单瓣和复瓣之分。

食用石榴从味道上可分为酸石榴和甜石榴，从种子的硬软石榴可分为硬子石榴和软子石榴，硬子石榴种子不能食用，软子石榴可连种子食用。如河南荥阳河阴的软石榴，其剥去皮后是连种子吃的，连老人也如此吃，鲜甜可口，是石榴中的佼佼者。

石榴主产于云南、江苏、安徽、浙江、河南、山东、四川、陕西、甘肃、新疆、广东、广西等地。

生物成分

据测定，每100克可食鲜石榴，含水分77.5克，蛋白蛋0.6克，脂肪0.6克，碳水化合物17克，膳食纤维2.5克，含维生素C比苹果和梨高1～2倍，还含苹果酸和枸橼酸及微量元素等。

食材性能

1. 性味归经

石榴，味酸，甘涩；归肾、大肠经。

2. 医学经典

《名医别录》："生津止渴，收涩止泻，杀虫。"

3. 中医辨证

石榴，有收敛、止痢、杀虫、开胃等功能，适用于咽喉干燥、大渴难忍、痢疾腹泻、血崩带下、遗精脱肛、虚寒久咳、消化不良、虫积腹痛等症。

4. 现代研究

石榴酸是一种非常独特的抗氧化剂，可用以抵抗人体炎症和氧自由基的破坏作用。而人的动脉硬化、衰老和癌症，都是一个长期、缓慢的发展过程，如果能从20岁甚至更早时就坚持适量饮用石榴酒或石榴汁，有益于自身的健康与长寿。

食用注意

（1）泻痢初起有实火实邪者忌食石榴。过食损肺气、伤齿、生痰涎。

（2）石榴与螃蟹等海味不宜同食。海味中的鱼、虾、藻、蟹类食品，含有丰富的蛋白质和钙等营养物质，如与含鞣酸较多的石榴同食，不仅会降低蛋白质的营养价值，还会使海味的钙与鞣酸结合成一种新的不易消化的物质，刺激胃肠，出现腹痛、恶心、呕吐等症状。

传说故事

一、王荆公与石榴

传说，宋朝王荆公苑内，植石榴花树一株，枝叶繁茂，然只开花一朵。有人劝他剪去，另栽新种，但王荆公却视为珍品，赋诗云："万绿丛中一点红，动人春色不须多。"这便是"万绿丛中一点红"典故的出处。

二、风神与石榴

相传，唐代天宝年间，有个叫崔元徽的人，一个春末的夜晚，在一处华丽的大厅里遇见两个年轻女子，其中一个穿绿衣裳的自称姓杨。她指着另一个穿红衣裳的，告诉崔元徽说：她姓石，名阿措。一会儿，有一位姓风名叫十八姨的女子，带着一群女伴，从内厅而出，吟曲起舞，并一同饮酒。十八姨举止轻佻，举杯进酒时，失手泼湿了石阿措的衣裳，阿措脸泛红晕，作色而起。后人根据崔氏所见，断定石阿措是石榴，十八姨就是风神。因为每当农历五月南风吹拂的时候，石榴花便徐徐开放，红遍绿树丛中。

三、张骞与安石榴

相传，汉武帝年间。张骞出使西域到安石国，住所门前有棵石榴树，他一有空就精心培育，大旱天更是勤奋浇灌。秋后结果时，张骞返汉。这天夜里，一红衣淑女飘然而至，施礼道："奴与君同往中原。"张骞正颜拒之。次日清晨，张骞请求将门前石榴树带回。不料途中遭匈奴拦截，他冲出重围时丢落了石榴树。张骞回到长安，忽听有女子喊声："天朝使臣，让奴赶得好苦啊！"他回头一看，原来是昨晚见过面的红衣少女，便责问："为行千里迢迢来中原？"答道："蒙使臣携带，以报昔日养育之恩"说罢扑地消逝，随即化作一棵石榴树，枝头高挂累累红果。张骞将这事禀告汉武帝，武帝大喜，令之移植御花园。自此，石榴又叫安石榴。

番 石 榴

荒台野径共跻攀，正见榴花出短垣。

绿叶晚莺啼处密，红房初日照时繁。

最怜夏景铺珍簟，尤爱晴香入睡轩。

乘兴便当携酒去，不须旌骑拥车辕。

——《西园石榴开》·宋·欧阳修

物种基源

番石榴（Psidium guaiaua），为桃金娘科常绿小乔木或灌木石榴的成熟果实，又名鸡矢果、番桃、黄肚子、花稔、秋果，番稔、林拔、蓝拔、芭乐、奈据、梨子拔等。美洲热带丛林是番石榴的故乡，全世界有70多个品种，我国约有近20个品种，如《台湾通史》中说：奈拔或称番石榴，有红心、白心两种，生自野外，干坚花白，结实如榴。如：胭脂红、台湾种、七月红、吕宋种、白秀、十月等，其中以胭脂红为最著名，而胭脂红可分为四个品系，即宫粉红、全红、出世红、大叶红。四品系中又以宫粉红、全红品质最佳。主产于我国台湾、广东、广西、福建、四川、云南。

生物成分

据测定，每100克可食番石榴，含水分83.9克，蛋白质1.1克，脂肪0.4克，碳水化合物8.3克，膳食纤维5.9克，胡萝卜素、硫胺素、尼克酸、维生素B_1、B_2、C及视黄醇当量，还含微量元素钙、镁、铁、锰、铜、锌、磷、硒、钾、钠，此外尚含苹果酸、枸橼酸、β-谷甾醇、槲皮素及其鞣质等。

食材性能

1. 性味归经

番石榴，味甘，涩，酸，性温；归胃、大肠经。

2. 医学经典

《植物名实图考》："收敛，止泻，止血，止痒，消炎。"

3. 中医辨证

番石榴，甘涩，酸，适用于急性胃肠炎、消化不良性腹泻、皮肤湿疹、瘙痒、热痱、跌打损伤、外出血等症的食之促康复。

4. 现代研究

番石榴含多种营养素、有机酸，对金黄色葡萄球有抗菌作用，用于消炎有一定的效果，对糖尿病有一定的辅助治疗。

食用注意

（1）习惯性便秘、产后便秘、病后体虚便秘者不可服用。

（2）番石榴如作水果吃，肝热者应慎防便秘，因其具收敛止泻作用。

传说故事

番石榴的传说

传说，很久很久以前，在台湾阿里山的塬上住着一个勤劳勇敢、忠厚老实的农民，他对年迈的母亲十分孝敬，每天都要到很远的山上打柴，回来换得一些吃的，娘儿俩就以此为生。

有一天，他进得山中，正寻树砍柴，忽然，他发现离他不远处有一只小白鹿正在低头吃草，只见那白鹿全身无一杂毛，在阳光的照耀下闪闪发出银光。他很奇怪，他在这座山上打了十几年柴了，可从来没见过鹿，他好奇地走过去看。哪知，那只小鹿见他走来，就转身往前走去，他跟在小鹿的后面，他停下来，鹿也停下来，他往前走，鹿也往前走。就这样，也不知走了多少路，后来，小白鹿走到一个山洞前停下来，它朝着这位年轻的农民看了看，接着又点了点头，就钻进山洞里去了。

这个农民越发越感到奇怪，一心想看个究竟，就急忙跑到山洞前。这个山洞洞口不大，只能钻进一个人，可里面很深，黑乎乎的。当他钻进头去，只见前面不远有团银光，原来是小白鹿正在为他引路。他借着小鹿的光，就进了山洞，跟着小白鹿朝前走。不大工夫，前面豁然开朗起来，有山有水，有树有花，宛如仙境一般。

那小鹿把他引进一家庭院，一位鹤发老人从屋里走出，满面喜色地对他说："昨天我就猜想到你的到来，今日特叫小鹿为你引路。你的孝行早就被人们传诵，今日你能光临舍下，欢迎之至！希望你能在这儿常住下去，替我看管这里奇花异草，还有开着美丽花朵的番桃树，不是很不错吗？"那年轻农民听了老翁刚才的这番话，顿感不安，连忙向老翁施礼说："仙翁这里确非人间能比，但要我在此长住，万万不成，因我母亲多病，日夜要我服侍，仙翁之命，难以听从啊！"老人一边倾听着这位青年的陈述，一边用手捻须微微点头，知道他孝母之心一片真诚，就对他说："如果你执意不留，为表示我的敬意，把这盆番桃送给你。"

青年农民辞了老翁，带上那盆番桃就出了洞口，待他再回头看时，山洞已无。他回到家后，把番桃栽在后院中，没几天，就结了几个好大好大的番桃。

金　橘

赐对云帘几刻留，东南公利入牙筹。

方船万粟浮江下，封府三钱出地流。

驿路尘清迎弩密，省台薰歇护衣愁。

不妨遍历骚人国，金橘丹枫互占秋。

——《送荆湖北漕张职方》·宋·宋祁

物种基源

金橘（Fortumella margarita），为芸香科植物金橘或金弹的成熟果实，又名卢橘、山橘、给客橙、金蛋、罗浮木、奴子等。金橘原产我国，已有 2000 余年栽培历史，广布长江流域及以南各地，四季常青，枝叶茂繁，为我国传统赏叶、赏花、观果之珍品，既可如意专园栽培，又可植于庭院，矮型树种尤宜盆栽。

生物成分

经测定，每 100 克可食金橘，含水分 81.1 克，蛋白质 0.9 克，脂肪 0.1 克，碳水化合物 16.8 克，膳食纤维 1.1 克，及胡萝卜素、维生素 B_1、B_2、C、E、尼克酸，还含微量元素钾、钠、钙、镁、铁、磷。此外尚含金柑甙，金橘中所含维生素 C，80％含在果食皮中。可加工成金橘茶、金橘酒及糖腌金橘。

食材性能

1. 性味归经

金橘，味甘，辛酸，性温；归肝、肺、脾、胃经。

2. 医学经典

《滇南本草》："久服轻身，健脾，百病不生。"

3. 中医辨证

金橘，下气、快膈、止渴、解醒、辟臭、和胃、通气，具有补脾健胃、化痰消气、通筋活络、清热去寒的功能。

4. 现代研究

金橘对防止血管破裂，减轻毛细血管脆性和通透性，减缓血管硬化有良好的作用，并对血压能产生双向调节，高血压、血管硬化及冠心病患者食之非常有益。金橘的香气令人愉悦，具有行气解郁、生津消食、化痰利咽、醒酒的作用，为脘腹胀满、咳嗽痰多、烦渴、咽喉肿痛者的食疗佳品。常吃金橘还能治胸闷痰积、食滞胃呆、对肝病，肝胃不和及久痢、久泻等症也有作用。特别是在冬春时节吃些金橘，可强化鼻咽黏膜，预防感冒。老年人经常吃金橘，对预防血管脆弱和破裂，治疗高血压、动脉硬化及冠心病有好处。

食用注意

（1）金橘性温，内热亢盛、口舌生疮、大便干结等病症者不宜食用。

（2）脾胃气虚的人不宜多食。

（3）糖尿病患者宜少食。

传说故事

金橘孝父

据传，江南嘉定，有个叫候万钟的青年，家境并不宽裕，父亲省吃俭用，积钱送他到清溪馆读书。一天，家乡来人说其父亲病重，候书生当即告假，连夜赶回家，一看老父亲气息奄奄，不禁失声痛哭。自此，不管白天黑夜总是侍候在病榻前，为父端汤送药。一天晚上，候书生在庭院内设供果，焚香祷告，宁可自己代父受苦，也不愿让老父病魔缠身。这时，从空中落下一枚色泽鲜润的金橘，他拣起奔到床前剥开，一阵奇香满房飘逸，老父吃后，病情日渐转愈。以后，当地人都认为这是书生的孝心感动天地，传为美谈。

杏

应怜屐齿印苍苔，小扣柴扉久不开。
春色满园关不住，一枝红杏出墙来。

——《游园不值》·宋·叶绍翁

物种基源

杏（Prunus armeniaca），为蔷薇科李属、梅亚属落叶乔木植物山杏或杏的成熟果实。又名杏子、甜梅、叭达杏、杏实等。我国分布范围大体以秦岭、淮河为界，长江流域较少见。而在我国北方分布极为广泛，西北、华北和东北各省区产出最多。我国是杏树的故乡，约在公元3000多年前就有种植，殷商时代的甲骨文中就有"杏子"。公元前685年问世的《管子》中有记述："五沃之土，其木宜杏。"杏通常分为食用杏、仁用杏、观赏杏三大类，在我国约有1500多种。

生物成分

经测定，每100克可食鲜杏，含水分87克，蛋白质0.9克，脂肪微量，碳水化合物11.1克，膳食纤维1.4克，含胡萝卜素为鲜果中最多，主要为β-胡萝卜素、γ-胡萝卜素及柠檬酸、苹果酸、番茄烃和矿物质钙、磷、铁、锌等。

食材性能

1. 性味归经

杏，味甘，酸，性温，有小毒；归肺、大肠经。

2. 医学经典

《备急千金要方》："润肺定喘，生津止渴。"

3. 中医辨证

杏，味甘，酸，性平，微温；功效生津止渴，适用于津液亏损、烦渴口干、咳嗽、痰多者食用，此外，青杏的果肉有益于痢疾的食疗助康复。

4. 现代研究

杏的胡萝卜素含量很高，能够很好地帮助人体摄取维生素A，还含有较多的钾、镁、钙。

近年，科研人员发现，杏中含有丰富的抗癌物质——维生素 B_{17}，经常食用，能提高人体免疫功能，抑制细胞癌变。

食用注意

（1）鲜杏不宜多食，免伤脾胃。

（2）杏甘甜性温，易致热生疮，平素有内热者慎食。

传说故事

杏林春暖

据晋朝葛洪的《神仙传》记载：三国时，吴国有个名医叫董奉，隐居匡山（今江西庐山，一说安徽凤阳杏山），医术精湛，乐善好施，为人治病不收钱。凡是被医治好的病人来谢医时，只要种几棵杏树。几年以后，董奉的房前屋后，得杏树十余万株，蔚然成林。初夏杏熟时，董奉以榜示人，买杏者，不收银钱，只需以谷换杏。积数年，囷谷数仓。后遇荒年，董奉开仓济贫。从此，人们对医德高尚、医术精湛的大夫，就用"杏林春暖"的成语进行赞誉。

树　莓

青泉碧树夏阴凉，树莓挂果生雅香。

鸡啼羊咩山坡前，烹茶煮酒叫家常。

——《树莓》·清·习王龙

物种基源

树莓（Rubus spp），为蔷薇科悬钩属落叶或常绿蔓生灌木或亚灌木成熟的果实。又名木莓、托盘、马林等。

全世界有悬钩子属植物 750 种，据查实资料，我国有 194 种，其中特有种 138 种，我国栽培品种主要是红树莓、大红树莓、黑树莓、双季树莓等，分布遍及全国各地，以西南地区分布最为集中，分布最为广泛的省（区）是云南、四川、贵州、广西、广东、江苏、福建，其次为湖南、湖北及西藏、陕西、甘肃等。

生物成分

据测定，每 100 克可食树莓，含水分 74～88.3 克，蛋白质 2.1～2.3 克，总糖 8.3～11.9 克及有机酸、维生素 B_1、B_2、C、E，还含微量元素钙、磷、铁、锌、硒等营养物质。

食材性能

1. 性味归经

树莓，味甘，酸，性平，无毒；归肺、肝、肾经。

2. 医学经典

《摄生众妙方》："补虚续绝，强阴违阳，悦肌肤，安脏腑。"

3. 中医辨证

树莓，可安五脏、益颜色、养精气、长发、强志，有助于阳痿遗精、虚痨、自暗、痛风、丹毒等症的食之助康复。

4. 现代研究

树莓，对妇女功能性子宫出血、小儿麻疹、感冒咳嗽、泄泻久痢等症康复效果甚佳。

食用注意

脾虚久泻者暂不宜食树莓。

传说故事

济公与树莓

相传，道济和尚天性好动，不喜戒规，难以打坐，经常和些顽童厮混在一起，作呼洞猿，斗蟋蟀等游戏，甚至酱蘸大蒜吃狗肉。师兄弟们劝诫他，他哈哈大笑地说："酒肉穿肠过，佛祖心中留。"后来众僧告到方丈那里，方丈慧远却说："佛门如此广大，难道容不得一个颠僧吗？"从此，人们就叫道济和尚为"颠僧"，也有人叫他疯和尚。后来慧远大师圆寂，济公转到净慈寺修行，依然不改本色，出入歌楼酒肆，游山玩水。

一日，他坐在小树下纳凉，用破芭蕉扇柄在泥地上写道："削发披缁已有年，唯同诗酒是因缘。坐看弥勒空中戏，日向毗卢顶上眠。撒手须能欺十圣，低头端不让三贤。茫茫宇宙无人识，只道颠僧绕市廛。"刚写完，几小顽童拿着常藤连果的草莓绕在道济的颈项上。道济顺口咬了一个草莓，把剩下的草莓连藤带莓扔挂在树上，顿时树上也结出一串串象草莓的浆果，人们后叫这果为树莓。

李　子

嘉李繁相倚，园林淡泊春。
齐纨剪衣薄，吴纻下机新。
色与晴光乱，香和露气匀。
望中皆玉树，环堵不为贫。

——《李》·宋·司马光

物种基源

李子（Prunus salicina），为蔷薇科李属落叶乔木植物李树的果实，又名李实、嘉庆子、嘉应子、居陵迦等，在《诗经·国风》中有："投我以木桃，报之以琼瑶。投我以木李，报之以琼玖。"在古乐府《鸡鸣》中就有："桃生露井上，李树生桃旁。虫来啮桃根，李树代桃僵。树木身相代，兄弟还相忘？"说明了自古以来，李、桃和人们生活的亲密联系。

李、桃、杏在植物分类学上是蔷薇科植物的一个大家族，遍布全世界。而李树的一家都有三个同名的孪生姐妹，她们叫作中国李、欧洲李和美洲李。到今天，这三姐妹各自都有野生李树的存在。中国李早在2500多年前的春秋时期就享有盛名，见于清代王岂亭《携李谱》中。

李子的品种很多，以色分有青、绿、紫、米黄、黄、赤、缥绮、胭脂、青皮、紫灰等，以形来分有牛心、马肝、奈李、杏李、水李、离核、合核、无核等。

生物成分

据测定，每 100 克可食李子，含水分 90 克，蛋白质 0.5 克，脂肪 0.2 克，碳水化合物 8.8 克，膳食纤维 0.1 克及胡萝卜素、维生素 B_1、B_2、C 及微量元素钙、磷、铁、钾、钠、镁，还含尼克酸、硫胺素、天门冬素、多种氨基酸及 r-氨基丁酸等。此外，尚含有李苷、苦杏仁苷等。

食材性能

1. 性味归经

李子，味甘，酸，性凉；归肝、肾经。

2. 医学经典

《滇南本草》："清热生津，泻肝利水。"

3. 中医辨证

李子，清肝热，生津液，适于阴虚发热、骨节间劳热、牙痛、消渴、祛痰、白带、心烦、小儿丹毒及疮、跌打损伤、瘀血、骨痛、大便燥结、妇女小腹肿满及水肿等症的食之助康复。还可用于除雀斑及解蝎毒。

4. 现代研究

李子具有缓泻作用，可适用于便秘。含多种微量元素，可强化肝脏和肾脏功能并净血和造血，能促进胃酸和消化酶的分泌，有增加肠胃蠕动作用，同时还多有止咳祛痰的作用。

食用注意

（1）李子性寒，易助湿生痰，不宜多食。
（2）脾、胃虚弱、消化不良者应少食，否则会引起腹泻。
（3）苦涩的李子不能食用。
（4）李子不沉于水者有毒，不能食用。
（5）服中药白术时不要食李子。
（6）服磺胺类药物时不宜食用李子。
（7）李子不宜与鸡蛋同时食用，机制有待探讨。
（8）不宜与蜂蜜同时食用，有致不良反应的可能。
（9）不宜与青鱼同食。
（10）不可与野雀肉同食。

传说故事

一、老子与李子

据《普照经》说，我国道家之宗老子李耳字聃，是摩耶夫人从右胁生于李树下，他一降生，就多灵瑞而能言，遂指李树曰："以此为我姓。"

二、育种学家布尔班克与李子

植物育种专家布尔班克为美洲李与中国李、欧洲李的联姻做了"媒人"。他运用杂交和嫁接的方法改良美洲李，培育出 43 个新的李树品种。其中最著名的有：果实长圆形、果娇妍青紫，果肉极甜的"优质李"；个大、早熟、高产、艳丽、味美、含糖量高的"甜李"；果色金黄而微露紫色，又披有一层蓝色粉衣，果肉橙黄、质细、多汁、味甜的"标准李"；果色有白浅黄色、橙黄色、狸红色、深红色、紫色、深蓝色和藏青色，或间有绮丽纹和斑点的"无核李"。

菠　萝

移来西域种多奇，常绿草本掩映时。
一年能结三期果，令人垂涎香生姿。
——《菠萝》·清·旺时峰

物种基源

菠萝，凤梨科多年生常绿草本植物凤梨（Ananas comosus）的果实，又名凤梨、波罗、露兜子、地菠萝、黄梨等，原产巴西，16 世纪传入我国澳门，后传广东、福建和台湾等地。现在70 多个品种，我国有 20 多个。可分为三类，即皇后类、卡因类和西班牙类，其中卡因种最好，植株健壮、皮绿肉多、眼刺平浅、吃来无渣。广东省农科院从国外引进一种叫剥粒菠萝的新品种，减少除刺的麻烦，只需沿着果眼，用手一块一块地把皮剥下就可以食用。这种菠萝肉嫩味香，食用简易，儿童只要会剥皮就可以食用菠萝。这是水果王国的新鲜事，引起人们的兴趣，受人欢迎。

生物成分

经测定，每 100 克可食菠萝，含水分 87.1 克，蛋白质 0.5 克，脂肪 0.1 克，碳水化合物8.5 克，膳食纤维 1.2 克及胡萝卜素、维生素 B_1、B_2、C、尼克酸，还含微量元素钙、磷、铁、有机酸和菠萝蛋白酶等，除鲜食外，尚可制成罐头，果酱和果酒。

食材性能

1. 性味归经
菠萝，味甘，微酸，性平；归脾、肾经。

2. 医学经典
《食物本草》："健脾，消渴，消肿，祛湿。"

3. 中医辨证
菠萝，味甘，微酸，性平，有清热解毒、消食止泻，消肿祛湿功效，适用于身热烦躁、消化不良、肾亏、头昏目眩、咳嗽等症的食之助康复。

4. 现代研究
菠萝，含蛋白酶，具有消炎、利尿作用。它能加速溶解纤维蛋白和蛋白凝结块，降低血黏稠度，具有抗血栓作用，对心脑血管疾病有效果。它还有消除炎症、水肿和血肿的作用。

食用注意

（1）未作加工处理者不宜食用。菠萝食用前应将果皮和果刺修净，将果肉切成块状，在稀盐水或糖水中浸出渍，其中的苷类物质还会对口腔黏膜造成刺激，故未作加工处理的菠萝不宜食用。

368 | 中 华 食 材

（2）对菠萝过敏者不宜食用。菠萝汁中含有菠萝蛋白酶，这种物质一般可被胃液分解破坏，而少数人却会产生过敏反应，出现恶心，呕吐等症状，故对菠萝过敏者不宜食用。

（3）不宜与蛋白质丰富的牛奶、鸡蛋同时食用。菠萝含有较多的果酸，若和牛奶、鸡蛋等含蛋白质丰富的食品一起食用，果酸可使蛋白质凝固，影响蛋白质的消化吸收，故菠萝不宜与蛋白质丰富的食品同时食用。

（4）不宜与萝卜一起食用。萝卜含有维生素C酵酶，可破坏食物中的维生素C，和菠萝一起食用，还可促进菠萝所含的类黄酮物质在人体肠道内转化为二羟苯甲酸和阿魏酸，两种物质具有很强的抑制甲状腺功能的作用，可以诱发甲状腺肿，故菠萝不宜与萝卜一起食用。

（5）服用补铁剂时不宜食用。食物中的钙、磷元素可影响铁剂的吸收，使铁制剂的治疗作用减弱，菠萝含有较多的钙、磷元素，故服铁制剂时不宜食用菠萝。

（6）服用四环素类药物及红霉素、甲硝唑、西咪替丁时不宜食用，本品所含的钙可和四环素类药物结合，钙和磷元素可和红霉素等药物结合，减低以上药物的疗效，故服用四环素类药物及红霉素等药时不宜食用菠萝。

（7）服用维生素K及磺胺类药物时不宜食用。菠萝含有丰富的维生素C，可破坏分解维生素K。菠萝为含酸性较多的水果，与磺胺类药物同时食用后可使磺胺类药物在泌尿系统形成结晶而损害肾脏，故服用维生素K及磺胺类药物时不宜食用。

传说故事

一、英查理二世与菠萝

传说，英国查理二世第一次获得芳香浓郁的菠萝时，曾举行了一次盛大的宫廷菠萝宴会。一个金灿灿的喷着浓郁香气的大菠萝放在餐桌醒目地方。大家从没见过这般艳丽芳香的果子，无不投以赞美的目光。当每个人分到一小块菠萝时，竟被那甜美而奇异的果香惊住了。天下竟有如此美味！一时成为上层社会的佳话。

二、印第安人祭祀菠萝神

公元1590年，一个名叫阿库斯塔的欧洲人曾记叙过墨西哥印第安人祭祀菠萝神的仪式。祭台上的菠萝女神容貌庄重，衣着华美，她左手握着白色盾牌，上面有五个饰有白色羽毛，色彩艳丽的菠萝，右手拿着纤细的绿色菠萝叶片。女神面前摆满了用金银器皿盛装的菠萝果实。许多印第安人身着新衣，佩饰叮当，排着整齐的队伍，在部族首领的带领下，敲着锣鼓，迈着细碎而有节奏的步伐，载歌载舞，感谢大自然赐给他们丰富的粮食和果品。

三、番鬼望菠萝

进入南海神庙，就会看到东部有一座穿着中国人衣装的外国人泥塑像，他左手举在额头上遮眉，向远方眺望。他就是来自西域的朝贡使者达奚司空。在唐朝贞观年间，有一艘来自西域的商船沿丝绸之路来到中国，回程时经过南海神庙，就在此地停泊休息。

船上有一个来自印度摩揭陀国贡使，名叫达奚司空，是一名很虔诚的信徒。他随船员们上岸到南海神庙祭祀完后，又在庙前的空地上种下了两棵从故乡带来的菠萝树种苗。可等他播种好了回到码头，商船已经开走了，原来船上的人把他忘记了。

达奚司空十分伤心，长久地站立在海边痛哭，想念他的故乡，他的亲人。日夜远望来时路，希望他的同伴们会回来接他。可惜日复一日的等待总是落空，他最后化成了一块化石，屹立在南海边。

人们为了感谢达奚司空带来了菠萝种苗，就在神庙里立起了他的塑像以作纪念。因为他在庙里的塑像站立的姿势像在望着他亲手种植的菠萝，所以民间又有了"番鬼望菠萝"之说。后来，南海神庙也被称为了菠萝庙，南海神诞也被称为菠萝诞，甚至连庙附近的扶胥江也被称为波罗江。

菠 萝 蜜

盘坐荷莲育经踪，敲鱼烛火香沁风。
心留佛主菠萝蜜，夜静笃笃声绕空。
——《菠萝蜜》·近代·旺时标

物种基源

菠萝蜜，为桑科菠萝蜜属木本植物木菠萝（Artocarpus hetero-phyllus）的果实，又名木波罗、树波罗、小罗蜜、牛肚子果。菠萝蜜原产印度和马来西亚，我国海南、广东、台湾、广西、福建均有产出。菠萝蜜的品种有干包和湿包两大类，湿包皮坚硬，肉瓣肥厚，多汁，味甜，香气特殊而浓；干包汁少，柔软甘滑，鲜味甘美，香气中等。

菠萝蜜树种习性很有趣，它在热带地方全年都能开花结果，花开后6个月左右果实才会成熟。幼年的树，果实结在主枝上，树龄逐渐增加，结果原部分漫漫向下移，老树常常是在主干上开花结果，甚至在接近根部的干上也会结出果实来。有时，竹屋边栽种的菠萝蜜树，根部伸到屋里，在粗根上长出雌花序，从屋内土中伸出，开花结果，满室生香，这是自然界的一种奇观。

生物成分

据测定，每100克可食菠萝蜜，含水分73.2克，蛋白质0.2克，脂肪0.3克，碳水化合物24.9克，膳食纤维0.8克，还含胡萝卜素、视黄醇当量、硫胺素、尼克酸、维生素B_1、B_2、B_6、C、E及微量元素钾、钠、钙、镁、磷、铁、铜、锌、硒等。菠萝蜜的种子含淀粉等成分。菠萝蜜一是做水果吃；二是用果肉放进鸡蛋、面粉中搅拌后用油煎吃，则为上等佳品；三是将果仁煮熟吃，味似菱角，可充饥。也可制罐头、晒干和盐渍。

食材性能

1. 性味归经

菠萝蜜，味甘，酸，性平；归胃、大肠经。

2. 医学经典

《食疗本草学》："果肉滋养，消肿解毒，止渴除烦，种子可补中益气。"

3. 中医辨证

菠萝蜜，有止渴解烦、益气养神、悦人颜色、醒酒，是养生补先天性肾精不足，补后天脾胃的天然良药，对于脾胃虚弱、食欲不振、神倦乏力、身体瘦弱者，常食可强身健体。

4. 现代研究

菠萝蜜中含有丰富的糖类，蛋白质B族（B_1、B_2、B_6）维生素C等，具有抗水肿、消炎等，溶解堵塞于组织与血管内的纤维蛋白及血凝块，改善局部血液、体液循环，使炎症和水肿吸收、消退，对脑血栓及其他血栓所引起的疾病，有一定的辅助治疗作用。

食用注意

菠萝蜜不能多食，多食使人胸闷，烦呕。

传说故事

一、婆媳与菠萝蜜

从前，一户渔民，在一株菠萝蜜树下搭茅屋而居，树上巨果累累。一天，渔家的儿子扬帆出海了，新过门的儿媳在树下勤快地织网。婆婆路过新房。突然，一阵果香扑鼻，婆婆顿生疑心，刚过门的媳妇，就胆敢偷摘菠萝蜜吃，这还像话吗？

于是，婆婆就找了个借口，要到新房内去查个水落石出。顺香寻去，竟在儿媳床下发现一个又黄又大的菠萝蜜。但仔细一瞧，并不是偷摘私藏的，而是房外那株大菠萝蜜树的枝根伸到了屋内的床底下，菠萝蜜就从枝根上爆生而出。这时，婆婆疑团顿消，哑然失笑。

二、床下结菠萝蜜

广东也有一个传说：一个农户家门前种有一株菠萝蜜树。有一年，树上的菠萝蜜全部摘完了，可是这户人家的屋内仍有一股醉人的菠萝蜜香味，而且经久不息。人们听说后，奔走相告，传说纷纷，大多数人认为菠萝蜜神入宅了。准备设三牲拜祭神明，祈求吉利。正在此时，一个孩童踢球滚入床底。他摸入床底取球，却抱出一个菠萝蜜来。一家人连忙掀床细看究竟，原来是屋外的菠萝蜜树根穿墙入屋，伸入床底，在根上又结出了几个大菠萝蜜，难怪满屋弥漫着菠萝蜜的香甜味了。

柑　橘

个个和枝叶捧鲜，彩凝犹带洞庭烟。
不为韩嫣金丸重，直是周王玉果圆。
剖似日魂初破后，弄如星髓未销前。
知君多病仍中圣，尽送寒苞向枕边。

——《早春以橘子寄鲁望》·唐·皮日休

物种基源

柑橘（Citrus reticulata），为芸香科柑橘属灌木或小乔木植物柑橘的果实，又名桔、柑、枳、金柑等。我国的柑橘，包括柑类和橘类两大类型，共同特点是果实扁圆形，果皮黄色，鲜橙色或红色，薄而宽松，容易剥离，故又称宽皮橘，主产华东东南部和华南、西南地区。

柑和橘在外形上和风味上有共同之处，因品种不同，它们又各有自己的特点，柑的果实个儿比较大，呈球形，果皮比较紧，粗糙而厚，顶端带嘴，皮内海绵皮层为白色，果核卵圆形，淡绿色，风味偏甜，比较耐贮藏，如椪柑。橘的果实一般比柑子小，果形偏扁，果皮深藏不露而宽松，容易剥离，皮橙黄或橘红；皮内海绵层为黄色。种核尖细，深绿色。橘成熟期比较早，不耐贮藏。如温州的蜜橘六行（也称无核蜜橘）十是橘中的佼佼者，是鲜食和罐头的兼用品种。橘中的南丰蜜橘（又称乳橘），福橘、叶橘、朱红橘等是著名品种。柑橘为我国原产，全世界 27 种，我国占 21 种。常见的有 15 个品种，分枳属、柑橘属和金橘属三个家族。

生物成分

经测定，每 100 克可食柑橘，含水分 90 克，蛋白质 0.7 克，脂肪 0.3 克，碳水化合物 8.9 克，膳食纤维 1.4 克及胡萝卜素、硫胺素、维生素 A、B_1、B_2、B_6、C、E、P、叶酸、泛酸、尼克酸、生物素，还含三萜枳苷和多量葡萄糖、苹果酸钙、氨基酸及微量元素等。柑橘除鲜食外可制罐头、果酱、果晶、蜜饯、酿酒、榨汁等。

食材性能

1. 性味归经

柑橘，味甘，辛酸，性温；归肝、脾、膀胱经。

2. 医学经典

《本草拾遗》："生津止渴，和胃利尿，润肺化痰。"

3. 中医辨证

柑橘，具有润肺止咳、化痰、健脾、顺气、止渴等功效，其治病原理，总是取其理气燥湿之功，同补药则补，同泻药则泻，同升药则升，同降药则降。

4. 现代研究

柑橘含有抗氧化元素，经常食用，使人的冠心病、高血压、糖尿病、痛风发病概率相应降低。膳食纤维可促进通便，并可降低胆固醇，还有助降低男性前列腺癌的发生率。在鲜柑橘中有一种抗癌活性很强的物质"诺米灵"，它能使致癌化学物质分解，抵制和阻断癌细胞的生长，能使人体内除毒酶的活性成倍提高，阻止致癌物质对细胞核的损伤，保护基因的完好。

食用注意

（1）吃柑橘前后 1 小时内不要喝牛奶，因为牛奶中的蛋白质遇到果酸会凝固，影响消化吸收。因柑橘富含胡萝卜素，如果吃得过多会引起"胡萝卜素血症"（俗称橘黄症），出现呕吐、食欲不振、乏力等症状。同时，它热量较高，如果一次食用过多会上火，导致机体功能紊乱，出现口腔溃疡、舌炎、咽炎，甚者可导致发高热等症。

（2）发生霉变的腐烂柑橘不能食，食用会发生食物中毒。

传说故事

一、《橘中秘》棋书

传说，巴邛人有一个橘园，园中有一棵树，树上接了两个斗大的橘子，有一天，人们剖开一看，每一个橘子里面都有两个白胡子老头，正在兴致勃勃地下棋。一个老头说：在橘子中对弈之乐，不亚于修行。另一个老头说：饿了可以吃柑子核脯。说着，他们就拿草根刮橘子吃。吃完以后，他们以水灌橘，橘子化作了龙，几个老人共乘之飞走了。基于这个故事，就有一部象棋专著《橘中秘》，不过是一部象棋书。

二、宋高宗放橘灯

南宋初年，金兀术大举南侵，相继攻下杭州、宁波。建炎四年（公元1103年），宋高宗赵构从舟山乘船逃到临海章安镇，登金鳌山南眺，见椒江浩浩荡荡，枫山耸峙，想是风景秀丽之地，就命楼船连夜渡过椒江，向海门枫山进发。

这夜，正值正月十五元宵节，月明如昼，水天一色。如此良夜，高宗想起昔日汴梁盛况，不禁神伤，那时家家灯火，户户管弦，游人玩赏嬉耍，金吾不禁，一连三天，整夜不眠，如今却逃奔海隅，凄凉寂寞，正有今不胜昔之慨。

这时，椒江上游驶来两只帆船，因为不知道楼船里坐着皇帝，没有回避，顺流乘风而下，直逼御舟。楼船头禁卫忙横矛喝问，方知是贩卖柑桔的黄岩船。

皇帝到底是最善于吃喝玩乐的，虽然在这穷蹙之地，也想出个海上庆元宵的玩意来。他吩咐臣僚吃柑桔须把下半截桔皮完整地保存下来，然后，取桔皮当碗，贮上油，点起火，一盏一盏放到海上去。这时，风平浪静，海面上一片灯火，恰似银河移落海上，君臣饱览佳景，在椒江口同赏桔乡元宵。

现在，黄岩和椒江一带再也没有人点放桔灯了，但800多年前，赵构在元宵节放桔灯的故事却载入了地方史册，流传至今。

附1 橘皮

为芸香科植物福橘等多种橘类的果皮，又称"陈皮"，冬季收成熟果实的皮晒干或烘干供药用。性温，味辛，微苦；归肺，脾经，具有行气健脾，燥湿化痰的功效，主治脾胃不和、呕吐、咳嗽、胀满不食、眩晕等病症，舌赤少津及有实热无气滞者慎用。

附2 青皮

为芸香科植物福橘或朱橘等多种橘类的未成熟的果皮或幼果。5～6月份收集自落的幼果，晒干俗称"个青皮"。7～8月份采收未成熟的果实，在果皮上纵剖成四瓣至茎部，除尽瓤晒干，俗称四花青皮。味苦，辛，性温，归肝，胆经。具有疏肝破气，消积化滞功效，主治胸胁胀痛、食积腹痛、乳房胀痛、小肠疝气、嗳气脘闷等。

附3 橘络

为芸香科植物福橘或朱橘等多种橘类的果皮内层的筋络。味甘，苦，性平；归肝，肾，脾，胃经，具有通络、理气、化痰的功效。主治经络气滞、久咳胸痛、痰中带血、伤酒口渴。

附4 橘叶

为芸香科植物福橘等多种橘类的树叶，具有疏肝、行气、化痰、消肿毒的功效，主治胁痛、乳腺炎等。用橘子叶捣汁内服或用橘叶捣碎外敷，如治理疗水肿，可用鲜橘叶一把，水煎，甜酒送服。

附5 橘核

为芸香科植物福橘等多种橘子汁类的核，具有利气，止痛的功效，可治疝气、睾丸肿痛、乳腺炎、腰痛等。

橙　子

碧户珠窗小洞房，玉醅新压嫩鹅黄。半青橙子可怜香。
风露满帘清似水，笙箫一片醉为乡。芙蓉绣冷夜初长。

——《浣溪沙》·宋·毛滂

物种基源

橙子，为芸香科常绿小乔木或小灌木植物甜橙（Citrus sinensis）的成熟果实，又名黄果、黄橙、金球、金橙、鹄壳等。橙子在我国的栽培历史已达 4000 年以上，现已分布世界各热带果区，其品种丰富，全世界优良品种达 400 多个。品系按果实成熟分冬橙和夏橙。夏橙是指当年开花结果，挂树越冬，来年 4～5 月成熟。冬橙一般在 11 月下旬至 12 月上旬成熟。从果实性状特点看，甜橙又有普通橙、脐橙、锦橙、鹅蛋柑、血橙和糖橙之分。为了便于识别，一般常冠以地名以示区别，如新会橙、化川橙、江津橙等，最受欢迎的有脐橙、冰糖橙、血橙和从美国引进的新奇士橙。橙子主要分布在我国 13 个省（区），主产于四川、湖南、广东、广西、福建、台湾、江西、湖北、浙江、云南、贵州、陕西、安徽。

生物成分

据测定，每 100 克可食橙子，含水分 85.6 克，蛋白质 0.6 克，脂肪 0.1 克，碳水化合物 12.2 克，膳食纤维 0.6 克及胡萝卜素、维生素 B_1、B_2、C、P、尼克酸和微量元素钙、磷、铁、锌、镁，还含有机酸等，橙子可鲜食，还可绞汁，或水煎汤服。

食材性能

1. 性味归经

橙子，味酸，甘，微苦，果肉，性凉，果皮性温；归肺、脾经。

2. 医学经典

《食物本草》：“生津止渴，行气化瘀，化痰。”

3. 中医辨证

橙子，可开胃消毒、止渴生津、理气化痰、杀鱼和蟹毒、解酒，适用于热病伤津、腹胀胁痛、腹中雷鸣、胃阴不足、解渴心烦、饮酒过度、大便溏泄或腹泻等症。

4. 现代研究

橙子，含有机酸、果胶、挥发油、维生素 C、P 等，对人体的新陈代谢有明显的作用。可增强人体的抵抗力，橙子中含有那可汀，具有与可待因相似的镇咳作用，且无中枢抑制现象，无成癌性；橙子中含的橙皮苷、柠檬酸等营养，能增加毛细血管的弹性，降低血中胆固醇，有防治高血压、动脉硬化作用，并可阻断致癌物二甲亚硝胺的生成。

食用注意

（1）不宜多食。因橙子破气，易伤肝气，腹泻腹胀者更应少食。
（2）饭前或空腹时不宜食橙子，橙子的有机酸会刺激胃粘膜。
（3）吃橙子后 1 小时内不宜喝牛奶，因为牛奶中蛋白质遇到果酸会凝固，影响消化吸收。
（4）吃完橙子应及时漱口，以免对口腔牙齿有害。

（5）不要用橙皮水作为饮料，因为橙皮上有保鲜剂，很难用水洗净。

传说故事

宋徽宗与橙子

宋徽宗赵佶一生生性轻浮，除了爱好花木竹石、鸟兽虫鱼、钏鼎书画、神仙道教外，还嗜好女色如命，后来更是终日沉湎其中，放浪形骸，不能自拔。徽宗的后宫中妃嫔如云，数量惊人，史书记载有"三千粉黛，八百烟娇"。但是与这些妃子日夜缠绵，朝夕相拥，再美味的佳肴吃多了也会腻烦，再绮丽的景致眼熟了也不再新奇。一日，他闲得无聊，在一个团扇上提笔写了"选饭朝来不喜餐，御厨空费八珍盘"14个字，忽然文思枯竭，让一位大学士续下一句。那人特别会揣摩赵佶的心思，就续了一句"人间有味俱尝遍，只许江梅一点酸。"甜酸爽口的杨梅当然会解御厨八珍之腻。赵佶的人间女色"一点酸"就是名满京师的青楼歌妓李师师。

李师师，生卒年不详，北宋末年汴京名妓。本姓王，四岁时亡父，因而落入娼籍李家，改名李师师。据载，她气质优雅，通晓音律书画，芳名远扬开封城。可能由于童年凄凉的生活在李师师心里刻上了深深的烙印，成名之后，她给人的感觉始终总是淡淡的忧伤，她喜欢凄婉清凉的诗词，爱唱哀怨缠绵的曲子，常常穿着乳白色的衣衫，轻描淡妆，这一切都构成了一种"冷美人"的基调，反而更加迷人。

徽宗对李师师早就有所耳闻，一日便穿了文人的衣服，乘着小轿找到李师师处，自称殿试秀才赵乙，求见李师师，终于目睹了李师师的芳容：鬓鸦凝翠，髻凤涵青，秋水为神玉为骨，芙蓉如面柳如眉。徽宗听着李师师执扳唱词，看着李师师和乐曼舞，几杯美酒下肚，已经神魂颠倒，便去拥了李师师同入罗帏。这一夜枕席缱绻，比那妃嫔当夕时，情致加倍。李师师温婉灵秀的气质使宋徽宗如在梦中。可惜情长宵短，转瞬天明，徽宗没奈何，只好披衣起床，与李师师约会后期，依依不舍而别。

从此以后，徽宗就经常光顾李师师的青楼，李师师也不敢招待外客。有权势的王公贵族也只能退避三舍，她的青楼门前已是冷落车马稀，但有一人李师师自己不能割舍，他就是大税监周邦彦。周也是一名才子，他风雅绝伦，博涉百家，并且能按谱制曲，所做乐府长短句，词韵清蔚，是当时的大词人。有一次宋徽宗生病，周邦彦趁空幽会李师师，二人正耳鬓厮磨之际，忽报圣驾前来，周邦彦一时无处藏身，只好匆忙躲到床铺底下。

宋徽宗送给李师师一个从江南用快马送到新鲜橙子，与她边吃边调情。这天由于宋徽宗身体没全好，才没留宿。徽宗走后，周邦彦填了一首词《少年游·感旧》讥讽："并刀如水，吴盐胜雪，纤指破新橙。锦帏初温，兽香不断，相对坐调笙。低声问：向谁行宿？城上已三更，马滑霜浓，不如休去，直是少人行。"这首词将徽宗狎妓的细节传神地表现出来。

后来徽宗痊愈，再找李师师宴饮，李师师一时忘情把这首词唱了出来。宋徽宗问是谁作的词，李师师随口说出是周邦彦，话一出口就后悔莫及。宋徽宗立刻明白那天周邦彦也一定在屋内，脸色骤变，他不禁恼羞成怒，第二天上朝时，就让蔡京以收税不足额为由，将周邦彦罢官免职押出京城。李师师冒风雪为周送行，并将他谱的一首《兰陵王》唱给宋徽宗听。李师师一边唱，一边流泪，特别是唱到"酒趁哀弦，灯映离席"时，几乎是泣不成声。宋徽宗也觉得太过严厉了，就又把周邦彦招了回来，任命他为管音乐的大晟府乐正。至于李师师，后来也被召进了宫中，册为李明妃。但金兵进逼开封，徽宗将皇位让给太子钦宗厚，李师师失去靠山，被废为庶人，并被驱出宫门，地位一落千丈。据传她为了免祸，自乞为女道士。不久，汴京沦陷，北宋灭亡。金兵俘虏徽、钦二帝和赵氏宗室多人北返，李师师的下落也变得众说纷纭，扑朔迷离了。

柚　子

山对面蓝堆翠岫，
草齐腰绿染沙洲。
傲霜橘柚青，
濯雨蒹葭秀，
隔沧波隐隐江楼。
点破潇湘万顷秋，
是几叶儿傅黄败柳。

——《沉醉东风》·元·赵善庆

物种基源

柚子（Citrus grandis），为芸香科柑橘属常绿乔木柚子树成熟的果实，又名霜柚、橘柚、臭橙、香抛、文旦、壶柑、雪柚、香栾、抛等。

我国栽培柚子树的历史悠久，远在公元前的周秦时代就有种植。《吕氏春秋》上说：果之美者，江浦之桔、云梦之柚。这梦中之地为现在洞庭湖一带。现在我国的广东、广西、云南、福建、台湾、浙江、四川、江西、湖南为生产地，其中广西的沙田柚、浙江的文旦柚、江西的金兰柚、台湾的葡萄柚、四川梁山柚、闽东的四季柚等很有名。有趣的是四季柚，每年的谷雨、夏至、大暑、小雪的时候，各开花一次。第一次开的花坐果率高，品质好；第二次开花坐果就少了，品质也不好；第三次开花坐果极少，不能食用；第四次开花而不坐果。这种所谓四季柚是四季开花，实际是两次坐果。但一年开四次花是很少见的。

生物成分

据测定，每100克可食柚子，含水分84.8克，蛋白质0.7克，脂肪0.6克，碳水化合物12.2克，膳食纤维0.8克及胡萝卜素、柚皮苷、枳属苷、新陈皮苷、尼克酸、烟酸、维生素B_1、B_2、C，还含微量元素钙、磷、钾、钠、铁、镁等。

食材性能

1. 性味归经

柚子，味甘，酸，性寒；归肺、脾经。

2. 医学经典

《本草经集注》："健脾，止咳，解酒，消食。"

3. 中医辨证

柚子，具有健脾消食、宽中下气、化痰止咳，适用于消化不良、胃痛、孕妇呕吐、咳嗽多痰、乘车船昏眩等症的食疗助康复。

4. 现代研究

柚子具有健胃、润肺、补血、清肠、利便等。可促进伤口愈合，对败血症有良好辅助疗效。新鲜柚子肉中含有类似胰岛素的成分，能降低血糖，含有生理活性物质皮苷，可降低血液的黏滞度，减少血栓的形成，对脑血管疾病如脑血栓、中风等有较好的预防作用，还能使人体更容易吸收铁质，增强体质。

食用注意

（1）柚子性寒，脾胃虚寒者少食。

（2）不宜多食，柚子虽可开胃消食，但多食伤脾伐胃，特别是小儿不可多食。因小儿脾胃幼嫩，多食可导致腹胀腹泻。

（3）服药期间（服药前两小时内）一般不宜食柚子。

传说故事

一、文旦三传说

浙江玉环县楚门文旦，早就闻名遐迩。有一位病势沉重的老太太，数天水米不进，她那竭尽孝道的儿子在隆冬季节寻来一只她渴望已久的文旦。当刚刚吃下两瓣，竟从病榻上跃然而起，脸色红润如青春少妇，不久，大病痊愈。据说，这位老太太吃的就是楚门文旦。

关于楚门文旦的由来，传说，这果实原是海龙王庆寿的仙果，被一头调皮的神鹿衔了出来，渡海上岛，种子落在楚门"山外张"这个小村，才得以播扬。

又有传说，楚门文旦与一位女艺人有关。先前华安县有位名旦，艺高貌美，早失双亲，长年献艺于民间，跟乡亲结下深厚情谊，后来遭到豪绅侮辱，羞恨自尽。乡亲们凑钱安葬了她，哪知过了几年，她的坟头上长出一棵柚树来，结的柚子又多又好，人们将它取名为"文旦"。

二、文旦的由来

据说，清代浙江玉环有一位名叫韩姬的人中了进士及第。放了官。公元 1866 年，偕妻返乡省亲，途中路过安徽九华山进香，偶遇厦门来的几位香客。她们带来一种水果供品，拜佛之后，分给众香客品尝。其味道清香异常，厦门香客介绍说从前有一女旦，长得貌若天仙，生性刚烈，因抗暴惨遭杀害。数年后，她的坟前长出一株柚树，结出了异香销魂的果实，时人竞相采枝嫁接，称之为"坟旦"以示纪念。后人觉得"坟"字不雅，遂改称"文旦"。韩夫人听了这个故事深为感动，就挑选了七颗种子带回故乡玉环县楚门乡播种。开始仅在韩氏宗族中种植，以后逐渐传开广为种植了。韩家的一颗文旦树，有一年曾结果实 670 余只，总重量超过 1500 余千克，此树寿命长达 100 多年，直到 1983 年才枯死，堪称文旦柚之祖吧！文旦柚于 1988 年被浙江省正式定名为"玉环柚"。

三、嫦娥与柚子

话说南方出现了一个凶神叫蚩尤。"蚩"就是无知的意思。这家伙样子长得非常可怕，人面兽身，三只眼睛，六条手臂，九个脚趾又像牛蹄子。另外他还有九九八十一个兄弟做帮凶，个个都是猛兽身躯，铜头铁颈，脸上还有各种颜色的花纹，他们吃坚石，喝流沙，十分强悍。考古学家说他们是外星来的，所谓"吃坚石"，就是采矿石，"喝流沙"就是采石油嘛。既然是铜头铁颈，不是机器人是什么？同时没有感情知觉，所以挺"蚩"喽。

蚩尤领着八十一个兄弟，胡作非为，无恶不作，而又野心越来越大，霸占了南方，还想统治北方，常常北上烧杀抢掠，弄得天下不宁。我国能源资源多在北方，他们肯定要占领北方啦。再说他们什么坏事都干。

有一回，蚩尤一伙窜到黄河北岸，这里是天神黄帝的领地，自然不能容忍他们胡作非为，再加上另一个投奔黄帝的大神炎帝曾被蚩尤打败过，极力请求黄帝为他报仇。于是，黄帝和蚩尤就发生了一场惊天动地的恶战！战斗进行得十分激烈，一边有八十一个兄弟帮凶，一边有狮、虎、豹、熊参战，那真是鬼哭狼嚎，地动山摇啊，最后蚩尤被杀。

为了庆祝胜利，黄帝特地到首山采铜铸了一尊一丈二尺高的大鼎，以志千秋。同时还叫臣子伶伦谱军了一首《枫鼓颂》，编成歌舞演奏。演奏中擂起大鼓、声震天地。

用鼓为《枫鼓颂》配节奏，阳刚之声有余，而阴柔之韵不足，所以听起来总觉得美中不足。这时，制造文字的仓颉出主意说："铸鼎还剩三万六千九百斤铜没用完，不如再铸一口金钟，钟鼓之声同奏，阴阳之韵齐鸣，枫鼓曲就和谐啦。"

黄帝听了，频频点头称妙。但鼓为阳声，钟为阴韵，所以铸钟须女性前去方妥，谁能胜任铸钟之事呢？仓颉马上想到了勤奋努力，善于创造的月宫嫦娥，这位能歌善舞的仙女。

嫦娥果然不负众望，她来到首山，炼铜铸钟，得心应手。但见炉火通红，铜花飞溅，炼铸了七七四十九天，终于将铜钟铸造好了。

这里先不说钟鼓齐鸣的事，单讲嫦娥炼铜之时，铜花飞溅，铜花从首山落下来，落在如今广西容县沙田村。沙田村有一片不结果的长绿树叫柚子树，铜花落在柚树枝上，冷却后便凝固成一个个球状的铜果，因为温度太高，把柚树都烧死了。

嫦娥铸好铜钟，交了圣命，离开首山，顺便到桂林来看看，路过容县沙田村时，被山神、土地拦住去路，说是嫦娥铸钟，把沙田村的柚树都烧死了，一定要她救活方让她上路。

嫦娥是个好胜心极强的人，当下表示，不救活柚树，她决不离开沙田村。嫦娥心想，柚树不结果，我不但要救活树，同时还要让树挂果！

主意一定，她就在沙田村施法，掰开铜果，果内无心，如何种出生命来？就忍痛扯下自己十个纤纤细指上的指甲，和了心血，包入铜果内，埋到地下。过了八八六十四天，铜果发了芽，长出一株像柚树一样的果树来，结出的果子黄灿灿的，像铜铃一般。果内有十瓣果肉，每瓣果肉里藏着十粒种子，那种籽就是嫦娥的连心指甲啊。

容县的山神、土地、黎民百姓感激不已，忙请嫦娥为果子命名，嫦娥谦虚地说："果子长在沙田村的柚树上，就叫它沙田柚吧。"

后来嫦娥回到桂林，进入平乐地段，心想：平乐还没有什么土特产，如有客来，马上能吃到奇异水果，也显得桂林物产不凡。于是，就把沙田柚引种到平乐，使平乐成了盛产沙田柚的地方。

香　橼

太岁当头坐，诸神不敢当。
案头置一物，带来满庭香。

——《香橼》·唐·李僧

物种基源

香橼，为芸香科常绿灌木或小乔木香圆（Citrus wilsonii）的果实，又名香元、粗皮香橼、枸橼、蜜萝柑、枸橼子、枸橘、枳实、香圆等，去其瓤后的皮为中药枳壳。

香橼树，又名香泡树，我国特有果树树种，栽培历史有3000多年。据史书记载，它与柑橘同科同属同时而生存。移栽比其他同科树种成活率高，适应性强，树型恢复快，一般在移栽的第二年就能挂果。唐代陈藏器曾说：枸橼生岭南，柑，橘之属也。香橼是一种不可多得的芳香型高级观果树种，它四季常绿，一年开花多次，芳香宜人，结出的果实金黄，悬垂枝头，倍加秋色，民间视为一种吉祥物，结亲时都要用它。香橼分布于长江流域及以南地区，以江苏、浙江、江西、湖南、湖北、广东、广西、台湾、福建栽培较多。

生物成分

经测定，每100克可食香橼，含水分79.9克，蛋白质1.1克，脂肪0.3克，碳水化合物12.8克，膳食纤维3.9克及胡萝卜素、尼克酸、硫胺素、维生素A、B_1、B_2、C、E等，还含有挥发油，主要成分有左旋柠檬烯、水芹烯等及陈皮苷、柠檬酸、苹果酸、黄柏酮、柠檬、苦素等。

食材性能

1. 性味归经

香橼，味辛，苦酸，性温；归肝、脾、肺经。

2. 医学经典

《本草图经》："舒肝理气，宽中化痰，解郁。"

3. 中医辨证

香橼可理上焦之气，止呕逆、消食、健脾，适用于脾胃气滞、胸肋胀痛、脘腹痞病、呕吐噫气、痰多咳嗽等症的食疗助康复。

4. 现代研究

香橼肉中含有大量的维生素C、枸橼酸、维生素P等。对慢性胃炎、神经性胃痛疗效颇佳，以及具有增加肾上腺、脾及白细中维生素C的含量、抗病毒、预防流性感冒等症效果好。

食用注意

凡阴虚血燥及孕妇气虚者慎服食香橼。

传说故事

香橼瓤炒鱼片的传说

从前，隋朝有个达官显贵叫李穆，因被人家诬告他想造反，给隋炀帝发放到岭南来。到了唐高宗年间，李穆的后代李实到佛教圣地西山西庆林寺烧香还愿，想出资在观音峰建一座高大的佛像，造像需斋戒七七四十九天，以表示对佛的虔诚。那时李实在昭州（今平乐）做官，他最喜欢把猪肉煮溶煮烂当茶喝，人家苏东坡"宁可食无肉，不愿居无竹"。李实他是一餐没有肉，望着米饭哭。要他四十九天不吃肉，那日子怎么过呀。

头一两天总算熬过去了，到了第三天，李实嘴里开始冒清口水，就跟发了鸦片瘾似的。又过了两天，李实洗澡一量肚皮，不得了，小了一寸，肚皮大是福相，现在小了还了得，没有官相怎么见人，李实向老婆闹着要肉吃。谁知李夫人是个老迷信，怕对佛不敬遭报应，说什么也不给他开荤。过了几天，她无意中看见小孩拿着去皮的香橼肉来打仗，香橼肉砸来砸去，落在水沟里，泡胀了浮在水面上，好像汤里飘着肥肉片。嘻嘻，夫人灵机一动，就来了个瞒天过海，以假乱真。

开始她炒了一盘香橼肉，苦的！去向厨师请教，才知道去皮要瓤用水来漂，再用鸡汤煮、葱姜烩，啊，胜过山珍海味，强过美味佳肴。拿给丈夫吃，李实明知不是猪肉，但被那异香吸引，一尝，嘿，好吃！将一碗香橼瓤一扫而空。后来李夫人不断改进，最终发现用鱼片炒香橼瓤最为理想。此菜传到民间，又由漓江上的船工由平乐传到桂林，这道美味就这样传开啦。

佛 手

色似寒梅蜡，

香敌玉兰花。

舒手开拳八九个叉，

滞气能攻下。

也见说诗人爱它，

楝亭佳话，

西堂截片烹茶。

——（《佛手》醉中天）·现代·陈长明

物种基源

佛手（Citrus medica var. sar-codactylis），为芸香科常绿小乔木或灌木的成熟果实，又名佛手柑、福寿柑、五指柑、佛手桔、佛手香橼、飞穰等，为香橼的变种。佛手原产于佛教之国印度，于隋唐时传入我国。品种有广东的广佛手、福建建佛手、四川的川佛手、云南的云佛手和兰佛手，兰佛手为浙江金华所产。佛手果姿奇特，形、色、香俱美，为名贵的冬季观果盆栽花木。

生物成分

据测定，每100克可食佛手，含水分84.9克，蛋白质0.4克，脂肪0.5克，碳水化合物13克，膳食纤维1.2克，还含胡萝卜素、尼克酸、维生素B_1、B_2、C和微量元素钙、磷、铁、钾等，此外，尚含佛手内酯、柠檬酸内酯及少量黄酮类化合物等。

佛手花和果实均可食用，可作佛手花粥、佛手笋尖、佛手炖猪肠等。

食材性能

1. 性味归经

佛手，味辛，苦，酸，性温；归肝、脾、肺经。

2. 医学经典

《本草再新》：“治气舒肝，和胃化痰，破积。”

3. 中医辨证

佛手，可理气宽胸、化痰消胀，适用于胸腹胀痛、神经性胃痛、呕吐、喘咳。佛手根主治脾肿大、癫痫等症。佛手花可舒肝解郁、开胃醒脾，适用于肝胃气痛诸症。

4. 现代研究

佛手，含柠檬内脂，能抗组织胺，对组织胺所致的气管收缩有抑制作用。佛手的醇提物能增加冠状动脉流量，提高耐缺氧能力。佛手所含橙皮苷能保护细胞不受病毒侵害，可预防流感病毒的感染。所含地奥明能降低毛细血管渗透性，具有抗消炎的作用。

食用注意

（1）阴虚有火，无气滞症状者不宜食用。

（2）不宜多食，多食损正气。

传说故事

仙女托梦赐天橘

很早以前，金华罗店一座高山脚下，住着母子两人，母亲年老久病，终日双手抱胸，自觉胸腹胀闷不舒，儿子为了给母亲治病，四处求医无效。一天夜里，孝子梦见一位美丽的仙女，赐给他一只犹如仙女玉手样的果子，给母亲一闻病就好了。可是，醒来一看，母亲病情依旧，原来做的是一场梦。于是，孝子下决心要找到梦中见到的那果子。经过多少天的翻山越岭，他感到筋疲力尽，就坐在岩石上歇息。忽然，一只青蛙跳到他面前，呱呱叫起来。孝子仔细一听，好像是一首歌："金华山上有金果，金果能救你老母，明晚子时山门口，大好时机莫错过。"第二天午夜，孝子爬上金华山顶的山门，只见金花遍地，金果满枝，金光耀眼，一位美丽的女子飘然而来，孝子定睛一看，正是梦中所见的那位仙女。仙女说道："你的孝心感人，今送你天橘一只，可治好你母亲的病。"孝子感激万分，恳求她再赐给他一棵天橘苗，以便让母亲天天能闻到天橘之香，永解病痛，仙女满足了他的要求。孝子回来后，将天橘给母亲服用，胸腹胀闷的症状很快就消失了。仙女赐给的天橘苗，经过他辛勤培植，很快地传遍了整个山村，给更多的人享用。乡亲们认为，这位仙女可能是救世观世音，天橘就是观音的玉手，因此称之为"佛手"。

黄 皮 果

黄皮少生意，中多亦为奚。
惜哉果实小，酸涩如棠梨。
剖流酸苦汁，生津止渴宜。
纷然不适口，岂知存肉皮。

——《咏黄皮》·元·曹悟

物种基源

黄皮（Clausena lansium），为芸香科黄皮属常绿小乔森或灌木黄皮的成熟果实，又名黄皮子、黄檀子、黄坛子、黄弹子、金弹子、黄楷等，为我国原产果树之一，有近 2000 年的栽培历史。按口味，可分为甜黄皮、苦黄皮和酸黄皮三类。甜黄皮，酸味极少；酸黄皮，酸味颇重；苦黄皮苦味很高，苦黄皮虽味苦难入口，但药用功效最好。按成熟早晚分类，早熟的如广东大圆头、崛笃甜皮等，中熟的有大甜皮，独核黄皮。晚熟的有大鸡心，细鸡心等，产于海南、福建、台湾、广东、广西、云南等省区。

生物成分

据测定，每 100 克可食鲜黄果，含水分 87.6 克，蛋白质 1.6 克，脂肪 0.2 克，碳水化合物 5.6 克，膳食纤维 4.3 克及维生素 B_1、B_2、C，还含微量元素钾、钠、镁、铁、铜等。此外，尚含有机酸，果皮含挥发油，种子含脂肪油。黄皮果除鲜食外，可加工成果酱、果冻、果干、糖渍、蜜饯、盐渍与清凉饮料等。果有助消化作用，故民间有饥食荔枝饱食黄皮之说。

食材性能

1. 性味归经

黄皮味辛，甘，酸，性温；归肺、胃、大肠经。

2. 医学经典

《本草纲目》："果肉健脾胃，化痰止咳，核能理气止痛。"

3. 中医辨证

黄皮果，可助消食、化痰、理气。叶，可疏风解毒、除痰行气。根，可行气、消肿、止痛。果，主治食积不化、胸膈满痛、痰饮咳喘。叶，主治温病身热、咳嗽哮喘、水胀腹痛、疟疾、小便不利等。根，主治气痛、疝气痛。

4. 现代研究

黄皮，苦味，可以刺激胆汁分泌，促进消化，使吸收机能畅旺，还有强心、松弛胸腹肌肉紧张、减少或消除胀满的作用。同时，还可减轻平滑肌的痉挛，收到化痰平喘之效。

食用注意

不可多食，否则易动火，发疮疖。

传说故事

黄皮果中的两仙叟

相传，在浙江舟山岛上，有一个大黄皮园里，寒露后长有比笆斗还要大的两个黄皮果。剖开后，有两个老叟相对在里边悠闲地下着围棋，谈笑自若。一老叟说："你输我海龙王发十两，瀛洲玉壶九斛，龙缟袜八两。"一叟曰："黄皮中之乐，不减仙山，但不得根深蒂固，为园人摘下耳。"一叟耳龙肝脯削食之。两叟共乘一龙，足下云起而去不知所向。园主惊异，珍藏起所剩两巨黄皮果壳皮，每当有人胸闷气短，即刮一片煎汤饮之，十分灵验。

火 龙 果

东君款款入山窝，温润施恩硕果多。
万盏红灯菱剑挂，新乡一跃吉祥坡。

——《满山火龙果》·现代·小河江楠

物种基源

火龙果（Hylocereusundulates Britt），为仙人掌科量天尺属和蛇鞭柱属植物火龙果的成熟果实，又名红龙果、青龙果、仙人掌果、芝麻果、鲜蜜果、情人果等。

火龙果原产于中美洲热带雨林地区，由法国和荷兰人传入亚洲及我国的台湾和福建、两广地区。在美洲及亚洲越南的寺庙都种有火龙果，每逢祭祀及重大宗教活动，都将火龙果供奉在祭坛上，视为圣果。

火龙果主要有三类，即白火龙果、红火龙果和黄火龙果。

生物成分

据测定，每100克可食火龙果，含水分83.7克，蛋白质0.6克，脂肪0.2克，碳水化合物13.9克，膳食纤维1.6克，维生素B_1、B_2、C及微量元素铁、磷、镁、钾等。

食材性能

1. 性味归经

火龙果，味甘，性平；归脾、胃经。

2. 医学经典

《食养疗法》："生津和胃，补脾胃，消肿，祛湿。"

3. 中医辨证

火龙果，可生津止渴、解暑消烦、健脾消食，有益气补虚、胃弱纳呆、祛湿等功能。

4. 现代研究

火龙果，含有丰富的维生素及膳食纤维，有消暑退火、稳定情绪、缓和焦虑的功能，它所含糖分少，热量低，适宜糖尿病及肥胖患者适量食用。

食用注意

（1）女性体质虚冷者不宜食太多的火龙果。

（2）火龙果最好现买现吃，如需保存，则宜放在阴凉通风处，不宜冷藏，否则冻伤反而加快变质。

传说故事

火龙果的传说

很久很久以前，有一对老夫妻居住在山上，过着不食人间烟火的生活。故事就这样开始了：

一天下午，一阵响雷滚过，一道闪电在空中炸开，就像一条蛟龙在天际舞动。豆大的雨点从天而降，打得小树东倒西歪，房子在风雨中呻吟着。摇摇欲坠。"老太婆，快，那边漏水了。""唉，积水的盆子早就用完了，漏就漏吧。"所幸房子建在山腰上，房顶漏下的水眨眼又从屋角淌出去了。

大雨下了好一阵子，天终于晴了。太阳从云后面露出脸来，小树又神气地挺直了腰杆。阳光在叶子上跳跃，小鸟清脆的叫声唤起了无限生机，其间还夹杂着几声孩子的哭闹声。

真是怪事，这么大的雨，谁家的孩子还在外面？带着疑惑，老公公打开了门，挂在屋檐下的大篮子不知什么时候被刮落在地上，令人奇怪的是篮子里竟躺着一个小娃娃。娃娃长得白白胖胖的，在篮里使劲蹬着脚，一双黑漆漆的眼睛滴溜溜地转个不停。

"谁家的娃娃呀，长得好可爱！"老公公伸手抱起娃娃。看着老公公的山羊胡子，娃娃笑了。

"笑了，笑了。老太婆快来呀！"老公公乐得两眼眯成了一条线。"房子里都乱成一团粥了，还这么开心，是不是捡到金元宝了？"老婆婆边嘟囔边从里屋走了出来。

"好可爱的娃娃呀。"老婆婆眼都看直了。

可不是吗，胖嘟嘟的红脸蛋，高而挺的小鼻梁，两个小酒窝若隐若现，正冲着老婆婆挤眼睛呢。只是额头上有着两个鼓鼓的小包，让人感到有些古怪。娃娃身上穿的衣服也很奇特，一块块六边形的红布由绿色的布条连缀而成。但看不到边缝，猛一看，就好像龙鳞长在娃娃的身上。"真像个龙娃。"老公公不由得脱口而出，"这方圆百里无人居住，看样子是老天赐给我们的孩子。"

"那就叫他龙娃吧。"老婆婆也高兴地说："我们终于有孩子了。"龙娃一天天长大，仅几个月，便像三四岁的小孩满地跑了。长大了的龙娃很乖巧，看老爷爷种菜他浇水，看老奶奶烧饭他烧火，可就是一样不好，不管老奶奶和老爷爷怎么逗，他就是不开口。

一天晚上，天气变凉了，老奶奶怕龙娃冻着，便起床给他盖衣服，没想到龙娃根本不在床上，急得老两口四处找，可怎么也找不着。老奶奶忽然想起龙娃对星星很着迷，就拉着老爷爷蹑手蹑脚地来到阁楼上，龙娃果然靠在窗口看星星。"傻孩子，吓死我们了。"老婆婆爱怜地摸着龙娃冰冷的脸蛋说，"瞧，都快冻僵了。"老公公也心疼地说："你这个孩子，三更半夜起来看什么星星，难道你还想上天呀。"龙娃依然一声不吭，只是撒娇地把头扎进了老奶奶的怀里。

一年很快过去了，龙娃长成了一个小伙子，除了帮老两口干活，他依然半夜起来看星星，老爷爷和老奶奶拗不过他，只好由他去了。

炎热的夏天又到了，一日，看了一晚星星的龙娃显得很不安。一大早起来的他不顾老奶奶和老爷爷的劝阻，不停地干活，还砍了很多柴，把房子里里外外加固了一遍。

刚吃过午饭，天突然变黑了，紧接着雷声大作，大雨倾盆而下，老两口吓得依着龙娃簌簌发抖。

雨越下越大，房架发出吱吱的响声，房子快要支撑不住了。龙娃腾空而起，变成一条蛟龙从窗口蹿出，用身子挡住了暴雨的袭击。爪子就像四根柱子牢牢地撑在地上。

暴雨被控住了，可山上冲下来的泥水太大了，房子随时都有被卷走的可能。

龙娃用牙齿把露在衣服外的龙鳞扯了下来，扔在房子的四周，每撕下一片鳞片，疼得他直打哆嗦。

龙鳞像防水坝似的挡住了泥水的冲击，老爷爷和老奶奶在房里安然无恙。风停了、雨止了，看着蛟龙身上渗出的血水，老奶奶心疼得直掉泪。

"孩子，快回来！"老爷爷和老奶奶一起喊着龙娃，可龙娃再也变不回去了，只能泪光莹莹地看着老两口摇了摇头。

不知过了多久，太阳出来了，天边挂起了彩虹，仿佛在召唤龙娃快回天庭，龙娃抬头看着彩虹，一声长啸，腾空而起，转眼到了半空。

"孩子，别走……"听着地面上传来的哭喊声，龙娃忍不住回过头。它在房子上空盘旋了几圈，用爪子把身上的衣服撕成几片，抛下来后飞入云层不见了。

龙娃的衣服变成了几棵奇特的小树苗，长在房子的四周。老婆婆和老公公就像对待龙娃一样精心照顾着小树，没过多久，小树倒垂下来的绿枝条上开出了白花，花谢后又结出了奇异的果子。颜色由青转红，看，红色的球状果实上还倒长着绿色的叶瓣。摘下一个切开，你还可以看到雪白的果肉里嵌着芝麻大小的籽，还有着一股清新淡雅的芳香。这果实是龙娃送给老爷爷和老奶奶的长寿吉祥果，后人称它为火龙果。

桑　葚

小桥流水泊乌篷，迈步楼台仰华嵩。
百花园中采桑葚，水榭窗前戏鱼莺。
北帝南皇留踪迹，唐砖汉瓦读朱门。
多少王公梦生死，几朝庶黎享太平？

——《咏桑葚》·宋·宋殿臣

物种基源

桑葚，是桑科桑属落叶乔木桑树（Morus）的果实，又名桑枣、桑粒、桑果、桑实、桑仁、椹子等，古籍称之为"文武果"。

我国是桑树的原产地，桑属植物共有 12 个成员，我国生存着 9 种，所以我国是桑属植物种类最多的国家。我国大部分地区均有种植，以山东、江苏、浙江、湖南、湖北、四川、新疆等省区为多，其中以江浙一带的湖桑和山东等地的鲁桑最为著名。我国是世界上植桑养蚕最早的国家，远在殷商时代就有植桑养蚕的记载。据考证，植桑至今已经有了 4000 多年的历史。《诗经》里就有多首诗写了植桑养蚕的事。

生物成分

据测定，每 100 克可食桑葚，含水分 88.9 克，蛋白质 0.9 克，脂肪 0.6 克，碳水化合物 8.7 克，膳食纤维 1.2 克，还含有维生素 A、B_1、B_2、C、D、E、芦丁、胡萝卜素、烟酸、苹果酸、果胶、强心苷、花青素苷及微量元素钙、磷、铁、锌、硒、白藜芦醇等成分。

食材性能

1. 性味归经

桑葚，味甘，酸，性寒；归心、肝、肾经。

2. 医学经典

《神农本草经》："补肝，益肾，息风，滋液。"

3. 中医辨证

发为血之余，肾主发，肝开窍于目。桑葚色黑入肾而养血，能营养毛发，使毛发早白的人由白变黑，桑葚入肝血而使双目有神，顾盼生辉。

4. 现代研究

由于桑葚含铁量较多，并含有较多的多种维生素等活性成分，因此，它不仅是妇女产后血虚体弱者的补血佳品，而且对缺铁性贫血所致的失去红润而毛发憔悴等症也有较理想的治疗作用。桑葚含有一定量的锌等微量元素，适量经常服食，有助于调节皮肤黏膜的代谢和保持其弹性韧性致密度和细腻润滑有理想的效果。

食用注意

（1）桑葚性寒，脾胃虚寒，泄泻者忌食。

（2）桑葚不宜多食。桑葚中含有胰蛋白酶抑制物质，破坏人体 C 型产气夹膜杆菌释放 B 毒素的能力，引起出血性肠炎的可能，故不宜多食。

（3）桑葚不宜与鱼、虾等海味河鲜同时食用，以免引起肠胃不适。

传说故事

一、刘邦与桑葚

皇藏峪古称黄桑峪，因峪中长满黄桑而得名。相传，汉高祖刘邦曾避难于此而改名为皇藏峪。

据载，公元前205年，刘邦在徐州被顶羽打得丢盔弃甲，急急匆匆躲进了一个阴暗的山洞里。虽然躲过了这一劫，但在避难中头晕的老毛病却突然复发了，以致头痛欲裂，天旋地转，随即腰酸腿软，连大便也难以排出，痛苦不堪。

好在当时附近的黄桑峪有桑林密布，所结桑葚盖压枝头。为度难关，刘邦只得渴饮清泉，饥食桑葚。没出几日，头痛、头晕竟不知不觉地痊愈了，大便也痛痛快快地解了出来。体魄康健、神清气爽，后来刘邦成为汉朝开国皇帝的那一天，还念念不忘"黄桑峪"的救命之恩。

二、刘秀与桑葚

西汉末年，王莽篡位，东宫太子刘秀在南阳起兵，讨伐王莽，立志恢复汉朝刘家天下。可是在幽州附近却被王莽手下大将苏献杀得大败，当刘秀从战场上逃出来的时候，只剩下自己孤零零的一个人，并且胸前受了刀伤，左腿中了一支毒箭，正当他拔出毒箭，包扎完伤口想坐下来歇歇的时候，后边边又传来了"抓住刘秀，别让刘秀跑了。"的喊声。刘秀一听，吓得赶紧躲进了前面不远处的一片树林里，追兵过去了，可刘秀明白，这里离敌人的营寨很近，自己没有马匹兵刃，身上又有伤，出去就会被抓住。现最好的办法就是先找个安全的地方藏起来。想到这儿，他忍着疼痛向前走去。走着走着，发现前边有一座废弃的砖窑，"先在这里躲躲吧。"刘秀想着，又看看四周无人，便走了进去。

这座砖窑已废弃多年，外面杂草丛生，里面到处是残破的砖瓦，刘秀走进去后仔细地查看了一下，确认这里安全之后才找了个地方坐了下来。也许是太疲劳了，也许是箭毒发作了，刘秀一坐下就晕了过去。一天，两天，三天……等到刘秀再次睁开眼睛的时候，已是兵败后第七天的夜里。这时刘秀浑身无力，腹中又饥又饿，他慢慢地活动了一下四肢，暗暗地说："先找点东西吃吧，邓雨他们一定会来找我的。"想到这儿，他忍着伤痛，爬出了窑门，向着不远处的几棵大树爬去。当他爬到那棵长着硕大树冠下的时候，他再也爬不动了，他仰面躺在树下，一边用手擦着额头上的汗水，一边大口喘着粗气。此时，正值五月中旬，一阵轻风吹过，那棵树上熟透的果实三三两两地滚落下来，猛然间，一棵落入刘秀口中，刘秀不知何物，想吐出来，可是已经晚了，那棵果实在刘秀的口中慢慢地融化，甜甜的，香香的感觉顿时传遍了刘秀的全身，刘秀随手一摸，又摸到几颗，放入口中………真是人间绝品。刘秀喜出望外，顾不得全身伤痛，借着明亮的月光在身边的草丛中找了起来，一颗、二颗、三颗……刘秀贪婪的找着，吃着，直到远处传阵阵的鸡叫声，刘秀才恋恋不舍爬回窑里。

就这样，刘秀白天在窑里避难，晚上出来捡些果实充饥，时间大约过了二十天，刘秀胸前的刀伤好了，腿上的箭毒肿痛也消了，身体已渐渐恢复了健康。正当他想出去寻找队伍的时候，他手下的大将邓羽也带人找到了这里，君臣见面之后，刘秀将此番经历说与众人听后，问邓羽："这棵树叫什么名字？"邓羽说："这棵树是桑树，它左边的那棵叫椿树，右边的那棵叫大青杨树，您吃的是桑树上结的果实，叫桑葚儿。"刘秀点了点头又问邓羽："这是什么地方？"邓羽回答道："此处正是前野场村，属于大兴县管辖。"刘秀感慨地说："原来如此，邓将军，替孤想着，一旦恢复汉室，孤定封此树为王。"

十年之后，刘秀果然推翻了王莽，做了皇帝。但封树一事却早已忘记，一日梦中，忽有一老者向刘秀讨封。刘秀醒来之后猛然想起当年之事，随即命太监带了圣旨去前野场封这棵桑树。谁知那太监到了桑林之后，被那夏日的桑林美景迷住，走走停停，直到黄昏才想到怀中的圣旨，可这时他忘了刘秀向他描述的那棵树的形状和名称，只是隐约记得有三棵树，树干笔直，果实香甜，当他找到那几棵树时，夕阳已经隐去，而此时的桑树果实已经采摘完了，只有椿树的果实正招摇地挂在枝头。那太监也不去细想，对着椿树便打开圣旨。读罢圣旨，那太监匆匆离去，封王的椿树高兴得手舞足蹈，那曾经救驾的桑树却被气得肚肠破裂，旁边那棵平时为自己的平庸而遭白眼的青杨却幸灾乐祸的将那硕大的叶子摇得哗哗作响。

这正是桑树救驾，椿树封王，气得桑树破肚肠，旁边笑坏了傻青杨。

三、拾葚异器

在古代的"二十四孝"中，其中第十四孝讲的就是"拾葚异器"。故事发生在汉代，主人翁是汝南人蔡顺，他少年丧父，家境贫寒。当时正值王莽之乱，又遭遇饥荒，蔡顺只好摘桑葚为充饥。一天，巧遇赤眉军，义军士兵厉声问道："为什么把红桑葚和黑桑葚分开装在两个篓子里？"蔡顺回答说："黑色的桑葚供老母食用，红色的桑葚留给自己吃。"赤眉军敬重他的孝心，送给他三斗白米，一头牛，让其回去供奉他的母亲，以示敬意。

猕 猴 桃

渭上秋雨过，北风何骚骚。

天晴诸山出，太白峰最高。

主人东溪老，两耳生长毫。

远近知百岁，子孙皆二毛。

中庭井阑上，一架猕猴桃。

石泉饭香粳，酒瓮开新槽。

爱兹田中趣，始悟世上劳。

我行有胜事，书此寄尔曹。

——《太白东溪张老舍即事，寄舍弟侄等》·唐·岑参

物种基源

猕猴桃（Actinidia chinensis），为猕猴桃科猕猴桃属多年生落叶木质蔓生藤本植物猕猴桃的果实，又名藤梨、羊桃、毛梨、连楚、鹅莓、奇异果等。我国是猕猴桃的故乡，《诗经·桧风》中就有记载："隰有苌楚，猗傩其枝"，这里苌楚就是猕猴桃的古称。到了唐代还称为"唐梨"。"中唐井栏上，一架猕猴桃"是唐代诗人岑参记述猕猴桃的诗句。说明我国在唐代中期以前猕猴桃就有庭院种植，可谓历史悠久了。现主产于河南、四川、福建、台湾、广东、广西等。因猕猴喜食而得名，有50多个品种。

生物成分

据测定，每100克可食猕猴桃，含水分83.4克，蛋白质0.8克，脂肪0.6克，碳水化合物11.9克，膳食纤维0.6克及胡萝卜素、硫胺素、视黄醇当量、尼克酸、维生素C、E，还含微量元素钙、镁、铁、锰、铜、磷、硒、猕猴桃碱、槲皮素、山奈醇、咖啡因，对香豆酸、春色花青素、春色飞燕草花青素等。

食材性能

1. 性味归经

猕猴桃，味甘，酸，性寒；归肾、胃经。

2. 医学经典

《本草纲目》："主暴渴，解烦热，压丹石，下石淋，调中气。"

3. 中医辨证

猕猴桃可清热止渴、通淋利尿、健脾止泻，适用于烦热消渴，黄疸、石淋、痔疮等症的食之助康复。

4. 现代研究

近十多年来，把猕猴桃的鲜果汁及鲜果广泛应用于临床，发现猕猴桃果汁中的维生素 C 对致癌物——亚硝胺的氨基合成有阻断作用，并有降血脂、清胆固醇和甘油三酯的作用，所以常食猕猴桃及其制品，对高血压、冠心病、癌症等疾病具有预防和辅助治疗作用。此外，研究还表明，猕猴桃可作为航海、航空、宇航员及高原、高温等工作人员的保健食品。

食用注意

（1）不可多食，多食令人脏寒泄，以免伤人阳气。
（2）脾胃虚寒、尿频、月经过多者应忌食。
（3）不可与动物肝脏、黄瓜、番茄同食。

传说故事

一、巧判命案

名气大的地方官，外地跨乡跨村都有人叫他调解。光绪年间，金竹镇奕溪村出了一场人命案，想不去报官来个私了，奕溪来人叫奕山朱梓荣去断案，朱梓荣义不容辞马上动身抄小路，过白岩坑到了奕溪，这段是山路，全程有三十华里，他一到，不与两家当事人接触，走访农户了解案情。原来双方为了一点鸡毛蒜皮的小事引起了一场斗殴，一方为了防卫失手一棍把对方打死了，两家人平时无冤，还比较要好，按大清立法一命抵一命，是基本的条款，死者一方不服，想去报官，朱梓荣通过走访串户作出了判断，这是一次过失犯法，有一半属于正当防卫，按大清法律不能抵命，只能用赔偿作抵罪，死者一户是一根独苗，对方有三个儿子，朱梓荣把打死人者的第三子判给死者一方，双方达成了协议，达到了两家和好圆满的结局。朱梓荣这次如果不去，死者一方请来律师，打死人的一方必死无疑。这次对朱梓荣非常感恩，敬献两百块大洋，朱分文不收。事过数月，冬天到了，对方了解到朱梓荣有爱吃甜食的习惯，送来了一担芹梨（猕猴桃），这通过米糠发酵又软又甜的芹梨送到了朱梓荣家，朱梓荣高兴得不得了，把一担梨的礼品全收了下来。

二、秦始皇不死之药

徐福渡海为秦始皇寻找不死药的传说，由来已久。日本方面有研究说，不死药名叫"千岁"，就出产在地处濑户内海的祝岛，更令人惊讶的是，它就是现在人工种植水果——猕猴桃。

徐福，在中国古籍中是一个头脑聪明、胆大心细的骗子，因为当过"方士"，大约还是个早期化学家。秦始皇完成了一统天下和建造长城的伟业，便开始憧憬不老不死的神奇。于是徐福在公元前 219 年来到秦王的宫廷，声称《山海经》上面记载的蓬莱、方丈、瀛洲三座仙岛就在东方海中，他愿意为秦王去那里取来不死之药。第一次东渡，徐福并没有带回长生之药，他告诉秦始皇，东方的确有神药，但是神仙要三千童男童女，各种人间礼物，同时，海上航行有鲸鱼拦路，他要强弓劲弩射退大鱼。秦始皇全盘答应条件，助他再次东渡。结果，徐福一去不复返，在东方"平原广泽之地"自立为王，再也不回来复命了。

根据考证，徐福并非传说人物，经考证他的故乡正是今天江苏省连云港郊外的徐阜村。

看到这里，不禁令人生疑，秦始皇何许人也？荆轲那样的职业刺客都死在他的手里，怎么会上徐福的大当？除非……除非他能让秦始皇相信东方真的有仙山，仙山上真的有不死药。

原来，秦始皇的老家，陕西秦岭一带就是野生猕猴桃的产地之一，这东西只怕皇上经常用它来开胃，难怪……难怪，徐福找到了"长生不死药"也不敢归国了。

柿　子

屈曲清溪十里长，净涵天影与秋光。

此行却在樊川尾，稻熟鱼肥柿子黄。

——《薄台》·宋·张舜民

物种基源

柿子，为柿科柿属落叶乔木柿树（Diospyros kaki）的果实。又名米果、猴枣、镇头迦等。我国是柿子的原产国，世界各地的柿子品种几乎都是起源于我国。有记载柿子的栽培已有3000多年的历史，"柿"字，最早见于《礼记·内则》篇。

柿子在我国上至朝廷，下至庶民，都十分看重。在柿占七绝即"一多寿，二多荫，三无鸟巢，四无虫蛀，五无霜叶可玩，六佳实可食，七落叶肥大可以临书"。在民间，旧年柿子充饥度荒年，对其多有颂词，如山西省蒲州永济县有民谣赞颂柿子"树青叶大开黄花，结得青柿轿顶大；妙手加工将粉擦，糖丝能拉一尺八；浓茶柿饼冲成水，色如金汤甜如蜜"。我国的柿子在1918年在巴拿马万国博览会上，柿饼荣获一等金盘奖。

生物成分

经测定，每100克可食鲜柿，含水分82.4克，蛋白质0.7克，脂肪0.1克，碳水化合物10.8克，膳食纤维3.1克及胡萝卜素、硫胺素、尼克酸、维生素B_1、B_2、C，还含有微量元素钙、镁、磷、铁、铜、碘和瓜氨酸、花白苷等。

食材性能

1. 性味归经

柿子，味甘，涩，性寒；归心、肺、大肠经。

2. 医学经典

《滇南本草图说》："润肺化痰，生津止渴，涩肠。"

3. 中医辨证

柿子，对肺痨咳嗽、消渴、各种痰核瘰疬有益，对于虚劳咯血、百日咳、水膨、气膨、黄疸、便血等也有一定的辅助疗效。

4. 现代研究

柿子所含多种营养、氨基酸、甘露醇等物质，能有效补充人体的养分及细胞内液，具有润肺、生津功效。有机酸和鞣质能帮助消化食物、增进食欲、收敛、涩肠止血，能促进血液中乙醇的氧化并排出体外，减少对机体的伤害，故能醒酒解醉（但不是与酒同食）；还能改善心血管功能，含碘丰富，可治疗缺碘引起的地方性甲状性肿大。

食用注意

（1）空腹不应食用。柿子中含有较多的单宁酸，空腹食用后可使肠壁收敛，导致厌食、腹胀不适等症状。柿子还含有较多的柿胶酚、胶质，这些成分和单宁遇到胃酸后会形成不溶性沉淀。若沉淀的颗粒小，可随粪便排出体外，若沉淀多，结成大块，不易排出，将会在胃里形成结石。空腹时胃酸浓度较高，食用比率较形成胃结石的比率高，饭后食用由于食物的存在，使胃酸与柿胶酚、单宁的浓度相对为低，一般不会形成结石。故柿子不宜空腹时食用。

（2）不宜和红薯同时食用。红薯的主要成分是淀粉，食后可产生大量的果酸，加重胃里的酸度。如果柿子与红薯同时食用，柿子在胃酸的作用下会产生沉淀，沉淀物积结在一起，形成不溶于水的结块，使人患胃结石症。故柿子与红薯不宜同时食用。

（3）不宜多食。如果食用柿子过多，特别是食用未成熟的柿子，容易产生胃石病。因为柿子含有较多的收敛剂，未成熟柿子含量更多，柿子食入后容易与胃酸结合凝固沉淀，凝聚成块状。少量食入，在食物的作用下而不产生凝固沉淀，部分凝聚物也容易排出，而多食常食则会使凝聚物增大，难以排出。故柿子不宜多食。

（4）服用铁剂时不宜食用。柿子所含的鞣酸成分可与铁剂结合在胃肠道中产生沉淀，不仅影响药物的吸收和降低药效，还会刺激胃肠道，引起胃部不适，甚至引起胃肠绞痛等症状。故服用铁剂时不宜食用柿子。

（5）食螃蟹或其他海味时不宜食用柿子。螃蟹与其他海味中的鱼、虾、藻类，含有丰富的蛋白质和钙等营养物质，如与含鞣酸较多的柿子同时食用，不仅会降低蛋白质的营养价值，还容易使海味中的钙质与聚酸结合成一种新的不易消化的物质，刺激肠胃，引起腹痛、呕吐、恶心等症状。《本草图经》说："凡食柿子不可与蟹同食，令人腹痛大泻。"故食螃蟹或其他海味时不宜食用柿子。

（6）饮酒时不宜食柿子。饮酒时食柿子，易成柿石，致肠道梗阻，且常因柿子能促进酒精的吸收引起醉酒，故饮酒时不可食用柿子。

传说故事

一、柿子园的传说

单县城东南有个柿子园村，村里村外尽是柿子树。传说这个村原来没有柿子树，村子也不叫柿子园。这是咋回事呢？

很早以前，这村上有家财主，千方百计地欺压穷人，闹得穷人缺衣少食。一天，一个小女孩在地里挖野菜，快饿昏了，忽听近处有说话的声音："小姑娘，不要怕，你饿了，等一会儿我结出果子给你吃。"小女孩左右一看，发现说话的原来是棵小树苗。她使劲咽了唾沫，眨巴着眼睛，惊奇地看着这棵会说话的小树苗。真怪啊，小树苗眼看着长，越长越高，一会儿长成了一棵柿子树，树上结满了黄里透红的鲜柿子。小姑娘尝了一个，香甜可口，好吃极了。她高兴地跑回村叫来很多穷人，大家一起吃个饱。

柿子树嘱咐大伙说："你们每天晚上来吃，白天我还变棵小树苗，可别叫财主知道了。"从此穷人得救了。

人们生活好了，但谁也忘不了柿子树的救命之恩，都争着在原来长小树苗的地方栽柿子树。几年工夫，长成了一大片柿子园。大家商量着，就把村名改叫柿子园村了。

二、柿子饼的来历

相传，明崇祯十七年（1644年），农民起义领袖李自成在西安建立了"大顺"政权以后，继续进军北京。起兵之时，关中正值灾荒之年，粮食缺乏，临潼老百姓用火晶柿子拌上面粉，烙成柿子面饼慰劳义军，很受义军将士称道。后来，为了纪念李自成及义军，每年柿子熟了，临潼百姓家家户户都要烙些柿面饼吃。天长日久，就演变成了今天的黄桂柿子饼，也叫水晶柿子饼。西安黄桂柿子饼，是用临潼区产的"火晶柿子"为原料制作成的。这种柿子的特点是：果皮、果肉橙红色或鲜红色，果实小，果粉多，无核，肉质致密，多汁，品质极好。西安柿子饼色泽金黄，饼面粘甜，黄桂芳香。

三、朱元璋与柿树

朱元璋为凤阳人氏，自幼家贫，乃至出家当了和尚，以募化为生。一日，因已两天粒米未进，饿得眼花头晕，手酸脚软，眼看就不行了。忽见一宅院角落里有棵老柿树，叶子都已飘落了，枝头缀满了大红柿子。求生的欲望助他平添了力气，赶过去攀枝摘果，匆匆果腹。十五年后，朱元璋已是一国之主，他亲率大军和陈友谅在皖南太平一带作战，获胜后，散步来到救命的老柿树下，向部下讲述了往昔的经历。随后，朱元璋便脱红袍披给老树，封老树为"凌霄侯"。为柿子树的一桩趣话，在当地广为流传。

四、唐玄宗题柿子叶诗画

唐朝有个叫郑虔的画家，穷得有时连练字的纸都买不起。有一次他听说慈恩寺的僧人每年都把寺内几棵柿子树的落叶收存起来，于是他每天索取一些柿叶练习字画，几年后，竟把满满数间屋子存积的柿子叶用光了，郑虔将自己做的一幅诗画献给了唐玄宗，玄宗皇帝看后拍案叫绝，挥毫在这幅诗画下边上了"郑虔三绝"（指的是诗、画、书法）四个大字。

榴 莲

何药能医肠九回，榴莲不似蜀当归。却簪征帽解戎衣。
泪下猿声巴峡里，眼荒鸥碛楚江涯。梦魂只傍故人飞。
——《浣溪沙》·近代·王质

物种基源

榴莲（Durio zibethinus），为木棉科常绿乔木植物榴莲树的成熟果实，又名流连、麝香猫果等。榴莲原产马来半岛，结出的果实很奇特，像个大皮球，表面长满了锋利的硬刺，黄色或黄绿色，宛如一个大刺猬。剥开它的果皮，里面嫩黄的果肉，甜如干奶酪，略带洋葱似的辛辣味，不爱吃榴莲的人感到它的味道不雅，所以，东南亚是不准将榴莲带进客机和客车上，或食用于公共场所的。但爱吃榴莲的人，说它似臭豆腐，闻起来臭，吃起来香。近几年来，我国才从东南亚引进榴莲，从上世纪在台湾、福建、海南和两广均有栽培，成为我国新果品食材中的一员。

生物成分

据测定，每100克可食榴莲，含水分83.8克，蛋白质0.8克，脂肪0.6克，碳水化合物

11.9 克，膳食纤维 0.9 克及胡萝卜素、维生素 B_1、B_2、B_6、C、E、生物素、叶酸和微量元素钙、铁、磷、钾、钠、铜、镁、锌、硒等。榴莲可生吃或者做成榴莲酥、榴莲薄饼等。

食材性能

1. 性味归经

榴莲，味甘，性热；归脾、胃经。

2. 医学经典

《福建中药》："健脾，补肾，益气。"

3. 中医辨证

榴莲，可健脾补气、补肾壮阳、温补身体。有益于身体虚弱、气血虚弱，适合产妇产后、体虚等症时食用（温热后食用）。

4. 现代研究

榴莲，有一种不雅的气味，正是这种不雅气味，有开胃、促进食欲的功效，其中的膳食纤维还能促进肠蠕动。

食用注意

（1）榴莲性质热滞，凡是热性体质者，阴虚体质、糖尿病患者、喉痛咳嗽者、感冒者一般不宜食用榴莲。

（2）不可食量过多，会因热而流鼻血。

（3）榴莲不可与酒同时食用，因两者皆是热性食材，同食对身体无益，特别是热性体质者。

（4）在公共场所，特别是人多广众时不宜食榴莲，防有人嫌气味不雅。

传说故事

一、郑和与榴莲

明朝三宝太监郑和率船队三下南洋，由于出海时间太长，许多船员都归心似箭。有一天，郑和在岸上发现一堆奇果，他拾得数个同大伙一起品尝，岂料多数船员称赞不已，竟把思家的念头一时淡化了。有人问郑和："这种果叫什么名字?"，他随口答道："流连。"以后人们将谐音"流连"转化为"榴莲"。

二、榴莲的由来

很久以前，有一位长相十分丑陋的国王，而他的王后长得却是十分的美丽迷人。

国王拥有一切，但是他却得不到王后的爱，这让国王十分烦恼。有人告诉国王，有位仙人可以帮助他实现自己的心愿。国王得知后就立刻命人带他去见仙人，仙人看看国王说："我要白皙牛的奶，恐龙的蛋，还有宓花的蜜。等你拿到这三样东西时再来找我。"

国王回宫后就分派臣民去取白皙牛的奶，派将士去取恐龙的蛋。由于国王亲政爱民，所以他很快就得到了前两样东西。但是，第三样宓花被花仙采去戴在了头上，而花仙是位易怒的人，这可急坏了国王。夜晚，善良的风仙子见国王辗转难眠，就帮助了国王，趁花仙熟睡时取了那朵宓花。

国王终于可以带齐三样东西去见仙人了。仙人看到国王找到了那三样东西，就施法把白皙牛的奶和宓花的蜜贮入恐龙蛋中，接着，仙人把蛋交给国王并对他说："你回去把它埋在院子里，等它长成大树结出果实，你只要摘下一颗拿去给王后吃下，她就会爱上你了。不过，等你举国欢庆时记得要邀请我去！"国王高兴地答应了仙人，带着恐龙蛋回国了。

国王把蛋埋下的第二天，它就长成了一棵参天大树，结出了许多果实。国王取下一颗送给了他的王后，果实的外表十分光滑，切开后里面白色的果肉散发出诱人的香气。王后吃下果实后，奇迹发生了，王后立刻爱上了国王，国王高兴得大摆筵席。

当人们沉浸在欢乐中品尝果实时，仙人在远处愤怒地向王城看去，国王忘记了他的承诺。

就这样，仙人施法了，刹那间，漂亮果实的外表长满了刺，而且果肉里还散发着阵阵恶臭，但吃到嘴里的味道仍然是很好的。后来，人们就称它为"榴莲"。

芒 果

> 颜黄形如心，满屋倾飘香。
> 典雅果余味，钟意言所爱。
> 芒果香暧昧，独爱此滋味。
> 深醉不归路，幻来多几回。
> 飘零凌乱美，窥看靓人睡。
> 往事如风儿，渐行渐远去。
> 空待忆人陪，拂过流逝泪。
> 独嗅弥漫香，终究芒果味。
>
> ——《芒果香》·现代·丁咏

物种基源

芒果，为漆树科芒果属常绿乔木植物芒果树（Mangifera indica）的成熟果实，又名庵罗果、檬果、蜜望子、香盖。芒果原产印度，品种多达千种以上，是由野生芒果训化而来，至今印度旁遮普邦昌迪加尔地区还有大片野生芒果林，其中有一棵野芒果树，株高 30 多米，树干直径达 3.5 米，树冠 2500 平方米，每年可产鲜芒果 9000 千克，树龄在 2000 年以上，在当地被称为"芒果树祖先"。芒果传入我国时间为 6 世纪中叶，已有 1000 多年的历史。我国广东、海南、福建、台湾、两广地区及云南均有产出。《广交录》上说"蜜望其花，人望其果"，说明蜜蜂喜欢芒果的花，人喜食芒果。

生物成分

据测定，每 100 克可食芒果，含水分 85.2 克，蛋白质 0.6 克，脂肪 0.3 克，碳水化合物 13.1 克，膳食纤维 0.4 克及胡萝卜素、维生素 A、B₁、B₂、C 等，还含微量元素钙、磷、铁、钾及芒果酮酸等。特别值得一提的是：芒果的维生素 A 居水果之冠，除鲜食外，芒果还可以加工成果汁、果酱、蜜饯、果干等。

食材性能

1. 性味归经

芒果，味甘，酸，性凉；归肺、脾、胃经。

2. 医学经典

《本草纲目拾遗》："凡渡海者，食之不呕浪，能益胃气，利妇人经脉不通。"

3. 中医辨证

芒果，益胃止呕、解渴利尿。适用于口渴、咽干、胃气虚弱、眩晕呕逆等症食之助康复。

4. 现代研究

芒果中的黄酮类物质中含有类似动物性缴素的成分，对女性更年期症状的缓解有一定的作用。所含膳食纤维可帮助维持通便正常，并预防结肠和直肠癌。末熟透的芒果汁有抑制化脓球菌，大肠杆菌的功能。

食用注意

（1）芒果不宜一次吃得过多，临床有过量食用芒果引致肾炎的报道。
（2）不宜与大蒜等辛辣食物同吃，否则导致黄疸。
（3）芒果不利肾脏，患有急性或慢性肾炎的病人应忌吃芒果。

传说故事

一、爱神与芒果

传说有个英俊而勇敢的阿姆拉普里王子，爱上一个叫阿拉帕里的聪明而美丽的仙女。他俩的爱情如胶似漆，如糖似蜜，但却遭到"众山之神"的妒忌，派遣战将捉拿王子和仙女。英勇善战的王子虽然战败了无数兵丁，但却无法抵挡住压来的巨大山石。阿拉帕里的下肢被巨石压住了，王子竭尽全力用双臂撑开大山，保护着心爱的阿拉帕里，但他们始终没有能够解脱出来。最后，阿拉帕里仙女变成了一株芒果树，用巨大的枝丫帮助王子撑开两山夹壁，迎着太阳绽开了鲜艳的生命之花，结出的芒果花果艳丽，气味芳香。春天，从芒果的嫩枝上抽出长长的花柄，圆锥花序上密密层层生长着无数淡绿色有五片花瓣的小花。浓郁的花香潦人心。印度人民崇敬的爱神——卡摩欲纳，他使用的五镞象征着芒果的五片小花瓣，箭杆象征着芒果的花柄。

二、为了吃芒果卖妻子

泰国有一芒果品种叫"婆罗门·开米亚"。把这泰语翻译过来为"卖老婆的婆罗门"。传说有一叫婆罗门的人，为了能吃到这种非同一般的芒果，居然将妻子卖掉了，足见芒果之鲜美是何等诱人了。

三、唐玄奘与芒果

芒果树为高大乔木，叶大枝粗，为夏日乘凉的极好去处，其果在印度称为"神果"，被选作百果之王。相传，印度一个虔诚的信徒，总想为佛主贡献点什么，他看中了芒果树下的浓荫，特把他家中的芒果树奉献给释迦牟尼，让他夏日在树下憩息。印度至今流传着用芒果叶、花、果作图案装饰寺庙的习俗。

唐贞观三至十九年，即公元629—645年间，唐朝高僧玄奘往印度取经，佛主特意送给唐僧芒果树种，带回中国种植。由于引种移植不易，又很稀少，故人们就把它称作"望果"，即可望而不可即果之意。

鲜 龙 眼

幽株旁挺绿婆娑，啄哂虽微奈美何。

香剖蜜脾知韵胜，价轻鱼目为生多。

左思赋咏名初出，玉局揄扬论岂颇。

地极海南秋更暑，登盘犹足洗沈疴。

——《龙眼》·宋·刘子翚

物种基源

鲜龙眼，为无患子科龙眼属植物龙眼树（Euphoria longan〔Dimo-carpus longan〕）的鲜假种皮，又名益智、骊珠、龙目、比目、圆目、圆眼、蜜脾、秀水团、燕卵、海珠丛、木弹、川弹子、桂圆、荔枝奴、桂圆、桂元。

龙眼的品系、品种相当复杂，以果实的大小可分为大果、中果、小果；按果壳的颜色不同可分为黄壳、花壳、青壳；从果肉的汁多汁少又可分为砂肉、水肉；还有以产地命名的，以果实成熟的时令命名的。据有关资料说，我国有 300 多个不同的龙眼品种，最为著名的优良品种有福建的乌龙岭、普明庵、油潭本、青壳本、秋分本及广东的蛇皮、早禾、四川的八月鲜、台湾的湖底桂圆等。它们都具有果大、皮薄、核小、肉厚、清甜、爽脆的特点。

龙眼原产于我国南方，据记载，在我国已有 2000 多年的栽培历史，主要产地为福建、广东、广西、台湾、四川。

生物成分

据测定，每 100 克可食鲜龙眼，含水分 78.4～84.7 克，还原糖 3.85～10.16 克，蛋白质 1.2～1.4 克，脂肪 0.1 克，碳水化合物 16.2～13.3 克及腺嘌呤、胆碱、有机酸、维生素 B_1、B_2、C 等，尤其是含铁、钙丰富，每 100 克中含磷 11 毫克，钙 30 毫克。

食材性能

1. 性味归经

鲜龙眼，味甘，性温；归心、脾、胃经。

2. 医学经典

《神农本草经》："补心脾，益气血。"

3. 中医辨证

鲜龙眼，可养脾胃、葆心血、润五脏，有助于驱除五脏邪气，对厌食、安志、益志、宁心有很好的食疗效果。

4. 现代研究

国内有学者发表过龙眼抗衰老的有关论文，提出龙眼将成为不可多得的抗衰老食品。许多国家经过对数百种天然食物，药物进行抗癌研究，发现龙眼对子宫癌细胞的抑制率超过 90%，这引起医学界的关注。妇女更年期是妇科肿瘤好发的阶段，适当吃些龙眼有利于健康。龙眼有补益作用，对病后、产后（温热后食用），需要调养及体质虚弱的人有辅助疗效。

食用注意

（1）鲜龙眼易生内热，少年和体壮者少食为宜。

（2）有大便干燥、小便赤黄、口干舌燥、阴虚内热者不宜食用。

（3）舌苔厚腻、消化不良、食欲不振者也应少食鲜龙眼。

（4）感冒初起最好不食龙眼。

传说故事

善龙献眼的传说

从前，有一个人，结识了一条善龙。后来街上贴出皇榜，招寻龙眼为皇后治疗眼病。此人去找善龙，善龙就把自己的一只眼睛挖下来给他。此人把龙眼献给皇帝，皇帝大喜，赏其金银若干，说你若把另一只龙眼也搞来，我就让你做大官。于是此人又去找善龙，善龙说不行，一只眼可以给你，两只眼都没了，我怎么行云布雨呢？此人便趁善龙不注意，掏出刀子就朝善龙眼上猛刺，善龙疼而大怒，张口将此人叼起，摔了个一命呜呼，那只龙眼掉到地上，变成了龙眼树，结出龙眼样的果实，从此，大地上就有了龙眼果。

葡 萄

奉君金卮之美酒，玳瑁玉匣之雕琴。

七彩芙蓉之羽帐，九华蒲萄之锦衾。

红颜零落岁将暮，寒光宛转时欲沉。

愿君裁悲且减思，听我抵节行路吟。

不见柏梁铜雀上，宁闻古时清吹音。

——《拟行路难》·南北朝·鲍照

物种基源

葡萄，为葡萄科葡萄属落叶木质藤本植物葡萄树（Vitis vinifera）的果实，又名莆桃、草龙珠、菩提子、山葫芦等。葡萄最早起源于黑海和地中海沿岸，大约在2000年前，人类就开始在高加索、中亚细亚等地进行人工栽培葡萄。古希腊的神话中，葡萄是"植物之神"，狄奥萨斯赐给人类的礼物。考古学家在2500万年前的古埃及古墓中发现了绘有葡萄和醉酒的壁画，我国葡萄种植也有2000多年的历史，是张骞出使西域带回。葡萄种类很多，从颜色分，白色如水晶白玉，红色如珊瑚玛瑙，紫色如颗颗珍珠，黄色宛若琥珀，绿色似碧玉翡翠。从内在质量分有籽葡萄和无籽葡萄之分，从口味和甜度分，可分为甜葡萄和酸葡萄两种，我国大多省市区有葡萄栽培，但产量和质量以新疆为最。

生物成分

据测定，每100克可食葡萄，含水分88克，蛋白质0.2克，脂肪0.01克，碳水化合物10克，膳食纤维1.6克，胡萝卜素、尼克酸硫胺素、维生素A、B_1、B_2、C及微量元素钾、钙、锌、镁、锰，还含苹果酸、枸橼酸、果酸、苷类、草柔质、矢车菊素、芍药素，飞燕草索、魏牵牛素、锦葵花素等。葡萄除鲜食外，亦可加工成果酒、葡萄干、葡萄汁等食用。

食材性能

1. 性味归经

葡萄，味甘，酸，性平；归脾、肺、肾经。

2. 医学经典

《千金要方》："主筋骨湿痹，益气，倍力，强志，令人肥健，耐饥，忍风寒。"

3. 中医辨证

葡萄，可滋阴生津、补益气血、强筋骨、通淋，适宜于热病伤阴、肝肾阴虚、腰腿酸软、神疲、风湿痹痛、小便不利、淋病、浮肿等症。

4. 现代研究

葡萄含葡萄糖及多种维生素，对保护肝脏、减轻腹水和下肢浮肿的效果明显，还能提高血浆白蛋白，降低转氨酶，对大脑神经有兴奋作用，对肝炎伴有神经衰弱和疲惫症状有改善效果，果酸还能帮助消化，能与细菌、病毒中的蛋白质结合，能使它们失去致病能力。

食用注意

（1）服螺内酯、氨苯蝶啶和补钾药时不宜食用。服用螺内酯、氨苯蝶啶和补钾药时食用含钾量高的食品，容易引起高钾血症，出现胃肠痉挛、腹胀、腹泻及心律失常等症状，葡萄为含钾量高的食物，故服螺内酯等药物时不应食用。

（2）服磺胺类药物和碳酸氢钠时不宜食用。服磺胺类药物和碳酸氢钠时食用酸性水果或食物可使磺胺类药物在泌尿系统形成结晶而损害肾脏，碳酸氢钠的药效降低。葡萄为酸性较浓的水果，故服磺胺类药物和碳酸氢钠时不宜食用。

（3）不应和海味同时食用。海味食物如鱼等，含有丰富的蛋白质和营养物质，若与含果酸较多的葡萄同时食用，不仅会降低蛋白质的营养价值，且容易使海味中的钙质和果酸结合成新的不易消化的物质，刺激胃肠道，出现腹痛、恶心、呕吐等症状，故葡萄不应与海味食物同时食用。

（4）不宜与萝卜同时食用。萝卜与富含大量植物色素的葡萄一起食用，食用后经胃肠道的消化分解，可产生抑制甲状腺作用的物质，诱发甲状腺肿大，故葡萄不宜与萝卜同时食用。

（5）不宜多食，多食生内热。

传说故事

一、汉武帝为葡萄发兵

相传，当年张骞从西域回长安，向汉武帝报告了大宛国盛产葡萄和葡萄酒，武帝大喜。马上遣史臣前去讨要，因大宛国对汉朝不甚了解，不但未答应，还杀了汉朝的史臣。消息传到长安，武帝勃然大怒，当天就派大将军李广利出征伐宛。经过一场血战，终于把大宛葡萄带回汉宫。从此，大宛葡萄便在我国扎根落户。唐代诗人李颀的《古从军行》记载了这一历史事件："年年战骨埋荒外，空见葡萄入汉家。"历经数年的浴血奋战，所得到的当然不仅是葡萄。

二、吐鲁番葡萄的来历

当年唐僧师徒自印度取经回来，途经火焰山时，时值盛夏，骄阳当空，走得口干舌燥，正在无可奈何的时候，忽然发现了一条林木葱茏，溪水潺潺的山谷。师徒们便席地而坐，歇脚纳凉，饮着泉水，吃着从大宛国带来的葡萄。他们撒下的葡萄籽，后来就发芽生根，开花结果了，这便是吐鲁番葡萄沟的来历。

酸　角

酸角产黔地，果期凌早寒。

树繁碧玉叶，挂果黄金角。

平原何不生，唯此独有叹。

——《罗望子》·清·邵琪

物种基源

酸角，为豆科罗望子属常绿乔木酸豆（Tamarindus indica）的果实，又名酸梅、旧误称"罗望子"、"罗晃子"、酸饺、酸豆、通血香、九层皮果、酸胶、曼姆、田望籽。

荚果圆柱状长圆形，肿胀，未熟时柔软，绿色，老时成棕褐色，其品种大致可分为酸、甜两类，是因果实的糖酸比不同而引起的。酸角，罗望子属只此一种，原产于非洲东部和亚洲的热带地区。我国南方各省（区）广泛分布，如台湾、海南、福建、广东、广西、四川、云南、贵州等地。

生物成分

据测定，每 100 克可食酸角，含水分 63％～68％，固体部分含蛋白质 1％～3％，脂肪 0.3％～0.7％，总糖 22％～30％，酸类 10％～13％，纤维素 2.0％～3.4％，果胶 2.1％～3.4％，灰分 1.2％～1.6％。

糖类的 40％是还原糖，主要是葡萄糖，其次是甘露糖、麦芽糖和阿拉伯糖。酸类中主要是右旋酒石酸，未成熟果中酒石酸含量可达 16％以上，还有 2％左右的酸是苹果酸以及琥珀酸、柠檬酸、乳酸、草酸、奎宁酸、烟酸、氨基酸和一些不饱和酸。游离氨基酸中含丝氨酸、β-丙酸氨基酸、脯氨酸、苯丙氨酸、亮氨酸等。其果胶的成分与苹果果胶相似，由 D-半乳糖，L-阿拉伯糖和 D-半乳糖醛酸组成。灰分中约 45％～49％是钾，其他还有钙、磷、钠、硅等。

除糖酸含量高外，还具有令人愉快的香味。用气相层析——质谱仪检测出 61 种挥发性成分，包括 α-乙酰呋喃、乙烯醇、乙醇、α-苯乙醇、苯乙醛、苯甲醛、萜品醇、牛儿醛、黄樟素等。

食材性能

1. 性味归经

酸角，味甘，酸，性凉；归脾、胃经。

2. 医学经典

《本草纲目拾遗》："清热解暑，生津止渴，消食化积。"

3. 中医辨证

酸角，味甘，性凉，有益于暑热伤津、心烦不安、口渴咽干、食欲缺乏、消化不良、饮酒过度等症的食疗助康复。

4. 现代研究

酸角，果肉具有轻泻作用，可能因含有大量酒石酸之故（煮熟后此作用消失）。对预防中暑、饮食不振、妊娠呕吐、便秘、小儿疳积等症的辅助食疗效果佳。

食用注意

脾胃虚寒引起的腹泻、久泻者慎食酸角。

传说故事

何仙姑与酸角

何仙姑是有名的"药仙"，民间流传有药农向何仙姑请教识草药、吃酸角、骑草马的故事。

传说一个罗浮山的药农，在山中采了几十年的草药，但是在满山遍野的草药中，他只认识十分之一、二。听说何仙姑住在山上的桃源洞里，药农便翻山越岭，爬到峭壁上一个离地面四五十丈高的山洞中。何仙姑果然在里面和一个道人在下棋。药农耐心地等到日落西山。两位神仙下完棋后，何仙姑才带他出洞，教他辨认各种奇花异草，最后药农饿了，就教药农摘酸角吃，最后，又将草药结成马，用草马送药农回家。后来药农将从何仙姑那里学到的草药知识传授后人，从此，罗浮山上才有千百种叫得出名字的草药，打那时起才知道酸角能吃。

桃　子

禁苑春晖丽，花蹊绮树妆。

缀条深浅色，点露参差光。

向日分千笑，迎风共一香。

如何仙岭侧，独秀隐遥芳。

——《咏桃》·唐·李世民

物种基源

桃子，为蔷薇科李属落叶小乔木桃树（Prunus persica）的成熟果实。又名桃实、毛桃、蜜桃、白桃、红桃。素有"仙桃"，"圣桃"、"寿桃"之称。我国是桃子的故乡。有4000多年的栽培历史。在河南殷商遗址中曾挖掘到桃核。《诗经·周南》中有"桃之夭夭，灼灼其华。桃之夭夭，有蕡其实……"赞美桃之美艳。全世界，桃品种有3000多个。我国的桃子的品种达1000多，在市场销售的食用桃达70多个，春夏秋冬四季均有应时佳桃。大多为水蜜桃系列，如湖南的四月白，北京的"五月鲜"，山西的"九月菊"，陕西的"十月蜜"，连云港十一月"冬桃"，河北的"雪桃"十二月收获。食用桃可分为离核桃，粘核桃和光桃、毛桃；观赏桃又可分为绿或紫，花瓣的单或复。桃的大家族中，从美国引进的油桃，填补了我国的品种不足。

生物成分

经测定，每100克可食桃子，含水分87.5克，蛋白质0.8克，脂肪0.1克，碳水化合物12.2克，膳食纤维4.1克及胡萝卜素、尼克酸、维生素B_1、B_2、C和微量元素钾、钠、钙、磷、铁等。

食材性能

1. 性味归经

桃子，味甘，酸，性温；归肺、肝、大肠经。

2. 医学经典

《大明本草》："润肠，活血，消积。"

3. 中医辨证

桃子，为五果之一，为人肺之果，肺病宜食之，并有行瘀通便、补中益气、生津止渴之功效。

4. 现代研究

高血压患者，若每早晚吃一个剥皮鲜桃，对血压平衡有益，缺铁性贫血及缺铁患者常食鲜桃有一定的治疗作用，另桃子对于妇女闭经、跌打损伤等有辅助食疗效果。

食用注意

（1）食用鳖肉及服中药白术时不宜食用。《日用本草》说："桃与鳖肉同食，患心痛，服术人忌之。"故食用鳖肉及服中药白术时不宜食桃子。

（2）服退热净、阿司匹林、布洛芬时不宜食用。服用退热净、阿司匹林、布洛芬时忌食含糖多的食物，因退热净等与含糖多的食品同食可形成复合体，减缓服药期的吸收速度。

（3）服用糖皮质激素时不应食用。服用糖皮质激素时忌食含糖量高的食物，因糖皮质激素有加强糖原异生、抑制糖分解、迅速升高血糖的作用，食用含糖量高的食物，容易诱发糖尿病，桃子含糖量甚高，故服糖皮质激素时不宜食用。

传说故事

一、桃符

桃还与民俗相关，古称桃为五木之精的仙品。相传东海度朔山的大桃树下，有神荼与郁垒二神，能吞食百魔，故农历正月初一，在桃木板上画二神挂门前，称之为辟邪的桃符，后人演变为春联。古代还以桃林象征太平盛世，这个印象的形成，出自百姓厌恶战乱求太平的愿望。

二、唐伯虎画《蟠桃献寿》

相传，有个富翁为了老母祝寿，特地把能诗善画的唐伯虎请来作画题诗助兴。唐伯虎绘就《蟠桃献寿》后，便研墨题诗。第一句竟然是"府上老妇不是人"，顿使举座失色。他不慌不忙，又题写了第二句："好像南海观世音"。人们才转怒为喜，刚要赞许，却见他又写了第三句："生个儿子是个贼"，众人吓得面如土色，富翁火气攻心，正待发作，唐伯虎笔锋轻轻一转："偷得蟠桃献星魁。"众人这时才改颜赞叹。

三、西王母送桃汉武帝

《汉武故事》描述武帝好神仙之术，为求长生不老而勤于祭拜。某日有使者告之，七月七日西王母将驾临，武帝大悦，即命该日设坛焚香、挂九华灯以待。是夜，西王母乘云下降，即带来了七个桃子，五个给了武帝，两个自己吃了，又告诉武帝说，此桃三千年才结一次果，而且人间还无法栽种。这当然是神话故事。

四、无锡水蜜桃

传说，当年孙悟空大闹天宫时，在瑶池仙宫的御花园中，偷了王母娘娘的蟠桃，在返回花果山时，有两粒桃核掉在太湖边的向阳地区。桃核受到太湖水气的孕育，慢慢地生根、发芽、开花、结果。山脚下的白发老翁吃了这桃子，一夜之间换了容颜，白发变黑了，胡须也变乌了。消息传开后，大家争先恐后取种栽桃。就这样，水蜜桃在太湖之滨兴盛起来。其实，无锡水蜜桃早先脱胎于浙江奉化水蜜桃，所以自能在无锡一带生长发展，与太湖地区的优越自然条件有关。

五、最古老的桃树

我国目前发现最古老的桃树是战国时期的一棵山桃。这棵山桃生长在云南省德钦县奔子栏乡，树高11米，胸径1.6米。树干在距离地面两米处分为两杈，树冠占地147平方米，基部已成中空。据中空部胸高处年轮计算，树龄为2450年。目前这棵古桃树仍然枝叶繁茂，每年可结果600~700斤。

杨　梅

玉盘杨梅为君设，吴盐如花酷白雪。
持盐把酒但饮之，莫学夷齐事高洁。

——《梁园吟》·唐·李白

物种基源

杨梅，为杨梅科杨梅属常绿乔木杨梅树（Myrica rubra）的成熟果实，又名龙睛、执子、烟花果、珠梅、圣僧、梅花果等。我国是杨梅的故乡，杨梅是传统的特产，据浙江省博物馆的两次科学测定，余姚河姆渡古文化遗址挖掘的杨梅的果实化石，证明了中华民族早在新石器时代就食野生杨梅了。也就是说浙江余姚地区在7000多年前就有杨梅树生存了。在陆贾的《南越记行》中及嵇含的《南方草木状》有杨梅的记述。杨梅是长寿树种，坐果期可达100多年。依据其果实成熟时的颜色，可分为四个种群：一种果实为白色或近于白色的称水晶杨梅；一种果实为红色的称荔枝梅；一种果实是粉红或淡红色的称为糖酸杨梅；还有一种其果实成熟前为红色，成熟后为浓紫色或紫黑色的，称之为乌杨梅。一般红的比白的好，紫的比红的好。依其品种的不同，果实突起的刺也有尖、团之分。尖刺的多为红色，品质稍差，团刺的多为紫色杨梅，味道极好。白色的杨梅熟透时白如冰糖，亦为佳品，但其数量较少。

杨梅多产长江以南，如江苏太湖、浙江余姚、福建长乐、广东潮阳、广西平乐、湖南武冈等地的杨梅均很有名气。

生物成分

据测定，每100克可食杨梅，含水分92克，蛋白质0.8克，脂肪0.2克，碳水化合物5.7克，膳食纤维1克，还含胡萝卜素、硫胺素、尼克酸、维生素及微量元素钙、磷、铁、镁、锌、硒等，尚有柠檬酸、苹果酸、草酸、乳酸、花色素、单葡萄糖苷和少量双葡萄糖苷。杨梅除鲜食外，可加工成盐渍杨梅、桂皮汁、梅脯、梅酱、蜜饯等。

食材性能

1. 性味归经

杨梅，酸，性温；归肺、胃经。

2. 医学经典

《食疗本草》："生津解渴，和胃消食。"

3. 中医辨证

杨梅，有生津止渴、和五脏、涤肠胃、解痧、消除疲劳及除烦愤恶气的功效，用于除湿、御寒、消暑、止泻、保平安。

4. 现代研究

杨梅，果实生津和胃、止呕醒酒，果核治脚气，根可止血理气，治跌打损伤、跌打疼痛等。现代研究还证实，杨梅对大肠杆菌、痢疾丁菌等细菌有抑制作用，并有消炎收敛的功能。另外，还发现杨梅含有抗癌物质，对减缓肿瘤痛苦有辅助作用。

食用注意

（1）服用维生素 K 时不宜食用。食物中的维生素 C 可使维生素 K 分解破坏。本品含有丰富的维生素 C，服维生素 K 时可使药效明显减低。

（2）不宜和牛奶同时食用。杨梅富含果酸，与牛奶同时食用，果酸会使牛奶中的蛋白质凝固变性，影响消化吸收，使营养成分降低。

（3）不宜和萝卜同时食用。萝卜与含大量植物色素的杨梅一起食用，经胃肠道消化分解，可产生抑制甲状腺作用的物质，从而诱发甲状腺肿，故杨梅不宜和萝卜同时食用。

（4）不宜和黄瓜一起食用，富含维生素 C 的果蔬不宜和黄瓜同时食用。因黄瓜含维生素 C 分解酶，可破坏水果蔬菜中的维生素 C，使营养价值降低。

（5）不宜和大葱同时食用，杨梅畏大葱，同时食用有一定的不良反应，故不宜同食。

（6）服磺胺类药时不宜食用。

传说故事

一、西施与杨梅

相传 2000 多年前，江南各地人烟稀少，土地荒芜。越国大夫范蠡帮助越王勾践打败吴国后，决定隐居山野，永不为政。在勾践一次大摆庆功筵席上，范蠡带着西施悄悄离开了都城。他们遇河搭桥，逢山觅路，不久来到会稽山中。范蠡觉得此地虽然渺无人烟，但山上有果木，山下有清泉，是个安身的好地方。于是他们就伐木为梁，割茅为瓦，住了下来。初到山野，他俩来不及开垦种植，只得上山采摘野果充饥。由于当时正值夏至，山上虽有满山野果伸手可得，可惜这些野果酸得掉牙，涩得麻舌。西施吃得皱眉捧心，苦不堪言，而范蠡则心痛如焚。可怜这位满腹经纶名闻天下的大夫，有计谋可退敌，却苦苦思索也无法改变野果酸涩之味。无奈之下，他发疯似的摇着一棵棵果树，直摇得满手是血。这时西施闻声上山，看到范蠡手上殷红的鲜血往下滴，心疼得失声痛哭，泪珠滴在被鲜血泪染红的果实上。可能是范蠡的虔诚感动了上苍，这时，染血的野果一下子变得水灵灵了。当西施把它放进嘴里时，已是香甜可口。于是，他们把吃剩的残核种在地里，世世代代传了下来，变成了现在的杨梅。

二、杨贵妃与杨梅

据说唐代杨贵妃爱吃鲜杨梅，于是唐明皇责令南方官员快马加鞭进贡。原来后宫妃子都爱吃杨梅，只因杨梅这种水果十分娇贵，最好是当天采摘当天食用，送到宫廷来的只能是杨梅酒了。唐明皇两个爱吃鲜果的杨贵妃和梅贵妃，只能是望杨梅酒而兴叹了。当然，酒中的杨梅也是味道极佳，很受杨、梅两位贵妃娘娘的称道。杨贵妃曾把这种味道告诉了他的兄弟。至末代，杨姓的后代因北方战乱来到余姚，在现在的丈亭梅溪杨家岙定居了下来，同时也把杨梅栽在这里的山上。千百年来，杨姓族人生长繁衍，至今在杨家岙已成了最大姓氏。因为这一带的山岭盛产杨梅，所以人们把山下溪道称作"梅溪"。新中国成立后群众在岭北建造一座水库，将"梅溪"截留后变成了人工湖，因此取名为梅湖水库。

青 梅

瑞兽香云轻袅，华堂绣幕低垂。

人生七十尚为稀。况是钓璜新岁。

登俎青梅的皪，明阑红药芳菲。

天教眉寿过期颐。常对风光沈醉。

——《西江月》·宋·葛胜仲

物种基源

青梅，为蔷薇科李属落叶小乔木梅树（Prunus mume）的未成熟或成熟的果实。又名果梅、酸梅、梅子。是我国特有的果树品种之一，从《尚书》《礼记》等古籍记载，3000多年前就开始栽培利用。梅的品种很多，据陈俊愉教授的《中国梅花》一书所载中国梅的品种有323种。通常食用梅按果色泽分成白梅、青梅、花梅三个类别。白梅，其果实未熟及将熟时均为青色，到完全成熟时虽带青黄色，但绝对不会变为黄白色，这是它与"白梅"的区别点。花梅又称"红梅"，其果实未熟时青色，向阳面有红晕，完全成熟时红晕加深，有时果面三分之二变为紫色。梅树龄可达1500年，多分在长江以南各地，长江以北和黄河以南亦有零星分布。

生物成分

据测定，每100克可食干梅实，含水分20克，蛋白质1.2克，脂肪0.6克，碳水化合物77.4克，膳食纤维2.9克及胡萝卜素、维生素B_2、C、E，还含尼克酸及微量元素钙、钠、镁、锌、硒、铜、锰等，还富含枸橼酸、苹果酸、琥珀酸、酒石酸、谷甾醇及齐墩果酸等物质，除生食之外，可加工梅实果脯和蜜饯，制成青梅酒。

食材性能

1. 性味归经

青梅，味酸，性温；归肝、肺、脾、大肠经。

2. 医学经典

《千金要方》："清热除烦，止渴，促进消化，驱虫，止痢，祛腐生肌。"

3. 中医辨证

青梅，可用于肺虚久咳、虚热烦咳、久泻、便尿血，蛔蹶腹痛、收敛肺气、涩肠止泻、生津止渴、安蛔阻出。

4. 现代研究

青梅中的儿茶酸能促进肠胃的蠕动，并调理肠胃，对便秘有显著效果，所含丙酮和齐墩果酸等活性物质，对肝脏有保护作用，增强人体解食毒、水毒、血毒的能力，并能促进唾液腺，分泌更多的腮腺素，腮腺素是人体的"返老还童素"，是抗衰老元素之一，是净血、解毒、杀菌，保持人体健康的"三大要素"，青梅皆有，故称梅是集"医疗、养生、保健"于一体的上等佳果。

食用注意

溃疡病及胃酸过多的人忌食青梅。

传说故事

一、梅妻鹤子

宋代有一位爱梅如痴的文人林逋，一生不愿做官，20 年间足迹未到城市，终身未娶、无后，唯种梅养鹤以自娱。人称"梅妻鹤子"。他在《山园小梅》中的诗句："疏影横斜水清浅，暗香浮动月黄昏。"是为千古咏梅的绝唱，历来被人们认为最得梅花神韵的。古称梅有四贵："贵稀不贵密，贵老不贵嫩，贵瘦不贵肥，贵含不贵开。"

二、曹操与青梅煮酒

东汉末年，鄢陵县姚家村居住着一位姚叟翁，他有两手绝技，一是养花，二是酿酒。其所酿"青梅酒"，采用甘冽的地下泉水，酒气格外醇香浓郁。后来，曹操奉汉献帝到许昌，久闻"青梅酒"大名，下令除供应宫廷之外，还要供应丞相府饮用。姚叟翁夜梦蜡梅仙子手捧梅花置于酒缸之中，悟出"梅花拌窖泥"的酿酒技艺，再酿"青梅酒"，窖香醇厚，回味悠长，浮香千载。

据史料记载，尧舜时期，许昌鄢陵一带就有了造酒作坊。公元 195 年，汉献帝至许都（即许昌），将姚家老酒坊设为汉室御酒坊，精酿"贡酒"。一代枭雄曹操亦为姚家青梅酒留下了"三调贡酒"的故事，一调贡酒摆宴犒赏任峻，二调贡酒庆祝官渡大败袁绍，三调贡酒与刘备"青梅煮酒论英雄"。曹操每有喜庆宴会非青梅酒不饮，后在此地专设造酒官衙。

三、慈禧与酸梅汤

相传酸梅汤为清朝宫廷消夏佳品，慈禧太后避暑颐和园时，嗜之若命。1900 年八国联军进犯北京，慈禧逃亡西安，还念念不忘酸梅汤。

草　莓

幽幽雅雅若卿卿，碧玉嫣红百媚生。
不羡高枝犹自爱，春风吹处果盈盈。

——《咏草莓》·近代·张炳宏

物种基源

草莓 (Fraga-ria)，为蔷薇科草莓属多年生草本植物的草莓的浆果，又名洋莓、洋莓果、野梅莓、地莓、地果、草凤梨、红莓等。草莓原产于欧洲，20 世纪初传入我国，大量上市，直到 21 世纪。全世界有草莓品种达 2000 多个，我国现有草莓品种 200 多个，优良品种有圆球、紫晶、金红马、五月香等。早先我国只有野生草莓，每当春夏之交，荒山斜坡有熟透的草莓，星星点点，像朵朵小花，点缀在山坡，田野和路旁。它长着细细的藤蔓，结的果实只有小拇指大小，上面长有细细的针刺，甜中带酸的味道，这是大自然赐给山林小孩的礼物。现在市场的草莓均为引进国外的品种，经我国农学家再驯化而成。

生物成分

据测定，每 100 克可食草莓，含水分 90.7 克，蛋白质 1 克，脂肪 0.6 克，碳水化合物 5.7 克，膳食纤维 1.4 克及胡萝卜素、维生素 B_1、B_2、C，还含尼克酸和微量元素钾、磷、钙、铁等。草莓除鲜食外，还可加工成草莓酱、草莓汁、草莓粉、草莓酒、草莓罐头、草莓冰激凌等。

食材性能

1. 性味归经

草莓，味甘，酸，性凉；归脾、胃、肺经。

2. 医学经典

《中华药典》："调肺生津，健脾和胃，补气益血，凉血清热，解酒毒等。"

3. 中医辨证

草莓，可润肺生津、补血益气、凉血解毒，适用于肺燥伤津、气血不足、赤白下痢、疮疖、月经失调、胸中脓血等症的食疗助康复。

4. 现代研究

草莓含有果胶及纤维素，可促肠胃蠕动，改善便秘、预防痔疮、肠癌的发生，所含胺类物质，对白血病、再生性贫血有疗效。草莓除可以预防坏血病外，对防治动脉硬化、冠心病也有较好的帮助。

食用注意

草莓中含有草酸钙较多，尿路结石病人不宜吃得过多。

传说故事

草莓的传说

相传，很久很久以前，原先天上有九个太阳，发出的热量使大地赤地千里，草木不生，众生灵遭涂炭，各路神仙纷纷奏本天宫灵霄宝殿给玉皇大帝，玉皇大帝得知此情，传玉旨命太白金星查寻神箭手，将九个太阳射落八个，只留一个供万物生长吸收光和热。

这下可忙坏了太白金星，查遍了天、地、阴曹地府，好不容易在人间东海边下五州县的射阳县找到一个姓后名羿的神箭手。后羿的箭法不但百步穿杨，就是射蚍蜉也能百发百中。于是太白金星化作一老叟，带着太上老君八卦炉中炼成功的两颗长生不老丹，作为玉皇大帝对神箭手射阳成功奖赏。并嘱托后羿不可经人手，后羿不屑一顾，收下长生不老丹，装入箭壶，拈弓搭箭，嗖……！连续八箭射落八个太阳，正准备射第九个太阳时，被太白金星拦住说："上苍有旨在，不可全部射落，需留一个太阳供万物生长"。后羿二话没说收弓箭归壶，回家梳洗，太白金星亦回天庭复旨。

嫦娥是一个既好吃又好色，对男人不放心的女人，见后羿今天外出一无所获，心中大为不快，就查上后羿的箭壶，发觉箭少了八支，正要发作找后羿的麻烦，突然眼前一亮，在箭壶中发现两颗晶莹剔透，香气扑鼻，似果非果的东西，就拿了一颗放入口中，还未来得及咀嚼品味，滑溜溜滚入腹中，再拿第二颗，刚送到嘴边，口还未张，嫦娥身子飘然而起，刚到嘴的第二颗长生不老丹落入尘埃不见了，而嫦娥在缥缈之中来到月宫。落入尘埃的长生不老丹，顷刻发芽长叶、牵藤结果。这果子便是我们今天见到的草莓，现在的草莓果外皮还留有当年嫦娥嘴边的口红印呢。

椰　子

海畔椰林一片青，叶高撑盖总亭亭。
年年抵住台风袭，干伟花繁子实馨。
——《咏椰子》·近代·董必武

物种基源

椰子，为棕榈科椰子属常绿乔木椰树（Cocos nucifera）的果实，又名胥椰、椰傈、胥余、越子头、树结酒、奶桃。椰子以外皮较薄，呈暗褐色，中果皮较厚，内层果皮呈角质者佳。我国的海南是椰子的原产地之一，现台湾、福建、云南、广西、广东均有栽培。

生物成分

据测定，每 100 克可食椰子肉，含水分 52 克，蛋白质 4.0 克，脂肪 12.6 克，膳食纤维 4.6 克，碳水化合物 26 克，另外，含有清蛋白、球蛋白和醇溶蛋白等。

食材性能

1. 性味归经

椰肉，味甘，性平；归肺、胃经。

2. 医学经典

《食物本草》："补虚，强筋，健胃，汁能补津，祛热风。"

3. 中医辨证

椰子，能清暑生津、利水、驱肠虫，适用于烦渴、尿少、浮肿、吐血、驱绦虫、姜片虫。

4. 现代研究

椰子含有糖类、脂肪、蛋白质、B 族维生素、维生素 C 及微量元素钾、镁等，能够有效地补充人体的营养成分，提高机体的抗病能力。椰子汁可解渴祛暑、生津利尿；椰子肉有益气、祛风、驱虫、令人面色润泽的功效。

食用注意

（1）肠胃不好的人不宜多饮椰子汁。

（2）凡大便溏泄者忌食椰子肉。

（3）病毒性肝炎、脂肪肝、支气管哮喘、高血压、脑血管炎、胰性炎、糖尿病等患者慎食和少食椰子汁和椰子肉。

附：

1. 鲜椰子肉

为棕榈科植物椰子的胚乳。椰子肉味甘、性平，归肺经和胃经，具有补益脾胃、杀虫消疳的功效，尤其适用于治疗小儿疳积等病症。新鲜椰子肉质细嫩，椰肉色白如玉，芳香滑脆，可直接食用。

2. 椰子汁

为棕榈科植物椰子的果汁。味甘，性微温，是一种清心降火的天然佳品，常喝有助于人体新陈代谢，可养颜美容，使人心旷神怡，具有消暑降火，避免便秘等功效。其天然美味更是老少皆宜。家里如常备椰子汁，以代替那些饱含糖分和添加物的饮料，更有利于家人的健康。更有医师指出，椰子汁可预防心脏病、关节炎、癌症、滋润止咳、强健肌肤，椰子汁可直接饮用。

3. 椰子浆

为棕榈科植物椰子胚乳中的浆液，味甘性温，有滋补、清暑、解渴的功效，适宜发热或暑热天气、口干渴之人食用，也适宜充血性心力衰竭者食用。糖尿病患者忌服用。

传说故事

一、椰子的由来

林邑王与越王为争夺海南岛这块地盘，常年交战。越王因一次交战胜利冲昏头脑，贪杯大醉，被林邑王派去的刺客取了首级。林邑王把越王的头挂在柱子上，以乱箭刺之，结果翎箭化为椰叶，越王的首级化为椰子。

二、椰子与嫁妆、遗产挂钩

古时海南岛文昌县县吏的女儿出嫁，嫁妆中有一对良种椰子树。新婚夫妇拜天地之后的礼仪就是种植椰子树。据说，这是为后代造福。当他们的孩子长大时，就可以吃到父母亲手所植的椰子了。这位官吏还规定，老人不能下地劳动后，要在逝世前种植一百株椰子树，作为留给子孙的遗产。从此，海南岛文昌县就成了我国著名的"椰子之乡"。以后，椰子又传到西沙群岛、雷州半岛、云南西南部及台湾南部。

樱 桃

一颗樱桃樊素口，不爱黄金，只爱人长久。

学画鸦儿犹未就，眉间已作伤春皱。

扑蝶西园随伴走，花落花开，渐解相思瘦。

破镜重圆人在否？章台折尽青青柳。

——《蝶恋花》·宋·苏轼

物种基源

樱桃，为蔷薇科李属落叶乔木或灌木樱桃树（Prumus pseudoeerasus）的成熟果实。又名莺桃、含桃、牛桃、朱樱、麦樱、崖蜜、朱果等。樱桃在我国已有 3000 多年的栽培历史，据《礼记》记载："仲夏之月以含桃（樱桃）先荐寝庙。"可见在 3000 年前樱桃已作为珍果、贡品来栽培了。

我国栽培樱桃可分为四大类，即中国樱桃、甜樱桃、酸樱桃和毛樱桃，以中国樱桃和甜樱桃为重要栽培对象。中国樱桃在我国分布很广，北起辽宁、南至云南、贵州、四川，西至甘肃、新疆均有种植，但以江苏、浙江、山东、北京、河北为多。东北、西北的寒冷地区种植的多为毛樱桃。中国樱桃据统计有 50 多个品种。

生物成分

据测定，每 100 克可食樱桃，含水多 83 克，蛋白质 1.4 克，脂肪 0.3 克，碳水化合物 14.4 克，食纤维 0.44 克及胡萝卜素、维生素 B_1、B_2、C 和微量元素钙、磷、钾、镁、铁、锌等。樱桃除鲜食外，还可以加工成果酱、果汁、果酒、蜜饯等。

食材性能

1. 性味归经

樱桃，味甘，微酸，性温；归肺、肝经。

2. 医学经典

《名医别录》："调中益脾，调气活血，平肝祛湿。"

3. 中医辨证

樱桃，益脾胃、滋肝肾、涩精，适用于虚寒气冷、面色苍白、四肢不温、遗精腹泻等。外用于汗斑、冻疮、烧伤等。

4. 现代研究

樱桃营养丰富，含铁量高，能促进血红蛋白再生，对贫血者有一定的补益作用，还可以增强体质，健脑益智，具有很好的美容和营养保健作用。

食用注意

（1）樱桃性温，绝对不宜多食、常食、久食。
（2）热性病及火旺者忌食。
（3）糖尿病患者忌食。
（4）樱桃是易产生过敏的水果，对过敏者尤其要留意。
（5）不宜与动物肝脏同时食用。

传说故事

一、唐朝奢侈事件

五代的《唐摭言》中记载着唐代一次著名的奢侈事件：唐乾符四年（公元 877 年）丞相刘邺的次子刘谭中了进士，家中还没有商量好怎么请客，刘谭就自作主张预购了几十棵树上的樱桃。在当时当地许多权贵们尚未尝到新鲜樱桃时，他家的宴席上却堆满了樱桃，任客人们随意取食，并且榨成樱桃汁，在临别时分赠每位客人一小罐儿，其破费何只千金，奢侈豪华可见一斑。

二、汉明帝朝樱桃"红"

班固的《东观汉记》还有一则关于樱桃"红"的故事：汉明帝于初夏的月夜在园中饮宴群臣，适逢有人进献新熟的樱桃，明帝赐群臣品尝。侍者用赤瑛盘端上，月光下去看，晶莹如玉的鲜红樱桃与红色的盘子一色，百官皆笑，以为侍者端着的是空盘。

三、樱桃伤肺的传说

据《儒门事亲》记载：在舞水住有一豪富人家，有两个儿子。每日食紫樱（樱桃的一个优良品种），直到吃厌为止，半月以后，大儿子得了肺痿，二儿子患了肺痈，相继死去。这个故事的虚实无法考证，但食樱桃不宜过量还是应该引为借鉴的。李时珍在谈及此事，曾写过这样一句诗："爽口物多终作疾。"

人 参 果

幻化何缘成此身？累劫愿力注青春。
众生得乐宁舍我，一念不行枉费心。
遥见秋来枝上笑，但惜春去雨中新。
佛心可化身千亿，一粒微尘一善根。

——《咏人参果》·唐·佚名

物种基源

人参果为蔷薇科多年生草本植物蕨麻（Potentillaanserina）的果实，又名香艳茄、延寿果、香瓜茄、香瓜梨、香艳芒果、金参果、长寿果、仙人果、紫香茄、甜茄、香艳梨等。人参果原产南美洲的安第斯山北麓。我国青藏高原有野生人参果，那里的人们叫它"戳玛"和"卓老沙僧"，是一味常用的藏药。20世纪90年代，北京绿色开发公司引种外国品种成功，并在河北、山东等地进行规模种植，果品已进入市场。除种子繁殖外，人参果主要靠枝条扦插进行繁殖。最为奇特的是：带花扦插，花还可形成幼果长大；带果扦插，幼果可以长大，这在植物界是很少见到的繁殖过程。作为盆景，枝叶翠绿，成熟的果实光泽鲜亮，若是挂留枝条不摘，能三四个月不落果，不枯萎。置于室内香气四溢，既可食用，又可观赏。

生物成分

据测定，每100克可食人参果，含水分88.5克，脂肪0.1克，蛋白质0.8克，碳水化合物4.9克，膳食纤维3.7克及胡萝卜素、维生素 B_1、B_2、C，还含微量元素钙、硒、锌、铝、铁、钴等。人参果含硒量为各种果蔬之冠，每百克人参果含硒达1.86微克，是缺硒人们补硒的佳果。人参果除鲜食外，还能作烹调原料，可炒、炸、蒸、焖、炖、汤、凉拌，又能制作罐头、糕点、饮料等。

食材性能

1. 性味归经

人参果，味甘，性温；归脾、胃经。

2. 医学经典

《食医心鉴》："滋补肝肾，润肤通便。"

3. 中医辨证

人参果，可清湿解毒、利水通便、疏肝明目，用于消渴、大便秘结、小便不畅、咳嗽多痰、白内障、夜盲症等病的食之助康复。

4. 现代研究

人参果含多种营养元素，是因缺钙而引起疾病的人首选食疗果蔬，所含硒、钼元素，对防癌、抗癌有帮助，所含钴元素具有防治冠心病、心脏病、高血压的作用。人参果属低糖低脂果品，对糖尿病患者和肥胖人群有裨益。现代医学研究还证实，对80％近视、弱视儿童适当吃人参果有益。最近，我国医学专家鉴定，人参果内所含的人参皂甙是人参的4倍，这使人参果有了新的用途。

食用注意

（1）未成熟的人参果最好勿食。

（2）人参果虽含碳水化合物不多，但糖尿病人不宜多食、常食、久食。

传说故事

一、人参果与长寿

万寿山中有一座观，名唤五庄观。观里有一尊仙，道号镇元子，混名与世同君。那观里出一异宝，乃是混沌初分，鸿蒙初始，天地未开之际，产成这颗灵根，盖天下四大部洲，唯西牛贺洲五庄观出此，唤名草还丹，又名人参果，三千年一开花，三千年一结果，再三千年才得熟，时满一万年方得吃。且这万年，只得三十个果子，果子的模样，就如未满月的小孩相似，四肢俱全，五官皆备。人若有缘，得那果子闻一闻，就活三百六十岁；吃一个，就活四万七千年。

二、孙悟空偷人参果

唐僧师徒路过万寿山五庄观，借宿观内。观主镇元大仙外出听经。只留得两个童子，并嘱咐他们以人参果款待唐僧。唐僧见果害怕不敢吃，两童子就吃了。八戒恰巧窥见，就怂恿孙悟空到后园偷果。悟空偷得三枚人参果，与两师弟分吃，却事情败露，被童子问责，因不愿连累师傅受骂，悟空就承认了，结果两个童子不依不饶，惹怒悟空，悟空就到后园推倒果树，铲了灵根，并连夜与师傅师弟逃跑。大仙回到观内，唤醒被催眠的童子，问明原委，就驾云捉拿唐僧师徒。几次欲鞭打与责罚唐僧，都被孙悟空拦下代刑。镇元大仙说，若不能医好果树灵根，你师徒定然难去西方取经。悟空满口应承，并以三日为限，去寻医树的法子，东海三星，东华帝君都无妙方，悟空遂往南海向观音求救。三星怕大圣延误期限，自来观内向大仙求情，观音菩萨来至观内，医好灵根，果实复旧。大仙十分高兴，设下人参果宴款待菩萨和三星等，并履行承诺，与孙悟空结为干兄弟，唐僧师徒这才继续向西进发。

三、人参果的味道

有四个读书人，都想知道人参的味道，就先后拜访当年吃过这果子的唐僧师徒。回来后，第一人说："人参果味道甘美鲜甜，十分好吃！"第二人也说："的确如此！"

第三人则连连点头，表示赞同。

第四人却不同意他们的说法："你们所听来的都不准确，人参果吃到嘴里滑溜溜的，并无什么特别味道。"

于是，他们争论起来，互不相让，只好去问先生。

先生想了一下，便向他们问道："你们到唐僧师徒那里，是向谁请教的？"

第一个回答说："我问的是唐僧。"

第二人回答说："我问的是孙悟空。"

第三人回答说："我问的是沙僧。"

先生又问第四个人："那么你呢？"

"我问的是猪八戒。"

于是先生笑起来，说："这就难怪了。当初猪八戒把人参果囫囵吞进肚里，你怎么能从他嘴里问出人参果的真正味道呢？"

杨　桃

广州好，过海踏花行。
花堘素馨连紫陌，
杨桃清脆味乡情。
尧日照天晴。

——《望江南·广州好》·现代·朱光

物种基源

杨桃（Averrhoa carambola），为酢浆草科杨桃属常绿或半常绿乔木杨桃的果实。又名五敛子、鬼桃、三棱子、阳桃、风鼓、山敛、羊桃、星梨等。杨桃在汉代自越南传入我国。至今已有 2000 年的历史。《南方草木状》《南越笔记》等古籍都有记述，世界上种植杨桃除我国外，还有泰国、印度、马来西亚、印尼、越南、菲律宾、巴西等国，美国的佛罗里达和夏威夷等地也有种植。

人们叫它杨桃，其实它根本没有桃的影子，可为什么还叫杨桃呢？不得而知。我国主产为广东、福建和台湾。杨桃多数五棱，但也有三棱和六棱的，可分甜、酸两类；甜者佳，酸者多作烹调配料。

生物成分

据测定，每 100 克可食杨桃，含水分 92.5 克，蛋白质 0.6 克，脂肪 0.1 克，碳水化合物 5.3 克，膳食纤维 1.1 克及胡萝维生素 B_1、B_2、C、尼克酸及微量元素钾、钠、钙、镁、铁、锌、磷、硒等物质。杨桃除鲜食外，还可以制作蜜饯和干果。

食材性能

1. 性味归经

杨桃，味甘，酸，性寒；归肺、心、小肠经。

2. 医学经典

《本草纲目》："主治风热，生津止渴。"

3. 中医辨证

杨桃，可生津止渴、下气和中、祛风热、利小便、解毒，适用于风热咳嗽、小便热痛、虐母痞块、口糜牙痛、石淋、酒毒食毒等症有食之助康复。

4. 现代研究

杨桃中所含的多量糖类及维生素、有机酸等，是人体生命活动的重要物质，常食可补充机体营养，增强机体的抗病能力；杨桃果汁含有大量草酸、柠檬酸、苹果酸等，具有提高胃液的酸度，促进消化食物之功效，果实中含有大量的挥发性成分、胡萝卜素类化合物等，可防治风火牙痛，消除咽炎及口腔炎及口腔溃疡症。

食用注意

杨桃性寒，凡脾胃虚寒，食欲缺乏泄泻者，宜少食或不食。

传说故事

鲁迅先生与杨桃

早年间，鲁迅先生在广州中山大学执教时就喜欢吃杨桃，并对之有很高的赞誉。在他离开广州之后，还说："广东的花果，在'外江佬'的眼里自然依然奇特的。"我所最爱吃的杨桃，滑而脆，酸而甜……我常常宣扬杨桃的功德，吃的人大抵赞同。

花　红

> 草阁柴扉星散居，浪翻江黑雨飞初。
> 山禽引子哺红果，溪友得钱留白鱼。
> ——《解闷十二首》·唐·杜甫

物种基源

花红（Malus asiatica），为蔷薇科苹果属木本植物林檎的果实，又名沙果、蜜果、五色奈、文林郎果、林擒等。我国种植和栽培花红历史悠久。《西京杂记》记述"初修上林苑，群臣远方各献各果异树，有林檎十株。"唐高宗时，官员李谨得五色林檎，献至皇上，帝大悦，于是提升李谨为"文林郎"（官名）。自此，人们又称林檎为"文林郎果"（简称"文林果"）。

花红有两种：一种是普通的花红，也叫酸花红；另一种叫甜花红。酸花红不成熟不好吃，很酸很硬，味道极不好吃；甜花红不管成熟不成熟都是甜味道。果肉也很疏松多汁。但是甜花红很少见，一般都是酸花红。

花红与苹果，古今常易混淆。究其原因，一方面两者均属蔷薇科的同科果实，另一方面，古时皆以"奈"相称，苹果称为"奈子"或"奈"，花红七称"朱奈"或"五色奈"。后来或以果实大小而论，大者为苹果，小者称花红或林檎。

我国长江流域及黄河一带普遍栽培，安徽省来安县盛产花红，质地最佳。另外，山东朱砂红、关爷脸，河北热沙景、甜胎里红，陕西蜜果，甘肃敦煌大沙果、脆花红等品牌也极优。

生物成分

据测定，每 100 可食花红，含蛋白质 0.3 克，脂肪 0.1 克，碳水化合物 15.1 克，膳食纤维及维生素 B_1、B_2、C、尼克酸、胡萝卜素和微量元素钙、磷、钾、铁、锌等。

食材性能

1. 性味归经

花红，味甘，酸，性平；归心、肝、肺经。

2. 医学经典

《食疗食补》："生津止渴，化滞消痰，涩精止遗。"

3. 中医辨证

花红，可补肾填精、和胃益脾，适用于阳痿早泄、遗精、止渴、止泻、除烦、解暑等症的食之促康复。

4. 现代研究

花红中的果酸、纤维素具有吸附胆固醇，并使之随粪便排出体外的功能，从而起到降低血中的胆固醇的含量。避免胆固醇沉淀在胆汁中形成胆结石；花红还有降低血压的功能，它所富含的钾元素能促使钠盐的排出，因而使降低血压。

食用注意

（1）糖尿病患者宜少食花红。
（2）血栓闭塞性脉管炎、痛风、痈疽之人亦忌食花红。

传说故事

花红来历的传说

传说，明朝嘉靖年间，来安境内出了一个三品官——东台御史吴棠。他把老母接到京城去住，谁知却忽然得了痢疾，请遍了京都名医都治不好母亲的病。吴大人忧心如焚，不得不将愿意老死故土的母亲送回了来安。临时找了个名叫花红的村姑在病榻旁照看老母。花红姑娘心地善，尽心尽力服侍吴老太太，见老人不吃不喝，便到集上买回新上市的新鲜林檎，让吴老太吃点儿开胃。哪知吴老太只觉酸甜适口，越吃越爱吃。一连几天吃林檎，病也治好了，饭菜也觉得香了。吴家上下皆大欢喜。不久，吴棠带了七十多斤林檎进京，将林檎进献仁宗皇帝。仁宗不知何物，只闻到挂花似的清香，红红鲜亮，脱口说出："花红，花红。"吴棠感念花红姑娘，急忙附和："此果就叫花红。"嘉靖皇帝大悦，当朝赐名此果为"来安花红"。

柠　檬

数年织梦今朝喜，呱呱落地几声啼。
细雨轻风滋万物，柠檬树下好谈棋。

——《雨蒙寄雨》·现代·徽山皖水

物种基源

柠檬（Citrus limon）为芸香科柑橘属常绿小乔木黎檬或洋柠檬树的果实，又名黎檬子、宜母果、里木子、柠果、宜母子、檬子等。柠檬是很古老的果树品种，在印度古都尼帕德的废墟里，曾发现过 4000 多年前的柠檬种子化石，是热带和亚带树种，我国台湾、广东、四川都出产柠檬，福建、浙江也有少量栽培。

生物成分

据测定，每 100 克可食柠檬，含水分 89.3 克，蛋白质 1.0 克，脂肪 0.7 克，碳水化合物 8.5 克，膳食纤维 0.7 克，及维生素 A、B_1、B_2、C、抗坏血酸和微量元素钙、铁、磷、钾、镁、锌，还含尼克酸、橙皮苷、柚皮苷、柠檬酸、苹果酸等。

食材性能

1. 性味归经

柠檬，味酸，甘，性平；归脾、胃、小肠经。

2. 医学经典

《岭南采药录》："清热解暑，生津止渴，化痰止咳，健脾和胃。"

3. 中医辨证

柠檬味酸，性平，具有生津止渴、健胃、祛暑、安胎等功效，适于瘀滞腹痛、妊娠少食、恶心呕吐及食欲不振、口干口渴及常人不思饮食、烦躁等症有食助康复的功能。

4. 现代研究

柠檬含有尼克酸和丰富的有机酸，其味极酸。柠檬酸汁有很强的杀菌作用，对食品卫生很有益处。

柠檬富有香气，能解除肉类、水产的腥膻之气，并能使肉质更加细嫩；还能促进胃中蛋白分解酶的分泌，增加胃肠蠕动。因此，柠檬在西方人日常生活中经常被用来制作冷盘菜及腌食等。

鲜柠檬的维生素含量极为丰富，是美容的天然佳品，能防止和消除皮肤色素沉着，具有美白作用。柠檬是适合女性的水果，它不单有美白的疗效，而且其独特的果酸成分，更可软化角质层，令肌肤变得美白而富有光泽。柠檬酸具有防止和消除皮肤色素沉着的作用，是制作柠檬香脂、润肤霜和洗发剂的重要工业原料；有收缩、增固毛细血管，降低通透性、提高凝血功能及血小板数量的作用。

食用注意

（1）服用维生素 K 时不应食用。食品或水果中的维生素 C 可与维生素 K 结合，降低维生素 K 的疗效，柠檬含有极丰富的维生素 C。故服维生素 K 时不应食用柠檬。

（2）服磺胺类药物及碳酸氢钠时不应食用。磺胺类药物可与食物中的酸性物质结合在泌尿系统，形成结晶而损害肾脏，碳酸氢钠可与食物中的酸性成分中和而降低疗效。

（3）不宜与牛奶同时食用。牛奶含有丰富的蛋白质，柠檬含有丰富的果酸，二者同时食用，果酸会使蛋白质凝固，影响消化吸收。

（4）不宜与胡萝卜、黄瓜、动物肝脏同时食用。柠檬为维生素C含量高的食物，萝卜、黄瓜、动物肝脏均含有破坏维生素C的物质，可使食物的营养价值降低。故不宜与胡萝卜、黄瓜、动物肝脏同时食用。

（5）不宜与海味同时食用。海味食品如虾、蟹、海参、海蜇等，其中含有丰富的蛋白质和钙等营养物质，和含果酸多的柠檬同时食用，既可使蛋白质凝固，也可与钙结合生成不易消化的物质，降低食物的营养价值，导致胃肠不适，故柠檬不宜与海味同时食用。

（6）胃、十二指肠溃疡或胃酸过多患者忌用。

传说故事

柠檬仙姑的传说

从前，善男信女喜欢到西王母禅寺去烧香拜佛，每次都能看到一位漂亮的姑娘在那里。她个儿不高，身材苗条。她笑的模样像鲜花盛开，她离去的背影，像蝶飞舞而去，她走起路来，像飞燕掠过水面。一天善男信女们又去西王母禅寺烧香拜佛，看到那位姑娘，便开始评头论足起来，有的说，姑娘的头发梳得好看，如流水云飘；有的说，姑娘身段太妙了，像灵活的柳枝，椭圆形的脸，像鸭蛋……这样你一言，我一语把姑娘说得脸庞红里带绯，不好意思地离开了西王母禅寺大殿。善男信女觉得这姑娘不一般，就跟在她后面观看，不一会儿姑娘就不见了，他们只看见姑娘走后留下很耀眼的脚印，脚印中间还长出一棵树苗，觉得很奇怪，可能是天上下凡的仙姑，这姑娘太贪玩了，她走遍了普州地域的山山水水，使普州大地，满山遍野长起了树苗。几年后，绿树成荫，树上挂满了鸭蛋形状的果实。人们就把果子摘下试吃，味道香，但酸得很，无法吃，想是仙果，就用开水泡来喝，结果喝了，心情舒畅，饭量增大。果皮用来擦手、擦脸。皮肤光亮、滋润，还有清香的味道，人们把这果子叫柠檬仙果，把这下凡的姑娘称为柠檬仙姑。

不久，柠檬仙姑传奇的故事，传到南海普陀山高僧净土法师耳里，净土法师就从南普陀山不远万里来到西王母禅寺，要亲自找到柠檬仙姑，要点柠檬树苗回家乡栽种。到了西王母禅寺，遍地绿荫冠盖，香气袭人。顿感来到了柠檬丛中，就是不见柠檬仙姑，只有在柠檬园中寻找，他在柠檬园中转来转去，始终走不出柠檬园。不知走了多少个时辰，穿过了多少柠檬园，翻了多少个山岭，过了多少条沟坝，找遍了整个普州地域，仍不见柠檬仙姑的影子。当他走到名叫灵静亭时，一位长发披肩坠地，绿裙飘拂，椭圆形脸庞映照着弯弯的秀眉，显得美丽大方的姑娘主动问道："先生为何来此地？"净土法师急忙应道："我特地来这里找柠檬仙姑，要点柠檬种回老家种，使家乡人民享受柠檬的香味。"这姑娘略思了片刻便说："我就是柠檬仙姑，今天有缘来相会，满足你的请求，送你四棵树苗。"柠檬仙姑随手拿了四棵柠檬树苗给净土法师，净土法师连连道谢，等他抬起头再看时，柠檬仙姑就不见了，被一层层浓雾笼罩着。净土法师只好带着树苗回到家乡栽了起来，所以其他地方都有了柠檬。

橄　榄　果

纷纷青子落红盐，正味森森苦且严。

待得味甘回齿颊，已输崖蜜十分甜。

——《咏橄榄》·宋·苏东坡

物种基源

橄榄（Canarium album），为橄榄科植物橄榄树的果实，又名青果、谏果、忠果、白榄、甘榄等。人类与橄榄树已有 8000 多年的不解之缘，自从一只鸽子将新鲜橄榄枝带回诺亚方舟上，它便与鸽子一起成了人类希望的象征。我国是橄榄的原产地之一，以福建产出最多，广东、广西、台湾、浙江、四川均有栽培。在我国民间有民谣说："一颗青果两头尖，皮又脆来味又鲜。开头吃时有点苦，慢慢方知回味甜。"橄榄果实成熟后，留在树上保鲜的能力很强。如果不采摘，能够在树上一年不落、不干，不燥，而且颜色翡翠依然，可谓四季常青。

生物成分

据测定，每 100 克可食橄榄，含量水分 83.1 克，蛋白质 1.2 克，脂肪 1.1 克，碳水化合物 12 克，膳食纤维 4 克及维生素 B_1、B_2、C、E 和微量元素钾、钙、钠、镁、磷、锰、锌、铁、铜、硒等。此外，还含挥发油、香树脂醇、鞣质等。橄榄可生吃，也可绞汁、水煎，但多制成罐头食品。

食材性能

1. 性味归经

橄榄，味甘，酸，微涩，性平；归肺、胃经。

2. 医学经典

《食疗本草》："开胃生津，化痰涤虫，除烦止渴，凉胆息惊，清肺热，利咽喉。"

3. 中医辨证

橄榄，可清肺利咽，生津、解暑，适于咽喉肿痛、烦渴、咳嗽、吐血、解鱼毒、解酒，亦可用于癫痫等症食之助康复。

4. 现代研究

橄榄中的钙名列水果前茅，对儿童骨骼发育有帮助，孕妇和哺乳期吃橄榄，对婴儿大脑发育有明显的促进作用，可使婴儿变聪明。此外，还具有防治心脏病，保护胆囊的功能。新鲜橄榄可对煤气中毒有辅助疗效。

食用注意

（1）橄榄味道酸涩，不可一次过量食用。

（2）胃溃疡患者慎食。

传说故事

一、张仲景与橄榄

相传，一天，有个叫黄三的人来请张仲景看病，他说："久仰先生大名，今日特来求医，吾黄胖、懒惰、贫寒，望能妙手医治。"张仲景暗忖，此"三病"之根在于懒惰，须先将其由懒惰变得勤劳。便告诉他："从明天开始，你每日早晨去茶馆饮橄榄茶，然后拾起橄榄核，回家种植于房前屋后，常浇水护苗，待其成林结果再来找我。"

黄三遵嘱照办，细心护林。几年过去了，橄榄由苗而树，由树而林，由林而果，黄三终于变得勤快起来了，人也长得壮壮实实。可是他仍然很穷，便去找张仲景，张仲景笑曰："你已没了黄胖、懒惰之症了，你且回去，从明天开始，我叫你不再贫穷。"

次日，果然有不少人前来向黄三买橄榄，从此，陆续不断，黄三也就不再贫穷了。原来，张仲景开处方时需要橄榄作药引，而这一带没有产出，便想出这个给黄三治病的办法。人们都叹服张仲景的高明。

二、橄榄叫"谏果"的由来

徐光启在《农政全书》中说："橄榄始涩后甘，犹如忠言逆耳，故又称'谏果'。"据《齐东野语》记载，"谏果"之名来自宋代。有一名士叫涪翁，给朋友的小轩起了个名叫"味谏轩"。这是因为小轩的窗外有一棵橄榄树。真是无巧不成书，适时又有一位好友送来橄榄，于是涪翁即兴写了一首诗："方怀味谏轩中果，忽见金盘橄榄来。想与余甘有瓜葛，苦中真味晚方回。"从此之后，橄榄就有了"谏果"的美称。

三、橄榄治鱼骨梗喉

李时珍在《本草纲目》中，有一段极有趣的记载，现录下以飨读者。"名医录云：吴江一富人，食鳜鱼被鲠，横在喉中，不上不下，痛声动邻里，半月余几死。忽遇渔人张九，令取橄榄与食。时无此果，以核研末，急流水调服，骨逐下而愈。张九云：我父老相传，橄榄木作取鱼槕篦，鱼触即浮出，所以知鱼畏橄榄也。今人煮河豚、团鱼，皆用橄榄，乃知橄榄能治一切鱼、鳖毒也。"以上是名医录所言，鱼骨梗喉时不妨一试。但河豚为剧毒之物，且种类繁多，毒性不一。沿海渔民虽仍有用橄榄煮食者，中毒事故也屡有发生，故宜慎之，不可贸然行事。

海 棠 果

愁是阴云喜是晴，春游无处不关情。
黄鹤亭馆琴三弄，海棠杯盘酒数行。
铁梗枝头玛瑙串，隔墙风送蛮花清。
飘飘洒洒秋风雨，破帽遮颜度光阴。

——《高海棠》·宋·戴宾模

物种基源

海棠果（Malus micromalus），为蔷薇科植物落叶小乔木西府海棠的果实。又名松子、海虹、海棠、梨、棠蒸梨、小果海棠、八枝海棠、茶果、红果。海棠果和海棠花同属蔷薇科，是本家兄弟。海棠果花期4月，果期9月，海棠花花期为秋季，故名秋海棠。海棠果有三大品种即：白海棠、红海棠和大仙果。白海棠、红海棠直径大约为2～2.5厘米，每500克约40～50个，口味佳，果肉清脆，甜而微酸，有清香。大仙果海棠比红、白海棠个大，每500克只有20～30个，酸味比较重，肉质松，水分少，口味欠佳。我国山东、山西、陕西、甘肃、青海、河南、江苏、安徽、黑龙江、吉林均有产出。

生物成分

据测定，每100克可食海棠果，含水分75克，蛋白质0.2克，脂肪0.2克，碳水化合物22.4克，膳食纤维1.7克及胡萝卜素、硫安素、尼克酸和维生素C、E，还含微量元素钙、铁、磷、硒及有机酸、鞣质等。

食材性能

1. 性味归经

海棠果，微酸，性平；归、肝、胃、小肠经。

2. 医学经典

《本草通志》："健脾止泻，生津止渴。"

3. 中医辨证

海棠果，可生津止渴、止泻痢、健脾。用于消化不良、食秽暖胀、肠炎泄泻以及痔疮等。

4. 现代研究

海棠果，含有多种纤维素、有机酸、鞣质等，有健肝护胃，并有杀菌消炎作用，对细菌性痢疾和肠炎有较好的辅助疗效。

食用注意

（1）凡溃疡病及胃酸过多者忌食海棠果。

（2）海棠以用砂锅煮食为宜。海棠含有较多的果酸，若在铁锅中煮，果酸溶解后，可和铁锅产生铁化合物，人食后会引起中毒。出现恶心、呕吐和唇舌、牙龈变为黑紫色等症状，故以用砂锅煮食为宜。

传说故事

海棠果又叫"相思果"的传说

传说，古时候有一书生，专研八卦书，数年而未通其义，苦思冥想，吐血而亡。后在其坟长得一树，其树开花一朵谢，则旁生二朵，二生四，四生八，具太极象。后人知其所感，称此树为"相思树"，开其花、结其果为"相思果"。

释 迦 果

称名颇似足夸人，不是中原大谷珍。

端为上林栽未得，只应海岛作安身。

——《释迦果》·明·沈光文

物种基源

释迦果，为番荔枝科植物番荔枝（Annona squamosa）的成熟果实，又名番荔枝、糖苹果、佛头果、番梨、香梨、梨仔等。有软枝释迦和凤梨释迦。

释迦原产于热带美洲，因为果实奇特，幼果外观很像"荔枝"，又自"番邦"引入，所以称为"番荔枝"，其果实表面有很多突起的鳞目，外表酷似佛教中释迦牟尼的头型，因此，称释迦果。据明朝沈光文"释迦果"诗可证，在明朝已引进，先植于台湾，然后扩展到我国的中南部的云南南部、广东、广西、福建等省，海南全年都产，主要果实的成熟期在 6～11 月。

生物成分

经测定，每 100 克可食释迦果，含水分 83.6 克，脂肪 0.3 克，蛋白质 1.6 克，碳水化合物 23.9 克，膳食纤维 4.1 克及胡萝卜素、烟酸、叶酸、生物素和维生素 A、B_1、B_2、C、E 等，还含微量元素钾、钠、钙、锌、磷、镁、铜、硒和有机酸等物质。

释迦果成熟后可生食，亦可烹调成"释迦咖喱牛肉""释迦苹果沙拉"等美味。

食材性能

1. 性味归经

释迦果，味甘，性平；归心、胃经。

2. 医学经典

《新修本草》："益气，养血，清肺，利咽。"

3. 中医辨证

释迦果肉，有清喉润肝的功效，将叶片研成粉末，可用来治疗癣或化脓症状，叶子、种子和树皮因为含有生物碱，可治赤痢。

4. 现代研究

释迦果肉乳白色，富含维生素 A、维生素 B、维生素 C 及蛋白质及微量元素铁、钙、磷等；释迦热量高，营养足，其维生素 C 含量更是高居水果之冠，可强壮骨骼、补充体力、增加元气、预防坏血病、清洁血液、养颜美容，并且能提升免疫力，有助于改善关节炎与腹泻下痢。

食用注意

释迦果的糖分很高，欲减肥者或糖尿病患者不宜多食，胃酸过多者也不宜多食。

传说故事

释迦果名字的由来

相传，释迦牟尼 19 岁时，正是古印度各国之间互相讨伐，并吞阶段，民族矛盾十分尖锐。他所属的释迦牟尼民族是一个弱小的民族，受到邻国强权的威胁，朝不保夕，时有灭亡的危险。因而他认为世间的一切事物和概念都在生与灭中变化着，没有永恒的幸福，而种种痛苦是无休止的。于是释迦牟尼决意放弃太子和将来的王位，决意出家。来到迦毗罗卫城和天臂交界处的兰毗尼花园，当年母亲生他的无忧树下，拔剑斩断头发，并将斩断的一缕缕头发甩到无忧树枝上，顷刻间一缕头发变成一颗释迦果，等他斩完头发，无忧树上已释迦果累累。释迦牟尼本人也在这棵无忧树下修炼成正果为释迦牟尼佛。

香　蕉

腹曲弯肚瘦皮囊，剥看滑溜怨腻肠。

蔬果缤欣独涩疽，非青非白演干黄。

香咬一口娇娥笑，入胃品嚼果趣侃。

蕉瓣皮蹓风巷探，顽童踢毽烂一瘫。

——《赠刘景文》·宋·苏东坡

物种基源

香蕉（Musa nana），为芭蕉科芭蕉属多年生大型草本植物甘蕉的果实，又名甘蕉、蕉果、蕉子、中国矮蕉、梅花蕉。

香蕉的祖籍在亚洲，我国的广东、广西、台湾是香蕉的发源地。香蕉是世界上最古老的水果之一，据历史学家和生物学考证，远在数百万年以前，当时印度的大河谷里，就长着大片茂盛的野香蕉林。我国栽培香蕉至少已有 3000 多年历史。早在公前 360 年的《庄子》一书中，就已经有香蕉的记述。汉代成书的《三辅黄图》中亦有记述。宋朝的陆佃说："蕉不落叶，一叶舒则一叶焦，故谓之蕉。"有趣的是，高达十数米的香蕉竟然不是树而是属多年生大型草本植物。但是香蕉的祖先——野生香蕉的果肉里是有种子的。由于长期单性结果的缘故，果实里种子已经退化。如果把香蕉的果实顺中心纵行切开，可见到乳白色的果肉中有一排排深色的小点儿，那就是退化了香蕉种子的痕迹。现在香蕉的繁殖，是靠根系繁殖的，它的地下茎上长有"吸芽"像竹笋一样钻出地面，人们即用"吸芽"培育成种苗进行繁殖。

香蕉的品种很多。全世界有 850 多个品种。我国香蕉品种可分为三类：香蕉、大蕉、粉蕉。香蕉类果型略小，弯曲，色泽鲜黄，果肉黄白色，味甜无涩，果皮易剥离，有浓郁香味，品种有香牙蕉、齐尾、天宝蕉等。大蕉类果实较大，果直型，棱角显著，果皮厚而韧，果肉杏黄色，柔软甜滑品种有龙芽蕉、西贡蕉等。香牙蕉品质最好，大蕉次之。粉蕉较差。如今，在环绕地球南北纬 30 度之间的热带地区，都可以看到香蕉植株婆娑多姿的倩影。

食材性能

经测定，每 100 克可食香蕉，含水分 77.1 克，蛋白质 1.2 克，脂肪 0.6 克，碳水化合物 19.5 克、膳食纤维 0.9 克，维生素 A、B、C、E、胡萝卜素还有 5-羟色胺、去甲肾上腺素、二羟基苯乙酸、氨基酸多达 14 种及多种酶类及钙、磷铁、镁、钾、钠等微量元素。

食材性能

1. 性味归经

香蕉，味甘，性寒；归肺、大肠经。

2. 医学经典

祖国医药《日华本草》："润肺，解酒，除烦热。"

3. 中医辨证

香蕉，有清热润肠、填精髓、利便通气、解酒和胃之功效。

4. 现代研究

香蕉，含有水溶性纤维，可帮助肠内有益菌生长，维持胃肠道健康，有益于体内环保。含有丰富的钾元素，有助于降低血压，预防高血压和心血管病变。

现代研究还证实：香蕉中的一种 5-羟色胺，能帮助人的大脑制造一种化学成分血清素，能使大脑获得快感，解除情绪烦闷低沉，更容易接受外界美好的事物，进而能促使大脑产生极富创造力的灵感。

最新研究成果还表明：香蕉中的果糖和葡萄糖之比为 1∶1。这种天然组成可治疗脂肪痢，也适用于中毒性消化不良。有人还发现，糖尿病人吃适量香蕉可以使尿糖相对降低，并有利于水盐代谢的恢复。这与香蕉中高钾低钠有关。

食用注意

（1）不宜多食香蕉，会引起腹胀便溏。

（2）空腹不宜吃香蕉，因香蕉中镁离子较多。容易造成人体血液中钙镁比失调，对心血管系统产生抑制作用，引起麻木、肌肉麻醉，出现乏力等症状。

（3）急性和慢性肾炎病人慎吃香蕉，因香蕉含钾高，引起血压增高，加重病情。

（4）香蕉寒凉下气，具泄热滑肠之人，多吃加重垂直肠脱垂症病情。

（5）胃酸过多者不宜食香蕉。

（6）急性风寒感冒咳嗽者不宜食香蕉。

（7）香蕉不宜与西瓜同食，会引起腹泻。

（8）香蕉不宜与芋头同食，会引起腹胀。

（9）香蕉不宜与红薯同食，会引起身体不适。

（10）香蕉不宜与菠萝同食，会增加血钾浓度。

（11）服用呋喃唑酮、丙卡、巴肼、帕吉林、甲硝唑、红霉素、西咪替丁、苯乙肼、螺内脂、氨苯蝶啶和补钾药时不宜食香蕉。

传说故事

一、佛门智慧果

在很久以前，古鲁天神派遣他的儿子勤图和儿媳降临大地察看。他们看见荒凉的原野上什么都没有，人们都过着贫困的流浪生活。勤图就从天国里带来了山羊、家禽和香蕉苗。经过人们耕耘，香蕉苗迅速繁衍，家畜成群，家禽肥美，人们开始定居下来从事农耕。在印度的寺院庙宇里，几乎都种植排列整齐的香蕉植树。传说佛祖释迦牟尼在溪谷的绿荫下诵经时，肚子饥饿难忍，于是便采摘香蕉充饥。他吃了香蕉后，顿觉心明眼亮，智慧倍增，终于得道成佛。至今，佛门弟子，仍称香蕉为"智慧之果"。

二、硬吞香蕉皮

号称七君子的邹韬奋先生曾谈起吴俊陆（民国时期曾做过黑龙江省督办）吃香蕉皮的一桩笑话。当时东北对于外来的香蕉是不多见的，所以有许多人简直没有尝过。有一次吴氏到了沈阳和几位官场朋友赴日本站松梅轩晚宴，席上有香蕉，他破题儿第一遭遇见，不假思索地随便拿了一根连皮吃下去，等一会儿，看见同座的客人却是先把皮剥掉然后吃，他知道自己吃法错了，但却不愿意认错，赶紧自打圆场，装着十二分正经的面孔说道："诸位文人，无事不要文质彬彬的，我向来吃香蕉就是连皮吃下去的！"一时落为笑柄。

三、香蕉打脑勺

泰国是一个思想开放而好客的国家，一年的夏末初秋，泰国商会邀请多国民间工商界企业家去该国旅游，其中有一项参观泰国妇女的特异功能表演，表演中大阴唇不但可以开啤酒瓶盖，而且可以把剥好的香蕉塞进阴道，然后运用气功再把香蕉弹射出来。表演过程中，一位帅小伙子看到表演者的香蕉没有全部塞进去，就忙上前用手将香蕉往阴道里按了按，转身离开，就在帅小伙转身离开的一刹那间，泰国女表演者运用气功，将香蕉从阴道中弹射出来，不偏不离打在上前按香蕉小伙子的后脑勺上，引起在场数百人哄堂大笑。

人 心 果

人心且叵测，果肉蘸盐吃。

剖开人心果，味美咖啡色。

——《食人心果》·近代·徐恒升

物种基源

人心果（Manilkara zapota〔Achras zapota〕），为山榄科常绿乔木人心果的成熟果实，又名吴凤柿、沙漠吉拉、赤铁果等。因浆果从剖面似人心而得名。根据果实形状将人心果分为四个类型：即椭圆形果、圆形果、扁形果和凹形果。在我国的台湾、福建、广东、广西和云南的南部有栽培。人心果流出的白色树汁很黏，是制造香口胶（口香糖）的原料。人心果还有一奇妙的特点：每年的7～8月间开花结果，但结果时间可长达一年之久，往往成熟的果实还没采完，新的小白花又迎人而放，同一株上，既有硕果，又有花蕾，是优良的绿化树种。

生物成分

据测定，每100克可食人心果，含水分73.7克，蛋白质0.7克，脂肪1.1克，碳水化合物21.4克，膳食纤维1.0克及尼克酸、硫胺素、胡子素、维生素B_2、C，还含微量元素钙、磷、镁、锌、铜、铁、硒和氨基酸等。

食材性能

1. 性味归经

人心果，味甘，性平；归肺经。

2. 医学经典

《日华子诸家本草》："清肺，开胃，生津，下气，化痰，除烦。"

3. 中医辨证

人心果，可清肺、生津、利咽、解毒、止咳、镇咳，适用于肺热、咽喉肿痛、解酒，亦可用于出血等症的食助康复。

4. 现代研究

人心果中含有蛋白质、脂肪、糖分，以及对人体生长有益的多种微量元素、矿物质和氨基酸。它含有的硒、钙量更是高居水果、蔬菜之首。硒是维持肌体正常生命活力的微量元素，能激活人体细胞，增强活力，具有防癌、抑制心血管疾病的作用；钙能维持人体血钙平衡，防止由于缺钙而引起的骨质增生、老年痴呆、动脉硬化等病症。其含有的微量元素钼也有防癌作用，对高血压和糖尿病患者都有帮助。人心果树皮可滋补、退热；树皮晒干可治急性肠炎、扁桃腺炎等。

食用注意

人心果，味甘，性平，一般人均可食用。未成熟的人心果呈青色，味涩不能食用，种子有毒，勿食。

传说故事

比干与人心果

相传，商末，殷纣王暴虐荒淫，横征暴敛，比干叹曰："主过不束非忠也，畏死不言非勇也，过则束不用则死，忠之至也。"遂至摘星楼强谏三日不去。纣问何以自持，比干曰："恃善行仁义所自持。"封怒曰："吾闻圣人心有七窍信有诸乎？"遂杀比干剖视其心，终年63岁。比干死后，天降大风，飞沙走石，卷土将比干骨葬于河南新乡卫辉，故称其墓穴为天葬墓，在天葬墓四周生出许多没心菜和空心柏树。唯独原不结果的灵童树结出似人心形的实心果，人们认为这实果就是比干的心所变。至此，灵童树就改名为人心果树。此后又一年春天，一阵狂风将人心果树连根拔起吹落海南岛，从此人心果树便在海南岛生根、开花、结果。

西 番 莲

紫金结就西番莲，鸡蛋果儿朝野信。
百鱼含盖弄味息，满袖清风有佳名。

——《食西番莲》·清·姚远

物种基源

西番莲（Passiflora caerulea），为西番莲科西番莲属植物西番莲成熟的果实，又名鸡蛋果、巴西果、洋石榴、百香果、紫果西番莲、黄果西番莲、热情果、金边莲、半截叶、半截观音等。原产美洲热带地区，现热带、亚热带、温带地区均产，我国台湾、广西、广东、福建、云南省有栽培。供食西番莲共有六个品种：即紫果西番莲、黄果西番莲、樟叶西番莲、大果西番莲、甜果西番莲和香蕉西番莲。

生物成分

据测定，每100克可食西番莲，含水分80.5克，蛋白质1.3克，脂肪1.2克，碳水化合物15.2克，膳食纤维2.9克及多种维生素和微量元素钙、磷、钾、钠、铁、锌、硒等，还含17种人体所必需的氨基酸与多达165种化合物。

食材性能

1. 性味归经

西番莲，味苦，性温；归肺经。

2. 医学经典

《本草从新》："祛风清热，止咳化痰。"

3. 中医辨证

西番莲，可温肺定喘、止咳平喘，适于烦湿、小便淋漓不足、泄泻等症。

4. 现代研究

西番莲，用作镇静剂、催眠药和镇痉药，以及一系列疾病的止痛药，包括神经紧张、失眠、歇斯底里症、腹泻、痢疾、神经痛（神经上的疼痛）、神经性肠胃病、间歇性哮喘、痛经和一般的疾病发作、紧张引起的心动过速（心率反常的高）。这种植物也可以作为顺势疗法的配制品。

食用注意

西番莲营养丰富，普通人均可食用。

传说故事

鸡蛋果的由来

相传，很久以前，在海南岛的万泉河南岸住着一位姓许的采药老夫妇，老头天天采药，老伴除帮老头洗、切、分拣药草外，还养了好多只老母鸡，天天能收到不少的鸡蛋。可在一段时间里，连续好几天，鸡下的蛋不翼而飞，老伴说老头上市卖药时顺便卖了，没打招呼，弄得家庭很不和谐。为了弄个水落石出，老药农每天处处留心鸡的下蛋。原来，每当母鸡下蛋啼叫之后，即引来了一条大白蛇，把鸡蛋吞下，然后爬到树上，一个个吐出粘在树枝的树叶下，就像树上结出的天然果子一样，粘好后蛇就游走了。为了不让蛇再来吞蛋，老药农在鸡窝和树的四周都撒了雄黄，蛇是不来了，但树上每年都结出像鸡蛋一样的果实，人们叫这种果为"鸡蛋果"。

山 竹

春风轻拂满枝稠，妩媚千般尽意柔。
繁花似锦出画色，芬芳如链遂梦游。
含嗔桃李红妆罢，逐艳蜂蝶采染酬。
天赐姿娇诗客恋，生成山竹稚童羞。

——《山竹》·近代·汪茂修

物种基源

山竹（Garcinia multiora），为藤黄科藤黄属植物山竹的果实，又名山竹子、莽吉柿等，原产于亚洲热带地区，我国广东、广西、海南等省均有产出。它与榴莲为"夫妻"果，称山竹为"果后"。山竹每半年产一次果，除本身味道甜美外，另一个成为"果后"的原因是在医药中所担当的角色，传统上，山竹被人用来控制人体发热温度及防止各种感染用。

生物成分

据测定，每100克可食山竹，含水分87.6克，蛋白质0.6克，脂肪0.0克，碳水化合物

5.6 克，膳食纤维 1.8 克及维生素 B_1、B_2、C、尼克酸，还含微量元素钙、磷、铁、钠、镁、钾、钢、锌、硒等。尚含鞣酸 3%～8%，树胶 1.5%，黄砬素及酸性物质微量，以及黄酮甙或甙元等。山竹生食，剥皮吃肉，味道甜美，营养丰富。

食材性能

1. 性味归经

山竹，味甜，性寒；归脾、胃经。

2. 医学经典

《本草正要》："健脾生津、止泻。"

3. 中医辨证

山竹，可润燥降火、清凉解热，适用于脾虚腹泻、口渴口干、烧伤、烫伤、湿疹、口腔舌疮等。

4. 现代研究

山竹含有丰富的蛋白质和脂类，对机体有很好的补养作用，对体弱、营养不良、病后虚弱都有很好的调养作用；山竹还含有丰富的镁，可以改善心血管病症，防止肾结石、胆结石，并能协助抵抗忧郁症，避免烦躁不安。此外，山竹性偏凉，具有清火解热功效，山竹皮有消炎止痛的功效。

食用注意

（1）山竹性寒，体质虚寒者不宜多吃。
（2）一般不宜与西瓜、豆浆、白菜、芥菜、苦瓜等寒凉食物同吃。
（3）若不慎吃过量，可用红糖煮姜茶解之。
（4）山竹富含纤维素，但它在肠胃中会吸水膨胀，过多食用反而会引起便秘。
（5）含糖分较高，因此肥胖者宜少吃，糖尿病者更应忌食。
（6）它亦含较高钾质，故肾病及心脏病人应少吃。

传说故事

慈禧与山竹

相传，慈禧太后一日忽感咽喉疼痛，太医遂用大量清热泻火之药，症状得以缓和，但药停即发。病延数月不见好转，后在民间请了一名医，见慈禧四肢不湿，小便清长，六脉沉细，说老佛爷不用开药，只需吃山竹果，一日三次，每次七个，连食三日，病情可望转机。慈禧将信将疑，再一想，病已多月，不就吃三天山竹果嘛！连食三日后，果然，咽喉疼痛痊愈。

余 甘 子

肉为雏鹅色，回转余甘味。
忆得花蕊时，春雨催柳垂。

——《余甘子》·近代·苏畅

物种基源

余甘子（Phyllanthus emb-lica），为大戟科落叶多枝灌木或小乔木植物油柑子成熟的果实，又名庵摩勒、牛甘果、庵摩落迦果、座果、油甘子、鱼木果、望果、橄榄子、喉甘子、滇橄榄等。初食酸涩，后转甘甜，故名。藏族食用药材。原产于印度，在我国广西、广东、江西、福建、四川、西藏、青海、云南、贵州及台湾等地都有栽培，尤以广西百色地区的右江河谷分布最多，嫁接后 2～3 年开始结果，每株年产可达 10 千克，多年的树可年产果 200～300 千克，有较可观的经济价值。

生物成分

经测定，每 100 克可食余甘子，含水分 86.3 克，蛋白质 0.3 克，脂肪 0.1 克，碳水化合物 9 克，膳食纤维 3.4 克及胡萝卜素、维生素 B_1、C、尼克酸、微量元素磷、钾、钙、铁、硒。从鞣质中可以分离得诃子酸、原诃子酸、没食子酸、油柑酸、酚酸类等。还含有黏液质，种子含有固定油约 26%。余甘子以鲜食为主，以及制成果脯、蜜饯、饮料、盐渍等。

食材性能

1. 性味归经

余甘子，味甘，酸，性寒，无毒；归脾、胃经。

2. 医学经典

《唐本草》："化痰，生津，止咳，解毒。"

3. 中医辨证

余甘子可清热凉血、消食健胃、生津止咳。适用于血热血瘀、肝胆病、消化不良、腹痛、咳嗽、喉痛、口干等症的食助康复。

4. 现代研究

余甘子，有促诱生人白细胞干扰素作用，并能增加心肌糖原水平，使血清脂肪酸也产生明显变化，还有抗病原微生物作用，对葡萄球菌、伤寒杆菌、副伤寒杆菌、大肠杆菌及痢疾杆菌均有抑制作用，但对真菌无作用。

食用注意

血虚及习惯性便秘者忌食余甘子。

传说故事

妈祖娘娘赐余甘子

相传，宋景德年间，辽国进犯澶州，真宗亲征，兵败，澶州之役订城下之盟，开创纳岁币求和苟安的先例，以物质换取和平，加重了人民的负担，百姓都生活在水深火热之中。是年又适大旱，田间颗粒无收，百姓流离失所，中原百姓为逃避战乱，纷纷南迁。在南迁的路上，饿殍遍野，沿途的树皮和草根都被吃得精光，天天有大批的难民死去。难民们一路南下，到达广东、福建安顿下来后，开始建棚户区。由于旱情持续，农作物无法生长，连饮用水都严重缺乏。此时，疾病便开始在灾民中流行，人们表现为咽喉疼痛、口干、哮喘、发热等症状，因缺医少药，病情漫延很快。

于是，人们便不约而同地前往妈祖庙祭拜，祈求妈祖娘娘保佑。妈祖娘娘在天上看到了百姓正遭受饥饿和病魔的折磨，便伤心流下了泪来。妈祖娘娘的泪水像珍珠落下，滴落在余甘子树上，结出了红色的果子。人们看到妈祖娘娘显灵了，便纷纷采摘这些果子吃，吃了几天果子，病便都好了。由于这些果子有酸涩感觉，但很快又回转甜味，余味无穷，于是人们便称这种果子为余甘子。

毛 红 丹

海南韶子红毛王，撕破红皮白胖胖。
客来为说相识晓，慢咽徐收白玉浆。

——《红毛丹》·清·旺时标

物种基源

红毛丹，为无患子科韶子属乔木植物海南韶子（Nephelium lappace-um var. topengii）的果实，又名海南韶子、毛荔枝、山荔枝等，以果实的皮色分为红色、黄果和粉红果三种类型，以果肉与种子的离核与否，可分为离核与不离核两种类型，主产于台湾、福建、海南、广东、广西与云南南部。

生物成分

据测定，每 100 克可食红毛丹，含水分 83.9 克，蛋白质 0.7 克，脂肪 0.1 克，碳水化合物 15.3 克，膳食纤维 0.6 克及胡萝卜素、尼克酸、维生素 A、B、C，还含微量元素钙、磷、铁、锌和少量的硒，此外，还含叶酸、枸橼酸、苹果酸、氨基酸等。

红毛丹主要是生吃，也可制成罐头、蜜饯、果酱、果冻、酿酒等，营养丰富，味爽脆清甜。

食材性能

1. 性味归经

红毛丹，味甘，酸，性温；归脾、胃经。

2. 医学经典

《食物考》："生津益血，消炎解毒。"

3. 中医辨证

红毛丹，可生津、理气、止痛，适用于烦渴、胃痛、痢疾、疔肿、牙痛等症的食疗助康复。

4. 现代研究

红毛丹对大脑组织有补充营养作用，含有丰富的蛋白质和维生素 C，有助于增强人体的免疫功能，提高抗病能力，红毛丹含有降血糖的物质，还有消肿解毒、止痛的作用。

食用注意

（1）红毛丹性温，多吃易上火，秋季应该节制食用。

（2）有杀精作用，男性不宜多吃，红毛丹忌和糖一块吃。

传说故事

红毛丹的由来

相传，牛魔王与铁扇公主生有两子，长子叫红孩儿，次子叫红毛怪。红孩儿的功夫是口中有三昧真火赢人，孙悟空大闹天宫时，曾与老孙过不去，经较量，后二人成为好朋友。而红毛怪极不识时务，凭着全身能燃烧熊熊真火，手持九钩十八刃枪，不听哥哥红孩儿的忠告，准备要和孙悟空好好较量一番。就在孙悟空大闹天宫时，也前去帮众神仙助阵，红毛怪认为：龙怕抽筋，猴怕烧毛吃猴脑。于是它使出浑身解数，千方百计靠近孙悟空，意在先用真火烧去猴毛，后用九钩十八刃枪盘钩猴头吃猴脑。孙悟空识破了红毛怪的险恶用心，在气不过之下，念动真言，举起金箍棒照准红毛怪的脑门当头一棒，把红毛怪的脑袋瓜打得粉碎，血伴脑浆散落下方，每一滴血伴脑浆滴到地上，顷刻从土中长出树苗，开花结果。结出的果实红红的，圆圆的，像太上老君炉中炼就的仙丹刚出炉，外果壳遍是火焰般的红毛，故人们称这种红毛怪滴血的树结出的果实叫红毛丹。